Alexander Ziwet

INVARIANTEN-THEORIE.

VON

DR ROLAND WEITZENBÖCK

PROFESSOR AN DER UNIVERSITÄT

IN AMSTERDAM.

*

P. NOORDHOFF · 1923 · GRONINGEN

VORWORT

Neue Bücher entspringen in der Regel einem Zeitbedürfnisse. Ich glaube mit diesem Buche eine Lücke in der mathematischen Literatur auszufüllen. Ein Lehrbuch der „Invariantentheorie“, das wenigstens die Hauptgegenstände dieses ausgebreiteten Teiles der Mathematik behandelt, existiert meines Wissens bisher nicht. Deshalb will ich auch gleich von vornherein betonen, daß mir die Auswahl der Gegenstände nicht leicht war und daß vieles wegbleiben mußte, was in eine umfassende Darstellung gehören würde. Erst dann, wenn man sich nur auf die algebraische Theorie beschränkt, kommt eine gewisse Abgrenzung zustande. Recht ausgebreitete Theorien, wie z. B. die der topologischen und arithmetischen Invarianten, wurden unterdrückt; ebenso die Theorie der Invarianten bei endlichen diskreten Gruppen.

Mit der algebraischen Invariantentheorie kontinuierlicher Transformationsgruppen hat man sich in den letzten Jahren wieder einigermaßen befreundet. Ich verweise nur darauf, daß sie den verläßlichen Führer im Formelgestrüpp der allgemeinen Relativitätstheorie bildet. Tensor ist ja schließlich nur ein anderer Name für das, was man bisher „Form“ genannt hat. Daher versteht es sich auch von selbst, daß in diesem Buche die *moderne* Tensorrechnung Aufnahme gefunden hat. Ernstlich habe ich mich dabei bemüht, den rein algebraischen Standpunkt herauszukehren und bin auf formale Dinge nicht eingegangen, so daß der Leser nicht zu erschrecken braucht, wenn er Wörtern wie „Vektor“ oder „rot“ begegnet. Nicht nur in der geistigen Umwälzung betreffs physikalischer Anschauungen, sondern auch in der Tatsache, daß scheinbar so fremde Dinge wie die verallgemeinerten Maxwellschen Gleichungen oder wie die Einsteinschen Gravitationsgleichungen hier systematisch ihren Platz finden konnten, erblicke ich den größten Fortschritt naturwissenschaftlicher Erkenntnisse in den letzten Jahren.

Für die Einführung in die Theorie der *projektiven* Invarianten bei binären und ternären Formen habe ich es als ausreichend gehalten, nur auf das Wichtigste hinzuweisen. Reichlichen Stoff über diese Dinge und die vielen damit zusammenhängenden Einzeluntersuchungen geben, besonders was die binären Formen anbelangt, die unten angeführten Bücher. Anderseits bin ich auf die allgemeine Theorie n-ärer Formen ($n \geqq 4$) näher eingegangen. Nicht oder nur stiefmütterlich wurden bisher Formen bearbeitet, welche die in derartigen Gebieten möglichen Variablenreihen (Linien-, Ebenen- usw. Koordinaten) enthalten. Zurzeit besitzen wir keine diesbezügliche umfassende Darstellung. Ohne die von mir gegebene Ausbreitung der gewöhnlichen Symbolik kommt man hier auch nicht weiter. So habe ich insbesondere gezeigt, daß auch für diese Formen die beiden Fundamentalsätze (der symbolischen Methode) in der bisher gebräuchlichen Form gültig sind.

Endlich habe ich auch die Invariantentheorien der wichtigsten Untergruppen der allgemeinen projektiven Gruppe aufgenommen. Nämlich die algebraische Theorie der affinen, orthogonalen und Bewegungsinvarianten.

Auf die Theorie geometrischer Differentialinvarianten, die der Behandlung projektiver, affiner oder metrischer Eigenschaften von Kurven und Flächen „im Kleinen" zugrunde liegt, konnte ich nicht eingehen. Das würde den Umfang dieses Werkes verdoppelt haben. Aus dem gleichen Grunde mußten eine Formelsammlung und Tabellen über volle Invariantensysteme wegbleiben.

Dem Herrn *B. L. van der Waerden* sage ich für das Mitlesen der Korrekturen meinen besten Dank.

Betreffs ausführlicher Literaturangaben verweise ich auf die beiden Enzyklopädieartikel I B 2 von W. Fr. Meyer und III E 1 von mir. An größeren Werken wurden die folgenden benutzt und sind im Texte nur mit Schlagwörtern angeführt:

Clebsch-Lindemann, Vorlesungen über Geometrie, Leipzig (1876).

Faà di Bruno-Walter, Einleitung in die Theorie der binären Formen, Leipzig (1881).

Gordan-Kerschensteiner, Vorlesungen über Invariantentheorie, Leipzig (1887).

Lie-Engel, Theorie der Transformationsgruppen I, Leipzig (1888).

E. Study, Methoden zur Theorie der ternären Formen, Leipzig (1889).

J. Deruyts, Essai d'une théorie générale des formes algébriques, Lüttich (1890).

E.B. Elliott, An introduction to the algebra of quantics, Oxford (1895).

A. Capelli, Lezioni sulla teoria delle forme algebriche, Neapel (1902).

J.H.Grace und *A.Young,* The algebra of invariants, Cambridge (1903).

H. Weyl, Raum, Zeit, Materie. 4. Auflage. Berlin (1921).

Blaricum (Nord-Holland)
Weihnachten 1922

R. Weitzenböck

INHALT

I. Abschnitt: **Allgemeines.**

II. Abschnitt: **Binäre und Ternäre Formen.**

III. Abschnitt: **Quaternäre Formen, Komplexe.**

IV. Abschnitt: **Fundamentalsätze.**

V. Abschnitt: **Reihenentwicklung.**

VI. Abschnitt: **Endlichkeitssätze.**

VII. Abschnitt: **Der Invariantenkörper. Äquivalenz.** Seite

VIII. Abschnitt: **Differentialgleichungen für Invarianten.**

IX. Abschnitt: **Affine Invarianten.**

X. Abschnitt: **Orthogonale Invarianten.**

XI. Abschnit: **Vektor- und Tensoralgebra.**

XII. Abschnitt: **Bewegungsinvarianten.**

XIII. Abschnitt: **Invarianten von Differentialformen.**

XIV. Abschnitt: **Integralinvarianten von Differentialformen.**

I. Abschnitt: **Allgemeines.**

§ 1. **Veränderliche, Polynome, Formen.**

Wir beschäftigen uns in folgendem mit Polynomen $f(x_1, x_2, \ldots, x_n)$ von $n > 1$ komplexen Veränderlichen x_i. Setzen wir

(1) $$f(x_1, x_2, \ldots, x_n) = f(x_i) = c_1 x_1^{\alpha_1} x_2^{\beta_1} \ldots x_n^{\nu_1} + \ldots + c_k x_1^{\alpha_k} x_2^{\beta_k} \ldots x_n^{\nu_k},$$

so sollen auch die Koeffizienten c_i gewöhnliche komplexe Zahlen bedeuten und (1) so angeschrieben sein, daß sich nicht weniger Glieder bilden lassen, d. h. es sollen bei irgend zwei Termen der rechten Seite

$$c_i x_1^{\alpha_i} \ldots x_n^{\nu_i} \qquad \text{und} \qquad c_j x_1^{\alpha_j} \ldots x_n^{\nu_j}$$

nicht alle Exponenten einander gleich sein, also nicht alle Gleichungen

$$\alpha_i = \alpha_j, \quad \beta_i = \beta_j, \quad \ldots, \quad \nu_i = \nu_j$$

auf einmal bestehen. Polynome wollen wir stets so geschrieben voraussetzen; man sagt auch: in „reduzierter" Darstellung.

Die größte der Exponentensummen

$$\alpha_i + \beta_i + \cdots + \nu_i$$

heißt der „Grad" des Polynoms. Ist er für jedes Glied $= p$, so ist f eine *Form* p^{ten} Grades der n Veränderlichen x_i oder kürzer eine *n-äre Form*.

Beispiele:

1. $f = a_1 x_1 + a_2 x_2 + a_3 x_3$ = ternäre Linearform.
2. $f = a x_1^2 + b x_1 x_2$ = binäre quadratische Form.
3. $f = a x_1^4 + b x_2^4 + c x_3^4 + d x_4^4$ = quaternäre biquadratische Form.

Die Konstanten können als Formen vom Grade Null betrachtet werden.

Erklärung: Ein Polynom $f(x_i)$, das für alle Werte $x_1, x_2, \ldots, x_n$ Null ist, heißt *„identisch Null"*; in Zeichen

$$f(x_i) \equiv 0 \,\{x_1, x_1, \ldots, x_n\}$$

(gelesen: $f(x_i)$ identisch Null für alle $x_1, x_2, \ldots, x_n$).

Zwei Polynome heißen *identisch gleich:*

$$f(x_i) \equiv \varphi(x_i) \,\{x_i\},$$

wenn die Differenz $f - \varphi$ identisch Null ist.

Es besteht dann der späterhin oft verwendete Satz 1: *Ein Polynom (daher auch eine Form) in n Veränderlichen $x_1, x_2, \ldots, x_n$*

$$f = \sum c_i x_1^{\alpha_i} x_2^{\beta_i} \ldots x_n^{\nu_i}$$

ist dann und nur dann identisch Null, wenn alle Koeffizienten $c_i = 0$ *sind.*

Daß die Bedingungen hinreichend sind, ist klar. Die Notwendigkeit beweist man leicht durch den Schluß von $n-1$ auf n. Zunächst gilt der Satz für $n = 1$, also für Polynome einer Veränderlichen, was unmittelbar nachzuweisen. Bei n Veränderlichen haben wir, wenn wir nach x_1 ordnen:

$$f = x_1^m \varphi_0(x_2, \ldots, x_n) + x_1^{m-1} \varphi_1(x_2, \ldots, x_n) + \cdots + \varphi_m(x_2, \ldots, x_n).$$

$f \equiv 0 \{x_1\}$ gibt hier $\varphi_i(x_2, \ldots, x_n) \equiv 0$, wo φ_i nur $n-1$ Veränderliche enthält. Ist also der Satz für $n-1$ Veränderliche richtig, so gilt er auch für n Variable, denn die Koeffizienten in den φ_i sind auch die von f. Wir heben hervor, daß f in reduzierter Gestalt vorauszusetzen ist.

Neben Satz 1 führen wir ohne den leicht zu erbringenden Beweis an: Satz 2: *Der Grad des Produktes* $f_1 f_2 \ldots f_k$ *von* k *Polynomen* $f_1, f_2, \ldots, f_k$ *der Grade* $m_1, m_2, \ldots, m_k$ *ist*

$$m = m_1 + m_2 + \cdots + m_k.$$

Satz 3: *Ist das Produkt zweier oder mehrerer Polynome identisch Null, so muß wenigstens ein Faktor identisch verschwinden.*

Wir sprechen weiterhin von *Formen* von n Veränderlichen $x_1, x_2, \ldots, x_n$. Wenn wir diese n Veränderlichen so bezeichnen wie eben hingeschrieben, d. h. also durch einen Buchstaben x mit angehängtem Index $1, 2, \ldots, n$, so steckt in dieser Bezeichnung eine „Arithmetisierung"; dieselbe, die wir z. B. verwenden, wenn wir die Seitenzahlen eines Buches numerieren. Ihre Wirkung erstreckt sich nun auch auf die Bezeichnung der Formenkoeffizienten. Sei etwa f eine Form p^{ten} Grades der x_i, so können wir schreiben

(2) $$f = \sum_{i_1} \cdots \sum_{i_p} a_{i_1 i_2 \ldots i_p} x_{i_1} x_{i_2} \ldots x_{i_p}$$

wo jede der p Summen von 1 bis n zu erstrecken ist und die Indizes von a beliebig permutiert werden können:

(3) $$a_{i_1 i_2 \ldots i_p} = a_{i_2 i_1 \ldots i_p} = \cdots.$$

Es ist dann leicht, den Koeffizienten in f anzugeben, der zu einem bestimmten Potenzprodukt

$$x_{i_1} x_{i_2} \ldots x_{i_p}$$

gehört. Er wird

$$\frac{p!}{\alpha!\, \beta! \ldots \mu!} a_{i_1 i_2 \ldots i_p}$$

wo $\alpha, \beta, \ldots, \mu$ die Anzahlen der gleichen Indizes in $i_1, i_2, \ldots, i_p$ sind und also

$$\alpha + \beta + \cdots + \mu = p$$

ist. An Stelle von (2) kann man dann schreiben

(4) $$f = \sum \frac{p!}{\alpha!\,\beta!\ldots\mu!} a_{i_1 i_2 \ldots i_p} x_{i_1} x_{i_2} \ldots x_{i_p}.$$

Diesen Ausdruck erhält man auch, wenn man die p^{te} Potenz der n-ären Linearform

(5) $$(a x) = a_1 x_1 + a_2 x_2 + \cdots + a_n x_n$$

bildet:

$$(a x)^p = \sum \frac{p!}{\alpha!\,\beta!\ldots\mu!} a_{i_1} a_{i_2} \ldots a_{i_p} x_{i_1} x_{i_2} \ldots x_{i_p}$$

und dann $a_{i_1 i_2 \ldots i_p}$ an Stelle von $a_{i_1} a_{i_2} \ldots a_{i_p}$ schreibt. Wenn wir also die Verabredung treffen, daß mit den n Zeichen oder „*Symbolen*"

$$a_1, a_2, \ldots, a_n$$

gerade so wie mit gewöhnlichen komplexen Größen in der Algebra gerechnet wird, daß aber erst das Produkt von je p dieser Zeichen eine wirkliche Zahl $a_{i_1 i_2 \ldots i_p}$ darstellt, so können wir die n-äre Form p^{ten} Grades f als p^{te} Potenz einer (symbolischen) Linearform schreiben:

(6) $$f = (a x)^p = (a_1 x_1 + a_2 x_2 + \cdots + a_n x_n)^p.$$

Wir sagen: f ist *symbolisch dargestellt.* Die Reihe $a_1, a_2, \ldots, a_n$ der n Zeichen a_i nennen wir eine „*Symbolreihe*" zum Unterschiede von einer „*Größenreihe*", wie z. B. $x_1, x_2, \ldots, x_n$, bei der x_i eine wirkliche Zahl ist.

Die bei (6) verwendeten Symbole a_i heißen „gewöhnliche" Symbole; bei ihrer Komposition zu Koeffizienten $a_{ikl\ldots}$ gilt das komutative Multiplikationsgesetz

$$a_i a_k = + a_k a_i.$$

(Wir werden späterhin auch andere Symbole verwenden, für die $a_i a_k = - a_k a_i$ gilt.)

Die Symbole a_i in (6) heißen weiters „p-fältig", da das Produkt von p Symbolen $a_{i_1}, a_{i_2}, \ldots, a_{i_p}$ einen Koeffizienten $a_{i_1 i_2 \ldots i_p}$ ergibt. Einfältige Symbole sind demnach wirkliche Zahlen.

Bemerkung. Es sei jetzt schon auf die durch (5) definierte Abkürzung $(a x)$ für die aus n Gliedern bestehende Summe $a_1 x_1 + a_2 x_2 + \cdots + a_n x_n$ hingewiesen. Wir haben

$$(a x) = (x a)$$

und dafür findet man in der Literatur auch die Bezeichnung $a_x = x_a$. Wir werden diese letztere nur bei binären Formen verwenden:

$$a_x = a_1 x_1 + a_2 x_2$$

und späterhin bei $n > 2$ nicht $(a x)$, sondern $(a'x)$ schreiben, d. h. also die Buchstaben a_i mit einem Strich versehen. (Vgl. I § 14.)

§ 2. **Homogene Koordinaten.**

Eine Form f p^{ten} Grades mit n Veränderlichen x_i

$$f = \sum a_{i\,kl} \ldots x_i x_k x_l \ldots = (a x)^p$$

kann, gleich Null gesetzt, geometrisch gedeutet werden, wenn wir den x_i eine geometrische Bedeutung beilegen. Es geschieht dies in der Regel so, daß man die x_i als homogene Koordinaten eines Punktes x in einem linearen *Raume* von n—1 Dimensionen R_{n-1} oder, wie man bequemer sagt, in einem linearen *Gebiete* n^{ter} Stufe G_n $(= R_{n-1})$ deutet.

Man kann die x_i aber auch als inhomogene Koordinaten eines Punktes x in einem n-dimensionalen Raume auffassen. Dann sagt man aber *Tensor* statt *Form*. (Vgl. hierüber Abschnitt XI.)

Wir halten vorläufig stets an der zuerst genannten Deutung fest und gehen die einfachsten Fälle näher durch.

1. *Binär.* Wir nehmen ein lineares Gebiet zweiter Stufe, etwa eine Gerade, die wir uns als x-Achse eines Koordinatensystems denken. Auf ihr sei O der Anfangspunkt $x = 0$. Ist x die Abszisse eines beliebigen Punktes x, so setzen wir $x = \frac{x_1}{x_2}$. Die beiden Verhältniszahlen $x_1 : x_2$ sind dann die homogenen Koordinaten des Punktes x.

Eine binäre Form p^{ten} Grades

$$f = a_x^p = (a_1 x_1 + a_2 x_2)^p = A_0 x_1{}^p + A_1 x_1{}^{p-1} x_2 + \cdots + A_p x_2{}^p$$

gibt dann, gleich Null gesetzt, eine Gleichung p^{ten} Grades

$$A_0 \left(\frac{x_1}{x_2}\right)^p + A_1 \left(\frac{x_1}{x_2}\right)^{p-1} + \cdots + A_p = 0$$

für den Quotienten $\frac{x_1}{x_2} = x$. $f = 0$ stellt also p Punkte auf der x-Achse dar, wobei mehrfache Punkte auch mehrfach in Rechnung zu bringen sind.

Man kann aber auch anders verfahren. So kann man z. B. in $x = \frac{x_1}{x_2}$ die Zahlen x_1 und x_2 gleich den Abständen des Punktes x von zwei fest gewählten Fundamentalpunkten P_1 und P_2 setzen;

$$x = \frac{x_1}{x_2} = \frac{\overrightarrow{xP_1}}{\overrightarrow{xP_2}}$$

wo $\overrightarrow{xP_1}$ die Strecke vom Punkte x bis P_1 in der Richtung des Pfeiles gemessen, bedeutet. x ist dann das „Teilverhältnis" des Punktes x bezüglich P_1 und P_2. Schließlich könnte man $x = \frac{x_1}{x_2}$ auch leicht als Doppelverhältnis deuten.

2. *Ternär.* In einer Ebene mit dem Achsenkreuz (O, xy) seien x und y Parallel-Koordinaten eines Punktes x. Wir setzen bei beliebigem $x_3 \neq 0$:

$$x = \frac{x_1}{x_3} \qquad y = \frac{x_2}{x_3};$$

dann bestimmen die 3 Verhältniszahlen $x_1 : x_2 : x_3$ den Punkt x. Es ist für $\lambda \neq 0$

$$x : y : 1 = x_1 : x_2 : x_3 = \lambda x_1 : \lambda x_2 : \lambda x_3 .$$

Eine ternäre Form p^{ten} Grades

$$f = (a\,x)^p = \sum a_{ikl} \ldots x_i\, x_k\, x_l \ldots$$

stellt dann, gleich Null gesetzt, eine *ebene Kurve* p^{ter} Ordnung dar.

Etwas allgemeiner können wir in der Ebene ein Koordinaten- oder Fundamentaldreieck $P_1 P_2 P_3$ annehmen. Sind dann h_1, h_2, h_3 die Abstände eines Punktes x von den Dreiecksseiten und k_1, k_2, k_3 fest gegebene Konstanten $\neq 0$, so sind

$$x_1 : x_2 : x_3 = h_1 k_1 : h_2 k_2 : h_3 k_3$$

die homogenen Koordinaten eines Punktes x.

3. *Quaternär.* Bei $n = 4$ definiert man in analoger Weise die homogenen Koordinaten x_i eines Punktes x bezüglich eines Koordinatentetraeders. Eine Form f p^{ten} Grades gibt dann durch Nullsetzen die Gleichung einer *Fläche* p^{ter} Ordnung.

4. $n > 4$. Hier bezieht man einen Punkt x auf ein Koordinatensimplex (das sind n linear-unabhängige, d. h. nicht in einem R_{n-2} liegende Punkte). Eine Form f vom p^{ten} Grade gibt durch Nullsetzen die Gleichung eines Raumes R_{n-2} von der Ordnung p. Hierfür gebraucht man auch die Namen „Hyperfläche" oder „$(n-2)$-dimensionale Fläche".

§ 3. Lineare Transformationen.

Eine lineare homogene Transformation der n homogenen Veränderlichen x_i ist gegeben durch die n Gleichungen

(1) $$\left\{\begin{array}{l} x_1 = e_1{}^1\overline{x_1} + e_1{}^2\overline{x_2} + \cdots + e_1{}^n\overline{x_n} \\ x_2 = e_2{}^1\overline{x_1} + e_2{}^2\overline{x_2} + \cdots + e_2{}^n\overline{x_n} \\ \cdots\cdots\cdots\cdots \\ x_n = e_n{}^1\overline{x_1} + e_n{}^2\overline{x_2} + \cdots + e_n{}^n\overline{x_n} \end{array}\right. ,$$

die wir zusammenfassend so schreiben

(2) $$x_i = \sum_k e_i{}^k \overline{x_k}.$$

Wir sprechen kurz von der Transformation $x \to \overline{x}$. Die n^2 Größen $e_i{}^k$ sind die Transformations-Koeffizienten, die Matrix $\| e_i{}^k \|$ ist die Transformationsmatrix, ihre Determinante

(3) $$\Delta = | e_i{}^k |$$

ist die Transformationsdeterminante; wir setzen stets $\Delta \neq 0$ voraus. Ist $\Delta = 1$, so heißt die Transformation „unimodular". Ist

(4) $$e_i{}^k = \delta_{ik} = \begin{cases} 1 \text{ für } i = k \\ 0 \text{ für } i \neq k \end{cases},$$

so erhalten wir die „identische" Transformation $x_i = \overline{x_i}$.

Deuten wir die x_i und die $\overline{x_i}$ als homogene Koordinaten von Punkten x und $\overline{x}$, so gibt (1) eine projektive Abbildung des x-Raumes auf den $\overline{x}$-Raum. Etwas allgemeiner können wir dann statt (2) schreiben

(5) $$\varrho\, x_i = \sum_k e_i{}^k \overline{x_k}$$

wo $\varrho \neq 0$ eine beliebige Zahl.

Sind ξ und $\overline{\xi}$ zwei Punkte zwischen deren Koordinaten analog zu (1) die Beziehungen

$$\xi_i = \sum_k e_i{}^k \overline{\xi_k}$$

bestehen, so sagt man: die ξ_i werden *kogredient* zu den x_i transformiert, oder die beiden Transformationen $x \to \overline{x}$ und $\xi \to \overline{\xi}$ *sind kogredient zueinander*.

Da $\Delta \neq 0$ ist, können wir (2) nach den $\overline{x_i}$ auflösen. Wenn $E_i{}^k$ der Minor von $e_i{}^k$ in Δ ist, so gibt (2), wenn wir mit $E_i{}^h$ multiplizieren und über i summieren:

$$\sum_i E_i{}^h x_i = \sum_k \sum_i e_i{}^k E_i{}^h \overline{x_k} = \sum_k \delta_{kh}\, \Delta\, \overline{x_k} = \Delta\, \overline{x_h},$$

also

(6) $$\overline{x_k} = \sum_i \frac{E_i{}^k}{\Delta} x_i.$$

Diese Transformation $\overline{x} \longrightarrow x$ ist die „inverse" von (1). Ihre Determinante wird

$$\left| \frac{E_i^k}{\Delta} \right| = \frac{1}{\Delta^n} \mid E_i^k \mid = \frac{\Delta^{n-1}}{\Delta^n} = \frac{1}{\Delta} \neq 0.$$

Zusammensetzung von Transformationen. Sind

(7) . . . . $\begin{cases} T_e \ldots x_i = \sum e_i^k \overline{x_k} \quad \text{und} \\ T_f \ldots \overline{x_k} = \sum\limits_j f_k^j \overline{\overline{x_j}} \end{cases}$

zwei Transformationen $x \longrightarrow \overline{x}$ und $\overline{x} \longrightarrow \overline{\overline{x}}$, so können wir daraus $x \longrightarrow \overline{\overline{x}}$ bilden:

(8) . . . . $T_e T_f \ldots x_i = \sum\limits_k \sum\limits_j e_i^k f_k^j \overline{\overline{x_j}}.$

Diese Transformation

(9) . . . . $T_g = T_e T_f$

heißt „aus T_e und T_f zusammengesetzt" und zwar in dieser Reihenfolge geschrieben. T_g wird auch als „Produkt" von T_e und T_f bezeichnet; ihre Transformationskoeffizienten g_i^j entnehmen wir aus (8):

(10) . . . . $g_i^j = \sum\limits_k e_i^k f_k^j.$

Es ist $T_f T_e$ im allgemeinen verschieden von $T_e T_f$. Die Transformationsdeterminante Δ_g von T_g ist das Produkt $\Delta_e \Delta_f$.

Nehmen wir für T_f die durch (6) gegebene inverse von T_e, so gibt dies $T_e T_f = T_0 =$ der identischen Transformation. Demgemäß schreibt man T_e^{-1} für die inverse von T_e.

Alle ∞^{n^2-1} linear-homogenen Transformationen (5) bilden die (n^2-1)-gliedrige „allgemeine projektive Gruppe" des Gebietes n^{ter} Stufe. Das ist ein System von Operationen mit folgenden 4 Eigenschaften: 1. $T_e T_f = T_g$; 2. $T_e (T_f T_g) = (T_e T_f) T_g$, assoziatives Gesetz, folgt aus (10); 3. $T_e T_0 = T_0 T_e = T_e$, Existenz der identischen Transformation; 4. $T_e T_e^{-1} = T_e^{-1} T_e = T_0$, d. h. zu jeder T_e gibt es eine einzige inverse.

§ 4. **Transformation der Formen.**

Es sei

(1) . . . . $f = (a\,x)^p = \sum a_{ikl} \ldots x_i x_k x_l \ldots$

eine n-äre Form p^{ten} Grades. Wenn wir die n Veränderlichen x_i einer linearen Transformation T_e $x \longrightarrow \overline{x}$ unterwerfen

(2) . . . . $x_i = \sum\limits_k e_i^k \overline{x_k},$

so entsteht aus $f = f(x)$ eine Form $\overline{f} = \overline{f}(\overline{x})$ der neuen Veränderlichen $\overline{x}$. Wir erhalten $\overline{f}$, wenn wir (2) in (1) einsetzen:

(3) . . . $$\overline{f} = \sum a_{ikl\ldots} \left(\sum_r e_i^r \overline{x}_r\right) \cdot \left(\sum_s e_k^s \overline{x}_s\right) \cdot \left(\sum_t e_l^t \overline{x}_t\right) \ldots$$

Setzen wir $\overline{f} = \sum \overline{a}_{rst\ldots} \overline{x}_r \overline{x}_s \overline{x}_t \ldots$, so ergibt sich für die Koeffizienten von $\overline{f}$ aus (3):

(4) . . . . $$\overline{a}_{rst\ldots} = \sum a_{ikl\ldots} e_i^r e_k^s e_l^t \ldots,$$

d. h. die Koeffizienten a von f erleiden auch eine lineare homogene Transformation T_a, deren Transformationskoeffizienten Formen p^{ten} Grades der e_i^k sind. Man sagt, die Transformationen T_a sind durch $x \longrightarrow \overline{x}$ „*induziert*". Die Gleichungen (4) nennt man die „Transformationsgleichungen" (für die Koeffizienten von f).

Beispiel 1. $n = 2$, $p = 2$, $f = a_x^2 = a_{11} x_1^{\,2} + 2 a_{12} x_1 x_2 + a_{22} x_2^{\,2}$. T_e sei gegeben durch

$$\left\{\begin{array}{l} x_1 = e_1^{\,1} \overline{x}_1 + e_1^{\,2} \overline{x}_2 \\ x_2 = e_2^{\,1} \overline{x}_1 + e_2^{\,2} \overline{x}_2 \end{array}\right. .$$

Dann lauten die Gleichungen (4):

$$\left\{\begin{array}{l} \overline{a}_{11} = a_{11} (e_1^{\,1})^2 + 2 a_{12}\, e_1^{\,1} e_2^{\,1} + a_{22} (e_2^{\,1})^2 \\ \overline{a}_{12} = a_{11} e_1^{\,1} e_1^{\,2} + a_{12} (e_1^{\,1} e_2^{\,2} + e_1^{\,2} e_2^{\,1}) + a_{22} e_2^{\,1} e_2^{\,2} \\ \overline{a}_{21} = a_{11} (e_1^{\,2})^2 + 2 a_{12}\, e_1^{\,2} e_2^{\,2} + a_{22} (e_2^{\,2})^2 \end{array}\right. .$$

Beispiel 2. $n = 3$, $p = 1$, $f = (a x) = a_1 x_1 + a_2 x_2 + a_3 x_3$.

$$T_e \ldots x_i = \sum_k e_i^k \overline{x}_k .$$

Die Transformationsgleichungen sind

$$\overline{a}_k = \sum_h a_h e_h^k .$$

Die allgemeine projektive Gruppe G der Transformationen $x \longrightarrow \overline{x}$ induziert in der Koeffizienten-Mannigfaltigkeit eine Gruppe Γ, die mit G gleichzusammengesetzt und meroëdrisch isomorph ist[1]). Im Besonderen induziert die inverse Transformation T_e^{-1} auch die zu T_a inverse Transformation T_a^{-1}. Deswegen lassen sich die Transformationsgleichungen (4) leicht nach den $a_{ikl\ldots}$ auflösen.

Wir multiplizieren (4) mit $E_\varrho^{\,r} E_\sigma^{\,s} E_\tau^{\,t} \ldots$ und summieren über $i, k, j, \ldots$ Dies gibt

---

[1]) Bezüglich weiterer Eigenschaften von Γ vgl. *A. Hurwitz*, Math. Annalen 45 (1894) S. 381; *J. Wellstein*, Ebenda 67 (1909) S. 462 u. 490.

$$\sum_i \sum_k \sum_j \ldots \bar{a}_{rst\ldots} E_\varrho{}^r E_\sigma{}^s E_\tau{}^t \ldots = \sum a_{ikj\ldots} (\Delta \delta_{i\varrho}) (\Delta \delta_{k\sigma}) (\Delta \delta_{j\tau}) \ldots$$

oder

$$\ldots \ldots \quad a_{\varrho\sigma\tau\ldots} = \sum \bar{a}_{rst\ldots} \frac{E_\varrho{}^r}{\Delta} \cdot \frac{E_\sigma{}^s}{\Delta} \cdot \frac{E_\tau{}^t}{\Delta} \cdots .$$

§ 5. Der Invariantenbegriff.

Man kann von einer n-ären Form f p^{ten} Grades mit den Koeffizienten $a_{ikl\ldots}$ eine Reihe von Eigenschaften dadurch definieren, daß man Beziehungen zwischen den Koeffizienten festlegt, z. B. das Verschwinden gewisser Funktionen dieser Koeffizienten vorschreibt. Geht man dann von f zu $\bar{f}$ über, so kann man die Frage stellen: Bleiben solche Eigenschaften auch für $\bar{f}$ gültig?

Sei beispielsweise

$$f = a_x^2 = a_{11} x_1{}^2 + 2 a_{12} x_1 x_2 + a_{22} x_2{}^2$$

eine binäre quadratische Form. Ist sie ein vollständiges Quadrat, d. h. hat $f = 0$ eine Doppelwurzel, so ist

$$D = a_{12}{}^2 - a_{11} a_{22} = 0.$$

f besitzt in diesem Falle eine der oben genannten „Eigenschaften". Transformieren wir jetzt $f \longrightarrow \bar{f}$, so erhalten wir leicht aus den Formeln des vorigen Paragraphen die Beziehung

$$\bar{D} = \bar{a}_{12}{}^2 - \bar{a}_{11} \bar{a}_{22} = \Delta^2 \cdot D.$$

Ist also $D = 0$, so auch $\bar{D} = 0$, d. h. die Eigenschaft, ein volles Quadrat zu sein, ist auch bei $\bar{f}$ vorhanden, sie ist bei $x \longrightarrow \bar{x}$ nicht zerstört worden oder *invariant*. D ist eine *Invariante* der Form f, oder auch: $D = 0$ ist eine bei $x \longrightarrow \bar{x}$ *invariante Gleichung*.

Der Invariantenbegriff tritt an sehr vielen Stellen der Mathematik auf. Bevor wir ihn für unsere späteren Zwecke genauer festlegen, wollen wir einige Beispiele betrachten.

Beispiel 1. Es sei $f = (a x)^p$ eine n-äre Form p^{ten} Grades. Bei $x \longrightarrow \bar{x}$ entsteht $\bar{f}$, eine Form der $\bar{x}_i$, wieder vom p^{ten} Grad. Der Grad p ist also bei $x \longrightarrow \bar{x}$ invariant. Derartige „Invarianten" bezeichnet man als *arithmetische Invarianten*.

Beispiel 2. In einer xy-Ebene seien zwei Punkte $P_1(x_1, y_1)$, $P_2, (x_2, y_2)$ und die Translation

$$x = \bar{x} + x_0 \qquad y = \bar{y} + y_0$$

gegeben. Dann sind die Koordinatendifferenzen

$$x_2 - x_1 = \bar{x}_2 - \bar{x}_1 \qquad y_2 - y_1 = \bar{y}_2 - \bar{y}_1$$

Invarianten für diese Translationen, bei beliebigem x_0, y_0.

Beispiel 3. In einer xy-Ebene sei ein Punkt $P_1(x_1, y_1)$ und eine Drehung um den Ursprung gegeben:

$$x = \bar{x}\cos\varphi + \bar{y}\sin\varphi \qquad y = -\bar{x}\sin\varphi + \bar{y}\cos\varphi.$$

Dann ist

$$r = \sqrt{x_1^2 + y_1^2} = \sqrt{\bar{x}_1^2 + \bar{y}_1^2} = \bar{r}$$

eine Invariante für diese Drehungen.

Beispiel 4. In einem xyz-Raume seien $P_i(x_i, y_i)$, $(i = 1, 2, 3, 4)$ vier Punkte. Die Determinante

$$6\,V = \begin{vmatrix} x_1\,y_1\,z_1\,1 \\ x_2\,y_2\,z_2\,1 \\ x_3\,y_3\,z_3\,1 \\ x_4\,y_4\,z_4\,1 \end{vmatrix}$$

ist eine Invariante bei allen linearen Transformationen

$$\left\{\begin{aligned} x &= a_{11}\bar{x} + a_{12}\bar{y} + a_{13}\bar{z} + a_{14} \\ y &= a_{21}\bar{x} + a_{22}\bar{y} + a_{23}\bar{z} + a_{24}\,. \\ z &= a_{31}\bar{x} + a_{32}\bar{y} + a_{33}\bar{z} + a_{34} \end{aligned}\right.$$

Wir haben nämlich, wie man leicht ausrechnet

$$\bar{V} = \Delta \cdot V = |a_{ik}| \cdot V.$$

Beispiel 5. Es seien $x = x(t)$, $y = y(t)$ die Parametergleichungen einer ebenen regulären Kurve. Der Quotient

$$\varrho = \frac{(x'^2 + y'^2)^{\frac{3}{2}}}{x''y' - x'y''}$$

ist eine Invariante bei allen Parametertransformationen $t = t(\bar{t})$:

$$\varrho(t) = \bar{\varrho}(\bar{t}).$$

Aus dem bisherigen geht hervor, daß für den Invariantenbegriff drei Dinge wesentlich sind: 1. Objekte (Koordinaten, Koeffizienten, ...), die transformiert werden sollen; 2. Transformationen oder Gruppen von Transformationen und 3. Eigenschaften der transformierten Objekte, die bei den Transformationen erhalten bleiben.

§ 6. **Projektive Invarianten.**

Wir haben im folgenden mit homogenen Veränderlichen x_i zu tun. Dies sind die vorhin genannten Objekte, die transformiert werden. Als Transformationen nehmen wir die ∞^{n^2-1} Transformationen $x \dashrightarrow \bar{x}$ der allgemeinen projektiven Gruppe

$$x_i = \sum_k e_i^k \bar{x}_k.$$

Sind dann

(1) . . . . $f = (a x)^p, \quad g = (b x)^q, \ldots$

gegebene n-äre Formen, deren Koeffizienten $a_{ikl\ldots}$, $b_{ikl\ldots}$, . . . wir kurz mit $a, b, \ldots$, andeuten, so induzieren die Transformationen (1) die Koeffiziententransformationen $a \dashrightarrow \bar{a}$, $b \dashrightarrow \bar{b}, \ldots$

Jetzt definieren wir: *Eine ganze rationale Funktion* $I(a, b, \ldots)$ *der Koeffizienten* $a, b, \ldots$ *der Formen* $f, g, \ldots$, *die nicht identisch verschwindet:*

$$I(a, b, \ldots) \not\equiv 0 \{a, b, \ldots\}$$

ist eine ganze, rationale, projektive Invariante, wenn

(2) . . . . . $\bar{I} = I(\bar{a}, \bar{b}, \ldots) \equiv \Phi(e_i^k) \cdot I(a, b, \ldots),$

d. h. *wenn ihre Transformierte für jedes* $a, b, \ldots$ *und jedes* e_i^k *gleich* I *selbst, multipliziert mit einer (ganzen und rationalen) Funktion* Φ *der Transformationskoeffizienten* e_i^k *allein ist.*

Die n^2 Größen e_i^k sind dabei als unabhängig voneinander vorausgesetzt.

Läßt man auch rationale Funktionen für I zu, so kann der Fall eintreten, daß $\bar{I} = I$ wird, daß also $\Phi = 1$ ist. Man nennt dann I eine *absolute* Invariante und bei $\Phi(e_i^k) \neq 1$ spricht man von *relativen* Invarianten.

Wir bleiben vorerst bei ganzen und rationalen Funktionen $I(a, b, \ldots)$. Es läßt sich dann leicht zeigen, *daß der in* (2) *auftretende Faktor* Φ *eine positiv-ganzzahlige Potenz* Δ^g *der Transformationsdeterminante* Δ *ist:*

(3) . . . . $\Phi(e_i^k) = \Delta^g = |e_i^k|^g.$

Es genügt, wenn wir annehmen, daß in $I = I(a)$ nur die Koeffizienten a einer Grundform f vorkommen. Wir haben dann nach (2):

(4) . . . . $\bar{I} = I(\bar{a}) = \Phi(e_i^k) \cdot I(a).$

Gehen wir nun von $\bar{f}$ mit den Koeffizienten $\bar{a}$ aus. $\bar{I} = I(\bar{a})$ ist eine Invariante von $\bar{f}$. Transformieren wir also $\bar{f}$ zurück auf f mit Hilfe der zu $x \dashrightarrow \bar{x}$ inversen Transformation

$$\bar{x}_k = \sum_i \frac{E_i^k}{\Delta} x_i,$$

so entsteht analog zu (4) die Gleichung

(5) $$I = I(a) = \Phi\left(\frac{E_k^i}{\Delta}\right) \cdot I(\bar{a}).$$

Multiplikation von (4) und (5) gibt wegen $I \neq 0$:

(6) $$\Phi(e_i^k) \cdot \Phi\left(\frac{E_k^i}{\Delta}\right) = 1.$$

Da $\bar{I} = I(\bar{a})$ ganz und rational in $\bar{a}$ ist, so ist auch Φ ganz und rational; daher entsteht durch Multiplikation von (6) mit einer geeigneten Potenz Δ^s:

(7) $$\Phi(e_i^k) \cdot \Phi_1(E_k^i) = \Delta^s,$$

wobei jetzt auch Φ_1 ganz und rational ist.

Nun benützen wir den Satz aus der Determinantentheorie, daß Δ eine unzerlegbare Funktion der e_i^k ist[1]). $\Phi \cdot \Phi_1$ ist durch Δ teilbar, daher ist Δ in Φ oder in Φ_1 enthalten[2]), und durch Fortsetzung dieses Schlusses ergibt sich, daß Φ (und Φ_1) Potenzen von Δ sind:

$$\Phi(e_i^k) = \Delta^g \qquad w. z. b. w.$$

Man nennt g das *Gewicht* der relativen Invariante I. So ist z. B. die in § 5 angeführte Diskriminante D eine relative Invariante vom Gewichte $g = 2$.

Aus den ganzen rationalen Invarianten baut man auf die *rationalen* und *algebraischen* Invarianten. Der Quotient

$$I = \frac{I_1}{I_2}$$

zweier ganzer rationaler Invarianten I_1 und I_2 vom Gewichte g_1 bzw. g_2, ist, wenn I_1 nicht teilbar durch I_2, eine rational-gebrochene Invariante vom Gewichte $g = g_1 - g_2$. Das Gewicht Null gibt eine absolute Invariante. So ist z. B. $\frac{I_1^{g_2}}{I_2^{g_1}}$ eine absolute Invariante.

Eine *algebraische* Invariante I ist eine Wurzel aus einer algebraischen Gleichung, deren Koeffizienten ganze und rationale Invarianten sind, wobei $\bar{I} = \Delta^g I$ ist. g ist dann nicht notwendig ganz.

Über die algebraischen hinaus kann man *analytische* Invarianten betrachten.

---

[1]) vgl. z. B. *Weber*, Lehrbuch der Algebra I S. 91.

[2]) vgl. die Teilbarkeitssätze für Polynome bei *Bôcher*, Einführung in die höhere Algebra, Teubner (1910) S. 230 ff.

Wir werden uns im folgenden fast ausschließlich mit ganzen rationalen (projektiven) Invarianten beschäftigen und lassen dann die Wörter ganz und rational gewöhnlich weg.

Sind I_1 und I_2 vom Gewichte g_1 und g_2, so ist $I_1 I_2$ eine Invariante vom Gewichte $g_1 + g_2$. Hingegen ist

$$I = c_1 I_1 + c_2 I_2 \qquad (c_i = \text{konst.})$$

nur dann wieder eine Invariante, wenn $g_1 = g_2$ ist. Denn wir haben

$$\overline{I} = c_1 \Delta^{g_1} I_1 + c_2 \Delta^{g_2} I_2$$

und hier bekommt man nur dann $\Delta^g I$, wenn $g_1 = g_2$ ist.

§ 7. **Homogenität der Invarianten.**

Wir gehen aus von einer Reihe gegebener Grundformen

$$f_1 = (ax)^p, \quad f_2 = (bx)^q, \ldots \tag{1}$$

mit den Koeffizienten $a, b, \ldots$ und es sei $I = I(a, b, \ldots)$ eine ganze rationale Invariante dieser Formen. Sind in I wenigstens zwei Formen wirklich vertreten, so sagt man auch: I ist eine *simultane* Invariante. Wir haben, wenn g das Gewicht von I ist:

$$I(a, b, \ldots) \equiv \Delta^g I(a, b, \ldots), \tag{2}$$

identisch in allen $a, b, \ldots, e_i^k$. Nun beweisen wir den Satz:

Jede simultane Invariante I läßt sich auf eine und nur eine Weise als Summe

$$I = I' + I'' + \cdots + I^{(\sigma)} \tag{3}$$

von Invarianten $I^{(h)}$, die alle dasselbe Gewicht g haben, darstellen, wobei jedes $I^{(h)}$ allseitig-homogen ist, d. h. homogen bezgl. der a, homogen bezgl. der $b, \ldots$

Beweis: Wir zerlegen I eindeutig in allseitig-homogene Bestandteile

$$I = I' + I'' + \cdots + I^{(\sigma)} = \sum I^{(h)}. \tag{4}$$

Hier ist dann $I^{(h)}$ ein reduziert (vgl. § 1) angeschriebenes Polynom

$$I^{(h)} = \sum \alpha_\mu \, a^{\mu_1}_{ikl\ldots} \, a^{\mu_1'}_{rst\ldots} \cdots b^{\mu_2}_{ikl\ldots} \, b^{\mu_2'}_{rst\ldots} \cdots \tag{5}$$

wo die α_μ Zahlenkoeffizienten sind und in den Reihen

$$\mu_1 \, \mu_1' \ldots \mu_2 \, \mu_2' \ldots$$
$$\nu_1 \, \nu_1' \ldots \nu_2 \, \nu_2' \ldots$$

der Exponenten zweier verschiedener Glieder wenigstens zwei entsprechende Zahlen verschieden sind.

$I^{(h)}$ ist dann homogen vom Grade

$$h_1 = \mu_1 + \mu_1' + \cdots$$

in den $a_{ikl\ldots}$, homogen vom Grade

$$h_2 = \mu_2 + \mu_2' + \cdots$$

in den $b_{ikl\ldots}$, usw. und es ist:

$$(6) \quad \ldots \left\{\begin{array}{l} h_1 = \mu_1 + \mu_2' + \cdots = \nu_1 + \nu_1' + \cdots = \cdots \\ h_2 = \mu_2 + \mu_2' + \cdots = \nu_2 + \nu_2' + \cdots = \cdots \\ \ldots\ldots\ldots\ldots\ldots\ldots\ldots\ldots \end{array}\right.$$

Jetzt wollen wir beweisen, *daß jedes $I^{(h)}$ eine Invariante ist.* Wir bilden $\overline{I} = I(\overline{a}, \overline{b}, \ldots)$. Da die $a, b, \ldots$ bei $x \to \overline{x}$ linear-homogen transformiert werden, entspricht der Zerlegung (4) eine Zerlegung von $\overline{I} = \sum \overline{I}^{(h)}$ in — bezüglich $\overline{a}, \overline{b}, \ldots$ — allseitig-homogene Bestandteile $\overline{I}^{(h)}$ und wir können die Identität $\overline{I} \equiv \Delta^g I$ so schreiben:

$$(7) \quad \ldots\ldots \quad \sum_h (\overline{I}^{(h)} - \Delta^g I^{(h)}) \equiv 0.$$

Hier ist sowohl $I^{(h)}$ als auch $\overline{I}^{(h)}$ allseitig-homogen und zwar beide homogen vom Grade $h_1, h_2, \ldots$ in $a, b, \ldots$ Ist bei $I^{(h)}$ und $I^{(k)}$ $h \neq k$, so sind die beiden Reihen $h_1, h_2, \ldots$ und $k_1, k_2, \ldots$ nicht identisch. Irgend ein Potenzprodukt der $a, b, \ldots$ mit bestimmten Gradzahlen kommt nur in einer der Differenzen $\overline{I}^{(h)} - \Delta^g I^{(h)}$ vor.

Nun wenden wir den Satz von § 1 an: Ist ein reduziertes Polynom $\equiv 0$, so sind alle Koeffizienten Null. Also folgt aus (7) $\overline{I}^{(h)} - \Delta^g I^{(h)} \equiv 0$, d. h.

$$\overline{I}^{(h)} \equiv \Delta^g I^{(h)},$$

d. h. die $I^{(h)}$ sind Invarianten vom Gewichte g.

Wenn $I = I(a_{ikl\ldots})$ nur von einer Form f_1 die Koeffizienten enthält, so ergibt dieselbe Schlußfolgerung die Homogenität von I bezgl. der $a_{ikl\ldots}$ Ist I der Grad in den $a_{ikl\ldots}$, so erhalten wir durch Vergleichung der Gradzahlen bezgl. der e_i^k auf beiden Seiten von $\overline{I} = \Delta^g I$:

$$(8) \quad \ldots\ldots \quad g \cdot n = p \cdot m.$$

Allgemeiner, bei simultanen Invarianten haben wir an Stelle dieser Gleichung

$$(9) \quad \ldots\ldots \quad g \cdot n = p\, m_1 + q\, m_2 + \cdots$$

Hierbei sind $m_1, m_2, \ldots$ die Grade von I in den Koeffizienten $a, b, \ldots$

Durch obigen Satz ist nachgewiesen, daß es genügt, sich auf Invarianten zu beschränken, die *allseitig-homogen* sind: *Wir werden bei projektiven Invarianten diese Festsetzung mit in die Definition aufnehmen.* Wir werden also eine projektive Invariante von mehr als einer Grundform stets allseitig-homogen voraussetzen.

§ 8. Der Ω-Prozeß.[1])

Wir benötigen für das Folgende einen Differentiationsprozeß und seine Anwendung auf gewisse, in den Transformationskoeffizienten e_i^k homogene Funktionen.

Ist $F = F(e_i^k)$ eine solche ganze rationale Funktion, so setzen wir

(1) $$\Omega(F) = \begin{vmatrix} \frac{\partial}{\partial e_1^1} & \frac{\partial}{\partial e_1^2} & \cdots & \frac{\partial}{\partial e_1^n} \\ \cdots & \cdots & \cdots & \cdots \\ \cdots & \cdots & \cdots & \cdots \\ \frac{\partial}{\partial e_n^1} & \frac{\partial}{\partial e_n^2} & \cdots & \frac{\partial}{\partial e_n^n} \end{vmatrix} F = \sum \pm \frac{\partial^n F}{\partial e_1^{i_1} \partial e_2^{i_2} \ldots \partial e_n^{i_n}}.$$

Hierbei ist $\pm 1 = \text{sign}(i_1\, i_2 \ldots i_n) =$ Vorzeichen der Permutation $(i_1\, i_2 \ldots i_n)$ der n Ziffern $(12 \ldots n)$.

Ist F homogen von niedrigerem als n^{ten} Grad in den e_i^k, so wird $\Omega(F) = 0$.

Wir nehmen zunächst $F = \Delta$. Wegen

$$\Delta = \sum \pm e_1^{i_1} e_2^{i_2} \ldots e_n^{i_n}$$

erhalten wir aus (1) unmittelbar

(2) . . . . $\Omega(\Delta) = n!$

Ferner benötigen wir das Resultat von $\Omega^g(\Delta^g)$, wobei Ω^g die g-malige Wiederholung von Ω darstellt ($g \geqq 1$). Es muß $\Omega^g(\Delta^g)$ eine Konstante sein, die von g und n abhängt. Wir wollen sie ermitteln.

Es genügt, die Ableitung für $n = 3$ durchzuführen.[2]) Zwecks kürzerer Bezeichnung und besserer Übersicht setzen wir:

(3) . . . . $$\Delta = |e_i^k| = \begin{vmatrix} \xi_1 & \xi_2 & \xi_3 \\ \eta_1 & \eta_2 & \eta_3 \\ \zeta_1 & \zeta_2 & \zeta_3 \end{vmatrix}$$

und bezeichnen die Minoren mit großen Buchstaben:

$$\Xi_1 = \frac{\partial \Delta}{\partial \xi_1}, \quad E_1 = \frac{\partial \Delta}{\partial \eta_1}, \quad Z_1 = \frac{\partial \Delta}{\partial \zeta_1} \quad \text{usw.}$$

Es ist dann:

---

[1]) Auch Cayleyscher Prozeß genannt.

[2]) vgl. *J. H. Grace* u. *A. Young,* The algebra of invariants, Cambridge (1903) p. 259.

$$(4) \quad \ldots\ldots\ldots \quad \Omega = \begin{vmatrix} \frac{\partial}{\partial \xi_1} & \frac{\partial}{\partial \xi_2} & \frac{\partial}{\partial \xi_3} \\ \frac{\partial}{\partial \eta_1} & \frac{\partial}{\partial \eta_2} & \frac{\partial}{\partial \eta_3} \\ \frac{\partial}{\partial \zeta_1} & \frac{\partial}{\partial \zeta_2} & \frac{\partial}{\partial \zeta_3} \end{vmatrix}$$

und wir berechnen zunächst $\Omega(\Delta^s)$. Es ist

$$\frac{\partial \Delta^s}{\partial \eta_2} = s\,\Delta^{s-1}\,\boldsymbol{E}_2$$

und daher:

$$\frac{\partial^2 \Delta^s}{\partial \eta_2 \partial \zeta_3} = s(s-1)\Delta^{s-2}\boldsymbol{E}_2\boldsymbol{Z}_3 + s\Delta^{s-1}\frac{\partial \boldsymbol{E}_2}{\partial \zeta_3} = s(s-1)\Delta^{s-2}\boldsymbol{E}_2\boldsymbol{Z}_3 + s\Delta^{s-1}\xi_1.$$

Vertauschen wir hier η mit ζ und subtrahieren, so wird:

$$\left(\frac{\partial^2}{\partial \eta_2 \partial \zeta_3} - \frac{\partial^2}{\partial \eta_3 \partial \zeta_2}\right)\Delta^s = s(s-1)\Delta^{s-2}[\boldsymbol{E}_2\boldsymbol{Z}_3 - \boldsymbol{E}_3\boldsymbol{Z}_2] + 2s\Delta^{s-1}\xi_1.$$

Hier ist nach einem bekannten Satze aus der Determinantentheorie

$$\boldsymbol{E}_2\boldsymbol{Z}_3 - \boldsymbol{E}_3\boldsymbol{Z}_2 = \Delta\cdot\xi_1$$

und dies gibt:

$$\left(\frac{\partial^2}{\partial \eta_2 \partial \zeta_3} - \frac{\partial^2}{\partial \eta_3 \partial \zeta_2}\right)\Delta^s = s(s+1)\Delta^{s-1}\cdot\xi_1.$$

Daher, wenn wir nach ξ_1 differenzieren:

$$\frac{\partial}{\partial \xi_1}\left(\frac{\partial^2}{\partial \eta_2 \partial \zeta_3} - \frac{\partial^2}{\partial \eta_3 \partial \zeta_2}\right)\Delta^s = s(s+1)(s-1)\Delta^{s-2}\,\Xi_1\xi_1 + s(s+1)\Delta^{s-1}.$$

Vertauschen wir hier ξ, η, ζ zyklisch und addieren, so wird:

$$\Omega(\Delta^s) = s(s+1)(s-1)\Delta^{s-1} + 3s(s+1)\Delta^{s-1}, \quad \text{also}$$

$$(5) \quad \ldots \quad \Omega(\Delta^s) = s(s+1)(s+2)\Delta^{s-1}.$$

Bei beliebigem n würde man durch ganz analoge Rechnung bekommen haben:

$$(6) \qquad \Omega(\Delta^s) = s(s+1)\ldots(s+n-1)\Delta^{s-1} = \frac{(s+n-1)!}{(s-1)!}\Delta^{s-1}.$$

Durch wiederholte Anwendung erhalten wir schließlich das gewünschte Ergebnis:

$$(7) \qquad \Omega^g(\Delta^g) = \frac{(n+g-1)!}{(g-1)!}\,\frac{(n+g-2)!}{(g-2)!}\ldots\frac{(n+2)!}{2!}\,\frac{(n+1)!}{1!}\,n! = c_g.$$

Für $g = 1$ geht dies in (2) über.

§ 9. Invarianten von Linearformen.

Wir untersuchen jetzt die Wirkung des Ω-Prozesses auf ein Produkt P von n Ausdrücken, die in den e_i^k linear und homogen *sind:*

(1) $$P = \left(\sum_{\lambda_1} a_{\lambda_1} e_{\lambda_1}^{i_1}\right)\cdot\left(\sum_{\lambda_2} b_{\lambda_2} e_{\lambda_2}^{i_2}\right)\cdots\left(\sum_{\lambda_n} m_{\lambda_n} e_{\lambda_n}^{i_n}\right).$$

Multiplizieren wir dies aus, so entsteht eine n-fache Summe:

(2) $$P = \sum_{\lambda_1}\sum_{\lambda_2}\cdots\sum_{\lambda_n} a_{\lambda_1} b_{\lambda_2}\cdots m_{\lambda_n} e_{\lambda_1}^{i_1} e_{\lambda_2}^{i_2}\cdots e_{\lambda_n}^{i_n}.$$

Für

$$\Omega = \sum \pm \frac{\partial^n}{\partial e_1^{i_1}\partial e_2^{i_2}\dots\partial e_n^{i_n}}$$

haben wir dann bei festen $\lambda_1\lambda_2\dots\lambda_n$:

$$\Omega(e_{\lambda_1}^{i_1}\dots e_{\lambda_n}^{i_n}) = \sum \pm \delta_{1\lambda_1}\delta_{2\lambda_2}\dots\delta_{n\lambda_n}$$

und daher ist:

$$\Omega P = \sum \pm\left(\sum_{\lambda_1}\cdots\sum_{\lambda_n}\delta_{1\lambda_1}\dots\delta_{n\lambda_n} a_{\lambda_1}\dots m_{\lambda_n}\right) = \sum \pm a_1 b_2 \dots m_n,$$

d. h. wenn wir für die n-reihige Determinante $\sum \pm a_1 b_2 \dots m_n$ die Abkürzung $(a b \dots m)$ einführen:

(3) $$\Omega P = \begin{vmatrix} a_1 & a_2 & \dots & a_n \\ b_1 & b_2 & \dots & b_n \\ \dots & \dots & \dots & \dots \\ m_1 & m_2 & \dots & m_n \end{vmatrix} = (a b \dots m).$$

Wir erwähnen hier schon, daß man eine solche n-reihige Determinante als „*Klammerfaktor*“ oder „*Faktor zweiter Art*“ bezeichnet. Wir werden späterhin sehr viel mit derartigen Ausdrücken zu tun haben.

Mit Hilfe von (3) läßt sich nun ein sehr wichtiger Satz beweisen. Es sei eine Reihe von n-ären Linearformen gegeben:

(4) $$L_1 = (a x),\quad L_2 = (b x), \dots,\quad L_n = (m x), \dots,\quad L_s = (q x).$$

Ihre Anzahl s sei $\geqq n$. Zunächst können wir feststellen, *daß jede n-reihige Determinante*

(5) $$I = (a b \dots m) = \sum \pm a_1 b_2 \dots m_n,$$

gebildet aus n beliebigen der Formen (4), *eine relative Invariante vom Gewichte* 1 *ist.*

Wir bilden $\bar{I} = (\bar{a}\bar{b}\dots\bar{m})$. Nach (4) § 4 S. 8 oder auch nach Beispiel 2 des § 4 haben wir für die transformierten Koeffizienten $\bar{a}, \bar{b}, \dots$:

(6) $$\bar{a}_i = \sum_\lambda a_\lambda e_\lambda^i,\quad \bar{b}_i = \sum_\lambda b_\lambda e_\lambda^i, \dots.$$

Setzen wir dies in $\bar{I} = (\bar{a}\,\bar{b} \ldots \bar{m})$ ein, so wird nach dem Multiplikationssatz für n-reihige Determinanten:

(7) . . . . $\bar{I} = \Delta \cdot I = \Delta \cdot (a\,b \ldots m)$.

Nun gilt aber auch das Umgekehrte: Jede ganze, rationale und projektive Invariante der Linearformen (4) *ist eine ganze rationale Funktion der n-reihigen Determinanten* $(a\,b \ldots m)$, *die aus den Koeffizienten von je n verschiedenen der Formen* (4) *gebildet werden können.*

Beweis. Es sei I eine Invariante der Formen (4), also

(8) . . . . $I = F(a_{i_1}, b_{i_2}, \ldots, m_{i_n})$,

wo F ganz, rational und allseitig homogen ist. Jetzt bilden wir $\bar{I} = \Delta^g I$:

(9) . . . $\Delta^g I = F\left(\sum\limits_\lambda a_\lambda e_\lambda^{i_1}, \sum\limits_\lambda b_\lambda e_\lambda^{i_2}, \ldots, \sum\limits_\lambda m_\lambda e_\lambda^{i_n}, \ldots\right)$.

Jedes Glied der rechten Seite ist ein Produkt von N Faktoren der Gestalt $\sum\limits_\lambda a_\lambda e_\lambda^i$, wo N der Gesamtgrad von F in den $a, b, \ldots, m, \ldots$ ist.

Wenden wir jetzt auf beide Seiten von (9) den Ω-Prozeß g-mal an. Links entsteht wegen (7), § 8 der Ausdruck $c_g \cdot I$, wo c_g eine von Null verschiedene Konstante ist. Rechts gibt die Anwendung von Ω auf je n Faktoren $\sum\limits_\lambda a_\lambda e_\lambda^i$ immer einen Klammerfaktor $(a\,b \ldots m)$. Bei den weiteren Ω-Prozessen sind diese Faktoren aber als Konstante zu betrachten. Wir erhalten so: $I = \frac{1}{c_g}$ mal einer ganzen rationalen Funktion von Klammerfaktoren, *q. e. d.*

Als Folgerungen aus obigem Satze heben wir hervor: Ist die Anzahl s der Linearformen (4) $< n$, so existiert *keine Invariante*; ist $s = n$, so ist jede Invariante eine Potenz von $(a\,b \ldots m)$.

§ 10. **Der Aronholdsche Prozeß.**

Wir werden sehen, daß man den eben bewiesenen Satz über Invarianten von Linearformen auf beliebige Formen ausdehnen kann. Hierzu benötigen wir einige Vorbereitungen.

Es sei

(1) . . . . $I = I(a_{ikl} \ldots, \ldots)$

eine Invariante vom Gewichte g, in der die Koeffizienten $a_{ikl} \ldots$ einer Form p^{ten} Grades

(2) . . . . $f = (a\,x)^p = \sum a_{ikl} \ldots x_i x_k x_l \ldots$,

homogen im s^{ten} Grade vorkommen. Sei ferners

(3) . . . . $\varphi = (\alpha x)^p = \sum \alpha_{ikl\ldots} x_i x_k x_l \ldots$

eine weitere n-äre Form p^{ten} Grades.

Dann gilt der Satz: *Mit* $I = I(a_{ikl\ldots})$ *ist gleichzeitig die aus* I *abgeleitete Funktion*

(4) . . . . $K = \frac{1}{s} \sum_{(ikl\ldots)} \frac{\partial I}{\partial a_{ikl\ldots}} \alpha_{ikl\ldots}$

eine Invariante.

In (4) ist die Summe über alle verschiedenen Koeffizienten $a_{ikl\ldots}$ zu nehmen. Der Prozeß (4) wird nach Gordan „*Aronholdscher*" *Prozeß* genannt. Er erzeugt für $s > 1$ aus der Invariante I von f eine Invariante K von f und φ, linear in den Koeffizienten α der letzteren Form.

Wir beweisen zunächst obigen Satz. Da $\overline{I} = \Delta^g I$ ist, wird

$$K = \frac{1}{s} \sum \frac{\partial I}{\partial a} \alpha = \frac{1}{s} \sum \frac{\partial\left(\frac{\overline{I}}{\Delta^g}\right)}{\partial a} \alpha = \frac{1}{s\Delta^g} \sum \frac{\partial \overline{I}}{\partial a} \alpha$$

und dies kann man auch so schreiben:

(5) . . . . $K = \frac{1}{s\Delta^g} \sum \frac{\partial \overline{I}}{\partial \overline{a}} \left(\sum \frac{\partial \overline{a}}{\partial a} \alpha \right).$

Nun haben wir nach (4) § 4 S. 8 die Transformationsgleichungen

$$\overline{a}_{rst\ldots} = \sum a_{ikl\ldots} e_i^r e_k^s e_l^t \ldots;$$

die Summe $\sum \frac{\partial \overline{a}}{\partial a} \alpha$ entsteht also, wenn wir rechter Hand die $a_{ikl\ldots}$ durch die $\alpha_{ikl\ldots}$ ersetzen, was $\overline{\alpha}_{rst\ldots}$ gibt. Somit wird

$$\sum \frac{\partial \overline{a}}{\partial a} \alpha = \overline{\alpha}$$

und daher nach (5):

$$K = \frac{1}{s\Delta^g} \sum \frac{\partial \overline{I}}{\partial \overline{a}} \overline{\alpha} = \frac{\overline{K}}{\Delta^g},$$

d. h. K ist auch eine Invariante vom Gewichte g.

Man sagt auch: der Aronholdsche Prozeß ist ein „*invarianter Prozeß*"; er erzeugt aus Invarianten wieder Invarianten. Oder anders ausgedrückt: Aronholdscher Prozeß und lineare Transformation sind zwei miteinander vertauschbare Operationen.

Der Aronholdsche Prozeß ist ein spezieller Fall des sogenannten „*Polarenprozesses*". Darunter versteht man folgendes. Sind ξ_1,

$\xi_2, \dots, \xi_m$ und $\eta_1, \eta_2, \dots, \eta_m$ zwei Reihen von Veränderlichen und $F = F(\xi)$ eine Form der ξ_i vom Grade s, so ist

$$F_1 = \frac{1}{s} \sum_i \frac{\partial F}{\partial \xi_i} \eta_i$$

die *erste Polare* von F. Nehmen wir I statt F, a und α statt ξ und η, so erhalten wir — die Invarianten sind ja *Formen* der Koeffizienten — den Aronholdschen Prozeß. Wir kommen in § 7 näher auf den Polarenprozeß zurück.

Ersetzen wir die $\alpha_{ikl} \dots$ in (4) durch die Potenzprodukte $\alpha_i \alpha_k \alpha_l \dots$ der Koeffizienten $\alpha_1, \alpha_2, \dots, \alpha_n$ einer Linearform $L = (\alpha x)$, so ist K eine Simultaninvariante von $f = (a x)^p$ und von L, die die Koeffizienten α_i von L im Grade p enthält. Derartige Invarianten werden als „*Evektanten*" von I bezeichnet, der Prozeß (4) wird dann auch „*Evektantenprozeß*" genannt.

Wenn f mit φ identisch ist: $a_{ikl} \dots = \alpha_{ikl} \dots$, so sagt (4) nichts neues aus: wir erhalten einfach den *Euler*schen Satz über homogene Funktionen.

Ist I eine Invariante von Linearformen, also ein Aggregat von Faktoren 2. Art $(a b \dots m)$, so gibt obiger Satz auch nichts neues: aus $(a b \dots m)$ entsteht ja einfach $(\alpha b \dots m)$.

Man kann auf K wieder den Aronholdschen Prozeß anwenden:

$$(6) \quad \dots\dots\dots \quad K_1 = \frac{1}{s_1} \sum \frac{\partial K}{\partial a} \alpha$$

wo s_1 der Grad von K in den $a_{ikl} \dots$ ist. Sind die $\alpha_{ikl} \dots$ unabhängig von den $a_{ikl} \dots$, so ist $s_1 = s - 1$ und aus (6) wird

$$(7) \quad \dots\dots \quad K_1 = \frac{1}{s(s-1)} \sum \sum \frac{\partial^2 I}{\partial a \, \partial a} \alpha \alpha$$

und analog kann man $K_2, K_3, \dots$ bilden. Sind hingegen die $\alpha_{ikl} \dots$ Funktionen der $a_{ikl} \dots$, so gibt die Wiederholung des Aronholdschen Prozesses weniger einfache Formeln.

Bemerkung. Die in (4) auftretende Summe $\sum \frac{\partial I}{\partial a} \alpha$ wird auch manchmal mit δI bezeichnet und die Ausführung von δI „deltairen" genannt[1]). δI ist nichts anderes als der Koeffizient von λ, wenn man $I(a + \lambda \alpha)$ nach Potenzen von λ entwickelt.

[1]) vgl. *Gordan-Kerschensteiner* Bd. II S. 62.

§ 11. Symbolische Darstellung der Formen.

Wir kommen jetzt auf die schon im § 1 angeführte symbolische Darstellung einer n-ären Form f vom Grade p

(1) $$f = \sum a_{ikl\ldots} x_i x_k x_l \ldots = (a\,x)^p$$

zurück. Die a_i haben wir als „gewöhnliche, p-fältige“ Symbole bezeichnet. Die Reihe $a_1, a_2, \ldots, a_n$ heißt „Symbolreihe a“ und f erscheint dargestellt als p^{te} Potenz der symbolischen Linearform $(a\,x)$.

Bei einer Transformation $x \to \bar{x}$ haben wir noch (4) § 4 S. 8

(2) $$\bar{a}_{rst\ldots} = \sum a_{ikl\ldots} e_i^r\, e_k^s\, e_l^t \ldots$$

Zerlegen wir hier rechts $a_{ikl\ldots}$ in $a_i a_k a_l \ldots$, so entsteht:

(3) $$\bar{a}_{rst\ldots} = \sum a_i a_k a_l \ldots e_i^r\, e_k^s\, e_l^t \ldots = \left(\sum_i a_i e_i^r\right) \cdot \left(\sum_k a_k e_k^s\right) \ldots$$

Hier stehen aber in den Klammern genau die transformierten Symbole, d. h. die transformierten Koeffizienten $\bar{a}_i$ der Linearform $(a\,x)$:

$$\bar{a}_r = \sum_i a_i e_i^r, \quad \bar{a}_s = \sum_k a_k e_k^s, \ldots$$

Daher wird:

(4) $$\bar{a}_{rst\ldots} = \bar{a}_r \cdot \bar{a}_s \cdot \bar{a}_t \ldots$$

oder ausführlicher:

(5) $$\overline{(a)_r\,(a)_s\ldots} = \overline{(a_r)} \cdot \overline{(a_s)} \ldots$$

d. h. *wir bekommen die transformierten Koeffizienten* $\bar{a}_{ikl\ldots}$ *symbolisch dargestellt, wenn wir die Symbole* a_i *transformieren.*

Oder anders ausgedrückt: *Symbolische Zerlegung* $a_{ikl\ldots} = a_i a_k a_l \ldots$ *und Transformation sind zwei miteinander vertauschbare Operationen.*

Hierauf beruht die große Anwendungsfähigkeit der symbolischen Darstellung. Es wird so möglich, die Theorie der Invarianten beliebiger Formen auf die von Linearformen zurückzuführen; die letztere ist aber sehr einfach zu überschauen.

Äquivalente Symbole. Wenn wir die Zerlegung $a_{ikl\ldots} = a_i a_k a_l \ldots$ auch auf Ausdrücke anwenden wollen, die *nicht linear* in den $a_{ikl\ldots}$ sind, also wenn wir z. B. das Quadrat

$$f^2 = \left(\sum a_{ikl\ldots} x_i x_k x_l \ldots\right)^2$$

mit Hilfe der symbolischen Linearformen $(a\,x)$ darstellen wollen, so muß eine Erweiterung der Bezeichnung stattfinden, um Mehrdeutigkeiten zu vermeiden. Bei $p = 2$ würde das Produkt $a_{12} a_{13} = a_1 a_2 a_1 a_3$ kein eindeutiges Zurückgehen von den Symbolen zu den Koeffizienten ermöglichen. Es könnte ja auch $a_1 a_2 a_1 a_3 = a_{11} a_{23}$ gesetzt werden und bei beliebigen a_{ik} ist jedenfalls $a_{12} a_{13} \neq a_{11} a_{23}$.

Man hilft sich da in einfacher Weise so, indem man zu a äquivalente Symbole $b, c, \ldots$ einführt und zwar so viel verschiedene als der Grad des darzustellenden Ausdruckes in den $a_{ikl}\ldots$ beträgt. Beim Zurückgehen zu den Koeffizienten $a_{ikl}\ldots$ hat man dann vorerst alle Symbole a zu $a_{ikl}\ldots$, dann alle Symbole b zu $b_{ikl}\ldots$, alle Symbole c zu $c_{ikl}\ldots, \ldots$ zu vereinigen und *nach* dieser Vereinigung

$$a_{ikl}\ldots = b_{ikl}\ldots = c_{ikl}\ldots = \ldots$$

zu setzen. So wäre z. B. bei obigem Produkt $a_{12}\,a_{13}$ zu schreiben: $a_{12}\,a_{13} = a_1\,a_2\,b_1\,b_3$ oder $= b_1\,b_2\,a_1\,a_3$. Ferners $f^2 = (a\,x)^p \cdot (b\,x)^p$ und nicht $f^2 = (a\,x)^p\,(a\,x)^p = (a\,x)^{2p}$.

Aus diesen Festsetzungen folgt, *daß äquivalente Symbolreihen miteinander vertauschbar sind.* Es können also in einem symbolisch dargestellten Ausdruck, der z. B. p Reihen a und p Reihen zu a äquivalente b enthält, alle p Reihen a durch b und gleichzeitig alle p Reihen b durch a ersetzt werden, ohne daß sich der *Wert* des Ausdruckes dabei ändert. (Eine *Form*-Änderung findet dagegen fast stets statt.)

§ 12. Symbolische Darstellung der Invarianten.

Wir bleiben der Einfachheit halber bei einer Grundform $f = (a\,x)^p$, obwohl das Folgende auch für mehrere gegebene Formen gilt. Es sei

(1) $$I = I(a_{ikl}\ldots, \ldots)$$

eine Invariante von f vom Gewichte g und vom Grade q in den $a_{ikl}\ldots$. Wir wollen I symbolisch darstellen.

Dazu führen wir zunächst, wenn $q > 1$ ist neben den $a_{ikl}\ldots$ noch $(q-1)$ äquivalente Reihen

(2) $$b_{ikl}\ldots = c_{ikl}\ldots = \cdots = m_{ikl}\ldots = a_{ikl}\ldots$$

ein, mit dem Zwecke, aus I eine ganze rationale Funktion herzustellen, die *linear* und homogen in diesen q Reihen $a_{ikl}\ldots$, $b_{ikl}\ldots, \ldots, m_{ikl}\ldots$ ist. Wir bilden hierzu mit Hilfe des Aronholdschen Prozesses:

(3) $$\left\{\begin{aligned} I &= I(a_{ikl}\ldots, \ldots) \\ I_1 &= \frac{1}{q}\sum \frac{\partial I}{\partial a_{ikl}\ldots}\, b_{ikl}\ldots \\ I_2 &= \frac{1}{q-1}\sum \frac{\partial I_1}{\partial a_{ikl}\ldots}\, c_{ikl}\ldots \\ &\ldots\ldots\ldots\ldots \\ I_{q-1} &= \frac{1}{2}\sum \frac{\partial I_{q-2}}{\partial a_{ikl}\ldots}\, m_{ikl}\ldots = K(a_{ikl}\ldots, b_{ikl}\ldots, \ldots, m_{ikl}\ldots) \end{aligned}\right.$$

Der letzte Ausdruck K hat die folgenden Eigenschaften:

1. K ist eine Invariante der zueinander äquivalenten Formen

$$f = (a\,x)^p = (b\,x)^p = \cdots = (m\,x)^p.$$

Dies folgt aus der Invarianteneigenschaft des Aronholdschen Prozesses.

2. Setzt man in K

$$a_{ikl\ldots} = b_{ikl\ldots} = \cdots = m_{ikl\ldots},$$

so geht K in I über. Es geht ja dann I_{q-1} in I_{q-2}, I_{q-2} in $I_{q-3}, \ldots, I_1$ in I über.

3. K ist linear und homogen in jeder der q Reihen (2). Wir können also in K die äquivalenten Symbolreihen $a, b, \ldots, m$ einführen und erhalten:

(4) $$K = K(a_i, b_i, \ldots, m_i),$$

d. h. K wird eine Invariante der q Linearformen

$$(a\,x),\ (b\,x),\ \ldots,\ (m\,x)$$

und zwar eine Invariante, die in jeder Reihe $a, b, \ldots, m$ vom p^{ten} Grad ist: wir haben ja p Reihen a, p Reihen $b, \ldots$

Nach dem Satze des § 9 ist jetzt K eine ganze rationale Funktion von Klammerfaktoren:

(5) $$I = K = F\Big((a\,b\ldots m), \ldots\Big).$$

Dies gibt den wichtigen Satz: *Ist* $f = (a\,x)^p$ *eine* n*-äre Grundform vom Grade* p *und sind* $a, b, \ldots$ *äquivalente Symbolreihen, so ist jede Invariante darstellbar durch Klammerfaktoren* $(a\,b\,\ldots\,m)$.

Es ist dies eine spezielle Fassung des sogenannten „ersten Fundamentalsatzes der symbolischen Methode“; den allgemeinen Satz werden wir im Abschnitt IV behandeln.

Als Folgerungen führen wir an:

1. Da ein Klammerfaktor $(a\,b\ldots m)$ verschwindet, wenn er wenigstens 2 gleiche Reihen enthält, so müssen bei $I \neq 0$ wenigstens n äquivalente Symbolreihen $a, b, c, \ldots$ auftreten, d. h. *es muß der Grad* q *der Invariante* $\geqq n$ *sein.* Ist $q = n$, so ist $(a\,b\ldots m)$ der einzige Klammerfaktor und daher ist bis auf einen konstanten Faktor

(6) $$I = (a\,b\ldots m)^p.$$

Wird hier a mit b vertauscht — wodurch sich I nicht ändert, da a und b äquivalent sind — so entsteht wegen $(b\,a\ldots m) = -(a\,b\ldots m)$:

$$I = (-1)^p\, I,$$

d. h. $I = 0$ für ungerades p.

Im n-ären Gebiete hat also eine Form f keine Invariante, deren Grad q in den Koeffizienten $< n$ ist; bei geradem p hat f eine einzige Invariante (6), deren Grad $q = n$ ist.

2. Da I je p Symbolreihen $a, b, c, \ldots$ enthält, so gibt es in I überhaupt $p \cdot q$ Reihen. Sie sind zu je n auf Klammerfaktoren verteilt; also ist $\frac{p \cdot q}{n} = g$ eine ganze Zahl. Wir haben so die schon im § 7 S. 14 gefundene Gleichung $pq = gn$, wo g das Gewicht von I ist.

§ 13. Beispiele.

Beispiel 1. Eine binäre quadratische Form

$$f = a_x^2 = a_{11} x_1{}^2 + 2 a_{12} x_1 x_2 + a_{22} x_2{}^2$$

hat die Invariante $D = a_{11} a_{22} - a^2{}_{12}$, ihre (negative) Diskriminante. Sie soll symbolisch dargestellt werden.

Wir haben nach (3) des vorigen §:

$$I_1 = \frac{1}{2} \sum \frac{\partial I}{\partial a_{ik}} b_{ik} = \frac{1}{2} (a_{11} b_{22} + a_{22} b_{11} - 2 a_{12} b_{12})$$

$$= \frac{1}{2} (a_1{}^2 b_2{}^2 + a_2{}^2 b_1{}^2 - 2 a_1 a_2 b_1 b_2), \quad \text{also}$$

$$I = D = \frac{1}{2} (a b)^2 = \frac{1}{2} \begin{vmatrix} a_1 & a_2 \\ b_1 & b_2 \end{vmatrix}^2 .$$

Beispiel 2. Die Diskriminante D einer ternären quadratischen Form $f = (a x)^2 = \sum a_{ik} x_i x_k$ ist eine Invariante vom 3. Grad in den Koeffizienten a_{ik}.

$$D = | a_{ik} | = \begin{vmatrix} a_{11} & a_{12} & a_{13} \\ a_{21} & a_{22} & a_{23} \\ a_{31} & a_{32} & a_{33} \end{vmatrix} .$$

Hier kann man — anstatt die Gleichungen (3) des vorigen § zu benutzen — einfacher so vorgehen. Wir ersetzen die zweite Zeile von D durch b_{21}, b_{22}, b_{23}, die dritte durch c_{31}, c_{32}, c_{33} und zerlegen in Symbole a, b und c. Also:

$$D = \begin{vmatrix} a_{11} & a_{12} & a_{13} \\ b_{21} & b_{22} & b_{23} \\ c_{31} & c_{32} & c_{33} \end{vmatrix} = \begin{vmatrix} a_1{}^2 & a_1 a_2 & a_1 a_3 \\ b_2 b_1 & b_2{}^2 & b_2 b_3 \\ c_3 c_1 & c_3 c_2 & c_3{}^2 \end{vmatrix} = a_1 b_2 c_3 \begin{vmatrix} a_1 & a_2 & a_3 \\ b_1 & b_2 & b_3 \\ c_1 & c_2 & c_3 \end{vmatrix},$$

wobei aus der 1. Zeile a_1, aus der 2. Zeile b_2 und aus der 3. Zeile c_3 herausgehoben wurde. Also ist

$$D = a_1 b_2 c_3 (a b c).$$

Vertauschen wir hier a, b, c auf alle möglichen Arten, so ändert sich bei jeder Vertauschung wegen des Klammerfaktors $(a\,b\,c)$ das Vorzeichen. Addition gibt dann

$$6\,D = (a\,b\,c) \cdot \sum \pm a_1 b_2 c_3 = (a\,b\,c)^2,$$

also ist

$$D = \frac{1}{6}(a\,b\,c)^2$$

die symbolische Darstellung von D.

Allgemein, bei n-ären quadratischen Formen erhält man auf genau dieselbe Weise

$$D = |\,a_{ik}\,| = \frac{1}{n!}(a\,b \ldots m)^2.$$

Beispiel 3. Es sei $f = (a\,x)^3 = \sum a_{ikl}\,x_i\,x_k\,x_l$ eine ternäre kubische Form. $f = 0$ gibt eine ebene Kurve dritter Ordnung. Wir haben $n = 3$, $q = 3$; es muß also der Grad q einer Invariante I größer als 3 sein, denn für $q = 3$ ist $I = (a\,b\,c)^3 \equiv 0$. (Vgl. die erste Bemerkung im vorigen §.) Da $\frac{p \cdot q}{n} = \frac{3 \cdot q}{3} = q$ ist, so wird das Gewicht $g = q$ und es lassen sich für jeden Grad $q = 4, 5, 6, \ldots$ Invarianten bilden.

Es läßt sich beweisen — wir kommen in Abschnitt II § 17 S. 63 kurz darauf zurück — daß sich jede Invariante von f durch die beiden folgenden ausdrücken läßt:

$$q = 4\colon\; S = (a\,b\,c)\,(a\,b\,d)\,(a\,c\,d)\,(b\,c\,d)$$
$$q = 6\colon\; T = (a\,b\,c)\,(a\,b\,d)\,(a\,c\,e)\,(b\,c\,f)\,(d\,e\,f)^2.$$

Hierbei sind a, b, c, d, e und f äquivalente Symbolreihen:

$$a_{ikl} = b_{ikl} = \cdots = f_{ikl}.$$

§ 14. **Linien-, Ebenen- und Raumkoordinaten.**

Wir haben bisher nur Formen mit veränderlichen $x_1, x_2, \ldots, x_n$ betrachtet. Ist $L = (a\,x)$ eine Linearform dieser Veränderlichen, so fanden wir bei $x \rightarrow \bar{x}$ für die neuen Koeffizienten $\bar{a}$ die Transformationsgleichungen

(1) . . . . $\bar{a}_k = \sum_i a_i\,e_i^k$

oder, aufgelöst nach den a_i (vgl. § 3)

(2) . . . . $a_i = \sum_k \bar{a}_k \frac{E_i^k}{\Delta}.$

Die Gleichungen (1) ergaben sich aus der Beziehung

(3) . . . . $L = (a\,x) = (\bar{a}\,\bar{x}) = \bar{L},$

d. h. aus der Annahme, daß die Form L selbst eine *absolute* Invariante bei $x \rightarrow \bar{x}$ ist. Diese Voraussetzung wollen wir beibehalten. Es sind demgemäß auch die bisher von uns betrachteten Grundformen $f = (a x)^p, \ldots$ selbst absolute Invarianten.

In dem Ausdrucke

$$L = (a x) = a_1 x_1 + a_2 x_2 + \cdots + a_n x_n$$

haben wir einen einfachsten Invariantentypus vor uns, er heißt *Linearfaktor* oder *Faktor erster Art.* Daß dabei die a_i Koeffizienten von Linearformen, die x_i Veränderliche (Punktkoordinaten) sind, ergibt eine Unsymmetrie, die sich leicht beseitigen läßt, wenn wir neben den x_i eine zweite Gattung von Veränderlichen $u_i' = a_i$ einführen mit dem Zusatz, daß bei $x \rightarrow \bar{x}$ die u_i' so wie in (1) und (2) angegeben, transformiert werden sollen. Wir stellen dann diese oft gebrauchten Transformationsgleichungen so zusammen:

$$(4) \quad \ldots\ldots \quad \left\{ \begin{array}{ll} x_i = \sum\limits_k e_i^k \bar{x}_k & \bar{x}_k = \sum\limits_i \dfrac{E_i^k}{\Delta} x_i \\ u_i' = \sum\limits_k \dfrac{E_i^k}{\Delta} \bar{u}_k' & \bar{u}_k' = \sum\limits_i e_i^k u_i'. \end{array} \right.$$

Man sagt, die Größen u_i' werden *kontragredient* zu den x_i transformiert oder auch: die Reihen u' und x sind zueinander *dual* oder *kontragredient.* Sind $u', v', w', \ldots$ Reihen, die zu x dual, so sind sie zueinander kogredient.

Die Benennung „dual“ entstammt der projektiven Geometrie. Es sei dies etwa für $n = 3$ (Ebene) näher ausgeführt.

Sind y und z zwei Punkte, so läßt sich aus ihren homogenen Koordinaten die Matrix

$$M = \left\| \begin{array}{ccc} y_1 & y_2 & y_3 \\ z_1 & z_2 & z_3 \end{array} \right\|$$

bilden. Ihre zweireihigen Determinanten sind

$$(5) \quad \ldots \quad v_1' = y_2 z_3 - y_3 z_2 \quad v_2' = y_3 z_1 - y_1 z_3 \quad v_3' = y_1 z_2 - y_2 z_1.$$

Wie transformieren sich die v_i' bei $x \rightarrow \bar{x}$? Wir haben nach (4):

$$y_i = \sum_\lambda e_i^\lambda \bar{y}_\lambda \qquad z_k = \sum_\mu e_k^\mu \bar{z}_\mu$$

und dies gibt:

$$v_1' = y_2 z_3 - y_3 z_2 = \sum_\lambda \sum_\mu \bar{y}_\lambda \bar{z}_\mu (e_2^\lambda e_3^\mu - e_3^\lambda e_2^\mu) = \sum_{\lambda\mu} (\bar{y}_\lambda \bar{z}_\mu - \bar{y}_\mu \bar{z}_\lambda) E_1^\nu,$$

d. h.

$$(6) \quad \ldots\ldots \quad v_i' = \bar{v}_1' E_i^1 + \bar{v}_2' E_i^2 + \bar{v}_3' E_i^3 = \sum_k E_i^k \bar{v}_k'$$

Die v_i' sind die *homogenen Koordinaten der Geraden* $\overline{yz}$; da es auf einen Proportionalitätsfaktor nicht ankommt, können wir an Stelle von (6) auch schreiben

$$v_i' = \sum_k \frac{E_i^k}{\Delta} \overline{v}_k'$$

und das sind genau die in (4) enthaltenen Gleichungen.

Die Gleichungen (5) fassen wir kurz zusammen in

(7) . . . . $v_i' = (yz)_{mn}$ oder $v_1' = (yz)_{23}$ usw.

Bei $n = 3$ haben wir also die Reihen $u', v', \ldots$ als *Linienkoordinaten* zu bezeichnen.

Bei $n = 4$ sind die u_i' *homogene Ebenenkoordinaten*; analog zu (5) und (7) ist hier

(8) . . . . $v_i = (yzt)_{lmn}$ oder $v_1' = (yzt)_{234}$ usw.,

wo y, z und t die 3 Punkte sind, die die Ebene bestimmen.

Allgemein, bei $n > 4$ sprechen wir von *Raumkoordinaten* u_i': das sind die homogenen Koordinaten von linearen R_{n-2} oder Gebieten $(n-1)^{ter}$ Stufe. Analog zu (7) und (8) haben wir

(9) . . . . $v_1' = (yz \ldots t)_{23\ldots n}$ usw.

Diese Gleichungen drücken „die *Zusammenfassung*" von $(n-1)$ Reihen Punktkoordinaten $y, z, \ldots, t$ zu einer Reihe Raumkoordinaten aus.

Wir unterscheiden von nun ab zweierlei Größen- und Symbolreihen: Reihen $x, y, z, \ldots, a, b, \ldots, \alpha, \beta, \ldots$ *ohne Strich, kogredient zu Punktkoordinaten und Reihen* $u', v', w', \ldots, a', b', \ldots, \alpha', \beta', \ldots$ *mit Strich, kogredient zu Raumkoordinaten.* Demgemäß schreiben wir von nun ab $(a'x)$ und $f = (a'x)^p$ an Stelle von (ax) und $f = (ax)^p$, ferners $(a'b' \ldots m')$ statt des Bisherigen $(ab \ldots m)$.

Bei Linearformen $(a'x), (b'x), \ldots$ haben wir als einzigen Invariantentypus den Klammerfaktor $(a'b' \ldots m')$ kennen gelernt. Jetzt tritt dual an seine Seite der Klammerfaktor $(ab \ldots m)$, gebildet aus den Koeffizienten von n Linearformen

$$(au'), (bu'), \ldots, (mu')$$

mit Raumkoordinaten. Ein Linearfaktor $(a'a)$ ist zu sich selbst dual.

Die Faktoren 1. und 2. Art sind die Bausteine, aus denen wir späterhin die Invarianten aufbauen werden. Wir haben nach (4)

(10) . . . . . . $$\left\{\begin{aligned} (\overline{a}'\overline{b}' \ldots \overline{m}') &= \Delta\,(a'b' \ldots m') \\ (\overline{a}\,\overline{b} \ldots \overline{m}) &= \Delta^{-1}(ab \ldots m). \\ (\overline{a}'\overline{a}) &= (a'a) \end{aligned}\right.$$

Die Gewichte dieser Invarianten sind also der Reihe nach $+1$, -1 und Null. Geometrisch bedeutet $(a' b' \dots m') = 0$, daß die n Gebiete $a', b', \dots, m'$ einen Punkt gemein haben; $(a b \dots m) = 0$ sagt aus, daß die n Punkte $a, b, \dots, m$ in einem G_{n-1} (R_{n-2}) liegen. Schließlich bedeutet $(a' a) = 0$, daß der Punkt a dem R_{n-2} a' angehört.

§ 15. **Kovarianten, Komitanten.**

Entsprechend den zwei Gattungen von Variabeln x_i und u_i' können wir jetzt dreierlei Formentypen unterscheiden: Erstens Formen $f = (a' x)^p$ mit Punktkoordinaten x_i; zweitens Formen $\varphi = (a u')^q$ mit Raumkoordinaten u_i' und drittens Formen

(1) $$\psi = \sum A_{ikl\dots,\, rst\dots}\, x_i x_k x_l \dots u_r' u_s' u_t' \dots = (a' x)^p (a u')^q$$

mit beiden Reihen von Veränderlichen, die x im p^{ten}, die u' im q^{ten} Grade. Es ist klar, wie die in (1) angeschriebene symbolische Darstellung von ψ zu deuten ist: Je p Symbole a_i' geben $a'_{ikl\dots}$; je q Symbole a_i geben $a_{rst\dots}$; das Produkt

(2) $$a'_{ikl\dots}\; a_{rst\dots} = A_{ikl\dots,\, rst\dots}$$

gibt dann erst einen wirklichen Koeffizienten von ψ.

Ein spezieller Fall von (1) ist die Form

(3) $$J_0 = (u' x) = u_1' x_1 + u_2' x_2 + \dots + u_n' x_n.$$

Wir können die Formen

$$f = (a' x)^p \quad \varphi = (a u')^q \quad \psi = (a' x)^p (a u')^q$$

auch als Invarianten auffassen. Hierzu denken wir uns X_i als veränderliche Punktkoordinaten, U_i' als Raumkoordinaten und schreiben f, φ und ψ in diesen neuen Koordinaten an:

(4) $$F = (a' X)^p \quad \Phi = (a U')^q \quad \Psi = (a' X)^p (a U')^q.$$

Hierzu fügen wir die beiden Linearformen

(5) $$L = (u' X) \quad L' = (x U'),$$

deren *Koeffizienten* jetzt u_i' und x_i sind. Dann ist $f = (a' x)^p$ eine simultane Invariante von F und L'; $\varphi = (a u')^q$ ist eine simultane Invariante von Φ und L und schließlich ist $\psi = (a' x)^p (a u')^q$ eine Simultaninvariante von Ψ, L und L'.

Will man in diesen Ausdrücken f, φ und ψ das Vorhandensein der Reihen x und u' auch sprachlich zum Ausdruck bringen, so gebraucht man für Invarianten mit Reihen x (oder mehreren, zu x kogredienten Reihen $y, z, \dots$) den Namen „*Kovarianten*"; bei Invarianten mit Reihen $u', v', w', \dots$ sagt man „*Kontravarianten*";

schließlich nennt man Invarianten wie ψ „*Zwischenformen*". Beim Gebrauche dieser Namen verwendet man dann das Wort „*Invariante*" nur für Bildungen, die Koeffizienten $a'_{ikl\ldots}$, $a_{srt\ldots}$, ... von Grundformen allein, also keine Reihen x und u' enthalten.

Alle die hier angeführten Bildungen: Invarianten, Kovarianten, Kontravarianten und Zwischenformen werden zweckmäßig mit dem Sammelbegriff „*Komitanten*" zusammengefaßt.

Wir werden im folgenden den Namen Komitanten verwenden; ist keine Unterscheidung betreffs der in einer Komitante etwa vorkommenden Reihen x oder u' nötig, so gebrauchen wir auch das Wort „Invariante" schlechthin.

Noch ein Wort über die geometrische Bedeutung des Nullsetzens obiger drei Formentypen. Seit etwa $n = 3$. Dann gibt $f = 0$ eine ebene Kurve p^{ter} Ordnung; $\varphi = 0$ gibt eine Kurve q^{ter} Klasse. $\psi = (a'x)^p (\alpha u')^q = 0$ gibt ein „*Konnex*" in der Ebene. Einem gegebenen Punkte y wird die Kurve q^{ter} Klasse $(a'y)^p (\alpha u')^q = 0$, einer Geraden v' wird die Kurve p^{ter} Ordnung $(a'x)^p (\alpha v')^q = 0$ zugeordnet.

§ 16. **Faktortypen, Dualität.**

Wir haben für zwei Reihen von Linearformen

(1) $$\begin{cases} L_1 = (a'x), \quad L_2 = (b'x), \ldots \\ L_1' = (\alpha u'), \quad L_2' = (\beta u'), \ldots \end{cases}$$

dreierlei Invariantentypen kennen gelernt: Den Faktor 1. Art oder Linearfaktor $(a'\alpha)$ und die beiden Faktoren 2. Art oder Klammerfaktoren $(a'b' \ldots m')$ und $(\alpha\beta \ldots \mu)$. Wir werden später beweisen, daß die Linearformen (1) überhaupt keine weiteren Invarianten besitzen und weiterhin, daß auch bei beliebigen Grundformen keine anderen Typen von Faktoren zum Aufbau der projektiven Invarianten Verwendung finden. Es treten dann nur an Stelle der *Größenreihen* $a', b', \ldots, \alpha, \beta, \ldots$ die *Symbolreihen*, die zur Darstellung der Grundformen benutzt werden.

Ebenso wie wir $(n-1)$ Reihen $\alpha, \beta, \ldots, \lambda$ durch

(2) $$a_1' = (\alpha\beta \ldots \lambda)_{23\ldots n} \text{ usw.}$$

zu einer gestrichenen Reihe a' zusammenfassen, bezw. umgekehrt eine Reihe a' durch (2) in $(n-1)$ Reihen $\alpha, \beta, \ldots, \lambda$ „*zerlegen*" können (vgl. (9) § 14 S. 27), können wir dual dazu durch

(3) $$\alpha_1 = (a'b' \ldots l')_{23\ldots n} \text{ usw.}$$

eine Reihe α zerlegen bezw. $(n-1)$ Reihen $a', b', \ldots, l'$ zu α zusammenfassen. Geometrisch kommt dieses Zusammenfassen bei Reihen $\alpha, \beta, \ldots, \lambda$ auf das *Verbinden* der $(n-1)$ Punkte $\alpha, \beta, \ldots, \lambda$ zu einem R_{n-2} hinaus. Durch (3) hingegen wird der *Schnittpunkt* a von den $(n-1)$ Gebieten G_{n-1} $a', b', \ldots, l'$ festgelegt.

Es läßt sich nun leicht beweisen, *daß durch die beiden Operationen „Zerlegen" und „Zusammenfassen" aus Faktoren 1. und 2. Art wieder solche Faktoren erzeugt werden.*

Es genügt, den Beweis etwa für $n = 4$ zu führen. Gehen wir erstens aus von einem Linearfaktor $(a'\alpha)$. Zerlegt man hier: $a_1' = (\beta\gamma\delta)_{234}$ usw., so wird $(a'\alpha) = (\alpha\beta\gamma\delta)$. Zerlegt man: $\alpha_1 = (b'c'd')_{234}$, so ist $(a'\alpha) = (a'b'c'd')$. Beidemale entstehen also Faktoren 2. Art.

Nehmen wir zweitens einen Faktor 2. Art, etwa $(\alpha\beta\gamma\delta)$. [Für $(a'b'c'd')$ verläuft das Folgende dual dazu.] Hier können wir zunächst drei Reihen, etwa β, γ und δ zusammenfassen: $a'_1 = (\beta\gamma\delta)_{234}$ usw. und erhalten $(\alpha\beta\gamma\delta) = (\alpha a')$. Dann können wir eine Reihe, z. B. α zerlegen: $\alpha_1 = (b'c'd')_{234}$. Dann entsteht

$$(\alpha\beta\gamma\delta) = \sum (b'c'd')_{234} (\beta\gamma\delta)_{234} = \begin{vmatrix} (b'\beta) & (b'\gamma) & (b'\delta) \\ (c'\beta) & (c'\gamma) & (c'\delta) \\ (d'\beta) & (d'\gamma) & (d'\delta) \end{vmatrix}.$$

In beiden Fällen entstehen also Linearfaktoren.

Wir können zusammenfassend auch sagen: Faktoren 1. und 2. Art werden durch die Operationen Zerlegen und Zusammenfassen reproduziert.

Bei *binären* Formen, $n = 2$, ist eine Abweichung vorhanden. Hier sind beide Operationen durch $a_1 = b_2'$, $a_2 = -b_1'$ gegeben, so daß $a_a' = (a'b')$ und umgekehrt wird. Man kann demnach eine Gattung von Faktoren überhaupt ausschalten und wir wollen auch bei binären Formen a statt a' schreiben.

§ 17. Polaren, Verjüngung.

Es seien $f_1 = (a'X)^p$ und $f_2 = (U'x)$ zwei n-äre Formen; f_1 vom Grade p in den X_i, f_2 linear in den U_i'. Dann ist

(1) . . . . $f = (a'x)^p$

eine simultane Invariante von f_1 und f_2. Jetzt nehmen wir $f_3 = (y\,U')$ als dritte Form hinzu und bilden mit Hilfe des Aronholdschen Prozesses (vgl. § 10) die als erste Polare bezeichnete Invariante:

(2) . . . . $P_1 = \frac{1}{p} \sum \frac{\partial f}{\partial x_i} y_i.$

Nun ist $f = \sum a'_{ikl\ldots} x_i x_k x_l \ldots$ und daher wird

$$P_1 = \frac{1}{p}\left\{\sum a'_{ikl\ldots} y_i x_k x_l \ldots + \sum a'_{ikl\ldots} x_i y_k x_l \ldots + \ldots\right\}.$$

Zerlegen wir die $a'_{ikl\ldots}$ in Symbole, so wird jedes Glied mit $(a'y)(a'x)\ldots(a'x) = (a'y)(a'x)^p$ identisch, d. h.

(3) . . . . $P_1 = (a'x)^p (a'y)$

oder: *wir können* $\frac{\partial f}{\partial x_i}$ *an der symbolischen Potenz* $f = (a'x)^p$ *geradeso bilden, wie wenn* f *die* p^{te} *Potenz einer wirklichen Linearform wäre:*

(4) . . . . $\frac{\partial f}{\partial x_i} = p\,(a'x)^{p-1} a'_i.$

Aus der ersten Polare bildet man für $p > 1$ wieder mit Hilfe des Aronholdschen Prozesses die *zweite Polare*

$$P_2 = \frac{1}{p-1}\sum \frac{\partial P_1}{\partial x_i} y_i = (a'x)^{p-2}(a'y)^2.$$

Allgemein wird die k^{te} Polare:

(5) . . . . $P_k = (a'x)^{p-k}(a'y)^k \qquad p-k \geqq 0.$

Diese Komitanten erhält man, wenn man in $f = (a'x)^p$ die x_i ersetzt durch $x_i + \lambda y_i$; es wird

(6) $$\big((a'x) + \lambda(a'y)\big)^p = (a'x)^p + \binom{p}{1}\lambda\cdot(a'x)^{p-1}(a'y) + \\ + \binom{p}{2}\lambda^2 (a'x)^{p-2}(a'y)^2 + \ldots + \lambda^p (a'y)^p.$$

Verjüngung. Ist

(7) $\psi = (a'x)^r (a u')^s = \sum A_{ikl\ldots,\,\varrho\sigma\tau\ldots} x_i x_k x_l \ldots u'_\varrho u'_\sigma u'_\tau \ldots$

eine Form mit Reihen x und u', so lassen sich aus ψ eine Reihe anderer Zwischenformen herleiten, die durch den Prozeß $\sum_i \frac{\partial^2}{\partial x_i \partial u'_i}$ entstehen. Wir haben:

(8) . . . $$\left|\begin{array}{l} \psi_1 = \frac{1}{r\cdot s}\sum \frac{\partial^2 \psi}{\partial x_i \partial u'_i} = (a'a)(a'x)^{r-1}(a u')^{s-1} \\ \psi_2 = \frac{1}{(r-1)(s-1)}\sum \frac{\partial^2 \psi_1}{\partial x_i \partial u'_i} = (a'a)^2 (a'x)^{r-2}(a u')^{s-2} \\ \ldots\ldots\ldots\ldots\ldots\ldots \end{array}\right.$$

Man nennt diesen Prozeß „Verjüngung"; er ist nur bei Zwischenformen möglich und ein spezieller Fall des Aronholdschen Prozesses, wie wir jetzt nachweisen wollen. Hierzu bilden wir von ψ die zweite Polare

$$\Pi_2 = (a'x)^{r-1}\,(a\,u')^{s-1}\,(a'y)\,(a\,v').$$

Dies ist eine Linearform bezüglich der Produkte $y_i\,v_k'$. Von dieser Form Π_2 bilden wir mit Hilfe des Aronholdschen Prozesses mit Verwendung der speziellen Linearform $\psi_0 = (v'y)$ die Invariante

$$\Pi_2' = \sum \frac{\partial \Pi_2}{\partial (y_i v_k')} \cdot \frac{\partial \psi_0}{\partial (v_i' y_k)} = \sum \frac{\partial \Pi_2}{\partial (y_i v_k')}\,\delta_{ik} = \sum_i \frac{\partial \Pi_2}{\partial (y_i v_i')} = \psi_1 .$$

Sind $f = (a'x)^p$ und $\varphi = (a\,u')^q$ zwei Grundformen in x bzw. in u', so können wir aus beiden Zwischenformen herleiten, indem wir ihr Produkt verjüngen. So erhalten wir aus $F = f \cdot \varphi$:

$$F_1 = \frac{1}{p\,q} \sum \frac{\partial^2 (f\cdot\varphi)}{\partial x_i\,\partial u_i'} = (a'a)\,(a'x)^{p-1}\,(a\,u')^{q-1} \text{ u.s.f.}$$

Sind f und φ vom selben Grade $p = q$, so gibt die p-malige Verjüngung die Invariante $I = (a'a)^p$.

Bemerkung. Die Verjüngung spielt in der modernen Tensorrechnung eine große Rolle (Tensor = Form mit inhomogenen Veränderlichen). Wir kommen in den Abschnitten XI und XIII ausführlicher hierauf zurück.

§ 18. **Invariante Prozesse.**

Daß die Verjüngung aus Komitanten wieder Komitanten erzeugt, wurde oben nachgewiesen. Nur bei der speziellen Zwischenform $(u'x)$ gibt die Verjüngung die Zahl n.

Neben der Verjüngung gibt es zwei wichtige invariante Prozesse, dual zu einander. Wir behandeln den einen von ihnen. Er ist nur auf n-äre Formen mit wenigstens n verschiedenen Variabelnreihen $x, y, \ldots, z$ anwendbar. Es sei

(1) . . . . $F = (a'x)^p\,(b'y)^q \ldots (m'z)^r$

eine solche Form mit den Koeffizienten

$$A_{ik\ldots,\,\lambda\mu\ldots,\,\ldots,\,\varrho\sigma\ldots} = a_i'\,a_k' \ldots b_\lambda'\,b_\mu' \ldots m_\varrho'\,m_\sigma' \ldots$$

Wir bilden

$$\frac{1}{p\cdot q \ldots r} \cdot \frac{\partial^n F}{\partial x_1\,\partial y_2 \ldots \partial z_n} = (a'x)^{p-1}\,(b'y)^{q-1} \ldots (m'z)^{r-1}\,a_1'\,b_2' \ldots m_n'$$

und hieraus die n-reihige Determinante

$$(2)\qquad \Pi(F) = \frac{1}{pq\ldots r}\begin{vmatrix} \frac{\partial}{\partial x_1} & \frac{\partial}{\partial x_2} & \cdots & \frac{\partial}{\partial x_n} \\ \cdots & \cdots & \cdots & \cdots \\ \cdots & \cdots & \cdots & \cdots \\ \frac{\partial}{\partial z_1} & \frac{\partial}{\partial z_2} & \cdots & \frac{\partial}{\partial z_n} \end{vmatrix} F =$$
$$= (a'b'\ldots m')\,(a'x)^{p-1}\,(b'y)^{q-1}\ldots(m'z)^{r-1}.$$

Dieser Prozeß Π erzeugt aus F wieder eine Invariante, wie der rechtsstehende Ausdruck unmittelbar aufweist. Es werden durch Π je eine der Reihen $a', b', \ldots, m'$ in einen Klammerfaktor $(a'b'\ldots m')$ zusammengekoppelt.

Unsymbolisch haben wir

$$(3)\qquad \ldots\ldots \quad \Pi(F) = \frac{1}{pq\ldots r}\sum \pm \frac{\partial^n F}{\partial x_1\,\partial y_2\ldots\partial z_n}.$$

Nehmen wir die $x_i, y_i, \ldots, z_i$ als Transformationskoeffizienten e_i^k einer linearen Transformation, so wird Π mit dem im § 8 behandelten Ω-Prozeß identisch.

Beispiel 1. Sind

$$(4)\qquad \ldots\ldots \quad f_1 = (a'x)^p,\ f_2 = (b'x)^q, \ldots, f_n = (m'x)^r$$

n Formen, so gibt der Prozeß Π angewendet auf das Produkt $F = (a'x)^p\,(b'y)^q\ldots(m'z)^r$ die Komitante

$$\Pi(F) = (a'b'\ldots m')\,(a'x)^{p-1}\,(b'y)^{q-1}\ldots(m'z)^{r-1}.$$

Setzen wir hier wieder $x = y = \ldots = z$, so geht $\Pi(F)$ über in

$$(5)\qquad I = (a'b'\ldots m')\,(a'x)^{p-1}\,(b'x)^{q-1}\ldots(m'x)^{r-1}$$
$$= \frac{1}{pq\ldots r}\begin{vmatrix} \frac{\partial f_1}{\partial x_1} & \frac{\partial f_1}{\partial x_2} & \cdots & \frac{\partial f_1}{\partial x_n} \\ \cdots & \cdots & \cdots & \cdots \\ \frac{\partial f_n}{\partial x_1} & \frac{\partial f_n}{\partial x_2} & \cdots & \frac{\partial f_n}{\partial x_n} \end{vmatrix};$$

das ist die *Jacobische* oder *Funktionaldeterminante* der n Formen (4).

Beispiel 2. Wir nehmen in (4) $f_1 = f_2 = \ldots = f_n$, also alle n Formen untereinander identisch an. Dann gibt die k-malige Anwendung des Π-Prozesses auf $F = (a'x)^p\,(b'y)^p\ldots(m'z)^p$ die Komitante

$$\Pi^k(F) = (a'b'\ldots m')^k\,(a'x)^{p-k}\,(b'y)^{p-k}\ldots(m'z)^{p-k}\quad (p-k \geqq 0).$$

Hieraus entsteht für $x = y = \ldots = z$ die Kovariante

$$(6)\qquad \ldots \quad K_k = (a'b'\ldots m')^k\,(a'x)^{p-k}\,(b'x)^{p-k}\ldots(m'x)^{p-k}.$$

Sie ist für ungerades k identisch Null, da dann die Vertauschung zweier äquivalenter Symbolreihen eine Vorzeichenumkehrung ergibt.

Bei $k=2$ können wir der rechten Seite von (6) noch eine andere Form geben.

Es ist

$$\frac{1}{p(p-1)}\cdot\frac{\partial^2 f}{\partial x_i\,\partial x_k}=a_i'\,a_k'\,(a'x)^{p-2}.$$

Daher wird — vergleiche Beispiel 2 im § 13 S. 24 —

$$\frac{1}{p^n(p-1)^n}\cdot \text{Det.}\left|\frac{\partial^2 f}{\partial x_i\,\partial x_k}\right|=\frac{1}{n!}\,(a'b'\ldots m')^2\,(a'x)^{p-2}.$$

Somit wird

(7) $$K_2=(a'b'\ldots m')^2\,(a'x)^2\,(b'x)^2\ldots(m'x)^2=\frac{n!}{p^n(p-1)^n}\left|\frac{\partial^2 f}{\partial x_i\,\partial x_k}\right|;$$

K_2 ist also bis auf einen Zahlenfaktor die sogenannte *Hesse*sche Determinante von f.

§ 19. **Identitäten.**

Zwischen den Invarianten von Linearformen, die sich durch die 3 Faktortypen

(1) $$\ldots\ldots\ldots\quad (a'b'\ldots m'),\ (\alpha\beta\ldots\mu),\ (a'\alpha)$$

darstellen lassen, besteht eine Reihe von wichtigen und sehr oft benützten Gleichungen, in denen die Koeffizientenreihen $a', b', \ldots, \alpha', \beta, \ldots$ der Linearformen *nur* in den Verbindungen (1) auftreten. Ersetzt man jeden solchen Faktor durch einen einzelnen Buchstaben, so bestehen diese Gleichungen nicht identisch in diesen so eingeführten Veränderlichen. Erst wenn man zu den einzelnen Koeffizienten $a_i', b_k', \ldots$ selbst übergeht, werden diese Gleichungen identisch erfüllt.

Als erste dieser „*Identitäten*" zählen wir diejenige auf, die sich unmittelbar aus dem Multiplikationssatz für Determinanten ergibt. Wir setzen einfachheitshalber $n=3$. Es ist

(2) $$\ldots\ldots\quad (a'b'c')(\alpha\beta\gamma)\equiv\begin{vmatrix}(a'\alpha) & (a'\beta) & (a'\gamma)\\ (b'\alpha) & (b'\beta) & (b'\gamma)\\ (c'\alpha) & (c'\beta) & (c'\gamma)\end{vmatrix}.$$

Hier ist das Produkt zweier zu einander dualer Faktoren zweiter Art ausgedrückt durch Faktoren erster Art.

Entwickeln wir die in (2) rechter Hand stehende Determinante nach der 1. Spalte und setzen $d_1'=(\beta\gamma)_{23}$ usw., so kommt wegen

$$(b'\beta)(c'\gamma)-(b'\gamma)(c'\beta)=(d'b'c')\ \text{usw.}:$$

(3) $$(a'b'c')(d'\alpha)\equiv(d'b'c')(a'\alpha)-(d'a'c')(b'\alpha)+(d'a'b')(c'\alpha).$$

Dual dazu haben wir:

(4) $$(\alpha\beta\gamma)(\delta a') \equiv (\delta\beta\gamma)(\alpha a') - (\delta\alpha\gamma)(\beta a') + (\delta\alpha\beta)(\gamma a').$$

Zerlegen wir in (3): $\alpha_1 = (e'f')_{23}$ usw., so entsteht:

(5) $$(a'b'c')(d'e'f') \equiv (d'b'c')(a'e'f') - (d'a'c')(b'e'f') + (d'a'b')(c'e'f')$$

und dual dazu:

(6) $$(\alpha\beta\gamma)(xyz) \equiv (x\beta\gamma)(\alpha yz) - (x\alpha\gamma)(\beta yz) + (x\alpha\beta)(\gamma yz).$$

Die Identität (3) erhält man auch, wenn man bedenkt, daß die vierreihige Determinante

$$\begin{vmatrix} a_1' & a_2' & a_3' & (a'a) \\ b_1' & b_2' & b_3' & (b'a) \\ c_1' & c_2' & c_3' & (c'a) \\ d_1' & d_2' & d_3' & (d'a) \end{vmatrix}$$

identisch verschwindet. Nach der letzten Spalte entwickelt gibt sie (3).

Es ist klar, wie die aufgezählten 5 Identitäten bei allgemeinem n aussehen. Statt (2) kommt:

(7) $$\ldots\ldots (a'b'\ldots m')(\alpha\beta\ldots\gamma) \equiv \sum \pm (a'\alpha)\ldots(m'\gamma).$$

An Stelle von (3) haben wir:

(8) $$(a'b'\ldots m')(s'x) \equiv (s'b'\ldots m')(a'x) - (s'a'c'\ldots m')(b'x) + \\ + \ldots + (-1)^{n+1}(s'a'b'\ldots)(m'x).$$

Schließlich statt (5):

(9) $$\left\{ \begin{array}{l} (a'b'\ldots m')(\alpha'\beta'\ldots\mu') \equiv (a'b'\ldots m')(\alpha'\beta'\ldots\mu') - \\ - (\alpha'a'c'\ldots m')(b'\beta'\ldots\mu') + \ldots + (-1)^{n+1}(\alpha'a'b'\ldots)(m'\beta'\ldots\mu'). \end{array} \right.$$

Wir haben diese Identitäten hier in derjenigen Form angeschrieben, in der sie beim Rechnen verwendet werden. Man könnte ihnen auch eine symmetrische Gestalt geben, indem alles auf eine Seite gebracht wird. Wir werden in Abschnitt IV beweisen, daß sich jede Identität zwischen Invarianten (1) — und damit auch zwischen Invarianten beliebiger, symbolisch dargestellten Formen — auf die oben genannten 5 Typen zurückführen läßt. (Zweiter Fundamentalsatz der symbolischen Methode).

Hier möge noch die geometrische Bedeutung der Identität (4) angeführt werden.

Nehmen wir $a' = u'$, wo die u_i' veränderliche Linienkoordinaten sind, so gibt (4) die Gleichung, die zwischen irgend 4 Punkten α, β, γ und δ einer Ebene besteht. Ist $(\alpha\beta\gamma) = 0$, so liegen die drei Punkte α, β und γ auf derselben Geraden, sie sind linear abhängig, was sich dann so ausdrückt, bei beliebigem δ_i:

$$(\delta\beta\gamma)(\alpha u') - (\delta\alpha\gamma)(\beta u') + (\delta\alpha\beta)(\gamma u') \equiv 0.$$

II. Abschnitt: **Binäre und Ternäre Formen.**

§ 1. Volle Systeme.

Im binären Gebiete ($n = 2$) haben wir nur eine Gattung von Veränderlichen $x_1 : x_2$. Es seien

(1) . . . . $f_1 = a_x^m,\ f_2 = a_x^n, \ldots$

gegebene Formen, die wir wieder — insofern sie den Ausgangspunkt zur Bildung von Invarianten darstellen — als „Grundformen" bezeichnen.

Es seien jetzt $I_1, I_2, \ldots$ ganze rationale Invarianten dieser Grundformen. Wir werden später beweisen (Abschnitt VI), daß sich aus allen I_k stets eine endliche Anzahl

(2) . . . . $S = (I_1,\ I_2, \ldots, I_\varrho)$

von Invarianten herausgreifen läßt, so daß jede ganze rationale Invariante I der Grundformen (1) sich ganz und rational durch $I_1, I_2, \ldots, I_\varrho$ ausdrücken läßt. Ein derartiges System S nennt man *„ein volles Invariantensystem"* der Grundformen f_i.

Betrachten wir auch *Kovarianten* der f_i, d. h. also Komitanten, die außer den Koeffizienten der f_i noch Reihen x enthalten, so kommt dies nach Abschnitt I § 15 S. 28 darauf hinaus, daß wir zu den f_i eine Linearform

$$f_0 = x_1 X_2 - x_2 X_1$$

mit den Koeffizienten $-x_2, +x_1$ hinzufügen und dann von dem erweiterten Grundformensystem $f_0, f_1, f_2, \ldots$ Invarianten aufsuchen. Ist

(3) . . . . . $\Sigma = (I_1,\ I_2, \ldots, I_h;\ K_1,\ K_2, \ldots, K_j)$

ein volles *Invariantensystem* von f_0, f_i, bei dem die Reihe x in $K_1, K_2, \ldots, K_j$ vorkommt, während in den $I_1, I_2, \ldots, I_h$ nur die Koeffizienten von $f_1, f_2, \ldots$ enthalten sind, so nennen wir Σ *„ein volles Komitantensystem"* der Grundformen $f_1, f_2, \ldots$.

Bei *ternären* Formen $f_1, f_2, \ldots$ haben wir zweierlei Veränderliche: Punktkoordinaten x und Linienkoordinaten u'. Es gibt auch hier ein *volles Invariantensystem* der f_i, d. h. ein System $S = (I_1, I_2, \ldots, I_\sigma)$ von σ Invarianten, durch die jede Invariante der f_i ganz und rational ausdrückbar ist. Schreiben wir die Grundformen f_i mit den Veränderlichen X und U', und fügen zu den f_i die beiden Linearformen

(4) . . . . $\varphi_1 = (x\, U') \qquad \varphi_2 = (u'\, X)$

hinzu, so entsteht ein erweitertes Grundformensystem $\varphi_1, \varphi_2; f_1, f_2, \ldots$ und die Invarianten dieses erweiterten Systems bilden dann die Komitanten der f_i, enthalten also auch die Kovarianten, Kontravarianten und Zwischenformen. Ein volles *Invariantensystem*

$$\sum = (I_1, I_2, \ldots, I_\sigma;\ K_1, K_2, \ldots, K_\varrho)$$

von $\varphi_1, \varphi_2, f_i$ nennt man dann ein volles *Komitantensystem* der f_i allein.

Es sind also die vollen Komitantensysteme nichts anderes, als volle Invariantensysteme, nur für mehr Grundformen gebildet.

Als Beispiel seien die betreffenden vollen Systeme für eine ternäre quadratische Form angegeben; die Ableitung wird später erfolgen. Das volle Invariantensystem S von $f = (a' x)^2 = \Sigma a'_{ik} x_i x_k$ besteht aus der einzigen Invariante $I_1 = (a' b' c')^2 = 6 \,|\, a'_{ik} \,|$. Das volle Komitantensystem Σ von f enthält die vier Invarianten:

$$I_1 = (a' b' c')^2; \quad K_1 = f = (a' x)^2; \quad K_2 = (a' b' u')^2; \quad K_3 = (u' x).$$

§ 2. **Binäre Linearformen.**

Sind

(1) . . . . $f_1 = a_x = a_1 x_1 + a_2 x_2, \quad f_2 = b_x, \quad f_3 = c_x, \ldots$

eine Reihe von Linearformen, so haben wir bereits in Abschnitt I § 9 S. 17 bewiesen, daß jede Invariante dieser Formen sich aus den Klammerfaktoren

(2) . . . . . $I_{12} = (ab) = a_1 b_2 - a_2 b_1, \quad I_{13} = (ac), \ldots$

zusammensetzen läßt. $I_{12} = 0$ sagt aus, daß die beiden Punkte $f_1 = 0$ und $f_2 = 0$ zusammenfallen.

Neben den Klammerfaktoren (ab) haben wir die Linearfaktoren $a_x, b_x, \ldots$; sie kommen in Kovarianten vor und alle Kovarianten sind Aggregate von den Typen (ab) und a_x. Denn: Kovarianten sind simultane Invarianten der Formen f, geschrieben in Veränderlichen X und der Linearform $(xX) = -x_2 X_1 + x_1 X_2$. Bildet man also aus den beiden Reihen a_1, a_2 und $-x_2, x_1$ einen Klammerfaktor, so entsteht a_x. Man kann deswegen bei binären Formen mit Klammerfaktoren allein operieren, wie dies z. B. *E. Study* getan hat[1]).

Bei Komitanten mit mehreren Veränderlichenreihen tritt neben den Klammerfaktor (ab) auch $(xy) = x_1 y_2 - x_2 y_1$. Er wird als „identische Kovariante" bezeichnet, $(xy) = 0$ sagt aus, daß die beiden Punkte x und y zusammenfallen.

---

[1]) Methoden . . ., Leipzig (1889). Anhang S. 185 ff.

Die in Abschnitt I § 19 S. 34 aufgezählten 5 Identitätentypen reduzieren sich hier auf die drei folgenden:

(3) . . . . $(ab)\,c_x \equiv (cb)\,a_x - (ca)\,b_x$

(4) . . . . $(ab)(cd) \equiv (cb)(ad) - (ca)(bd)$

(5) . . . . $(ab)(xy) \equiv \begin{vmatrix} a_x & a_y \\ b_x & b_y \end{vmatrix}$

Man erhält jetzt leicht ein *volles Invariantensystem* der Grundformen (1). Es sind dies, wenn h Grundformen vorhanden sind, die $\binom{h}{2} = \frac{1}{2} h(h-1)$ Invarianten der Gestalt $I_{12} = (ab)$. Sie sind linear-unabhängig, aber nicht algebraisch-unabhängig voneinander, wie (4) zeigt. Bei $h = 4$ haben wir z. B. aus (4) die Bezeichnung

(6) . . . . . . $I_{12}\, I_{34} + I_{13}\, I_{42} + I_{14}\, I_{23} = 0\,.$

Analoges gilt für das *volle Komitantensystem*; hier kommen zu den Invarianten $I_{\lambda\mu}$ einfach die Linearformen a_x, $b_x, \ldots$ hinzu.

§ 3. Geometrische Anwendungen.

Deuten wir die binären Koordinaten $x_1 : x_2$ eines Punktes x auf einer x-Achse so, daß $x = \frac{x_1}{x_2}$ die Abszisse vom Punkte x wird. Dann gibt $0:1$ den Anfangspunkt O; $1:0$ gibt den uneigentlichen oder unendlichfernen Punkt U.

Eine Linearform $f = a_x = 0$ gibt den Punkt A mit der Abszisse $\overrightarrow{0A} = -\frac{a_2}{a_1}$. Ist k eine von Null und von 1 verschiedene Konstante, so ist $k\,a_x$ eine von a_x verschiedene *Form*. Geometrisch stellt aber $k\,a_x = 0$ denselben Punkt A dar. Dieser Unterschied überträgt sich auch auf Invarianten. $I_{12} = (ab)$ hat keine projektive geometrische Bedeutung, erst $(ab) = 0$ hat eine projektiv-invariant geometrische Bedeutung, nämlich: Punkt A = Punkt B.

Bei drei Formen

$$f_1 = a_x \quad f_2 = b_x \quad f_3 = c_x$$

ist $K = \frac{(ab)}{(ac)}$ eine absolute projektive Invariante dieser drei Formen: $\overline{K} = K$. Sie ist aber keine absolute projektive Invariante der drei Punkte A, B und C. Diese 3 Punkte bleiben unverändert, wenn wir f_2 durch $k f_2$ ersetzen. Aus K wird aber $k\,K$.

Hieraus geht hervor, daß *absolute Invarianten* von Linearformen (und allgemeiner von irgendwelchen Formen) erst dann eine geometrische Bedeutung haben, wenn sie homogen vom nullten Grade in den Koeffizienten jeder einzelnen Form sind.

Derartige „*geometrische*" absolute Invarianten lassen sich erst bei 4 Linearformen a_x, b_x, c_x, d_x bilden. Sie geben 4 Punkte A, B, C, D, deren Doppelverhältnis

(1) $$\mu = (ABCD)$$

wir ausrechnen. Ist $\overrightarrow{PQ}$ die Länge der Strecke von P nach Q, so haben wir

(2) $$\mu = \frac{\overrightarrow{AC}}{\overrightarrow{BC}} : \frac{\overrightarrow{AD}}{\overrightarrow{BD}}$$

Da nun z. B. $\overrightarrow{AC} = \overrightarrow{OC} - \overrightarrow{OA}$ ist, so wird

$$\overrightarrow{AC} = \frac{a_2}{a_1} - \frac{c_2}{c_1} = -\frac{(ac)}{a_1 c_1}$$

Analog für die übrigen Strecken. Wir erhalten:

(3) $$\mu = (ABCD) = \frac{(ac)}{(bc)} \frac{(bd)}{(ad)} = \frac{I_{13}\, I_{24}}{I_{23}\, I_{14}}$$

und hier haben wir eine absolute Invariante der 4 Linearformen, homogen vom nullten Grad in allen Koeffizienten.

Die Vertauschung der Reihenfolge $ABCD$ in μ gibt dann die bekannten 6 Werte

$$\mu,\ \frac{1}{\mu},\ 1-\mu,\ \frac{1}{1-\mu},\ \frac{\mu-1}{\mu},\ \frac{\mu}{\mu-1}.$$

Man findet sie leicht aus der rechten Seite $\frac{I_{13}\, I_{24}}{I_{23}\, I_{13}}$ von (3) durch Vertauschung der Indizes und Berücksichtigung von Gleichung (6) des vorigen §.

Ist $\mu = -1$, so trennen C und D die Punkte A und B harmonisch.

Durch $a_x + \lambda b_x = 0$ ist bei veränderlichem λ eine Punktreihe dargestellt. Homogen können wir schreiben

(4) $$P_\lambda \ldots \lambda_1 a_x + \lambda_2 b_x = 0.$$

Hierdurch ist P_λ auf der Geraden AB projektiv auf den Punkt $\lambda_1 : \lambda_2$ einer λ-Achse bezogen. So erhält man z. B. für den Punkt $c_x = 0$ aus der Identität

$$(ab)\, c_x \equiv (cb)\, a_x - (ca)\, b_x$$

die Darstellung (4), wobei jetzt $\lambda_1 : \lambda_2 = (cb) : -(ca)$ ist.

Für das Doppelverhältnis $\sigma = (P_\varkappa\ P_\lambda\ P_\mu\ P_\nu)$ der vier Punkte

(5) . . . . . $\varkappa_1 a_x + \varkappa_2 b_x = 0 \ldots \nu_1 a_x + \nu_2 b_x = 0$

erhält man so wie bei (2):

(6) . . . . $\sigma = \dfrac{(\varkappa\mu)}{(\varkappa\nu)}\,\dfrac{(\lambda\nu)}{(\lambda\mu)} \quad \big((\lambda\mu) = \lambda_1\mu_2 - \lambda_2\mu_1 \text{ usw.}\big).$

Als speziellen Fall erhält man das Doppelverhältnis σ der vier Punkte

(7) . . . $a_x = 0,\quad b_x = 0,\quad a_x + \lambda b_x = 0,\quad a_x + \mu b_x = 0$

(8) . . . $\sigma = \dfrac{\lambda}{\mu}.$

Eine Projektivität auf der x-Achse kann sehr einfach dargestellt werden durch das Nullsetzen einer Bilinearform

(9) . . . . $\varphi = \sum a_{ik} x_i y_k = a_x a_y.$

Dem Punkte y entspricht dann der Punkt mit den Koordinaten $-a_2 a_y : a_1 a_y$. Hierbei gibt das Produkt $a_i a_k$ den Koeffizienten a_{ik} von φ und es ist i. A. $a_{ik} \neq a_{ki}$. Ist φ symetrisch, so genügt ein einziger Buchstabe a zur symbolischen Darstellung. $\varphi = a_x a_y$ wird dann einfach die Polare der quadratischen Form a_x^2.

§ 4. **Quadratische Formen.**

Es sei zunächst eine binäre quadratische Form f gegeben:

(1) . . $f = a_{11} x_1^2 + 2 a_{12} x_1 x_2 + a_{22} x_2^2 = a_x^2 = b_x^2 = c_x^2 = \ldots$

Sie stellt, gleich Null gesetzt, ein Punktepaar auf der x-Achse dar. Dessen Punkte liegen getrennt, wenn die Diskriminante

(2) . . . . $D = a_{11} a_{22} - a_{12}^2 = \dfrac{1}{2}(ab)^2$

von Null verschieden ist.

Wir beweisen jetzt, daß D die *einzige* Invariante von f ist. Wir wissen nach dem Satze des § 12 im Abschnitt I S. 23, daß sich jede Invariante I von f aus Klammerfaktoren (ab), (ac), . . . zusammensetzt. Wir wollen einfach zeigen: *enthält I den symbolischen Faktor (ab), so enthält I auch D als Faktor oder verschwindet.* Man sagt (ab) ist ein „Reduzent".

Es sei $I = (ab)\ldots$, wo die Punkte weitere Klammerfaktoren bedeuten. Diese enthalten noch die zweite Symbolreihe a und die zweite Reihe b. Je nachdem diese beiden Reihen in einem Klammerfaktor vereinigt sind oder nicht, hat man die beiden Fälle

(3)
$$I_1 = (ab)\cdot(ab)\ldots$$
$$I_2 = (ab)(au)(bv)\ldots$$

Bei I_1 haben wir unmittelbar $2D = (ab)^2$ als wirklichen Faktor, also $I_1 = D \cdot I_1'$, wo I_1' allenfalls noch weitere Reihen $c, d, \ldots$ enthält, aber einen um 2 Einheiten niedrigeren Grad in den a_{ik} hat als I_1. I_1' ist dann wieder so zu behandeln wie I selbst. Bei I_2 gibt $u = v = c$:

$$I_2 = (ab)(ac)(bc) \ldots \equiv 0,$$

da die Vertauschung von a mit b das Vorzeichen umkehrt. Also bleibt $u = c$, $v = d$:

(4) $$\ldots\ldots \quad I_2 = (ab)(ac)(bd) \ldots = (ab)(ac)(bd) \cdot I_2'.$$

Formen wir hier das Produkt $(ac)(bd)$ nach (4) § 2 identisch um, so entsteht:

$$I_2 = (ab)\left[(bc)(ad) - (ba)(cd)\right] I_2'.$$

Vertauscht man hier im ersten Glied rechts a mit b, so entsteht $-I_2$. Der zweite Term enthält $(ab)^2$ als wirklichen Faktor. Somit wird

$$2I_2 = (ab)^2 \cdot (cd)\, I_2', \text{ also } I_2 = D \cdot I_2''.$$

Es enthält somit auch I_2 den Faktor D, sonach ist jede Invariante I eine Potenz von D.

Auf dieselbe Art zeigt man, daß $f = a_x^2$ die einzige Kovariante ist. Daher besteht das volle Invariantensystem von f aus D allein, das volle Komitantensystem aber aus D und f.

Die Form f bestimmt ein Polarsystem auf der x-Achse. Der Pol P_y des Punktes y ist durch $a_x a_y = 0$ gegeben und für $D \neq 0$ ist die Beziehung zwischen y und seinem Pol P_y umkehrbar. P_y fällt mit y zusammen für die Wurzelpunkte P_1 und P_2 der Gleichung $a_x^2 = 0$.

Wir wollen jetzt noch beweisen, daß P_1 und P_2 durch y und P_y harmonisch getrennt werden. Hierzu zerfällen wir $f = a_x^2$ in zwei Linearfaktoren. Wenn wir die Identität

$$(ab)(xy) = a_x b_y - a_y b_x$$

quadrieren, so entsteht wegen $2D = (ab)^2$ und $a_x^2 = b_x^2$

$$2D\,(xy)^2 = 2a_x^2 b_y^2 - 2\,[a_x a_y]^2.$$

(Hier soll die Klammer [ ] andeuten, daß in $a_x a_y$ die Symbole a zu a_{ik} zusammengezogen werden müssen, bevor man quadriert.) Wir haben also für $a_y^2 = b_y^2 \neq 0$

(5) $$a_x^2 = f = \frac{1}{a_y^2}\left([a_x a_y]^2 + D\,(xy)^2\right)$$
$$= \frac{1}{a_y^2}\left(a_x a_y + (xy)\sqrt{-D}\right)\left(a_x a_y - (xy)\sqrt{-D}\right).$$

Hierdurch haben wir bei beliebigem y die Darstellung:

(6) . . . . $$\begin{cases} P_1 \ldots a_x a_y + (xy)\sqrt{-D} = 0 \\ P_2 \ldots a_x a_y - (xy)\sqrt{-D} = 0 \end{cases}$$

Nehmen wir also P_y mit der Gleichung $a_x a_y = 0$ und y mit der Gleichung $(xy) = 0$ als Grundpunkte, so gibt die Formel (8) des § 3 S. 40 für das Doppelverhältnis $\sigma = (P_y y P_1 P_2)$ den Wert $\sigma = -1$, die 4 Punkte liegen also harmonisch.

§ 5. **Zwei quadratische Formen.**

Es seien zwei binäre quadratische Formen gegeben:

(1) . . . . $$f = a_x^2 = b_x^2 = \ldots \qquad \varphi = \alpha_x^2 = \beta_x^2 = \ldots$$

so daß $a, b, c, \ldots$ und ebenso $\alpha, \beta, \gamma, \ldots$ äquivalente Symbolreihen sind.

Wir wollen vorerst das *Formenproblem* erledigen, d. h. ein volles Komitantensystem von f und φ aufsuchen.

An Symbolreihen haben wir $a, b, c, \ldots, \alpha, \beta, \gamma, \ldots$; hinzu tritt die Größenreihe x. Aus diesen Reihen lassen sich an Faktoren 1. und 2. Art bilden

(2) . . $$f_1 = (ab) \quad f_2 = (\alpha\beta) \quad f_3 = (a\alpha) \quad f_4 = a_x \quad f_5 = \alpha_x$$

und keine anderen Typen. Hierbei rechnen wir zwei Faktoren zu demselben Typus, wenn sie durch Vertauschung äquivalenter Reihen ineinander übergeführt werden können. Es ist also z. B. (cd) vom Typus f_1, (βa) von Typus f_3 usw.

Aus den Typen (2) sind jetzt alle Komitanten aufzubauen.

Vorerst geben die Quadrate der Faktoren (2) schon die folgenden Komitanten:

(3) . . $$\begin{cases} (ab)^2 = 2D_{11} \qquad (\alpha\beta)^2 = 2D_{22} \qquad (a\alpha)^2 = 2D_{12} \\ \qquad f = a_x^2 \qquad \varphi = \alpha_x^2 \end{cases}$$

Fügen wir diesen 5 Komitanten die Kovariante

(4) . . . . $$\vartheta = (a\alpha)\, a_x \alpha_x$$

bei, so bilden diese sechs Komitanten (3) und (4) ein volles Komitantensystem von (1). D_{11}, D_{22} und D_{12} bilden also ein volles Invariantensystem von (1).

Beweis. Wir gehen so vor: Wir nehmen an, eine Komitante I enthält einen der Faktoren f_h von (2). Kann man dann schließen, daß I eine oder mehrere, schon aufgezählte Invarianten (3) und (4) als wirklichen Faktor enthält, so nennt man I *„reduzibel“* oder „auf die bereits aufgezählten Invarianten reduzierbar“. Wir schreiben dann kurz $I =$ red. f_h heißt ein „Reduzent", und zwar auch dann, wenn das Auftreten von f_h das Verschwinden von I zur Folge hat.

Nach § 4 können wir also sofort aussagen, daß $f_1 = (a b)$ und $f_2 = (\alpha \beta)$ Reduzenten sind. Diese beiden Faktoren scheiden somit aus (2) aus, d. h. wir haben uns nach Aufzählung von D_{11} und D_{22} nur mehr mit f_3, f_4 und f_5 zu beschäftigen.

Wir nehmen an, I enthält $f_3 = (a \alpha)$ und erhalten, wenn wir alle Möglichkeiten aufsuchen wie die zweiten Reihen a und α in den weiteren Faktoren verteilt sein können, die folgenden 5 Ansätze:

(5) $$\begin{cases} I_1 = (a \alpha)\, a_x \alpha_x = \vartheta \\ I_2 = (a \alpha)\, (\alpha \beta)\, a_x \ldots \\ I_3 = (a \alpha)\, \alpha_x\, (a b) \ldots \end{cases} \qquad \begin{aligned} I_4 &= (a \alpha)\, (\alpha \beta)\, (a b) \ldots \\ I_5 &= (a \alpha)^2 = 2\, D_{12} \end{aligned}$$

Hier sind I_1 und I_5 Invarianten. Bei I_4 formen wir $(\alpha \beta)\, (a b)$ identisch um:

$$I_4 = (a \alpha) \left[(a \beta)\, (\alpha b) - (a \alpha)\, (\beta b)\right] = \text{red.} + (a \alpha)^2\, (\beta b) = \text{red.}$$

Die analoge Umformung führt bei I_2 und I_3 zur Reduktion. Somit: $f_3 = (a \alpha)$ ist nach Aufzählung von (3) und (4) als Reduzent anzusehen. Es bleiben nur noch $f_4 = a_x$ und $f_5 = \alpha_x$ zur Konstruktion von Komitanten und diese beiden Faktoren geben nur die Grundformen f und φ selbst. (3) und (4) bilden also in der Tat das *volle Komitantensystem von f und φ.*

Wir wollen jetzt zeigen, daß sich ϑ^2 ganz und rational durch die übrigen Komitanten ausdrücken läßt. ϑ ist eine sogenannte „schiefe" Kovariante, d. h. eine Invariante mit einer ungeraden Anzahl von Klammerfaktoren.

Zunächst drücken wir aus, daß $(a b)$ ein Reduzent ist. Setzen wir $k = (a b)\, a_x b_y$ und vertauschen a mit b, so ist auch $k = -(a b)\, a_y b_x$, also: $2 k = (a b)\, [a_x b_y - a_y b_x] = (a b)^2\, (x y)$, oder

(6) $$(a b)\, a_x b_y = \frac{1}{2}\, (a b)^2\, (x y) = D_{11}\, (x y)$$

und analog für die Form $\varphi = \alpha_x^2$.

Nun haben wir

$$\vartheta^2 = (a \alpha)\, a_x \alpha_x \cdot (b \beta)\, b_x \beta_x$$

und hier formen wir zunächst das Produkt $(a \alpha)\, b_x$ identisch um:

$$\vartheta^2 = a_x \alpha_x \beta_x\, (b \beta) \left[(b \alpha)\, a_x - (b a)\, \alpha_x\right] = (b \alpha)\, (b \beta)\, \alpha_x \beta_x \cdot f + \\ + (a b)\, (b \beta)\, a_x \beta_x \cdot \varphi\,.$$

Das letzte Glied rechts gibt wegen (6):

$$(a b)\, (b \beta)\, a_x \beta_x \cdot \varphi = - D_{11} \cdot \varphi^2;$$

im vorletzten Glied formen wir $(b\beta)\,a_x$ um:

$$\vartheta^2 = f\cdot(ba)\,\beta_x\left[(a\beta)\,b_x-(ab)\,\beta_x\right]-D_{11}\,\varphi^2,$$

also schließlich:

(7) $$\vartheta^2=-D_{22}f^2+2D_{12}f\varphi-D_{11}\varphi^2.$$

§ 6. Diskussion der Komitanten.

D_{11} und D_{22} sind die Diskriminanten von f bezw. von φ; es handelt sich deshalb nur mehr um die geometrische Bedeutung von $D_{12}=0$ und $\vartheta=0$. Unsymbolisch haben wir:

(1) $$D_{12}=\frac{1}{2}(a_{11}\,\alpha_{22}+a_{22}\,\alpha_{11}-2\,a_{12}\,\alpha_{12})$$

(2) $$\vartheta=x_1^2(a_{11}\,\alpha_{12}-a_{12}\,\alpha_{11})+x_1x_2(a_{11}\,\alpha_{22}-a_{22}\,\alpha_{11}) +x_2^2(a_{12}\,\alpha_{22}-a_{22}\,\alpha_{12}).$$

Ist $D_{12}=0$, so sagt man f und φ sind zueinander „*apolar*“: die Grundpunkte P_1 und P_2 von $f=0$ trennen die Grundpunkte Q_1 und Q_2 von $\varphi=0$ harmonisch. Um dies zu beweisen, berechnen wir allgemein das Doppelverhältnis $\sigma=(P_1P_2Q_1Q_2)$. Diese vier Punkte sind nach (6) § 4 S. 42 gegeben durch:

(3) $$\begin{cases} P_1\ldots a_x a_y+(xy)\sqrt{-D_{11}}=0\\ P_2\ldots a_x a_y-(xy)\sqrt{-D_{11}}=0\\ Q_1\ldots \alpha_x \alpha_y+(xy)\sqrt{-D_{22}}=0\\ Q_2\ldots \alpha_x \alpha_y-(xy)\sqrt{-D_{22}}=0\end{cases}$$

Hierbei ist y ein beliebiger, von P_i und Q_i verschiedener Punkt. Bezeichnen wir $P_1P_2Q_1Q_2$ der Reihe nach mit ξ, η, μ und ν, so ist nach (6) § 3 S. 40 σ gegeben durch:

(4) $$\sigma=\frac{(\xi\mu)\,(\eta\nu)}{(\xi\nu)\,(\eta\mu)}.$$

Nun wird z. B. nach (3):

$$(\xi\mu)=\xi_1\mu_2-\xi_2\mu_1=\left(a_1a_y+y_2\sqrt{-D_{11}}\right)\left(\alpha_2\alpha_y-y_1\sqrt{-D_{22}}\right)- -\left(a_2a_y-y_1\sqrt{-D_{11}}\right)\left(\alpha_1\alpha_y+y_2\sqrt{-D_{11}}\right) =\vartheta-f\sqrt{-D_{22}}+\varphi\sqrt{-D_{11}}.$$

Analog für die anderen Faktoren in (4). Man erhält

$$\sigma=\frac{\vartheta^2-\left(f\sqrt{-D_{22}}-\varphi\sqrt{-D_{11}}\right)^2}{\vartheta^2-\left(f\sqrt{-D_{22}}+\varphi\sqrt{-D_{11}}\right)^2}= =\frac{\vartheta^2+f^2D_{22}+\varphi^2D_{11}+2f\varphi\sqrt{D_{11}D_{22}}}{\vartheta^2+f^2D_{22}+\varphi^2D_{11}-2f\varphi\sqrt{D_{11}D_{12}}}$$

und dies gibt nach der letzten Gleichung des vorigen §:

(5) . . . . $\sigma = \frac{D_{12} + \sqrt{D_{11} D_{22}}}{D_{12} - \sqrt{D_{11} D_{22}}} = \frac{(D_{12} + \sqrt{D_{11} D_{22}})^2}{D_{12}^2 - D_{11} D_{22}}$

σ ist also eine irrationale absolute Invariante.

Ist $D_{12} = 0$, so wird $\sigma = -1$, f und φ sind apolar. Aus (5) folgt weiters, daß ein Punkt P_i mit einem Punkt Q_i zusammenfällt, wenn $\sigma = 0$ oder $\sigma = \infty$ ist, also für

(6) . . . . $R = D_{11} D_{22} - D_{12}^2 = 0.$

R ist die *Resultante* von f und φ.

ϑ ist die *Funktionaldeterminante* von f und φ (vgl. I § 18 S. 33). $\vartheta \equiv 0$ gibt die lineare Abhängigkeit von f und φ, d. h. $f \equiv c \cdot \varphi$ wo c eine Konstante. In der Tat folgt aus (7) § 5, daß dann

$$-D_{22} f^2 + 2 D_{12} f \cdot \varphi - D_{11} \varphi^2 \equiv 0$$

ist. Zerlegt man das Trinom links in Linearfaktoren, so ist einer derselben $\equiv 0$, also $f = c\varphi$.

Was bedeutet nun das Punktpaar $R_1 R_2$, das durch $\vartheta = 0$ dargestellt ist? Wir berechnen das Doppelverhältnis $\sigma_1 = (P_1 P_2 R_1 R_2)$. Hierzu haben wir (5) einfach auf f und ϑ anzuwenden, d. h. vor allem $D_{12}(f, \vartheta)$ und $D_{11}(\vartheta, \vartheta)$ zu ermitteln. Setzen wir

(7) . . $\vartheta = (a\alpha) a_x \alpha_x = \vartheta_x^2$, also $\vartheta_{ik} = \frac{1}{2} (a\alpha)(a_i \alpha_k + a_k \alpha_i)$

so ist:

$$D_{12}(f, \vartheta) = \frac{1}{2} (a\vartheta)^2 = \frac{1}{2} (a\vartheta)(a\vartheta) = \frac{1}{4} \left[(ab)(a\beta) + (a\beta)(ab)\right](b\beta)$$
$$= \frac{1}{2} (ab)(a\beta)(b\beta) \equiv 0,$$

da die Vertauschung von a mit b einen Vorzeichenwechsel ergibt. Somit

(8) . . . . $D_{12}(f, \vartheta) = 0$ und ebenso $D_{12}(\varphi, \vartheta) = 0.$

$\vartheta = 0$ ist also apolar zu f und φ, d. h. die Punkte R_1 und R_2 sind diejenigen zwei, welche die Paare $P_1 P_2$ *und* $Q_1 Q_2$ harmonisch trennen. Es ist also $\sigma_1 = -1$.

Berechnen wir noch die Diskriminante $D_{11}(\vartheta, \vartheta)$ von ϑ. Ist τ zu ϑ äquivalent, so wird

$$D_{11}(\vartheta, \vartheta) = \frac{1}{2} (\vartheta\tau)^2, \text{ also nach (7)} = \frac{1}{2} (\vartheta a)(\vartheta\alpha)(a\alpha)$$

und ersetzt man hier nochmals nach (7), so wird:

$$D_{11}(\vartheta, \vartheta) = \frac{1}{4} \left[(ba)(\beta\alpha) + (\beta a)(b\alpha)\right](b\beta)(a\alpha).$$

Hier haben wir im ersten Glied rechts den Reduzenten (ab), können also (6) § 5 anwenden. Im zweiten Glied formen wir $(a\beta)(b\alpha)$ identisch um. Man erhält schließlich leicht:

(9) $$D_{11}(\vartheta, \vartheta) = D_{11} D_{22} - D_{12}{}^2 = R,$$

d. h. die Resultante von f und φ. ϑ ist also ein Quadrat, wenn $R = 0$, d. h. wenn $f = 0$ und $\varphi = 0$ einen Punkt gemein haben. $\vartheta = 0$ stellt dann diesen gemeinsamen Punkt doppelt dar. Dies läßt sich so leicht zeigen. Es sei $f = p_x q_x$ und $\varphi = p_x r_x$, wo jetzt p_x, q_x und r_x wirkliche (nicht symbolische) Linearformen sind. Wir haben dann

$$\vartheta = (p p) q_x r_x + (p r) q_x p_x + (q p) p_x r_x + (q r) p_x^2.$$

Hier verschwindet das erste Glied rechts wegen $(p p) = 0$. Beim zweiten formen wir um:

$$(p r) q_x \equiv (q r) p_x - (q p) r_x.$$

Dann hebt sich hier ein Term gegen das dritte Glied und es bleibt $\vartheta = 2(q r) \cdot p_x^2$ w. z. b. w.

§ 7. Überschiebungen, Faltungen.

Es sei

(1) $$I = (a b)^p (c d)^q \ldots a_x^r b_x^s \ldots \alpha_x^\varrho \beta_x^\sigma \ldots$$

eine binäre Kovariante in der wenigstens zwei verschiedene Faktoren erster Art, etwa a_x und α_x vorkommen. Aus I kann man neue Invarianten I', I'', ... herleiten, indem man das Produkt $a_x \alpha_x$ ersetzt durch den Klammerfaktor $(a\alpha)$, also z. B.

(2) $$I' = (a b)^p (c d)^q (a \alpha) \ldots a_x^{r-1} \ldots \alpha_x^{\varrho-1} \ldots$$

Man sagt I' entsteht aus I durch *Faltung* der beiden Linearfaktoren a_x und α_x. Dieser *Faltungsprozeß* ist i. A. ein rein symbolischer Prozeß, das heißt eine Umgestaltung $I \longrightarrow I'$, die nur an der symbolischen Darstellung von I vorgenommen werden kann. Es ist nämlich im allgemeinen nicht möglich, die beiden zu faltenden Faktoren a_x und α_x auf unsymbolische Weise zu isolieren.

Ein spezieller Fall des Faltungsprozesses, der sich auch nichtsymbolisch darstellen läßt, ist der „*Überschiebungsprozeß*".

Sind

(3) $$f = a_x^m \quad \varphi = \alpha_x^n$$

zwei binäre Formen m^{ter}, bzw. n^{ter} Ordnung (die auch identisch sein können), so falten wir das Produkt $f \cdot \varphi = a_x^m \alpha_x^n$ k-mal. Die so entstehende Kovariante

(4) $$(f, \varphi)^{(k)} = (a\alpha)^k a_x^{m-k} \alpha_x^{n-k} \quad (m \geqq k,\ n \geqq k,\ k \geqq 0)$$

heißt „die k^{te} Überschiebung“ von f und φ [1]). $k=0$ gibt als „nullte“ Überschiebung das Produkt $f \cdot \varphi$. Ist $f \equiv \varphi$, $m=n$, so entsteht die k^{te} Überschiebung von f mit sich selbst:

(5) $$(f,f)^{(k)} = (a\,b)^k\, a_x^{m-k}\, b_x^{m-k}.$$

Da nach (4) die Beziehung besteht

(6) $$(f,\varphi)^{(k)} = (-1)^k\,(\varphi,f)^{(k)}$$

so ist $(f,f)^{(k)} \equiv 0$ wenn k ungerade ist. Speziell ist $(f,f)^{(m)} = (a\,b)^m$ eine Invariante, die bei ungeradem m verschwindet.

Die erste Überschiebung $(f,\varphi)^{(1)} = (a\,\alpha)\, a_x^{m-1}\, \alpha_x^{n-1}$ gibt nach I § 18 (5) S. 33 die Funktionaldeterminante von f und φ:

(7) $$(f,\varphi)^{(1)} = \frac{1}{m\cdot n}\left(\frac{\partial f}{\partial x_1}\frac{\partial \varphi}{\partial x_2} - \frac{\partial f}{\partial x_2}\frac{\partial \varphi}{\partial x_1}\right).$$

Diese Formel läßt sich leicht verallgemeinern auf

(8) $$(f,\varphi)^{(k)} = \frac{(m-k)!\,(n-k)!}{m!\;n!}\left(\frac{\partial f}{\partial x_1}\frac{\partial \varphi}{\partial x_2} - \frac{\partial f}{\partial x_2}\frac{\partial \varphi}{\partial x_1}\right)^k$$

wobei $\left(\frac{\partial f}{\partial x_1}\right)^h$ usw. zu ersetzen ist durch $\frac{\partial^h f}{\partial x_1{}^h}$.

Beweis. Die rechte Seite von (8) gibt:

(9) $$\frac{(m-k)!\,(n-k)!}{m!\;n!}\sum_{h=0}^{h=k}(-1)^h\binom{k}{h}\frac{\partial^k f}{\partial x_1{}^{k-h}\,\partial x_2{}^h}\cdot\frac{\partial^k \varphi}{\partial x_1{}^h\,\partial x_2{}^{k-h}}.$$

Da nun

$$\frac{\partial^k f}{\partial x_1{}^{k-h}\,\partial x_2{}^h} = \frac{m!}{(m-k)!}\, a_1{}^{k-h}\, a_2{}^h\, a_x^{m-k}$$

ist und ein analoger Ausdruck für $\frac{\partial^k \varphi}{\partial x_1{}^h\,\partial x_2{}^{k-h}}$ erhalten wird, so nimmt (9) die Gestalt an

$$\sum_{h=0}^{h=k}(-1)^h\binom{k}{h}(a_1\cdot\alpha_2)^{k-h}\,(a_2\cdot\alpha_1)^h\, a_x^{m-k}\,\alpha_x^{n-k} =$$

$$= (a\,\alpha)^k\, a_x^{m-k}\,\alpha_x^{n-k} \quad \text{q. e. d.}$$

Beispiele zur Berechnung von Überschiebungen.

Beispiel 1. $f = a_x^2$. Hier ist $(f,f)^{(1)} \equiv 0$; $(f,f)^{(2)} = (a\,b)^2 = 2\,D_{11}$.

Beispiel 2. $f = a_x^2$, $\varphi = \alpha_x^2$ (vgl. § 5). Hier wird

$$(f,\varphi)^{(1)} = (a\,\alpha)\, a_x\,\alpha_x = \vartheta \qquad (f,\varphi)^{(2)} = (a\,\alpha)^2 = 2\,D_{12}\,.$$

Beispiel 3. $\vartheta = (a\,\alpha)\, a_x\,\alpha_x$. Zu berechnen $(\vartheta,\vartheta)^{(2)}$. Die Rechnung wurde im vorigen Paragraph durchgeführt, es ist:

[1]) englisch: transvectants; italienisch: spinte.

$$(\vartheta, \vartheta)^{(2)} = \left((f, \varphi)^{(1)}, (f, \varphi)^{(1)}\right)^{(2)} = 2\left(D_{11} D_{22} - D^2_{12}\right).$$

Beispiel 4. $f = a_x^m$, $\varphi = \alpha_x \beta_x$. Hier ist, wenn wir für das Ausrechnen $\alpha_x \beta_x = p_x^2$, also $p_{ik} = \frac{1}{2}(\alpha_i \beta_k + \alpha_k \beta_i)$ setzen:

$$(f, \varphi)^{(1)} = (a p)\, a_x^{m-1}\, p_x = \frac{1}{2}\left[(a\alpha)\, \beta_x + (a\beta)\, \alpha_x\right] a_x^{m-1}$$

$$(f, \varphi)^{(2)} = (a p)^2\, a_x^{m-2} = (a\alpha)(a\beta)\, a_x^{m-2}.$$

Beispiel 5. $f = a_x b_x c_x$. Zu berechnen $(f, f)^{(2)}$. Setzen wir $f = a_x b_x c_x = \alpha_x^3 = \beta_x^3$, so ist $(f, f)^{(2)} = (\alpha\beta)^2\, \alpha_x \beta_x$ und

$$\alpha_{ikl} = \frac{1}{6}\left(a_i b_k c_l + a_k b_i c_l + \ldots\right).$$

Somit kommt, wenn wir in $(\alpha\beta)^2\, \alpha_x \beta_x = (\alpha\beta)(\alpha\beta)\, \alpha_x \beta_x$ zuerst die 3 Reihen α ersetzen durch a, b und c in allen sechs möglichen Anordnungen und durch sechs dividieren:

$$(f, f)^{(2)} = \frac{1}{3}\left[(a\beta)(b\beta)\, c_x \beta_x + (a\beta)(c\beta)\, b_x \beta_x + (b\beta)(c\beta)\, a_x \beta_x\right].$$

Hier ersetzen wir schließlich die 3 β-Reihen auf dieselbe Weise und erhalten:

$$(f, f)^{(2)} = -\frac{1}{18}\left[(b c)^2\, a_x^2 + \text{zykl.} + 2\,(a b)(a c)\, b_x c_x + \text{zykl.}\right].$$

Beispiel 6. $f = a_x^m$, $\varphi = (x y)^n$. Hier wird

$$(f, \varphi)^{(1)} = \frac{1}{m \cdot n} \cdot m \cdot a_x^{m-1} \cdot n\,(x y)^{n-1} \begin{vmatrix} a_1 & a_2 \\ y_2 & -y_1 \end{vmatrix} = -\, a_x^{m-1} a_y \cdot (x y)^{n-1},$$

wobei $a_x^{m-1}\, a_y$ die erste Polare ist.

Allgemein erhalten wir:

$$(f, \varphi)^{(k)} = (-1)^k\, a_x^{m-k}\, a_y^k \cdot (x y)^{n-k} \quad (m \geqq k,\ n \geqq k).$$

§ 8. Jacobische und Hessesche Determinante.

Die erste Überschiebung

(1) . . . . . . $(f, \varphi)^{(1)} = \vartheta = (a\alpha)\, a_x^{m-1}\, \alpha_x^{n-1}$

ist die Jacobische oder Funktionaldeterminante der beiden Formen $f = a_x^m$ und $\varphi = \alpha_x^n$. Bei zwei quadratischen Formen zeigten wir, daß sich ϑ^2 ganz und rational durch andere Komitanten ausdrücken läßt. Hier gilt ein analoger Satz. Wir bilden

(2) . . . . $\vartheta^2 = (a\alpha)(b\beta)\, a_x^{m-1}\, \alpha_x^{n-1}\, b_x^{m-1}\, \beta_x^{n-1}$

und formen $(b\beta)\,a_x$ identisch um. Dies gibt:

(3) . . . . $\begin{cases} \vartheta^2 = (a\alpha)(a\beta)\,a_x^{m-2}\,\alpha_x^{n-1}\,\beta_x^{n-1}\cdot f - \\ \quad - (a\alpha)(ab)\,a_x^{m-2}\alpha_x^{n-1}b_x^{m-1}\cdot\varphi = T_1\cdot f - T_2\cdot\varphi\,. \end{cases}$

In der Kovariante T_1 formen wir $(a\beta)\,\alpha_x$ um:

$$T_1 = (a\alpha)(\alpha\beta)\,a_x^{m-1}\,\alpha_x^{n-2}\,\beta_x^{n-1} + (a\alpha)^2\,a_x^{m-2}\,\alpha_x^{n-2}\cdot\varphi$$

oder

(4) . . . . $T_1 = T_3 + (f,\varphi)^{(2)}\cdot\varphi.$

In T_3 vertauschen wir α mit β und addieren; dies gibt

$$T_3 = \frac{1}{2}(\alpha\beta)\,a_x^{m-1}\,\alpha_x^{n-2}\,\beta_x^{n-2}\Big[(a\alpha)\,\beta_x - (a\beta)\,\alpha_x\Big].$$

Hier ist die Differenz in der eckigen Klammer $= -(\alpha\beta)\,a_x$, daher wird

(5) . . . $T_3 = -\frac{1}{2}(\alpha\beta)^2\,\alpha_x^{n-2}\,\beta_x^{n-2}\cdot f = -\frac{1}{2}(\varphi,\varphi)^{(2)}\cdot f.$

T_2 kann man ebenso behandeln wie T_3 und erhält schließlich aus (3) die gesuchte Beziehung:

(6) . . . $\vartheta^2 = -\frac{1}{2}\Big[f^2\cdot(\varphi,\varphi)^{(2)} - 2f\cdot\varphi\cdot(f,\varphi)^{(2)} + \varphi^2\,(f,f)^{(2)}\Big].$

ϑ^2 ist also durch f, φ und die zweiten Überschiebungen ganz und rational darstellbar.

Die *Hessesche Kovariante.* Die ersten partiellen Ableitungen einer Form $f = a_x^m$

$$f_1 = \frac{\partial f}{\partial x_1} = m\,a_x^{m-1}\,a_1, \quad f_2 = \frac{\partial f}{\partial x_2} = m\,a_x^{m-1}\,a_2$$

sind wieder binäre Formen für $m > 1$. Wenn wir ihre Funktionaldeterminante bilden, so entsteht:

$$H = \begin{vmatrix} f_{11} & f_{12} \\ f_{21} & f_{22} \end{vmatrix} = \begin{vmatrix} \dfrac{\partial^2 f}{\partial x_1^2} & \dfrac{\partial^2 f}{\partial x_1\,\partial x_2} \\ \dfrac{\partial^2 f}{\partial x_2\,\partial x_1} & \dfrac{\partial^2 f}{\partial x_2^2} \end{vmatrix} =$$
$$= m^2(m-1)^2 \begin{vmatrix} a_1^2 & a_1 a_2 \\ b_2 b_1 & b_2^2 \end{vmatrix} a_x^{m-2}\,b_x^{m-2},$$

also

(7) . . . . $H = \frac{1}{2}m^2(m-1)^2(f,f)^{(2)}.$

H ist die *Hesse*sche Determinante von f. Sie ist also bis auf den Zahlenfaktor $\frac{1}{2}m^2(m-1)^2$ mit der zweiten Überschiebung von f mit sich selbst identisch.

Wir wollen für H noch den Satz beweisen: $H \equiv 0 \ \{x_1, x_2\}$ *ist notwendig und hinreichend dafür, daß f die* m^{te} *Potenz* p_x^m *einer Linearform* p_x *ist.*

Daß für $f = p_x^m$, wo die p_i *keine* Symbole sind, H notwendigerweise identisch verschwindet, folgt aus

$$H = \frac{1}{2} m^2 (m-1)^2 (p\,p)\, p_x^{2(m-2)} \equiv 0.$$

Daß $H \equiv 0$ auch hinreichend ist, beweisen wir wie folgt[1]). Wir gehen von der Voraussetzung

(8) $$(a\,b)^2 a_x^{m-2} b_x^{m-2} \equiv 0$$

aus und bezeichnen mit p_x einen wirklichen Linearfaktor von f von der Vielfachheit ϱ, so daß also

(9) $$f = p_x^\varrho \cdot \varphi$$

ist, wo φ den Faktor p_x nicht mehr enthält. Diese Annahme können wir immer machen, da ϱ wenigstens gleich 1 ist. Jetzt beweisen wir: $\varrho = m$.

Zunächst geben wir der Voraussetzung (8) eine andere Gestalt, indem wir mit $(x\,y)^2 \not\equiv 0$ multiplizieren:

$$(a\,b)^2 (x\,y)^2 a_x^{m-2} b_x^{m-2} = (a_x b_y - a_y b_x)^2 a_x^{m-2} b_x^{m-2},$$

oder ausquadriert und durch 2 dividiert:

(10) $$f \cdot b_y^2 b_x^{m-2} - \left[a_y a_x^{m-1}\right]^2 \equiv 0.$$

Dies bilden wir für $f = p_x^\varrho \varphi = p_x^\varrho a_x^{m-\varrho}$; hierzu haben wir vorerst die Polaren zu berechnen. Es ist:

(11) $$m\, a_y a_x^{m-1} = \varrho\, p_y p_x^{\varrho-1} a_x^{m-\varrho} + (m-\varrho)\, p_x^\varrho a_y a_x^{m-\varrho-1}.$$

(12) $$\begin{cases} m(m-1)\, a_y^2 a_x^{m-2} = \varrho(\varrho-1)\, p_y^2 p_x^{\varrho-2} a_x^{m-\varrho} + \\ \quad + 2\varrho(m-\varrho)\, p_y p_x^{\varrho-1} a_y a_x^{m-\varrho-1} + (m-\varrho)(m-\varrho-1)\, p_x^\varrho a_y^2 a_x^{m-\varrho-2}. \end{cases}$$

Jetzt subtrahieren wir das $m \cdot f$-fache von (12) von dem mit $(m-1)$ multiplizierten Quadrat von (11). Dies gibt nach (10) identisch Null. Ordnen wir nach Potenzen von p_x, so erhält man

(13) $$A p_x^2 + B p_x + \varrho(\varrho - m)\, p_y^2 \varphi^2 \equiv 0.$$

Wählen wir x so, daß $p_x = 0$ ist, so ist nach Voraussetzung $\varphi = a_x^{m-\varrho} \neq 0$, also gibt (13)

$$\varrho(\varrho - m)\, p_y^2 \varphi \equiv 0,$$

d. h. $\varrho = m$. q. e. d.

---

1) vgl. *Gordan-Kerschensteiner*, II, Leipzig (1887) S. 59.

§ 9. **Kombinanten.**

Es seien $f = a_x^m$ und $\varphi = \alpha_x^m$ zwei binäre Formen m^{ter} Ordnung und $I = I(a, \alpha)$ eine simultane Komitante von beiden.

Es kann nun der Fall sein, daß I unverändert bleibt, wenn man die in I vorkommenden Koeffizienten $a_{ikl\ldots}$ von f ersetzt durch $a_{ikl\ldots} + \lambda \alpha_{ikl\ldots}$. Mit anderen Worten: I bleibt ungeändert, wenn f durch irgendeine Form $f + \lambda\varphi$ des Formenbüschels $f_\lambda = f + \lambda\varphi$ ersetzt wird:

(1) $$I(a + \lambda\alpha, \alpha) = I(a, \alpha).$$

Derartige Bildungen nennt man „*Kombinanten*".

Wenn wir z. B. in einer ungeraden Überschiebung

(2) $$K = (a\alpha)^{2k+1}\, a_x^{m-2k-1}\, \alpha_x^{m-2k-1}$$

von f und φ die $a_{ikl\ldots}$ ersetzen durch $a + \lambda\alpha$, so bleibt K ungeändert, K ist also eine Kombinante.

Zum Bestehen der Gleichung (1) ist notwendig und hinreichend

(3) $$\sum \frac{\partial I}{\partial a_{ikl\ldots}}\, \alpha_{ikl\ldots} = 0,$$

d. h. die Wirkung des Aronhold'schen Prozesses auf I gibt Null oder I genügt der partiellen Differenzialgleichung (3). Entwickeln wir nämlich die linke Seite von (1) nach Potenzen von λ, so entsteht

$$\frac{\lambda}{1!}\sum \frac{\partial I}{\partial a}\alpha + \frac{\lambda^2}{2!}\sum \frac{\partial^2 I}{\partial a\, \partial a}\alpha\alpha + \cdots + \frac{\lambda^q}{q!} I(\alpha, \alpha) \equiv 0\,\{\lambda\}$$

und hierzu ist (3) notwendig und hinreichend. Hierbei ist aber vorausgesetzt, daß die $a_{ikl\ldots}$ und $\alpha_{ikl\ldots}$ voneinander unabhängig sind.

Etwas symmetrischer läßt sich die Definition einer Kombinante so fassen. Bildet man I für irgend zwei Formen $f_\lambda = \lambda_1 f + \lambda_2\varphi$ und $f_\mu = \mu_1 f + \mu_2\varphi$ des Büschels (f, φ), so soll identisch in λ_i und μ_i die Gleichung gelten

(4) $$I(\lambda_1 a + \lambda_2\alpha,\ \mu_1 a + \mu_2\alpha) \equiv \begin{vmatrix} \lambda_1 & \lambda_2 \\ \mu_1 & \mu_2 \end{vmatrix}^p I(a, \alpha).$$

Es ist klar, daß diese Definition nicht nur auf binäre Formen beschränkt ist. Sie kann ferners sogleich auf $h > 2$ n-äre Formen gleichen Grades ausgebreitet werden: I ist eine Kombinante von $f_1, f_2, \ldots, f_h$, wenn identisch in $\lambda_i, \mu_i, \ldots, \sigma_i$ die Beziehung gilt:

(5) $$I\left(f_{(\lambda)}, f_{(\mu)}, \ldots, f_{(\sigma)}\right) = \begin{vmatrix} \lambda_1 & \lambda_2 \ldots \lambda_h \\ \mu_1 & \mu_2 \ldots \mu_h \\ \cdot & \cdot \quad \cdot \quad \cdot \\ \sigma_1 & \sigma_2 \ldots \sigma_h \end{vmatrix}^p I(f_1, f_2, \ldots, f_h).$$

Hierbei sind

$$f_{(\lambda)} = \lambda_1 f_1 + \lambda_2 f_2 + \cdots + \lambda_h f_h$$
$$f_{(\mu)} = \mu_1 f_1 + \mu_2 f_2 + \cdots + \mu_h f_h \quad \text{usw.}$$

h lineare Kombinationen der Formen $f_1, f_2, \ldots, f_h$. Der Exponent p in (5) heißt das „λ-Gewicht" von I.

Wenn die $a_{ikl}\ldots$ und $\alpha_{ikl}\ldots$ in (1) nicht unabhängig voneinander sind, so kann es Komitanten $I(a, \alpha)$ geben, bei denen an Stelle von (1) die Gleichung

(6) . . . . . . $$I(a + \lambda\alpha, \alpha) = \Omega(\lambda) \cdot I(a, \alpha)$$

tritt, wobei $\Omega(\lambda)$ nicht nur von λ, sondern auch noch von den $a_{ikl}\ldots$ und $\alpha_{ikl}\ldots$ abhängt. Man spricht auch hier noch von „Komitanten mit Kombinanteneigenschaft". Solche Funktionen treten gewöhnlich dann auf, wenn φ eine Kovariante von f vom gleichen Grade wie f ist.

Bei zwei binären Formen $f = a_x^m$, $\varphi = \alpha_x^m$ hat *P. Gordan* nachgewiesen, daß alle Kombinanten von f und φ aus der „Fundamentalkombinante" $a_x^m \alpha_y^m - a_y^m \alpha_x^m$ abgeleitet werden können[1]).

§ 10. Die binäre kubische Form.

Das volle Komitantensystem $\sum$ einer binären kubischen Form

(1) $$f = a_x^3 = \sum a_{ikl}\, x_i x_k x_l = a_0 x_1{}^3 + 3a_1 x_1{}^2 x_2 + 3a_2 x_1 x_2{}^2 + a_3 x_2{}^3$$

besteht — wie wir ohne Ableitung hier anführen[2]) — aus vier Komitanten:

(2) . . . $$\begin{cases} f = a_x^3 \qquad \varDelta = (ab)^2 a_x b_x \qquad Q = (ab)^2 (ca) b_x c_x^2 \\ \qquad\qquad R = (ab)^2 (cd)^2 (ad)(bc) \end{cases}$$

f ist die Grundform, $\varDelta$ ihre zweite Überschiebung $(f, f)^{(2)}$. Q ist die erste Überschiebung von f und $\varDelta$: $Q = (f, \varDelta)^{(1)}$. R ist $(\varDelta, \varDelta)^{(2)}$, also die Diskriminante von $\varDelta$.

Das Auftreten der Kovariante 3. Ordnung Q gibt Veranlassung zur Bildung des Formenbüschels

(3) . . . . $$f_\lambda = Q + \lambda f.$$

Man rechnet dann leicht die Komitanten (2) für f_λ aus:

(4) $$\begin{cases} \varDelta_\lambda = \left(\lambda^2 + \frac{1}{2} R\right) \varDelta \qquad Q_\lambda = \left(\lambda^2 + \frac{1}{2} R\right)\left(-\frac{1}{2} R f + \lambda Q\right) \\ \qquad R_\lambda = \left(\lambda^2 + \frac{1}{2} R\right)^2 R. \end{cases}$$

---

[1]) Mathem. Annalen 5 (1872) S. 95.

[2]) Gordan-Kerschensteiner II S. 167.

Es sind also Δ und R Kombinanten im weiteren Sinne (vgl. (6) des vorigen Paragraphen).

Den Ausdruck für $\Delta_\lambda = (f_\lambda, f_\lambda)^{(2)}$ kann man benützen um die Gleichung 3. Grades $f = 0$ aufzulösen. Wir haben im § 8 nachgewiesen, daß $(f_\lambda, f_\lambda)^{(2)} \equiv 0$ notwendig und hinreichend dafür ist, daß f_λ die 3. Potenz einer Linearform wird. Setzen wir nun $R \neq 0$ voraus und bestimmen nach (4) λ so, daß $\Delta_\lambda \equiv 0$ wird, d. h. nehmen wir $\lambda^2 + \frac{1}{2} R = 0$, oder:

(5) $$\lambda_1 = +\sqrt{-\frac{1}{2} R} \qquad \lambda_2 = -\sqrt{-\frac{1}{2} R}.$$

$R \neq 0$ bedeutet, daß keine Doppelwurzel bei $f = 0$ vorhanden ist, da R die Diskriminante von f ist. Nämlich: Diskriminante von f = Resultante der beiden quadratischen Formen $\frac{\partial f}{\partial x_1}$ und $\frac{\partial f}{\partial x_2}$ = Diskriminante der Funktionaldeterminante dieser Formen = Diskriminante von Δ = Invariante R. Unsymbolisch haben wir

$$R = 2\left[4(a_0 a_2 - a_1^2)(a_1 a_3 - a_2^2) - (a_0 a_3 - a_1 a_2)^2\right].$$

Nach (5) sind somit

(6) $$Q + \sqrt{-\frac{R}{2}} f = p_x^3, \qquad Q - \sqrt{-\frac{R}{2}} f = q_x^3$$

reine Kuben. Für die Wurzeln $\frac{x_1}{x_2}$ von $f = 0$ wird überdies nach (6): $p_x^3 = q_x^3$ und dies gibt

(7) $$p_x - q_x = 0 \quad p_x - \varepsilon q_x = 0 \quad p_x - \varepsilon^2 q_x = 0 \quad (\varepsilon^3 = 1).$$

Dies sind die Linearfaktoren von f, wobei nach (6)

$$p_x = \sqrt[3]{Q + f\sqrt{-\frac{R}{2}}} \qquad q_x = \sqrt[3]{Q - f\sqrt{-\frac{R}{2}}}$$

ist. —

Die Komitanten (2) sind nicht algebraisch-unabhängig voneinander. Es besteht zwischen ihnen die *Cayleysche Identität*

(8) $$2Q^2 + \Delta^3 + Rf^2 \equiv 0;$$

auch sie kann zur Auflösung der Gleichung $f = 0$ benutzt werden. (8) ist nichts anderes als das Resultat, das man erhält, wenn x_1 und x_2 aus f, Δ und Q eliminiert werden.

Über die geometrische Bedeutung der hier auftretenden Komitanten führen wir kurz ohne Beweise an: Seien P_1, P_2 und P_3 die drei Punkte $f = 0$; Q_1, Q_2 und Q_3 die drei Punkte $Q = 0$; Δ_1 und

Δ_2 die Punkte $\Delta = 0$; $a_y a_x^2 = 0$ die Polare von y. Ihre beiden Punkte fallen zusammen wenn $y = \Delta_i$ ist. Konstruiert man zu P_i bezüglich Δ_1 und Δ_2 den vierten harmonischen Punkt, so erhält man Q_i. Die P_i und Q_i bestimmen eine Projektivität, deren Doppelpunkte Δ_i sind.

§ 11. Die binäre biquadratische Form.

Das volle Komitantensystem einer binären biquadratischen Form

(1) $$f = a_x^4 = a_0 x_1{}^4 + 4a_1 x_1{}^3 x_2 + 6a_2 x_1{}^2 x_2{}^2 + 4a_3 x_1 x_2{}^3 + a_4 x_2{}^4$$

besteht aus folgenden 5 Komitanten[1]):

(2) $$\begin{cases} f = a_x^4, \quad \Delta = (f, f)^{(2)} = (ab)^2 a_x^2 b_x^2, \quad t = (f, \Delta)^{(1)} = (ab)^2 (cb) a_x^2 b_x c_x^3 \\ i = (ab)^4 \qquad j = (ab)^2 (bc)^2 (ca)^2. \end{cases}$$

Nicht symbolisch haben wir für die beiden Invarianten i und j:

(3) . . . . . . $$i = 2(a_0 a_4 - 4a_1 a_3 + 3a_2{}^2)$$

(4) $$j = 6 \begin{vmatrix} a_0 & a_1 & a_2 \\ a_1 & a_2 & a_3 \\ a_2 & a_3 & a_4 \end{vmatrix} = 6(a_0 a_2 a_4 - a_0 a_3{}^2 - a_1{}^2 a_4 - a_2{}^3 + 2a_1 a_2 a_3).$$

Δ gibt die Hessesche Kovariante von f, auch vom 4. Grad, während t vom 6. Grad ist. Zwischen den Formen (2) besteht eine Relation, die man erhält, indem man das Quadrat der Funktionaldeterminante $t = (f, \Delta)^{(1)}$ bildet (vgl. (6) § 8 S. 49). Es wird:

(5) . . . . . . $$2t^2 = \frac{1}{2} i \Delta f^2 - \Delta^3 - \frac{1}{3} j f^3.$$

Aus i und j entsteht die Diskriminante von f:

(6) . . . . $$R = j^2 - \frac{1}{6} i^3,$$

ferners die einzige absolute Invariante

(7) . . . . $$k = \frac{i^3}{j^2}.$$

Ist α das Doppelverhältnis der vier Grundpunkte P_i von $f = 0$, so hängen α und k zusammen durch:

(8) . . . . $$k = \frac{i^3}{j^2} = 24 \frac{(1 - \alpha + \alpha^2)^3}{(1 + \alpha)^2 (2 - \alpha)^2 (1 - 2\alpha)^2}.$$

Hieraus schließt man leicht, daß $j = 0$ harmonische Lage, $i = 0$ äquianharmonische Lage der P_i bedeutet.

---

[1]) Gordan-Kerschensteiner II S. 178.

An wichtigsten, projektiven Ausartungen haben wir: 1. $R=0$, $i\neq 0$; $j\neq 0$; $f=0$ hat eine Doppelwurzel. Sie ist auch Doppelwurzel von $\Delta=0$ und fünffache Wurzel von $t=0$. 2. $R=0$, $i=0$, $j=0$; f hat einen dreifachen Faktor. Dieser ist vierfacher von Δ und sechsfacher von t. 3. $i\Delta - jf\equiv 0$, $i\neq 0$, $j\neq 0$, $R=0$. f ist das Quadrat einer quadratischen Form, d. h. f hat 2 verschiedene Doppelwurzeln; Δ wird proportional zu f, t wird $\equiv 0$. 4. $\Delta\equiv 0$, $f\not\equiv 0$. f ist ein Biquadrat, alle anderen Komitanten verschwinden.

Im allgemeinen Falle kann man aus (5) schließen, daß t keine allgemeine Form 6. Grades ist; es läßt sich zeigen, daß $(t, t)^{(4)}\equiv 0$ wird und t in drei quadratische Faktoren der Gestalt $\sqrt{\Delta+\lambda f}$ gespalten werden kann durch Lösung einer Gleichung 3. Grades (kubische Resolvente). Hierauf beruht dann eine von Cayley angegebene Auflösung der Gleichung 4. Grades $f=0$.

§ 12. **Ternäre Formen.**

Bei ternären Formen haben wir zweierlei Variablenreihen, aus deren Unterscheidung der Dualismus Punkt — Gerade in der projektiven Geometrie der Ebene entspringt. Der Zusammenhang zwischen Punktkoordinaten $x, y, z, \ldots$ und Linienkoordinaten u', v', $w', \ldots$ wird durch die Beziehungen

(1) . . . . $\varrho u_1' = (yz)_{23}$ usw. $\sigma x_1 = (v'w')_{23}$ usw.

ausgedrückt, welche Gleichungen auch das „Zusammenfassen“ und „Zerlegen“ von Reihen festhalten (vgl. I § 16 S. 29).

Die Bedingung für die vereinigte Lage eines Punktes x und einer Geraden u' wird durch die zu sich selbst duale Gleichung $(u'x)=0$ dargestellt. Die absolute Invariante $(u'x)$ wird auch „identische Komitante“ genannt.

Die Gleichungen (1) sind das mathematische Bild der linearen Konstruktionen der projektiven Geometrie. Wir wollen dies an einigen Beispielen verfolgen. Vorerst die Bemerkung: ein Punkt der Geraden $\overline{yz}$ wird durch $y+\lambda z$ oder homogen durch $\lambda_1 y+\lambda_2 z$ dargestellt; dual ist $v'+\lambda w'$ eine Gerade des Büschels $\overline{v'w'}$.

Beispiel 1. Es ist der Schnittpunkt ξ der Geraden v' mit der Geraden $\overline{yz}$ zu ermitteln. Ist $w'_1=(yz)_{23}$ usw., so wird $(u'\xi)$ $=(u'v'w')=0$. Ersetzen wir also w' in $(u'v'w')$, so kommt

$$(u'\xi)=(u'y)(v'z)-(u'z)(v'y)=0.$$

Beispiel 2. Zwischen 4 Punkten a, b, c und d besteht die Identität

$$(abc)(du')-(dbc)(au')\equiv -(dac)(bu')+(dab)(cu').$$

Setzen wir also beide Seiten $=0$, so stellen sie einen Punkt $P_{14}=P_{23}$ dar, der sowohl auf $\overline{ad}$ als auch auf $\overline{bc}$ liegt, und also der Schnittpunkt der Diagonalen $\overline{ad}$ und $\overline{bc}$ ist. Die weiteren Schnittpunkte P_{12} und P_{13} ergeben sich durch Umstellen der Glieder obiger Identität. Diese bildet die Grundlage für eine analytische Behandlung des vollständigen Viereckes.

Beispiel 3. Gegeben 4 Punkte a, b, c, d und ein fünfter Punkt s als Scheitel eines Strahlenbüschels $\overline{sa}, \overline{sb}, \overline{sc}, \overline{sd}$. Zu suchen das Doppelverhältnis α dieser 4 Strahlen.

Ist $s_1=(v'w')_{23}$ usw., so sind die 4 Strahlen gegeben durch $(v'x)(w'a)-(v'a)(w'x)=0$ usw. Somit haben wir nach (6) § 3 S. 40:

$$(2)\qquad \alpha=\frac{(v'a)(w'c)-(v'c)(w'a)}{(v'a)(w'd)-(v'd)(w'a)}\cdot\frac{(v'b)(w'd)-(v'd)(w'b)}{(v'b)(w'c)-(v'c)(w'b)}=\frac{(sac)(sbd)}{(sad)(sbc)}.$$

α ist eine absolute Invariante der 5 Punkte a, b, c, d, s. Nehmen wir α als fest gegeben an und $s=x$ als veränderlich, so wird

$$(3)\qquad \alpha(xad)(xbc)-(xac)(xbd)=0$$

die Gleichung des durch a, b, c und d gehenden Kegelschnittes K_α, der durch das Doppelverhältnis α erzeugt wird. Soll insbesondere K_α durch einen fünften gegebenen Punkt e gehen, so ist

$$\alpha(ead)(ebc)-(eac)(ebd)=0$$

und hieraus und aus (3) kann α eliminiert werden. Dies gibt dann die Gleichung des durch die 5 Punkte a bis d gehenden Kegelschnittes:

$$(4)\qquad (xad)(xbc)(eac)(ebd)-(xac)(xbd)(ead)(ebc)=0.$$

§ 13. Übertragungsprinzipien.

Fast man die zwei Reihen x und y zu u' zusammen: $u'_1=(xy)_{23}$ usw., so ist

$$(1)\qquad \begin{vmatrix}(a'x)&(a'y)\\(b'x)&(b'y)\end{vmatrix}=(u'a'b').$$

Dies läßt sich leicht auf n-äre Formen ausdehnen. Setzt man

$$(2)\qquad \begin{cases}u_1'=(y^{(1)}y^{(2)}\dots y^{(n-1)})_{23\dots n}\\u_2'=-(y^{(1)}y^{(2)}\dots y^{(n-1)})_{13\dots n}\end{cases}\text{usw.}$$

($y^{(1)}, y^{(2)},\dots, y^{(n-1)}$ sind $(n-1)$ Reihen von Punktkoordinaten) so wird:

$$(3)\qquad \begin{vmatrix}(a'y^{(1)})\cdots(a'y^{(n-1)})\\(b'y^{(1)})\cdots(b'y^{(n-1)})\\\cdots\cdots\cdots\\(h'y^{(1)})\cdots(h'y^{(n-1)})\end{vmatrix}=(u'a'b'\dots h').$$

Diese Gleichungen kann man benützen um eine bemerkenswerte Zuordnung von Invarianten des $(n-1)$-ären Gebietes zu denen des n-ären herzustellen. Wir setzen dies für $n=3$ und $n=4$ näher auseinander.

Es sei die ternäre Form m^{ter} Ordnung $f=a_x^m$ gegeben. $f=0$ gibt eine ebene Kurve m^{ter} Ordnung C_m. Wir nehmen zwei Punkte $y^{(1)}$ und $y^{(2)}$ an. Dann ist irgendein Punkt ihrer Verbindungsgeraden durch

(4) . . . . $P_\lambda = \lambda_1 y^{(1)} + \lambda_2 y^{(2)}$

dargestellt. Soll er auf C_m liegen, so muß

(5) . . . . $\left(\lambda_1 (a' y^{(1)}) + \lambda_2 (a' y^{(2)})\right)^m = 0$

sein. Setzen wir nun

(6) . . . . $\alpha_1 = (a' y^{(1)}) \qquad \alpha_2 = (a' y^{(2)})$,

so geht (5) über in eine binäre Form m^{ten} Grades in Veränderlichen λ_1, λ_2:

(7) . . . . $f_\lambda = (\lambda_1 \alpha_1 + \lambda_2 \alpha_2)^m = \alpha_\lambda^m = 0.$

Nun ist jede projektive Invariante I_λ von f_λ ein Produkt von Faktoren $(\alpha\beta)$. Fassen wir $y^{(1)}$ und $y^{(2)}$ zu einer Reihe u' zusammen: $u'_1 = (y^{(1)} y^{(2)})_{23}$ usw., so wird nach (2) und (6):

(8) . . . $(\alpha\beta) = \begin{vmatrix} \alpha_1 & \alpha_2 \\ \beta_1 & \beta_2 \end{vmatrix} = \begin{vmatrix} (a' y^{(1)}) & (a' y^{(2)}) \\ (b' y^{(1)}) & (b' y^{(2)}) \end{vmatrix} = (u' a' b').$

Dies gibt folgenden, als „Übertragungsprinzip" bezeichneten Satz: *Ersetzt man in der binären Invariante I_λ jeden Faktor $(\alpha\beta)$ durch $(a' b' u')$, so gibt $I_\lambda = 0$ eine Klassenkurve, deren Tangenten die Kurve $f=(a' x)^m = 0$ nach Punktgruppen schneiden, für die $I_\lambda = 0$ ist.*

Beispiel 1. $f=(a' x)^2 = 0 =$ Kegelschnitt. $f_\lambda = \alpha_\lambda^2$. $I_\lambda = (\alpha\beta)^2$. Daher $(u' a' b')^2 = 0$ eine Kurve 2. Klasse, deren Tangenten f berühren, d. h. f selbst in Linienkoordinaten u'.

Beispiel 2. $f=(a' x)^2$, $g=(p' x)^2$. Zwei Kegelschnitte. $f_\lambda = \alpha_\lambda^2$, $g_\lambda = \pi_\lambda^2$, sind zwei binäre quadratische Formen. Ihre Resultante ist (vgl. (6) § 6 S. 45):

$$I_\lambda = (\alpha\beta)^2 (\pi\varrho)^2 - (\alpha\pi)^2 (\beta\varrho)^2.$$

Hierbei sind α und β sowie π und ϱ äquivalent. Die Übertragung gibt

$$(a' b' u')^2 (p' q' u')^2 - (a' p' u')^2 (b' q' u')^2 = 0$$

als Gleichung einer speziellen Kurve 4. Klasse, nämlich der 4 Schnittpunkte von f und g.

Setzt man $I_\lambda = (\alpha\pi)^2$, so gibt $(a' p' u')^2 = 0$ eine Kurve 2. Klasse, deren Tangenten f und g nach einem harmonischen Punktequadrupel schneiden.

Bei $n = 4$ sei $f = (a' x)^m = 0$ eine Fläche m Ordnung. Sind $y^{(1)}$, $y^{(2)}$ und $y^{(3)}$ drei nicht auf einer Geraden liegende Punkte, so ist

$$P_\lambda = \lambda_1 y^{(1)} + \lambda_2 y^{(2)} + \lambda_3 y^{(3)}$$

irgendein Punkt der durch sie bestimmten Ebene. Soll P_λ auf $f = 0$ liegen, so muß wieder eine ternäre λ-Form m^{ten} Grades verschwinden:

$$f_\lambda = (\alpha' \lambda)^m = \left(\lambda_1 (a' y^{(1)}) + \lambda_2 (a' y^{(2)}) + \lambda_3 (a' y^{(3)})\right)^m = 0.$$

Die Invarianten von f_λ setzen sich aus Faktoren $(\alpha' \beta' \gamma')$ zusammen. Es ist aber

$$(\alpha' \beta' \gamma') = (u' a' b' c') \text{ für } u'_1 = (y^{(1)} y^{(2)} y^{(3)})_{234} \text{ usw.}$$

Also gibt $I_\lambda = 0$ eine Klassenfläche.

Beispiel: $f = (a' x)^2 = 0$. Fläche 2. Ordnung. $I_\lambda = (\alpha' \beta' \gamma')^2 = 0$ gibt $(u' a' b' c')^2 = 0$ als Gleichung von f in Ebenenkoordinaten.

§ 14. **Faltungsprozesse.**

Es sei

(1) . . . . . $K = (a' x)^p (b' x)^q \ldots (a u')^r (b u')^s \ldots$

eine ternäre Komitante mit x- und u'-Reihen. Diesen beiden Veränderlichenreihen entsprechend kann man aus K auf dreierlei Art neue Komitanten durch „Faltung" erzeugen: Erstens kann man drei Faktoren wie $(a' x)$ ersetzen durch $(a' b' c')$; zweitens dual dazu drei Faktoren wie $(a u')$ durch $(a b c)$ und drittens je einen Faktor $(a' x)$ und $(a u')$ durch $(a' a)$.

Die Faltung ist auch hier wieder im allgemeinen ein rein symbolischer Prozeß. Ein besonderer Fall ist hier wieder ein dem Überschiebungsprozeß (§ 7 S. 46) analoger; doch führen die hierdurch erzeugten Komitanten keine besonderen Namen. So entsteht z. B. durch Faltung des Produktes der drei Formen $f = (a' x)^p$, $\varphi = (\alpha' x)^q$, $\varphi_0 = (u' x)$ die Komitante $(a' \alpha' u') (a' x)^{p-1} (\alpha' x)^{q-1}$; ferner durch k-malige Faltung des Produktes $f \cdot f \cdot f$, wo $f = (a' x)^p$ ist, die Komitante $(a' b' c')^k (a' x)^{p-k} (b' x)^{p-k} (c' x)^{p-k}$ usf.

Faltet man das Produkt dreier Formen

(2) . . . . . $f = (a' x)^p, \quad g = (\alpha' x)^q, \quad h = (m' x)^r$

einmal, so entsteht die Funktionaldeterminante

$$\text{(3)}\qquad J = (a'\,a'\,m')\,(a'\,x)^{p-1}\,(a'\,x)^{q-1}\,(m'\,x)^{r-1} = \frac{1}{p\cdot q\cdot r}\begin{vmatrix} \frac{\partial f}{\partial x_1} & \frac{\partial f}{\partial x_2} & \frac{\partial f}{\partial x_3} \\ \frac{\partial g}{\partial x_1} & \frac{\partial g}{\partial x_2} & \frac{\partial g}{\partial x_3} \\ \frac{\partial h}{\partial x_1} & \frac{\partial h}{\partial x_2} & \frac{\partial h}{\partial x_3} \end{vmatrix}.$$

Nimmt man hier statt f, g, h die ersten partiellen Ableitungen von f, $f_i = p\,a_i' \cdot (a'\,x)^{p-1}$, so bekommt man die Hessesche Kovariante H von f:

$$\text{(4)}\qquad \left|\frac{\partial^2 f}{\partial x_i\,\partial x_k}\right| = \frac{1}{6}\,p^3(p-1)^3 H, \text{ wo } H = (a'b'c')^2(a'x)^{p-2}(b'x)^{p-2}(c'x)^{p-2}.$$

H entsteht also aus f durch zweimalige Faltung von f^3.

Auf diese Kovarianten kommt man auch von der Polarentheorie her. $f = (a'\,x)^m = 0$ stellt eine ebene Kurve m^{ter} Ordnung C_m dar. Soll der Punkt $y + \lambda z$ auf C_m liegen, so finden wir für λ die Gleichung m^{ten} Grades:

$$\text{(5)}\qquad .\ .\ f_\lambda = (a'\,y)^m + \binom{m}{1}\lambda\,(a'\,y)^{m-1}\,(a'\,z) + \cdots + \lambda^m\,(a'\,z)^m = 0.$$

Die Koeffizienten sind hier Polaren. y liegt auf C_m für $(a'\,y)^m = 0$; dann wird $\lambda_1 = 0$. Soll auch $\lambda_2 = 0$ sein, so muß $(a'\,y)^{m-1}\,(a'\,z)$ verschwinden. Daher: $(a'\,x)\,(a'\,y)^{m-1} = 0$ ist die Gleichung der Tangente im Punkte y und, wenn y außerhalb der C_m liegt: $(a'\,x)^{m-1}\,(a'\,y) = 0$ ist die Gleichung der ersten Polarkurve von y; sie schneidet die C_m in den $m\,(m-1)$ Berührungspunkten der von y ausgehenden Tangenten.

Bei drei Kurven, die durch (2) gegeben sind, haben wir zu einem Punkte y die drei invarianten Geraden $(a'\,x)\,(a'\,y)^{m-1} = 0$ usw. Sie gehen durch denselben Punkt, wenn y auf der Kurve

$$I = (a'\,a'\,m')\,(a'\,x)^{p-1}\,(a'\,x)^{q-1}\,(m'\,x)^{r-1} = 0$$

gelegen ist. Dies ist die *Jacobische* Kurve von f, g, h. Es ist leicht zu zeigen, daß I eine Kombinante dieser drei Formen darstellt.

Die $(m-2)$-te Polare von y bzgl. $f = (a'\,x)^m = 0$ ist der Kegelschnitt $(a'\,x)^2\,(a'\,y)^{m-2} = 0$. Er wird singulär für $H = 0$. Dies ist die *Hesse*sche Kurve von $f = 0$, und man beweist leicht, daß $H = 0$ auf der Grundkurve $f = 0$ die Wendepunkte ausschneidet.

§ 15. Die ternäre quadratische Form.

Es sei als einzige Grundform eine ternäre quadratische Form gegeben: $f = (a'x)^2 = \sum a'_{ik} x_i x_k$. Sie gibt, gleich Null gesetzt, einen Kegelschnitt in Punktkoordinaten.

Wir wollen zunächst wieder das Formenproblem erledigen, d. h. ein volles Komitantensystem von f aufstellen. Es ist dies nach § 1 S. 36 ein volles Invariantensystem der drei Formen

(1) . . . . . $f = (a'X)^2, \quad \varphi = (xU'), \quad \psi = (u'X).$

Wir werden später ausführlich beweisen (vgl. Abschnitt IV), daß sich alle ternären Invarianten aus Faktoren $(a'b'c')$, (abc) und $(a'a)$ zusammensetzen lassen. Dies gibt hier, da wir nach (1) an Größen- und Symbolreihen nur die folgenden haben:

(2) . . . . $a', b', c', \ldots, u'; x,$

die Faktoren:

(3) . . . . . . $(a'x), \quad (u'x), \quad (a'b'c'), \quad (a'b'u').$

Hieraus ergeben sich sofort die vier Komitanten:

(4) . $f = (a'x)^2, \quad f_0 = (u'x), \quad D = \frac{1}{6}(a'b'c')^2, \quad \varphi = \frac{1}{2}(a'b'u')^2.$

Wir wollen beweisen, daß dies das volle System ist.

Zunächst kann man so wie bei binären Formen (§ 4 S. 40) zeigen, daß $(a'b'c')$ ein *Reduzent* ist. Sei $I = (a'b'c') \cdot I'$, so enthält I' die zweiten Reihen a', b' und c', wieder in Faktoren (3). Dies gibt 3 Fälle: Erstens können alle drei Reihen a', b', c' wieder in einem Klammerfaktor vereinigt sein. Dann ist $I = (a'b'c')^2 \cdot I''$, d. h. I enthält D als Faktor. Zweitens seien nur zwei dieser Reihen, etwa a' und b' in einem Klammerfaktor $(a'b'v')$ vereinigt, wo $v' = d'$ oder $= u'$ ist: $I = (a'b'c')(a'b'v') \cdot I''$. Dieser Fall kann auf den ersten zurückgeführt werden. Die zweite Reihe c' steht noch in I'', etwa in dem Faktor $(c'y)$, wo $y = x$ oder $= (e'f')_{ik}$ oder $= (e'u')_{ik}$ ist. Jetzt formen wir $(a'b'v')(c'y)$ identisch um und erhalten

$$I = (a'b'c')\left[(c'b'v')(a'y) - (c'a'v')(b'y) + (c'a'b')(v'y)\right] \cdot I'''.$$

Im ersten Term rechts vertauschen wir a' und c' und erhalten $-I$; im zweiten vertauschen wir b' und c' und erhalten auch $-I$. Daher wird

$$3I = (a'b'c')^2 (v'y) I''' = \text{red.}$$

Drittens können die zweiten Reihen a', b' und c' alle in verschiedenen Faktoren vorkommen. Dies gibt den Ansatz

$$I = (a'b'c')(a'x)(b'y)(c'z) I''.$$

Da $(a'b'c')(a'x)(b'x) \equiv 0$ ist, so müssen wenigstens zwei von den Faktoren $(a'x)$, $(b'y)$, $(c'z)$ Klammerfaktoren sein. Es sei etwa

$$I = (a'b'c')(a'u'v')(b'y)(c'z) \cdot I''.$$

Hier formen wir $(a'u'v')(b'y)$ um und erhalten

$$I = (a'b'c')\left[(b'u'v')(a'y) - (b'a'v')(u'y) + (b'a'u')(v'y)\right](c'z)I''.$$

Im ersten Gliede gibt die Vertauschung von a' mit b' wieder $-I$, somit

$$2I = \text{Invarianten vom Fall II.},$$

also enthält auch hier I den Faktor D oder verschwindet.

Wir können daher in (3) den Faktor $(a'b'c')$ weglassen. Die Annahme $I = (a'b'u') \cdot I'$ führt auf ganz demselben Wege zur Reduktion auf $\varphi = \frac{1}{2}(a'b'u')^2$, und aus $(a'x)$ allein läßt sich nur die Grundform selbst bilden. (4) gibt also das volle System.

Geometrisch gibt $\varphi = 0$ den Kegelschnitt in Linienkoordinaten u'; $(a'x)(a'y) = 0$ gibt die Polare von y; $(a'b'u')(a'b'v') = 0$ den Pol von v'. Setzen wir $v' =$ Polare von y, also $v_i' = c_i'(c'y)$, so wird:

(5) . . $$(u'a'b')(a'b'c')(c'y) = \frac{1}{3}(a'b'c')^2 \cdot (u'y) = 2D \cdot (u'y).$$

Für $D \neq 0$ ist also die Beziehung zwischen Pol und Polare umkehrbar.

§ 16. **Zwei Kegelschnitte.**

Bei zwei ternären quadratischen Formen

(1) . . . . $$f = (a'x)^2 \qquad \varphi = (\alpha'x)^2$$

besteht das volle Komitantensystem aus 20 Komitanten, die wir am Schlusse anführen. Ableiten wollen wir hier nur das volle Invariantensystem [1]). Dieses besteht aus den 4 Invarianten:

(2) $$D_{111} = \frac{1}{6}(a'b'c')^2, \quad D_{112} = \frac{1}{2}(a'b'\alpha')^2, \quad D_{122} = \frac{1}{2}(a'\alpha'\beta')^2,$$
$$D_{222} = \frac{1}{6}(\alpha'\beta'\gamma')^2.$$

Sie treten als Koeffizienten auf, wenn man die Diskriminante D_λ der Form $f + \lambda\varphi$ anschreibt:

(3) $$D_\lambda = \frac{1}{6}\left[(a'b'c')^2 + 3\lambda(a'b'\alpha')^2 + 3\lambda^2(a'\alpha'\beta')^2 + \lambda^3(\alpha'\beta'\gamma')^2\right]$$
$$= |a'_{ik} + \lambda \alpha'_{ik}|.$$

[1]) Betreffs des Komitantensystems vgl. *Clebsch-Lindemann*, Vorlesungen, I. Abschnitt S. 291.

Für das volle Invariantensystem haben wir die Symbolreihen $a', b', c', \ldots, \alpha', \beta', \gamma', \ldots$; hieraus die Faktoren:

(4) $\quad . \; . \; f_1 = (a' b' c'), \quad f_2 = (a' b' \alpha'), \quad f_3 = (a' \alpha' \beta'), \quad f_4 = (\alpha' \beta' \gamma').$

Hier sind f_1 und f_4 Reduzenten, wenn wir D_{111} und D_{222} anmerken; wir brauchen also nur noch Invarianten mit f_2 und f_3 zu behandeln und können uns auch da noch auf f_2 allein beschränken, da f_3 aus f_2 einfach durch Vertauschung von f mit φ entsteht.

Es ist zweckmäßig, für das Folgende die Zusammenfassungen zu machen

(5) $\quad . \; . \; . \; . \; (a' b')_{23} = a_1$ usw., $\qquad (\alpha' \beta')_{23} = \alpha_1$ usw.

Dies kommt darauf hinaus, daß man für die Darstellung von $(a' b' u')^2$ und $(\alpha' \beta' u')^2$ eigene Symbolreihen a und α benützt:

(6) $\quad . \; . \; . \; . \; (a' b' u')^2 = (a u')^2, \qquad (\alpha' \beta' u')^2 = (\alpha u')^2.$

Es ist dann nach (2):

(7) $\quad D_{111} = \frac{1}{6} (a a')^2, \quad D_{112} = \frac{1}{2} (a \alpha')^2, \quad D_{122} = \frac{1}{2} (a' \alpha)^2,$

$$D_{222} = \frac{1}{6} (\alpha \alpha')^2.$$

Es sei I eine Invariante von f und φ. Wir zeigen zunächst, daß sich in I stets die Reihen a und α einführen lassen, so daß in I kein Klammerfaktor mehr auftritt, sondern nur Linearfaktoren $(a \alpha')$ und $(a' \alpha)$. Es sei f_2 in I vorhanden:

(8) $\quad . \; . \; . \; . \; . \; . \; . \; I = (a' b' \alpha') (a' \ldots) (b' \ldots) I'.$

Dann können wir wie im vorigen Paragraph zeigen, daß die zweiten Reihen a' und b' in $(a' \ldots) (b' \ldots)$ in einen einzigen Klammerfaktor vereinigt werden können. Dies gibt

(9) $\quad . \; . \; . \; . \; I = (a' b' \alpha') (a' b' u') I'' = (a \alpha') (a u') \cdot I''.$

Ist hier $u' = \alpha'$, so enthält I den Faktor D_{112}. Also muß $u' = \beta'$ sein, da $u' = b'$ den Reduzenten $(a b')$ ergibt. Somit kommt

(10) $\quad . \; . \; . \; . \; . \; . \; . \; I = (a \alpha') (a \beta') (\alpha' u' v') \cdot I'''.$

Hier ist weder u' noch $v' = \beta'$, da sonst $I \equiv 0$ wäre; $u', v' = \gamma', \delta'$ gibt den Reduzenten $(\alpha' \gamma' \delta')$; bei $u', v' = c', d'$ haben wir analog (9):

(11) $\quad . \; I = (a \alpha') (a \beta') (\alpha' b' d') (c' d' v') \ldots = (a \alpha') (a \beta') (\alpha' b) (b v') \ldots,$

wobei also $b_1 = (c' d')_{23}$ usw. gesetzt ist. Schließlich haben wir in (10) noch die Möglichkeit $u', v' = \gamma', c'$:

$$I = (a \alpha') (a \beta') (\alpha' \gamma' c') (\gamma' \ldots) \ldots$$

und hier können wir durch die Umformung von $(\gamma' \ldots) (\alpha' a)$ auch

α' und γ' zusammenfassen zu $a_1 = (\alpha'\gamma')_{23}$ usw., so daß wir in diesem Falle bekommen:

(12) . . . . $I = (u'a)\,(a\beta')\,(c'a)\,(av')\ldots$

Mit (11) und (12) ist bewiesen, daß sich die Klammerfaktoren ausschalten lassen. Somit haben wir für den Aufbau der Invarianten allein $(a\alpha')$ und $(a\alpha')$ zu verwenden.

Ist $$I = (a\alpha')\,(a\beta')\,(\alpha'b)\,(\beta'x)\ldots,$$
wobei $x = b$ oder $x = c$ sein kann, so haben wir in beiden Fällen $x_1 = (c'd')_{23}$ usw. Dies gibt
$$I = (a\alpha')\,(a\beta')\,(\alpha'b)\,(\beta'c'd')\ldots$$
und hier formen wir $(\beta'c'd')\,(\alpha'a)$ um:
$$I = (a\beta')\,(\alpha'b)\,\left[(\alpha'c'd')\,(\beta'a) - (\alpha'\beta'd')\,(c'a) + (\alpha'\beta'c')\,(d'a)\right]\ldots$$
Hier enthält das 1. Glied den Faktor $(a\beta')^2 = 2D_{112}$; die beiden anderen Glieder besitzen die Reduzenten $(c'a)$ und $(d'a)$, daher wird I überhaupt reduzibel.

Das volle Komitantensystem umfaßt:

1. 4 *Invarianten* D_{ikl} (7)
2. 4 *Kovarianten*:

$$f = (a'x)^2,\ \varphi = (\alpha'x)^2,\ \Phi_{12} = (a\alpha x)^2,\ \Delta = (a\alpha x)\,(a'a)\,(\alpha'x)\,(a\alpha')\,(\alpha'x)$$

3. 4 *Kontravarianten*:

$$F_{11} = (a'b'u')^2,\quad F_{12} = (a'\alpha'u')^2,\quad F_{22} = (\alpha'\beta'u')^2,$$
$$D = (a'\alpha'u')\,(a'\alpha)\,(au')\,(\alpha'a)\,(\alpha u')$$

4. 8 *Zwischenformen*:

$(\alpha'a)\,(a'x)\,(\alpha u')$	$(a'\alpha)\,(\alpha'x)\,(a u')$
$(a'\alpha'u')\,(a'x)\,(\alpha'x)$	$(a\alpha x)\,(a u')\,(\alpha u')$
$(a'\alpha'u')\,(a'\alpha)\,(a u')\,(\alpha'x)$	$(a\alpha x)\,(a\alpha')\,(\alpha'x)\,(\alpha u')$
$(a'\alpha'u')\,(\alpha'x)\,(\alpha'a)\,(\alpha u')$	$(a\alpha x)\,(\alpha u')\,(\alpha a')\,(a'x)$.

Diese 20 Komitanten beherrschen die projektive Geometrie zweier Kegelschnitte. Bezüglich geometrischer Bedeutung derselben sei auf das oben genannte Werk von *Clebsch-Lindemann* verwiesen.

§ 17. **Die ternäre kubische Form.**

Das volle Komitantensystem einer ternären kubischen Form $f = (a'x)^3 = \Sigma a'_{ikl} x_i x_k x_l$ ist schon ziemlich kompliziert und besteht aus 34 Komitanten. Es wurde von *A. Clebsch* und *P. Gordan* aufgestellt[1]), nachdem vorher *Aronhold* und *Cayley* die wichtigsten Komitanten auffanden.

[1]) Mathem. Ann. 6 (1875) S. 436.

Wir beschränken uns hier darauf, einiges hervorzuheben, was betreffs geometrischer Anwendungen wegen von Wichtigkeit ist[1]).

$f = (a'x)^3$ besitzt zwei Invarianten S und T:

(1) $$\begin{cases} S = (a'b'c')\,(a'b'd')\,(a'c'd')\,(b'c'd') \\ T = (a'b'c')\,(a'b'd')\,(a'c'e')\,(b'c'f')\,(d'e'f')^2. \end{cases}$$

Aus ihnen ergibt sich eine absolute Invariante

(2) $$i = \frac{S^3}{T^2}.$$

Sie kann geometrisch so gedeutet werden: Ist α das konstante Doppelverhältnis der vier, von einem Punkte der $C_3\, f = 0$ an diese noch ziehbaren Tangenten, so ist

(3) $$i = 24\,\frac{(1-\alpha+\alpha^2)^3}{(1+\alpha)^2\,(2-\alpha)^2\,(1-2\alpha)^2}.$$

Die Diskriminante von f, d. h. die linke Seite R der Gleichung $R = 0$, die bestehen muß, wenn die C_3 einen Doppelpunkt hat, wird

(4) $$R = T^2 - \frac{1}{6}S^3.$$

Die *Hesse*sche Kurve $\Delta = 0$ ist gegeben durch

(5) $$\Delta = (a'b'c')^2\,(a'x)^2\,(b'x)^2\,(c'x)^2 = 0.$$

Sie ist der Ort jener Punkte y, deren Polarkegelschnitt $(a'x)^2\,(a'y) = 0$ zerfällt und gleichzeitig der Ort für die Doppelpunkte z dieser zerfallenden Kegelschnitte (*Steiner*sche Kurve = *Hesse*sche Kurve). Die Verbindungslinien $\overline{yz}$ umhüllen eine Kurve 3. Klasse, die *Cayley*sche Kurve der C_3. Sie wird dargestellt durch

(6) $$\Sigma = (a'b'c')\,(a'b'u')\,(a'c'u')\,(b'c'u') = 0,$$

während die C_3 selbst von der 6. Klasse ist und in Linienkoordinaten die Gleichung hat:

(7) $$F = (a'b'u')^2\,(c'd'u')^2\,(a'c'u')\,(b'd'u').$$

Wir behandeln noch kurz das Wendepunktsproblem. Die 9 Wendepunkte sind die Schnittpunkte der C_3 mit $\Delta = 0$ und alle Kurven des Büschels

(8) $$f_{\varkappa\lambda} = \varkappa f + \lambda\Delta = \varkappa\,(a'x)^3 + \lambda\,(a'x)^3 = 0$$

---

[1]) Ausführliches ist zu finden in *Clebsch-Lindemann*, Vorlesungen I S. 542.

haben dieselben Wendepunkte. Daher ist auch $\Delta_{\varkappa\lambda}$ wieder in der Gestalt (8) darstellbar; man erhält:

$$(9) \quad . \; . \quad \Delta_{\varkappa\lambda} = \left(\varkappa^3 - \frac{S}{2}\varkappa\lambda^2 - \frac{T}{3}\lambda^3\right)\Delta + \left(\frac{S}{2}\varkappa^2\lambda + T\varkappa\lambda^2 + \frac{S^2}{12}\lambda^3\right)f.$$

Ist die C_3 ein Geradentripel, so ist sie mit ihrer *Hesse*schen Kurve identisch und umgekehrt. Man sucht nun — um die in Geraden zerfallenden Kurven des Büschels (8) zu erhalten — $\varkappa$ und λ so zu bestimmen, daß $\Delta_{\varkappa\lambda} = \sigma f_{\varkappa\lambda}$ wird. (9) gibt dann die für $\frac{\varkappa}{\lambda}$ biquadratische Gleichung

$$(10) \quad . \; . \; . \; . \quad G = \varkappa^4 - S\varkappa^2\lambda^2 - \frac{4}{3}T\varkappa\lambda^3 - \frac{1}{12}S^2\lambda^4 = 0.$$

Es gibt sonach im allgemeinen vier zerfallende C_3 des Büschels $f_{\varkappa\lambda} = 0$, woraus man dann die bekannte Wendepunktskonfiguration erhält.

Die binäre Form G $(\varkappa, \lambda)$ hat 2 Invarianten i_G und j_G; hiervon ist i_G stets $= 0$. Für j_G erhält man $i_G = \frac{2}{3}\left(\frac{S^3}{6} - T^2\right) = -\frac{2}{3}R$.

§ 18. **Bilinearformen.**

Wir behandeln von den 3 Gattungen ternärer Bilinearformen

$$(1) \quad . \; . \quad F = (a'x)(a'y), \qquad G = (a'x)(au'), \qquad H = (au')(av')$$

den mittleren Typ G näher. Es ist

$$(2) \quad . \; . \; . \; . \; . \; . \quad G = (a'x)(au') = \sum A_k^i x_i u_k',$$

so daß also $a_i' a_k = A_k^i$ ist. $G = 0$ stellt in der Ebene zwei Kollineationen dar. Halten wir nämlich etwa y fest, so ordnet $G = 0$ diesem Punkte y den Punkt $y^{(1)}$ zu mit der Gleichung $(au')(a'y) = 0$. Dann aber können wir auch v' als gegeben ansehen und der Geraden v' die Gerade $(a'x)(av') = 0$ zuordnen. Wir wollen die erstgenannte Kollineation $y \rightarrow y^{(1)}$ betrachten. In ihr entspricht dem Punkte $y^{(1)}$ wieder der Punkt $y^{(2)}$ usw., so daß wir eine beliebig weit fortsetzbare Reihe von Komitanten G_i mit kettenartiger Bauart bekommen:

$$(3) \quad . \; . \; . \; . \quad \left|\begin{array}{l} G_1 = G = (au')(a'y) \\ G_2 = (au')(a'\beta)(b'y) \\ G_3 = (au')(a'\beta)(b'\gamma)(c'y) \\ . \; . \; . \; . \; . \; . \; . \; . \; . \; . \; . \end{array}\right. \qquad G_0 = (u'y).$$

Man zeigt nun leicht, daß bereits G_3 und damit alle weiteren $G_i (i > 3)$ ganz und rational durch G_0, G_1 und G_2 ausdrückbar sind.

Wir berechnen vorerst die Determinante $|A_k^i|$. Es wird

$$(4)\quad \varDelta = |A_k^i| = \begin{vmatrix} a_1' \alpha_1 & a_1' \alpha_2 & a_1' \alpha_3 \\ b_2' \beta_1 & b_2' \beta_2 & b_2' \beta_3 \\ c_3' \gamma_1 & c_3' \gamma_2 & c_3' \gamma_3 \end{vmatrix} = a_1' b_2' c_3' (\alpha\beta\gamma) = \frac{1}{6}(a'b'c')(\alpha\beta\gamma),$$

was man so wie auf S. 24 durch Vertauschung äquivalenter Reihen erhält, wobei natürlich, wenn a' mit b' vertauscht wird, auch gleichzeitig α mit β vertauscht werden muß.

Nun bekommen wir aber durch Ausmultiplizieren:

$$(a'b'c')(\alpha\beta\gamma) = \begin{vmatrix} (a'\alpha) & (a'\beta) & (a'\gamma) \\ (b'\alpha) & (b'\beta) & (b'\gamma) \\ (c'\alpha) & (c'\beta) & (c'\gamma) \end{vmatrix}$$

und dies gibt, wenn wir die folgenden Invarianten einführen:

$$(5)\quad \ldots \quad I_1 = (a'\alpha), \quad I_2 = (a'\beta)(b'\alpha), \quad I_3 = (a'\beta)(b'\gamma)(c'\alpha):$$

$$(6)\quad \ldots \quad \varDelta = \frac{1}{6}(a'b'c')(\alpha\beta\gamma) = \frac{1}{6}(I_1^3 - 3 I_1 I_2 + 2 I_3).$$

Diese Invarianten I_1, I_2, I_3 — sie bilden das volle Invariantensystem von G — treten auch auf, wenn man die Doppelpunkte ξ der Kollineation $y \longrightarrow \alpha(a'y)$ aufsucht. Für diese ist ja

$$(7)\quad \ldots \ldots \quad \alpha_i (a'\xi) = -\lambda \xi_i .$$

Eliminiert man hieraus die ξ_i, so kommt $|\alpha_i a_k' + \lambda \delta_{ik}| = 0$, d. h. λ genügt der Gleichung 3. Grades

$$(8)\quad \ldots \ldots \quad \begin{vmatrix} A_1^1 + \lambda & A_2^1 & A_3^1 \\ A_1^2 & A_2^2 + \lambda & A_3^2 \\ A_1^3 & A_2^3 & A_3^3 + \lambda \end{vmatrix} = 0 .$$

Dies gibt ausgeführt:

$$(9)\quad \ldots \ldots \quad \lambda^3 + I_1 \lambda^2 + \frac{1}{2}(I_1^2 - I_2)\lambda + \varDelta = 0 .$$

Auf (8) kommt man auch, wenn man die singulären Formen des Büschels $(a'x)(\alpha u') + \lambda(u'x)$ aufsucht.

Die zur Reduktion von (3) nötige Gleichung findet man durch Umformung von $(a'b'c')(u'y)$ in dem Produkte

$$6\varDelta(u'y) = (\alpha\beta\gamma)(a'b'c')(u'y);$$

wegen der Vertauschbarkeit erhält man leicht

$$6\varDelta(u'y) = 3(\alpha\beta\gamma)(a'b'u')(c'y),$$

also auch:

$$2\varDelta(u'y) = \begin{vmatrix} (\alpha a') & (\alpha b') & (\alpha u') \\ (\beta a') & (\beta b') & (\beta u') \\ (\gamma a') & (\gamma b') & (\gamma u') \end{vmatrix} (c'y),$$

und dies gibt ausgerechnet die gewünschte Reduktionsformel:

(10) . . . . . $$G_3 \equiv \varDelta G_0 - \frac{1}{2}(I_1^2 - I_2) G_1 + I_1 G_2 .$$

Dies ist die sogenannte „charakteristische" Gleichung der Bilinearform.

III. Abschnitt: **Quaternäre Formen, Komplexe.**

§ 1. **Plückersche Linienkoordinaten.**

Wir haben bisher Formen und deren Komitanten betrachtet, die nur Reihen x und u' enthielten. Hierbei waren — bis auf einen gemeinsamen Proportionalitätsfaktor — die „Raumkoordinaten" u'_i definiert als die $(n-1)$-reihigen Determinanten der Matrix M, deren Zeilen durch die homogenen Koordinaten von $(n-1)$ Punkten gegeben sind:

(1) $$M = \left\| \begin{matrix} x_1 & x_2 \ldots\ldots & x_n \\ y_1 & y_2 \ldots\ldots & y_n \\ \ldots & \ldots & \ldots \\ z_1 & z_2 \ldots\ldots & z_n \end{matrix} \right\| \qquad u'_1 = (x\,y\ldots\ldots z)_{23\ldots n} \text{ usw.}$$

Dual kann man die x-Reihen definieren durch $x_1 = (u'v'\ldots w')_{23\ldots n}$ usw.

Bei $n = 2$ ist kein wesentlicher Unterschied zwischen x-Reihen und u'-Reihen. Ein Faktor 1. Art kann stets als Faktor 2. Art geschrieben werden und umgekehrt. Erst von $n = 3$ ab tritt der Unterschied hervor: In einem Faktor 1. Art $(a'a)$ sind stets zwei zueinander kontragrediente Reihen (mit Strich und ohne Strich) vereinigt, es kommen bei projektiven Invarianten z. B. $(a'a')$ oder (aa) nie vor. Ebenso sind in einem Klammerfaktor entweder alle Buchstaben ohne Strich oder alle mit Strich, Faktoren wie z. B. $(a'b'ab)$ treten nie auf.

Bei $n \geqq 4$ haben wir aber außer den Veränderlichenreihen x und u' noch weitere. Man ist gezwungen — hauptsächlich mit Rücksicht auf geometrische Anwendungen — auch Formen mit diesen neuen Reihen zuzulassen und demgemäß auch die Komitanten von solchen Formen zu behandeln. Wir sprechen vorerst vom einfachsten Falle, der sich bei $n = 4$ einstellt und wo diese neuen Veränderlichenreihen von den sogenannten Linienkoordinaten gebildet werden.

Es seien $y \neq z$ zwei Punkte im R_3. Aus der zu (1) analogen Matrix

(2) $$M = \left\| \begin{matrix} y_1 & y_2 & y_3 & y_4 \\ z_1 & z_2 & z_3 & z_4 \end{matrix} \right\|$$

lassen sich $\binom{4}{2} = 6$ zweireihige Determinanten bilden:

(3) $$p_{ik} = (yz)_{ik} = y_i z_k - y_k z_i = -p_{ki}.$$

Diese sechs homogenen Größen sind die Plückerschen Koordinaten der Geraden $p = \overline{yz}$; man nennt sie auch manchmal „Strahlenkoordinaten“ zum Unterschied von „Axenkoordinaten“ p'_{ik} die sich ergeben, wenn die Gerade p als Schnitt der beiden Ebenen v' und w' gegeben wird. Es ist

(4) $$p'_{ik} = (v'w')_{ik} = v_i' w_k' - v_k' w_i' = -p'_{ki}$$

und die p'_{ik} sind — dual zu (2) — die zweireihigen Determinanten der Matrix

(5) $$M' = \begin{Vmatrix} v_1' & v_2' & v_3' & v_4' \\ w_1' & w_2' & w_3' & w_4' \end{Vmatrix}.$$

Die sechs Größen p_{ik} sind nicht unabhängig voneinander. Es besteht zwischen ihnen die bekannte Relation

(6) $$p_{12}\,p_{34} + p_{13}\,p_{42} + p_{14}\,p_{23} = 0$$

und analog für die p'_{ik}. (6) erhält man aus $(yz\,yz) \equiv 0$. (6) ist auch nichts anderes als die Identität

$$(12)(34) \equiv (32)(14) - (31)(24)$$

bei binären Formen. Drehen wir nämlich die Matrix (2) um 90° im Sinne des Uhrzeigers, so ist (6) nichts anderes als die binäre Relation zwischen 4 Punkten $z_i : y_i$ $(i = 1, 2, 3, 4)$.

Sind p_{ik} und p'_{rs} die Koordinaten *derselben* Geraden p — und diese Bezeichnung wollen wir immer festhalten — so kann man setzen

(7) $$p_{ik} = p'_{rs},$$

wo (rs) algebraisch-komplementär zu (ik) ist. (7) lautet also ausführlich so:

(8) $$p_{12} = p'_{34},\; p_{13} = p'_{42},\; p_{14} = p'_{23},\; p_{23} = p'_{14},\; p_{34} = p'_{12},\; p_{42} = p'_{13}.$$

Den Beweis hierfür, sowie die Erklärung des Begriffes „algebraisch-komplementär“ geben wir allgemein im folgenden Paragraphen.

§ 2. G_d-Koordinaten.

Wir nehmen jetzt $n \geqq 4$. Ein Gebiet d^{ter} Stufe G_d oder ein linearer $(d-1)$-dimensionaler Raum R_{d-1} ist durch d linear-unabhängige Punkte $y^{(1)}, y^{(2)}, \ldots, y^{(d)}$ bestimmt, deren Koordinaten wir in einer Matrix

(1) $$M = \begin{Vmatrix} y_1^{(1)} & y_2^{(1)} & \ldots\ldots & y_n^{(1)} \\ y_1^{(2)} & y_2^{(2)} & \ldots\ldots & y_n^{(2)} \\ \cdot & \cdot & \cdots & \cdot \\ y_1^{(d)} & y_2^{(d)} & \ldots\ldots & y_n^{(d)} \end{Vmatrix}$$

anordnen. Die p-reihigen Determinanten

(2) $$p_{i_1 i_2 \ldots i_d} = (y^{(1)}\, y^{(2)} \ldots y^{(d)})_{i_1 i_2 \ldots i_d}$$

sind nicht alle $= 0$; sie heißen die homogenen „*Punktkoordinaten*" des G_d, das durch $y^{(1)}, y^{(2)}, \ldots, y^{(d)}$ bestimmt ist. Es sind dies $\binom{n}{d} = \frac{n!}{d!(n-d)!}$ homogene Größen mit alternierenden Indexgruppen $(i_1 i_2 \cdots i_d)$. Sie sind nicht algebraisch-unabhängig voneinander, worüber später Näheres (vgl. Abschn. IV § 11).

Bei einer Transformation $y \to \bar{y}$ oder

$$y_i^{(\lambda)} = \sum_k e_i^k \bar{y}_k^{(\lambda)} \quad (\lambda = 1, 2, \ldots, d)$$

erhalten wir leicht:

(3) $$p_{i_1 i_2 \ldots i_d} = \sum_{r_1 r_2 \ldots r_d} \bar{p}_{r_1 r_2 \ldots r_d} \begin{vmatrix} e_{i_1}^{r_1} & \ldots & e_{i_d}^{r_1} \\ \cdot & \cdots & \cdot \\ \cdot & \cdots & \cdot \\ e_{i_1}^{r_d} & \ldots & e_{i_d}^{r_d} \end{vmatrix};$$

d. h. die $p_{i_1 i_2 \ldots i_d}$ werden so transformiert wie die Koeffizienten einer alternierenden p-fach linearen Form.

Dual zu (1) kann man das Gebiet G_d auch gegeben denken als Schnitt von $(n-d)$ linear-unabhängigen Gebieten $G_{n-1} = (n-2)$-dimensionalen Räumen $v'^{(1)}, v'^{(2)}, \ldots, v'^{(n-d)}$. Deren Koordinaten stellen wir in einer Matrix M' zusammen:

(4) $$M' = \begin{Vmatrix} v_1'^{(1)} & v_2'^{(1)} & \ldots & v_n'^{(1)} \\ v_1'^{(2)} & v_2'^{(2)} & \ldots & v_n'^{(2)} \\ \cdot & \cdot & \cdots & \cdot \\ v_1'^{(n-d)} & v_2'^{(n-d)} & \ldots & v_n'^{(n-d)} \end{Vmatrix}.$$

Die $(n-d)$-reihigen Determinanten dieser Matrix M' nennen wir die „Raumkoordinaten" des G_d:

(5) $$p'_{k_1 k_2 \ldots k_{n-d}} = (v'^{(1)}\, v'^{(2)} \ldots v'^{(n-d)})_{k_1 k_2 \ldots k_{n-d}}.$$

Wir bezeichnen also ein und dasselbe G_d mit einem Buchstaben, z. B. p; $p_{ikl\ldots}$ (ohne Strich) gibt die Punktkoordinaten, $p'_{ikl\ldots}$ (mit Strich) die Raumkoordinaten des $G_d(p)$.

Es läßt sich nun leicht analog (8) § 1 ein Zusammenhang zwischen Punkt- und Raumkoordinaten desselben $G_d(p)$ herstellen. Hierzu nehmen wir n linear-unabhängige Punkte $y^{(1)}, y^{(2)}, \ldots, y^{(n)}$. Wir teilen sie nach dem Schema

$$\underbrace{y^{(1)}\, y^{(2)} \ldots y^{(d)}}_{A} \quad \underbrace{y^{(d+1)} \ldots y^{(n)}}_{B}$$

in zwei Gruppen A und B. Dieser Teilung entspricht die Zerlegung der Determinante

$$(6) \quad \ldots\ldots \quad D = \left|\begin{array}{cccc} y_1^{(1)} & y_2^{(1)} & \ldots\ldots & y_n^{(1)} \\ \cdot & \cdot & \cdots & \cdot \\ y_1^{(d)} & y_2^{(d)} & \ldots\ldots & y_n^{(d)} \\ \hline y_1^{(d+1)} & y_2^{(d+1)} & \ldots\ldots & y_n^{(d+1)} \\ \cdot & \cdot & \cdots & \cdot \\ y_1^{(n)} & y_2^{(n)} & \ldots\ldots & y_n^{(n)} \end{array}\right| \begin{array}{l} \left.\vphantom{\begin{array}{c}1\\1\\1\end{array}}\right\} A \\ \left.\vphantom{\begin{array}{c}1\\1\\1\end{array}}\right\} B \end{array}$$

in die zwei, durch den Horizontalstrich getrennten Matrizen.

Unser $G_d(p)$ sei erstens durch die Punkte von A bestimmt, also

$$p_{i_1 i_2 \ldots i_d} = (y^{(1)}\, y^{(2)} \ldots y^{(d)})_{i_1 i_2 \ldots i_d};$$

zweitens als Schnitt von $(n-d)$ linearen G_{n-1} $v'^{(d+1)}, v'^{(d+2)}, \ldots, v'^{(n)}$, wobei wir $v'^{(h)}$ erhalten, wenn wir in der Gruppe B den Punkt $y^{(h)}$ $(h = d+1,\ d+2, \ldots, n)$ auslassen. Es geht dann jedes $v'^{(h)}$ durch alle Punkte von A hindurch, enthält also das Gebiet $G_d(p)$. Die Koordinaten $v'^{(h)}_k$ sind dann einfach die Minoren von $y_k^{(h)}$ in D.

Von jetzt ab wollen wir voraussetzen, daß die Indizes $(i_1\, i_2 \ldots i_d)$ und $(k_1\, k_2 \ldots k_{n-d})$ stets der Größe nach geordnet sind.

Nach (5) haben wir

$$(7) \quad p'_{k_1 k_2 \ldots k_{n-d}} = \left|\begin{array}{ccc} v'^{(d+1)}_{k_1} & \ldots & v'^{(d+1)}_{k_{n-d}} \\ \cdot & \cdots & \cdot \\ \cdot & \cdots & \cdot \\ v'^{(n)}_{k_1} & \ldots & v'^{(n)}_{k_{n-d}} \end{array}\right| = \left|\begin{array}{cccccc} v'^{(d+1)}_{k_1} & \ldots & v'^{(d+1)}_{k_{n-d}} & v'^{(d+1)}_{i_1} & \ldots & v'^{(d+1)}_{i_d} \\ \cdot & \cdots & \cdot & \cdot & \cdots & \cdot \\ \cdot & \cdots & \cdot & \cdot & \cdots & \cdot \\ v'^{(n)}_{k_1} & \ldots & v'^{(n)}_{k_{n-d}} & v'^{(n)}_{i_1} & \ldots & v'^{(n)}_{i_d} \\ 0 & \ldots & 0 & 1\ 0 & \ldots & 0 \\ 0 & \ldots & 0 & 0\ 1 & \ldots & 0 \\ \cdot & \cdots & \cdot & \cdot & \cdots & \cdot \\ 0 & \ldots & 0 & 0\ 0 & \ldots & 1 \end{array}\right|.$$

Nun stellen wir in $D = (y^{(1)} \ldots y^{(n)})$ erstens die Kolonnen so um, daß die Koordinatenindizes die Anordnung $(k_1\, k_2 \ldots k_{n-d}\; i_1\, i_2 \ldots i_d)$, so wie in (7) aufweisen. Dies gibt ein Vorzeichen, das durch

$$(8) \quad \ldots\ldots \quad \varepsilon = \operatorname{sign}\begin{pmatrix} 1 & 2 & \ldots\ldots & n \\ k_1 & k_2 & \ldots\ldots & i_d \end{pmatrix}$$

ausgedrückt wird, wo sign = Vorzeichen der angeschriebenen Permutation bedeutet. Zweitens stellen wir dann die Zeilen von εD so um, daß die Anordnung mit (7) übereinstimmt. Dies gibt das Vorzeichen $(-1)^{d(n-d)}$. Daher ist

$$(9) \quad \ldots \quad (-1)^{d(n-d)}\, \varepsilon D = \left|\begin{array}{cccccc} y_{k_1}^{(d+1)} & \ldots & y_{k_{n-d}}^{(d+1)} & y_{i_1}^{(d+1)} & \ldots & y_{i_d}^{(d+1)} \\ \cdot & \cdots & \cdot & \cdot & \cdots & \cdot \\ y_{k_1}^{(n)} & \ldots & y_{k_{n-d}}^{(n)} & y_{i_1}^{(n)} & \ldots & y_{i_d}^{(n)} \\ y_{k_1}^{(1)} & \ldots & y_{k_{n-d}}^{(1)} & y_{i_1}^{(1)} & \ldots & y_{i_d}^{(1)} \\ \cdot & \cdots & \cdot & \cdot & \cdots & \cdot \\ y_{k_1}^{(d)} & \ldots & y_{k_{n-d}}^{(d)} & y_{i_1}^{(d)} & \ldots & y_{i_d}^{(d)} \end{array}\right|.$$

Multiplizieren wir jetzt (7) und (9) zeilenweise, so kommt:

$$(-1)^{d(n-d)}\varepsilon D p'_{k_1k_2\ldots k_{n-d}} = \begin{vmatrix} D\ldots\ldots 0 & 0\ldots\ldots 0 \\ \ldots\ldots\ldots\ldots & \ldots\ldots\ldots\ldots \\ 0\ldots\ldots D & 0\ldots\ldots 0 \\ y_{i_1}^{(d+1)}\ldots y_{i_1}^{(n)} & y_{i_1}^{(1)}\ldots y_{i_1}^{(d)} \\ \ldots\ldots\ldots\ldots & \ldots\ldots\ldots\ldots \\ y_{i_d}^{(d+1)}\ldots y_{i_d}^{(n)} & y_{i_d}^{(1)}\ldots y_{i_d}^{(d)} \end{vmatrix},$$

also wegen $D \neq 0$:

(10) . . . . $$(-1)^{d(n-d)}\varepsilon p'_{k_1k_2\ldots k_{n-d}} = D^{n-d-1} p_{i_1i_2\ldots i_d}.$$

Dies ist der sogenannte „Satz von den korrespondierenden Matrizen".

Jetzt lassen wir in (10) rechts die Potenz von D weg (was auf $D = 1$ hinauskommt, und erlaubt ist, da die $p_{i_1i_2\ldots i_d}$ homogene Koordinaten sind) und setzen den Zusammenhang zwischen Punkt- und Raumkoordinaten fest durch

$$p_{i_1\ldots i_d} = (-1)^{d(n-d)} \operatorname{sign}\begin{pmatrix} 1 & 2 & \ldots\ldots\ldots\ldots & n \\ k_1 & k_2 \ldots k_{n-d} & i_1\, i_2 \ldots & i_d \end{pmatrix} p'_{k_1k_2\ldots k_{n-d}}.$$

Dies ist dasselbe wie

(11) . . $$p_{i_1i_2\ldots i_d} = \operatorname{sign}\begin{pmatrix} 1 & 2 & \ldots\ldots\ldots\ldots & n \\ i_1 & i_2 \ldots i_d & k_1\, k_2 \ldots & k_{n-d} \end{pmatrix} p'_{k_1k_2\ldots k_{n-d}}.$$

Hierbei sind die Indizes in den Indexgruppen $(i) = (i_1\, i_2 \ldots i_d)$ und $(k) = (k_1\, k_2 \ldots k_{n-d})$ der Größe nach geordnet. (i) und (k) heißen *„Komplemente"* voneinander.

Versieht man die Indexgruppe (k) mit dem Vorzeichen

$$\operatorname{sign}\begin{pmatrix} 1 \ldots n \\ i_1 \ldots k_{n-d} \end{pmatrix}, \text{ setzt also}$$

(12) . . . . $$\overline{(i)} = \operatorname{sign}\begin{pmatrix} 1 \ldots n \\ i_1 \ldots k_{d-n} \end{pmatrix} (k),$$

so heißt $\overline{(i)}$ das *„algebraische Komplement"* von (i). (11) lautet dann einfach so:

(13) . . . . $$p_{(i)} = p'_{\overline{(i)}}.$$

Die Beziehung zwischen (i) und $\overline{(i)}$ ist nicht immer umkehrbar, d. h. das algebraische Komplement $\overline{\overline{(i)}}$ des algebraischen Komplementes $\overline{(i)}$ gibt nicht immer wieder (i). Es ist vielmehr

(14) . . . . $$\overline{\overline{(i)}} = (-1)^{d(n-d)}(i).$$

Ist also z. B. $p'_{(j)}$ gegeben, so ist nach (13) und (14):

(15) . . . . $$p'_{(j)} = (-1)^{d(n-d)} p_{\overline{(j)}}.$$

§ 3. **Komplex-Symbole.**

Man kann die Punktkoordinaten $p_{(i)} = p_{i_1 i_2 \ldots i_d}$ eines $G_d(p)$ symbolisch darstellen analog den Koeffizienten $a_{ikl\ldots}$ einer Form $\sum a_{ikl\ldots} x_i y_k z_l \ldots$, indem man nach Indizes zerlegt:

(1) $$p_{ikl\ldots} = p_i p_k p_l \ldots .$$

Die $p_1, p_2, \ldots, p_n$ sind dann d-fältige Symbole, bei deren Komposition zu wirklichen Zahlen aber das komutative Multiplikationsgesetz in der abgeänderten Form

(2) $$p_i p_k = - p_k p_i$$

gilt. Bei Formenkoeffizienten $a_{ikl\ldots}$ nannten wir die a_i früher „gewöhnliche" Symbole; die p_i nennen wir zum Unterschied „Komplexsymbole". Dieser Name hat seine Entstehung dem Umstand zu verdanken, daß sich mit derartigen Symbolen die linearen Komplexe im G_n ($n \geqq 4$) und deren Komitanten am leichtesten darstellen lassen. Wir kommen bald darauf zurück.

Dual zu (1) haben wir für Raumkoordinaten $p'_{ikl\ldots}$:

(3) $$p'_{ikl\ldots} = p'_i p'_k p'_l \cdots = - p'_k p'_i p'_l \cdots .$$

Diese Regeln (2) und (3) übertragen sich sofort auf Produkte von Faktoren erster Art mit Komplexsymbolen. Es ist

(4) $$\begin{cases} (p u')(p v') = -(p v')(p u'), & (p u')^2 \equiv 0 \\ (p' x)(p' y) = -(p' y)(p' x), & (p' x)^2 \equiv 0. \end{cases}$$

Ferner:

(5) $$\left| \begin{array}{l} (p u')(p v') = \sum_{ik} p_{ik} (u' v')_{ik} \\ (p u')(p v')(p w') = \sum_{ikl} p_{ikl} (u' v' w')_{ikl} \text{ usw.} \end{array} \right.$$

Ersetzen wir hingegen in (4) oder in (5) die Reihen $u', v', w', \ldots$ durch Komplexsymbole q', so wird

(6) $$\left| \begin{array}{l} (p q')(p q') = (p q')^2 = 2 \sum p_{ik} q'_{ik} \\ (p q')(p q')(p q') = (p q')^3 = 6 \sum p'_{ikl} q_{ikl} \\ \cdots\cdots\cdots\cdots\cdots\cdots \\ (p q')^h = h! \sum_{i_1 \ldots i_h} p_{i_1 \ldots i_h} q'_{i_1 \ldots i_h}. \end{array} \right.$$

Es ist also $(p q')^h$ im allgemeinen $\neq 0$, während $(p a')^h$ verschwindet, wenn die a' *gewöhnliche* Symbole sind.

Es sei ein $G_d(p)$ durch d linear-unabhängige Punkte $x, y, \ldots, t$ gegeben, also:

(7) $$p_{ikl\ldots} = (x y \ldots t)_{ikl\ldots} .$$

Die große Verwendbarkeit von Komplexsymbolen beruht nun vor allem auf folgendem Satze:

Es sei $H(x, y, \ldots, t) \equiv 0$ *eine ganze rationale und lineare Funktion der d Reihen* $x, y, \ldots, t$, *die identisch verschwindet. Ordnet man jedes Glied dieser Identität so, daß diese Reihen in der durch* (7) *gegebenen Reihenfolge* $x, y, \ldots, t$ *von links nach rechts stehen, so kann man in* $H \equiv 0$ *jede der Reihen* $x, y, \ldots, t$ *durch* p *ersetzen.*

Beweis. Irgend ein Glied von H hat die Gestalt $A_{ikl\ldots} x_i y_k z_l \ldots$. $H \equiv 0$ gestattet eine beliebige Permutation dieser Reihen, die natürlich in allen Gliedern gleichzeitig ausgeführt werden kann. Bildet man alle $d!$ Permutationen $\pm x_{i_1} y_{i_2} \ldots t_{i_d}$ und addiert, so wird nach (7) aus $A_{ikl\ldots} x_i y_k z_l \ldots$ das Glied $A_{ikl\ldots} p_{ikl\ldots}$ und aus $H(x, y, \ldots, t) \equiv 0$ wird $H(p, p, \ldots, p) \equiv 0$, vorausgesetzt, das H geordnet war.

Es ist nun sehr häufig der Fall, daß in $H \equiv 0$ die d Reihen $x, y, \ldots, t$ zum Teil oder sämtlich in n-reihigen Determinanten vorkommen, z. B. wenn H den Klammerfaktor

$$\Delta = (x y \ldots t \alpha \beta \ldots \delta)$$

enthält. Dann ergibt das Ersetzen der Reihen $x, y, \ldots, t$ durch p eine Determinante

(8) . . . . $\Delta' = (p p \ldots p \alpha \beta \ldots \delta)$

mit d gleichen Zeilen p. Dieses Vorkommen macht eine wichtige Erweiterung des Determinantenbegriffes notwendig, nämlich die Definition von Determinanten, bei denen die Elemente auch Komplexsymbole sind. Da für diese das komutative Multiplikationsgesetz nicht gilt, lassen sich auch die gewöhnlichen Determinantenregeln nicht ohne weiteres anwenden. So gilt z. B. der Satz, daß eine Determinante mit zwei gleichen Zeilen verschwindet, bei Determinanten mit Komplexsymbolen nicht mehr, wenn die gleichen Zeilen durch dieselben Komplexsymbole gebildet werden, wie dies z. B. in (8) der Fall ist.

Wenn wir auf $(x y)_{ik} = x_i y_k - x_k y_i$ obigen Satz anwenden, so entsteht:

$$(p p)_{ik} = p_i p_k - p_k p_i = 2\, p_i p_k.$$

Ferners ebenso:

(9) . . . $(p p \ldots p)_{i_1 i_2 \ldots i_d} = d!\ \ p_{i_1} p_{i_2} \ldots p_{i_d} = d!\ \ p_{i_1 i_2 \ldots i_d}$,

und daher:

(10) . . . $\Delta' = (p p \ldots p \alpha \beta \ldots \delta) = d!\ \sum p_{i_1 i_2 \ldots i_d} (\alpha \beta \ldots \delta)_{\overline{(i)}}$,

wo $\overline{(i)}$ das algebraische Komplement von $(i_1 i_2 \ldots i_d) = (i)$ ist. Statt der d Reihen p in (9) oder (10) schreiben wir nur eine und setzen d als „Exponenten" dazu, also

$$\Delta' = (p^d \alpha \beta \ldots \delta), \quad (pp \ldots pqq \ldots q) = (p^d q^{n-d}) \text{ usf.}$$

Die wichtigsten Anwendungen obigen Satzes werden wir in § 5 kennen lernen.

§ 4. Determinanten mit Komplexsymbolen.

Es seien so wie in § 2

(1) $$\underbrace{y^{(1)} y^{(2)} \ldots y^{(d)}}_{A} \qquad \underbrace{y^{(d+1)} \ldots y^{(n)}}_{B}$$

n linear-unabhängige Punkte, die wir in zwei Gruppen A und B teilen. Die d Punkte a sollen ein $G_d(p)$, die $(n-d)$ Punkte B ein $G_{n-d}(q)$ bestimmen. Es ist also

(2) $$p_{i_1 i_2 \ldots i_d} = (y^{(1)} y^{(2)} \ldots y^{(d)})_{i_1 i_2 \ldots i_d}; \quad q_{k_1 k_2 \ldots k_{n-d}} = (y^{(d+1)} \ldots y^{(n)})_{k_1 k_2 \ldots k_{n-d}}.$$

Entwickeln wir $D = (y^{(1)} y^{(2)} \ldots y^{(n)})$ nach Laplace entsprechend A und B, so bekommen wir, wenn $\overline{(i)}$ die zu $(i) = (i_1 i_2 \ldots i_d)$ algebraisch-komplementäre Indexgruppe bedeutet (vgl. den vorigen §):

(3) $$D = \sum_{(i)} (y^{(1)} \ldots y^{(d)})_{(i)} (y^{(d+1)} \ldots y^{(n)})_{\overline{(i)}}$$

oder, nach (2):

(4) $$D = \sum_{(i)} p_{(i)} q_{\overline{(i)}} = \sum p_{i_1 i_2 \ldots i_d} q_{k_1 k_2 \ldots k_{n-d}}.$$

Mit Komplexsymbolen geschrieben, haben wir:

$$(p^d q^{n-d}) = \sum (p^d)_{(i)} (q^{n-d})_{\overline{(i)}},$$

also, nach (9) § 3:

(5) $$(p^d q^{n-d}) = d!\,(n-d)! \sum p_{(i)} q_{\overline{(i)}} = d!\,(n-d)!\,D.$$

Der Klammerfaktor $(p^d q^{n-d})$ gestattet noch drei andere Darstellungsarten; wir können nämlich in $\sum p_{(i)} q_{\overline{(i)}}$ entweder bei den $p_{(i)}$, oder bei den $q_{\overline{(i)}}$ oder schließlich bei beiden zu Raumkoordinaten $p'_{(k)}$ bzw. $q'_{\overline{(k)}}$ übergehen.

Ersetzen wir *erstens* in (5) die $p_{(i)}$ nach (13) § 2 durch Raumkoordinaten $p'_{\overline{(i)}}$, so entsteht

$$(p^d q^{n-d}) = d!\,(n-d)! \sum p'_{\overline{(i)}} q_{\overline{(i)}} = d! \sum (n-d)!\, p'_{k_1 \ldots k_{n-d}} q_{k_1 \ldots k_{n-d}}$$

(6) $$(p^d q^{n-d}) = d!\,(p' q)^{n-d}.$$

Hierdurch ist der Klammerfaktor $(p^d q^{n-d})$ als Potenz eines Linearfaktors geschrieben. Etwas allgemeiner bekommen wir, wenn wir statt der $(n-d)$ Reihen q ebensoviele verschiedene Reihen $\alpha, \beta, \ldots, \delta$ setzen:

(7) $$(p^d \alpha \beta \ldots \delta) = d!\,(p'\alpha)(p'\beta)\ldots(p'\delta).$$

Zweitens ersetzen wir in (5) die $q_{\overline{(i)}}$ durch Raumkoordinaten $q'_{\overline{\overline{(i)}}}$, also nach (14) § 2 durch $(-1)^{d(n-d)}\,q'_{(i)}$. Dies gibt:

$$(p^d q^{n-d}) = d!\,(n-d)!\sum p_{(i)} \cdot (-1)^{d(n-d)}\,q'_{(i)}$$

(8) $$(p^d q^{n-d}) = (-1)^{d(n-d)}\,(n-d)!\,(p\,q')^d.$$

Diese Gleichung erhalten wir auch aus (6) direkt; es ist ja, durch Reihenumstellen:

$$(p^d q^{n-d}) = (-1)^{d(n-d)}\,(q^{n-d} p^d),$$

also nach (6)

$$= (-1)^{d(n-d)}\,(n-d)!\,(q'\,p)^d,$$

was wieder (8) ergibt.

Drittens ersetzen wir in (5) $p_{(i)}$ und $q_{\overline{(i)}}$ durch Raumkoordinaten:

$$(p^d q^{n-d}) = d!\,(n-d)!\sum p'_{\overline{(i)}}\,q'_{\overline{\overline{(i)}}} = (=1)^{d(n-d)}\,d!\,(n-d)!\sum q'_{(i)}\,p'_{\overline{(i)}}$$

und daher, nach dem Laplaceschen Determinantensatz und nach (5):

$$(p^d q^{n-d}) = (-1)^{d(n-d)}\,(q'^d\,p'^{n-d}),\ \text{d. h.}$$

(9) $$(p^d q^{n-d}) = (p'^{n-d}\,q'^d).$$

Somit haben wir die vierfache Darstellung:

(10) $$(p^d q^{n-d}) = d!\,(p'q)^{n-d} = (-1)^{d(n-d)}\,(n-d)!\,(p\,q')^d = (p'^{n-d}\,q'^d).$$

Diese Formeln enthalten den Übergang von Klammerfaktoren zu Linearfaktoren.

Auf einen Unterschied muß noch hingewiesen werden. Nach (7) haben wir

$$(p^d \alpha \beta \ldots \delta) = d!\,(p'\alpha)(p'\beta)\ldots(p'\delta).$$

Die duale Formel dazu lautet nun *nicht* etwa

$$(q'^d \alpha' \beta' \ldots \delta') = d!\,(q\alpha')(q\beta')\ldots(q\delta'),$$

sondern so:

(11) $$(q'^d \alpha' \beta' \ldots \delta') = (-1)^{d(n-d)}\,d!\,(q\alpha')(q\beta')\ldots(q\delta').$$

Diese Unsymmetrie rührt von der Nichtkomutativität von zwei algebraisch-komplementären Indexgruppen her; vgl. den Schluß des § 2.

$(p^d q^{n-d}) = 0$ ist die Bedingung dafür, daß sich die beiden Gebiete $G^d\,(p)$ und $G_{n-d}\,(q)$ schneiden, d. h. wenigstens einen Punkt gemein haben. So lautet z. B. die Bedingung im R_3, daß sich die beiden Geraden p_{ik} und q_{ik} schneiden:

$$(p^2 q^2) = 0 \quad \text{oder} \quad (p'^2 q'^2) = 0 \quad \text{oder} \quad (p q')^2 = (p' q)^2 = 0$$

oder schließlich, nicht symbolisch:

$$\sum p_{ik} q'_{ik} = \sum p'_{ik} q_{ik} = \sum p_{ik} q_{rs} = \sum p'_{ik} q'_{rs} = 0.$$

§ 5. **Identitäten.**

Wir haben in Abschn. I § 19 S. 34 die Identitäten aufgezählt, die zwischen Invarianten von Linearformen bestehen. Später werden wir beweisen, daß sich alle Identitäten zwischen Invarianten beliebiger Formen auf die genannten zurückführen lassen (Abschn. IV).

Diese Identitäten nehmen, wenn einzelne Reihen Komplexsymbole sind, die verschiedenartigsten Gestalten an. Wir wollen dies bei quaternären Formen an einigen Beispielen verfolgen.

Gehen wir zunächst bei $n = 4$ aus von

(1) $$(xyzt)(su') \equiv (syzt)(xu') - (sxzt)(yu') + (sxyt)(zu') - (sxyz)(tu').$$

Setzen wir hier, den Satz des § 3 S. 74 anwendend, $x = s = p$, so haben wir vorerst in jedem Gliede die Reihenfolge x, s herzustellen. Wir müssen also die rechte Seite von (1) so schreiben:

$$(xu')(syzt) + (xszt)(yu') - (xsyt)(zu') + (xsyz)(tu').$$

Jetzt gibt $x = s = p$ im ersten Term $(pu')(pyzt) = -(pyzt)(pu')$; also wird aus (1):

(2) $$2(pyzt)(pu') = (p^2 zt)(yu') - (p^2 yt)(zu') + (p^2 yz)(tu').$$

Gehen wir hier bei den Gliedern der rechten Seite nach (7) § 4 zu p'-Reihen über, so nimmt (2) die Gestalt an:

(3) $$\ldots (pyzt)(pu') = (p'z)(p't)(yu') - (p'y)(p't)(zu') + (p'y)(p'z)(tu').$$

Hier wenden wir wieder den Satz des § 3 an und setzen $z = t = q$. Dies gibt zunächst

$$(pyq^2)(pu') = (p'q)^2 (yu') + (p'y)(p'q)(qu') + (p'y)(p'q)(qu'),$$

oder, da $(pyq^2) = (q^2 py) = 2(q'p)(q'y)$ ist:

(4) $$\ldots (pq')(pu')(q'y) + (p'q)(p'y)(qu') = \frac{1}{2}(p'q)^2 \cdot (u'y).$$

Hier zerfällt die rechte Seite in das Produkt zweier Invarianten. Ist insbesondere $p_{ik} = q_{ik}$, p und q und also auch p' und q' äquivalent, so gibt (4):

(5) $$\ldots\ldots (pq')(pu')(q'y) = \frac{1}{4}(p'q)^2 \cdot (u'y).$$

Sind die $p_{ik} = q_{ik}$ Linienkoordinaten, so verschwindet $(p' q)^2$ und also auch die linke Seite:

$$(6) \qquad \ldots\ldots\ldots\ (p q')\,(p u')\,(q' y) \equiv 0\,.$$

(5) sagt aus, daß der Faktor $(p' q)$ ein Reduzent ist, sobald p und q äquivalent sind. — Über die geometrische Deutung der hier auftretenden Invarianten vgl. den folgenden §.

Jetzt nehmen wir als zweites Beispiel die Identität:

$$(7) \qquad \ldots\ (a' b' c' d')\,(x y z t) = \begin{vmatrix} (a' x) & (a' y) & (a' z) & (a' t) \\ (b' x) & (b' y) & (b' z) & (b' t) \\ (c' x) & (c' y) & (c' z) & (c' t) \\ (d' x) & (d' y) & (d' z) & (d' t) \end{vmatrix}$$

und setzen: $a' = b' = p'$, $c' = d' = q'$. Dies gibt:

$$(8) \qquad \ldots\ (p'^2 q'^2)\,(x y z t) = \sum \pm (p' x)\,(p' y)\,(q' z)\,(q' t)\,.$$

Die rechts stehende Determinante erhält man, wenn man die rechte Seite von (7) ausrechnet, jedes der 24 Glieder nach a', b', c', d' ordnet und dann $a' = b' = p'$, $c' = d' = q'$ setzt. Man bekommt so aus (8), da jedes Glied viermal auftritt und $(p'^2 q'^2) = 2\,(p q')^2$ ist:

$$(9) \quad \begin{cases} \frac{1}{2}\,(p q')^2\,(x y z t) \equiv (p' x)\,(p' y)\,(q' z)\,(q' t) + (p' x)\,(p' z)\,(q' t)\,(q' y) \\ \qquad + (p' x)\,(p' t)\,(q' y)\,(q' z) + (q' x)\,(q' y)\,(p' z)\,(p' t) \\ \qquad + (q' x)\,(q' z)\,(p' t)\,(p' y) + (q' x)\,(q' t)\,(p' y)\,(p' z). \end{cases}$$

Setzen wir hier noch $x = y = \pi$, $z = t = \varrho$, so wird

$$(10) \quad (p' \pi)\,(\pi q')\,(q' \varrho)\,(\varrho p') = \frac{1}{4}\left[(p' \pi)^2\,(q' \varrho)^2 - (p' q)^2\,(\pi' \varrho)^2 + (p' \varrho)^2\,(q' \pi)^2\right].$$

Auch diese Gleichung findet in der Liniengeometrie Anwendung.

Zum Schlusse wollen wir einen wichtigen Satz herleiten. Wir nehmen $n \geqq 4$ und gehen aus von einer der beiden Identitäten:

$$(y^{(1)} y^{(2)} \ldots y^{(k-1)} \alpha \beta \ldots \delta)\,(y^{(k)} u') \equiv (y^{(k)} y^{(2)} \ldots y^{(k-1)} \alpha \beta \ldots \delta)\,(y^{(1)} u') - \ldots$$

$$(y^{(1)} y^{(2)} \ldots y^{(k-1)} \alpha \beta \ldots \delta)\,(y^{(k)} x y \ldots z) \equiv (y^{(k)} y^{(2)} \ldots y^{(k-1)} \alpha \beta \ldots \delta)\,(y^{(1)} x y \ldots z) - \ldots$$

Hierbei entsteht die erstere aus der zweiten durch die Zusammenfassung $u'_1 = (x y \ldots z)_{23 \ldots n}$ usw., und wir können uns für das Folgende mit der ersten allein befassen. Wir schreiben sie ausführlich an:

$$(11) \quad \begin{aligned} &(y^{(1)} \ldots y^{(k-1)} \alpha \beta \ldots \delta)\,(y^{(k)} u') \equiv (y^{(k)} y^{(2)} \ldots \delta)\,(y^{(1)} u') - \\ &- (y^{(k)} y^{(1)} y^{(3)} \ldots \delta)(y^{(2)} u') + \cdots + (-1)^{(k+1)} (y^{(k)} y^{(1)} \ldots y^{(k-1)} \beta \ldots \delta)(\alpha u') + \\ &\cdots + (-1)^{(n+1)} (y^{(k)} y^{(1)} \ldots y^{(k-1)} \alpha \beta \ldots)\,(\delta u'). \end{aligned}$$

Jetzt wenden wir wieder den Satz von S. 74 an und setzen $y^{(1)} = y^{(2)} = \ldots = y^{(k)} = p$.

Bevor wir die y-Reihen durch p ersetzen, haben wir rechts in (11) die Reihenfolge $y^{(1)}, y^{(2)}, \ldots, y^{(k)}$ herzustellen. Dies gibt vorerst:

$$(12)\quad \begin{aligned}(y^{(1)} \ldots \delta)(y^{(k)} u') \equiv (y^{(1)} u') \cdot (-1)^{k-2} (y^{(2)} \ldots y^{(k)} \alpha \ldots \delta) + \\ + (-1)^{k-1} (y^{(1)} y^{(3)} \ldots y^{(k)} \alpha \ldots \delta)(y^{(2)} u') + \\ + \cdots + (-1)^{2k-2} (y^{(1)} \ldots y^{(k-2)} y^{(k)} \alpha \ldots \delta)(y^{(k-1)} u') + \\ + (-1)^{2k} (y^{(1)} \ldots y^{(k)} \beta \ldots \delta)(\alpha u') + \\ + \cdots + (-1)^{k+n} (y^{(1)} \ldots y^{(k)} \alpha \beta \ldots)(\delta u').\end{aligned}$$

Werden hier die p-Reihen eingesetzt, so wird das erste Glied der rechten Seite $(-1)^{k-2} (p u') (p^{k-1} \alpha \ldots \delta)$; bringen wir den Faktor $(p u')$ nach rechts, so werden $(k-1)$ Reihen p übersprungen, d. h. es kommt $(-1)^{k-1}$ als Vorzeichen hinzu, wir bekommen daher für dieses Glied $-(p^{k-1} \alpha \ldots \delta)(p u')$. Genau dasselbe geben aber auch die $(k-2)$ folgenden, bei denen man sich jeden Klammerfaktor ausgerechnet zu denken hat, dann $y^{(i)} = p$ setzt und in den k Reihen p die Ordnung $1, 2, \ldots, k$ herstellt. Es werden also die ersten $k-1$ Glieder der rechten Seite von (12) gleich der negativen linken Seite und daher kommt:

$$(13)\quad \begin{aligned}k (p^{k-1} \alpha \beta \ldots \delta)(p u') \equiv (p^k \beta \ldots \delta)(\alpha u') - (p^k \alpha \ldots \delta)(\beta u') + \\ \cdots + (-1)^{n-k} (p^k \alpha \beta \ldots)(\delta u')\end{aligned}$$

und dual dazu:

$$(14)\quad \begin{aligned}k (p'^{k-1} \alpha' \beta' \ldots \delta')(p' x) \equiv (p'^k \beta' \ldots \delta')(\alpha' x) - \ldots \\ \cdots + (-1)^{n-k} (p'^k \alpha' \beta' \ldots)(\delta' x).\end{aligned}$$

In beiden Gleichungen ist $k \geqq 2$ vorausgesetzt, so daß in $(p^{k-1} \alpha \beta \ldots \delta)$ wenigsten seine Reihe p vorhanden ist[1]). (13) enthält nun eine sehr wichtige Tatsache: Enthält eine Invariante I einen Klammerfaktor $(p^{k-1} \alpha \beta \ldots \delta)$ mit wenigstens einer Reihe von Komplexsymbolen p, so kann man I auf Invarianten I' mit $(p^k \alpha \beta \ldots \delta)$ umformen. Bei I' denselben Satz anwendend kommt man auf Invarianten I'' mit Klammerfaktoren $(p^{k+1} \alpha \beta \ldots)$ usf., bis man schließlich alle d Reihen p in einem Klammerfaktor $(p^d x y \ldots z)$ beisammen hat. Wir haben somit den später oft angewendeten Satz:

Invarianten, die einen Klammerfaktor mit Komplex-Symbolen p (oder p') enthalten, lassen sich stets so identisch auf andere Invarianten umformen, daß bei diesen alle Symbolreihen p (oder p') in Klammerfaktoren vereinigt sind.

---

[1]) In anderer Darstellungsweise (Ausdehnungslehre) findet sich (13) bei *E. Müller*, Monatshefte f. Math. u. Phys. 14 (1903) S. 183; Wiener Ber. 118 (1909) S. 25; im Matrizenkalkül bei *E. Noether*, Crelle 139 (1910) S. 131.

Da nun

$(p^d xy \ldots z) = d!\,(p'x)(p'y)\ldots(p'z)$ und $(q'^m u'v' \ldots w') =$
$= (-1)^{m(n-m)} m!\,(qu')(qv')\ldots(qw')$

ist, so können wir den weiteren Satz aussprechen:

Enthält eine Invariante einen Klammerfaktor mit Komplexsymbolen, so kann sie stets auf Invarianten umgeformt werden, in denen diese Symbole nur in Faktoren erster Art auftreten.

§ 6. Projektive Liniengeometrie im R_3.

Wir gehen zu einigen einfachen Anwendungen über, die der projektiven Liniengeometrie des dreidimensionalen Raumes ($n = 4$) entnommen sind.

Zunächst lösen wir einige Aufgaben.

Aufgabe 1: Gegeben zwei Punkte y und z; es ist die Gleichung ihrer Verbindungslinie p aufzustellen. p hat die Koordinaten $p_{ik} = p'_{rs} = (yz)_{ik}$ und wird dargestellt durch die Gesamtheit der Geraden π_{ik}, welche p schneiden. Somit ist $(\pi^2 p^2) = 0$ oder $(\pi^2 yz) = 0$ die verlangte Gleichung. Hierfür kann man auch nach (7) § 4 S. 76 schreiben $(\pi' y)(\pi' z) = 0$.

Dual hierzu ist $(\pi v')(\pi w') = 0$ die Gleichung der Schnittlinie der beiden Ebenen v' und w'.

Aufgabe 2: Gegeben ein Punkt y und die Gerade p_{ik}; die Gleichung ihrer Verbindungsebene ist aufzustellen. Die Lösung ist schon bei Aufgabe (1) enthalten. Denn ist x ein veränderlicher Punkt der gesuchten Ebene, so muß p_{ik} von $\overline{xy}$ geschnitten werden; dies gibt wie oben $(p'x)(p'y) = 0$. Die Koordinaten der gesuchten Ebene sind also $v_i' = p_i'(p'y)$ und dies gibt nicht-symbolisch die bekannten Gleichungen

$$(1) \quad \ldots\ldots \quad \left\{\begin{array}{llll} v_1' = & * & p'_{12}y_2 + p'_{13}y_3 + p'_{14}y_4 \\ v_2' = p'_{21}y_1 & * & + p'_{23}y_3 + p'_{24}y_4 \\ v_3' = p'_{31}y_1 + p'_{32}y_2 & * & + p'_{34}y_4 \\ v_4' = p'_{41}y_1 + p'_{42}y_2 + p'_{43}y_3 & * \end{array}\right.$$

$v_i' = 0$ oder $(p'x)(p'y) \equiv 0\ (x)$ ist dann die Bedingung dafür, daß y auf p_{ik} gelegen ist.

Dual: Die Gleichung des Schnittpunktes der Geraden p_{ik} und der Ebene v' ist $(pu')(pv') = 0$.

Aufgabe 3: Es ist $(a'x)^2 = 0$ eine Fläche F zweiter Ordnung; ihre Gleichung in Linienkoordinaten ist zu ermitteln. Soll der Punkt $y + \lambda z$ auf F liegen, so ist λ eine Wurzel von

$$(a'y)^2 + 2\lambda(a'y)(a'z) + \lambda^2(a'z)^2 = 0.$$

Die Gerade $\pi_{ik} = (yz)_{ik}$ berührt F, wenn diese Gleichung eine Doppelwurzel hat, also für

$$(a'y)^2 (b'z)^2 - (a'y)(a'z)\cdot(b'y)(b'z) = 0 .$$

Dies gibt wegen $(a'y)(b'z) - (a'z)(b'y) = \sum (a'b')_{ik} (yz)_{ik}$ oder $= \sum \pi_{ik} (a'b')_{ik} = (\pi a')(\pi b')$:

$$(a'y)(b'z)\left[(a'y)(b'z) - (a'z)(b'y)\right] = (a'y)(b'z)(\pi a')(\pi b') = 0.$$

Vertauscht man hier a' und b', so ändert sich wegen $(\pi b')(\pi a') = -(\pi a')(\pi b')$ das Zeichen; daher wird

$$(\pi a')(\pi b')\left[(a'y)(b'z) - (a'z)(b'y)\right] = 0$$

oder schließlich, wenn $\pi_{ik} = \varrho_{ik}$ ist:

(2) . . . . $(\pi a')(\pi b')(\varrho a')(\varrho b') = 0 .$

F erscheint so als spezieller quadratischer Linienkomplex dargestellt.

Aufgabe 4: Gegeben ein Punkt y und zwei Gerade p_{ik} und q_{ik}; zu suchen die Transversale T durch y, d. h. die Gerade durch y, die p_{ik} und q_{ik} in den Punkten ξ bzw. η schneidet.

T ist der Schnitt der beiden Ebenen $v' = \overline{y\, p_{ik}}$ und $w' = \overline{y\, q_{ik}}$. Deren Gleichungen sind nach Aufgabe 2:

$$(v'x) = (p'x)(p'y) = 0, \qquad (w'x) = (q'x)(q'y) = 0;$$

daher wird die Gleichung von T:

(3) . . . . $(\pi p')(\pi q')(p'y)(q'y) = 0 .$

Der Punkt ξ ist der Schnittpunkt der Ebene w' mit p_{ik}, also wird

(4) . . . . $(u'\xi) = (pu')(pw') = (pu')(pq')(q'y) = 0$

und analog

(5) . . . . $(u'\eta) = (qu')(qv') = (qu')(qp')(p'y) = 0 .$

Nehmen wir jetzt die Identität (4) § 5 S. 77,

(6) . . $(pq')(pu')(q'y) + (p'q)(p'y)(qu') \equiv \frac{1}{2}(pq')^2\cdot(u'y).$

Sie lautet nach (4) und (5):

(7) . . . . $(u'\xi) + (u'\eta) + \frac{1}{2}(pq')^2\cdot(u'y) \equiv 0$

und sagt daher nicht anderes aus, also daß ξ, η und y auf derselben Geraden T liegen[1]).

[1]) Diese, für die Liniengeometrie des R_3 fundamentale Gleichung (6) findet sich unter verschiedenen Gestalten in der Literatur. Das erstemal bei *Pasch*, Crelle 75 (1873) S. 120; ferners *E. Waelsch*, Wiener Ber. Dezember

Ist $(p\,q')^2 = 0$, schneiden sich also p_{ik} und q_{ik}, so wird ξ mit η identisch.

Nehmen wir schließlich in (3) die π_{ik} als gegeben an und $y = x$ als veränderlich, so stellt

(8) . . . . $(\pi\,p')\,(\pi\,q')\,(p'\,x)\,(q'\,x) = 0$

die Gleichung der Fläche zweiter Ordnung dar, von der p_{ik}, q_{ik} und π_{ik} drei Erzeugende sind.

Eine lineare Gleichung in Linienkoordinaten π_{ik}:

(9) . . . $\sum a'_{ik}\,\pi_{ik} = \sum a_{ik}\,\pi'_{ik} = \frac{1}{2}\,(\pi\,a')^2 = \frac{1}{2}\,(\pi'\,a)^2 = 0$

stellt ein System von ∞^3 Geraden, einen *linearen Strahlenkomplex* K dar. Er erzeugt im R_3 ein „Nullsystem": jedem Punkte y wird die Ebene v' mit der Gleichung

(10) . . . . $(v'\,x) = (a'\,x)\,(a'\,y) = 0$

als Ort der durch y gehenden Komplexgeraden zugeordnet. Dual gehen alle Geraden des Komplexes, die in einer Ebene w' liegen, durch den „Nullpunkt" z von w':

(11) . . . . $(u'\,z) = (a\,u')\,(a\,w') = 0$.

Nehmen wir im besonderen v' von (10) für w', so wird $(u'\,z) = (a\,u')\,(a\,b')\,(b'\,y) = 0$, oder nach (5) § 5 S. 77:

$$(a\,u')\,(a\,b')\,(b'\,y) = -\frac{1}{4}\,(a\,b')^2 \cdot (u'\,y),$$

d. h. wir bekommen wieder y, wenn die (einzige) Invariante des Komplexes

(12) $I = (a\,b')^2 = 2 \sum a_{ik}\,b'_{ik} = 4\,(a_{12}\,a_{34} + a_{13}\,a_{42} + a_{14}\,a_{23}) \neq 0$

ist. Ist $I = 0$ so sagt man, der Komplex ist speziell; die a_{ik} sind dann die Koordinaten einer Geraden.

Noch ein Wort über die symbolische Darstellung von quadratischen Linienkomplexen. Hier schreibt man zweckmäßig

(13) . . . . $(\pi\,a')^2\,(\varrho\,a')^2 = 0$,

wo $\pi_{ik} = \varrho_{ik}$ ist, also π und ϱ äquivalent sind. Ebenso sind a' und α' äquivalent, aber erst das Produkt $a'_{ik}\,\alpha'_{rs} = a'_{rs}\,\alpha'_{ik}$ gibt einen Koeffizienten $A_{ik,\,rs}$ der in den π_{ik} quadratischen Form (13).

(1889); *F. Mertens,* ebenda, Mai (1888); *H. Grassmann d. Jüngere,* Schraubenrechnung und Nullsystem, Halle a. S. (1899) S. 15; *R. Weitzenböck,* Komplex-Symbolik, Leipzig (1908) S. 8; *H. Minkowski,* Ges. Abhandl. II (1908) S. 352; *E. Müller,* Wiener Ber. 118 (1909) S. 1075.

Invarianten von (13) sind dann z. B.:

$$(14) \quad \ldots \quad \begin{cases} A_1 = (a a')^2 = 4\,(A_{12,34} + A_{13,42} + A_{14,23}) \\ A_2 = (a\beta')^2\,(b a')^2 \\ A_3 = (a\beta')^2\,(b\gamma')^2\,(c a')^2 \\ \qquad \text{usw.} \end{cases}$$

A_1 ist die einzige Invariante, die linear in den $A_{ik,rs}$ ist[1]).

§ 7. Lineare Komplexe im R_{n-1}.

Es sei $n \geqq 4$ und die $\binom{n}{d}$ Größen $\pi_{i_1 i_2 \ldots i_d}$ seien die Punktkoordinaten eines G_d $(2 \leqq d \leqq n-2)$. Eine lineare Gleichung zwischen diesen Größen stellt ein System von ∞^ν $\big(\nu = d(n-d)-1\big)$ linearen G_d, einen linearen „G_d-Komplex" im G_n dar. Nichtsymbolisch lautet diese Gleichung

$$(1) \quad \sum \pi_{i_1 \ldots i_d}\, a'_{i_1 \ldots i_d} = 0 \text{ oder } \sum \pi'_{k_1 \ldots k_{n-d}}\, a_{k_1 \ldots k_{n-d}} = 0.$$

Symbolisch haben wir die Darstellungen

$$(2) \quad \ldots\ldots \quad (\pi a')^d = 0 \text{ oder } (\pi' a)^{n-d} = 0,$$

oder mit Klammerfaktoren geschrieben:

$$(3) \quad \ldots\ldots \quad (\pi^d a^{n-d}) = 0 \text{ oder } (\pi'^{n-d} a'^d) = 0.$$

Von diesen Komplexen sind bisher ausführlich untersucht vor allem die Linienkomplexe[2]) ($d = 2$); dann die Ebenenkomplexe ($d = 3$) in den Gebieten 5., 6. und 7. Stufe[3]).

Wenn die $a_{k_1 \ldots k_{n-d}}$ die Punktkoordinaten eines G_{n-d} (a) sind, so nennt man den Komplex speziell, und er besteht dann aus allen Gebieten G_d, welche das feste Gebiet G_{n-d} (a) schneiden.

Wir wollen im folgenden die Bedingungen angeben, die notwendig und hinreichend dafür sind, daß $\binom{n}{d}$ Größen $a_{i_1 i_2 \ldots i_d}$ als

[1]) Betreffs der Invarianten (14) vgl. Näheres: *R. Weitzenböck*, Komplex-Symbolik, Leipzig (1908) S. 57.

[2]) Betreffs Literatur vgl. man den Enzyklopädie-Artikel III C 7, Mehrdimensionale Räume von *C. Segre*, Nr. 22. Hierzu noch: *R. Weitzenböck*, Komplex-Symbolik, Leipzig (1908); *H. Rothe*, Wiener Berichte 121 (1912).

[3]) Bei $n = 5$ sind Linien- und Ebenenkomplexe zueinander dual. Betreffs $n = 6$ und $n = 7$ vgl. *W. Reichel*, Diss. Greifswald (1907). Für $n = 6$: *O. Landsberg*, Diss. Breslau (1889); *R. Weitzenböck*, Komplex-Symbolik, Leipzig (1908); *E. Veneroni*, Rend. di Palermo 26 (1908); *C. Segre*, Ann. di Mat. 27 (1917).

Koordinaten eines G_d angesprochen werden können[1]). Der betreffende Satz lautet:

Damit die $\binom{n}{d}$ *Größen* $a_{i_1 i_2 \ldots i_d}$ *(die nicht alle Null sind) die Punktkoordinaten eines linearen* G_d *sind ist notwendig und hinreichend, daß*

(4) $$(a b')(a \pi')^{d-1}(b' \varrho)^{n-d-1} \equiv 0 \{\pi'_{ikl \ldots}, \varrho_{rst \ldots}\}$$

ist.

Mit anderen Worten: jeder Ausdruck mit dem Faktor $(a b')$ muß verschwinden:

(5) $$(a b') \, a_{ikl \ldots} \, b'_{rst \ldots} = 0 .$$

Es müssen also eine Reihe von *quadratischen* Gleichungen bestehen. Nicht-symbolisch sind das nach (5) die folgenden:

(6) $$\sum_i a_{ikl \ldots} b'_{irs \ldots} = 0,$$

wo für $a'_{irs \ldots}$ das algebraisch-komplementäre $a_{\varrho \sigma \tau \ldots}$ zu setzen ist.

Wir *beweisen* zunächst die *Notwendigkeit* dieser Bedingungen. Hierzu nehmen wir also an:

(7) $$a_{i_1 i_2 \ldots i_d} = b_{i_1 i_2 \ldots i_d} = (x y \ldots t)_{i_1 i_2 \ldots i_d},$$

wo $x, y, \ldots, t$ d linear-unabhängige Punkte sind.

Statt (4) können wir nach (7) § 4 S. 76 auch schreiben:

$$(b^d a \varrho^{n-d-1})(a \pi')^{d-1} = d!\,(x y \ldots t a \varrho^{n-d-1})(a \pi')^{d-1} = 0 .$$

Hier haben wir einen Klammerfaktor in dem eine Symbolreihe a steht; die anderen $(d-1)$ Reihen a stehen außerhalb, mit π' verbunden. Jetzt wenden wir den Satz vom Ende des § 5 an: Wir bringen alle d Reihen a in den Klammerfaktor. Hierdurch müssen $(d-1)$ Reihen heraus; da aber d Reihen $x, y, \ldots, t$ in ihm enthalten sind, so muß wenigstens eine dieser zurückbleiben, d. h. *jede* Invariante, die wir durch diese Umformung bekommen, hat einen Klammerfaktor von Typus $(a^d x \ldots) = d!\,(x y \ldots t x \ldots)$, verschwindet also identisch.

Um zu beweisen, daß die Bedingungen auch *hinreichend* sind, nehmen wir d willkürliche Gebiete G_{n-d+1} mit den Raumkoordinaten

(8) $$p'_{k_1 \ldots k_{d-1}}, \; q'_{k_1 \ldots k_{d-1}}, \; \ldots, \; r'_{k_1 \ldots k_{d-1}}$$

[1]) In der Sprache der *Grassmann*schen Ausdehnungslehre: daß die „Komplexgröße" $a_{i_1 i_2 \ldots i_d}$ „einfach" ist. Vgl. hierzu die Bemerkungen von *E. Study* in den ges. Werken von *H. Grassmann*, I S. 510. Ferners etwa: *E. Bertini*, Introduzione alla geometria proiettiva degli iperspazi, Pisa (1907) S. 38. Vgl. auch Abschn. IV § 11.

an und bilden mit diesen und mit den Größen $a_{i_1 \ldots i_d}$ die folgenden d Punkte $\xi, \eta, \ldots, \zeta$:

(9) $$(u'\xi) = (u'a)(a\,p')^{d-1} = 0,\ (u'\eta) = (u'b)(b\,q')^{d-1} = 0, \ldots, (u'\zeta) = \\ = (u'g)(g\,r')^{d-1} = 0,$$

wobei $a, b, \ldots, g$ äquivalent sind.

Die Gleichung des Gebietes G_d, das diese d Punkte verbindet, ist dann

(10) $$(\pi^{n-d}\,\xi\,\eta \ldots \zeta) = (\pi^{n-d}\,a\,b \ldots g)\,(a\,p')^{d-1} \ldots (g\,r')^{d-1} = 0.$$

Hier haben wir rechts wieder einen Klammerfaktor mit der Symbolreihe a stehen. Die weiteren $(d-1)$ Reihen a können wir durch identisches Umformen in den Klammerfaktor hinein ziehen. Hierbei kommen aber $(d-1)$ Reihen $\neq a$ aus dem Klammerfaktor heraus. Sind das nicht alle Reihen $b, \ldots, g$, so bleibt der Typus $(a^d\,b \ldots) = d!\,(a'b) \ldots$ stehen, der nach Voraussetzung (5) verschwindet. Somit bleibt nur dasjenige Glied in der umgeformten Gleichung (10) stehen, bei dem $b, \ldots, g$ aus dem Klammerfaktor herausgetreten sind. Also kommt, wenn $k \neq 0$ eine numerische Konstante bedeutet:

(11) $$(\pi^{n-d}\,\xi\,\eta \ldots \zeta) = k\,(a^d\,\pi^{n-d}) \cdot (p'b)\,(p'c) \ldots (p'g) \cdot \\ \cdot (b'q)^{d-1} \ldots (g'r)^{d-1} = 0.$$

Nun läßt sich leicht zeigen, daß die Reihen (8) stets so gewählt werden können, daß in (11) die Invariante $(p'b)\,(p'c) \ldots (p'g) \cdot (b'q)^{d-1} \ldots (g'r)^{d-1}$ gleich einer von Null verschiedenen Konstanten wird. Daher bleibt:

(12) $$\ldots\ldots\ (\pi^{n-d}\,\xi\,\eta \ldots \zeta) = k'\,(\pi^{n-d}\,a^d),$$

d. h.

$$a_{i_1 i_2 \ldots i_d} = k''\,(\xi\,\eta \ldots \zeta)_{i_1 i_2 \ldots i_d}$$

oder die $a_{i_1 \ldots i_d}$ sind Punktkoordinaten eines G_d.

§ 8. Der Reduzent $(p\,q')$.

Wir können dem eben bewiesenen Satze eine etwas andere Fassung geben, die gegen die obige enger ist. Zunächst gibt obiger Satz unmittelbar: *Sind die $p_{i_1 \ldots i_d}$ Punktkoordinaten eines G_d und ist q mit p äquivalent, so ist $(p\,q')$ ein Reduzent; jede Invariante mit $(p\,q')$ verschwindet.*

Wenn nun die $p_{i_1 \ldots i_d} = q_{i_1 \ldots i_d}$ nicht die Koordinaten eines G_d sind, so verschwindet eine Invariante mit $(p\,q')$ nicht identisch. *Sie läßt sich aber, wie wir jetzt zeigen wollen, stets so umformen, daß* $(pq')^2$ *in ihr vorkommt.* Demzufolge können wir an Stelle von (4) § 7 S. 84 auch schreiben

$$(1) \quad \ldots\ldots \quad (pq')^2 (p\pi')^{d-2} (q'\varrho)^{n-d-2} \equiv 0,$$

d. h. die quadratischen Gleichungen (5), (6), des vorigen Paragraphen (die sogenannten „p-Relationen", vgl. IV § 11) nehmen jetzt die Gestalt an:

$$(2) \quad \ldots\ldots \quad \sum p_{ik\alpha\beta\gamma\ldots} p'_{ikrst\ldots} = 0.$$

Zum Beweise können wir $2d \leqq n$ voraussetzen. Wäre nämlich $2d > n$, so gebrauchen wir für das folgende Raumkoordinaten $p'_{k_1 \ldots k_{n-d}}$ und dann ist sicher $2(n-d) < n$.

Nun gehen wir aus von (4) § 7 S. 84, oder von:

$$(3) \quad \ldots\ldots \quad I = (p q^d \varrho^{n-d-1}) (p\pi')^{d-1} \equiv 0.$$

Hier bringen wir durch identisches Umformen, d. h. durch $(d-1)$-malige Anwendung der Identität (13) § 5 S. 79, alle d Reihen p in den Klammerfaktor. Hierbei entstehen Invarianten mit den folgenden Faktoren:

$$(4) \quad \ldots\ldots \quad (p^d q \varrho^{n-d-1}),\ (p^d q^2 \varrho^{n-d-2}), \ldots, (p^d q^d \varrho^{n-2d}).$$

Uns interessiert jetzt nur der Koeffizient der Invariante mit dem ersten dieser Klammerfaktoren; er entsteht aus (3) indem immer eine q-Reihe herausgetreten ist. Achten wir beim Umformen nur auf diese ersten Glieder, so gibt der erste Schritt:

$$(p q^d \varrho^{n-d-1}) (p\pi')^{d-1} = \frac{d}{2} (-1)^{d+1} (p^2 q^{d-1} \varrho^{n-d-1}) (q\pi') (p\pi')^{d-2} =$$
$$= -\frac{d}{2} (p^2 q^{d-1} \varrho^{n-d-1}) (p\pi')^{d-2} (q\pi').$$

Der zweite Schritt gibt:

$$(p^2 q^{d-1} \varrho^{n-d-1}) (p\pi')^{d-2} (q\pi') =$$
$$= \frac{(-1)^d}{3} (d-1) (p^3 q^{d-2} \varrho^{n-d-1}) (q\pi') (p\pi')^{d-3} (q\pi') =$$
$$= -\frac{d-1}{3} (p^3 q^{d-2} \varrho^{n-d-1}) (p\pi')^{d-3} (q\pi')^2.$$

Also:

$$I = (p q^d \varrho^{n-d-1}) (p\pi')^{d-1} =$$
$$= -\frac{d}{2} \cdot -\frac{d-1}{3} \cdot (p^3 q^{d-2} \varrho^{n-d-1}) (p\pi')^{d-3} (q\pi')^2,$$

und dies fortgesetzt gibt schließlich

$$I = (p\, q^d\, \varrho^{n-d-1})\, (p\, \pi')^{d-1} =$$
$$= \left(-\frac{d}{2}\right)\left(-\frac{d-1}{3}\right) \cdots \left(-\frac{3}{d-1}\right)\left(-\frac{2}{d}\right) (p^d\, q\, \varrho^{n-d-1})\, (q\, \pi')^{d-1} =$$
$$= (-1)^{d+1}\, (p^d\, q\, \varrho^{n-d-1})\, (q\, \pi')^{d-1}.$$

Vertauschen wir rechts p mit q, so entsteht $-I$, daher ist

$$2\,I = \sum_h (p^d\, q^h\, \varrho^{n-d-2}) \ldots = \sum c_h\, (p'\, q)^h \ldots \quad (h \geqq 2).$$

Sind also $c_2, c_3, \ldots, c_d$ Konstante, so besteht eine Relation folgender Art:

(5) $$(p\, q')\, (p\, \pi')^{d-1}\, (q'\, \varrho)^{n-d-1} \equiv c_2\, (p\, q')^2\, (p\, \pi')^{d-2}\, (q'\, \varrho)^{n-d-2} +$$
$$+ c_3\, (p\, q')^3\, (p\, \pi')^{d-3}\, (q'\, \varrho)^{n-d-3} + \cdots + c_d\, (p\, q')^d\, (q'\, \varrho)^{n-2d}.$$

Etwas allgemeiner läßt sich zeigen, daß sich Invarianten mit dem Faktor $(p\, q')^{2i+1}$ stets auf Invarianten umformen lassen, die $(p\, q')^{2i+2}$, $(p\, q')^{2i+4}, \ldots$ enthalten, wo also der Exponent eine gerade Zahl ($\leqq d$) ist. Auch dies gilt wieder nur dann, wenn p und q äquivalent sind.

§ 9. **Linienkoordinaten im R_4.**

Ein linearer Ebenenkomplex im Gebiete 5. Stufe ist gegeben durch eine lineare Gleichung zwischen den 10 Koordinaten $\pi_{ikl} = \pi'_{rs}$ einer veränderlichen Ebene:

(1) . . . . $(\pi\, a')^3 = 0$ oder $(\pi'\, a)^2 = 0$.

Er stellt ein System von ∞^5 Ebenen dar.

Suchen wir alle Ebenen $\pi'_{ik} = (u'\, v')_{ik}$ des Komplexes, die in einem gegebenen $R_3\, (v')$ enthalten sind, so bekommen wir

(2) . . . . $(u'\, y) = (u'\, a)\, (a\, v') = 0$;

d. h. alle diese Ebenen gehen durch einen in v' liegenden Punkt y. Es gibt aber einen R_3, den „Brennraum" des Komplexes, für den dieser Punkt y unbestimmt wird, d. h. in welchem jede Ebene dem Komplexe angehört. Seine Gleichung ist

(3) . . . . . . $(x\, a^2\, b^2) = 0$ oder $(a\, b')^2\, (b'\, x) = 0$,

d. h. seine Koordinaten S_i' sind

(4) . . . . $S_i' = (a\, b')^2\, b_i'$.

Setzen wir dies nämlich in (2) ein, so entsteht $(c\, a^2\, b^2)\, (c\, u')$ und hier formen wir so um, daß beide Reihen c in den Klammerfaktor kommen:

$$2\, (c\, a^2 b^2)\, (c\, u') = -\, 2\, (c^2\, a\, b^2)\, (a\, u') - 2\, (c^2\, a^2\, b)\, (b\, u');$$

die Vertauschung von a mit c bzw. b mit c ergibt dann $6(ca^2b^2)(cu') = 0$, also bestehen für irgendwelche 10 Größen

$$a_{ik} = b_{ik} = c_{ik} = \cdots = -a_{ki} = \cdots.$$

die fünf Identitäten dritten Grades[1]):

$$(5) \quad \ldots\ldots\ldots \quad a_i(aS') = a_i(ab')(b'c)^2 \equiv 0.$$

Sind die a_{ik} Linienkoordinaten, so ist der Komplex speziell und besteht aus den ∞^5 Ebenen π_{ikl}, die die Gerade a_{ik} schneiden. Der Brennraum wird unbestimmt:

$$(6) \quad \ldots\ldots\ldots \quad S_i' = (ab')^2 b_i' = 0;$$

dies gibt nicht-symbolisch die 5 Gleichungen:

$$(7) \quad \ldots\ldots \quad \left|\begin{array}{l} a_{23}a_{45} + a_{24}a_{53} + a_{25}a_{34} = 0 \\ a_{13}a_{45} + a_{14}a_{53} + a_{15}a_{34} = 0 \\ a_{12}a_{45} + a_{14}a_{52} + a_{15}a_{24} = 0 \\ a_{12}a_{35} + a_{13}a_{52} + a_{15}a_{23} = 0 \\ a_{12}a_{34} + a_{13}a_{42} + a_{14}a_{23} = 0. \end{array}\right.$$

Sie sind alle notwendig und hinreichend, damit $a_{ik} = (yz)_{ik}$ gesetzt werden kann, obwohl sie nicht algebraisch unabhängig voneinander sind.

Dual hierzu besitzt ein linearer Strahlenkomplex

$$(8) \quad \ldots\ldots\ldots \quad (\pi\alpha')^2 = 0 \quad \text{oder} \quad (\pi'\alpha)^3 = 0$$

einen „Brennpunkt" S mit der Gleichung

$$(9) \quad \ldots\ldots\ldots \quad (u'S) = (u'\alpha)(\alpha\beta')^2 = 0.$$

Jede Gerade durch S gehört dem Komplexe an. Es ist wieder

$$(10) \quad \ldots\ldots \quad \alpha_i'(\alpha'S) = \alpha_i'(\alpha'\beta)(\beta\gamma')^2 \equiv 0.$$

Für $S_i = 0$ ist der Komplex speziell und die $\alpha_{ikl} = \alpha'_{rs}$ sind die Koordinaten einer Ebene.

§ 10. (n—1)-fältige Komplexsymbole.

Wir knüpfen an die Gleichungen vom Ende des § 5 S. 80 an, die den Übergang von p-Reihen zu p'-Reihen und umgekehrt vermitteln:

$$(1) \quad \ldots\ldots \quad (p^d\alpha\beta\ldots\delta) = d!\,(p'\alpha)(p'\beta)\ldots(p'\delta).$$

$$(2) \quad \ldots \quad (q'^m\alpha'\beta'\ldots\delta') = (-1)^{m(n-m)}m!\,(q\alpha')(q\beta')\ldots(q\delta').$$

Diese Gleichungen stellen den Übergang von Faktoren 2. Art, in

[1]) Vgl. hierzu VI § 14.

denen *alle* Reihen eines Komplexsymboles vorkommen, zu Faktoren erster Art dar. Wir haben dabei über die Fältigkeit dieser Komplexsymbole p bzw. q' die Voraussetzungen

(3) . . . . . . $2 \leqq d \leqq n-2 \qquad 2 \leqq m \leqq n-2$

gemacht.

Es ist nun leicht zu sehen, daß alles bisher über d-fältige Komplexsymbole Angeführte gültig bleibt, wenn wir auch $d=1$ und $d=n-1$ zulassen. Zunächst sind „einfältige" Komplexsymbole nichts anderes als Punktkoordinaten. Für $d=1$ wird aus $(p^d \alpha \beta \ldots \mu)$ einfach $(p \alpha \beta \ldots \mu)$. Wollen wir dann aber (1) aufrechterhalten, so müssen wir auch $(n-1)$-fältige Komplexsymbole p' zulassen, oder, mit anderen Worten: wenn a ein Punkt ist, so setzen wir[1])

(4) . . . . . $$\begin{cases} a_1 = + a'_{23\ldots n} = + a_2' a_3' \ldots a_n' \\ a_2 = - a'_{13\ldots n} = - a_1' a_3' \ldots a_n' \\ \ldots\ldots\ldots\ldots\ldots\ldots \end{cases}$$

Hierdurch wird es dann möglich, den Klammerfaktor $(a b c \ldots m)$ als Produkt von $(n-1)$ Linearfaktoren darzustellen

(5) . . . . $(a b c \ldots m) = (a' b)(a' c) \ldots (a' m)$

und dual dazu, nach (2):

(6) . . . . $(\alpha' \beta' \gamma' \ldots \mu') = (-1)^{n-1} (\alpha \beta')(\alpha \gamma') \ldots (\alpha \mu')$.

Kommen umgekehrt in einer Invariante I $(n-1)$-fältige Komplexsymbole a' vor, so läßt sich I stets so schreiben, daß die $(n-1)$ Reihen a' zur Reihe a zusammengezogen sind. Sind nämlich die a' nur in Linearfaktoren $(a' x)$, $(a' y), \ldots, (a' z)$ enthalten, so gibt (6):

$$(a' x)(a' y) \ldots (a' z) = (a x y \ldots z);$$

kommen aber die a' auch in Klammerfaktoren $(a'^k \alpha' \beta' \ldots \eta')$ usw. vor, so können wir nach dem Satze auf S. 79 alle $(n-1)$ Reihen a' in diesem Klammerfaktor vereinigen. Er bekommt dann die Gestalt $(a'^{n-1} u')$ und gibt nach (2):

(7) . . . . . $(a'^{n-1} u') = (-1)^{n-1} (n-1)!\,(a u')$.

Dual hierzu haben wir nach (1):

(8) . . . . $(\alpha^{n-1} x) = (n-1)!\,(\alpha' x)$.

Diese Gleichungen besagen, daß man jeden Faktor 1. Art auf zweierlei Weise als Klammerfaktor darstellen kann:

(9) . . . . $(a \alpha') = \frac{(-1)^{n-1}}{(n-1)!} (a'^{n-1} \alpha') = \frac{1}{(n-1)!} (\alpha^{n-1} a)$.

[1]) dual hierzu: $\alpha'_1 = (-1)^{n-1} \alpha_2 \alpha_3 \ldots \alpha_n$ usf.

Ersetzen wir schließlich in $(a\alpha')$ die beiden Reihen a und α' nach (4), so entsteht analog (10) § 4 S. 76 die Beziehung

$$(10) \quad . \; . \; . \; . \; . \; . \; . \quad (a\,\alpha') = \frac{(-1)^{n-1}}{(n-1)!}(a\,\alpha')^{n-1}.$$

Wir werden später wiederholt Gebrauch machen von $(n-1)$-fältigen Komplexsymbolen und in ihnen ein Werkzeug von äußerster Fruchtbarkeit kennen lernen (vgl. IV § 2, X § 3 und XII § 4).

IV. Abschnitt: **Fundamentalsätze.**

§ 1. **Zerlegung in Linearformen.**

Im Gebiete n-ter Stufe ($n \geqq 4$) haben wir außer Punktkoordinaten x und Raumkoordinaten u' eine Reihe von „Zwischenvariabeln“, die Koordinaten von Gebieten G_d ($d = 2, 3, \ldots, n-2$). Im ganzen haben wir also, wenn wir nach Stufenzahlen ordnen, die Variabeln-typen:

(1) $$x, \quad \pi_{ik}, \quad \pi_{ikl}, \ldots, \quad \pi_{i_1 \ldots i_{n-2}}, \quad u'.$$

Wir werden jetzt *Formen* betrachten, die eine oder mehrere Reihen von diesen Typen enthalten und diese Formen

(2) $$f^{(1)}, \quad f^{(2)}, \ldots, \quad f^{(\sigma)}$$

wieder als *Grundformen* bezeichnen, insofern sie den Ausgangspunkt unserer Untersuchungen bilden. Ihre Gesamtheit (f) nennen wir wieder Grundformensystem.

Beispiel:

(3) $$f = \sum A_{i_1 i_2,\, k_1 k_2 k_3,\, l,\, \alpha_1 \beta_1 \gamma_1,\, \alpha_2 \beta_2 \gamma_2} \quad x_{i_1} x_{i_2} y_{k_1} y_{k_2} y_{k_3} u_l' \, \pi_{\alpha_1 \beta_1 \gamma_1} \pi_{\alpha_2 \beta_2 \gamma_2}$$

ist eine Grundform mit einer x-Reihe im 2. Grad, einer y-Reihe im 3. Grad, einer u'-Reihe linear und einer Reihe Ebenenkoordinaten $\pi_{\alpha\beta\gamma}$ quadratisch.

Wir verabreden jetzt, wie wir derartige Formen f symbolisch darstellen: es sollen in letzter Linie nur Linearformen mit x- und u'-Reihen, bzw. mit dazu kogredienten Symbolreihen vorkommen.

Hierzu gehen wir in drei Schritten vor. Erstens zerlegen wir f in ein Produkt von symbolischen Formen φ und ψ mit je einer Koordinatenreihe, im selben Grade wie in f. Die Faktoren φ sollen dabei die in f vorhandenen x- und u'-Reihen, die Faktoren ψ aber die in f vorhandenen Reihen π_{ik}, $\pi_{ikl}, \ldots$ enthalten. Beispielsweise schreiben wir bei (3):

(4) $$f = \varphi_1 \cdot \varphi_2 \cdot \varphi_3 \cdot \psi_1 = (a'x)^2 \cdot (a'y)^3 \cdot (au') \cdot \left(\sum m'_{ikl} \pi_{ikl}\right)^2.$$

Diese Zerlegungsart ist bei (3) durch die an A angehängten Indizesgruppen angedeutet.

Zweitens zerlegen wir die Faktoren ψ weiter in Faktoren χ, derart, daß χ jede Reihe π_{ik}, $\pi_{ikl}, \ldots$ nur linear enthält. Bei (4) würden wir also schreiben

(5) $$\psi_1 = \left(\sum m'_{ikl} \pi_{ikl}\right)^2 = \chi_1 \chi_2 = \left(\sum p'_{ikl} \pi_{ikl}\right) \left(\sum q'_{ikl} \varrho_{ikl}\right)$$

wo p' und q' und ebenso π und ϱ äquivalent sind.

Drittens stellen wir jeden Faktor χ als Potenz eines Linearfaktors dar:

(6) $$\chi^{(d)} = \sum p'_{ikl\ldots} \pi_{ikl\ldots} = \frac{1}{d!}(p'\pi)^d.$$

Bei (3) würden wir also schließlich die folgende Darstellung erhalten:

(7) $$f = (a'x)^2 (a'y)^3 (au') (p'\pi)^3 (q'\varrho)^3.$$

Es sei nun $I = I(f)$ eine Invariante der Grundformen (f). Ist I in den Koeffizienten der Grundform $f^{(i)}$ nicht linear, sondern etwa vom Grade h, so konstruieren wir durch $(h-1)$-malige Anwendung des *Aronhold*schen Prozesses (vgl. I § 10 S. 18) aus I eine Invariante I', die linear ist in den Koeffizienten der h zu $f^{(i)}$ äquivalenten Formen $f_1^{(i)}, f_2^{(i)}, \ldots, f_h^{(i)}$. I' wird dann eine Simultaninvariante von Grundformen

(8) $$f_k^{(1)},\quad f_j^{(2)}, \ldots,\quad f_\nu^{(\sigma)},$$

linear in den Koeffizienten dieser Formen. Stellen wir jetzt jede dieser Formen (8), so wie oben auseinandergesetzt, symbolisch als Produkt von Formen φ und χ dar, *so wird I' eine Invariante von Linearformen*, deren Koeffizientenreihen die Symbolreihen

$$a, b, c, \ldots,\quad a', b', c', \ldots,\quad p, q, \ldots, \ldots$$

sind, und zwar: gewöhnliche Symbole von den Formen φ, Komplexsymbole von den Formen χ herrührend.

Daß dies so ist, folgt einfach daraus, *daß sich die Koeffizienten des Produktes zweier (und mehrerer) Formen bei $x \to \bar{x}$ so transformieren wie die Produkte der Koeffizienten der einzelnen Formen.*

Seien etwa $\varphi_1 = (a'x)^m$, $\varphi_2 = (au')^n$ zwei Formen mit den Koeffizienten $a'_{ikl\ldots}$ bzw. $a_{rst\ldots}$. Das Produkt $\varphi_1\varphi_2$ ist dann eine Form mit den Koeffizienten

(9) $$A_{ikl\ldots,\, rst\ldots} = a'_{ikl\ldots}\, a_{rst\ldots}.$$

Für die $a'_{ikl\ldots}$ bzw. $a_{rst\ldots}$ haben wir nach I § 4 die Transformationsgleichungen

$$\bar{a}'_{ikl\ldots} = \sum a'_{\varrho\sigma\tau\ldots}\, e_\varrho{}^i\, e_\sigma{}^k\, e_\tau{}^l \ldots$$

$$\bar{a}_{rst\ldots} = \sum a_{\lambda\mu\nu\ldots}\, \frac{E_\lambda{}^r}{\varDelta}\, \frac{E_\mu{}^s}{\varDelta}\, \frac{E_\nu{}^t}{\varDelta} \ldots.$$

Multiplizieren wir dies, so wird wegen (9)

$$\bar{A}_{ikl\ldots,\, rst\ldots} = \sum A_{\varrho\sigma\tau\ldots,\, \lambda\mu\nu\ldots}\, e_\varrho{}^i \ldots \frac{E_\lambda{}^r}{\varDelta} \ldots;$$

das sind aber nichts anderes als die Transformationsgleichungen für die $A_{ikl\ldots,rst\ldots}$.

Wir haben diese Tatsache ja schon in einem besonders einfachen Falle verwendet: bei der symbolischen Darstellung von Formen durch Linearformen (vgl. I § 11 S. 21).

Wir fassen zusammen: Gehen wir bei der symbolischen Darstellung von Grundformen (f) bis auf Linearformen mit x- und u'-Reihen zurück, so wird auch jede Invariante von den (f) eine Invariante von Linearformen. Es gilt daher in erster Linie deren Struktur zu ermitteln.

§ 2. **Der erste Fundamentalsatz.**

Die Frage nach allen Invarianten irgendwelcher Grundformen ist jetzt zurückgeführt auf die nach den Invarianten von Linearformen

(1) $$\begin{cases} L_1 = (a'x), \quad L_2 = (b'x), \ldots \\ L'_1 = (\alpha u'), \quad L'_2 = (\beta u'), \ldots \end{cases}$$

mit den Koeffizientenreihen $a', b', c', \ldots$ und $\alpha, \beta, \gamma, \ldots$

Liegt nur *eine* Gattung dieser Formen vor, etwa die Formen $L_{(i)}$, so wissen wir nach Abschn. I § 9 S. 17, daß wir nur Invarianten der Gestalt $(a'b'\ldots m')$, also nur Klammerfaktoren mit gestrichenen Reihen zu bilden brauchen, um alle Invarianten der $L_{(i)}$ zu bekommen. Das überträgt sich dann sofort auf irgendwelche Formen $(a'x)^p, \ldots$, wobei die $a', b', \ldots$ jetzt *Symbol*reihen sind (vgl. Abschn. I § 12 S. 23).

Das Duale gilt, wenn wir nur mit Linearformen $L'_{(k)}$, also mit ungestrichenen Reihen $\alpha, \beta, \ldots$ zu tun haben.

Der Fall, daß Linearformen $L_{(i)}$ und $L'_{(k)}$ vorhanden sind, läßt sich nun auf einen der eben angeführten Fälle zurückführen, wenn wir von $(n-1)$-fältigen Komplexsymbolen Gebrauch machen (Abschn. III § 10 S. 88).

Wir führen etwa für jede Reihe $\alpha, \beta, \ldots$ $(n-1)$-fältige Komplexsymbole $\alpha', \beta', \ldots$ ein:

(2) $$\alpha_1 = +\alpha'_{23\ldots n}, \quad \alpha_2 = -\alpha'_{13\ldots n}, \quad \ldots$$

Hierdurch geht jede Invariante $I(L, L')$ von (1) über in eine Invariante $I(L')$ von Linearformen L' allein, wobei aber jetzt unter den Reihen $a', b', c', \ldots$ auch die Reihen $\alpha', \beta', \ldots$ von (2) vorkommen. Alle $I(L')$ setzen sich aus Klammerfaktoren $(a'b'\ldots m')$ zusammen; in diesen sind jetzt auch die Reihen $\alpha', \beta', \ldots$ von $(n-1)$-fältigen Komplexsymbolen zuzulassen. Wollen wir dann die Invarianten $I(L, L')$ so schreiben, daß sie die Reihen $\alpha, \beta, \ldots$ enthalten, so haben wir nichts anderes zu tun als je $(n-1)$ Reihen α' zu einer Reihe α zu vereinigen. Wir wollen ein solches Zusammenziehen von $(n-1)$ Reihen α' als „Übergang $\alpha' \dashrightarrow \alpha$“ bezeichnen.

Somit ergibt sich das folgende Verfahren. Alle Invarianten $I(L')$ setzen sich aus $(a'\, b' \ldots m')$ zusammen. Ist hier wenigstens eine Reihe $= \alpha'$, so können wir nach dem in Abschn. III § 5 S. 79 bewiesenen Satze alle $(n-1)$ Reihen α' in den Klammerfaktor hineinbringen. Hierdurch entsteht $(\alpha'^{n-1}\, a')$. Nach Formel (7) S. 89 ergibt der Übergang $\alpha' \dashrightarrow \alpha$ den Linearfaktor $(\alpha\, a')$. Daher ist jetzt jede Invariante $I(L, L')$ aufzubauen aus $(a'\, b' \ldots m')$ und $(a'\, \alpha)$. Enthalten diese Typen wieder Reihen β' von $(n-1)$-fältigen Komplexsymbolen, so machen wir neuerdings den Übergang $\beta' \dashrightarrow \beta$. Dies gibt, wenn β' in Klammerfaktoren vorkommt, nichts Neues, nämlich wieder einen Linearfaktor $(a'\, \beta)$. Sind aber alle $(n-1)$ Reihen β' in Linearfaktoren

$$(\beta'\, a), \quad (\beta'\, b), \; \ldots\ldots, \; (\beta'\, h)$$

enthalten, so gibt der Übergang $\beta' \dashrightarrow \beta$ nach Formel (5) S. 89 den Klammerfaktor $(\beta\, a\, b \ldots h)$. Überdies gibt jeder weitere Übergang $\gamma' \dashrightarrow \gamma$ usw. wieder nur die beiden Typen $(\gamma\, a')$ und $(\gamma\, a\, b \ldots h)$.

Damit haben wir den folgenden wichtigen Satz gewonnen:

Jede Invariante (ganze, rationale und projektive) der Linearformen (1) *ist eine ganz rationale Funktion der 3 Typen*

$$(3) \qquad \ldots\ldots \quad (a'\, b' \ldots m'), \quad (\alpha\, \beta \ldots \mu), \quad (a'\, \alpha).$$

Daraus ergibt sich für beliebige Grundformen *der erste Fundamentalsatz der symbolischen Methode* (für projektive Invarianten):

Sind $a', b', \ldots, \alpha, \beta, \ldots$ die Größen- und Symbolreihen (gewöhnliche Symbole und Komplexsymbole), mit denen die Grundformen f dargestellt sind, so ist jede Invariante ein Aggregat von Faktoren erster und zweiter Art (3).

Aggregat bedeutet hier: ganz rationale Funktion.[1])

[1]) Für Formen, die nur Reihen x oder u' enthalten, wurde dieser Satz zuerst von *Clebsch* bewiesen, Crelle 59 (1861). Wegen eines Beweises mit Hilfe von Reihenentwicklungen siehe *Study*, Methoden . . ., S. 67. Der obige Beweis, wobei jetzt auch auf alle Zwischenvariablen $\Pi_{ik}, \Pi_{ikl}, \ldots$ Rücksicht genommen ist, wurde vom Verfasser gegeben: Wiener Berichte 122 (1913).

§ 3. Identisches Umformen.

Zwischen den Invarianten von Linearformen bestehen eine Reihe von Identitäten (Abschn. I § 19 S. 34), die den folgenden fünf Typen Π angehören ($n \geqq 3$):

$$(1)\quad \begin{cases} \Pi_1 = (\alpha\beta\ldots\mu)(\nu a') - (\nu\beta\ldots\mu)(\alpha a') + \cdots \\ \qquad\cdots + (-1)^n(\nu\alpha\beta\ldots)(\mu a') \equiv 0 \\ \Pi_1' = (a'b'\ldots m')(n'\alpha) - (n'b'\ldots m')(a'\alpha) + \cdots \\ \qquad\cdots + (-1)^n(n'a'b'\ldots)(m'\alpha) \equiv 0 \\ \Pi_2 = (\alpha\beta\ldots\mu)(xy\ldots z) - (x\beta\ldots\mu)(\alpha y\ldots z) + \cdots \equiv 0 \\ \Pi_2' = (a'b'\ldots m')(u'v'\ldots w') - (u'b'\ldots m')(a'v'\ldots w') + \cdots \equiv 0 \\ \Pi_3 = (a'b'\ldots m')(\alpha\beta\ldots\mu) - \sum \pm (a'\alpha)\ldots(m'\mu) \equiv 0 \end{cases}$$

Hier sind Π_1 und Π_1' und ebenso Π_2 und Π_2' zueinander dual; Π_3 ist zu sich selbst dual.

Wir können die linken Seiten dieser Identitäten als identisch verschwindende Invarianten bezeichnen; identisch Null für alle auftretenden Koeffizientenreihen, aber nicht identisch Null, wenn man die verschiedenen Faktoren durch unabhängig Veränderliche ersetzt.

Π_2 geht aus Π_1 durch die Zerlegung (vgl. Abschn. I § 16 S. 29) $a_1' = +(y\ldots z)_{23\ldots n}$ usw. und dual Π_2' aus Π_1' durch die Zerlegung $\alpha_1 = (v'\ldots w')_{23\ldots n}$ hervor.

Wir haben im Abschn. I § 16 S. 30 nachgewiesen, daß durch eine Zerlegung

$$(2)\qquad a_1' = (y\ldots z)_{23\ldots n} \text{ usw. oder } \alpha_1 = (v'\ldots w')_{23\ldots n} \text{ usw.}$$

die drei Faktortypen

$$(3)\qquad \ldots\ldots \quad (a'b'\ldots m'),\quad (\alpha\beta\ldots\mu),\quad (a'\alpha)$$

reproduziert werden. Hier läßt sich ein analoger Satz beweisen: *Durch Zerlegungen* (2) *gehen die Identitäten* (1) *über in*

$$(4)\qquad \ldots\ldots \quad S = \sum \Pi A \equiv 0,$$

d. h. in Ausdrücke S, die lineare Kombinationen der Π_i von (1) *sind.*

Die Identitäten (1) werden also durch Zerlegungen auch reproduziert.

Es genügt, den Beweis etwa für $n = 3$ zu skizzieren[1]). Setzen wir in Π_1 oder

$$(5)\qquad (\alpha\beta\gamma)(\delta a') - (\delta\beta\gamma)(\alpha a') + (\delta\alpha\gamma)(\beta a') - (\delta\alpha\beta)(\gamma a') \equiv 0$$

zuerst $a_1' = (xy)_{23}$ usw., so entsteht Π_2. Setzen wir hingegen

[1]) *Study*, Methoden ... S. 77.

$a_1 = (b'c')_{23}$, so wird zunächst $(\alpha\beta\gamma) = (b'\beta)(c'\gamma) - (b'\gamma)(c'\beta)$ und (5) geht über in $(a'b'c')(\delta\beta\gamma) - \sum \pm (a'\delta)(b'\beta)(c'\gamma) \equiv 0$, also in die Identität Π_3. Damit sind bei Π_1 alle möglichen Zerlegungen (2) vollzogen. Auf analoge Weise werden die übrigen Identitäten behandelt. —

Es sei I eine symbolisch dargestellte Invariante. Sie ist eine ganze und rationale Funktion von Faktoren erster und zweiter Art; ein Glied von I ist bis auf einen numerischen Koeffizienten ein Produkt von Faktoren (3). Wenn wir auf einen Teil dieses Produktes eine der Identitäten (1) anwenden, d. h. z. B. bei Π_8 das Produkt $(a'b' \ldots m')(\alpha\beta \ldots \mu)$ durch $\sum \pm (a'\alpha) \ldots (m'\mu)$ ersetzen, so sagen wir „wir formen I identisch um". Wir haben dies ja bisher sehr oft so gemacht. Jetzt wollen wir genauer feststellen: Das Resultat einer solchen identischen Umformung von I ist eine Invariante I' von der Gestalt:

(6) $$I' = I - \Pi A,$$

wo Π eine Identität von (1) darstellt. Schreiben wir nämlich, um obiges Beispiel zu verwenden:

$$I \equiv (a'b' \ldots m')(\alpha\beta \ldots \mu) A.$$

Hiervon subtrahieren wir:

$$\Pi_8 A \equiv \left[(a'b' \ldots m')(\alpha\beta \ldots \mu) - \sum \pm (a'\alpha) \ldots (m'\mu) \right] \cdot A;$$

also kommt

$$I - \Pi_8 A \equiv A \cdot \sum \pm (a'\alpha) \ldots (m'\mu) = I'.$$

Allgemeiner, wenn wir mehrere identische Umformungen mit I vornehmen, wodurch eine Invariante I' entsteht, ist

(7) $$I' \equiv I - \sum \Pi_i A_i.$$

§ 4. **Identität und triviale Identität.**

Der Begriff „Gleichheit" erfordert bei der symbolischen Darstellung eine genauere Umgrenzung. Es kommt dies daher, daß man nicht allein auf „Wertgleichheit", sondern auch in gewisser Hinsicht auf „formale Gleichheit" zu achten hat. Wir verwenden in folgendem neben dem gewöhnlichen Gleichheitszeichen ($=$) und dem Zeichen für identische Gleichheit ($\equiv$) noch ein weiteres ($\overline{\equiv}$), mit dem wir „*trivial-identisch gleich*" ausdrücken. „Trivial-identisch gleich" nennen wir zwei Ausdrücke, die durch „trivial-identische Umformung" auseinander entstehen. Die letzteren sind:

1. Umformungen, die dadurch charakterisiert sind, daß zwei beliebige Symbol- oder Größenreihen, die in einer Invariante I in

einem Faktor beisammen waren, auch in I' wieder beisammen sind. Solche trivial-identische Umformungen sind z. B.: Addition und gleichzeitige Subtraktion einer Invariante K, in Zeichen: $I' \equiv I + K - K$ (lies: I' trivial-identisch gleich $I + K - K$); Multiplikation und Division mit einer Zahl $m \neq 0$; $I' \equiv m \frac{I}{m}$; Addition von gleichen Gliedern: $\alpha g + \beta g \equiv (\alpha + \beta) g$; Umstellen von zwei oder mehr Symbolreihen in einem Klammerfaktor: $(a b c) \equiv -(b a c)$ usw.; Umstellen von symbolischen Faktoren in I, wobei sich bei Komplexsymbolen auch das Vorzeichen ändern kann, z. B.:

$$(a b') (a c') \equiv -(a c') (a b'),$$

wenn die a Komplexsymbole sind.

2. Vertauschung äquivalenter Symbole, z. B:

$$(a b c) (a u') (b v') (c w') \equiv (b a c) (b u') (a v') (c w'),$$

wenn a und b äquivalente Symbolreihen sind.

Sind p und q äquivalente Komplexsymbole und kommt p ungestrichelt, q hingegen gestrichelt als q' in I vor, so gibt die Vertauschung von p und q in dem neuen Ausdrucke I' die q ungestrichelt und die p gestrichelt. So entsteht z. B. aus der Invariante

$$I = (a' p)^2 (q' x) (q' y),$$

in welcher $p_{ik} = q_{ik}$ ist, durch Vertauschung der äquivalenten Komplexsymbole p und q:

$$(a' p)^2 (q' x) (q' y) \equiv (a' q)^2 (p' x) (p' y).$$

3. Direkter Übergang von gestrichelten Symbolen zu ungestrichelten, wenn I Komplexsymbole enthält. Unter einem solchen „direkten" Übergange ist folgendes zu verstehen: Sind die d-fältigen Komplexsymbole p alle in einem Faktor zweiter Art vereinigt:

$$(p^d x^{(1)} x^{(2)} \ldots x^{(n-d)}),$$

so liefert der direkte Übergang zu gestrichelten Komplexsymbolen p' (vgl. Abschn. III § 4 Gleichungen (7) und (11) S. 76):

$$(p^d x^{(1)} x^{(2)} \ldots x^{(n-d)}) \equiv d! \, (p' x^{(1)}) (p' x^{(2)}) \ldots (p' x^{(n-d)}).$$

Sind umgekehrt alle d-fältigen Komplexsymbole p in Faktoren erster Art vorhanden:

$$(p u'^{(1)}) (p u'^{(2)}) \ldots (p u'^{(d)}),$$

so ergibt der direkte Übergang zu gestrichelten Komplexsymbolen p' die trivial-identische Umformung:

$$(p u'^{(1)}) (p u'^{(2)}) \ldots (p u'^{(d)}) \equiv \frac{(-1)^{d(n-d)}}{(n-d)!} (p'^{n-d} u'^{(1)} u'^{(2)} \ldots u'^{(d)}).$$

Duales gilt für den direkten Übergang von gestrichelten Komplexsymbolen q' zu ungestrichelten Symbolen q.

Eine Gleichung, deren beide Seiten man dadurch auch formell gleich machen kann, daß man in ihnen trivial-identische Umformungen vornimmt, heißt eine „*triviale Identität*".

Erstes Beispiel:

$$I = (abc)(au')(bv')(cw') + (abc)(au')(cv')(bw') \equiv 0,$$

wo b und c äquivalente Symbolreihen sind. Hier gibt die Vertauschung von b und c im zweiten Gliede

$$(abc)(au')(cv')(bw') \equiv (acb)(au')(bv')(cw')$$

und die Umstellung der Symbolreihen c und b im Klammerfaktor (acb) der rechten Seite ergibt weiter

$$I = (abc)(au')(bv')(cw') - (abc)(au')(bv')(cw') \equiv 0.$$

Zweites Beispiel:

$$I = (a'\pi)^2 - \frac{1}{3}(a\pi')^3 \equiv 0,$$

wobei $n = 5$ ist, die a dreifältige und die π zweifältige Komplexsymbole sind. Hier haben wir, wenn wir im ersten Gliede $(a'\pi)^2$ den direkten Übergang zu ungestrichelten Komplexsymbolen a ausführen:

$$(a'\pi)^2 \equiv \frac{1}{6}(a^3\pi^2).$$

Durch Umstellen der Symbolreihen a und π wird hieraus:

$$(a'\pi)^2 \equiv \frac{1}{6}(a^3\pi^2) \equiv \frac{1}{6}(\pi^2 a^3)$$

und führt man jetzt den direkten Übergang zu gestrichelten Komplexsymbolen π' aus, so wird:

$$\frac{1}{6}(\pi^2 a^3) \equiv \frac{1}{3}(\pi' a)^3, \text{ also } I \equiv 0.$$

Zu Obigem kommt dann noch:

4. Addition und Subtraktion trivialer Identitäten, wobei jede derselben vorher noch mit irgendeinem Faktor multipliziert werden darf.

§ 5. **Der zweite Fundamentalsatz.**

Der erste Fundamentalsatz gibt die Bausteine an, aus denen sich alle Invarianten aufbauen. Ein zweiter Satz liefert uns alle Beziehungen zwischen den so aus Faktoren erster und zweiter Art aufgebauten Invarianten, er heißt „*der zweite Fundamentalsatz der symbolischen Methode*" (für projektive Invarianten). Seine Formulierung und sein Beweis für $n = 3$ stammen von *E. Study*[1]).

Wir sprechen den Satz in zwei Fassungen aus, die nach § 3 mit einander gleichwertig sind:

Es sei $I \equiv 0$ ($I \equiv\!\!|\!\!\equiv 0$) *eine Identität zwischen ganzen, rationalen, symbolisch dargestellten Invarianten. Sie läßt sich dann immer verifizieren, ohne daß man zur nicht-symbolischen Darstellung von* I *zurückgeht, und zwar durch identische und trivial-identische Umformungen.*

„Verifizieren" heißt, I so zu einer Invariante I' umformen, daß $I' \equiv 0$ entsteht. Der Satz sagt also aus, daß sich jede ganze rationale Gleichung zwischen irgendwelchen projektiven Invarianten, die identisch in allen auftretenden Formenkoeffizienten besteht, durch identisches und trivialidentisches Umformen zu einer trivialen Identität umgestalten läßt. Wir können dies nach § 3 auch so ausdrücken (zweite Fassung):

Eine Identität $I \equiv 0$ ($I \equiv\!\!|\!\!\equiv 0$) *läßt sich stets durch trivial-identische Umformungen auf die Gestalt bringen:*

$$I \equiv \sum A_i \Pi_i = \Pi_1 A_1 + \Pi_2 A_2 + \ldots + \Pi_\varrho A_\varrho .$$

Die Identitäten Π^i ((1) in § 3 S. 94) bilden also für jede Identität $I \equiv 0$ einen Modul.

Für den Beweis[2]) des zweiten Fundamentalsatzes benötigen wir eine Reihe von Hilfssätzen. Zunächst können wir die Zwischenveränderlichen $\pi_{ik}, \pi_{ikl}, \ldots$ ausschalten, indem wir alle in einer Identitäten etwa vorkommenden Reihen von Komplex-Symbolen hinauswerfen. Dies geschieht durch den

Satz 1: *Der zweite Fundamentalsatz ist für beliebige Formen richtig, wenn er für Linearformen mit den Koeffizientenreihen* a, $b, \ldots, \alpha', \beta', \ldots$ *gilt, wobei keine dieser Reihen Komplex-Symbole sind.*

Wir setzen voraus, daß die linke Seite in $I \equiv 0$ so symbolisch dargestellt ist, wie wir dies in § 1 auseinandergesetzt haben. Enthält I nur Größenreihen oder Reihen gewöhnlicher Symbole, so ist nichts weiter zu beweisen. Wir nehmen also an, daß in I

---

[1]) *E. Study,* Methoden ... S. 75 und S. 204. Bei binären Formen: *Gordan-Kerschensteiner* II S. 132; *E. Pascal,* Giornale di Matematiche 26 (1888). Allgemein, aber nur für x- und u'-Reihen im n-ären, wurde der Satz von *E. Pascal* bewiesen: Memorie della R. Acc. dei Lincei, V, 4a (Mai 1888); hierzu ebenda IV, 3 (1888). In der obigen Fassung, also auch gültig für alle Zwischenvariablen $\pi_{ik}, \pi_{ikl}, \ldots$ wurde der Satz vom Verfasser bewiesen: Wiener Berichte 122 (1913).

[2]) Die nächsten vier Paragraphen können bei erster Lesung übergangen werden.

wenigstens eine Gattung von Komplexsymbolen, etwa die d-fältigen Komplexsymbole p vorkommen. Machen wir dann die Substitution

(2) $$p_{ikl\ldots} = (x y \ldots z)_{ikl\ldots},$$

so entsteht aus I die Invariante M' und $M' \equiv 0$ ist wieder eine Identität. Voraussetzung ist jetzt, daß der zweite Fundamentalsatz für $M' \equiv 0$ gilt:

(3) $$M' \equiv \sum \Pi_k' A_k'.$$

Nun gelangen wir aber sehr einfach von (3) auf die zu beweisende Beziehung

(4) $$I \equiv \sum \Pi_k A_k$$

zurück. Wir ordnen in beiden Seiten von (3) so, daß die Reihen $x, y, \ldots, z$ in jedem Gliede in dieser Reihenfolge stehen und ersetzen dann alle diese d Reihen durch Komplexsymbole p. Hierdurch wird nach Abschn. III § 3 S. 74, I aus M' und $\sum \Pi_k' A'_k$ ändert seine Form nicht, es werden höchstens die Π'_k zu Identitäten, die auch Komplexsymbole enthalten.

Enthält I mehrere Arten $p, q, \ldots, \pi', \varrho', \ldots$ von Komplexsymbolen, so bleibt der Beweis für Satz 1 derselbe, man hat nur (3) mehrere Male auszuführen.

Es sei also jetzt $M' \equiv 0$ eine Identität in der keine Komplexsymbole mehr vorkommen. M' enthält die Reihen $a, b, \ldots, \alpha', \beta', \ldots$ nur in den Faktoren

(5) $$(a b \ldots m), \quad (\alpha' \beta' \ldots \mu'), \quad (a \alpha').$$

Es sei σ die Gesamtzahl der Reihen $a, b, \ldots, \sigma'$ die der Reihen $\alpha', \beta', \ldots, \mu'$, jede Reihe so oft gezählt als sie auftritt. M' ist eine Summe von Produkten von Faktoren (5), ein solches Produkt wollen wir als „Glied" von M' bezeichnen. M' ist dann eine Summe von Gliedern g_i. Ferners sei δ_i die Anzahl der Faktoren $(a b \ldots m)$, δ_i' die Anzahl der Faktoren $(\alpha' \beta' \ldots \mu')$ und λ_i die Anzahl der Faktoren erster Art in g_i. Es bestehen dann die Gleichungen:

$$\begin{array}{l} \sigma = n\delta_i + \lambda_i = n\delta_k + \lambda_k \\ \sigma' = n\delta_i' + \lambda_i = n\delta_k' + \lambda_k \end{array} \quad [i, k = 1, 2, \ldots, r], \; (n \neq 0).$$

Durch Subtraktraktion ergibt sich:

$$n\delta_i - n\delta'_i = n\delta_k - n\delta'_k,$$

d. h.

(6) $$\delta_i - \delta_i' = \delta_k - \delta_k'.$$

Wenn g_i Faktoren $(a b c \ldots m)$ und Faktoren $(\alpha' \beta' \gamma' \ldots \mu')$ enthält, so formen wir g_i mittels der Identität Π_8 S. 94:

$$(a b c \ldots m)(\alpha' \beta' \gamma' \ldots \mu') - \sum \pm (a \alpha') \ldots (m \mu') \equiv 0$$

identisch um, und zwar so oft als dies geht, bis also g_i außer Faktoren erster Art höchstens nur Faktoren $(a b c \ldots m)$ oder nur Faktoren $(\alpha' \beta' \gamma' \ldots \mu')$ enthält. Es entsteht dann aus g_i eine Invariante $\bar{g}_i$:

$$g_i - \Phi_1 \Pi_1 - \Phi_2 \Pi_2 - \ldots - \Phi_\mu \Pi_\mu \equiv \bar{g}_i.$$

Diese identische Umformung machen wir mit jedem Gliede g_i von M' so daß wir also haben:

$$(7) \quad \begin{cases} M' - \Phi_1 \Pi_2 - \Phi_2 \Pi_2 - \ldots - \Phi_\nu \Pi_\nu = N \equiv 0 \\ \qquad\qquad\qquad \{a, b, c, \ldots, \alpha', \beta', \gamma', \ldots\}. \end{cases}$$

Wir betrachten nun die einzelnen Glieder γ_i von N. Beide Typen $(a b \ldots m)$ und $(\alpha' \beta' \gamma' \ldots \mu')$ von Faktoren zweiter Art können wegen der Umformung (7) in γ_i nicht mehr vorkommen. Es enthalte γ_i außer Faktoren erster Art nur mehr Faktoren vom Typus $(\alpha' \beta' \ldots \mu')$. [Die duale Überlegung wäre anzustellen, wenn γ_i nur noch Faktoren vom Typus $(a b c \ldots m)$ enthielte.] Dann ist nach (6) wegen $\delta_i = 0$:

$$\delta_i' = \delta_k' - \delta_k$$

und mindestens eine von den ganzen Zahlen δ_k' und δ_k ist wegen der identischen Umformung (7) gleich Null. Daraus folgt, da $\delta'_i \geqq 0$ ist, daß

$$\delta'_i = \delta'_k \geqq 0$$

ist, d. h. es enthalten dann alle Glieder γ_i dieselbe Anzahl von Faktoren vom Typus $(\alpha' \beta' \gamma' \ldots \mu')$.

Fassen wir zusammen: M' kann durch identische Umformung auf die Gestalt N gebracht werden, wo in jedem Gliede γ_i von N außer Faktoren erster Art dieselbe Anzahl ($\geqq 0$) von Faktoren zweiter Art vom Typus $(\alpha' \beta' \gamma' \ldots \mu')$ steht. Daraus folgt, daß in N die ungestrichelten Größenreihen $a, b, c, \ldots$ nur mehr in Faktoren erster Art $(a u'), \ldots$ vorkommen.

Wegen (7) genügt es dann, den zweiten Fundamentalsatz für die Indentität

$$N \equiv 0$$

zu beweisen.

Wichtig für das Folgende ist es, daß in N die ungestrichelten Größenreihen, die wir von nun an mit $x^{(1)}, x^{(2)}, \ldots$ bezeichnen wollen, *nur in Linearfaktoren* vorkommen.

§ 6. Zwei Hilfssätze.

Nun beweisen wir den

Satz 2: *Ist der zweite Fundamentalsatz für eine Identität*

$$N \equiv 0$$

richtig, wobei N die Größenreihe x enthält, so gilt er auch für die Polare

$$\sum_{i=1}^{i=n} \frac{\partial N}{\partial x_i} y_i$$

von N und umgekehrt.

Beweis[1]: Nach Voraussetzung haben wir

$$N \equiv A_1 \Pi_1 + A_2 \Pi_2 + \cdots + A_\varrho \Pi_\varrho,$$

wo die Π_i wie immer die Identitäten von S. 94 bezeichnen. Nun wenden wir auf beide Seiten dieser trivalen Identität den Polarenprozeß

$$\sum_{i=1}^{i=n} \frac{\partial}{\partial x_i} y_i$$

an. Hierdurch entsteht wieder eine trivale Identität, auf deren linken Seite die Polare

$$\sum_{i=1}^{i=n} \frac{\partial N}{\partial x_i} y_i$$

steht. Ist die Größenreihe x im Gliede $A_s \Pi_s$ nur in A_s enthalten, so kommt rechts das Glied

$$\Pi_s \sum_{i=1}^{i=n} \frac{\partial A_s}{\partial x_i} y_i,$$

wobei Π_s unverändert bleibt; enthält aber auch (oder nur) Π_s die Größenreihe x, so erscheint auf der rechten Seite auch ein Glied

$$A_s \sum_{i=1}^{i=n} \frac{\partial \Pi_s}{\partial x_i} y_i.$$

Der Ausdruck

$$\sum_{i=1}^{i=n} \frac{\partial \Pi_s}{\partial x_i} y_i$$

ist aber entweder selbst wieder eine Identität Π_s' oder läßt sich

---

[1]) *E. Pascal,* Memorie della Reale Accademia dei Lincei, V, 4 *a* (Mai 1888), Lemma 1 und 2 p. 376. Wir folgen weiterhin dem Pascalschen Beweise. Zu obigem siehe auch *A. Capelli,* Lezioni . . ., p. 40 ff.

als Summe zweier solcher darstellen. Letzteres tritt nur dann ein wenn Π_s von der Gestalt Π_2 (vgl. § 3) ist und überdies in beiden Faktoren

$$(x^{(1)} x^{(2)} \dots x^{(n)}) \quad \text{und} \quad (x^{(n+1)} y^{(1)} \dots y^{(n-1)})$$

die Größenreihe x vorkommt.

Gehen wir umgekehrt von den Polaren N' von N aus und setzen die Gültigkeit des zweiten Fundamentalabsatzes für N' voraus:

$$N' \equiv B_1 \Pi_1 + B_2 \Pi_2 + \cdots + B_\lambda \Pi_\lambda;$$

setzen wir hier auf beiden Seiten $x_i = y_i$, so bleibt dies eine triviale Identität, bei der links bis auf einen Zahlenfaktor ($\neq 0$) N steht. Die rechte Seite behält ihre Form bei, es kommen höchstens einige Glieder

$$\{B_h \Pi_h\}_{x_i = y_i}$$

in Wegfall, indem sie trivial-identisch verschwinden.

Der Satz 2 ist somit bewiesen.

Wir brauchen ferner für das Folgende den

Satz 3: *Es seien k Größenreihen*

$$x^{(1)}, x^{(2)}, \dots, x^{(k)} \quad (1 \leqq k \leqq n)$$

und r Größenreihen

$$u'^{(1)}, u'^{(2)}, \dots, u'^{(r)} \quad (r \geqq 1)$$

gegeben. Ist dann U eine ganze rationale Funktion der $x_i^{(\sigma)}$ und *$u'^{(\varrho)}_i$, in der diese Größen nur in den Verbindungen (Faktoren erster Art)*

$$(u'^{(\lambda)} x^{(\mu)}) \quad [\lambda = 1, 2, \dots, r; \ \mu = 1, 2, \dots, k]$$

vorkommen, welche für jedes Wertesystem der $x_i^{(\sigma)}$ und $u'^{(\varrho)}_i$ verschwindet, so ist

$$U \equiv 0,$$

d. h. U verschwindet trivial-identisch. Mit anderen Worten: Für

(1) . . . . $a_{\lambda\mu} = (u'^{(\lambda)} x^{(\mu)})$

folgt aus:

(2) . . . . $U \equiv 0 \quad \{x, u\}$

auch die Gleichung:

(3) . . . . $U \equiv 0 \quad \{a_{ik}\}$.

Beweis: Die Anzahl der Größen $a_{\lambda\mu}$ ist rk. Wir wählen jetzt rk willkürliche Größen

$$\begin{matrix} a_{11} & a_{12} & \dots & a_{1k} \\ a_{21} & a_{22} & \dots & a_{2k} \\ \cdot & \cdot & \cdot & \cdot \\ a_{r1} & a_{r2} & \dots & a_{rk}. \end{matrix}$$

Dann lassen sich die $x_i^{(\sigma)}$ und $u'^{(\varrho)}_i$ $[\sigma = 1, 2, \ldots, k;\ \varrho = 1, 2, \ldots, r;\ i = 1, 2, \ldots, n]$ stets so bestimmen, daß die $r\,k$ Gleichungen

(4) $$a_{\lambda\mu} = (u'^{(\lambda)} x^{(\mu)}) = u_1'^{(\lambda)} x_1^{(\mu)} + u_2'^{(\lambda)} x_2^{(\mu)} + \cdots + u_n'^{(\lambda)} x_n^{(\mu)}$$

erfüllt sind. Hierzu wählen wir z. B. für die $n\,k$ Größen

$$\begin{matrix} x_1^{(1)} & x_2^{(1)} & \ldots & x_n^{(1)} \\ x_1^{(2)} & x_2^{(2)} & \ldots & x_n^{(2)} \\ \cdot & \cdot & \cdot & \cdot \\ x_1^{(k)} & x_2^{(k)} & \ldots & x_n^{(k)} \end{matrix}$$

solche $n\,k$ Konstanten, daß keine der k-reihigen Determinanten

$$(x^{(1)} x^{(2)} \ldots x^{(k)})_{\alpha\beta\ldots\lambda} = \begin{vmatrix} x_\alpha^{(1)} & x_\beta^{(1)} & \ldots & x_\lambda^{(1)} \\ x_\alpha^{(2)} & x_\beta^{(2)} & \ldots & x_\lambda^{(2)} \\ \cdot & \cdot & \cdot & \cdot \\ x_\alpha^{(k)} & x_\beta^{(k)} & \ldots & x_\lambda^{(k)} \end{vmatrix}$$

verschwindet. Dann sind die $k\,r$ Gleichungen (4) stets nach den $u'^{(\varrho)}_i$ auflösbar. Für diese Werte der $x_i^{(\sigma)}$ und $u_i'^{(\varrho)}$ folgt aus

$$U \equiv 0 \quad \{x, u\},$$

daß auch

$$U \equiv G(a_{ik}) \equiv 0 \quad \{a_{ik}\}$$

ist. Und da die a_{ik} willkürlich waren, so ergibt sich hieraus der Satz 3.

§ 7. Die Transformierte.

Es sei

(1) $$G = G(a, b, c, \ldots, \alpha', \beta', \gamma', \ldots)$$

eine ganze rationale Invariante von Linearformen, deren Koeffizienten die Größenreihen $a, b, \ldots, \alpha', \beta', \ldots$ sind. Ersetzen wir die Größen α_i' in G durch die $(n-1)$-reihigen Determinanten $(x^{(1)} x^{(2)} \ldots x^{(n-1)})_i$, machen also die Zerlegung

(2) $$(-1)^{(n-1)} \alpha_1' = (x^{(1)} x^{(2)} \ldots x^{(n-1)})_{23\ldots n} \text{ usw.}$$

so entsteht aus G eine neue Invariante G', die man nach *E. Pascal*[1]) die „Transformierte" von G nennt. Die $(n-1)$ Größenreihen $x^{(i)}$ sollen hierbei willkürlich sein und es soll keine derselben schon in G vorkommen.

Wir setzen jetzt voraus, das G die Größenreihe α' *linear* enthält. Dann haben wir den

[1]) *E. Pascal* l. c. (1888), § III.

Satz 4: *Gilt der zweite Fundamentalsatz für die Transformierte G', so gilt er auch für die ursprüngliche Invariante G.*

Beweis[1]): Dieser Satz ist teilweise schon beim Satze 1 § 5 S. 99 bewiesen worden. Stellen wir nämlich die Größenreihen α' mittels $(n-1)$-fältiger Komplexsymbole α dar:

(3) . . . . $$(-1)^{(n-1)}\alpha'_i = (-1)^{i+1}\alpha_{12\dots i-1,\, i+1,\dots n},$$

so entspricht der Substitution (2) die folgende:

(4) . . . $$\alpha_{12\dots i-1,\, i+1\dots n} = (x^{(1)}x^{(2)}\dots x^{(n-1)})_{12\dots i-1,\, i+1\dots n}$$

und dies ist eine Substitution vom Typus (2) § 5 S. 100, wenn wir vom Zahlenfaktor $\frac{1}{(n-1)!}$ absehen, der für den Beweis unwesentlich ist. Wir können also aus der Voraussetzung

(5) . . . . $$G' \equiv A_1\Pi_1 + A_2\Pi_2 + \cdots + A_\sigma\Pi_\sigma$$

auf Grund des Satzes 1 die Gleichung ableiten:

(6) . . . . $$G'' \equiv B_1\Pi_1 + B_2\Pi_2 + \cdots + B_\sigma\Pi_\sigma.$$

Sie entsteht aus (5), indem wir die Größenreihen $x^{(1)}, x^{(2)}, \dots, x^{(n-1)}$ in dieser Reihenfolge ordnen und dann für jede dieser Reihen die Symbolreihe α schreiben[2]). Der direkte Übergang (vgl. § 4 S. 97) von den α zu α' ist eine trivial-identische Umformung und wird gegeben durch die Gleichungen:

(7) . . $$\begin{cases}(\alpha u'^{(1)})(\alpha u'^{(2)})\dots(\alpha u'^{(n-1)}) \equiv (-1)^{n-1}(\alpha' u'^{(1)}u'^{(2)}\dots u'^{(n-1)})\\ \qquad\qquad (\alpha^{n-1}x) \equiv (n-1)!\,(\alpha' x)\end{cases}$$

Dieser Übergang zu der α'-Reihe ist in G'' auf der linken Seite von (6) direkt ausführbar, da dieser Ausdruck die Symbolreihen α nur in den Verbindungen

(8) . . . . $$(\alpha u'^{(1)})\dots(\alpha u'^{(n-1)}) \text{ und } (\alpha^{n-1}a)$$

enthält. Wir bekommen so nach (7) aus G'' den Ausdruck G:

$$G \equiv G''.$$

Nun haben wir noch auf der rechten Seite von (6) die α'-Reihe einzuführen. Dies geschieht, indem wir bei den Gliedern, in welchen die α-Reihen nur in den Anordnungen (8) auftreten, die trivial-identische Umformung (7) vornehmen. Bei Gliedern der

---

[1]) *E Pascal* l. c. (1888), Lemma 6. In Lemma 4 wird die Umkehrung dieses Satzes bewiesen, in Lemma 7 die Einschränkung aufgehoben, die durch die Forderung entsteht, daß G die α'-Reihe linear enthalten soll.

[2]) Dies entspricht genau der Summenbildung $\Sigma_x \pm A$ durch Permutationen der x-Reihen, die *E. Pascal* durchführt.

rechten Seite von (6), die die α-Reihen nicht in solchen Anordnungen (7) enthalten, müssen wir vorerst die α-Reihen durch identische Umformungen in einen Klammerfaktor $(\alpha^{n-1}x)$ zusammenziehen. Diese identische Umformung ist hierbei aber so vorzunehmen, daß wir wieder einen Ausdruck

$$C_1 \Pi_1 + C_2 \Pi_2 + \cdots + C_\nu \Pi_\nu$$

erhalten. Man muß sich hierzu überlegen, wie die Symbolreihen α auf der rechten Seite von (6) vorkommen können.

Wenn in einem Gliede $B_i \Pi_i$ von (6) die α-Reihen nur in B_i, also nicht in Π_i vorkommen, so formen wir B_i identisch so um, daß alle α-Reihen im Klammerfaktoren $(\alpha^{n-1}x)$ vereinigt sind und gehen nach (7) zur α'-Reihe über. Hierdurch wird

$$B_i \Pi_i \equiv C_i \Pi_i.$$

Wenn aber die α-Reihen auch in Π_i vorkommen, so hat man die verschiedenen Fälle zu diskutieren, die dann eintreten können. Wir beschränken uns hier auf die Besprechung einer einzigen dieser Möglichkeiten[1]).

Es sei

$$\Pi_i = [(\alpha'^{(1)} \ldots \alpha'^{(n)})(\alpha'^{(n+1)}\alpha) - (\alpha'^{(n+1)}\alpha'^{(2)} \ldots \alpha'^{(n)})(\alpha'^{(1)}\alpha) + \\ + (\alpha'^{(n+1)}\alpha'^{(1)}\alpha'^{(3)} \ldots \alpha'^{(n)})(\alpha'^{(2)}\alpha) - \ldots].$$

Kommen die anderen α-Reihen in B_i nur mehr in Linearfaktoren

$$(\alpha b'^{(1)})(\alpha b'^{(2)}) \ldots (\alpha b'^{(n-2)})$$

vor, so enthält $B_i \Pi_i$ die Identität

$$[(\alpha'^{(1)} \ldots \alpha'^{(n)})(\alpha'^{(n+1)} b'^{(1)} b'^{(2)} \ldots b'^{(n-2)} \alpha') - \\ - (\alpha'^{(n+1)}\alpha'^{(2)} \ldots \alpha'^{(n)})(\alpha'^{(1)} b'^{(1)} b'^{(2)} \ldots b'^{(n-2)} \alpha') + \ldots]$$

als Faktor.

Wenn B_i aber mindestens einen Klammerfaktor mit mindestens einer α-Reihe enthält, so ziehen wir die anderen α-Reihen von B_i durch identische Umformungen in diesen Klammerfaktor, so daß dann die α-Reihen von B_i nur mehr in Faktoren $(\alpha^{n-2}xy)$ auftreten. Jetzt multiplizieren wir jedes Glied von Π_i mit $(\alpha^{n-2}xy)$ und ziehen auch die letzte α-Reihe in diesen Faktor hinein:

$$(\alpha^{n-2}xy)(\alpha\alpha'^{(i)}) \equiv \frac{1}{n-1}(\alpha^{n-1}y)(x\alpha'^{(i)}) - \frac{1}{n-1}(\alpha^{n-1}x)(y\alpha'^{(i)}) \\ \equiv (n-2)!\,[(x\alpha'^{(i)})(\alpha' y) - (y\alpha'^{(i)})(\alpha' x)].$$

[1]) *E. Pascal* (1888), § V. Dort werden alle Fälle diskutiert. Der hier besprochene Fall entspricht dem Falle $1b$ bei *E. Pascal*.

Aus $\Pi_i\ (\alpha^{n-2}xy)$ wird so:

$$\Pi_i\ (\alpha^{n-2}xy) \equiv (n-2)!\ [(a'^{(1)}\dots a'^{(n)})\ (x a'^{(n+1)}) - \\ - (a'^{(n+1)} a'^{(2)}\dots a'^{(n)})\ (x a'^{(1)}) + \dots]\ (a' y) \\ - (n-2)!\ [(a'^{(1)}\dots a'^{(n)})\ (y a'^{(n+1)}) - \\ - (a'^{(n+1)} a'^{(2)}\dots a'^{(n)})\ (y a'^{(1)}) + \dots]\ (a' x) \\ \equiv (n-2)!\ (a' y)\ \Pi_i' - (n-2)!\ (a' x)\ \Pi_i''.$$

Wir erhalten durch diese Umformung der rechten Seite von (6) den gesuchten Ausdruck

$$C_1 \Pi_1 + C_2 \Pi_2 + \cdots + C_\nu \Pi_\nu,$$

in dem alle a-Reihen zur a'-Reihe vereinigt wurden. Es ist dann

(9) . . . . . . $G \equiv C_1 \Pi_1 + C_2 \Pi_2 + \cdots + C_\nu \Pi_\nu$

und Satz 4 ist bewiesen, wenn wir zeigen können, daß dies auch eine triviale Identität ist.

Nun ist aber (6) eine triviale Identität. Jedes Glied von G'' ist auch in $\sum B_i \Pi_i$ enthalten. Daher ist auch jedes Glied von G in (9) in $\sum C_i \Pi_i$ enthalten. Ein Glied der rechten Seite von (6), das links nicht vorkommt, ist stets zweimal vorhanden, einmal positiv, das anderemal negativ, weil (6) eine triviale Identität ist. Die Umformung solcher Glieder und der Übergang zur a'-Reihe läßt sich dann stets so vollziehen, daß in (9) rechts auch zu jedem nicht links vorhandenen Gliede das entgegengesetzte auftritt. Es ist dann (9) eine triviale Identität und der Satz 4 bewiesen.

§ 8. Reihenentwicklung.

Wir benötigen jetzt noch einen Satz, dessen Beweis wir erst im nächsten Abschnitte bringen werden: den Nachweis für die Möglichkeit, eine Form von n Reihen $x^{(1)}, x^{(2)}, \dots, x^{(n)}$ in eine nach Potenzen von $(x^{(1)} x^{(2)} \dots x^{(n)})$ fortschreitende Reihe zu entwickeln. Wir nennen diese (endliche) Reihe *Gordan-Capellische Reihe*[1]) und beweisen jetzt den

Satz 5: *Die einmalige Anwendung der Gordan-Cappellischen Reihenentwicklung auf eine Invariante P, die die n Größenreihen* $x^{(1)}, x^{(2)}, \dots, x^{(n)}$ *nur in Linearfaktoren* $(a' x^{(i)})$ *enthält, ist eine identische Umformung von P.*

Eine Invariante $F(x^{(1)}, x^{(2)}, \dots, x^{(\nu)})$ mit $\nu \geqq n$ Größenreihen $x^{(i)}$ läßt sich durch eine Reihe von folgender Gestalt darstellen:

$$F \equiv F_0 + (x^{(1)}\dots x^{(n)})\, F_1 + (x^{(1)}\dots x^{(n)})^2\, F_2 + \cdots + (x^{(1)}\dots x^{(n)})^k\, F_k.$$

[1]) Näheres siehe Abschn. V § 6.

Die Größenreihen $x^{(1)}, x^{(2)}, \ldots, x^{(n)}$ sind hierbei n beliebig herausgegriffene der ν Reihen $x^{(i)}$. Die F_i sind Ausdrücke, die durch gewisse Polaroperationen aus F abgeleitet werden. Unter der „einmaligen" Anwendung dieser Gordan-Capellischen Reihenentwicklung verstehen wir diejenige Umformung von F, die zur Gleichung

$$F \equiv A_0 + (x^{(1)} \ldots x^{(n)}) A_1$$

führt. Diese Entwicklung wenden wir jetzt auf die Invariante P des Satzes 5 an. Wir erhalten:

(1) . . . . $P \equiv P_0 + (x^{(1)} \ldots x^{(n)}) P_1.$

Hierbei ist

(2) . . $P_0 = \Delta_2 [P]_{x^{(2)} = x^{(1)}} + \Delta_3 [P]_{x^{(3)} = x^{(1)}} + \cdots + \Delta_n [P]_{x^{(n)} = x^{(1)}},$

wobei die Δ_i gewisse Polaroperationen zwischen den x-Reihen sind und

$$[P]_{x^{(\nu)} = x^{(1)}}$$

die Invariante bedeutet, die aus P entsteht, wenn man

$$x_k^{(\nu)} = x_k^{(1)} \qquad (k = 1, 2, \ldots, n)$$

setzt.

P_1 ist eine Invariante, die die n x-Reihen $x^{(i)}$ in einem um Eins verringerten Grade wie P enthält. Beispielsweise hat (1) für die binäre Form $a_x b_y$ die Gestalt:

$$a_x b_y \equiv \frac{1}{2} D_{xy} [a_x b_x] + \frac{1}{2} (xy)(ab).$$

Hier ist

$$P_0 = \Delta_1 \left(\frac{1}{2} a_x b_x\right) = \frac{1}{2} (a_x b_y + a_y b_x), \; P_1 = \frac{1}{2} (ab)$$

und Δ_1 ist der Polarenprozeß

$$D_{xy} F = \sum_{i=1}^{i=2} \frac{\partial F}{\partial x_i} y_i.$$

Bei der ternären Form $(a'x)(b'y)(c'z)$ haben wir als Reihenentwicklung:

$$\begin{aligned}(a'x)(b'y)(c'z) \equiv & \left(\frac{1}{6} + \frac{1}{36} D_{zy} D_{yz}\right) (2 D_{yx} + D_{zz} D_{yx} - D_{zx} D_{yz}) \\ & \cdot \{(a'y)(b'y)(c'z)\} \\ & - \left(\frac{1}{6} + \frac{1}{36} D_{zy} D_{yz}\right) (D_{zy} D_{yx} - D_{zx} - D_{zx} D_{yy}) \\ & \cdot \{(a'z)(b'y)(c'z)\} + \frac{1}{6} (xyz)(a'b'c').\end{aligned}$$

Hierbei ist z. B.

$$D_{zy} D_{yz} \{F\} = D_{zy} \left\{ D_{yz} \{F\} \right\}$$

usw. und die Symbole $D_{xy}, \ldots$ sind im allgemeinen nicht kommutativ[1]).

In P_1 sind die Reihen $a', b', \ldots$, die in P mit x-Reihen in Linearfaktoren $(a' x^{(i)}), \ldots$ verbunden waren, teilweise in Klammerfaktoren $(a' b' c' \ldots m')$ vereinigt. Die etwa in P_1 noch vorhandenen x-Reihen kommen auch hier, ebenso wie in P, nur in Linearfaktoren vor.

Ist $P \equiv 0$ eine Identität, so sind auch $P_0 \equiv 0$ und $P_1 \equiv 0$ Identitäten[2]).

Zum *Beweise von Satz* 5 denken wir uns die Entwicklung (1) auf jeden einzelnen Summanden von P angewendet. Bei jedem solchen Summanden S können wir uns dann nur auf das Produkt jener Linearfaktoren

$$Q = (a'^{(1)} x^{(1)})^{p_1} (b'^{(1)} x^{(1)})^{q_1} \ldots (a'^{(2)} x^{(2)})^{p_2} \ldots$$

beschränken, die die Reihen $x^{(1)}, x^{(2)}, \ldots, x^{(n)}$ enthalten; die etwa noch vorhandenen Faktoren R von $S = Q \cdot R$ bleiben bei der Reihenentwicklung (1) unberührt. Wir erhalten dann:

(3) $$\ldots\ldots\ldots Q - Q_0 - (x^{(1)} \ldots x^{(n)})\, Q_1 \equiv 0$$

und in Q_1 treten Determinanten $(a' b' c' \ldots m')$ auf. Jetzt formen wir das Produkt $(x^{(1)} \ldots x^{(n)})\, Q_1$ identisch um mit Identitäten vom Typus Π_3, indem wir $(x^{(1)} \ldots x^{(n)})$ mit den Determinanten $(a' b' c' \ldots m')$, die in Q_1 vorkommen, ausmultiplizieren. Hierdurch entsteht aus (3):

(4) $$Q - Q_0 - (x^{(1)} \ldots x^{(n)})\, Q_1 - A_1 \Pi_1 - A_2 \Pi_2 - \ldots - A_\nu \Pi_\nu \equiv 0,$$

wobei die Π_i vom Typus Π_3 sind. In (4) kommen jetzt aber die x-Reihen nur mehr in Linearfaktoren vor, nach § 6 Satz 3 ist also (4) eine triviale Identität:

$$Q - Q_0 - (x^{(1)} \ldots x^{(n)})\, Q_1 - A_1 \Pi_1 - A_2 \Pi_2 - \ldots - A_\nu \Pi_\nu \equiv 0.$$

Daraus folgt:

$$Q - A_1 \Pi_1 - A_2 \Pi_2 - \ldots - A_\nu \Pi_\nu \equiv Q_0 + (x^{(1)} \ldots x^{(n)})\, Q_1,$$

d. h. die Entwicklung (3) besteht in einer identischen Umformung. Da dies nun für jedes Glied S von P gilt, so gilt es auch für P selbst, was den Satz 5 ergibt.

---

[1]) Vgl. den folgenden Abschnitt § 6.

[2]) Ist P mit einem Π_3 identisch, so sind P_0 und P_1 trivialidentisch Null.

§ 9. **Beendigung des Beweises.**

Jetzt kehren wir zu dem Ausdrucke N des § 5 zurück. Der zweite Fundamentalsatz ist allgemein richtig, wenn er für die Identität

$$N \equiv 0$$

bewiesen ist. N ist hierbei eine Invariante von Linearformen, deren Koeffizienten die Größenreihen

$$a', b', c', \ldots;\ x^{(1)},\ x^{(2)}, \ldots$$

sind; die ungestrichelten Größenreihen (x-Reihen) kommen in N nur in Linearfaktoren $(a' x^{(i)}), \ldots$ vor.

Wenn N eine gestrichelte Größenreihe, z. B. a' in höherem als erstem Grad enthält, so stellen wir durch den Polarenprozeß $D_{a' a'^{(1)}}$ aus N einen neuen Ausdruck

$$D_{a' a'^{(1)}}\{N\} = N' = \sum_{i=1}^{i=n} \frac{\partial N}{\partial a'_i} a'^{(1)}_i$$

her. Ist auch N' von höherem als erstem Grad in den a', so polarisieren wir abermals:

$$N'' = \sum_{i=1}^{i=n} \frac{\partial N'}{\partial a'_i} a'^{(2)}_i.$$

Dies setzen wir so lange fort, bis wir zu einem Ausdrucke $N^{(\nu)} = T$ gelangen, der die gestrichelten Größenreihen $a', b', \ldots$ nur mehr *linear* enthält. Nach Satz 2 genügt es dann, den zweiten Fundamentalsatz für

$$T \equiv 0$$

zu beweisen.

Wir bezeichnen nun die Anzahl der gestrichelten Größenreihen $a', b', \ldots$ in T mit μ und die Anzahl der x-Reihen von T mit ν. Es ist immer $\mu \geqq \nu$, da die x-Reihen nur in Faktoren erster Art vorkommen. Ist $\mu < n$, also auch $\nu < n$, so enthält T keine Klammerfaktoren und nach Satz 3 verschwindet T dann trivial-identisch. Für diesen Fall ist also der zweite Fundamentalsatz bewiesen. Auf diesen Fall läßt sich aber jeder andere zurückführen. Sei nämlich $\mu \geqq n$, dann sind zwei Fälle denkbar (und keine anderen):

$$\alpha)\ \nu \geqq n, \qquad \beta)\ \nu < n.$$

Hier behandeln wir zuerst den Fall β. Enthält T für $\nu < n$ keinen Klammerfaktor $(a' b' \ldots m')$, so ist nach Satz 3 S. 103

$$T \equiv 0.$$

Kommt aber mindestens ein solcher Klammerfaktor in T vor, so sei a' eine Größenreihe desselben. Diese Reihe a' kann in den verschiedenen Gliedern von T auch in Faktoren erster Art $(a' x^{(i)})$ vorkommen. Es enthält aber *jedes Glied* von T *mindestens* einen Klammerfaktor, da *ein Glied* von T einen solchen enthält (vgl. § 5). Daher können wir immer T so identisch umformen, *daß die a'-Reihe nur in Klammerfaktoren auftritt.* Hierdurch entsteht aus T ein Ausdruck T_1:

$$T_1 \equiv T - A_1 \Pi_1 - A_2 \Pi_2 - \ldots - A_\varrho \Pi_\varrho .$$

In T_1 gehen wir jetzt zur Transformierten T_1' über, indem wir setzen:

$$(-1)^{n-1} a_1' = (x^{(1)} x^{(2)} \ldots x^{(n-1)})_{2\,3 \ldots n} \text{ usw.},$$

wo die $x^{(i)}$ $(n-1)$ neue Größenreihen sind. Weil a' nur in Klammerfaktoren vorkommt, so sind die x-Reihen in T_1' wieder nur in Linearfaktoren vorhanden. Wir haben also statt des ursprünglichen T jetzt T_1' mit $\nu + n - 1$ ungestrichelten Größenreihen. Der zweite Fundamentalsatz ist dann für T_1' zu beweisen. Sollte T_1' wieder weniger als n x-Reihen enthalten, so bilden wir auf die eben geschilderte Art wieder eine Transformierte T_2'', die dann sicher mehr als n x-Reihen enthält. Hierdurch sind wir auf den Fall α gelangt und bei dieser Umgestaltung von T wurde die Anzahl μ der gestrichelten Reihen $a', b', \ldots$ wenigstens um Eins verringert.

Im Falle α haben wir:

$$\mu \geqq n, \quad \nu \geqq n .$$

In T kommen die x-Reihen nur in Linearfaktoren vor. Nun wenden wir auf n dieser Reihen, z. B. auf die n Reihen $x^{(1)}, x^{(2)}, \ldots, x^{(n)}$ die *Gordan-Capelli*'sche Reihenentwicklung einmal an. Dies ist nach Satz 5 eine identische Umformung von T, d. h.

$$T \equiv T_0 + (x^{(1)} \ldots x^{(n)})\, T_1$$

ist gleichbedeutend mit (vgl. (1) und (2) von § 8):

$$(3) \quad \begin{cases} T - A_1 \Pi_1 - A_2 \Pi_2 - \ldots - A_\nu \Pi_\nu \equiv T_0 + (x^{(1)} \ldots x^{(n)})\, T_1 \equiv \\ \equiv \Delta_2\, [T]_{x^{(2)} = x^{(1)}} + \ldots + \Delta_n\, [T]_{x^{(n)} = x^{(1)}} + (x^{(1)} \ldots x^{(n)})\, T_1 . \end{cases}$$

Aus dieser trivialen Identität folgt, daß der zweite Fundamentalsatz für T bewiesen sein wird, sobald er für die Ausdrücke $\Delta_i\, [T]_{x^{(i)} = x^{(1)}}$ und für T_1 bewiesen ist. Nun ist aber $\Delta_i\, [T]_{x^{(i)} = x^{(1)}}$ eine Invariante, die durch Polarenprozesse Δ_i aus $[T]_{x^{(i)} = x^{(1)}}$ entsteht. Nach Satz 2 genügt es also, den zweiten Fundamentalsatz für $[T]_{x^{(i)} = x^{(1)}}$ selbst zu beweisen, damit er für $\Delta_i\, [T]_{x^{(i)} = x^{(1)}}$ richtig ist. Die Invarianten $[T]_{x^{(i)} = x^{(1)}}$ enthalten hierbei eine x-Reihe weniger als die ursprüngliche Invariante T.

Die Invariante T_1 enthält die n x-Reihen $x^{(1)}, \ldots, x^{(n)}$ in einem um Eins kleineren Grade als T. Wenden wir auf T_1 wieder die Gordan-Capellische Reihenentwicklung an (dies ist nur dann möglich, wenn auch in T alle Reihen $x^{(1)}, \ldots, x^{(n)}$ vorkommen), so entsteht:

$$T_1 = T_{1,0} + (x^{(1)} \ldots x^{(n)})\, T_{1,1}.$$

Dies ist wieder eine identische Umformung von T_1, da T_1 die x-Reihen nur in Linearfaktoren enthält und also Satz 5 anwendbar bleibt. Die in $T_{1,0}$ auftretenden Invarianten sind wieder Polaren von Ausdrücken, die nur $\nu-1$ x-Reihen enthalten. In $T_{1,1}$ ist der Grad in den Reihen $x^{(1)}, \ldots, x^{(n)}$ wieder um Eins reduziert.

Nun entwickeln wir $T_{1,1}$ wieder:

$$T_{1,1} = T_{11,0} + (x^{(1)} \ldots x^{(n)})\, T_{11,1}$$

usw. Schließlich entsteht eine Invariante $T_{(\varrho),1}$, die um mindestens eine x-Reihe weniger enthält als das ursprüngliche T.

Im Falle α können wir also sagen, daß der zweite Fundamentalsatz für T dann bewiesen sein wird, wenn er für Ausdrücke gilt, bei denen statt ν x-Reihen nur $\nu-1$ solche Reihen auftreten. Nun schließt man in dieser Art weiter und kommt so von $\nu-1$ auf $\nu-2$, $\nu-3, \ldots, n$, $(n-1)$. Bei $(n-1)$ x-Reihen bricht diese Reduktion ab, da dann die Gordan-Capellische Reihenentwicklung in der hier verlangten Gestalt nicht mehr anwendbar ist. Wir haben so ein T konstruiert, das μ Reihen $a', b', \ldots$ und $(n-1)$ x-Reihen enthält.

Nun bilden wir von diesem T eine Transformierte in der im Falle β geschilderten Weise. Hierdurch wird die Zahl der Reihen $a', b', c', \ldots$ auf $\mu-1$ herabgedrückt, die Zahl der x-Reihen auf $2n-2$ erhöht. Diese Zahl der x-Reihen verringern wir nun neuerdings durch Reihenentwicklung, bis sie wieder $n-1$ beträgt. Dann bilden wir wieder eine Transformierte usw.

Dieses Reduktionsverfahren bricht notwendigerweise dann ab, wenn die Zahl der Reihen $a', b', c', \ldots$ kleiner oder gleich n wird. Wenn diese Zahl kleiner als n ist, so können wir keinen Klammerfaktor $(a' b' c' \ldots m')$ mehr bilden und daher enthält T die $(n-1)$ x-Reihen nur in Linearfaktoren und ist also nach Satz 3 trivialidentisch Null.

Ist aber die Anzahl der Reihen $a', b', c', \ldots$ gleich n, so sind entweder auch nur Linearfaktoren in T enthalten, also

$$T \equiv 0,$$

oder es kommen die n Reihen $a', b', c', \ldots, m'$ in dem Klammerfaktor $(a' b' c' \ldots m')$ vor. Dann enthält aber T überhaupt keine

x-Reihen und jedes Glied von T muß den Faktor $(a' b' c' \ldots m')$ enthalten, woraus ebenfalls $T \equiv 0$ folgt.

Wir kommen also in jedem Falle schließlich auf eine triviale Identität und der zweite Fundamentalsatz der symbolischen Methode ist hierdurch allgemein bewiesen.

§ 10. **Ein Beispiel.**

Daß es auch Identitäten $I \equiv 0$ gibt, in denen nur Linearfaktoren allein vorkommen, zeigt folgendes Beispiel mit $k = n + 1$ n-ären Linearformen

(1) $$(a' x),\quad (b' x), \ldots,\quad (c' x),\quad (d' x).$$

Bildet man mit den $(n+1)$ Reihen $x, y, \ldots, z, t$ die $(n+1)$-reihige Determinante (2), so ist:

(2) $$D_{n+1} = \begin{vmatrix} (a' x) & (a' y) & \ldots & (a' z) & (a' t) \\ (b' x) & (b' y) & \ldots & (b' z) & (b' t) \\ \ldots & \ldots & \ldots & \ldots & \ldots \\ (d' x) & (d' y) & \ldots & (d' z) & (d' t) \end{vmatrix} \equiv 0.$$

eine Identität. Zerlegt man nämlich jedes Element $(a' x)$ usw. in seine Summanden $a_i' x_i$ und dementsprechend die Determinante, so wird alles Null, da stets wenigstens zwei gleiche Spalten auftreten. Ebenso ist jedes aus $k > n + 1$ gebildete D_k identisch Null. Dagegen ist bei $k = n$ $D_k = D_n$ nicht identisch Null, sondern $D_n = (a' b' \ldots c')(x y \ldots z)$.

Daß sich (2) auf die Gestalt $D_{n+1} \equiv \sum \Pi_i A_i$ bringen läßt, so wie es der zweite Fundamentalsatz verlangt, zeigt man am leichtesten, wenn man D_{n+1} nach der letzten Spalte entwickelt. Es sei dies für $n = 3$ ausgeführt[1]).

Hier ist

(3) $$D_4 = \begin{vmatrix} (a' x) & (a' y) & (a' z) & (a' t) \\ (b' x) & (b' y) & (b' z) & (b' t) \\ (c' x) & (c' y) & (c' z) & (c' t) \\ (d' x) & (d' y) & (d' z) & (d' t) \end{vmatrix}.$$

Nach der letzten Kolonne entwickelt, haben wir

$$D_4 \equiv -(a' t)\left(\sum \pm (b' x)(c' y)(d' z)\right) + (b' t)\left(\sum \pm (a' x)(c' y)(d' z)\right) - \cdots.$$

Setzen wir nun

$$\Pi_3^{(1)} = (b' c' d')(x y z) - \sum \pm (b' x)(c' y)(d' z)$$

[1]) Vgl. *E. Study*, Methoden ... S. 82.

und analoges für $\Pi_3^{(2)}$, $\Pi_3^{(3)}$ und $\Pi_3^{(4)}$, so erhalten wir:

$$D_4 - (a't)\,\Pi_3^{(1)} + (b't)\,\Pi_3^{(2)} - (c't)\,\Pi_3^{(3)} + (d't)\,\Pi_3^{(4)} \equiv$$
$$\equiv (xyz)\left[-(b'c'd')(a't) + (a'c'd')(b't) - (a'b'd')(c't) + (a'b'c')(d't)\right].$$

Hier steht in der eckigen Klammer rechts eine Identität Π_1' (vgl. (1) § 3 S. 95). Es ist also in der Tat

$$D_4 \equiv \sum \Pi_i A_i .$$

§ 11. Die p-Relationen.

Es seien die $\binom{n}{d} = \frac{n!}{d!\,(n-d)!}$ Größen $p_{i_1 i_2 \ldots i_d}$ $(2 \leqq d \leqq n-2)$ die homogenen Punktkoordinaten eines linearen G_d im Gebiete n^{ter} Stufe G_n; sind also $x, y, \ldots, z$ d linear-unabhängige Punkte des G_d, so sei:

$$(1) \quad \ldots \quad p_{i_1 i_2 \ldots i_d} = (xy\ldots z)_{i_1 i_2 \ldots i_d} = \begin{vmatrix} x_{i_1} x_{i_2} & \ldots & x_{i_d} \\ \cdot\;\cdot & \ldots & \cdot \\ \cdot\;\cdot & \ldots & \cdot \\ z_{i_1} z_{i_2} & \ldots & z_{i_d} \end{vmatrix}.$$

Zwischen diesen Größen bestehen eine Reihe von ganzen, rationalen Gleichungen, die wir kurz mit dem Sammelnamen „*p-Relationen*" bezeichnen. *Wir werden jetzt beweisen, daß alle p-Relationen vermöge eines Systems von quadratischen Gleichungen bestehen:*

$$(2) \quad \ldots\ldots \quad Q_1 = 0, \quad Q_2 = 0, \ldots, \quad Q_h = 0;$$

oder anders ausgedrückt: *Jede p-Relation $R = 0$ läßt sich in der Gestalt darstellen:*

$$(3) \quad \ldots\ldots \quad R \equiv A_1 Q_1 + A_2 Q_2 + \cdots + A_h Q_h$$

wo die A_i Polynome in den $p_{i_1 i_2 \ldots i_d}$ sind[1]).

Zunächst zerfällt jedes inhomogene

$$(4) \quad \ldots\ldots \quad R = R_1 + R_2 + \cdots \equiv 0$$

in Bestandteile $R_1 \equiv 0$, $R_2 \equiv 0, \ldots$, die einzeln homogen in den $p_{ikl\ldots}$ sind. Multiplizieren wir nämlich z. B. alle x_i mit einem Faktor λ, so werden auch alle $p_{ikl\ldots}$ mit λ multipliziert und R wird ein Polynom in λ, das identisch verschwindet, woraus die

---

[1]) Hierauf wurde das erste Mal hingewiesen von *E. D'Ovidio*, Atti Acc. Turin 12 (1877) p. 334; ferners *G. B. Antonelli*, Ann. Reale Scuola Normale di Pisa 3 (1883) p. 71; *W. H. Young*, Proc. London Math. Soc. 30 (1899) p. 54; *E. Noether*, Crelle 139 (1910) p. 118. Vgl. hierzu auch die auf S. 84 angeführte Literatur und den § 13.

Zerfällung (4) folgt. Wir können also R von vornherein als homogen in den $p_{ikl\ldots}$ voraussetzen.

Jetzt können wir ebenso zeigen, daß R *homogen* bezüglich jeder Indexreihe $i_1, i_2, \ldots$ sein muß. Wenn wir $x_i, y_i, \ldots, z_i$ mit λ multiplizieren, so wird jedes $p_{ikl\ldots}$, das den Index i enthält, mit λ multipliziert und wir können so wie früher schließen.

Somit können wir R auch bezüglich jedes vorkommenden Index i_s als homogen voraussetzen.

Die Größen $p_{ikl\ldots}$ entspringen der Matrix:

$$(5) \qquad M = \left\| \begin{matrix} x_1 \, x_2 \ldots\ldots x_n \\ \ldots\ldots\ldots \\ z_1 \, z_2 \ldots\ldots z_n \end{matrix} \right\|;$$

transponieren wir diese Matrix, so entsteht die neue

$$(6) \qquad M' = \left\| \begin{matrix} x_1 \, y_1 \ldots\ldots z_1 \\ x_2 \, y_2 \ldots\ldots z_2 \\ \ldots\ldots\ldots \\ \ldots\ldots\ldots \\ x_n \, y_n \ldots\ldots z_n \end{matrix} \right\|$$

mit n Zeilen und d Kolonnen.

Jetzt deuten wir $x_i, y_i, \ldots, z_i$ als homogene Punktkoordinaten eines Punktes P_i in einem Operationsgebiete G_d. Durch (6) sind dann n Punkte in diesem G_d gegeben. Die $p_{ikl\ldots}$ gehen jetzt über in die d-ären Klammerfaktoren, $R \equiv 0$ geht über in eine Identität zwischen Invarianten von je d Punkten im d-ären Gebiete.

Der zweite Fundamentalsatz gibt:

$$(7) \qquad R \equiv \sum A_i \Pi_i$$

und hier müssen die Π_i vom Typus Π_2 (S. 95) sein, da nur ungestrichene Reihen in R vorkommen. Damit ist die Darstellung (3) erreicht, denn $\Pi_2 \equiv 0$ ist eine quadratische Gleichung zwischen den $p_{ikl\ldots}$.

§ 12. Die quadratischen p-Relationen.

Wir verweilen noch etwas bei den quadratischen Gleichungen zwischen den $p_{ikl\ldots}$. Wir können jetzt alle Typen derselben aufzählen, indem wir von den Identitäten Π_2 ausgehen. Hierzu brauchen wir nur die verschiedenen Gestalten dieser Identitäten Π_2 aufzusuchen und dann die in ihnen vorhandenen Klammerfaktoren $(x^{(i_1)} x^{(i_2)} \ldots x^{(i_d)})$ durch $p_{i_1 i_2 \ldots i_d}$ zu ersetzen.

Wir schreiben der Einfachheit halber i_α an Stelle von $x^{(i_\alpha)}$. Dann lautet $\Pi_2 = 0$ so:

(1) $$\Pi_2^{(h)} = (\nu_1 \nu_2 \dots \nu_{h+1}\, i_1 i_2 \dots i_{d-h-1})\,(\nu_{h+2}\, i_1\, i_2 \dots i_{d-h-1}\, j_1\, j_2 \dots j_h) - \\ - (\nu_{h+2}\, \nu_2 \dots)\,(\nu_1 \dots j_h) + \cdots \equiv 0.$$

Hierbei ist $d-h-1 \geqq 0$ die Anzahl der Reihen, die im 1. *und* im 2. Klammerfaktor jedes Gliedes von $\Pi_2^{(h)}$ vorkommen. Die linke Seite von $\Pi_2^{(h)} = 0$ enthält dann genau $(h+2)$ Glieder ( )( ). Für $h = 0$ entsteht eine triviale Identität, diesen Fall schließen wir aus. Für $h = 1$ hat $\Pi_2^{(1)}$ drei Glieder und lautet:

(2) $$\Pi_2^{(1)} = (\nu_1\, \nu_2\, i_1 \dots i_{d-2})\,(\nu_3\, \nu_4\, i_1 \dots i_{d-2}) - (\nu_3\, \nu_2 \dots)\,(\nu_1\, \nu_4 \dots) \\ + (\nu_3\, \nu_1 \dots)\,(\nu_2\, \nu_4 \dots) \equiv 0.$$

Der Maximalwert von h ist $(d-1)$; $\Pi_2^{(d-1)}$ hat dann $(d+1)$ Glieder und stellt den allgemeinen Typus Π_2 dar. Wir merken also an:

(3) $$\dots\dots\dots\dots \quad 1 \leqq h \leqq d-1\,.$$

Ersetzen wir jetzt die d-reihigen Determinanten in $\Pi_2^{(h)}$ durch die entsprechenden $p_{ikl\dots}$, so entstehen die quadratischen p-Relationen:

(4) $$Q_2^{(h)} = \sum \pm p_{\nu_1 \nu_2 \dots \nu_{h+1}\, i_1 \dots i_{d-h-1}} \cdot p_{\nu_{h+2}\, i_1 \dots i_{d-h-1}\, j_1 \dots j_h} \equiv 0\,.$$

Diesen Gleichungen geben wir jetzt eine andere Form, indem wir an Stelle von $p_{\nu_1 \nu_2 \dots i_{d-h-1}}$ die dualen Raumkoordinaten $p'_{k_1 k_2 \dots k_{n-d}}$ des $G_d\,(p)$ einführen und dabei wieder wie auf S. 86 voraussetzen, daß $2\,d \leqq n$ sei. Das bezüglich der n Zahlen $1, 2, \dots, n$ genommene algebraische Komplement der Indexgruppe

(5) $$\dots\dots\dots \quad (\nu_1\, \nu_2 \dots \nu_{h+1}\, i_1\, i_2 \dots i_{d-h-1})$$

enthält sowohl ν_{h+2} als auch die Indizes $j_1, j_2, \dots, j_h$; denn diese $(h+1)$ Ziffern sind alle von den Ziffern (5) verschieden. Aus (4) entsteht dann, wenn wir in jedem Gliede von $Q_2^{(h)}$ den ersten Faktor durch $p'_{k_1 k_2 \dots k_{n-d}}$ ausdrücken:

(6) $$Q_2^{(h)} = (p'\,p)\; p'_{j_1 j_2 \dots j_h k_1 k_2 \dots k_{n-d-h-1}} \cdot p_{j_1 j_2 \dots j_h i_1 i_2 \dots i_{d-h-1}} = 0 \\ (h = 1, 2, \dots, d-1) \quad (\text{alle } i \neq \text{ von allen } k).$$

Setzen wir hier $h \geqq 1$ und summieren über j_1, so entstehen die Relationen

(7) $$(p'\,p)^2\, p'_{j_1 \dots j_h k_1 k_2 \dots k_{n-d-h-1}}\; p_{j_1 \dots j_h i_1 i_2 \dots i_{d-h-1}} = 0, \\ (i \neq k), \quad (2\,d \leqq n)$$

die nichts anderes sind als die Gleichungen (2) Abschn. III § 8

S. 86), nämlich die notwendigen und hinreichenden Bedingungen dafür, daß die $p_{ikl\ldots}$ G_d-Koordinaten sind[1]).

§ 13. Die Relationen von Vahlen.

Th. Vahlen[2]) hat ein System von p-Relationen aufgestellt, von dem wir jetzt zeigen wollen, wie es auf das oben behandelte System von *quadratischen* p-Relationen reduziert werden kann.

Es sei wieder

$$(1) \quad \ldots \quad p_{i_1 i_2 \ldots i_d} = (x^{(1)} x^{(2)} \ldots x^{(d)})_{i_1 i_2 \ldots i_d}$$

und die d linear-unabhängigen Punkte $x^{(1)}, x^{(2)}, \ldots, x^{(d)}$ denken wir uns so gewählt, daß:

$$(2) \quad \ldots \quad p_{12\ldots d} = \begin{vmatrix} x_1^{(1)} & x_2^{(1)} & \ldots\ldots & x_d^{(1)} \\ x_1^{(2)} & x_2^{(2)} & \ldots\ldots & x_d^{(2)} \\ \ldots & \ldots & \ldots & \ldots \\ x_1^{(d)} & x_2^{(d)} & \ldots\ldots & x_d^{(d)} \end{vmatrix} \neq 0$$

wird, was stets möglich ist.

Es seien dann die $\xi_i^{(k)}$ die Minoren von $x_i^{(k)}$ $(i, k = 1, 2, \ldots, d)$ in der Determinante (2). Dann erhalten wir, wenn wir nach Zeilen multiplizieren:

$$(x^{(1)} x^{(2)} \ldots x^{(d)})_{i_1 i_2 \ldots i_d} (\xi^{(1)} \xi^{(2)} \ldots \xi^{(d)})_{12\ldots d}$$

$$= \begin{vmatrix} \sum_\lambda x_{i_1}^{(\lambda)} \xi_1^{(\lambda)} & \sum_\lambda x_{i_1}^{(\lambda)} \xi_2^{(\lambda)} & \ldots\ldots & \sum_\lambda x_{i_1}^{(\lambda)} \xi_d^{(\lambda)} \\ \sum_\lambda x_{i_2}^{(\lambda)} \xi_1^{(\lambda)} & \sum_\lambda x_{i_2}^{(\lambda)} \xi_2^{(\lambda)} & \ldots\ldots & \sum_\lambda x_{i_2}^{(\lambda)} \xi_d^{(\lambda)} \\ \ldots & \ldots & \ldots & \ldots \\ \ldots & \ldots & \ldots & \ldots \\ \sum_\lambda x_{i_d}^{(\lambda)} \xi_1^{(\lambda)} & \sum_\lambda x_{i_d}^{(\lambda)} \xi_2^{(\lambda)} & \ldots\ldots & \sum_\lambda x_{i_d}^{(\lambda)} \xi_d^{(\lambda)} \end{vmatrix}.$$

Hier können wir in der Determinante die $\sum_\lambda$ ausführen, wenn wir an die Bedeutung der $\xi_i^{(\lambda)}$ denken:

---

[1]) Es ist mir bisher nicht gelungen, den Satz des vorigen Paragraphen, daß sich alle p-Relationen auf quadratische zurückführen lassen, unabhängig vom zweiten Fundamentalsatz zu beweisen. Man könnte dann nämlich die Sache umkehren und den mühevollen Beweis, der oben für den 2. Fundamentalsatz gegeben wurde, sehr vereinfachen. Mit Hilfe von $(n-1)$-fältigen Komplexsymbolen lassen sich nämlich alle Identitäten Π aus dem Typus Π_2 ebenso herleiten, wie oben im § 2 beim 1. Fundamentalsatz alle Faktortypen aus einem einzigen entsprangen.

[2]) Crelle 112 (1893) S. 306.

$$(3)\qquad p_{i_1 i_2 \ldots i_d} \cdot p_{12\ldots d}^{d-1} = \begin{vmatrix} p_{i_1 23\ldots d} & p_{1 i_1 3\ldots d} & \cdots & p_{123\ldots i_1} \\ p_{i_2 23\ldots d} & p_{1 i_2 3\ldots d} & \cdots & p_{123\ldots i_2} \\ \cdots & \cdots & \cdots & \cdots \\ \cdots & \cdots & \cdots & \cdots \\ p_{i_d 23\ldots d} & p_{1 i_d 3\ldots d} & \cdots & p_{123\ldots i_d} \end{vmatrix}.$$

Dies sind die von *Vahlen* aufgestellten Gleichungen. Wir lassen eine nähere Diskussion der verschiedenen Fälle beiseite und begnügen uns damit, anzuführen, daß das System auf

$$\binom{n}{d} - n(n-d) - 1$$

algebraisch-unabhängige Gleichungen führt, entsprechend der Tatsache, daß es $\infty^{n(n-d)}$ Gebiete G_d im G_n gibt, deren homogene Koordinaten die $p_{ikl\ldots}$ sind.

(3) wollen wir jetzt in invarianter Form schreiben.

Hierzu stellen wir die $p_{ikl\ldots}$ durch d-fältige Komplexsympole p dar und führen auf beiden Seiten von (3) d Reihen äquivalenter Symbole $p, q, r, \ldots, \varrho$ ein. Dann wird, wenn wir noch $(1\,2\ldots d)$ durch $(k_1\,k_2\ldots k_d)$ ersetzen.

$$(4)\qquad p_{i_1\ldots i_d} \cdot q_{k_1\ldots k_d} \cdot r_{k_1\ldots k_d} \cdots \varrho_{k_1\ldots k_d} = \begin{vmatrix} p_{i_1 k_2 k_3\ldots k_d} & q_{k_1 i_1 k_3\ldots k_d} & \cdots & \varrho_{k_1 k_2 k_3\ldots i_1} \\ p_{i_2 k_2 k_3\ldots k_d} & q_{k_1 i_2 k_3\ldots k_d} & \cdots & \varrho_{k_1 k_2 k_3\ldots i_2} \\ \cdots & \cdots & \cdots & \cdots \\ \cdots & \cdots & \cdots & \cdots \\ p_{i_d k_2 k_3\ldots k_d} & q_{k_1 i_d k_3\ldots k_d} & \cdots & \varrho_{k_1 k_2 k_3\ldots i_d} \end{vmatrix}$$

Die rechte Seite gibt hier:

$$(-1)^{d-1} p_{k_2} p_{k_3} \cdots p_{k_d} \cdot (-1)^{d-2} q_{k_1} q_{k_3} \cdots q_{k_d} \cdots (-1)^{d-d} \varrho_{k_1} \varrho_{k_2} \cdots \varrho_{k_{d-1}} \cdot$$

$$\cdot \begin{vmatrix} p_{i_1} & p_{i_2} & \cdots & p_{i_d} \\ q_{i_1} & q_{i_2} & \cdots & q_{i_d} \\ \cdots & \cdots & \cdots & \cdots \\ \cdots & \cdots & \cdots & \cdots \\ \varrho_{i_1} & \varrho_{i_2} & \cdots & \varrho_{i_d} \end{vmatrix} = (-1)^{\frac{1}{2}d(d-1)} p_{k_2} p_{k_3} \cdots p_{k_d} \cdot q_{k_1} q_{k_3} \cdots q_{k_d} \cdots$$

$$\cdots \varrho_{k_1} \varrho_{k_2} \cdots \varrho_{k_{d-1}} (p\, q \cdots \varrho)_{i_1 i_2 \ldots i_d}.$$

Alle diese Gleichungen (4) können wir in eine einzige zusammenfassen, wenn wir mit willkürlichen Reihen

$$\pi'_{i_1 i_2 \ldots i_d}, \quad u'_{k_1}{}^{(1)}, \quad u'_{k_2}{}^{(2)}, \ldots, u'_{d_k}{}^{(d)}$$

multiplizieren und addieren. Wir bekommen so:

$$(5)\qquad \ldots\ldots\ldots\ldots \quad L = R$$

wobei:

$$(6)\qquad L = \frac{1}{d!}(p\pi')^d \cdot (q\,u'^{(1)})(q\,u'^{(2)}) \ldots (q\,u'^{(d)}) \cdot (r\,u'^{(1)}) \ldots (r\,u'^{(d)}) \ldots$$

$$\ldots (\varrho\, u'^{(1)}) \ldots (\varrho\, u'^{(d)})$$

oder kürzer:

$$L = \frac{1}{d!} (p\pi')^d\, U_q\, U_r \dots U_\varrho \tag{7}$$

und

$$R = (-1)^{\frac{1}{2}d(d-1)} (pu'^{(2)})(pu'^{(3)}) \dots (pu'^{(d)}) \cdot (qu'^{(1)})(qu'^{(3)}) \dots (qu'^{(d)}) \dots \tag{8}$$
$$\dots (\varrho u'^{(1)})(\varrho u'^{(2)}) \dots (\varrho u'^{(d-1)}) \cdot \frac{1}{(n-d)!} (\pi^{n-d}\, p\, q\, r \dots \varrho)$$

gesetzt ist.

Bei R schreiben wir den Klammerfaktor an erster Stelle und vertauschen noch die Reihen in ihm so, daß die π zuletzt stehen

$$R = (-1)^{\frac{1}{2}d(d-1)+d(n-d)} \frac{1}{(n-d)!} (p\,q\,r \dots \varrho\,\pi^{n-d})(pu'^{(2)})(pu'^{(3)}) \dots \tag{9}$$

Jetzt bringen wir durch $(d-1)$ aufeinander folgende identische Umformungen alle Reihen p in den Klammerfaktor hinein. Der erste Schritt gibt, wenn wir das Vorzeichen rechts in (9) mit ε bezeichnen:

$$R = \frac{\varepsilon}{(n-d)!} \Big[\frac{1}{2}(p^2 r \dots \varrho\,\pi^{n-d})(qu'^{(2)})(pu'^{(3)}) \dots - \frac{1}{2}(p^2 q \dots)(ru'^{(2)}) \dots \tag{10}$$
$$+ \dots + G\Big];$$

hierbei gibt rechts das erste Glied, wenn wir die beiden Faktoren $(qu'^{(2)})$ und $(qu'^{(1)})$ umstellen:

$$\begin{cases} \dfrac{\varepsilon}{(n-d)!} \cdot \dfrac{(-1)^1}{2} (p^2 r \dots \varrho\,\pi^{n-d})(pu'^{(3)}) \dots (qu'^{(1)})(qu'^{(2)}) \dots (qu'^{(d)}) \cdot (ru'^{(1)}) \dots \\ = \dfrac{\varepsilon}{(n-d)!} \dfrac{(-1)^1}{2} (p^2 r \dots \varrho\,\pi^{n-d})(pu'^{(3)})(pu'^{(4)}) \dots (pu'^{(d)}) \cdot U_q \cdot (ru'^{(1)}) \dots, \end{cases} \tag{11}$$

wo U_q aus (7) zu entnehmen ist.

Das zweite Glied rechts in (10) verschwindet identisch, da der Faktor $(ru'^{(2)})$ zweimal vorkommt. Dasselbe gilt von den folgenden Gliedern bis zu demjenigen, mit G bezeichneten, bei dem eine Reihe π aus dem Klammerfaktor $(p\,q\,r \dots \varrho\,\pi^{n-d})$ herausgetreten ist. G enthält enthält also den Klammerfaktor

$$(p^2 q\, r \dots \varrho\,\pi^{n-d-1}). \tag{12}$$

Statt (10) haben wir jetzt nach (11):

$$R = \frac{\varepsilon}{(n-d)!} \frac{(-1)^1}{2} (p^2 r \dots \varrho\,\pi^{n-d})(pu'^{(3)}) \dots U_q (ru'^{(1)}) \dots + G. \tag{13}$$

Der zweite Schritt der Umformung gibt, wobei wir aber G unverändert lassen:

$$R = \frac{\varepsilon}{(n-d)!}\left[\frac{(-1)^1}{2}\cdot\frac{(-1)^2}{3}(p^3 \ldots \varrho\, \pi^{n-d})(p\, u'^{(4)}) \ldots U_q U_r \ldots + G + G'\right]$$

wo G' den Klammerfaktor $(p^3 r \ldots \varrho\, \pi^{n-d-1})$ enthält.

Dies fortgesetzt, führt schließlich zu:

(14) $$R = \frac{\varepsilon}{(n-d)!}\left[\frac{(-1)^{1+2+\cdots+(d-1)}}{1\,2\,3 \ldots d}(p^d \pi^{n-d}) U_q U_r \ldots U_\varrho + G + G' + G'' + \cdots\right]$$

Das erste Glied rechts wird hier, wenn wir von $(p^d \pi^{n-d})$ zu $(-1)^{d(n-d)}(\pi^{n-d} p^d) = (-1)^{d(n-d)}(n-d)!\,(p\,\pi')^d$ übergehen, mit dem Ausdruck L in (7) identisch. Daher gehen die zusammengefaßten Gleichungen von Vahlen $R - L = 0$ über in:

(15) . . . . $$R - L = \sum G = G + G' + G'' + \cdots = 0.$$

Hier enthält jedes G einen Klammerfaktor $(p^h \ldots \pi^{n-d-1})$ mit $h \geqq 2$. Ziehen wir daher in einem solchen Klammerfaktor alle p-Reihen zusammen, so bleibt in ihm wenigstens eine der Reihen $q, r, \ldots, \varrho$ stehen, d. h. er bekommt die Gestalt $(p^d q \ldots \pi^{n-d-h})$. Gehen wir also zu p'-Reihen über, so kommt in jedem G ein Faktor $(p'q)$ zum Vorschein. An Stelle der Gleichungen von Vahlen haben wir dann

(16) . . . . $$\sum G = \sum (p\,q') \cdots = 0,$$

d. h. wir sind bei den quadratischen p-Relationen angelangt. Oder auch: Die Gleichungen (3) lassen sich, wenn wir alles auf eine Seite bringen, darstellen durch:

$$L - R = A_2 Q_1 + A_2 Q_2 + \cdots = 0,$$

wo die Q_i die linken Seiten von quadratischen p-Relationen sind.

V. Abschnitt: **Reihenentwicklungen.**

§ 1. Die Polaroperationen D_{xy}.

Im folgenden haben wir mit n-ären Formen f zu tun, die mehrere Reihen von Punktkoordinaten $x, y, \ldots, z$ enthalten[1]). Es sei, symbolisch dargestellt,

(1) $$f = (a'x)^p (b'y)^q \ldots (c'z)^r$$

eine solche n-äre Form ($n \geqq 2$). Wir greifen zwei beliebige Reihen, etwa x und y heraus und definieren die neue Form $D_{xy} f$ als Polare von f durch die Gleichung:

(2) $$D_{xy} f = \sum_{i=1}^{i=n} \frac{\partial f}{\partial x_i} y_i .$$

(1) gibt dann:

(3) $$D_{xy} f = p\,(a'x)^{p-1} (a'y)(b'y)^q \ldots (c'z)^r$$

und es ist $D_{yx} f$ i. A. von $D_{xy} f$ verschieden.

Die Operation D_{xx} nennt man zum Unterschiede von D_{xy} eine „uneigentliche" Polaroperation. Es ist

(4) $$D_{xx} f = p \cdot f,$$

wenn p der Grad von f in den x_i ist.

Sind f und g zwei n-äre Formen, so gelten die Beziehungen

(5) $$\begin{cases} D_{xy}(f+g) = D_{xy} f + D_{xy} g \\ D_{xy}(f \cdot g) = g \cdot D_{xy} f + f \cdot D_{xy} g \\ D_{xy}(f^m) = m f^{m-1} D_{xy} f \end{cases}$$

Wenn wir auf $D_{xy} f$ die Polaroperation D_{zt} ausüben, so entsteht eine Form, die wir mit

(6) $$D_{zt} D_{xy} f = D_{zt}(D_{xy} f), \qquad D_{xy}(D_{xy} f) = D^2_{xy} f$$

bezeichnen. Bei einem „Produkt" von Operationszeichen D gibt das linksstehende immer die zuletzt auszuführende Operation an. Es ist dann ohne weiteres verständlich, was z. B. die Operationen

$$D_{xz} D_{xy} D_{yz} f \quad \text{oder} \quad (1 + D_{xx})(D^2_{yx} - D_{xy} D_{xz}) f \quad \text{u. s. f.}$$

bedeuten.

---

1) Für das Folgende vgl. *A. Capelli*, Lezioni . . .

Sind $x, y, \ldots, z$ n Reihen, so sind die n^2 Operationen möglich:

$$(7) \quad \ldots\ldots\ldots \left\{ \begin{array}{llll} D_{xx} & D_{xy} & \ldots\ldots & D_{xz} \\ D_{yx} & D_{yy} & \ldots\ldots & D_{yz} \\ \ldots & \ldots & \ldots & \ldots \\ \ldots & \ldots & \ldots & \ldots \\ D_{zx} & D_{zy} & \ldots\ldots & D_{zz} \end{array} \right.$$

Sie sind linear-unabhängig voneinander, d. h. es gibt keine Gleichung

$$(8) \quad \ldots\ldots \varphi_1 D_{xx} f + \varphi_2 D_{xy} f + \ldots + \varphi_{n^2} D_{zz} f = 0,$$

bei der die φ_i Funktionen der $x, y, \ldots, z$ sind und die für *jedes* f erfüllt ist. Dies ist leicht zu beweisen: Nehmen wir in (8) für f eine Funktion $f(x_1, x_2, \ldots, x_n)$ mit nur einer Reihe x, so haben wir

$$(9) \quad \ldots \varphi_1 D_{xx} f + \varphi_2 D_{xy} f + \ldots + \varphi_n D_{xz} f \equiv 0 \{f\};$$

dies gibt aber, da wir die Ableitungen $\frac{\partial f}{\partial x_i}$ beliebig vorschreiben können, die n Gleichungen:

$$(10) \quad \ldots \varphi_1 x_i + \varphi_2 y_i + \ldots + \varphi_n z_i = 0 \quad (i = 1, 2, \ldots, n).$$

Da nun $(xy \ldots z) \not\equiv 0$, so folgt $\varphi_i = 0$.

Dagegen bestehen leicht zu beweisende, nicht-lineare Relationen zwischen den Symbolen D, die Aufschluß über die gegenseitige Vertauschbarkeit dieser Symbole geben. Wir führen die folgenden an:

$$(11) \quad \left| \begin{array}{l} D_{xy} D_{zt} - D_{zt} D_{xy} \equiv 0 \\ \\ D_{xz} D_{xy} - D_{xy} D_{xz} \equiv 0 \\ D_{zx} D_{yx} - D_{yx} D_{zx} \equiv 0 \\ D_{yy} D_{xx} - D_{xx} D_{yy} \equiv 0 \end{array} \right. \qquad \begin{array}{l} D_{xy} = D_{yy} D_{xy} - D_{xy} D_{yy} = \\ \qquad = D_{xy} D_{xx} - D_{xx} D_{xy} \\ D_{xz} = D_{yz} D_{xy} - D_{xy} D_{yz} \\ D_{xx} - D_{yy} = D_{yx} D_{xy} - D_{xy} D_{yx} \end{array}$$

Schließlich sei angeführt, daß wir für $f(x + \lambda y)$, wobei $f = f(x_i)$ ist, die Darstellung haben:

$$(12) \quad \ldots f(x + \lambda y) = f + \frac{\lambda}{1!} D_{xy} f + \frac{\lambda^2}{2!} D_{xy}^2 f + \ldots + \frac{\lambda^m}{m!} D_{xy}^m f.$$

§ 2. **Reduktionssätze.**

Mit Hilfe der Formeln (11) des vorigen Paragraphen gelingt es, einige allgemeine Sätze über die Wirkung zusammengesetzter Polaroperationen auf eine Form f mit den Reihen $x, y, z, \ldots, s, t$ abzuleiten, die wir späterhin anwenden werden.

Wir denken uns die $m \geqq 2$ in f vorkommenden Veränderlichenreihen in der Reihenfolge

(1) $$\ldots\ldots\ldots\ldots x, y, z, \ldots, s, t$$

angeschrieben. Sind dann p und q irgend zwei verschiedene dieser Reihen, so wollen wir mit $p < q$ ausdrücken, daß p links von q in der Reihenfolge (1) steht. Folgt q unmittelbar auf p, so gibt D_{pq} die $(m-1)$ Operationen

(2) $$\ldots\ldots\ldots\ldots D_{xy}, D_{yz}, \ldots, D_{st}.$$

Es besteht dann der

Satz 1: *Ist $p < q$, so ist D_{pq} ganz und rational durch (2) ausdrückbar:*

(3) $$\ldots\ldots\ldots D_{pq} = G(D_{xy}, D_{yz}, \ldots, D_{st}).$$

Beweis: Liegen zwischen p und q die Reihen $\alpha, \beta, \ldots$, so daß also $p, \alpha, \beta, \ldots, q$ ein zusammenhängendes Stück von (1) ist, so haben wir nach (11) des vorigen Paragraphen: $D_{pq} = D_{\alpha q} D_{p\alpha} - D_{p\alpha} D_{\alpha q}$. Hier gehört $D_{p\alpha}$ zu (2) und mit $D_{\alpha q}$ verfahren wir genau so wie mit D_{pq}, falls noch Reihen $\beta, \gamma, \ldots$ vorhanden sind. Hierdurch entsteht schließlich (3).

Der Satz 1 läßt sich auch ausdehnen auf Symbole D_{pq} $(p > q)$, wenn man zu (2) die $(m-1)$ Operationen $D_{yx}, D_{zy}, \ldots, D_{ts}$ hinzunimmt. —

Es bedeute jetzt Δ ein Produkt von λ Faktoren D_{pq}: wir sagen, Δ ist eine Polaroperation *vom Grade* λ. Ferner sei ∇ ein Produkt derselben λ Operationen D_{pq}, nur in anderer Reihenfolge. Dann gilt der

Satz 2: *Die Differenz $\Delta - \nabla$ ist höchstens vom Grade $\lambda - 1$.*

Beweis: ∇ entsteht aus Δ durch Permutation der Faktoren D_{pq}, man kann also von Δ zu ∇ durch eine Reihe von Zwischenstufen $\Delta_1, \Delta_2, \ldots, \Delta_h$ gelangen, so daß bei zwei aufeinanderfolgenden Operationen der Reihe

$$\Delta, \Delta_1, \Delta_2, \ldots, \Delta_h, \nabla$$

immer nur zwei aufeinanderfolgende Faktoren D_{pq} miteinander vertauscht sind. Nach den Formeln (11) § 1 gibt dann die Differenz $\Delta_i - \Delta_{i+1}$ eine Operation Q_{i+1}, die höchstens vom Grade $\lambda - 1$ ist. Setzen wir

$$\begin{aligned} \Delta - \Delta_1 &= Q_1 \\ \Delta_1 - \Delta_2 &= Q_2 \\ &\cdots\cdots \\ \Delta_h - \nabla &= Q_{h+1}, \end{aligned}$$

so gibt Addition: $\Delta - \nabla = \Sigma Q_i$, w. z. b. w.

Es seien $x, y, t, \ldots, z$ k Reihen von Veränderlichen und p und q irgend zwei aus diesen Reihen. Die $k^2 = \nu$ Operationen D_{pq} seien in einer fest gewählten Reihenfolge

$$(4) \qquad \ldots\ldots \quad D_\nu,\ D_{\nu-1}, \ldots,\ D_2,\ D_1 \quad (\nu = k^2)$$

geordnet. Dann haben wir den

Satz 3: *Ist Δ eine Polaroperation, die sich aus den D_{pq} aufbaut, so kann Δ immer auf die Gestalt*

$$(5) \qquad \ldots \quad \Delta = \sum A_{\alpha_\nu \alpha_{\nu-1} \ldots \alpha_1} D_\nu^{\alpha_\nu} D_{\nu-1}^{\alpha_{\nu-1}} \ldots D_1^{\alpha_1}$$

gebracht werden, wo die $A_{\alpha_\nu} \ldots$ Zahlenkoeffizienten sind.

Δ ist also ein Polynom der $D_\nu, \ldots, D_1$ in dessen Gliedern die D_{pq} in der Reihenfolge (4) stehen. Zum *Beweise* behandeln wir jedes Glied G von Δ für sich. Es sei G vom Grade λ. Vertauschen wir in G die Faktoren D_{pq} so, daß sie die Reihenfolge (4) aufweisen, so entsteht G' und nach Satz 2 ist

$$(6) \qquad \ldots\ldots \quad G = G' + \sum G'',$$

wo G'' höchstens vom Grade $\lambda - 1$ ist. Gilt also Satz 3 für den Grad $\lambda - 1$, so gilt er wegen (6) auch für den Grad λ. Da er für $\lambda = 1$ evident ist, so gilt er allgemein. Überdies können wir beifügen, daß in (5) die Summe der Exponenten α höchstens $= \lambda$ ist, wo λ den Höchstgrad eines Gliedes von Δ bedeutet. —

Es sei $f = f(x, y, \ldots, z)$ eine Form der Reihen $x, y, \ldots, z$ und $\varphi = (x, y, \ldots, z, \xi, \eta, \ldots \zeta)$ eine Form, die aus f mit Hilfe von Polaroperationen D_{pq} entsteht, wobei p und q irgendwelche der Reihen $x, y, \ldots z, \xi, \eta, \ldots, \zeta$ bedeuten. Dann gilt der

Satz 4: *Es ist*

$$(7) \qquad \ldots\ldots \quad \varphi = \sum \Delta'' f,$$

wo Δ'' Polaroperationen bedeuten, die sich aus Symbolen

$$D_{pq}'' \quad (p = x, y, \ldots, z)$$

allein aufbauen, bei denen also der erste Index p nur den Reihen $x, y, \ldots, z$ entnommen ist.

Beweis: Wir teilen alle D_{pq} in 2 Klassen: Klasse 1 enthält die und nur die Operationen $D_{pq} = D_{pq}'$, bei denen p eine Reihe $\xi, \eta, \ldots, \zeta$ ist; Klasse 2 enthält die übrigen $D_{pq} = D_{pq}''$, bei denen also $p = x, y, \ldots, z$ ist.

Ordnen wir jetzt alle D_{pq} so, daß zuerst alle D'' und dann alle D' stehen:

$$(8) \qquad \ldots\ldots \quad (D_{pq}) = (D_{pq}'')\,(D_{pq}'),$$

so ist irgendein Δ nach Satz 3 als Summe von Gliedern darstellbar, die Produkte von Symbolen D_{pq} sind, wobei die Faktoren dieser Produkte in der Reihenfolge (8) angeschrieben sind. Nun enthält aber f keine Reihen $\xi, \eta, \ldots, \zeta$, daher ist $D_{pq}' f \equiv 0$. Es bleiben also in dem umgeformten Δ nur die Glieder stehen, die keine Operationen D_{pq}' der 1. Klasse enthalten, womit Satz 4 bewiesen ist.

Hieran anschließend ist es leicht, den **Satz 5** zu beweisen:

Entsteht φ aus f durch Operationen D_{pq}, wo p und q aus den Reihen $x, y, \ldots, z, \xi, \eta, \ldots, \zeta$ entnommen sind, und enthalten weder f noch φ die Reihen $\xi, \eta, \ldots, \zeta$, so entsteht φ aus f auch durch Operationen $D_{\alpha\beta}$ $(\alpha, \beta = x, y, \ldots, z)$ allein.

Wir verfahren so wie beim Satz 4. Nach diesem ist $\varphi = \sum \Delta'' f$ und von den Operationen D_{pq}'' in Δ'' können aber nur solche vom Typus $D_{\alpha\beta}$ $(\alpha, \beta = x, y, \ldots, z)$ vorhanden sein, da sonst in φ wenigstens eine der Reihen $\xi, \eta, \ldots, \zeta$ vorkäme.

§ 3. Die Polaren einer Form.

Es sei zunächst

$$f = (a'x)^m \tag{1}$$

eine Form mit einer Reihe von Veränderlichen. Dann ist

$$F = (a'x)^{\alpha_1} (a'y)^{\alpha_2} \ldots (a'z)^{\alpha_r} \qquad (\alpha_1 + \alpha_2 + \cdots + \alpha_r = m) \tag{2}$$

eine *Polare* von f. Aus:

$$D_{xz}^{\alpha_r} f = \frac{m!}{(m-\alpha_r)!} (a'x)^{m-\alpha_r} (a'z)^{\alpha_r}$$

$$D_{xy}^{\alpha_{r-1}} D_{xz}^{\alpha_r} f = \frac{m!}{(m-\alpha_{r-1}-\alpha_r)!} (a'x)^{m-\alpha_{r-1}-\alpha_r} (a'y)^{\alpha_{r-1}} (a'z)^{\alpha_r}$$

. . . .

erhalten wir die Darstellung

$$F = \frac{\alpha_1!}{m!} D_{xy}^{\alpha_2} \ldots D_{xz}^{\alpha_r} f. \tag{3}$$

Gehen wir etwas allgemeiner aus von einer Form

$$f = (a'x)^{m_1} (b'y)^{m_2} \ldots (c'z)^{m_r} \tag{4}$$

von r Reihen $x, y, \ldots, z$. Fügen wir zu diesen noch $\varrho - r$ Reihen $\xi, \eta, \ldots, \zeta$ hinzu, so daß wir im Ganzen die ϱ Reihen

$$x, y, \ldots, z, \xi, \eta, \ldots, \zeta \tag{5}$$

haben. Die Verallgemeinerung von (2) ist dann eine Form

(6) $F=(a'x)^{\alpha_{11}}(a'y)^{\alpha_{12}}\ldots(a'\xi)^{\alpha_{1,r+1}}\ldots(a'\zeta)^{\alpha_{1\varrho}}(b'x)^{\alpha_{21}}\ldots(b'\zeta)^{\alpha_{2\varrho}}\ldots(e'\zeta)^{\alpha_{r\varrho}}$,

wobei für die Exponenten α_{ik} die r Gleichungen gelten:

$$(7) \quad \begin{cases} \alpha_{11}+\alpha_{12}+\cdots+\alpha_{1\varrho}=m_1 \\ \cdots\cdots\cdots\cdots\cdots\cdots \\ \alpha_{r1}+\alpha_{r2}+\cdots+\alpha_{r\varrho}=m_r\,. \end{cases}$$

Wir zeigen jetzt zunächst, daß

$$(8) \qquad F=\Delta f$$

ist, wobei Δ sich aus Polaroperationen

$$D_{pq}\;(p,\,q=x,\,y,\ldots,\,z,\,\xi,\,\eta,\ldots,\,\zeta)$$

zusammensetzt. Nehmen wir an Stelle von $x, y, \ldots, z$ r neue Reihen $\bar{x}, \bar{y}, \ldots, \bar{z}$, so ist

$$(9) \qquad \bar{f}=(a'\bar{x})^{m_1}\ldots(e'\bar{z})^{m_r}=\frac{1}{m_1!\ldots m_r!}D_{x\bar{x}}^{m_1}\ldots D_{z\bar{z}}^{m_r}f.$$

Andererseits ist, analog zu (3):

$$(10) \quad F=(a'x)^{\alpha_{11}}\ldots(e'\zeta)^{\alpha_{r\varrho}}$$

$$=\frac{1}{m_1!\ldots m_r!}D_{\bar{x}x}^{\alpha_{11}}D_{\bar{x}y}^{\alpha_{12}}\ldots D_{\bar{x}\xi}^{\alpha_{1,r+1}}\ldots D_{\bar{x}\zeta}^{\alpha_{1\varrho}}\ldots D_{\bar{z}\zeta}^{\alpha_{r\varrho}}\bar{f}.$$

Eliminiert man $\bar{f}$ aus (9) und (10), so kommt:

$$(11) \quad F=\frac{1}{(m_1!\ldots m_r)!^2}D_{\bar{x}x}^{\alpha_{11}}\ldots D_{\bar{z}\zeta}^{\alpha_{r\varrho}}D_{x\bar{x}}^{m_1}\ldots D_{z\bar{z}}^{m_r}f=\Delta f.$$

Da nun F und f nur die Reihen (5), nicht aber $\bar{x}, \bar{y}, \ldots, \bar{z}$ enthalten, so läßt sich Δ von (11) nach Satz 5 des vorigen Paragraphen so umgestalten, daß in ihm nur mehr Operationen D_{pq} zwischen den Reihen (5) allein vorkommen. F ist dann als Polare von f dargestellt.

Beispiel[1]: Ist $f=(a'x)^2(b'y)^2(c'z)^2$ und

$$F=(a'x)(a'y)(b'x)(b'y)(c'x)(c'y)$$

so erhält man:

$$F=\frac{1}{4}D_{zx}D_{zy}\left(\frac{1}{2}D_{xy}D_{yz}-1\right)f.$$

Ist die Anzahl r der Reihen $x, y, \ldots, z$ in (4) $\leq n$ und sind die Gradzahlen $\mu_1, \mu_2, \ldots, \mu_\varrho$ der Polaren (6) für die ϱ Reihen $x, y, \ldots, z, \xi, \eta, \ldots, \zeta$ vorgeschrieben, so bestehen für die Exponenten α_{ik} außer (7) noch die folgenden ϱ Gleichungen:

[1]) *Capelli*, Lezioni ... p. 56.

$$(12) \quad \ldots\ldots \quad \begin{cases} \alpha_{11} + \alpha_{21} + \cdots\cdots + \alpha_{r1} = \mu_1 \\ \alpha_{12} + \alpha_{22} + \cdots\cdots + \alpha_{r2} = \mu_2 \\ \cdots\cdots\cdots\cdots\cdots\cdots \\ \alpha_{1\varrho} + \alpha_{2\varrho} + \cdots\cdots + \alpha_{r\varrho} = \mu_\varrho . \end{cases}$$

Die Anzahl N der verschiedenen Polaren F von f ist dann gleich der Anzahl der positiven ganzzahligen Lösungen der $r + \varrho$ Gleichungen (7) und (12). Für $r \leqq n$ sind diese N Polaren voneinander linear-unabhängig. Wäre dies nämlich nicht der Fall, so würde dies auch dann gelten, wenn die $(a' x)$, $(a' y)$, ... wirkliche (nicht symbolische) Linearformen sind, und daher hätten wir dann eine ganze rationale Identität zwischen diesen Faktoren 1. Art $(a' x)$, ... Dies gäbe einen Widerspruch mit dem Satze 3 des § 6 im IV. Abschn. (S. 103).

Wir wollen hier noch die Frage beantworten: *wann ist*

$$f = (a' x)^{m_1} (b' y)^{m_2} \ldots (e' z)^{m_r}$$

die Polare einer Form $\Phi = (\vartheta' x)^m$ *vom Grade*

$$m = m_1 + m_2 + \cdots + m_r \,?$$

Hierzu ist notwendig und hinreichend, daß die Identitäten bestehen:

$$(13) \quad \ldots \quad (\alpha' \beta')_{ik} (a' x)^{m_1} \ldots (\alpha' s)^{m_\alpha - 1} (\beta' t)^{m_\beta - 1} \ldots (e' z)^{m_r} \equiv 0$$

$$(i, k = 1, 2, \ldots, n).$$

Hierbei sind α' und β' irgend zwei der Reihen $a', b', \ldots, e'$ und $(\alpha' \beta')_{ik} = \alpha_i' \beta_k' - \alpha_k' \beta_i'$.

Es genügt, den Satz für eine Form von 2 Reihen x und y zu beweisen.

Damit

$$(14) \quad \ldots\ldots \quad f = (a' x)^p (b' y)^q$$

die Polare von

$$(15) \quad \ldots\ldots \quad \Phi = (\vartheta' x)^{p+q} \equiv (a' x)^p (b' x)^q$$

sei, ist vor allem *notwendig*, daß

$$(16) \quad \frac{1}{pq} \left(\frac{\partial^2 f}{\partial x_i \partial y_k} - \frac{\partial^2 f}{\partial x_k \partial y_i} \right) = (a_i' b_k' - a_k' b_i') (a' x)^{p-1} (b' y)^{q-1} \equiv 0$$

sei. Denn bilden wir für

$$(17) \quad \ldots\ldots \quad f = (\vartheta' x)^p (\vartheta' y)^q$$

den Ausdruck (16), so erhalten wir wegen $(\vartheta' \vartheta')_{ik} = 0$ identisch Null.

Die Bedingungen (16) sind aber auch *hinreichend*. Sie lauten, wenn man $x = y$ setzt:

$$a_i' (a' x)^{p-1} b_k' (b' x)^{q-1} \equiv a_k' (a' x)^{p-1} b_i' (b' x)^{q-1}.$$

Multiplizieren wir hier mit x_i und y_k und summieren über i und k, so wird:

(18) . . . . $(a'x)^p (b'y)(b'x)^{q-1} \equiv (a'y)(a'x)^{p-1}(b'x)^q$.

Polarisieren wir nun (15) einmal, so folgt:

$$p\,(a'y)(a'x)^{p-1}(b'x)^q + q\,(a'x)^p(b'y)(b'x)^{q-1} = (p+q)(\vartheta'y)(\vartheta'x)^{p+q-1};$$

also nach (18), wenn wir durch $p+q \neq 0$ kürzen:

(19) . . . . . $(a'x)^p(b'y)(b'x)^{q-1} = (\vartheta'y)(\vartheta'x)^{p+q-1}$.

Polarisiert man dies abermals, so gibt die neuerliche Anwendung von (18) (für $q-1$ statt q):

$$(a'x)^p(b'y)^2(b'x)^{q-2} = (\vartheta'y)^2(\vartheta'x)^{p+q-2}.$$

Schließlich gibt die q-malige Wiederholung dieses Verfahrens das gewünschte Ergebnis:

$$f = (a'x)^p(b'y)^q = (\vartheta'x)^p(\vartheta'y)^q.$$

§ 4. Der Cayleysche Ω-Prozeß.

Wir haben bereits im I. Abschnitt § 8 S. 15 einen Differentiationsprozeß kennen gelernt, den Ω-Prozeß. Damals verwendeten wir die n^2 Transformationskoeffizienten e_i^k, jetzt nehmen wir die n^2 Veränderlichen, die von den n Reihen $x, y, \ldots, z$ gebildet werden.

Es sei

(1) . . . . $f = (a'x)^p(b'y)^q \ldots (c'z)^r$

eine Form der n Reihen $x, y, \ldots, z$. Dann ist:

(2) . . . $$\Omega f = \begin{vmatrix} \frac{\partial}{\partial x_1} & \frac{\partial}{\partial x_2} & \cdots & \frac{\partial}{\partial x_n} \\ \frac{\partial}{\partial y_1} & \frac{\partial}{\partial y_2} & \cdots & \frac{\partial}{\partial y_n} \\ \cdot & \cdot & \cdots & \cdot \\ \frac{\partial}{\partial z_1} & \frac{\partial}{\partial z_2} & \cdots & \frac{\partial}{\partial z_n} \end{vmatrix} f = \sum \pm \frac{\partial^n f}{\partial x_1 \partial y_2 \ldots \partial z_n}.$$

Aus (1) ergibt dies:

(3) $\Omega f = \Omega_{xy\ldots z} f = p \cdot q \ldots r\,(a'b' \ldots c')(a'x)^{p-1}(b'y)^{q-1} \ldots (c'z)^{r-1}$.

Mit Hilfe dieser Gleichung beweist man leicht, daß Ω, oder, wie wir ausführlicher schreiben wollen, $\Omega_{xy\ldots z}$ mit allen Polaroperationen D_{pq}, wo $p \neq q$ und $p, q = x, y, \ldots, z$ ist, vertauschbar ist:

(4) $$\ldots\ldots D_{xy}\,\Omega_{xy\ldots z} = \Omega_{xy\ldots z}\,D_{xy}\,.$$

Hingegen ist, wie man ebenso leicht aus (3) ausrechnet, für uneigentliche Polaroperationen:

(5) $$\ldots\ldots \Omega_{xy\ldots z}\,D_{xx} = (1 + D_{xx})\,\Omega_{xy\ldots z}\,.$$

Es gelingt unschwer, eine Beziehung zwischen dem Ω-Prozeß und den Polaroperationen D_{pq} herzustellen. Sind $\xi, \eta, \ldots, \zeta$ n neue Reihen, so gibt die Multiplikation von (3) mit dem Klammerfaktor $(\xi\eta\ldots\zeta)$:

$$(\xi\eta\ldots\zeta)\,\Omega_{xy\ldots z}\,f =$$

$$= p\cdot q\ldots r \begin{vmatrix} (a'\xi) & (a'\eta) & \ldots & (a'\zeta) \\ (b'\xi) & (b'\eta) & \ldots & (b'\zeta) \\ \cdot & \cdot & \cdot & \cdot \\ \cdot & \cdot & \cdot & \cdot \\ (c'\xi) & (c'\eta) & \ldots & (c'\zeta) \end{vmatrix} (a'x)^{p-1}\,(b'y)^{q-1}\ldots(c'z)^{r-1} =$$

$$= \begin{vmatrix} p\,(a'\xi)\,(a'x)^{p-1} & p\,(a'\eta)\,(a'x)^{p-1} & \ldots & p\,(a'\zeta)\,(a'x)^{p-1} \\ q\,(b'\xi)\,(b'y)^{q-1} & q\,(b'\eta)\,(b'y)^{q-1} & \ldots & q\,(b'\zeta)\,(b'y)^{q-1} \\ \cdot & \cdot & \cdot & \cdot \\ \cdot & \cdot & \cdot & \cdot \\ r\,(c'\xi)\,(c'z)^{r-1} & r\,(c'\eta)\,(c'z)^{r-1} & \ldots & r\,(c'\zeta)\,(c'z)^{r-1} \end{vmatrix}$$

und dies kann nicht-symbolisch so geschrieben werden:

(6) $$\ldots\ldots (\xi\eta\ldots\zeta)\,\Omega_{xy\ldots z}\,f = \begin{vmatrix} D_{x\xi} & D_{x\eta} & \ldots & D_{x\zeta} \\ D_{y\xi} & D_{y\eta} & \ldots & D_{y} \\ \cdot & \cdot & \cdot & \cdot \\ \cdot & \cdot & \cdot & \cdot \\ D_{z\xi} & D_{z\eta} & \ldots & D_{z\zeta} \end{vmatrix} f.$$

Die Determinante rechts kann hier wie eine gewöhnliche Determinante berechnet werden, da die in ihrer Entwicklung auftretenden Operationszeichen D_{pq} untereinander vertauschbar sind. Man kann (6) auch durch direkte Multiplikation von $(\xi\eta\ldots\zeta)$ mit (2) ableiten.

Die rechte Seite von (6) ist das letzte Glied einer Reihe von zusammengesetzten Polarenprozessen:

(7) $$\ldots\; D_{x\xi},\; \begin{vmatrix} D_{x\xi} & D_{x\eta} \\ D_{y\xi}, & D_{y\eta} \end{vmatrix}, \ldots, \begin{vmatrix} D_{x\xi} & D_{x\eta} & \ldots & D_{x\sigma} \\ \cdot & \cdot & \cdot & \cdot \\ \cdot & \cdot & \cdot & \cdot \\ D_{s\xi} & D_{s\eta} & \ldots & D_{s\sigma} \end{vmatrix}, \ldots$$

bei denen $k \leqq n$ Reihen $x, y, \ldots, s$ in Aktion treten. Dementsprechend lassen sich analog (6) die Funktionen

$$D_{x\xi} f, \quad \begin{vmatrix} D_{x\xi} & D_{x\eta} \\ D_{y\xi} & D_{y\eta} \end{vmatrix} f, \ldots$$

als Matrizenprodukte schreiben

$$(8) \quad \ldots \sum_{ik\ldots l} (\xi\eta\ldots\sigma)_{ik\ldots l} (\Omega_{xy\ldots s})_{ik\ldots l} f = \begin{vmatrix} D_{x\xi} & \ldots & D_{x\sigma} \\ \cdot & \cdot & \cdot \\ \cdot & \cdot & \cdot \\ D_{s\xi} & \ldots & D_{s\sigma} \end{vmatrix} f.$$

Diese Ausdrücke enthalten die Prozesse:

$$(9) \quad \ldots \quad (\Omega_x)_i f = \frac{\partial f}{\partial x_i}, \quad (\Omega_{xy})_{ik} f = \begin{vmatrix} \frac{\partial}{\partial x_i} & \frac{\partial}{\partial x_k} \\ \frac{\partial}{\partial y_i} & \frac{\partial}{\partial y_k} \end{vmatrix} f, \ldots .$$

§ 5. **Der Capellische *H*-Prozeß.**

Wir gehen von Gleichung (6) des vorigen § aus und üben auf beide Seiten die zusammengesetzte Polaroperation

$$(1) \quad \ldots \ldots \quad D = D_{\xi x} D_{\eta y} \ldots D_{\zeta z}$$

aus. Dies gibt wegen

$$D(\xi\eta\ldots\zeta) = (xy\ldots z)$$

und weil $\Omega_{xy\ldots z} f$ von $\xi, \eta, \ldots, \zeta$ unabhängig ist:

$$(2) \quad (xy\ldots z)\, \Omega_{xy\ldots z} f = D_{\xi x} D_{\eta y} \ldots D_{\zeta z} \left(\sum \pm D_{x\xi} \ldots D_{z\zeta}\right) f.$$

Für die linke Seite setzen wir hier kürzer:

$$(3) \quad \ldots \ldots \quad H_{xy\ldots z} f = (xy\ldots z)\, \Omega_{xy\ldots z} f,$$

wodurch die *Capelli*sche Operation $H_{xy\ldots z}$ definiert ist. Mit Hilfe von Gleichung (3) des vorigen § erhalten wir:

$$(4) \quad H_{xy\ldots z} f = p \cdot q \ldots r \begin{vmatrix} (a'x) & (a'y) & \ldots & (a'z) \\ (b'x) & (b'y) & \ldots & (b'z) \\ \cdot & \cdot & \cdot & \cdot \\ \cdot & \cdot & \cdot & \cdot \\ (c'x) & (c'y) & \ldots & (c'z) \end{vmatrix} (a'x)^{p-1} (b'y)^{q-1} \ldots (c'z)^{r-1}.$$

Die linke Seite von (2) ist eine Form *ohne* Reihen $\xi, \eta, \ldots, \zeta$, daher auch die rechte Seite. Nach Satz 5 des § 2 S. 125 muß also

$H_{xy\ldots z}$ durch die Polaroperationen D_{pq} $(p, q = x, y, \ldots, z)$ *allein* darstellbar sein. Wir führen hier diese Umformung nicht durch, sondern geben die von *Capelli* aufgestellte Formel an:

$$(5) \quad \ldots \quad H_{xy\ldots tz} f = \begin{vmatrix} (n-1)+D_{zz} & D_{tz} & \ldots & D_{yz} & D_{xz} \\ D_{zt} & (n-2)+D_{tt} & \ldots & D_{yt} & D_{xt} \\ \cdot & \cdot & \cdot & \cdot & \cdot \\ \cdot & \cdot & \cdot & \cdot & \cdot \\ D_{zy} & D_{ty} & \ldots & 1+D_{yy} & D_{xy} \\ D_{zx} & D_{tx} & \ldots & D_{yx} & D_{xx} \end{vmatrix} f.$$

Hier ist die Determinante rechter Hand so wie eine gewöhnliche Determinante zu entwickeln, nur muß die Reihenfolge der Spalten von links nach rechts beibehalten werden.

Die Formel (4) gestattet leicht den Nachweis, daß die Operation $H_{xy\ldots z}$ mit jedem D_{pq} $(p, q = x, y, \ldots, z)$ vertauschbar ist[1]).

$H_{xy\ldots z}$ läßt sich auch — vgl. die Gleichungen (7) bis (9) des vorigen § — leicht auf den Fall übertragen, wenn nicht gerade n Veränderlichenreihen verwendet werden. So haben wir:

$$(6) \quad \ldots \quad \left| \begin{array}{l} H_x f = \sum x_i (\Omega_x)_i f = p f \\ H_{xy} f = \sum (xy)_{ik} (\Omega_{xy})_{ik} f = \\ \qquad = pq \begin{vmatrix} (a'x) & (a'y) \\ (b'x) & (b'y) \end{vmatrix} (a'x)^{p-1} (b'y)^{q-1} \ldots (c'z)^r \\ \cdot \; \cdot \; \cdot \; \cdot \; \cdot \; \cdot \; \cdot \; \cdot \; \cdot \; \cdot \\ H_{xy\ldots s} f = p \cdot q \ldots k \left(\sum \pm (a'x)(b'y) \ldots \right. \\ \qquad \left. \ldots (m's)\right) (a'x)^{p-1} (b'y)^{q-1} \ldots (m's)^{k-1} \ldots (c'z)^r . \end{array} \right.$$

Aber auch auf den Fall, daß eine n-äre Form f mehr als n Reihen Veränderlicher $x, y, \ldots, z, \xi, \eta, \ldots, \zeta$ enthält, ist (4) ausdehnbar. Nur ist dann

$$(7) \quad \ldots \ldots \ldots \quad H_{xy\ldots z\xi\eta\ldots\zeta} f \equiv 0,$$

da die $(n+k)$-reihigen Determinanten $(k \geqq 1)$

$$\sum \pm (a'x)(b'y) \ldots (\mu'\zeta)$$

verschwinden. (Vgl. IV § 10 S. 113.)

[1]) Betreffs weiterer, noch mit den D_{pq} vertauschbaren Operationen vgl. *Capelli*, Lezioni ... S. 121. Wegen eines Beweises von (5) vgl. *Capelli*, Mathem. Ann. 29 (1887).

§ 6. Ansatz zur Reihenentwicklung.

Um zu den Reihenentwicklungen zu gelangen, benötigen wir eine Formel, durch die eine gewisse trivial-identische Umformung (vgl. IV § 4 S. 96) einer Form

(1) $$f = (a'x)^p (b'y)^q (c'z)^r \ldots (d't)^s$$

mit $k \geqq 2$ Reihen $x, y, z, \ldots, t$ bewirkt wird. Diese Formel lautet:

(2) $$f = \Delta\, H_{xy\ldots t} f + \sum_{(\alpha)} \Delta_{\alpha_2 \alpha_3 \ldots \alpha_k} D_{xy}^{\alpha_2} D_{xz}^{\alpha_3} \ldots D_{xt}^{\alpha_k} f.$$

Hierbei ist

(3) $$\alpha_2 + \alpha_3 + \ldots + \alpha_k = p,$$

und Δ sowie $\Delta_{\alpha_2 \alpha_3 \ldots \alpha_k}$ bedeuten Aggregate von Polaroperationen D_{pq} $(p, q = x, y, \ldots, t)$. Nach (3) ist die Exponentensumme $\Sigma\alpha$ gleich dem Grad p von f in der x-Reihe. Also enthält $D_{xy}^{\alpha_2} \ldots D_{xt}^{\alpha_k} f$ keine x mehr. (2) sagt dann aus, daß f dargestellt werden kann als Summe einer Polaren Δ von

(4) $$H_{xy\ldots t} f = p \cdot q \cdot r \ldots s \left(\sum \pm (a'x)(b'y) \ldots (d't)\right) (a'x)^{p-1} \ldots (d't)^{s-1}$$

plus Gliedern, die durch Polaroperationen aus Formen mit nur $(k-1)$ Reihen $y, z, \ldots, t$ entstehen.

Wir beweisen (2) zunächst für $k = 2$, also für eine n-äre Form

(5) $$f = (a'x)^p (b'y)^q$$

mit nur zwei Reihen x und y. Dann schließen wir von $(k-1)$ auf k.

Bei (5) haben wir:

(6) $$H_{xy} f = pq \begin{vmatrix} (a'x) & (a'y) \\ (b'x) & (b'y) \end{vmatrix} (a'x)^{p-1} (b'y)^{q-1} =$$
$$= p \cdot q \cdot f - p \cdot q\, (a'y)(a'x)^{p-1} (b'x)(b'y)^{q-1}.$$

Nun ist

$$D_{xy} f = p\, (a'y)(a'x)^{p-1} (b'y)^q$$

und hieraus:

$$D_{yx} D_{xy} f = p \cdot f + p \cdot q\, (a'y)(a'x)^{p-1} (b'x)(b'y)^{q-1}.$$

Somit wird aus (6):

$$H_{xy} f = p \cdot q \cdot f - (D_{yx} D_{xy} f - pf), \text{ d. h.}$$

(7) $$f = \frac{1}{p(q+1)} H_{xy} f + \frac{1}{p(q+1)} D_{yx} D_{xy} f.$$

$D_{xy} f$ ist vom Grade $p-1$ in x, vom Grade $q+1$ in y. Ist $p > 1$, so wenden wir (7) an auf $D_{xy} f$. Es entsteht so:

$$D_{xy} f = \frac{1}{(p-1)(q+2)} H_{xy} D_{xy} f + \frac{1}{(p-1)(q+2)} D_{yx} D^2_{xy} f$$

und setzen wir dies in (7) ein, so wird

(8) $$f = \left[\frac{1}{p(p-1)(q+1)(q+2)} D_{yx} D_{xy} + \frac{1}{p(q+1)}\right] H_{xy} f + \\ + \frac{1}{p(p-1)(q+1)(q+2)} D^2_{yx} D^2_{xy} f.$$

Hier ist $D^2_{xy} f$ vom Grade $p-2$ in den x; ist $p > 2$, so drücken wir $D^2_{xy} f$ wieder mit Hilfe von (7) aus u. s. f. Schließlich ergibt sich so die gewünschte Darstellung:

(9) . . . . $$f = \Delta H_{xy} f + c\, D^p_{yx} D^p_{xy} f,$$

wo $c \neq 0$ ein Zahlenkoeffizient ist.

(2) ist also für $k = 2$ richtig und wir setzen dies jetzt auch für $(k-1)$ voraus. Für k Reihen haben wir dann, wenn wir die Determinante (5) des vorigen § nach der letzten Spalte entwickeln:

(10) $$H_{xyz\ldots t} f = p\, H'_{yz\ldots t} f - \Delta_1 D_{xy} f - \Delta_2 D_{xz} f - \ldots - \Delta_{k-1} D_{xt} f.$$

Hierbei sind Δ_i zusammengesetzte Polaroperationen und $H'_{yz\ldots t}$ derjenige Prozeß, der aus $H_{yz\ldots t}$ entsteht, wenn man zu jedem D_{pp} eine Einheit hinzufügt. Ist also

(11) . . . . $$H_{yz\ldots t} = \psi\,(D_{yy}, D_{zz}, \ldots, D_{yz}, \ldots),$$

so wird:

(12) . . . $$H'_{yz\ldots t} = \psi\,(1 + D_{yy}, 1 + D_{zz}, \ldots, D_{yz}, \ldots).$$

Es sei nun $F = F\,(y, z, \ldots, t)$ eine Form der $k-1$ Reihen $y, z, \ldots, t$, die vom Grade $(q+1)$ in y ist. Nach Voraussetzung besteht für sie die Gleichung (2):

(13) . . $$F = \Delta H_{yz\ldots t} F + \sum_{(\beta)} \Delta_{\beta_1 \beta_2 \ldots \beta_{k-2}} D^{\beta_1}_{yz} \ldots D^{\beta_{k-2}}_{yt} F,$$

wobei $\beta_1 + \beta_2 + \ldots + \beta_{k-2} = q + 1$ ist. Für F nehmen wir jetzt die spezielle Form

(14) . . . . . $$F = \begin{vmatrix} (u'y) & (u'z) & \ldots & (u't) \\ \cdot & \cdot & \cdot & \cdot \\ \cdot & \cdot & \cdot & \cdot \\ (w'y) & (w'z) & \ldots & (w't) \end{vmatrix} \cdot f = U \cdot f.$$

wo f durch (1) gegeben ist und die $(k-1)$ Reihen $u', \ldots, w'$ willkürlich sind. Man rechnet leicht nach, daß für dieses F die Beziehungen gelten:

$$D^{\beta_1}_{yz} \dots D^{\beta_{k-2}}_{yt} F = D^{\beta_1}_{yz} \dots D^{\beta_{k-2}}_{yt} (U \cdot f) \equiv 0;$$

daher geht für dieses F (13) über in

(15) . . . . $U \cdot f = \Delta H_{yz\dots t}(U \cdot f).$

Δ in (13) und (15) ist ein Prozeß, der sich aus $D_{\alpha\beta}$ $(\alpha, \beta = y, z, \dots, t)$ zusammensetzt. Nun haben wir aber, wenn $\alpha \neq \beta$:

$$D_{\alpha\beta}(U \cdot f) = U \cdot D_{\alpha\beta} f$$

und wenn $\alpha = \beta$ ist: $D_{\alpha\alpha}(U \cdot f) = U \cdot (1 + D_{\alpha\alpha}) f$. Somit ergibt sich mit der aus (11) und (12) zu entnehmenden Bezeichnung:

$$\Delta(U \cdot f) = U \cdot \Delta' f;$$

ebenso haben wir $\Delta H(U \cdot f) = U \cdot \Delta' H' f$. Daher wird aus (15):

$$U \cdot f = U \cdot \Delta' H' f$$

und also, wegen $U \not\equiv 0$:

(16) . . . . $f = \Delta' H' f.$

Jetzt üben wir auf beide Seiten von (10) den Prozeß Δ' aus und erhalten wegen (16):

$$p \cdot f = \Delta' H_{xyz\dots t} f + \Delta' \Delta_1 D_{xy} f + \dots + \Delta' \Delta_{k-1} D_{xt} f,$$

oder, etwas anders geschrieben:

(17) . . . $f = \Delta_0 H_{xyz\dots t} f + \Delta_{10} D_{xy} f + \dots + \Delta_{k-1,0} D_{xt} f.$

Die wiederholte Anwendung dieser Formel auf $D_{xy} f, D_{xz} f, \dots, D^2_{xy} f, \dots$ ergibt schließlich, so wie bei (9) die Formel (2).

Nehmen wir als *Beispiel* die ternäre Form $f = (a'x)(b'y)(c'z)$. Hier ist

$$H_{xyz} = \begin{vmatrix} 2 + D_{zz} & D_{yz} & D_{xz} \\ D_{zy} & 1 + D_{yy} & D_{xy} \\ D_{zx} & D_{yx} & D_{xx} \end{vmatrix}, \quad Hf = (a'b'c')(xyz),$$

und dies gibt, nach der letzten Spalte entwickelt:

(18) $(a'b'c')(xyz) = H'_{yx} f - [(2 + D_{zz}) D_{yx} - D_{zx} D_{yz}] D_{xy} f -$
$- [D_{zx}(1 + D_{yy}) - D_{zy} D_{yx}] D_{xz} f.$

Dabei ist

(19) $H'_{yz} f = \big((2 + D_{zz})(1 + D_{yy}) - D_{zy} D_{yz}\big) f = (6 - D_{zy} D_{yz}) f.$

Entwickeln wir nun nach (14) die Form

$$F = \begin{vmatrix} (u'y) & (u'z) \\ (v'y) & (v'z) \end{vmatrix} \cdot (a'x)(b'y)(c'z)$$

der beiden Reihen y und z nach der Formel (13), so finden wir mit Hilfe von (7), da F in y und in z vom 2. Grad ist:

(20) $$\Delta = \Delta' = \frac{1}{6} + \frac{1}{36} D_{zy} D_{yz}.$$

Es ist dann nach (19):

$$\Delta' H' f = \frac{1}{36} (6 + D_{zy} D_{yz}) (6 - D_{zy} D_{yz}) f = f$$

und üben wir also Δ' auf beide Seiten von (18) aus, so wird nach einer kleinen Umformung:

(21) $$f = (a'x)(b'y)(c'z) = \frac{1}{6} (a'b'c')(xyz) +$$
$$+ \left(\frac{1}{6} + \frac{1}{36} D_{zy} D_{yz}\right) \left[(2 + D_{zz}) D_{yz} - D_{zx} D_{yz}\right] (a'y)(b'y)(c'z) +$$
$$+ \left(\frac{1}{6} + \frac{1}{36} D_{zy} D_{yz}\right) \left[D_{zx} (1 + D_{yy}) - D_{zy} D_{yz}\right] (a'z)(b'y)(c'z).$$

Diese Formel haben wir bereits auf S. 108 angeführt.

§ 7. Die Gordan-Capellische Reihe.

Wir schreiben die Formel (2) des vorigen § so an:

(1) $$f = \sum_{(\alpha)} \Delta_{\alpha_1 \ldots \alpha_{k-1}} \varphi^{(0)}_{\alpha_1 \ldots \alpha_{k-1}} + \Delta H_{xy \ldots t} f.$$

Hier sind die $\Delta_{\alpha_1 \ldots \alpha_{k-1}}$ und Δ gewisse Polaroperationen, die sich aus den $D_{\alpha\beta}$ ($\alpha, \beta = x, y, \ldots, t$) zusammensetzen; die $\varphi^{(0)}_{\alpha_1 \ldots \alpha_{k-1}}$ sind Formen, die keine x mehr enthalten.

Nun haben wir

$$H_{xy \ldots t} f = p \cdot q \ldots s \begin{vmatrix} (a'x) & \ldots & (a't) \\ \cdot & \cdot & \cdot \\ \cdot & \cdot & \cdot \\ (d'x) & \ldots & (d't) \end{vmatrix} (a'x)^{p-1} \ldots (d't)^{s-1}$$

und üben wir hier auf beide Seiten die Operation Δ von (1) aus, so entsteht wie bei (14) und (15) des vorigen § die Gleichung:

(2) $$\Delta H_{xy \ldots t} f = \begin{vmatrix} (a'x) & \ldots & (a't) \\ \cdot & \cdot & \cdot \\ \cdot & \cdot & \cdot \\ (d'x) & \ldots & (d't) \end{vmatrix} \Delta' \{(a'x)^{p-1} \ldots (d't)^{s-1}\}.$$

Hierbei ist:

$$(3) \quad \ldots \quad \begin{cases} \Delta = \varphi\,(D_{xx}, D_{yy}, \ldots, D_{xy}, \ldots) \\ \Delta' = p \cdot q \ldots s\,\varphi\,(1 + D_{xx}, 1 + D_{yy}, \ldots, D_{xy}, \ldots). \end{cases}$$

Setzen wir nun für die k-reihige Determinante in (2) den Buchstaben E:

$$(4) \quad \ldots\ldots \quad E = \sum \pm (a'x)\,(b'y) \ldots (d't),$$

so lautet (1):

$$(5) \quad \ldots \quad f = \sum_{(\alpha)} \Delta_\alpha \varphi_\alpha^{(0)} + E\Delta' \{(a'x)^{p-1} \ldots (d't)^{s-1}\}.$$

Ist jetzt keiner der Exponenten $p-1, \ldots, s-1$ Null, so wenden wir (5) an auf

$$(6) \quad \ldots\ldots \quad f_1 = (a'x)^{p-1} \ldots (d't)^{s-1};$$

dies gibt:

$$(7) \quad \ldots \quad f_1 = \sum_{(\beta)} \Delta_\beta \psi_\beta^{(0)} + E\Delta'_1 \{(a'x)^{p-2} \ldots (d't)^{s-2}\}.$$

Üben wir hier auf beide Seiten den Prozeß Δ' von (5) aus, so entsteht:

$$(8) \quad \ldots \quad \Delta' f_1 = \sum_{(\beta)} \Delta' \Delta_\beta \psi_\beta^{(0)} + E\Delta'' \Delta'_1 \{(a'x)^{p-2} \ldots (d't)^{s-2}\}.$$

Hierbei enthalten die $\psi_\beta^{(0)}$ kein x mehr und Δ'' entsteht aus Δ' genau so wie Δ' aus Δ. Setzen wir jetzt (8) in (5) ein, so kommt:

$$(9) \quad \ldots \quad f = \sum_{(\alpha)} \Delta_\alpha \varphi_\alpha^{(0)} + E \cdot \sum \Delta' \Delta_\beta \psi_\beta^{(0)} + E^2 \Delta'' \Delta'_1 f_2,$$

wo

$$(10) \quad \ldots\ldots \quad f_2 = (a'x)^{p-2} \ldots (d't)^{s-2}$$

ist. Statt (9) schreiben wir kürzer:

$$(11) \quad \ldots \quad f = \sum \Delta^{(0)} \varphi^{(0)} + E \cdot \sum \Delta^{(1)} \varphi^{(1)} + E^2 \Delta_2 f_2.$$

Dieses Entwickeln ist solange fortsetzbar, bis eine der Differenzen $p-h, q-h, \ldots, s-h$ zu Null wird. *Wir erhalten so die Gordan-Capellische Reihe:*

$$(12) \quad f = \sum \Delta^{(0)} \varphi^{(0)} + E \cdot \sum \Delta^{(1)} \varphi^{(1)} + E^2 \cdot \sum \Delta^{(2)} \varphi^{(2)} + \ldots + E^h \Delta_h f_h.$$

Zur Erklärung setzen wir hinzu: f ist eine n-äre Form mit wenigstens k verschiedenen Reihen $x, y, z, \ldots, t$ $(k \geqq 2)$:

$$f = (a'x)^p\,(b'y)^q \ldots (d't)^s \ldots;$$

h ist der kleinste der Exponenten $p, q, \ldots, s$, so daß in

$$f_h = (a'x)^{p-h}\,(b'y)^{q-h} \ldots (d't)^{s-h} \ldots$$

wenigstens eine der Reihen $x, y, \ldots, t$ fehlt; E ist die k-reihige Determinante (4); $\varphi^{(0)}, \varphi^{(1)}, \ldots, \varphi^{(h-1)}$ sind Formen mit höchstens $(k-1)$ Reihen $y, z, \ldots, t$ und schließlich sind die $\Delta^{(0)}, \Delta^{(1)}, \ldots, \Delta^{(h-1)}$ und Δ_h Polarenprozesse, die sich aus $D_{\alpha\beta}$ $(\alpha, \beta = x, y, z, \ldots, t)$ zusammensetzen.

(12) *gibt also eine Entwicklung von f nach Potenzen von E, wobei als Koeffizienten Formen von $x, y, z, \ldots, t$ auftreten, die durch Polarenprozesse aus Formen mit höchstens $(k-1)$ Reihen entstehen*[1].

§ 8. Spezielle Fälle.

In der Reihe (12) des vorigen § ist $k \geqq 2$ die Anzahl der Veränderlichenreihen von f, die bei der Entwicklung benützt werden. Die Entwicklung nimmt verschiedene Gestalten an, je nachdem k größer, gleich oder kleiner als n ist. Wir zählen diese Möglichkeiten einzeln auf.

1. $k > n$. Dann verschwinden alle Determinanten E (vgl. IV § 10 S. 113), und es bleibt in der Reihe nur das erste Glied stehen:

(1) $$f = \sum \Delta^{(0)} \varphi^{(0)}.$$

Dies gibt den Satz: *Eine n-äre Form f mit $k > n$ Reihen $x, y, z, \ldots, t$ ist gleich der Summe von Polaren von Formen φ mit nur $(k-1)$ Reihen, wobei diese Formen φ selbst Polaren von f sind*[2].

2. $k = n$. In diesem Falle können wir der Reihe (12) § 7 durch identisches Umformen eine andere Gestalt geben. Wir haben nämlich jetzt die Identität

$$E \equiv (a' b' \ldots d')(x y \ldots t)$$

und erhalten daher:

(2) $$f = \sum \Delta^{(0)} \varphi^{(0)} + (xy \ldots t) \sum \Delta^{(1)} \psi^{(1)} + (xy \ldots t)^2 \sum \Delta^{(2)} \psi^{(2)} + \\ + \ldots + (xy \ldots t)^h \Delta_h \psi_h,$$

---

[1]) Die Entwicklung (12) wurde für *binäre* Formen (vgl. § 9) zuerst von *Gordan* und *Clebsch* angegeben: *Clebsch*, Theorie der binären algebraischen Formen, Leipzig 1872; *Gordan*, Mathem. Ann. 5 (1871). Ausdehnung auf *ternäre* Formen: *Capelli*, Giorn. di Battaglini 18 (1880); *Study*, Methoden S. 60 (zweite Gordansche Reihenentwicklung). Allgemein, für n-äre Formen: *Capelli*, Memorie della R. Acc. dei Lincei (1882); Mathem. Annalen 27 (1885); Rend. Acc. dei Lincei (1891), (1892).

Andere Beweise gaben: *J. Deruyts*, Essai ..., (1891) und neuerdings *E. Noether*, Math. Annalen 77 (1915) S. 93.

Mit Hilfe der Theorie zusammengesetzter Differentiationsprozesse (die in letzter Linie auf die Polaroperationen zurückführen) wurden Reihenentwickungen n-ärer Formen behandelt von *E. Fischer*, Crelle 148 (1919) und *J. A. Schouten*, Amsterdamer Berichte 27, März und Mai 1919.

[2]) Hierzu: *E. Noether*, Mathem. Ann. 77 (1915) S. 93.

also eine Entwicklung nach Potenzen des Klammerfaktors $(xy\ldots t)$. Die Koeffizienten sind dabei Formen $\Sigma\Delta\psi$ die aus Formen ψ mit nur $(n-1)$ Reihen durch Polarisieren entstehen. (2) drückt jetzt eine identische Umformung von f aus (wenn man sich alle Operationen $\Delta\varphi$ und $\Delta\psi$ ausgeführt denkt).

3. $k < n$. In diesem Falle kann man E als Matrizenprodukt darstellen:

$$(3) \quad E = \begin{vmatrix} (a'x) & \ldots & (a't) \\ \cdot & \cdot\;\cdot\;\cdot & \cdot \\ \cdot & \cdot\;\cdot\;\cdot & \cdot \\ (d'x) & \ldots & (d't) \end{vmatrix} = \sum (xy\ldots t)_{ikl\ldots}\,(a'b'\ldots d')_{ikl\ldots}$$

und die Reihenentwicklung gibt dann die Darstellung von f als Polynom der Veränderlichen

$$(4) \quad p_{ikl\ldots} = (xy\ldots t)_{ikl\ldots}$$

in der Gestalt:

$$(5) \quad f = \sum \Delta^{(0)}\varphi^{(0)} + F(p_{ikl\ldots}).$$

Mit Verwendung von Komplexsymbolen p und p' haben wir dann nach (3) und (4):

$$E = \sum p_{ikl\ldots}(a'b'\ldots, d')_{ikl\ldots} = (pa')(pb')\ldots(pd') =$$
$$= \frac{(-1)^{k(n-k)}}{(n-k)!}(p'^{n-k}a'b'\ldots d') = \frac{1}{(n-k)!}(a'b'\ldots d'p'^{n-k}).$$

Die Reihe (5) bekommt dann die Gestalt:

$$(6) \quad f = \sum \Delta^{(0)}\varphi^{(0)} + (a'b'\ldots d'p'^{n-k})\sum \Delta^{(1)}\varphi^{(1)} + $$
$$+ (a'b'\ldots d'p'^{n-k})^2 \sum \Delta^{(2)}\varphi^{(2)} + \ldots\,.$$

Ist hier $k = n-1$, so kann man u' statt p' schreiben, wobei also die u' jetzt Raumkoordinaten sind:

$$u'_1 = +(xy\ldots t)_{23\ldots n} \text{ usw.},$$

und dies gibt die Entwicklung:

$$(7) \quad f = \sum \Delta^{(0)}\varphi^{(0)} + (a'b'\ldots d'u')\sum \Delta^{(1)}\varphi^{(1)} + $$
$$+ (a'b'\ldots d'u')^2 \sum \Delta^{(2)}\varphi^{(2)} + \ldots\,.$$

§ 9. Die Reihen im binären und ternären Gebiete.

Im *binären* Gebiete haben wir für eine Form

$$(1) \quad f = a_x^m\, b_y^n \quad (n \leqq m)$$

mit zwei Reihen x und y die zuerst von *Gordan* und *Clebsch* angegebene Entwicklung[1])

$$f = \sum_{k=0}^{k=n} \frac{\binom{m}{k}\binom{n}{k}}{\binom{m+n-k+1}{k}} \cdot \frac{(xy)^k}{(n-k)!} D_{xy}^{n-k} \{(ab)^k a_x^{m-k} b_x^{n-k}\}. \tag{2}$$

Als Koeffizienten von $(xy)^k$ treten hier die $(n-k)$-ten Polaren einer Form

$$f_k = (ab)^k a_x^{m-k} b_x^{n-k} \tag{3}$$

mit nur einer Reihe von Veränderlichen auf. Diese Formen werden auch als „*Elementarkovarianten*" von f bezeichnet. (Vgl. hierzu VI § 8 S. 157.)

Im *ternären* Gebiete sei zunächst

$$f = (a'x)^m (b'y)^n \quad (n \leqq m) \tag{4}$$

eine Form mit 2 Reihen von Veränderlichen. Fassen wir beide Reihen zusammen durch $u'_1 = (xy)_{23}$ usw., so gibt die Gleichung (7) des vorigen § eine Entwicklung nach Potenzen von $(a'b'u')$. Man erhält[2]):

$$f = \sum_{k=0}^{k=n} \frac{\binom{m}{k}\binom{n}{k}}{\binom{m+n-k+1}{k}} \frac{(a'b'u')^k}{(n-k)!} D_{xy}^{n-k} \{(a'x)^{m-k} (b'x)^{n-k}\}. \tag{5}$$

Ist ferner

$$f = (a'x)^m (b'y)^n (c'z)^p, \tag{6}$$

so erhält man die Reihe:

$$f = \sum \Delta^{(0)} \varphi^{(0)} + (xyz) \sum \Delta^{(1)} \psi^{(1)} + (xyz)^2 \sum \Delta^{(2)} \psi^{(2)} + \dots \,. \tag{7}$$

Ein einfachstes Beispiel hierzu haben wir oben am Schlusse des § 6 angeführt.

§ 10. Die Gleichungen $D_{\alpha\beta} f = 0$.

Es sei f eine n-äre Form von $k \leqq n$ Reihen $x, y, z, \dots$ Wir nehmen der Deutlichkeit wegen $k = 4$ und setzen

$$f = (a'x)^m (b'y)^n (c'z)^p (d't)^q. \tag{1}$$

Entsprechend diesen vier Reihen x, y, z, t haben wir 16 Polar-

---

[1]) vgl. z. B. *Gordan-Kerschensteiner* II S. 86.

[2]) *Study*, Methoden ... S. 60.

operationen $D_{\alpha\beta}$, darunter vier uneigentliche $D_{\alpha\alpha}$. Enthält f die vier Reihen nur in den Verbindungen

$$(2) \qquad (x\,y\,z\,t)_{iklm} = \begin{vmatrix} x_i & x_k & x_l & x_m \\ \cdot & \cdot & \cdot & \cdot \\ \cdot & \cdot & \cdot & \cdot \\ t_i & t_k & t_l & t_m \end{vmatrix},$$

so haben wir:

$$(3) \qquad D_{\alpha\beta} f \equiv 0 \ (\alpha \neq \beta), \quad D_{\alpha\alpha} = h f,$$

wo $h > 0$ der gemeinsame Grad bezüglich jeder Reihe ist.

Wir wollen jetzt die Umkehrung beweisen. Dazu gehen wir allgemeiner aus von einer Form f, die die Differentialgleichungen

$$(4) \qquad D_{xy} f = 0 \quad D_{yz} f = 0 \quad D_{zt} f = 0$$

befriedigt. Nach Satz 1 des § 2 S. 123 genügt dann f auch den folgenden 6 Gleichungen:

$$(5) \qquad \left\{ \begin{array}{lll} D_{xy} f = 0 & D_{xz} f = 0 & D_{xt} f = 0 \\ & D_{yz} f = 0 & D_{yt} f = 0 \\ & & D_{zt} f = 0. \end{array} \right.$$

Nach Gleichung (4) des § 5 S. 130 haben wir:

$$(6) \qquad H_{xyzt} f = m \cdot n \cdot p \cdot q \cdot \left(\sum \pm (a'x) \ldots (d't) \right) (a'x)^{m-1} \ldots (d't)^{q-1}.$$

Ferner wird nach (5) aus der Gleichung (5) des § 5 S. 131:

$$(7) \qquad H_{xyzt} f = (3 + D_{tt})(2 + D_{zz})(1 + D_{yy}) D_{xx} f = \\ = m(n+1)(p+2)(q+3) \cdot f.$$

Vergleichen wir (6) und (7), so haben wir, wenn $c \neq 0$ eine Konstante bedeutet:

$$(8) \qquad f = c \begin{vmatrix} (a'x) & & & \\ & \cdot & & \\ & & \cdot & \\ & & & (d't) \end{vmatrix} (a'x)^{m-1} \ldots (d't)^{q-1} = c\,E \cdot f_1.$$

Die Determinante E gibt bei $D_{\alpha\beta}$ $(\alpha \neq \beta)$ Null. Bei Anwendung der Operation $D_{\alpha\beta}$ $(\alpha \neq \beta)$ auf $E \cdot \varphi$ spielt also E die Rolle einer multiplikativen Konstanten; daraus folgt, daß, wenn wir nach (8) $D_{\alpha\beta} f = 0$ bilden, auch f_1 die Gleichungen (5) befriedigt. Kommen also in f_1 noch alle vier Reihen x, y, z und t vor, so haben wir analog (8): $f_1 = c_1 E f_2$ und daher

(9) . . . . . $f = c' E^2 f_2, \quad f_2 = (a' x)^{m-2} \ldots (d' t)^{q-2}.$

Diese Schlußweise ist solange fortsetzbar, bis f_h weniger als vier Reihen enthält. Enthält f_h kein t, so kann wegen

$$D_{xt} f_h = 0 \quad D_{yt} f_h = 0 \quad D_{zt} f_h = 0$$

auch kein x, y und z mehr vorhanden sein und wir haben

(10) . . . . $f = C\left(\sum \pm (a' x) \ldots (d' t)\right)^h.$

Enthält f_h wohl die Reihe t, aber kein z, so müssen wegen $D_{xz} f_h = 0$ und $D_{yz} f_h = 0$ auch x und y fehlen und f_h ist also eine Form von t allein:

$$f = C \cdot E^h (\gamma' t)^\tau.$$

In ähnlicher Weise schließt man: Enthält f_h die Reihen t und z, aber keine y so ist:

(11) . . . . $f = C \cdot E^h (\beta' z)^\sigma (\gamma' t)^\tau.$

Schließlich ist noch der Fall möglich, daß in f_h nur x allein fehlt; dann wird

(12) . . . . $f = C E^h \cdot (\alpha' y)^\varrho (\beta' z)^\sigma (\gamma' t)^\tau.$

Im Falle (11) und (12) genügen die Formen $(\beta' z)^\sigma (\gamma' t)^\tau$ bzw. $(\alpha' y)^\varrho (\beta' z)^\sigma (\gamma' t)^\tau$ den Gleichungen (5), und wir können dieselbe Schlußweise anwenden, die bei f zur Gleichung (8) führte. Zusammengefaßt gibt dies den **Satz 1** (für 4 Reihen ausgesprochen):

Damit eine n-äre Form f der vier Reihen x, y, z, t die Gestalt

(13) $f = C\left(\sum \pm (a'x) \ldots (d't)\right)^h \left(\sum \pm (\alpha'y)(\beta'z)(\gamma't)\right)^\varrho \left(\sum \pm (\delta'z)(\varepsilon't)\right)^\sigma (\vartheta't)^\tau$

habe ist notwendig und hinreichend, daß sie die 3 Differenzialgleichungen befriedige:

$$D_{xy} f = 0 \quad D_{yz} f = 0 \quad D_{zt} f = 0.$$

In f kommen die Veränderlichen dann nur in Potenzprodukten der Determinanten:

$$(x y z t)_{iklm}, \quad (y z t)_{ikl}, \quad (z t)_{ik}, \quad t_i$$

vor.

Lassen wir neben (5) jetzt auch die Gleichungen zu:

(14) . . . . . . $\left\{\begin{array}{lll} D_{yx} f = 0 & & \\ D_{zx} f = 0 & D_{zy} f = 0 & \\ D_{tx} f = 0 & D_{ty} f = 0 & D_{tz} f = 0, \end{array}\right.$

so ergibt die obige Schlußweise:

(15) . . . . $f = C\left(\sum \pm (a'x) \ldots (d't)\right)^h$.

Nehmen wir schließlich noch $D_{xx} f = hf$ hinzu (wodurch dann auch $D_{yy} f = hf$, $D_{zz} f = hf, \ldots$ gilt, vgl. die letzte der Gleichungen (11) § 1 S. 122), so ist für $h \neq 0$ f keine Konstante und wir haben den **Satz 2**:

Damit $f = C\left(\sum \pm (a'x) \ldots (d't)\right)^h$ *sei, ist notwendig und hinreichend, daß die Differenzialgleichungen* (3) *erfüllt werden.*

Für $k = n$ enthält dieser Satz die Bedingungen, daß eine Form von n Reihen $x^{(1)}, x^{(2)}, \ldots, x^{(n)}$ die h^{te} Potenz des Klammerfaktors $(x^{(1)} x^{(2)} \ldots x^{(n)})$ ist[1]). Nehmen wir hier die n^2 Größen $x_i^{(k)}$ als Transformationskoeffizienten einer linearen Transformation $x \longrightarrow \bar{x}$, so gelangen wir über die Gleichungen (3) zu den für Invarianten charakteristischen Differenzialgleichungen. (Vgl. den VIII. Abschnitt.) —

Aus der Reihenentwicklung für f:

(16) . . . $f = \sum \varDelta^{(0)} \varphi^{(0)} + E \cdot \sum \varDelta^{(1)} \varphi^{(1)} + E^2 \cdot \sum \varDelta^{(2)} \varphi^{(2)} + \ldots$

können wir leicht einen weiteren Satz folgern. Befriedigt nämlich f die ersten drei der Gleichungen (5):

(17) . . . . . . $D_{xy} f = 0 \quad D_{xz} f = 0 \quad D_{xt} f = 0$,

so verschwindet $\Sigma \varDelta^{(0)} \varphi^{(0)}$, da sich die $\varDelta^{(0)}$ aus Polaroperationen zusammensetzen, bei denen die $D_{\alpha\beta}$ von (17) ganz rechts, also unmittelbar vor f stehen. Daher enthält nach (16) f den Faktor E^h, während in $f = E^h \cdot \varphi$ die Form φ nicht mehr von x abhängen kann.

Daher gilt der **Satz 3**:

Damit f *von der Gestalt* $\left(\sum \pm (a'x) \ldots (d't)\right)^h \varphi(y, z, t)$ *sei, ist notwendig und hinreichend, daß die Gleichungen*

$$D_{xy} f = 0 \quad D_{xz} f = 0 \quad D_{xt} f = 0$$

befriedigt werden.

Wendet man das auf $k = 2$, also auf 2 Reihen x und y allein an, so ergibt dies:

Ist $D_{xy} f = 0$, so ist f von der Gestalt

(18) . . . . $f = \begin{vmatrix} (a'x) & (a'y) \\ (b'x) & (b'y) \end{vmatrix}^h \cdot \varphi(y)$.

Ist auch $D_{yx} f = 0$, so wird

(19) . . . . $f = \begin{vmatrix} (a'x) & (a'y) \\ (b'x) & (b'y) \end{vmatrix}^h$.

[1]) Hierzu *J. Wellstein*, Mathem. Ann. 67 (1919) S. 490.

VI. Abschnitt: **Endlichkeitssätze.**

§ 1. **Der Hilbertsche Basissatz.**

Es seien

(1) . . . . $X_1, X_2, \ldots, X_n$

irgend n komplexe Veränderliche. Ferner sei ein Gesetz oder eine Vorschrift gegeben, mittels welcher *Formen* F dieser n Veränderlichen gebildet werden. Dies Gesetz sei so beschaffen, daß sich abzählbar - unendlich - viele derartige, nicht konstante Formen

(2) . . . . $S_\infty = F_1, F_2, \ldots, F_m, \ldots$

bilden lassen, deren Gesamtheit wir mit S_∞ bezeichnen.

Sind dann

(3) . . . . $A_1, A_2, \ldots, A_m$

wieder Formen der X, die aber nicht dem System S_∞ anzugehören brauchen und die auch gleich Konstanten sein können, so gilt der *Hilbertsche Basissatz* [1]):

Aus S_∞ läßt sich stets eine endliche Zahl m von Formen $F_1, F_2, \ldots, F_m$ herausgreifen, so daß jede Form F des Systems S_∞ in der Gestalt

(4) . . . . . $F \equiv A_1 F_1 + A_2 F_2 + \cdots + A_m F_m$

darstellbar ist.

Die m Formen $F_1, F_2, \ldots, F_m$ bilden dann eine *Basis* des Systems S_∞.

Wir beweisen diesen Satz durch vollständige Induktion. Ist $n = 1$, haben wir also nur eine einzige Veränderliche X_1, so ist jedes F_i von der Gestalt $F_i = c_i X_1^{k_i}$. Wir brauchen also nur das (oder ein) F_i mit kleinstem k_i als Basisform F_1 zu nehmen und es ist hier also $m = 1$.

Demgemäß nehmen wir den Satz für $n-1$ Veränderliche $X_1, X_2, \ldots, X_{n-1}$ als erwiesen an. Es sei F_1 eine beliebige Form der n Veränderlichen (1) aus dem System S_∞, vom Grad r in diesen Veränderlichen. In F_1 muß kein Glied mit X_n^r vorkommen. Durch eine lineare Transformation $X \longrightarrow Y$ oder:

(5) . . . . $X_i = \sum_k a_i^k Y_k \qquad a = |a_i^k| \neq 0$

können wir aber aus F_1 eine Form G_1 herstellen, die so lautet:

(6) . . . . $G_1 = c\, Y_n^r + c_1\, Y_n^{r-1} + \cdots + c_r \quad (c \neq 0).$

---

[1]) *D. Hilbert,* Mathem. Ann. 36 (1890) S. 473. Der Satz gilt auch für nichtabzählbare Formenmengen.

Der konstante Koeffizient c von Y_n^r ist hier wegen (5) gegeben durch

$$c = (F_1)_{X_i = a_i^n},$$

und dies kann wegen $F_1 \neq 0$ durch passende Wahl der a_i^n verschieden von Null gemacht werden.

Transformieren wir alle F_i des S_∞ nach (5), so entstehen Formen $G_1, G_2, \ldots$ mit den Veränderlichen Y. Gilt der Basissatz für diese, so gilt er auch für die ursprünglichen Formen F. Denn wenn

$$G = B_1 G_1 + B_2 G_2 + \cdots + B_m G_m$$

ist, so brauchen wir nur bei (5) die identische Transformation $a_i^k = \delta_{ik}$ zu nehmen, um die entsprechende Gleichung für die F_i zu gewinnen. Wir beweisen also jetzt den Satz für die transformierten Formen G und können dabei G_1 in der Gestalt (6) voraussetzen.

Jetzt dividieren wir jedes G_s $(s = 2, 3, \ldots)$ durch G_1 und erhalten:

(7) . . . $$G_s = B_s G_1 + \Phi_s Y_n^{r-1} + \Psi_s Y_n^{r-2} + \cdots + \Omega_s.$$

Ist G_s von niedrigerem als r-ten Grad in den Y_n, so ist $B_s \equiv 0$ und auch von den Formen $\Phi_s, \Psi_s, \ldots$ können einige oder alle verschwinden. Diese Formen $\Phi_s, \Psi_s, \ldots$ enthalten nur noch $(n-1)$ Veränderliche $Y_1, Y_2, \ldots, Y_{n-1}$. Es gilt daher der Basissatz für sie. Wir wenden ihn auf die Reihe

$$\Phi_2, \Phi_3, \ldots, \Phi_s, \ldots$$

an und erhalten:

(8) . . . . $$\Phi_s = A_{s_1} \Phi_{s_1} + A_{s_2} \Phi_{s_2} + \cdots + A_{s_\nu} \Phi_{s_\nu},$$

wobei $s_1, s_2, \ldots, s_\nu$ *feste* Zahlen sind.

Wenn wir nun (7) so schreiben:

$$\Phi_s Y_n^{r-1} = G_s - B_s G_1 - \Psi_s Y_n^{r-2} - \cdots - \Omega_s$$

und hier der Reihe nach s ersetzen durch $s_1, s_2, \ldots, s_\nu$, so erhalten wir:

(9) . . $$\begin{cases} \Phi_{s_1} Y_n^{r-1} = G_{s_1} - B_{s_1} G_1 - \Psi_{s_1} Y_n^{r-2} - \cdots - \Omega_{s_1} \\ \cdots\cdots\cdots\cdots\cdots\cdots\cdots\cdots\cdots \\ \Phi_{s_\nu} Y_n^{r-1} = G_{s_\nu} - B_{s_\nu} G_1 - \Psi_{s_\nu} Y_n^{r-2} - \cdots - \Omega_{s_\nu}. \end{cases}$$

Multiplizieren wir dies der Reihe nach mit

$$A_{s_1}, A_{s_2}, \ldots, A_{s_\nu}$$

und addieren, so wird wegen (8):

(10) $$\Phi_s Y_n^{r-1} = (A_{s_1} G_{s_1} + \cdots + A_{s_\nu} G_{s_\nu}) + C G_1 + \Psi'_s Y_n^{r-2} + \cdots + \Omega'_s,$$

wo die Bedeutung von $C, \Psi'_s, \ldots, \Omega'_s$ leicht abzulesen. Setzen wir jetzt (10) in (7) ein, so entsteht:

(11) $$G_s = B'_s G_1 + A_{s_1} G_{s_1} + \cdots + A_{s_\nu} G_{s_\nu} + \Psi''_s Y_n^{r-2} + \cdots + \Omega''_s,$$

d. h.:

(12) $$G_s = \sum B_i G_i + \Psi''_s Y_s^{r-2} + \cdots + \Omega''_s = \sum_{i=s}^{i=s_\nu} B_i G_i + U^{(r-2)}.$$

Ebenso wie wir von (7) oder

$$G_s = B_s G_1 + U^{(r-1)}$$

auf (12) gekommen sind, können wir von (12) auf eine Darstellung

$$G_s = \sum B_i G_i + U^{(r-3)}$$

zurückgehen, wo jetzt in $U^{(r-3)}$ die Veränderliche Y_n höchstens in der $(n-3)^{ten}$ Potenz vorkommt usf. Dieses Verfahren bricht spätestens bei $U^{(0)}$ ab, wo $U^{(0)}$ höchstens die $(n-1)$ Veränderlichen $Y_1, Y_2, \ldots, Y_{n-1}$ enthält, wo also für $U^{(0)}$ der Basissatz gilt. Somit wird schließlich für ein endliches m:

(13) $$G_s = B_1 G_1 + B_2 G_2 + \cdots + B_m G_m. \quad \text{q. e. d.}$$

Der *Hilbert*sche Basissatz ist ein Existenzsatz: der hier ausgeführte Originalbeweis gibt keinen in der Praxis gangbaren Weg zur wirklichen Aufstellung[1]) einer Basis $F_1, F_2, \ldots, F_m$ bei gegebenem S_∞.

§ 2. Endlichkeit für projektive Invarianten.

Es seien

(1) $$x_i = \sum_s a_i^s y_s, \quad y_i = \sum_\sigma b_i^\sigma z_\sigma$$

zwei lineare Transformationen T_a und T_b mit nicht verschwindenden Determinanten

(2) $$a = \left| a_i^\sigma \right| \neq 0, \quad b = \left| b_i^\sigma \right| \neq 0.$$

Aus ihnen läßt sich eine dritte Transformation $x \rightarrow z$ oder $T_c = T_a T_b$ herleiten:

(3) $$x_i = \sum_s \sum_\sigma a_i^s b_s^\sigma z_\sigma$$

mit den Koeffizienten

(4) $$c_i^\sigma = \sum_\sigma a_i^s b_s^\sigma \qquad c = \left| c_i^\sigma \right| = a \cdot b \neq 0.$$

[1]) Ein anderer Beweis, der von *A. Capelli* gegeben wurde, besitzt diese Eigenschaft. Vgl. Lezioni ... S. 257.

Jetzt sei f eine Grundform des n-ären Gebietes mit irgendwelchen Veränderlichenreihen. Ihre Koeffizienten seien $k_1, k_2, \ldots, k_\nu$. Unterwerfen wir f den Transformationen T_a, T_b und T_c, so entstehen aus f die Formen f_a, f_b und f_c, deren Koeffizienten wir mit α_h, β_h und γ_h bezeichnen. Diese letzteren sind lineare homogene Funktionen der k_h und überdies homogen in den jeweiligen Transformationskoeffizienten a_i^k, b_i^k bzw. c_i^k.

Es gilt nun der **Satz 1**: *Ersetzt man in f_b die Koeffizienten k_h durch die entsprechenden Koeffizienten α_h von f_a, so entsteht f_c.*

Es ist nämlich:

$$\beta_h = \varepsilon_{h_1} k_1 + \varepsilon_{h_2} k_2 + \ldots + \varepsilon_{h_\nu} k_\nu ,$$

wo die ε_{h_i} Formen der b_i^k sind. Ersetzen wir hier die k_i durch α_i, so entsteht rechts

$$\varepsilon_{h_1} \alpha_1 + \varepsilon_{h_2} \alpha_2 + \ldots + \varepsilon_{h_\nu} \alpha_\nu ,$$

d. h. es entstehen die Koeffizienten einer Form, die man aus f erhält, wenn man zuerst mit a_i^k und dann mit b_i^k transformiert; das ist aber gerade der Effekt der Transformation c_i^k.

Die 3 Transformationen T_a, T_b und T_c geben Veranlassung zu den drei Ω-Prozessen:

$$(5) \quad \ldots \quad \Omega_a = \begin{vmatrix} \frac{\partial}{\partial a_1^1} & \ldots & \frac{\partial}{\partial a_1^n} \\ \cdot & \cdot\;\cdot\;\cdot & \cdot \\ \cdot & \cdot\;\cdot\;\cdot & \cdot \\ \frac{\partial}{\partial a_n^1} & \ldots & \frac{\partial}{\partial a_n^n} \end{vmatrix}, \quad \Omega_b = \left| \frac{\partial}{\partial b_i^k} \right|, \quad \Omega_c = \left| \frac{\partial}{\partial c_i^k} \right|.$$

Ist nun G eine ganze rationale Funktion der c_i^k, mit Koeffizienten die von den b_i^k nicht abhängen, so gilt der **Satz 2**: *Es ist*

$$(6) \quad \ldots\ldots\ldots \quad \Omega_b G = a \cdot \Omega_c G, \quad a = | a_i^k | .$$

Beweis: Aus (4) leiten wir her:

$$(7) \quad \ldots\ldots \quad \frac{\partial c_r^s}{\partial b_i^k} = \delta_{sk} a_r^i \quad \begin{Bmatrix} \delta_{sk} = 1 \text{ für } s = k \\ \delta_{sk} = 0 \text{ für } s \neq k \end{Bmatrix}.$$

Daher ist wegen

$$\frac{\partial G}{\partial b_i^k} = \sum_{rs} \frac{\partial G}{\partial c_r^s} \frac{\partial c_r^s}{\partial b_i^k} :$$

$$\frac{\partial G}{\partial b_i^k} = \sum_{rs} \frac{\partial G}{\partial c_r^s} \cdot \delta_{sk} a_r^i = \sum_r \frac{\partial G}{\partial c_r^k} a_r^i$$

und daher nach dem Multiplikationssatz für Determinanten:

$$\Omega_b G = \left| \frac{\partial}{\partial b_i^k} \right| G = \left| \sum_r \frac{\partial}{\partial c_r^k} a_r^i \right| G = \left| \frac{\partial}{\partial c_r^k} \right| G \cdot |a_r^i| = a\, \Omega_c G .$$

Jetzt sei

$$F(k) = F(k_1, k_2, \ldots, k_\nu)$$

eine nicht-konstante, ganze, rationale und homogene Funktion der Koeffizienten k_i der Form f, ferners $q \geqq 0$ eine ganze Zahl. Dann ist $a^q F(\alpha)$ eine Form der Transformationskoeffizienten a_i^k. Üben wir auf diese den Prozeß Ω_a aus, so entsteht eine Form der a_i^k, die entweder verschwindet oder deren Grad in den a_i^k um n verkleinert ist. Es gibt dann ein kleinstes positives p, so, daß

(8) $$I(k) = \Omega_a^p \left\{ a^q F(\alpha) \right\}$$

keine a_i^k mehr enthält. Dann gilt der **Satz 3:**

$I(k)$ ist entweder Null oder eine Invariante I der Form f.

Beweis: Da in $I(k)$ die Transformationskoeffizienten gar nicht mehr vorkommen, ist:

(9) $$I(k) = \Omega_a^p \left(a^q F(\alpha) \right) = \Omega_b^p \left(b^q F(\beta) \right) = \Omega_c^p \left(c^q F(\gamma) \right).$$

Aus

$$I(k) = \Omega_b^p \left(b^q F(\beta) \right)$$

folgt nach Satz 1, wenn wir die Koeffizienten k von f durch die Koeffizienten α von f_a ersetzen:

$$I(\alpha) = \Omega_b^p \left(b^q F(\gamma) \right);$$

daher ist:

(10) $$a^q I(\alpha) = a^q \Omega_b^p \left(b^q F(\gamma) \right) = \Omega_b^p \left(a^q b^q F(\gamma) \right) = \Omega_b^p \left(c^q F(\gamma) \right).$$

Nun ist nach (6): $\Omega_b = a\, \Omega_c$, woraus, da a von den b_i^k unabhängig ist, auch folgt:

(11) $$\Omega_b^p = a^p \Omega_c^p .$$

Daher wird aus (10):

$$a^q I(\alpha) = a^p \Omega_c^p \left(c^q F(\gamma) \right),$$

also wegen (9): $= a^p I(k)$, d. h.

(12) $$I(\alpha) = a^{p-q} I(k),$$

d. h. $I(k)$ ist eine ganze, rationale Invariante von Gewichte $p - q \geqq 1$. $p = q$ würde nach (8) bedeuten, daß $F(\alpha)$ von den a_i^k und daher auch von den k_h unabhängig, d. h. constant wäre.

Die Sätze 1 und 3 lassen sich wörtlich auf mehrere Grundformen $f_1, f_2, \ldots, f_\sigma$ übertragen. Für die Invarianten eines solchen Grundformensystems gilt *der Satz von der „Endlichkeit"* der projektiven Invarianten:

Es gibt stets eine endliche Zahl m von ganzen, rationalen, projektiven Invarianten

(13) . . . . $I_1, I_2, \ldots, I_m$

derart, daß sich jede ganze, rationale und projektive Invariante der gegebenen Grundformen ganz und rational durch diese $I_1, I_2, \ldots, I_m$ *ausdrücken läßt. Diese* I_σ *bilden dann „ein volles Invariantensystem" der Grundformen* (vgl. Abschn. II § 1 S. 36).

Beweis: Zunächst bringen wir den Hilbert'schen Basissatz in Anwendung. Wenn wir zwei Invarianten der Grundformen f_i, die sich nur durch einen konstanten Faktor unterscheiden, als nicht verschieden betrachten, so gibt es abzählbar - unendlich - viele Invarianten I der f_σ (vorausgesetzt, daß es überhaupt welche gibt), die wir z. B. nach Gradzahlen in den einzelnen Koeffizienten ordnen können. Diese Invarianten I sind dann *Formen* der Formenkoeffizienten, und nach dem Basissatz haben wir für irgendeine Invariante I:

(14) . . . . . . $I = A_1 I_1 + A_2 I_2 + \cdots + A_m I_m.$

Der Endlichkeitssatz wird bewiesen sein, wenn wir zeigen können, daß die A_k wieder Invarianten sind.

Transformieren wir mit T_a, so entsteht aus (14), wenn p das Gewicht von I und p_k das Gewicht von I_k ist:

(15) . . . . $a^p I = A_1(a)\, a^{p_1} I_1 + \cdots + A_m(a) \cdot a^{p_m} I_m.$

Hierauf wenden wir den Ω_a-Prozeß p-mal an. Links entsteht

$$\Omega_a^p(a^p) \cdot I = c \cdot I,$$

wo nach Abschn. I § 8 S. 16 c eine von Null verschiedene Konstante ist. Auf der rechten Seite von (15) entstehen die Ausdrücke $\left(\Omega_a{}^p(a^{p_h} A_h(a)\right)$, und die geben nach obigem Satz 3 (Gleichung (8)) entweder Null oder eine Invariante I_{σ_h}. Also wird:

(16) . . . . . $c\, I = I_{\sigma_1} I_1 + I_{\sigma_2} I_2 + \cdots + I_{\sigma_m} I_m,$

wodurch der Endlichkeitssatz bewiesen ist. Wir haben nämlich die I_{σ_h} nur wieder nach (14) durch die Basisinvarianten I_h auszudrücken.

§ 3. **Volle Systeme.**

Es seien

(1) . . . . $(F) = f_1, f_2, \ldots, f_h$

eine Reihe von Grundformen im n-ären Gebiete. Sie enthalten eine oder mehrere der folgenden (n—1) Variablenreihen:

(2) . . . .
Punktkoordinaten	X_i
Linienkoordinaten	$\Pi_{ik} = \Pi'_{\lambda\mu\nu}$ . . .
Ebenenkoordinaten . . .	$\Pi_{ikl} = \Pi'_{\lambda\mu\nu}$ . . .
. . . .	
Raumkoordinaten	U_i'

Neben den Grundformen (F) betrachten wir (n—1) Linearformen (L), die je eine Reihe der Veränderlichen (2) enthalten:

(3) . . . . $l_1 = (u'X),\ l_2 = \sum \pi'_{ik}\,\Pi_{ik}, \ldots, l_{n-1} = (x\,U')$.

Wir haben schon im II. Abschnitt § 1 S. 36 auf die Begriffe „volles Invariantensystem" und „volles Komitantensystem" bei binären und ternären Formen hingewiesen. Hier im n-ären übertragen sich die Dinge wie folgt:

Die Grundformen (F) haben nach dem Endlichkeitssatze ein „volles Invariantensystem"

(4) . . . . $(I) = I_1, I_2, \ldots, I_m$.

Es kann auch mehrere solche geben. Unter ihnen gibt es dann wenigstens ein *kleinstes*, bei dem sich die Zahl m nicht weiter verringern läßt.

Nehmen wir zu diesen h Grundformen (F) die (n—1) Linearformen (L) hinzu, so entsteht ein System von ($h + n$—1) Formen:

(5) . . . . $(F) + (L) = f_1, f_2, \ldots, f_h;\ l_1, l_2, \ldots, l_{n-1}$.

Dieses erweiterte System besitzt wieder ein volles Invariantensystem

(6) . . . . $(I + K) = I_1, I_2, \ldots, I_m;\ K_1, K_2, \ldots, K_\mu$,

dessen Invarianten jetzt auch die Koeffizienten $u'_i, \pi'_{ik}, \ldots, x_i$ der Linearformen (3) enthalten können. Die $K_1, K_2, \ldots, K_\mu$ werden als „Kovarianten" der Formen (F) schlechthin bezeichnet, wenn sie neben den Koeffizienten von (3) auch Koeffizienten von (1) enthalten. Ist letzteres nicht der Fall, so spricht man auch von „identischen Komitanten". Wir haben das folgende Schema:

Komitanten
- 1. Invarianten
- 2. Kovarianten
- 3. identische Komitanten.

Beim mittleren Typus „Kovarianten" kann man im n-ären ($n \geqq 3$) dann genauer „eigentliche Kovarianten" (mit nur x-Reihen), „Kontravarianten" (mit Reihen u'), „Strahlformen", „Zwischenformen" usw. unterscheiden.

Daß man den Begriff eines vollen Komitantensystems gerade so faßt, daß zu den Grundformen (F) je eine Koordinatenreihe

$x_i, \pi_{ik}, \pi_{ikl}, \ldots, u'_i$ hinzugenommen wird, findet seine Begründung erstens darin, daß eben diese Koordinatenreihen in den Grundformen selbst enthalten sein können und daher diese Grundformen dann als Kovarianten K im vollen Komitantensystem zu finden sind. Zweitens wird diese Adjunktion je einer Koordinatenreihe bei geometrischen Anwendungen notwendig. Wenn wir z. B. von einer Fläche 2. Ordnung im R_3 sprechen, die durch eine quaternäre quadratische Form $f = (a'x)^2 = 0$ dargestellt wird, so braucht der Geometer auch die Gleichung dieser Fläche in Linienkoordinaten π_{ik} und in Ebenenkoordinaten u'_i.

Der dritte Grund für diese Art der Definition eines vollen Komitantensystems ergibt sich aus einem von *A. Clebsch*[1]) aufgestellten Satze, demzufolge die Kenntnis eines vollen Komitantensystems in gewisser Weise gestattet, Aufschluß über die Bauart aller möglichen Kovarianten der Grundformen zu erhalten, Kovarianten, die beliebig viele Koordinatenreihen enthalten können, nicht nur höchstens $(n-1)$ verschiedene Reihen (2), wie bisher. Diesem Satze wenden wir uns jetzt zu.

§ 4. Zusammenfassung und Zerlegung.

Wir haben schon im I. Abschnitt § 16 S. 29 die Begriffe „Zusammenfassen" und „Zerlegen" erörtert. Sind $y, z, \ldots, t$ $(n-1)$ Reihen von Punktkoordinaten, $n \geqq 3$, so können sie zu einer Reihe u' von Raumkoordinaten zusammengefaßt werden durch die n Gleichungen

(1) . . . . $u'_1 = (yz \ldots t)_{23 \ldots n}$ usw.

Umgekehrt gibt (1) eine Zerlegung von u' an. Dual dazu lassen sich Punktkoordinaten x zerlegen:

(2) . . . . $x_1 = (v'w' \ldots s')_{23 \ldots n}$ usw.

Wir gehen jetzt zu einer Ausbreitung dieser Begriffe über. Sind $\alpha, \beta, \ldots, \delta$ d_1 linear-unabhängige Punkte, so hat der durch sie bestimmte R_{d_1-1} die Punktkoordinaten

(3) . . . . $p_{i_1 \ldots i_{d_1}} = (\alpha\beta \ldots \delta)_{i_1 \ldots i_{d_1}}$ $(2 \leqq d_1 \leqq n-1)$.

Wir sagen auch hier, daß die d_1 Reihen $\alpha, \beta, \ldots, \delta$ zur Reihe $p_{i_1 \ldots i_{d_1}}$ „zusammengefaßt" sind bezw. daß umgekehrt $p_{i_1 \ldots i_{d_1}}$ durch (3) in d_1 Reihen „zerlegt" wird.

Sind dann $a, b, \ldots, e$ d_2 weitere Punkte, die ein lineares $G_{d_2}(q)$ bestimmen, so ist analog zu (3)

---

[1]) Über eine Fundamentalaufgabe der Invariantentheorie, Göttinger Nachr. 17, (1872).

(4) . . . . $q_{i_1 \ldots i_{d_2}} = (ab \ldots e)_{i_1 \ldots i_{d_2}} \quad (2 \leqq d_2 \leqq n-1)$

Wenn nun $d_1 + d_2 < n$ ist und alle $(d_1 + d_2)$ Punkte $\alpha, \beta, \ldots, \delta$, $a, b, \ldots, e$ linear-unabhängig sind, so werden

(5) . . . . $\pi_{i_1 \ldots i_{d_1 + d_2}} = (\alpha\beta \ldots \delta\; ab \ldots e)_{i_1 \ldots i_{d_1 + d_2}}$ oder

(6) . . . . $\pi_{i_1 \ldots i_{d_1 + d_2}} = \frac{1}{d_1!\, d_2!} (p^{d_1}\, q^{d_2})_{i_1 \ldots i_{d_1 + d_2}}$

die Punktkoordinaten eines $G_{d_1 + d_2}$. Wir sagen auch hier, daß $\pi_{i_1 \ldots i_{d_1 + d_2}}$ *zerlegt* wurde in $p_{ikl}\ldots$, und $q_{\lambda\mu\nu}\ldots$ oder daß umgekehrt die beiden letzteren Reihen p und q zur Reihe π *zusammengefaßt* wurden. Allgemein drückt sich diese Zerlegung und Zusammenfassung von Koordinatenreihen aus durch die Gleichung

(7) $(\varrho^{n-d_1-d_2-\cdots-d_k}\, \pi^{d_1+d_2+\cdots+d_k}) \equiv (\varrho^{n-d_1-d_2-\cdots-d_k}\, p^{d_1}\, q^{d_2} \ldots r^{d_k})$

identisch in den $\varrho_{ikl}\ldots$. Die Stufenzahlen $d_1, d_2, \ldots, d_k$ liegen dabei zwischen 1 und $(n-1)$ mit Einschluß der Grenzen, und ihre Summe ist höchstens gleich $(n-1)$.

Dual zu (7) haben wir

(8) $(\varrho'^{n-d_1-d_2-\cdots-d_k}\, \pi'^{d_1+d_2+\cdots+d_k}) \equiv (\varrho'^{n-d_1-d_2-\cdots-d_k}\, \alpha'^{d_1}\, \beta'^{d_2} \ldots \gamma'^{d_k})$.

Geometrisch bedeutet die Zusammenfassung bei (7) das *Verbinden* der linearen Gebiete $p, q, \ldots, r$ zu einem einzigen Gebiete π; bei (8) ist π' das *Schnittgebiet*, daß allen Gebieten $\alpha', \beta', \ldots, \gamma'$ gemeinsam ist.

§ 5. Der Satz von Clebsch.

Wir gehen wieder aus von einem System (F) von Grundformen $f_1, f_2, \ldots, f_h$. Im § 3 nahmen wir an, daß dies Formen der Koordinatenreihen

(1) . . . . $X_i, \Pi_{ik}, \Pi_{ikl}, \ldots, U'_i$

sind, eine oder mehrere dieser Reihen enthaltend. Jetzt wollen wir auch Formen (F) zulassen, die mehr als je eine dieser $(n-1)$ Reihen (1) enthalten können, also Formen von beliebig vielen der Reihen:

(2) . . . . . . $X_i, Y_i, \ldots;\ \Pi_{ik}, P_{ik}, \ldots;\ \ldots;\ U'_i, V'_i, \ldots$

Ein einfachstes Beispiel hierzu gibt die n-äre Bilinearform $f = (a'X)\,(a'Y)$ mit zwei Reihen Punktkoordinaten.

Es sei zunächst f eine einzelne Grundform. Die Prozesse „Zusammenfassung“ und „Zerlegung“ (vgl. den vorigen §) und die Polarenprozesse

(3) $D_{XY} = \sum \frac{\partial}{\partial X_i} Y_i,\ D_{\Pi P} = \sum \frac{\partial}{\partial \Pi_{ik}} P_{ik}, \ldots, D_{U'V'} = \sum \frac{\partial}{\partial V_i'} V_i', \ldots$

sind invariante Prozesse. Üben wir sie auf f aus, so entstehen Kovarianten $\varphi = \sum \Delta f$ von f, die in den Koeffizienten von f linear sind. Δ bedeutet hierbei ein Aggregat der eben genannten 3 Prozesse. Betrachten wir die Formen φ als neue Grundformen, so ist jede Invariante von φ (die nur Koeffizienten der φ, nicht aber Variabelnreihen enthält) auch eine Invariante von f. Ist nun umgekehrt f darstellbar durch einen Ausdruck

(4) . . . . . $f = c_1 \Delta_1 \varphi_1 + c_2 \Delta_2 \varphi_2 + \ldots + c_\varrho \Delta_\varrho \varphi_\varrho$,

wo die c_i Zahlenkoeffizienten oder aber „identische Komitanten" (vgl. § 3 S. 149) sind (in denen also nur die Reihen (2), nicht aber die Koeffizienten von f vorkommen), so ist auch umgekehrt jede Invariante von f eine Simultaninvariante der Formen φ. Nach *Clebsch* heißt dann das System (Φ) der Formen φ zur Grundform f „*äquivalent*". Wir werden sagen „*system-äquivalent*", da der Begriff „äquivalent" gewöhnlich eine andre Bedeutung hat (vgl. VII § 10). System-äquivalenz drückt dann aus, daß (Φ) und f ein und dasselbe volle Invariantensystem besitzen.

Ist nicht *eine* Grundform f, sondern ein System (F) solcher gegeben, so ist (Φ) $= \varphi_1, \varphi_2, \ldots, \varphi_\varrho$ zu (F) „system-äquivalent", wenn jedes φ_j von (Φ) eine Kovariante der Formen (F) ist und umgekehrt für jede Form f aus (F) eine Darstellung (4) existiert.

Dies vorausgeschickt, sagt der Satz von *Clebsch* dann folgendes aus:

Jedes System (F) *von Grundformen f mit beliebig vielen Reihen* (2) *ist einem System* (Φ) *system-äquivalent, dessen Formen φ höchstens je eine der Reihen (1) enthalten.*

Man kann also nach diesem Satze jedes System (F) von Grundformen f, dessen Invarianten man studieren will, ersetzen durch ein System (Φ) von einfacheren Formen φ. *Clebsch* nennt (Φ) ein zu (F) gehöriges „*reduziertes*" System.

Wir werden beim unten folgenden Beweise sehen, daß die Zahl der Formen φ eines reduzierten Systems endlich ist. Die Formen φ, die man in gewissen Fällen auch als „Elementar-Kovarianten" bezeichnet, sind im allgemeinen von einfacherer Bauart als die ursprünglichen Formen f. Man kann noch einen Schritt weiter gehen und die Formen φ eines reduzierten Systems (Φ) ersetzen durch system-äquivalente Formen Ψ, die sogenannte „Normalformen" sind (vgl. § 8 S. 157). Es wird so schließlich (F) system-äquivalent zu einem System (Ψ) von Normalformen.

Zur Verdeutlichung ein einfaches Beispiel. Es sei

(5) . . . . $f = (a'X)(a'Y) = \sum A_{ik} X_i Y_k$

eine n-äre Bilinearform ($n \geqq 4$) und

(6) . . $\varphi_1 = (a'X)(a'X)$, $\varphi_2 = (\Pi a')(\Pi a') = \sum \Pi_{ik}(A_{ik} - A_{ki})$;

φ_1 hat die eine Reihe X quadratisch; φ_2 die einzige Reihe Π_{ik} linear. Beide ergeben sich aus der, die Gleichung (4) vertretenden Darstellung

(7) $$f = \frac{1}{2}\Delta_1 \varphi_1 + \frac{1}{2}\Delta_2 \varphi_2 = \frac{1}{2}\left[(a'X)(a'Y) + (a'Y)(a'X)\right] + \\ + \frac{1}{2}\left[(a'X)(a'Y) - (a'Y)(a'X)\right].$$

Es ist also Δ_1 der Polarenprozeß D_{XY} und Δ_2 der Zerlegungsprozeß $\Pi_{ik} = X_i Y_k - X_k Y_i$.

Umgekehrt haben wir

(8) . . . $\varphi_1 = D_{YX} f$ und $\varphi_2 = M\,[f - D_{ZY} D_{YX} D_{XZ} f]$

wobei M die Zusammenfassung $(XY)_{ik} = \Pi_{ik}$ bedeutet.

Eine beliebige, in den Koeffizienten einer Form f nicht notwendig lineare Kovariante von f ist eine *Form* der in ihr enthaltenen Koordinatenreihen. Spricht man für diese Formen der Reihen (2) (Formen, die jetzt nicht nur Grundformen, sondern auch Kovarianten solcher sind) obigen Satz aus, so ergibt sich:

Die Komitanten K' mit beliebig vielen Reihen (2) eines Grundformensystems (F) lassen sich mit Hilfe der drei Prozesse: Zusammenfassen, Zerlegen, Polarisieren aus Komitanten K herleiten, die höchstens je eine der Reihen (1) enthalten.

§ 6. **Eine Umformung.**

Bevor wir auf den Beweis obiger beiden Sätze eingehen, sei folgendes vorausgeschickt. Es seien $p_{i_1 \ldots i_d}$ und $q_{i_1 \ldots i_d}$ die Punktkoordinaten zweier linearer Gebiete d—ter Stufe. Wir setzen $2d \leqq n$ voraus. Ist nämlich $2d > n$, so gehen wir zu Raumkoordinaten $p'_{j_1 \ldots j_{n-d}}$ und $q'_{j_1 \ldots j_{n-d}}$ über und haben dann $2(n-d) < n$.

Jetzt betrachten wir den Ausdruck

(1) . . . $$E = (a'p)^d (a'q)^d - (a'q)^d (a'p)^d \quad \left(2 \leqq d \leqq \left[\frac{n}{2}\right]\right).$$

Nicht-symbolisch ist, bis auf den Faktor $(d!)^2$, E gegeben durch

(2) $$\left(\sum a'_{ikl \ldots} p_{ikl}\right)\left(\sum a'_{\lambda\mu\nu \ldots} q_{\lambda\mu\nu \ldots}\right) - \\ - \left(\sum a'_{ikl \ldots} q_{ikl \ldots}\right)\left(\sum a'_{\lambda\mu\nu \ldots} p_{\lambda\mu\nu \ldots}\right).$$

Wenn wir in (1) zu Klammerfaktoren übergehen, so wird (vgl. III § 4 S. 76):

(3) . . . $(n-d)!^2 E = (a^{n-d} p^d)(a^{n-d} q^d) - (a^{n-d} q^d)(a^{n-d} p^d)$.

Hier formen wir das letzte Glied rechts identisch solange um, bis alle $(n-d)$ Reihen a des zweiten Klammerfaktors in den ersten hineingelangt sind (vgl. III § 5 S. 79). Hierdurch entstehen verschiedene Glieder von folgender Gestalt:

(4) $\begin{cases} U_0 = (a^{n-d} q^d)(a^{n-d} p^d), \quad U_1 = (a^{n-d} q^{d-1} a)(a^{n-d-1} q p^d), \dots \\ \dots, U_d = (a^{n-d} a^d)(a^{n-2d} q^d p^d). \end{cases}$

Es wird dann, wenn die c_i Zahlenkoeffizienten sind:

(5) . . . $(a^{n-d} q^d)(a^{n-d} p^d) = c_0 U_0 + c_1 U_1 + \cdots + c_d U_d$.

Hier beweist man nun leicht (vgl. die analoge Rechnung auf S. 86), daß $c_0 = 1$ ist; damit wird aus (3):

(6) . . . . . $E = c_1 U_1 + c_2 U_2 + \cdots + c_d U_d$.

Jetzt gestalten wir die U_h um, indem wir die Reihe $q_{ikl\dots}$ in d Reihen $y^{(i)}$ zerlegen:

(7) . . . . . . $q_{i_1 i_2 \dots i_d} = (y^{(1)} y^{(2)} \dots y^{(d)})_{i_1 i_2 \dots i_d}$

U_h zerfällt dann in eine Summe von Produkten

(8) . . $(a^{n-d} y^{(\sigma_1)} y^{(\sigma_2)} \dots y^{(\sigma_{d-h})} a^h)(a^{n-d-h} y^{(\tau_1)} y^{(\tau_2)} \dots y^{(\tau_h)} p^d)$

und in diesen fassen wir die Koordinatenreihen so zusammen:

(9) . . . . $\begin{cases} (y^{(\sigma_1)} \dots y^{(\sigma_{d-h})})_{k_1 k_2 \dots k_{d-h}} = \pi_{k_1 k_2 \dots k_{d-h}} \\ (y^{(\tau_1)} \dots y^{(\tau_h)} p^d)_{j_1 j_2 \dots j_{d+h}} = \varrho_{j_1 j_2 \dots j_{d+h}}. \end{cases}$

Dann entsteht aus (8) der Ausdruck

(10) . . . . $(a^{n-d} a^h \pi^{d-h})(a^{n-d-h} \varrho^{d+h})$

und wir haben für die U_h:

(11) . . $U_h = \sum_{\pi, \varrho} (a^{n-d} a^h \pi^{d-h})(a^{n-d-h} \varrho^{d+h}), \quad (h = 1, 2, \dots, d)$.

Daher kommt statt (6):

(12) . . . . . $E = \sum_{h=1}^{h=d} \sum_{\pi, \varrho} (a^{n-d} a^h \pi^{d-h})(a^{n-d-h} \varrho^{d+h})$.

Nun führen wir die folgenden Bezeichnungen ein:

1. *Gewicht einer Koordinatenreihe* $p_{i_1 i_2 \dots i_d}$ soll die Zahl $g_v = d(n-d)$ heißen.

2. *Gewicht einer Form* f (*oder einer Kovariante*) *bezüglich der Koordinatenreihe* $p_{i_1 i_2 \ldots i_d}$ ist die Zahl $\mu g_p = \mu d\,(n-d)$, wo μ der *Grad* von f in den $p_{ikl}\ldots$ ist.
3. *Gesamtgewicht* g_f *einer Form* $f =$ Summe der Gewichte bezüglich jeder in f enthaltenen Koordinatenreihe, also $g_f = \sum \mu d\,(n-d)$. g_f ist also wenigstens gleich $(n-1)$.

Wir haben durch (12) die Form E der beiden Koordinatenreihen $p_{ikl}\ldots$ und $q_{ikl}\ldots$ als Summe von anderen Formen U_h mit Reihen π und ϱ dargestellt, wobei diese Formen aus E durch die beiden Operationen „Zusammenfassen" und „Zerlegen" entstehen. Es handelt sich jetzt um den Nachweis, *daß jedes* U_h *ein geringeres Gesamtgewicht* g_{U_h} *als* E *besitzt.*

Wir haben nach (1) und (11):

$$g_E = 2d\,(n-d)$$
$$g_{U_h} = (d-h)\big((n-d)+h\big) + (d+h)\big((n-d)-h\big), \text{ oder}$$

(13) . . . . $$g_{U_h} = 2d\,(n-d) - 2h^2 = g_E - 2h^2$$

und da $h \geqq 1$ ist, folgt

(14) . . . . $$g_{U_h} < g_E.$$

Der bei (1) ausgeschlossene Fall $d=1$ ergibt schließlich noch:

$$E = (a'x)\,(\alpha'y) - (a'y)\,(\alpha'x) = \sum \pi_{ik}\,(a'\alpha')_{ik} = U,$$

wenn x und y zu π_{ik} zusammengefaßt werden. Auch hier gilt (14), denn es ist

$$g_E = 2\,(n-1),\quad g_U = 2\,(n-2).$$

Es entsteht also in jedem Falle aus E eine Reihe von Formen U mit geringerem Gesamtgewicht.

§ 7. **Beweis des Satzes von Clebsch.**

Es sei zunächst f eine n-äre Form mit 2 Reihen x und y:

(1) . . . . $$f = (a'x)^h\,(a'y)^k \cdot M,\quad (h \geqq k \geqq 1).$$

In M sind keine Reihen x oder y mehr enthalten.

Wir entwickeln f in eine *Gordan-Capelli*sche Reihe nach Potenzen von

(2) . . . . $$E = \begin{vmatrix} (a'x) & (a'y) \\ (\alpha'x) & (\alpha'y) \end{vmatrix}$$

(vgl. V § 8 S. 137). Dies gibt, wenn Δ die Polaroperation

$$\Delta = D_{xy} = \sum \frac{\partial}{\partial x_i}\, y_i$$

und die c_i Zahlenkoeffizienten bedeuten (M können wir im folgenden weglassen):

(3) $$f = c_0 \Delta^k \left[(a'x)^h (a'x)^k\right] + c_1 E \Delta^{k-1} \left[(a'x)^{h-1} (a'x)^{k-1}\right] + \cdots$$
$$\cdots + c_\varrho E^\varrho \Delta^{k-\varrho} \left[(a'x)^{h-\varrho} (a'x)^{k-\varrho}\right] + \cdots + c_k E^k (a'x)^{h-k}.$$

Jetzt nehmen wir an, f enthalte zwei gleichartige Reihen $p_{i_1 \ldots i_d}$ und $q_{i_1 \ldots i_d}$ und setzen analog zu (1):

(4) $$f = \left[(a'p)^d\right]^h \left[(a'q)^d\right]^k \cdot M.$$

Hier sind natürlich die h—te und k—te Potenz erst nach Bildung von $a'_{ikl\ldots}\, p_{ikl\ldots}$ und $a'_{ikl\ldots}\, q_{ikl\ldots}$ auszuführen. Setzen wir jetzt $(a'p)^d$ und $(a'q)^d$ an Stelle von $(a'x)$ und $(a'y)$ in (1), so wird

(5) $$E = (a'p)^d (a'q)^d - (a'q)^d (a'p)^d$$

und wir erhalten eine zu (3) analoge Entwicklung (wobei wir M wieder beiseite lassen):

(6) $$f = \sum_{\varrho=0}^{\varrho=k} c_\varrho E^\varrho \Delta^{k-\varrho} [\varphi_\varrho]$$

wo die Formen $[\varphi_\varrho]$ nur mehr die eine Reihe $p_{ikl\ldots}$ enthalten und Δ jetzt die Polaroperation bedeutet

(7) $$\Delta = \sum \frac{\partial}{\partial p_{ikl\ldots}}\, q_{ikl\ldots}$$

Durch (6) wird also f in eine Summe von Formen gespalten, die entweder Polaren von Formen sind, die eine Koordinatenreihe weniger enthalten oder — nach dem Schluß des vorigen § — ein kleineres Gesamtgewicht besitzen. Wir haben nämlich als Beitrag zum Gesamtgewicht von f, geliefert von $\left[(a'p)^d\right]^h \left[(a'q)^d\right]^k$:

$$\gamma = (h+k)\, d\, (n-d).$$

In (6) hat E^ϱ nach (13) des vorigen § höchstens das Gewicht ($h=1$):

$$\gamma' = \varrho \left[2d(n-d) - 2\right] = 2\varrho \left[d(n-d) - 1\right];$$

$\Delta^{k-\varrho} [\varphi_\varrho]$ gibt den Gewichtsbeitrag:

$$\gamma'' = (h + k - 2\varrho)\, d\, (n-d).$$

Daher ist $\gamma - (\gamma' + \gamma'') = 2\varrho > 0$, außer beim ersten Gliede ($\varrho = 0$). Dieses erste Glied in (6) entsteht aber durch den Polarenprozeß Δ^k aus $[\varphi_0]$, wo φ_0 nur mehr die eine Reihe $p_{ikl\ldots}$ enthält.

Wir haben also f in eine Reihe von Formen additiv gespalten: $f = \sum \Psi$, Formen, die durch Polaroperationen aus Formen mit einer Veränderlichenreihe weniger entstehen, und Formen, die ein geringeres Gesamtgewicht besitzen als f.

Jetzt können wir die Ψ_i wieder so behandeln wie f usw. Dieses Verfahren ist solange fortsetzbar, bis die zuletzt erhaltenen Formen Ψ nicht mehr zwei gleichartige Reihen enthalten, also von jeder Koordinatenreihe höchstens eine Gattung.

Setzen wir in dieser Ableitung statt f eine Komitante K, so bleibt alles giltig, und wir erhalten den zweiten, auf S. 153 ausgesprochenen Satz.

Einen zweiten, einfacheren Beweis des Satzes von *Clebsch* kann man nach *Capelli*[1]) so führen: Es sei f eine Form mit verschiedenen Koordinatenreihen. Wir zerlegen jede Reihe $p_{ik}, q_{ik}, \ldots, p_{ikl}, \ldots, u', v', \ldots$ in entsprechend viele Reihen Punktkoordinaten, so daß aus f eine Form f_1 entsteht, die nur Reihen $x, y, z, \ldots$ enthält. Ist die Anzahl dieser Reihen $\geqq n$, so entwickeln wir f_1 nach Potenzen von Klammerfaktoren $(xy \ldots z)$ so lange, bis die Faktoren f'_1, die zu diesen Potenzen hinzutreten, höchstens $(n-1)$ Reihen $x, y, \ldots$ enthalten. Diese Formen f'_1 entwickeln wir dann nach Potenzen von

$$E_{n-1} = \begin{vmatrix} (a'x) \ldots (a't) \\ \cdot \quad \cdot \quad \cdot \quad \cdot \quad \cdot \quad \cdot \\ \cdot \quad \cdot \quad \cdot \quad \cdot \quad \cdot \quad \cdot \\ (m'x) \ldots (m't) \end{vmatrix} = (u'a' \ldots m'), \text{ wo } u'_1 = (x \ldots t)_{23 \ldots n} \text{ usw.}$$

ist. Sind dann in den Faktoren f_1'', die zu den Potenzen von E_{n-1} hinzutreten, nur mehr $(n-2)$ Reihen $x, y, \ldots$ enthalten, so entwickeln wir die f_1'' nach Potenzen von

$$E_{n-2} = \sum \pm (a'x) \ldots (d'z) = \sum (xy \ldots z)_{34 \ldots n} (a'b' \ldots d')_{34 \ldots n} = \\ = \sum \pi'_{12} (a'b' \ldots d')_{34 \ldots n}.$$

Dies geht so weiter, bis wir schließlich auf Formen mit der einen Reihe x gelangen. Das ursprüngliche f erscheint so ersetzt durch eine Summe von Formen, die durch die auf S. 152 genannten 3 Operationen (Zusammenfassen, Zerlegen und Polarisieren) aus einfacheren Formen φ entstehen. Diese φ enthalten von jeder Koordinatenreihe $u', \pi'_{ik}, \ldots, x$ höchstens eine.

§ 8. **Normalformen.**

Gehen wir nochmals auf den *Capelli*schen Beweis des *Clebsch*schen Satzes zurück. In einer Grundform f mit irgendwelchen Koordinatenreihen zerlegen wir vorerst jede Reihe in Punktkoordinaten. Es entsteht so eine Form f_1, von der wir durch Reihenentwicklung

[1]) Lezioni ..., S. 162.

Faktoren $(xy\dots z)$ solange abspalten, bis wir auf Formen f'_1 mit höchstens $(n-1)$ Reihen $\xi, \eta, \varrho, \dots, \sigma, \tau$ kommen.

Die Formen f'_1 werden nach Potenzen von

$$E_{n-1}, E_{n-2}, \dots, E_2, E_1 = (\alpha'\tau)$$

entwickelt (vgl. den Schluß des vorigen §), so daß jedes f'_1 eine Summe von Polaren von Formen φ wird:

(1) $$f'_1 = \sum_h \Delta'_h \varphi_h;$$

f_1 wird also eine Summe von Produkten aus Klammerfaktoren $(xy\dots z)$ und Polaren von Formen φ_h. Die Formen φ haben dabei folgende Gestalt:

(2) $$\left\{\begin{aligned}\varphi &= E_{n-1}^{k_{n-1}} E_{n-2}^{k_{n-2}} \dots E_2^{k_2} E_1^{k_1} = \\ &= \begin{vmatrix} (\alpha'\xi)(\alpha'\eta)\dots(\alpha'\tau) \\ (\beta'\xi)(\beta'\eta)\dots(\beta'\tau) \\ \dots\dots\dots \\ \dots\dots\dots \\ (\nu'\xi)(\nu'\eta)\dots(\nu'\tau) \end{vmatrix}^{k_{n-1}} \cdot \begin{vmatrix} (\beta'\eta)\dots(\beta'\tau) \\ \dots\dots \\ \dots\dots \\ (\nu'\eta)\dots(\nu'\tau) \end{vmatrix}^{k_{n-2}} \dots \begin{vmatrix} (\mu'\sigma)\,(\mu'\tau) \\ (\nu'\sigma)\,(\nu'\tau) \end{vmatrix}^{k_2} (\nu'\tau)^{k_1}.\end{aligned}\right.$$

Hierbei sind die Symbole $\alpha', \beta', \dots$ im allgemeinen verschieden von den Symbolreihen, mit denen f ursprünglich dargestellt war.

War

(3) $$f'_1 = (\alpha'\xi)^{m_1} (\beta'\eta)^{m_2} \dots (\nu'\tau)^{m_{n-1}} \quad (m_1 \leqq m_2 \leqq \dots \leqq m_{n-1}),$$

so können wir an Stelle der Exponentenreihe $k_{n-1}, \dots, k_2, k_1$ in (2) auch schreiben:

(4) $$\varphi = E_{n-1}^{m_1} E_{n-2}^{m_2-m_1} \dots E_2^{m_{n-2}-m_{n-3}} E_1^{m_{n-1}-m_{n-2}} \quad (k_i = m_i - m_{i-1}).$$

Fassen wir schließlich in jedem Faktor E_h die h Reihen der Veränderlichen $\xi, \eta, \dots$ zu Reihen $\pi_{ikl\dots}, \dots$ zusammen, so haben wir statt (2):

(5) $$\varphi = (au')^{k_{n-1}} \left[(b\pi')^2\right]^{k_{n-2}} \left[(c\varrho')^3\right]^{k_{n-3}} \dots \left[(e\omega')^{n-2}\right]^{k_2} (f'\tau)^{k_1}.$$

Halten wir zunächst an den Darstellungen (2) und (3) fest. φ ist eine Form mit höchstens $(n-1)$ Reihen $\xi, \eta, \zeta, \dots, \tau$ von bestimmter Struktur. Man liest an (2) unmittelbar ab, daß φ die $(n-2)$ Differentialgleichungen befriedigt:

(6) $$D_{\xi\eta}\varphi = 0, \; D_{\eta\zeta}\varphi = 0, \dots, D_{\sigma\tau}\varphi = 0.$$

Daher befriedigt φ auch jede Gleichung

(7) $$D_{pq}\varphi = 0,$$

wo p und q irgend zwei der Reihen $\xi, \eta, \zeta, \dots, \tau$ sind, p aber vor q stehend in dieser Reihenfolge (vgl. V § 2 Satz 1 S. 123).

Umgekehrt sind aber diese Gleichungen auch hinreichend dafür, daß φ diese Gestalt hat (vgl. V § 10 S. 141). *Die Gleichungen* (6) *sind also für die* φ *charakteristisch.*

Derartige Formen φ wurden von *Deruyts*[1]) *„covariants primaires"* genannt und ausführlich untersucht. Wir nennen sie hier, im Anschlusse an ältere Arbeiten von *Clebsch*, *Gordan*, *Mertens* und *Study* *„Normalformen"*. Dieser, ursprünglich in der Theorie der der ternären Formen mit zwei Reihen x und u' von *Gordan* verwendete Begriff, wurde von *Study*[2]) schärfer gefaßt, von *Clebsch*[3]) auf Formen mit Reihen $p_{ikl}\ldots$ übertragen, von *F. Mertens*[4]) für $n=4$ und von *E. Noether*[5]) für beliebige n-äre Formen verallgemeinert.

Nach letzterer sind Normalformen φ (Gleichung (5)) dadurch definiert, daß sie 1. Kovarianten der Grundform (hier f'_1) sind, linear in deren Koeffizienten; 2. daß jede Kovariante $\psi \neq \varphi$, die in den Koeffizienten von φ linear ist, verschwindet. Ist φ nach (5) dargestellt, so ist zu letzterem notwendig und hinreichend, daß φ bei Zerlegung der Reihen $u', \pi'_{ik}, \ldots$, die Gestalt (2) erhält.

Schließlich weisen wir noch darauf hin, daß sich jede Grundform f mit mehreren Koordinatenreihen durch ein „system-äquivalentes" System von derartigen Normalformen ersetzen und nach Polaren von Normalformen entwickeln läßt, was allgemein von *E. Noether*[6]) gezeigt wurde. Für $n=3$ wurden Reihenentwicklungen nach Normalformen ausführlich von *E. Study*[7]) auseinandergesetzt, ebenso Fragen, die sich daran knüpfen, wie Eindeutigkeit der Reihenentwicklungen, Abhängigkeit der Normalformen untereinander, Äquivalenz von Systemen von Normalformen usf.

§ 9. Der Satz von Gram.

Die n-ären Formen f, die nur Reihen $x, y, \ldots$ und $u', v', \ldots$ enthalten, besitzen eine bedeutend einfachere Struktur als Formen F, in denen auch Reihen $\pi_{ik}, \pi_{ikl}, \ldots$ vorkommen. Erstere sind deshalb fast ausschließlich Gegenstand der bisherigen Untersuchungen gewesen. Man kann von jeder Form F mit Reihen $\pi_{ik}, \pi_{ikl}, \ldots$ durch Zerlegen dieser Reihen leicht zu Formen f übergehen. Um-

---

1) Essai . . . S. 98.
2) Methoden . . ., S. 54.
3) Göttinger Nachrichten 17, (1872).
4) Wiener Berichte, 98, (1889).
5) Crelle 139, (1910), S. 118.
6) l. c.
7) l. c., auch *Deruyts*, l. c.

gekehrt geben die Ausführungen des § 10 im V. Abschnitt die Mittel, mit denen man erkennen kann, ob sich in einer Form f mit Reihen $x, y, z, \ldots$ diese Reihen zu Koordinaten

$$p_{ikl\ldots} = (x\,y\,z\ldots)_{ikl\ldots}$$

zusammenfassen lassen. Notwendig und hinreichend dafür ist das Bestehen gewisser Differentialgleichungen $D_{pq}f = 0$. Die Zusammenfassung selbst kann durch Reihenentwicklung bewirkt werden.

Wir behandeln jetzt einen Satz, in dem derartige Kovarianten mit Reihen $x, y, z, \ldots$ eine Rolle spielen und der von *Gram*[1]) das erstemal bewiesen wurde. Wir hatten schon wiederholt Gelegenheit, darauf hinzuweisen, daß durch Nullsetzen von Formen F im n-ären Gebiete G_n geometrische *Figuren* dargestellt sind. Projektivinvariante Eigenschaften dieser Figuren sind gegeben durch ganze rationale und homogene Gleichungen

(1) . . . . . $\Pi_1 = 0,\ \Pi_2 = 0, \ldots, \Pi_h = 0 \quad (h \geqq 1)$

zwischen den Koeffizienten $a'_{ikl\ldots}$ der Formen F, deren Gesamtheit bei beliebigen linearen Transformationen $x \dashrightarrow \bar{x}$ erhalten bleibt. Mit anderen Worten: sind $\overline{\Pi}_i$ die Ausdrücke, in die die Π_i bei $x \dashrightarrow \bar{x}$ übergehen, so muß zufolge von (1) auch gelten:

(2) . . . . . . $\overline{\Pi}_1 = 0,\ \overline{\Pi}_2 = 0, \ldots, \overline{\Pi}_h = 0.$

Man nennt dann (1) ein „*invariantes Gleichungssystem*“, bei $h = 1$ eine „*invariante Gleichung*“.

Der Satz von *Gram* besagt dann:

Ein invariantes Gleichungssystem kann immer dargestellt werden durch das identische Verschwinden von Kovarianten.

Mit anderen Worten: ein invariantes Gleichungssystem (1) erhält man, wenn man alle Koeffizienten einer oder mehrerer Kovarianten gleich Null setzt. Ist $h = 1$ und Π irreduzibel, so ist Π eine Invariante.

Zum *Beweise* des *Gram*schen Satzes stellen wir jede linke Seite von (1), also jedes Π_k symbolisch dar. Π_k wird eine ganze rationale Funktion

(3) . . . $\Pi_k = \Pi_k\{(a'b'\ldots d'), (\alpha\beta\ldots\delta), \ldots, a'_i, \ldots, \alpha_k, \ldots\}$

von Klammerfaktoren und einzelnen Symbolen.

Jetzt vollziehen wir die Transformation $x \dashrightarrow \bar{x}$:

(4) . . . . $x_i = \sum_k e_i^k \bar{x}_k,$

---

[1]) *Gram*, Mathem. Ann. 7 (1873). Ferner: *Study*, Methoden, . . . S. 101. *Clebsch-Lindeman* I, S. 272.

schreiben aber an Stelle der n^2 Transformationskoeffizienten e_i^k die n^2 Koordinaten von n Punkten $\xi, \eta, \ldots, \zeta$ nach folgendem Schema:

$$(5) \quad \ldots\ldots \quad \varDelta = |e_i^k| = \begin{vmatrix} \xi_1 \xi_2 \ldots \xi_n \\ \eta_1 \eta_2 \ldots \eta_n \\ \ldots\ldots \\ \zeta_1 \zeta_2 \ldots \zeta_n \end{vmatrix} = (\xi \eta \ldots \zeta).$$

Die Gleichungen (4) sehen dann so aus:

$$(6) \quad \ldots\ldots \quad \begin{cases} x_1 = \xi_1 \overline{x}_1 + \eta_1 \overline{x}_2 + \cdots + \zeta_1 \overline{x}_n \\ x_2 = \xi_2 \overline{x}_1 + \eta_2 \overline{x}_2 + \cdots + \zeta_2 \overline{x}_n . \\ \ldots\ldots\ldots\ldots \\ x_n = \xi_n \overline{x}_1 + \eta_n \overline{x}_2 + \cdots + \zeta_n \overline{x}_n \end{cases}$$

Demzufolge erhält man für die transformierten Koeffizienten $\overline{a'}$ einer Linearform $(a'x)$:

$$(7) \quad \ldots\ldots \quad \overline{a'}_1 = (a' \xi),\ \overline{a'}_2 = (a' \eta), \ldots, \overline{a'}_n = (a \zeta).$$

Fassen wir ferner je $(n-1)$ der Reihen $\xi, \eta, \ldots, \zeta$ zu $v', w', \ldots, s'$ zusammen, so daß $v'_i, w'_i, \ldots, s'_i$ die Minoren von $\xi_i, \eta_i, \ldots, \zeta_i$ in (5) sind, so lauten die zu (6) kontragredienten Transformationen (vgl. I § 14 S. 26):

$$(8) \quad \ldots\ldots \quad \begin{cases} \varDelta u'_1 = v'_1 \overline{u}'_1 + w'_1 \overline{u}'_2 + \ldots + s'_1 \overline{u}'_n \\ \varDelta u'_2 = v'_2 \overline{u}'_1 + w'_2 \overline{u}'_2 + \ldots + s'_2 \overline{u}'_n \\ \ldots\ldots\ldots\ldots \\ \varDelta u'_n = v'_n \overline{u}'_1 + w'_n \overline{u}'_2 + \ldots + s'_n \overline{u}'_n . \end{cases}$$

Hieraus folgt, dual zu (7):

$$(9) \quad \ldots\ldots \quad \overline{a}_1 = \frac{1}{\varDelta}(a v'),\ \overline{a}_2 = \frac{1}{\varDelta}(a w'),\ \ldots,\ \overline{a}_n = \frac{1}{\varDelta}(a s').$$

Es ist dann:

$$(10) \quad \ldots \quad (\overline{a'}\, \overline{b'} \ldots \overline{d'}) = \varDelta\, (a' b' \ldots d'),\ (\overline{\alpha}\, \overline{\beta} \ldots \overline{\delta}) = \frac{1}{\varDelta} (\alpha \beta \ldots \delta).$$

Nach (3) und (2) wird also:

$$(11) \quad \Pi_k \{(a'b' \ldots d'), (\alpha\beta \ldots \delta), \ldots, (a'\xi), \ldots, (av'), \ldots\} \equiv 0 \{\xi, \ldots, v', \ldots\}.$$

Hier liest man links ab, daß Π_h eine Komitante ist, und darin liegt der Beweis des Satzes. Zugleich erhalten wir auch Aufschluß über die Natur solcher invarianter Gleichungssysteme (1). Ist nämlich neben $\Pi_i = 0$ auch $\overline{\Pi}_i = 0$ für jede Transformation $x \longrightarrow \overline{x}$, so zerfällt $\overline{\Pi}_i \equiv 0$ nach (11) in eine Reihe von homogenen Gleichungen $\Pi_{i_1} = 0$, $\Pi_{i_2} = 0, \ldots$ von gleichem Grade, die alle in (1) enthalten sein müssen. Es besteht somit ein invariantes Gleichungssystem (1) aus verschiedenen Gruppen von Gleichungen. Die Gleichungen derselben Gruppe fließen aus dem identischen Verschwinden derselben Kovariante.

Wir hatten bisher stets vorausgesetzt, daß die Koeffizienten $a_{ikl}\ldots$ einer n-ären Form völlig frei veränderliche Größen seien, daß wir also mit „allgemeinen" Formen zu tun haben. Tatsächlich gelten auch viele Sätze nur für solche Formen. Ein invariantes Gleichungssystem (1) ist gleichbedeutend mit einer Anzahl h von invarianten Relationen zwischen Formenkoeffizienten. Der obige Satz kann dann auch so ausgesprochen werden, daß derartige invariante Relationen stets durch das identische Verschwinden von Komitanten allgemeiner Grundformen ausgedrückt werden können. Wir kommen auf diese Verhältnisse beim Transformationsproblem noch einmal zurück (vgl. VII § 10).

§ 10. Gleichartige Formen. Der Satz von Peano.

Es sei eine unbegrenzte Menge

(1) $$f_1, f_2, \ldots, f_\nu, \ldots$$

von „gleichartigen" n-ären Formen gegeben, d. h. von Formen mit denselben Koordinatenreihen und denselben Gradzahlen in diesen. Also z. B. für $n = 3$ eine Reihe von Kegelschnitten $k_1, k_2, \ldots$ durch die dazugehörigen quadratischen Formen $(a'x)^2, (b'x)^2, \ldots$.

Es sei ν die Anzahl der Koeffizienten $a_{ikl}\ldots = A_j$ von f_1. Ist $f_1 = (a'x)^m$, so ist

$$\nu = \frac{(m+n-1)!}{(n-1)!\, m!}.$$

Zwischen je $(\nu + 1)$ der Formen (1) besteht eine lineare Relation, die sich durch Entwicklung der Determinante

(2) $$D_{\nu+1} = \begin{vmatrix} A_1^{(1)} & A_2^{(1)} & \ldots & A_\nu^{(1)} & f_1 \\ A_1^{(2)} & A_2^{(2)} & \ldots & A_\nu^{(2)} & f_2 \\ \cdot & \cdot & \cdot & \cdot & \cdot \\ \cdot & \cdot & \cdot & \cdot & \cdot \\ A_1^{(\nu+1)} & A_2^{(\nu+1)} & \ldots & A_\nu^{(\nu+1)} & f_{\nu+1} \end{vmatrix} \equiv 0$$

nach der letzten Spalte ergibt:

(3) $$B_1 f_1 + B_2 f_2 + \ldots + B_{\nu+1} f_{\nu+1} \equiv 0.$$

Hier sind in (2) die Größen $A_1^{(i)}, A_2^{(i)}, \ldots, A_\nu^{(i)}$ die ν Koeffizienten von f_i und in (3) sind die B_k ν-reihige Determinanten. Wir wollen

(4) . . . . $$B_{\nu+1} = \sum \pm A_1^{(1)} A_2^{(2)} \dots A_\nu^{(\nu)}$$

als verschieden von Null voraussetzen. Dann erhalten wir erstens aus (3) für die Koeffizienten $A_i^{(\nu+1)}$ der Form $f_{\nu+1}$ die Darstellung:

(5) . . $$A_i^{(\nu+1)} = -\frac{B_1}{B_{\nu+1}} A_i^{(1)} - \frac{B_2}{B_{\nu+1}} A_i^{(2)} - \dots - \frac{B_\nu}{B_{\nu+1}} A_i^{(\nu)}$$

und zweitens entstehen die $B_1, B_2, \dots, B_\nu$ in (3) aus $B_{\nu+1}$ durch Polarenprozesse

(6) . . . . $$B_i = \sum \frac{\partial B_{\nu+1}}{\partial A_k^{(i)}} \cdot A_k^{(\nu+1)},$$

die hier *Aronhold*sche Prozesse sind, ausgeübt auf die Invariante $B_{\nu+1}$ (vgl. I § 10 S. 18).

Kennt man von den ersten ν Formen (1) ein volles Invariantensystem

(7) . . . . $$(I) = I_1, I_2, \dots, I_\sigma,$$

so ist auch $B_{\nu+1}$ durch die $I_1, I_2, \dots, I_\sigma$ ganz und rational ausdrückbar:

(8) . . . . $$B_{\nu+1} = G(I_\varrho)$$

und nach (6) sind die B_i ($i = 1, 2, \dots, \nu$) ganze und rationale Funktionen der Invarianten I_ϱ und ΔI_ϱ, wobei die ΔI_ϱ aus den I_ϱ durch *Aronhold*sche Prozesse entstehen.

Wegen (5) folgt hieraus, daß jede ganze rationale Invariante von $(\nu+1)$ Formen $f_1, f_2, \dots, f_\nu, f_{\nu+1}$ *rational* durch die I_ϱ und ΔI_ϱ ausdrückbar ist.

Der Satz von Peano[1]) *behauptet nun, daß dies auch ganz und rational möglich ist.* Mit anderen Worten: Sind $f_1, f_2, \dots, f_\tau$ $\tau > \nu$ gleichartige Formen und $I_1, I_2, \dots, I_\sigma$ ein volles Invariantensystem von ν dieser Formen, so erhält man ein volles Invariantensystem aller τ Formen durch Hinzunahme der ΔI_ϱ zu den I_ϱ.

Der *Beweis* dieses Satzes ist leicht durch Reihenentwicklung zu erbringen. Wenn K eine Invariante von ν oder mehr als ν der Formen (1) ist, so fassen wir irgend ν Koeffizientensysteme $A_1^{(i)}, A_2^{(i)}, \dots, A_\nu^{(i)}$ als homogene Punktkoordinaten in einem Gebiete ν-ter Stufe G_ν auf und entwickeln K nach Potenzen der ν-reihigen

---

[1]) Atti di Torino, 17, (1881), S. 580; *D. Hilbert*, Schwarz-Festschrift (1914). *E. Noether*, Mathem. Ann. 77, (1915), S. 93; ausführlicher, bes. mit Rücksicht auf binäre Formen, vgl. *Grace* u. *Young*, S. 321, 358.

Klammerfaktoren $B = \sum \pm A_1^{(i_1)} A_2^{(i_2)} \ldots A_\nu^{(i_\nu)}$ (vgl. V § 8 S. 137); wir erhalten

(9) $$K = \sum \Delta^{(\lambda)} K^{(\lambda)} B^\lambda .$$

Hier sind die $\Delta^{(\lambda)}$ Aggregate von Prozessen (6) und die $K^{(\lambda)}$ Invarianten von höchstens $(\nu-1)$ gleichartigen Formen; die letzteren entstehen aber aus den I_ϱ durch *Aronhold*sche Prozesse.

Durch den *Peano*schen Satz wird die Frage nach dem formellen Aufbau von Invarianten beliebig vieler gleichartiger Formen dahin entschieden, daß man mit der Aufstellung der Invarianten von $(\nu-1)$ der Formen ausreicht. Diesen Invarianten ist dann noch die aus den Koeffizienten von ν der Formen gebildete ν-reihige Determinante zuzufügen[1]). Letztere kann dann selbst noch reduzibel sein, wie z. B. bei binären Formen ungerader Ordnung[2]).

§ 11. Sylvestersche Operatoren.

Greifen wir noch einmal zurück auf das in den § 11 und 12 des I. Abschnittes auseinandergesetzte über das Wesen der symbolischen Darstellung von n-ären Formen und deren projektiven nvarianten.

I Es sei $f = (a'x)^p$ eine n-äre Form mit den Koeffizienten $a'_{i_1 i_2 \ldots i_p} = a'_{i_1} a'_{i_2} \ldots a'_{i_p}$. Das zu diesem Koeffizienten gehörige Potenzprodukt der x_i erhalten wir, bis auf einen Zahlenfaktor, wenn wir die p-te Ableitung

(1) $$\frac{\partial^p f}{\partial a'_{i_1} \partial a'_{i_2} \ldots \partial a'_{i_p}} = p!\, x_{i_1} x_{i_2} \ldots x_{i_p}$$

bilden.

Setzen wir

(2) $$\frac{\partial^p}{\partial a'_{i_1} \partial a'_{i_2} \ldots \partial a'_{i_p}} = \frac{\partial}{\partial a'_{i_1}} \frac{\partial}{\partial a'_{i_2}} \cdots \frac{\partial}{\partial a'_{i_p}}$$

so entspricht dieser symbolischen Zerlegung der p-ten Ableitung nach (1) genau die Zerlegung des Potenzproduktes der x_i in die einzelnen x-Reihen. Die Operationszeichen $\frac{\partial}{\partial a'}$ verhalten sich also so wie Reihen x. Dies kommt auch bei einer Transformation $x \to \bar{x}$ oder

(3) $$x_i = \sum_k e_i^k \bar{x}_k$$

1) Ein Beispiel hierzu wird im § 19 behandelt.

2) *Grace* und *Young*, S. 349.

zum Ausdruck. Nach I § 14 (1) S. 26 haben wir wegen (3):

(4) . . . . $$\overline{a'}_k = \sum a'_j e^k_j.$$

Wenn wir also eine Funktion I der a'_i nach diesen Argumenten ableiten, so können wir in

$$\frac{\partial I}{\partial a'_i} = \sum_k \frac{\partial I}{\partial \overline{a'}_k} \frac{\partial \overline{a'}_k}{\partial a'_i}$$

wegen (4) $\frac{\partial \overline{a'}_k}{\partial a'_i}$ ersetzen durch e^k_i und erhalten

(5) . . . . $$\frac{\partial}{\partial a'_i} = \sum_k e^k_i \frac{\partial}{\partial \overline{a'}_k},$$

d. h. die $\frac{\partial}{\partial a'_i}$ werden kogredient zu den x_i transformiert.

Es folgt daraus weiter, daß wir in einer Invariante K mit Reihen $\alpha, \beta, \ldots,$ die also den x kogredient sind, eine oder mehrere dieser Reihen durch die Differentiationssymbole (5) ersetzen können, ohne die invariante Eigenschaft von K anzutasten: *die so entstehenden „Operatoren" haben die Invarianteneigenschaft.* Wir nennen sie *Sylvestersche Operatoren*, da sie in dieser Allgemeinheit zuerst von *Sylvester* behandelt wurden[1]). Alle invarianten Prozesse sind Spezialfälle solcher *Sylvester*scher Operatoren.

Es sei $K = K(a, b, \ldots)$ eine Invariante der n-ären Form

(6) . . . . $$\varphi = (au')^p = (bu')^p = \ldots$$

und irgendwelcher anderer Formen. Ersetzen wir alle p Symbolreihen a durch $\frac{\partial}{\partial a'}$ usf., so entsteht der Operator

(7) . . . . $$K^* = K\left(\frac{\partial}{\partial a'}, \frac{\partial}{\partial b'}, \ldots\right).$$

Nicht-symbolisch ist K^* eine ganze rationale und homogene Funktion

(8) . . . $$K^* = G\left(\frac{\partial^p}{\partial a'_{i_1} \partial a'_{i_2} \ldots \partial a'_{i_p}}, \frac{\partial^p}{\partial b'_{i_1} \partial b'_{i_2} \ldots \partial b'_{i_p}}, \ldots\right)$$

von p-ten Ableitungen. Ist dann $I = I(a', b', \ldots)$ eine Invariante der Form $f = (a'x)^p$ und irgendwelcher anderer Formen, so erzeugt K^*, auf I ausgeübt, wieder eine Invariante I':

(9) . . . . $$K^*\{I\} = I'$$

oder verschwindet.

---

[1]) *Crelle* 85 (1878) S. 89; hierzu *A. Hurwitz*, Math. Ann. 45 (1894) S. 381.

Daß dies so ist, sieht man am leichtesten an der symbolischen Darstellung. Es sei etwa

$$K = K[(ab\ldots m), \ldots, (a\alpha'), \ldots], \text{ also}$$

$$(10) \quad \ldots \quad K^* = K\left[\left(\frac{\partial}{\partial a'}\ \frac{\partial}{\partial b'}\ldots m\right), \ldots, \left(\frac{\partial}{\partial a'}\alpha'\right), \ldots\right].$$

Ferner sei

$$(11) \quad \ldots\ldots \quad I = I[(a'b'\ldots m'), \ldots, (a'\alpha), \ldots].$$

Die Wirkung von K^* auf I erhält man dann aus den Gleichungen:

$$(12) \quad \ldots \quad \begin{cases} \left(\frac{\partial}{\partial a'}\alpha'\right)(a'\alpha) = (\alpha'\alpha) \\ \left(\frac{\partial}{\partial a'}\alpha'\right)(a'b'\ldots m') = (\alpha'b'\ldots m') \\ \left(\frac{\partial}{\partial a'}b\ldots m\right)(a'\alpha) = (\alpha b\ldots m) \\ \left(\frac{\partial}{\partial a'}b\ldots m\right)(a'b'\ldots) = \sum \pm (bb')\ldots(mm'). \end{cases}$$

Die p-malige Wiederholung dieser Prozesse gibt in $K^*\{I\}$ nur Faktoren 1. und 2. Art, also ist I' eine Invariante oder verschwindet. Ist K vom Grade m in den Koeffizienten von φ, I vom Grade m in den Koeffizienten von $f = (a'x)^p$, so enthält $I' = K^*\{I\}$ die Koeffizienten von f überhaupt nicht mehr.

§ 12. Das Hermitesche Reziprozitätsgesetz.

Es seien

$$(1) \quad f = a_x^n = \sum a_{ikl\ldots} x_i x_k x_l \ldots = A_0 x_1^n + \binom{n}{1} A_1 x_1^{n-1} x_2 + \cdots + A_n x_2^n$$

und

$$(2) \quad g = \alpha_x^m = \sum \alpha_{ikl\ldots} x_i x_k x_l \ldots = \mathsf{A}_0 x_1^m + \binom{m}{1} \mathsf{A}_1 x_1^{m-1} x_2 + \cdots + \mathsf{A}_m x_1^m$$

zwei binäre Formen n-ter, bezw. m-ter Ordnung.

Wir bilden die zu f duale Form $\bar{f} = p_u^n$; sie entsteht einfach aus f, wenn wir x_1 und x_2 durch $+u_2$ und $-u_1$ ersetzen, oder, was auf dasselbe hinauskommt, wenn wir a_1 und a_2 durch $-a_2$ und $+a_1$ ersetzen:

$$(3) \quad \ldots\ldots \quad \bar{f} = (au)^n = (a_1 u_2 - a_2 u_1)^n = p_u^n.$$

Nun sei

$$(4) \quad \ldots\ldots\ldots \quad R = R\left(\overset{m}{p_{ikl\ldots}}, \overset{n}{\alpha_{ikl\ldots}}\right)$$

die Resultante der beiden binären Formen $\bar{f}$ und g. Sie ist eine Invariante vom Grade m in den Koeffizienten $p_{ikl}\ldots$ von $\bar{f}$, vom Grade n in den Koeffizienten $a_{ikl}\ldots$ von g, was wir in (4) durch die darübergesetzten Zahlen andeuteten.

Stellen wir jetzt R symbolisch dar, dabei auf die durch (3) festgelegte Beziehung

(5) . . . . $p_1 = -a_2 \quad p_2 = +a_1$

Rücksicht nehmend, so wird

(6) . . . . $R = R\,(a, b, \ldots, h;\ \alpha, \beta, \ldots, \lambda)$

wobei $a, b, \ldots, h$ m äquivalente und $\alpha, \beta, \ldots, \lambda$ n äquivalente Symbolreihen bedeuten. Es ist dann

(7) . . . . . $R^* = R\left(\frac{\partial}{\partial a}, \frac{\partial}{\partial b}, \ldots, \frac{\partial}{\partial h};\ \alpha, \beta, \ldots, \lambda\right)$

ein *Sylvester*scher Operator.

Sei nun

(8) . . . . $I = I\,(a, b, \ldots, h;\ x)$

eine Kovariante von f, vom Grade m in den Koeffizienten $a_{ikl}\ldots$ von f. Dann wird

(9) . . . . $R^*\{I\} = K$

eine Invariante, in der keine $a_{ikl}\ldots$ mehr, sondern nur $\alpha, \beta, \ldots, \lambda$ und x vorkommen. K wird also eine Kovariante der zweiten Form g. Dies gibt den von *Hermite* gefundenen Satz[1]):

Sind f und g zwei binäre Formen n-ter, bezw. m-ter Ordnung, so läßt sich jeder Kovariante I von f, die die Koeffizienten f im m-ten Grad enthält, eine Kovariante K von g zu ordnen, die vom n-ten Grad in den Koeffizienten von g ist.

§ 13. Verallgemeinerung von Hurwitz.

Das *Hermite*sche Reziprozitätsgesetz ist von *A. Hurwitz* verallgemeinert worden auf beliebige n-äre Formen[2]).

Es gilt der folgende Satz:

Es seien

(1) . . . . $f, f_1, f_2, \ldots f_k$ und g

---

[1]) Cambridge u. Dublin Math. Journal 8 (1854) S. 172. Vgl. etwa noch *Gordan-Kerschensteiner* II S. 97.

[2]) Mathem. Ann. 45 (1894) S. 381.

irgend welche n-äre Formen und $\bar{f}$ eine zu f duale Form (d. h. eine Form mit den dualen Koordinatenreihen im entsprechend gleichen Grad). Gibt es dann eine Invariante R der beiden Formen $\bar{f}$ und g, die in den Koeffizienten dieser Formen vom r-ten bezw. s-ten Grad ist, so entspricht jeder Invariante I von $f, f_1, f_2, \ldots, f_k$, die in den Koeffizienten von f vom r-ten Grade ist eine Invariante K von $g, f_1, f_2, \ldots, f_k$, die in den Koeffizienten von g vom s-ten Grade ist.

Dieser Satz ergibt den Satz von *Hermite* als Spezialfall, wenn wir f und g so wie im vorigen § wählen, ferners für R die Resultante von $\bar{f}$ und g und schließlich $f_1 = (xy) = x_1 y_2 - y_2 x_1$ nehmen.

Zum Beweise obigen Satzes sei etwa $f = (a'x)^p$ gesetzt, so daß $\bar{f} = (au')^p$ wird, wo die $a_{ikl\ldots}$ beliebig sind, völlig unabhängig von den $a'_{ikl\ldots}$ von f. Ist dann

$$R = R\,(a, b, \ldots; g), \tag{2}$$

so ist

$$R^* = R\left(\frac{\partial}{\partial a'}, \frac{\partial}{\partial b'}, \ldots; g\right) \tag{3}$$

ein *Sylvester*scher Operator und also

$$R^*\left\{I(a', b', \ldots; f_1, f_2, \ldots, f_k)\right\} = K\,(g, f_1, f_2, \ldots, f_k) \tag{4}$$

eine Invariante K der Formen $g, f_1, f_2, \ldots, f_k$ vom Grade s in den Koeffizienten von g. Letztere kommen ja in I gar nicht vor und rühren nur von R^* allein her; und da in I die Koeffizienten von f im r-ten Grade auftreten, werden sie gerade durch den Prozeß R^* wieder entfernt.

Es sei noch bemerkt, daß f (und die übrigen Formen) durchaus nicht so einfach zu sein brauchen wie oben; es können mehrere verschiedene Koordinatenreihen in f enthalten sein. So würde z.B. bei

$$f = (a'x)^p\,[(b'\pi)^2]^q\,(cu')^r$$

die duale Form $\bar{f}$ lauten:

$$\bar{f} = (au')^p\,[(b\pi')^2]^q\,(c'x)^r.$$

Es ist ferner leicht zu sehen, daß man mit Hilfe derselben Invariante R auch umgekehrt von Invarianten K zu Invarianten I gelangen kann. Statt R^* ist dann einfach

$$R^{**} = R\left(a, b, \ldots; \frac{\partial}{\partial \alpha'}, \frac{\partial}{\partial \beta'}, \ldots\right)$$

zu nehmen, wo $\alpha', \beta', \ldots$ die Symbole von g sind.

§ 14. Verschiedene Gebiete.

Wir haben bisher fast ausschließlich Formen betrachtet, deren Veränderliche alle zu *einem* Gebiete n^{ter} Stufe gehören. Der oben ausgesprochene Endlichkeitssatz für projektive Invarianten gilt auch für Formen, deren Variablenreihen verschiedenen Gebieten angehören, worauf ebenfalls von *D. Hilbert* hingewiesen wurde.[1])

Wir führen dies an einem einfachen Beispiel näher aus. Es sei

(1) $$F = (A' X)^p (a' x)^q$$

eine Form der beiden Veränderlichenreihen X und x:

(2) $$X_1, X_2, \ldots, X_m; \quad x_1, x_2, \ldots, x_n,$$

X zu einem Gebiete m^{ter}, x zu einem Gebiete n^{ter} Stufe gehörig.[2]) In (1) sind die Symbole A' zu $A'_{ikl\ldots}$ und die Symbole a' zu $a'_{rst\ldots}$ und dann das Produkt $A'_{ikl\ldots} a'_{rst\ldots}$ zu einem Koeffizienten $a_{ikl\ldots, rst\ldots}$ von F zu vereinigen.

Als ganze, rationale und projektive Invariante I von F bezeichnet man dann eine ganze rationale Funktion der Koeffizienten $a_{ikl\ldots, rst\ldots}$ von F, die bei beliebigen linearen Transformationen $X \to \overline{X}$ *und* $x \to \overline{x}$ die Invarianteneigenschaft besitzt.

Sind

(3) $$X_i = \sum_k E_i^k \overline{X}_k, \quad x_i = \sum_k e_i^k \overline{x}_k$$

derartige Transformationen mit den Determinanten

(4) $$\Delta = |E_i^k| \neq 0, \quad \delta = |e_i^k| \neq 0,$$

so hat man wie bei Formen mit nur einer Gattung von Veränderlichen:

(5) $$\overline{I} = \Delta^G \cdot \delta^g \cdot I,$$

wo G und g die Gewichte von I bezüglich den Transformationen (3) sind.

Um die Endlichkeit für derartige Invarianten nachzuweisen, verfahren wir so wie im § 2. Hier haben wir entsprechend (4) zweierlei Ω-Prozesse:

(6) $$\Omega_E = \left| \frac{\partial}{\partial E_i^k} \right|, \quad \Omega_e = \left| \frac{\partial}{\partial e_i^k} \right|$$

und es gilt dann hier der zu Satz 3 S. 147 analoge:

(7) $$\Omega_E^h \Omega_e^k \{\Delta^{h'} \delta^{k'} F(\overline{a})\} = 0 \text{ oder } = \text{einer Invariante.}$$

[1]) Math. Ann. 36 (1890) S. 529.

[2]) Es kann auch $m = n$ sein; dann sind zwei verschiedene n-äre Gebiete vorhanden.

Hierbei sind h und k so groß gewählt, daß durch die Ω-Prozesse alle Transformationskoeffizienten E_i^k und e_i^k in Wegfall kommen.

Machen wir dann mit Hilfe des Basissatzes den Ansatz:

$$I = A_1 I_1 + A_2 I_2 + \cdots + A_m I_m,$$

so gibt eine Ausführung der Transformationen (3):

$$\Delta^{h'} \delta^{k'} I = A_1 (\bar{\alpha}) \Delta^{h_1} \delta^{k_1} I_1 + \cdots + A_m (\bar{\alpha}) \Delta^{h_m} \delta^{k_m} I_m.$$

Wendet man hier auf beide Seiten die Operation $\Omega_E^{h'} \Omega_e^{k'}$ an, so entsteht links cI, wo $c \neq 0$ ist und rechts:

$$K_1 I_1 + K_2 I_2 + \cdots + K_m I_m,$$

wo die K_i Invarianten sind oder verschwinden. Alle K_i können nicht Null sein, da sonst I identisch Null wäre.

Wir erwähnen noch, daß man in den Kombinanten ein einfaches Beispiel für die hier betrachteten Formen besitzt[1]) (vgl. II § 9 S. 51).

§ 15. **Syzygien.**

Es sei

(1) . . . . $I_1, I_2, \ldots, I_m$

ein kleinstes volles Invariantensystem einer Grundform f oder eines Systems (F) von solchen Grundformen. Jede Invariante der Formen f ist dann ganz und rational durch die I_h von (1) ausdrückbar und es besteht außer $I_h = I_h$ keine Gleichung

$$I_h = \text{ganze rat. Funktion } (I_1, I_2, \ldots, I_m).$$

Andererseits werden aber im allgemeinen die Invarianten (1) nicht algebraisch unabhängig voneinander sein, d. h. es werden gewisse ganze, rationale Funktionen G der I_h verschwinden:

(2) . . . . $G(I_1, I_2, \ldots, I_m) \equiv 0,$

identisch in den Formenkoeffizienten. Diesen Funktionen G, die die algebraischen Abhängigkeiten der I_h ausdrücken, wenden wir uns jetzt zu.

Wir *definieren:*

Eine Syzygie 1. Art ist eine Gleichung

$$G(I_1, I_2, \ldots, I_m) = 0$$

von folgender Beschaffenheit:

---

[1]) Bezüglich Invarianten von Formen, deren Veränderlichenreihen verschiedenen Gebieten angehören, vgl. *E. Study*, Mathem. Annalen 27 und Methoden .... S. 110; *M. Lehnen*, Dissertation Bonn (1921); *E. Schwartz*, Mathem. Zeitschr. 12 (1922).

1. $G(I) \not\equiv 0 \{I\}$, d. h. G verschwindet nicht identisch, wenn statt der I_h irgend m unabhängige Variable gesetzt werden;

2. $G(I)$ enthält die Koeffizienten $a_{ikl\ldots}$ der Grundformen nur in den Invarianten I_h.

3. $G(I) \equiv 0 \{a_{ikl\ldots}\}$, d. h. G verschwindet identisch, wenn wir jedes I_h durch die $a_{ikl\ldots}$ ausdrücken.

Eine *irreduzible* Syzygie 1. Art ist eine Syzygie 1. Art, deren linke Seite $G(I)$ nicht durch lineare Kombination von Syzygien 1. Art dargestellt werden kann.

Für diese Syzygien besteht ein von *D. Hilbert*[1]) bewiesener *Endlichkeitssatz*:

Ein volles Invariantensystem $(I) = I_1, I_2 \ldots, I_m$ *besitzt nur eine endliche Zahl von irreduziblen Syzygien 1. Art.*

Beweis: Wir betrachten die linken Seiten G aller irreduziblen Syzygien 1. Art eines Systems von Grundformen. Es sind dies nach obigem gewisse ganze, rationale Funktionen der Invarianten I_h. Da der Basissatz (§ 1 S. 143) auch für inhomogene Polynome gilt, so lassen sich aus diesen linken Seiten aller irreduziblen Syzygien 1. Art eine endliche Zahl

(3) $$G_1 = 0,\ G_2 = 0, \ldots, G_\sigma = 0$$

derart herausgreifen, daß jede solche Syzygie G in der Form

(4) $$G = A_1 G_1 + A_2 G_2 + \cdots + A_\sigma G_\sigma$$

darstellbar ist, wobei die A_i Polynome der I_h sind. Nach (4) ist aber G reduzibel, somit gibt (3) alle irreduziblen Syzygien 1. Art.

Es kann nun sein, daß zwischen den linken Seiten von (3) lineare Syzygien bestehen, d. h. daß für gewisse ganze rationale Funktionen A_i der Invarianten I_h Identitäten

(5) $$H = A_1 G_1 + A_2 G_2 + \cdots + A_\varrho G_\varrho = 0$$

bestehen. Hierbei ist H schon $\equiv 0$, wenn wir die G_i durch die Invarianten I_h ausdrücken und nicht erst auf die Formenkoeffizienten selbst zurückgehen. H ist hingegen nicht $\equiv 0$, wenn die G_i als unabhängige Veränderliche behandelt werden. Ferners ist kein A_i konstant, da sonst aus (5) folgen würde, daß G_i reduzibel wäre. (5) nennt man dann *eine Syzygie 2. Art.* Eine irreduzible Syzygie 2. Art ist eine solche, die nicht als lineare Kombination von Syzygien 2. Art darstellbar ist.

Sind

$$H_1 = 0,\ H_2 = 0, \ldots, H_j = 0$$

---

[1]) l. c. (Math. Ann. 36 (1890)).

irreduzible Syzygien 2. Art und bedeuten B_i Polynome der I_h, so heißt eine Gleichung

$$(6) \quad \ldots\ldots \quad K = B_1 H_1 + B_2 H_2 + \cdots + B_j H_j = 0$$

eine Syzygie 3. Art, wenn $K \equiv 0$ schon dann eintritt, wenn man die H_i nach (5) durch die G_i ausdrückt. Hingegen gilt $K \not\equiv 0$, wenn statt der H_i unabhängige Veränderliche gesetzt werden.

Es ist aus dem Bisherigen klar, was wir unter einer Syzygie ν^{ter} Art und unter einer irreduziblen Syzygie ν^{ter} Art zu verstehen haben. Wir werden im § 17 zeigen, daß die Anzahl der irreduziblen Syzygien ν^{ter} Art stets endlich ist. Ferner läßt sich beweisen, daß ν höchstens gleich der Anzahl m der Invarianten I_h eines kleinsten vollen Systems sein kann, daß also die „Syzygienkette"

$$G_i = 0,\ H_i = 0,\ K_i = 0, \ldots$$

spätestens mit dem m^{ten} Gliede abbricht.

§ 16. Die Lösungen eines Systems von Identitäten.

Es seien:

$$(1) \quad \ldots\ldots\ldots \quad G_1, G_2, \ldots, G_{\sigma_1} \quad (\sigma_1 \geqq 1)$$

σ_1 gegebene ganze, rationale Funktionen von Veränderlichen $I_1, I_2, \ldots, I_m$ (wir bezeichnen sie so, wie oben die Invarianten I_h). Wir betrachten die Polynome (1) als Koeffizienten einer linearen Gleichung

$$(2) \quad \ldots\ldots \quad A_1 G_1 + A_2 G_2 + \cdots + A_{\sigma_1} G_{\sigma_1} = 0,$$

bei der die A_i zu suchende Polynome der I_h sind. Dann gilt der *Satz*[1]):

Es existiert eine endliche Zahl $\sigma_2 \geqq 0$ von Lösungssystemen

$$(3) \quad \ldots\ldots \left\{ \begin{array}{l} A_1 = A_{11},\ A_2 = A_{21},\ \ldots,\ A_{\sigma_1} = A_{\sigma_1 1} \\ A_1 = A_{12},\ A_2 = A_{22},\ \ldots,\ A_{\sigma_1} = A_{\sigma_1 2} \\ \ldots\ldots\ldots\ldots\ldots\ldots\ldots\ldots \\ A_1 = A_{1\sigma_2},\ A_2 = A_{2\sigma_2},\ \ldots,\ A_{\sigma_1} = A_{\sigma_1 \sigma_2} \end{array} \right.$$

der Gleichung (2), *derart, daß jedes weitere Lösungssystem* $A_1, A_2, \ldots, A_{\sigma_1}$ *darstellbar ist durch*

$$(4) \quad \ldots \quad A_i = P_1 A_{i1} + P_2 A_{i2} + \cdots + P_{\sigma_2} A_{i\sigma_2} \ (i = 1, 2, \ldots, \sigma_1)$$

wo die P_i wieder Polynome der $I_1, I_2, \ldots, I_m$ sind.

[1]) *D. Hilbert*, l. c. (Mathem. Ann. 36 (1890)).

Beweis durch Induktion: Bei $\sigma_1 = 1$ hat $A_1 G_1 = 0$ keine Lösung, also $\sigma_2 = 0$. Wir nehmen den Satz für $\sigma_1 - 1$ als richtig an und beweisen, daß er dann für σ_1 gilt. Es sei also $\sigma_2 > 0$ und

(5) $$A_1, A_2, \ldots, A_{\sigma_1}$$

irgend ein Lösungssystem von (2), das wir uns so angeordnet denken, daß $A_{\sigma_1} \not\equiv 0$ wird. Aus allen möglichen Lösungssystemen greifen wir diese letzten Polynome A_{σ_1} heraus. Sie bilden eine Menge von Polynomen, für die der *Hilbert*sche Basissatz gilt, d. h. es lassen sich μ derartige letzte Polynome

(6) $$A_{\sigma_1 1}, A_{\sigma_1 2}, \ldots, A_{\sigma_1 \mu}$$

aus μ Lösungssystemen

$$A_{1i}, A_{2i}, \ldots, A_{\sigma_1 i} \quad (i = 1, 2, \ldots, \mu)$$

herausgreifen, daß jedes A_{σ_1} darstellbar ist durch

(7) $$A_{\sigma_1} = M_1 A_{\sigma_1 1} + M_2 A_{\sigma_1 2} + \cdots + M_\mu A_{\sigma_1 \mu}.$$

Bilden wir nun die σ_1 Polynome

(8) $$A'_k = A_k - M_1 A_{k1} - M_2 A_{k2} - \cdots - M_\mu A_{k\mu} \quad (k = 1, 2, \ldots, \sigma_1)$$

wo die A_k aus (5) und die M_k aus (7) entnommen sind. $k = \sigma_1$ gibt hier wegen (7): $A'_{\sigma_1} = 0$. Multiplizieren wir jetzt (8) mit G_k und addieren für $k = 1, 2, \ldots, \sigma_1$, so entsteht:

(9) $$\left\{\begin{aligned} & A'_1 G_1 + A'_2 G_2 + \cdots + A'_{\sigma_1 - 1} G_{\sigma_1 - 1} = \\ & = \sum_{k=1}^{k=\sigma_1} A_k G_k - M_1 \sum_{k=1}^{k=\sigma_1} A_{k1} G_k - \cdots - M_\mu \sum_{k=1}^{k=\sigma_1} A_{k\mu} G_k = \\ & = A_1 G_1 + A_2 G_2 + \cdots + A_{\sigma_1} G_{\sigma_1}. \end{aligned}\right.$$

Hieraus ersieht man, daß jedem Lösungssystem $A_1, A_2, \ldots, A_{\sigma_1}$ von (2) ein Lösungssystem $A'_1, A'_2, \ldots, A'_{\sigma_1 - 1}$ der kürzeren Gleichung

(10) $$A'_1 G_1 + A'_2 G_2 + \cdots + A'_{\sigma_1 - 1} G_{\sigma_1 - 1} = 0$$

entspricht und daß sich nach (8) auch umgekehrt jedes Lösungssystem von (2) aus einem Lösungssystem von (10) und den μ Systemen

$$A_{1i}, A_{2i}, \ldots, A_{\sigma_1 i} \quad (i = 1, 2, \ldots, \mu)$$

linear zusammensetzen läßt. (10) hat aber nur $\sigma_1 - 1$ zu suchende Polynome A'_i und damit ist der Satz bewiesen.

Die hier verwendete Schlußweise läßt sich nun leicht auf den Fall übertragen, wenn nicht *eine* Gleichung (2) vorliegt, sondern *ein System von σ solchen, linear-unabhängigen Gleichungen*:

(11) $A_1 G_{i1} + A_2 G_{i2} + \cdots + A_{\sigma_1} G_{i\sigma_1} = 0 \quad (i = 1, 2, \ldots, \sigma)$.

Es gibt dann stets eine kleinste endliche Zahl $\sigma_2 \geqq 0$ von Lösungssystemen

(12) $A_1 = A_{1s},\ A_2 = A_{2s}, \ldots, A_{\sigma_1} = A_{\sigma_1 s} \quad (s = 1, 2, \ldots, \sigma_2)$

derart, daß jedes andere Lösungssystem $A_1, A_2, \ldots, A_{\sigma_1}$ in der Gestalt

(13) $A_i = P_1 A_{i1} + P_2 A_{i2} + \cdots + P_{\sigma_2} A_{i\sigma_2} \quad (i = 1, 2, \ldots, \sigma_1)$

dargestellt werden kann. Die P_i sind dabei Polynome in den $I_1, I_2, \ldots, I_m$.

Wir scheiden aus den σ_2 Lösungssystemen (12) diejenigen aus, die sich durch lineare Kombination der übrigen ergeben. Hierdurch kann sich die Anzahl σ_2 auf σ'_2 verringern. Wir schreiben dann wieder σ_2 für σ'_2 und können dann mit Hilfe der Polynome (12) die folgenden σ_1 Gleichungen ansetzen:

(14) $B_1 A_{s1} + B_2 A_{s2} + \cdots + B_{\sigma_2} A_{s\sigma_2} = 0 \quad (s = 1, 2, \ldots, \sigma_1)$.

Dieses System (14) heißt nach *Hilbert* „das *erste* aus (11) abgeleitete Gleichungssystem“. Es hat σ_1 Gleichungen, die A_{ik} sind jetzt gegebene Koeffizienten, die B_i die zu suchenden Polynome.

Wir wählen aus (14) wieder die linear-unabhängigen Gleichungen aus und wenden auf dieses Gleichungssystem neuerlich obigen Satz an. Es gibt demnach eine endliche Zahl $\sigma_3 \geqq 0$ von Lösungssystemen

(15) . . . . . $B_{1i}, B_{2i}, \ldots, B_{\sigma_2 i} \quad (i = 1, 2, \ldots, \sigma_3)$,

derart, daß jedes Lösungssystem von (14) darstellbar ist durch

(16) . . . . . $B_i = Q_1 B_{1i} + Q_2 B_{2i} + \cdots + Q_{\sigma_2} B_{\sigma_2 i}$.

Mit Hilfe dieser Lösungssysteme (15) kann man wieder ein System von σ_2 Gleichungen ansetzen:

(17) $C_1 B_{s1} + C_2 B_{s2} + \cdots + C_{\sigma_3} B_{s\sigma_3} = 0 \quad (s = 1, 2, \ldots, \sigma_2)$,

das *zweite*, aus (11) abgeleitete Gleichungssystem“.

In dieser Weise fortfahrend erhalten wir eine „Kette von abgeleiteten Gleichungssystemen“. *Hilbert* hat nun bewiesen — wir unterdrücken hier den ziemlich verwickelten Beweis — *daß diese Kette spätestens beim m^{ten} Gleichungssystem abbricht*, d. h. daß dann $\sigma_{m+1} = 0$ wird und keine weiteren Lösungssysteme existieren. m ist hierbei die Anzahl der Veränderlichen $I_1, I_2, \ldots, I_m$.

§ 17. Syzygienketten.

Wir wenden nun das im vorigen § ausgeführte auf Syzygien an. Zunächst haben wir endlich viele irreduzible Syzygien 1. Art (vgl. § 15 S. 171):

(1) . . . . $G_1 = 0, G_2 = 0, \ldots, G_{\sigma_1} = 0.$

Bedeuten dann A_i Polynome der Invarianten $I_1, I_2, \ldots, I_m$ des vollen Invariantensystems, so ist eine Syzygie 2. Art H dargestellt durch

(2) . . . . $H = A_1 G_1 + A_2 G_2 + \cdots + A_{\sigma_1} G_{\sigma_1} = 0.$

Diese Gleichung hat σ_2 linear-unabhängige Lösungssysteme

(3) . . . . . $A_{1s}, A_{2s}, \ldots, A_{\sigma_1 s}\ (s = 1, 2, \ldots, \sigma_2),$

denen ebensoviele irreduzible Syzygien 2. Art

(4) . . . $H_s = A_{1s} G_1 + \cdots + A_{\sigma_1 s} G_{\sigma_1} = 0\ \ (s = 1, 2, \ldots, \sigma_2)$

entsprechen. Wir haben also auch nur endlich viele irreduzible Syzygien 2. Art.

Eine Syzygie 3. Art hat die Gestalt

(5) . . . . $K = B_1 H_1 + B_2 H_2 + \cdots + B_{\sigma_2} H_{\sigma_2} = 0;$

multiplizieren wir (4) mit B_s und addieren, so kommt:

$$K = B_1 H_1 + \cdots + B_{\sigma_2} H_{\sigma_2} = G_1 \left(\sum B_s A_{1s}\right) + \cdots + G_{\sigma_1}\left(\sum B_s A_{\sigma_1 s}\right) = 0,$$

d. h. wir haben für die Polynome B_i das „erste, aus (4) abgeleitete Gleichungssystem“,

(6) . . . . $$\begin{cases} B_1 A_{11} + B_2 A_{12} + \cdots + B_{\sigma_2} A_{1\sigma_2} = 0 \\ \cdots\cdots\cdots\cdots\cdots\cdots \\ B_1 A_{\sigma_1 1} + B_2 A_{\sigma_1 2} + \cdots + B_{\sigma_2} A_{\sigma_1 \sigma_2} = 0. \end{cases}$$

Man ersieht hieraus bereits, daß die Fortsetzung dieses Verfahrens eine „*Syzygienkette*“ ergibt: das ν-*te* abgeleitete Gleichungssystem hat ein System von $\sigma_{\nu+1}$ Lösungssystemen und diesen entsprechen $\sigma_{\nu+1}$ irreduzible Syzygien $(\nu + 1)$-*ter* Art.

Der *Hilbert*sche Satz über das Abbrechen der Kette der abgeleiteten Gleichungssysteme gibt dann einen weiteren „*Endlichkeitssatz*“:

Die Systeme der endlich-vielen Syzygien 1., 2., 3., ... Art bilden eine Kette von abgeleiteten Gleichungssystemen, die nach höchstens $(m + 1)$ Schritten abbricht, wenn m die Anzahl der Invarianten eines kleinsten vollen Invariantensystems ist. Es gibt demnach höchstens Syzygien $(m + 1)$-ter Art.

Wir geben ein einfaches Beispiel für diese Verhältnisse[1]). Das

[1]) *W. H. Young* Proc. London Math. Soc. 30 (1899) S. 54.

Grundformensystem sei gegeben durch 5 binäre Linearformen

(7) . . . . . . $f_1 = a_x, f_2 = b_x, \ldots, f_5 = e_x.$

Das volle Invariantensystem besteht aus 10 Invarianten

(8) . . . . . $p_{12} = -p_{21} = (ab) = a_1 b_2 - a_2 b_1, \ldots$

die als Linienkoordinaten in einem Gebiete 5. Stufe aufgefaßt werden können (vgl. III § 9 S. 87). Wir haben demnach zunächst 5 irreduziblen Syzygien 1. Art:

(9) . . . . . $\begin{cases} G'_1 = p_{23} p_{45} + p_{24} p_{53} + p_{25} p_{34} = 0 \\ \text{usw.} \end{cases}$

Wir können sie symbolisch einfacher so schreiben:

(10) . . $G'_i = (pq')^2 q'_i = 0 \; (i = 1, 2, \ldots, 5), \; (q'_{345} = q_{12} = p_{12}$ usw.).

Ist weiter r mit p und q äquivalent, so haben wir 5 irreduzible Syzygien 2. Art:

(11) . . . . . $H_i = r_i (r G') = 0 \; (i = 1, 2, \ldots, 5).$

Hier ist $H_i \neq 0$, wenn die G_i' als unabhängige Veränderliche angesehen werden. Hingegen ist $H_i \equiv 0$, wenn für die G_i' die Ausdrücke (9) eingesetzt werden, ohne daß man auf die Reihen $a, b, \ldots, e$ zurückzugehen braucht.

Aus (11) ergibt sich schließlich *eine* Syzygie 3. Art

(12) . . . $K = (G'H) = G'_1 H_1 + G'_2 H_2 + \cdots + G'_5 H_5 = 0.$

Auch hier ist $(G'X) \neq 0 \{X_i\}$, hingegen

$$K = (G'H) = (G'r)^2 \equiv 0 \{G'_i\}.$$

Mit (12) bricht somit die Syzygienkette ab, da die Gleichung $AK = 0$ nur die Lösung $A = 0$ besitzt.

§ 18. **Aufstellung voller Systeme.**

Es sei $(F) = f_1, f_2, \ldots, f_h$ ein gegebenes System von Grundformen. Wie kann man ein volles Invariantensystem $I_1, I_2, \ldots, I_m$ wirklich finden? Theoretisch läßt sich diese Frage vollkommen beantworten und der Weg, der durch diese Antwort gegeben wird, ist auch in vielen Fällen praktisch gangbar. Wir wollen dies jetzt auseinandersetzen.

Es sind *drei Sätze* die diesen Weg weisen. Der erste Satz ist der erste Fundamentalsatz der symbolischen Methode. Wir stellen die Grundformen f_i symbolisch dar. Hierzu verwenden wir Größen- und Symbolreihen

$$(1) \qquad a', b', c', \ldots, \alpha, \beta, \gamma, \ldots,$$

worunter auch Reihen von Komplex-Symbolen vorkommen können. Nun schreiben wir eine Reihe von Gradzahlen $(k) = k_1, k_2, \ldots, k_h$ vor, das heißt, wir suchen alle ganzen rationalen Invarianten $I^{(k)}$ der Formen f_i zu bestimmen, so, daß $I^{(k)}$ in den Koeffizienten von f_σ höchstens vom Grade k_σ ist. Dies gibt endlich-viele Möglichkeiten und wenn wir diese $I^{(k)}$ noch dem ersten Fundamentalsatz der symbolischen Methode symbolisch darstellen, so haben wir endlich viele Reihen (1) zur Verfügung, aus denen wir nun auf alle möglichen Arten Faktoren 1. und 2. Art hinschreiben; man erhält so alle zur Zahlenfolge (k) gehörigen Invarianten, jede ist ein Produkt von Faktoren 1. und 2. Art.

Der zweite Schritt besteht jetzt darin, daß man die Abhängigkeit dieser Invarianten $I^{(k)}$ untersucht. Hier tritt der zweite Fundamentalsatz der symbolischen Methode in Anwendung. Nach ihm ist ja jede Identität zwischen Invarianten eine Folge von 5 einfachen Identitäten, von denen jede die Umformung des Produktes zweier symbolischer Faktoren angibt. Wir nehmen daher jede der Invarianten $I^{(k)}$ vor und formen sie auf alle möglichen, endlich-vielen Arten identisch um. So erhalten wir alle diejenigen der $I^{(k)}$, die sich ganz und rational durch die übrigen ausdrücken lassen. Nach Ausscheidung dieser nehmen wir den Rest in das volle System auf.

Der dritte Satz, der jetzt zur Wirkung kommt, ist der Endlichkeitssatz: er gibt von vornherein die Gewähr dafür, daß bei fortgesetzter Erhöhung der Gradzahlen $k_1, k_2, \ldots, k_h$ die beiden Prozesse: 1. Aufstellen der Invarianten $I^{(k)}$, 2. Ausscheiden der abhängigen unter ihnen, nicht ins Endlose verlaufen können, stets neue, nicht reduzible Invarianten liefernd, sondern einmal abbrechen müssen. Nämlich dann, wenn alle Invarianten I_m eines vollständigen Systems aufgezählt sind. Alle höheren Gradzahlen (k) liefern dann nur mehr reduzible Invarianten.

Bei der praktischen Ausführung des eben geschilderten Verfahrens werden sich viele der beschriebenen Schritte ersparen oder zusammenfassen lassen. Man sucht bei derartigen Problemen in erster Linie Reduzenten (vgl. II § 15 S. 60), mit deren Hilfe dann gleich ganze Gruppen von Invarianten von vorn herein ausgeschieden werden.

§ 19. Volle Systeme bei Linienkomplexen.

Wir behandeln zum Schlusse noch ein weniger einfaches Beispiel: Die Bestimmung voller Invariantensysteme von ν linearen Strahlenkomplexen $K_1, K_2, \ldots, K_\nu$ im dreidimensionalen Raume.

Es sei K_h durch die Form

(1) . . $$K_h = \sum a'^{(h)}_{ik} \pi_{ik} = \sum a^{(h)}_{ik} \pi'_{ik} = \frac{1}{2} (a'_h \pi)^2 = \frac{1}{2} (a_h \pi')^2$$

gegeben und die Reihen $a'_h, b'_h, c'_h, \ldots$ und ebenso $a_h, b_h, c_h, \ldots$ seien äquivalent:

(2) . . . . $$a^{(h)}_{ik} = b^{(h)}_{ik} = c^{(h)}_{ik} = \cdots.$$

Zuerst bringen wir das Theorem von *Peano* (§ 10 S. 162) zur Anwendung: ein volles Invariantensystem aller K_ν erhält man durch Polarenprozesse (= *Aronhold*sche Prozesse) aus einem vollen Invariantensystem von 6 Komplexen. Also können wir uns auf $\nu = 6$ beschränken.

Bei 6 Komplexen stellen sich sogleich die folgenden Invarianten ein. Erstens 6 Invarianten

(3) . . . $$A_{hh} = (a_h a'_h)^2 = 4 \left(a^{(h)}_{12} a^{(h)}_{34} + a^{(h)}_{13} a^{(h)}_{42} + a^{(h)}_{14} a^{(h)}_{23} \right);$$

Zweitens 15 Invarianten

(4) . . . . $$A_{ik} = (a_i a'_k)^2 = 2 \left(a^{(i)}_{12} a^{(k)}_{34} + \cdots + a^{(i)}_{34} a^{(k)}_{12} \right)$$

und drittens die sechsreihige Determinante

(5) . . . . . $$\varDelta = \begin{vmatrix} a^{(1)}_{12} & a^{(1)}_{13} & a^{(1)}_{14} & a^{(1)}_{34} & a^{(1)}_{42} & a^{(1)}_{23} \\ a^{(2)}_{12} & a^{(2)}_{13} & a^{(2)}_{14} & a^{(2)}_{34} & a^{(2)}_{42} & a^{(2)}_{23} \\ . & . & . & . & . & . \\ . & . & . & . & . & . \\ a^{(6)}_{12} & a^{(6)}_{13} & a^{(6)}_{14} & a^{(6)}_{34} & a^{(6)}_{42} & a^{(6)}_{23} \end{vmatrix}.$$

Wir werden beweisen, daß durch diese 22 Invarianten ein volles System der 6 Komplexe K_h gegeben ist[1]).

Zunächst erhalten wir für die zu (5) duale Determinante $\varDelta'$, deren erste Zeile

$$a'^{(1)}_{12} \quad a'^{(1)}_{13} \quad a'^{(1)}_{14} \quad a'^{(1)}_{34} \quad a'^{(1)}_{42} \quad a'^{(1)}_{23}$$

ist, durch Reihenvertauschung ($a'_{12} = a_{34}$, usf.):

(6) . . . . $$\varDelta' = -\varDelta.$$

---

[1]) *F. Mertens*, Wiener Berichte Mai 1888, hat dieses System zuerst aufgestellt und dessen Vollständigkeit bewiesen.

Daher wird, wenn wir Δ und Δ' nach Zeilen multiplizieren und (4) berücksichtigen:

(7) . . . . $$\Delta^2 = -\Delta \cdot \Delta' = -\left(\frac{1}{2}\right)^6 |A_{ik}|.$$

Es ist also Δ^2 ganz und rational durch die A_{ik} ausdrückbar.

Nun gehen wir nach den im vorigen § angegebenen Grundsätzen zur Ableitung des vollen Systems über. An Symbolreihen stehen zur Verfügung:

$$\left.\begin{array}{l} a_h, b_h, c_h, \ldots \\ a'_h, b'_h, c'_h, \ldots \end{array}\right\} (h = 1, 2, \ldots, 6).$$

Aus diesen ergeben sich nach dem 1. Fundamentalsatz Klammerfaktoren und Linearfaktoren. Da wir hier nur mit Komplexsymbolen zu tun haben, können wir nach dem Satze des Abschnittes III § 5 S. 80 von Klammerfaktoren absehen. An Linearfaktoren haben wir die 2 Typen

$$f_1 = (a'_h b_h), \quad f_2 = (a'_i a_k);$$

in f_1 sind a_h und b_h äquivalent; nach III § 5 S. 77 Formel (5) ist f_1 ein Reduzent und ergibt einen Faktor A_{hh}.

Somit bleibt allein der Typus f_2 übrig und mit diesem lassen sich nur Invarianten aufbauen, die wir als „Ketten" bezeichnen:

(8) $$[a_i\, a'_k\, a_m\, a'_n \ldots a'_s] = (a_i\, a'_k)\,(a'_k\, a_m)\,(a_m\, a'_n) \ldots (a_r\, a'_s)\,(a'_s\, a_i)$$

Hierfür schreiben wir kürzer:

(9) . . . . . $$[a_i\, a'_k\, a_m\, a'_n \ldots a'_s] = [i\,k'\,m\,n' \ldots s'].$$

Schreiben wir den ersten Faktor $(a_i a'_k)$ der rechten Seite von (8) zuletzt, so entsteht

(10) . . . $$[i\,k'\,m\,n' \ldots s'] = [k'\,m\,n' \ldots s'\,i] = [m\,n' \ldots s'\,i\,k'] = \ldots$$

Verkehrt gelesen gibt (8) weiter:

(11) . . . . $$[i\,k'\,m\,n' \ldots s'] = [i\,s' \ldots n'\,m\,k'].$$

Jede Kette enthält eine gerade Anzahl von Linearfaktoren; die kürzesten sind die Zweierketten:

(12) . . . $$[a_i\, a'_k] = [i k'] = (a_i\, a'_k)\,(a'_k\, a_i) = (a_i\, a'_k)^2 = A_{ik}.$$

Wenn wir auf die ersten drei Faktoren $(a_i\, a'_k)\,(a'_k\, a_m)\,(a_m\, a'_n)$ von (8) die Identität (4) von S. 77 anwenden, so entsteht:

(13) . . . $$[i k' m n' \ldots s'] = -[i m' k n' \ldots s'] - \frac{1}{2} A_{km}\,[i n' \ldots s'],$$

wo die zuletzt angeschriebene Kette um zwei Glieder kürzer ist. Hieraus schließen wir wegen (10), daß wir in einer Kette eine beliebige Anordnung der Reihen herstellen können. Insbesondere folgt hieraus, daß jede Kette *linear* in den Koeffizienten $a_{ik}^{(h)}$ des Komplexes K_h vorausgesetzt werden kann und daß Viererketten reduzierbar sind:

$$(14) \quad . \; . \; . \quad [12'34'] = \frac{1}{4}\{[12'][34'] - [13'][24'] + [14'][23']\} = = \frac{1}{4}(A_{12}A_{34} - A_{13}A_{24} + A_{14}A_{23}).$$

Es bleibt somit nach Aufzählung der Invarianten (3) und (4) nur noch die Sechserkette übrig

$$(15) \quad . \; . \; . \quad I_6 = [12'34'56'] = (a_1 a'_2)(a'_2 a_3) \ldots (a_5 a'_6)(a'_6 a_1).$$

Wenn wir also zeigen, daß Δ von (5) ganz und rational durch I_6 und die A_{ik} ausdrückbar ist, sind wir fertig. Dies kann man nach *B. L. van der Waerden* folgendermaßen[1]).

Δ ist linear bezüglich jedes Komplexes und ändert sein Zeichen bei Vertauschung von zwei Komplexen. Nach dem eben bewiesenen hat die allgemeinste Invariante K, die linear ist bezüglich jedes Komplexes die Gestalt:

$$(16) \quad . \; . \; . \; . \quad K = \sum \alpha [i_1 i'_2 i_3 i'_4 i_5 i'_6] + \sum \beta A_{i_1 i_2} A_{i_3 i_4} A_{i_5 i_6};$$

wo α und β Zahlenkoeffizienten und alle sechs i_λ voneinander verschieden sind. Permutieren wir in K auf alle 720 Arten und addieren mit positivem und negativem Zeichen, je nachdem die Permutation gerade oder ungerade ist. Es entsteht:

$$I = A \cdot \sum \pm [12'34'56'] + B \cdot \sum \pm A_{12} A_{34} A_{56};$$

wegen $[12'] = [21']$ verschwindet aber $\sum \pm A_{12} A_{34} A_{56}$, also ist:

$$(17) \quad . \; . \; . \; . \; . \; . \; . \quad I = A \cdot \sum \pm [12'34'56'].$$

Nun denken wir uns I in eine *Gordan-Capelli*sche Reihe nach Potenzen von Δ entwickelt:

$$I = I_0 + \Delta \cdot I_1.$$

Wegen des Alternierens von I ist nach dem letzten Satze von V § 10 S. 142 $I_0 \equiv 0$, also wird, da I_1 konstant ist:

$$\Delta = A' \cdot I = A'' \cdot \sum \pm [12'34'56'].$$

---

[1]) Vgl. eine demnächst (Herbst 1922) in den Amsterdamer Berichten erscheinende Arbeit. Die Methode bleibt anwendbar bei der symbolischen Darstellung der N-reihigen Determinante, die man aus den Koeffizienten von N gleichartigen Formen (vgl. § 10) bilden kann.

Ein einfaches Zahlenbeispiel gibt für A'' den Wert $-\frac{2}{6!}$, so daß wir schließlich erhalten:

(18) $$\Delta = -\frac{2}{6!}\sum \pm [12'34'56'].$$

Nach (13) und (14) sind alle Sechserketten $[i_1 i'_2 i_3 i'_4 i_5 i'_6]$ auf $[12'34'56']$ und die A_{ik} reduzierbar. (18) gibt daher

$$\Delta = -2\,[12'34'56'] + F\left([12'], \ldots, [56']\right).$$

Dual hierzu ist:

$$-\Delta = -2\,[1'23'45'6] + F\left([12'], \ldots, [56']\right).$$

Subtraktion gibt:

$$\Delta = -[12'34'56'] + [1'23'45'6].$$

Reduziert man hier die letzte Kette auf die erste, so kommt schließlich

(19) $$\left\{\begin{aligned} \Delta = -2\,[12'34'56'] &- \frac{1}{8}\left\{[12']\,[34']\,[56'] - [14']\,[25']\,[36'] +\right.\\ &\left.+ [23']\,[45']\,[16']\right\} + \frac{1}{8}\left\{[12']\,[35']\,[46'] + \text{zykl.}\right\} -\\ &- \frac{1}{8}\left\{[14']\,[23']\,[56'] + \text{zk.}\right\} - \frac{1}{8}\left\{[14']\,[26']\,[35'] + \text{zk.}\right\}\end{aligned}\right.$$

Dies ist der gewünschte Zusammenhang zwischen Δ, I_6 und den A_{ik}. zykl bedeutet zyklische Permutation

$$(12\,34\,56) \longrightarrow (23\,45\,61) \longrightarrow \ldots;$$

zk. bedeutet zyklische Permutation der Paare:

$$(12\,34\,56) \longrightarrow (34\,56\,12) \longrightarrow (56\,12\,34).$$

VII. Abschnitt: Der Invariantenkörper. Aquivalenz.

§ 1. Funktionenkörper.

Es sei f eine n-äre Grundform mit irgendwelchen Reihen $x_i, \pi_{ik}, \ldots$. Ihre N Koeffizienten seien mit $a_1, a_2, \ldots, a_N$ bezeichnet. Ferners sei

(1) . . . . $(i) = i_1, i_2, \ldots, i_m$

ein volles Invariantensystem der Form f. Dieselben Bezeichnungen wollen wir verwenden, wenn statt einer Grundform f ein System (f) solcher gegeben ist.

Wir haben bisher in die Definition einer Invariante i die allseitige Homogenität (vgl. I, § 7, S. 13) aufgenommen, d. h. i homogen in den Koeffizienten jeder Grundform vorausgesetzt; diese Bestimmung ist bei geometrischen Anwendungen von Wichtigkeit, da in der projektiven Geometrie nur den homogenen Gleichungen geometrische Bedeutung zukommt.

Wir werden in diesem Abschnitte auch nicht-homogene Invarianten zulassen, um das Bestehen des Satzes zu ermöglichen: jede algebraische Funktion von Invarianten ist wieder eine Invariante. Diese Erweiterung des Invariantenbegriffes wird am einfachsten dadurch erreicht, daß wir nur lineare Transformationen mit der Determinante $\Delta = 1$ betrachten, sogenannte unimodulare Transformationen. Es läßt sich ja jede lineare Transformation zerlegen in eine unimodulare und eine, die darin besteht, daß alle Veränderlichen x_i mit derselben Konstanten multipliziert werden. Die Definitionsgleichung $\bar{i} = \Delta^g i$ geht dann über in $\bar{i} = i$ und demgemäß gilt dies dann auch für jede Funktion von Invarianten i.

Es bilden dann alle *rationalen* Invarianten einen *Funktionenkörper*: den *Invariantenkörper*. Denn sind i_1 und i_2 zwei rationale Invarianten, so ist dasselbe mit $c_1 i_1 + c_2 i_2$, $i_1 i_2$ und $\frac{i_1}{i_2}$ der Fall. Hierbei nehmen wir für c_1 und c_2 irgend zwei gewöhnliche komplexe Zahlen, d. h. der Zahlkörper derselben soll in jedem Invariantenkörper enthalten sein.

In einem derartigen Funktionenkörper, gebildet aus rationalen Funktionen von N Unbestimmten $a_1, a_2, \ldots, a_N$ interessiert man sich in erster Linie für folgendes:

1. „*Algebraische Basis*“, gebildet aus einer Anzahl $\varkappa$ algebraisch unabhängiger Funktionen, hier also Invarianten. Hierbei nennt man

h Funktionen $i_1, i_2, \ldots, i_h$ algebraisch unabhängig, wenn aus jeder Gleichung

$$G(i_1, i_2, \ldots, i_h) \equiv 0 \ \{a_i\}$$

auch

$$G(X_1, X_2, \ldots, X_h) \equiv 0 \ \{X_i\}$$

folgt. G bedeutet dabei eine ganze, rationale Funktion der $i_1, i_2, \ldots, i_h$ mit Koeffizienten, die von den $a_1, a_2, \ldots, a_N$ unabhängig sind.

$\varkappa$ nennt man auch den *Rang* des Körpers.[1]) Es ist dann jede Invariante i eine algebraische Funktion von $\varkappa$ Basisfunktionen und wir werden gleich beweisen, daß für diese Basisfunktionen $\varkappa$ ganze und rationale Invarianten so ausgewählt werden können, daß jedes i sogar eine *ganze* algebraische Funktion von ihnen wird.

2. „*Rational-Basis*". Darunter versteht man eine endliche Zahl $\varkappa'$ von ganzen und rationalen Invarianten, derart, daß jede rationale Invariante i sich als *rationale* Funktion dieser Invarianten darstellen läßt. Wir werden nachweisen, daß $\varkappa' = \varkappa + 1$ oder $= \varkappa$ ist. In letzterem Falle heißt die Rationalbasis auch *Minimalbasis.*

3. „*Modulbasis*"; darunter versteht man eine Anzahl m von ganzen, rationalen Invarianten, derart, daß jede ganze rationale Invariante gleich einer ganzen rationalen Funktion dieser m Invarianten wird. Eine Modulbasis wird also von den Invarianten (i) eines vollen Invariantensystems gebildet.

§ 2. **Die Invarianten $I_1, I_2, \ldots, I_\varkappa$.**

Wir beweisen jetzt einen Satz, der sich auf Systeme von Polynomen bezieht, den wir aber gleich für Invarianten aussprechen[2]):

Aus den Invarianten $i_1, i_2, \ldots, i_m$ eines vollen Invariantensystems von gegebenen Grundformen lassen sich stets $\varkappa$ ganze, rationale und allseitig homogene Invarianten

$$I_1, I_2, \ldots, I_\varkappa \tag{1}$$

als ganze rationale Funktionen der $i_1, i_2, \ldots, i_m$ bilden mit folgenden Eigenschaften: 1. *Die I_h sind algebraisch unabhängig*; 2. *Jede Invariante i wird eine ganze algebraische Funktion dieser I_h.*

Letzteres besagt, daß es eine einzige irreduzible Gleichung niedrigster Ordnung für i gibt:

$$i^k + A_1 i^{k-1} + \cdots + A_k = 0, \tag{2}$$

wo die A_j ganze rationale Funktionen der I_h sind.

---

[1]) Vgl. *E. Noether,* Mathem. Ann. 76 (1915) p. 161.

[2]) *D. Hilbert,* Mathem. Ann. 42 (1893) p. 316.

Beweis. Es sei zunächst $i_1, i_2, \ldots, i_m$ das volle Invariantensystem einer einzigen Grundform f mit den Koeffizienten a_ϱ und es sei i_s vom Grade ν_s in diesen a_ϱ. Wir setzen

(3) $$\nu = \nu_1 \nu_2 \ldots \nu_m,$$

sodaß $\frac{\nu}{\nu_1}, \frac{\nu}{\nu_2}, \ldots, \frac{\nu}{\nu_m}$ ganze positive Zahlen werden. Jetzt bilden wir die m Invarianten:

(4) $$i_1' = i_1^{\frac{\nu}{\nu_1}}, \quad i_2' = i_2^{\frac{\nu}{\nu_2}}, \ldots, i'_m = i_m^{\frac{\nu}{\nu_m}}.$$

Sie sind alle vom selben Grad in den a_ϱ und haben alle dasselbe Gewicht. Ferner: Besteht zwischen den i' keine algebraische Relation, so auch zwischen den i selbst nicht. Wäre nämlich

$$G(i_1, i_2, \ldots, i_m) = 0,$$

so hätten wir wegen (4) auch:

$$G\left(i'^{\frac{\nu_1}{\nu}}_1, \quad i'^{\frac{\nu_2}{\nu}}_2, \ldots, i_m'^{\frac{\nu_m}{\nu}}\right) = 0.$$

Sind also die i' algebraisch unabhängig, so sind es auch die i selbst, d. h. es ist in diesem Falle $\varkappa = m$ und $i_h = I_h$ und jedes andere i ist sogar ganz und rational durch die $i_h = I_h$ ausdrückbar. Die Invarianten i_h bilden in diesem Falle eine Minimalbasis des Invariantenkörpers.

Wir können also im folgenden voraussetzen, daß die i'_h in (4) algebraisch abhängig sind, d. h. daß wir wenigstens eine Gleichung der Gestalt haben:

(5) $$G(i'_1, i'_2, \ldots, i'_m) = 0 \quad (G \not\equiv 0).$$

Es sei die Bezeichnung so gewählt, daß i'_m in (5) wirklich vorkommt. Wir können dann durch eine lineare Transformation (der i_h) stets erreichen, daß der Koeffizient der höchsten Potenz von i'_m gleich der Einheit wird. Ist dies nämlich nicht von vornherein der Fall, so setzen wir:

(6) $$\begin{cases} i'_1 = \alpha_{11} i''_1 + \cdots + \alpha_{1m} i''_m \\ \cdots\cdots\cdots\cdots \\ i'_m = \alpha_{m1} i''_1 + \cdots + \alpha_{mm} i''_m \end{cases} \quad |\alpha_{ik}| \neq 0$$

oder aufgelöst:

(7) $$\begin{cases} i''_1 = \beta_{11} i'_1 + \cdots + \beta_{1m} i'_m \\ \cdots\cdots\cdots\cdots \\ i''_m = \beta_{m1} i'_1 + \cdots + \beta_{mm} i'_m \end{cases}$$

Die i''_h sind dabei ebenfalls Invarianten vom gleichen Grad und

Gewicht. Setzen wir (6) in (5) ein, so wird der Koeffizient der höchsten Potenz von i''_m gleich $G(a_{1m}, a_{2m}, \ldots, a_{mm})$ und da $G \neq 0$ können die a_{ik} so gewählt werden, daß dieser Koeffizient $= 1$ wird. Die transformierte Gleichung (5) sieht dann so aus:

(8) $$(i''_m)^p + A_1(i''_m)^{p-1} + \cdots + A_p = 0,$$

wobei die A_σ Polynome von i''_h sind. i''_m ist jetzt eine ganze algebraische Funktion von $i''_1, i''_2, \ldots, i''_{m-1}$. Daraus folgt aber wegen (6), daß auch die i'_h ganze algebraische Funktionen von $i''_1, i''_2, \ldots, i''_{m-1}$ sind. Es ist also z. B.

(9) $$(i'_s)^{p_s} + B_1(i'_s)^{p_s-1} + \cdots + B_{p_s} = 0 \quad (s = 1, 2, \ldots, m).$$

Setzen wir hier nach (4) $i'_s = i_s^{\frac{\nu}{\nu_s}}$, so folgt, daß auch alle i_h ganze algebraische Funktionen von $i''_1, i''_2, \ldots, i''_{m-1}$ sind.

Wir sind so von $i''_1, i''_2, \ldots, i''_m$ auf die Reihe $i''_1, i''_2, \ldots, i''_{m-1}$ gekommen. Besteht zwischen diesen letzteren $(m-1)$ Invarianten wieder eine algebraische Beziehung, so machen wir denselben Schritt, wodurch wieder eine Invariante, z. B. i''_{m-1} in Wegfall kommt. Dies fortgesetzt, führt schließlich zu dem gewünschten System $I_1, I_2, \ldots, I_\varkappa$, wo $\varkappa$ wenigstens $= 1$ ist.

Bei *einem System* $f_1, f_2, \ldots, f_j$ *von* j *Grundformen* möge $\nu_s^{(\sigma)}$ $(\sigma = 1, 2, \ldots, m;\ s = 1, 2, \ldots, j)$ den Grad von i_s in den Koeffizienten der Form f_σ bedeuten. Es enthalte ferners f_σ ϱ_σ Koordinatenreihen mit den Stufenzahlen

$$d_1^{(\sigma)}, d_2^{(\sigma)}, \ldots, d_{\varrho_\sigma}^{(\sigma)}$$

in den dazugehörigen Graden

$$p_1^{(\sigma)}, p_2^{(\sigma)}, \ldots, p_{\varrho_\sigma}^{(\sigma)}.$$

Aus diesen beiden Zahlenreihen bilden wir

(10) $$h_\sigma = d_1^{(\sigma)} p_1^{(\sigma)} + d_2^{(\sigma)} p_2^{(\sigma)} + \cdots + d_{\varrho_\sigma}^{(\sigma)} p_{\varrho_\sigma}^{(\sigma)} \quad (\sigma = 1, 2, \ldots, j).$$

Wenn n die Stufenzahl und g_s das Gewicht von i_s ist, so haben wir die Gleichung

(11) $$n g_s = \nu_s^{(1)} h_1 + \nu_s^{(2)} h_2 + \cdots + \nu_s^{(j)} h_j = \sum \nu_s^{(\lambda)} h_\lambda = l_s \quad (s = 1, 2, \ldots, m).$$

Jetzt setzen wir analog zu (3):

(12) $$\nu = l_1 l_2 \ldots l_m$$

und analog zu (4):

(13) $$i'_1 = i_1^{\frac{\nu}{l_1}},\ i'_1 = i_2^{\frac{\nu}{l_2}}, \ldots, i'_m = i_m^{\frac{\nu}{l_m}};$$

diese Invarianten i'_h sind dann wieder wie früher von gleichem Gewichte $\left(=\frac{\nu}{n}\right)$ und der Beweis verläuft weiter so wie bei einer einzigen Grundform. Die $\varkappa$ algebraisch unabhängigen Invarianten I_h sind alle von demselben Grade ν bezüglich aller Grundformen $f_1, f_2, \ldots, f_j$.

§ 3. Adjunktion von I_0.

Wir konstruieren jetzt eine Rationalbasis für den Invariantenkörper. Es gilt folgender Satz[1]):

Man kann, wenn die Invarianten $I_1, I_2, \ldots, I_\varkappa$ nicht schon selbst eine Rationalbasis bilden, zu ihnen stets eine ganze, rationale Invariante I_0 hinzufügen, so daß sich jede Invariante rational durch

(1) . . . . $I_0, I_1, I_2, \ldots, I_\varkappa$

ausdrücken läßt.

Beweis: Es sei $i_1, i_2, \ldots, i_m$ zunächst wieder ein volles Invariantensystem einer einzigen Grundform f. Obiger Satz ist jedenfalls bewiesen, wenn wir zeigen, daß jede i_h rational durch (1) darstellbar ist. Um dies nachzuweisen, nehmen wir etwa i_1 und i_2 vom Grade ν_1 und ν_2 in den Koeffizienten von f. Ferners seien $\alpha_1, \alpha_2, \beta_1, \beta_2$ ganze Zahlen $\geqq 1$. Wir setzen:

(2) . . . . $$\left\{\begin{array}{l} i'_1 = i_1^{\alpha_1} i_2^{\alpha_2} \\ i'_2 = i_1^{\beta_1} i_2^{\beta_2} I_1^{\gamma} \end{array}\right. .$$

Hieraus folgt:

(3) . . . . . $$\left\{\begin{array}{l} i_1^{\alpha_1\beta_2-\alpha_2\beta_1} = (i'_1)^{\beta_2} (i'_2)^{-\alpha_2} I_1^{\gamma\alpha_2} \\ i_2^{\alpha_1\beta_2-\alpha_2\beta_1} = (i'_1)^{-\beta_1} (i'_2)^{\alpha_1} I_1^{-\gamma\alpha_1} \end{array}\right. .$$

Jetzt nehmen wir $\alpha_1, \alpha_2, \beta_1, \beta_2$ so, daß

(4) . . . . $$\alpha_1\beta_2 - \alpha_2\beta_1 = 1$$

wird, und haben dann:

(5) . . . . $$\left\{\begin{array}{l} i_1 = (i'_1)^{\beta_2} (i'_2)^{-\alpha_2} \cdot I_1^{\gamma\alpha_2} \\ i_2 = (i'_1)^{-\beta_1} (i'_2)^{\alpha_1} \cdot I_1^{-\gamma\alpha_1} \end{array}\right. .$$

Es lassen sich also nicht nur i'_1 und i'_2 rational durch i_1, i_2 und I_1, sondern auch umgekehrt i_1 und i_2 rational durch i'_1, i'_2 und I_1 ausdrücken.

---

[1]) *D. Hilbert*, Mathem. Ann. 42 (1893) S. 318.

Wir bestimmen weiters $\alpha_1, \alpha_2, \beta_1, \beta_2$ und γ so, daß i'_1 und i'_2 vom selben Grad werden:

(6) $$\alpha_1 \nu_1 + \alpha_2 \nu_2 = \beta_1 \nu_1 + \beta_2 \nu_2 + \gamma \nu .$$

Um (4) und (6) zu erfüllen suchen wir 3 ganze positive Zahlen δ_1, δ_2 und γ so daß $\delta_1 \nu_1 + \delta_2 \nu_2 = \gamma \nu$ wird (das geht immer) und außerdem δ_1 und δ_2 relativ prim sind. ν ist hierbei durch (3) § 2 bestimmt. Dann bestimmen wir β_1 und β_2 so, daß $\beta_2 \delta_1 - \beta_1 \delta_2 = 1$ ist. Hierauf setzen wir $\alpha_1 = \beta_1 + \delta_1$ und $\alpha_2 = \beta_2 + \delta_2$, wodurch (4) und (6) gelöst sind.

i'_1 und i'_2 sind jetzt ganze rationale Invarianten gleichen Grades und von gleichem Gewichte. Somit ist auch

(7) $$i'' = c_1 i'_1 + c_2 i'_2$$

eine Invariante von selbem Grad und Gewicht, wo c_1 und c_2 Konstante sind. Wenn i'_1 und i'_2 nach dem Satze des vorigen § den Gleichungen

$$(i'_1)^{p_1} + A_1 (i'_1)^{p_1 - 1} + \cdots + A_{p_1} = 0$$
$$(i'_2)^{p_2} + B_1 (i'_2)^{p_2 - 1} + \cdots + B_{p_2} = 0$$

genügen, wo die A_h und B_h Polynome der $I_1, I_2, \ldots, I_\varkappa$ sind, so adjungieren wir dem Körper der rationalen Funktionen dieser I_h die (ganzen) algebraischen Funktionen i'_1 und i'_2. Dies ist dasselbe, wie wenn wir $i'' = c_1 i'_1 + c_2 i'_2$ allein adjungieren, wo c_1 und c_2 rationale Zahlen sind[1]). Es ist dann jede Funktion des Körpers

$$(I_h, i'') = (I_1, I_2, \ldots, I_\varkappa, i'_1, i'_2)$$

rational durch die I_h und i'' ausdrückbar, also sind auch i'_1 und i'_2 rational durch die I_h und i'' darstellbar. Nach (5) gilt dann dasselbe für i_1 und i_2, d. h. es sind alle ganzen rationalen Invarianten *rational* durch

$$i'', I_1, I_2, \ldots, I_\varkappa, i_3, i_4, \ldots, i_m$$

darstellbar, was wir so andeuten:

$$(I_1, \ldots, I_\varkappa, i_1, i_2, \ldots, i_m) \longrightarrow (I_1, \ldots, I_\varkappa, i'', i_3, i_4, \ldots i_m).$$

Nun machen wir dasselbe mit i'' und i_3. Dies gibt

$$(I_1, \ldots, I_\varkappa, i'', i_3, i_4, \ldots, i_m) \longrightarrow (I_1, \ldots, I_\varkappa, i''', i_4, \ldots, i_m).$$

Die Fortsetzung dieses Verfahrens gibt schließlich die gesuchte Invariante

$$i^{(m)} = I_0 .$$

---

[1]) vgl. etwa *Weber*, Lehrbuch der Algebra I S. 500.

Sind *mehrere Grundformen* $f_1, f_2, \ldots, f_j$ gegeben, so setzen wir wie im vorigen §

$$l_s = n g_s = \sum_{\lambda=1}^{\lambda=j} \nu_s^{(\lambda)} h_\lambda \quad (s = 1, 2, \ldots, m).$$

Statt (6) haben wir dann:

$$\alpha_1 l_1 + \alpha_2 l_2 = \beta_1 l_1 + \beta_2 l_2 + \gamma \cdot \nu \quad (\nu = l_1 l_2 \ldots l_m)$$

und weiterhin verläuft der Beweis wie bei einer Grundform.

Die bisher betrachteten Invarianten $i_1, \ldots, i_m, I_0, I_1, \ldots, I_\varkappa$ sind ganz, rational und allseitig-homogen. Bei unimodularen Transformationen läßt sich der eben bewiesene Satz auch umkehren:

Jede Funktion i, die von $I_0, I_1, \ldots, I_\varkappa$ rational und von $I_1, \ldots, I_\varkappa$ ganz und algebraisch abhängt, ist eine Invariante.

Beweis. Da $i =$ Rat. Funktion von $I_0, I_1, \ldots, I_\varkappa$, so ist i auch eine rationale Funktion der Formenkoeffizienten: $i = \frac{g}{h}$, wo g und h ohne gemeinsamen Teiler. Da ferners

$$i^k + G_1 i^{k-1} + \cdots + G_k = 0$$

ist, wo die G_h Polynome der $I_1, \ldots, I_\varkappa$ sind, so folgt, wenn wir $i = g:h$ einsetzen:

$\frac{g^k}{h} =$ ganze rationale Funktion der Formenkoeffizienten. Daher ist $h =$ konst. und $i = \frac{g}{h}$ ist eine ganze rationale Funktion, also eine ganze rationale Invariante.

Ist

$$\text{(8)} \qquad I_0^k + G_1 I_0^{k-1} + \cdots + G_k = 0$$

die irreduzible Gleichung, der I_0 genügt, so entsteht der Invariantenkörper durch Adjunktion von I_0 zu $I_1, I_2, \ldots, I_\varkappa$. Es ist dann, wenn D die Diskriminante von (8) ist, und $\Gamma_1, \Gamma_2, \ldots, \Gamma_k$ ganze rationale Funktionen der $I_1, \ldots, I_\varkappa$ sind, jede ganze algebraische Funktion, d. h. also jede Invariante i darstellbar durch

$$\text{(9)} \qquad i = \frac{1}{D} (\Gamma_1 I_0^{k-1} + \Gamma_2 I_0^{k-2} + \cdots + \Gamma_k).$$

k ist der Grad des Invariantenkörpers.

Man kann mit Hilfe von (9) einen Weg angeben, der von der Rationalbasis $I_0, I_1, \ldots, I_\varkappa$ zum vollen Invariantensystem zurückführt. Wenden wir den *Hilbert*schen Basissatz (vgl. VI § 1 S. 143) auf das System aller Koeffizienten Γ an, so erhalten wir eine endliche Zahl r von Koeffizientensystemen

$$\Gamma_1^{(h)}, \Gamma_2^{(h)}, \ldots, \Gamma_k^{(h)} \quad (h = 1, 2, \ldots, r),$$

denen ebensoviele Invarianten

$$i_h = \frac{1}{D}\left(\Gamma_1^{(h)} I_0^{k-1} + \cdots + \Gamma_k^{(h)}\right)$$

derart entsprechen, daß jede Invariante i in der Gestalt

$$i = A_1 i_1 + A_2 i_2 + \cdots + A_r i_r$$

darstellbar ist. Hierbei sind die A_h Polynome in $I_1, I_2, \ldots, I_\varkappa$ d. h. es bilden

$$I_1, I_2, \ldots, I_\varkappa, i_1, i_2, \ldots, i_r$$

ein volles Invariantensystem [1]).

§ 4. Typische Darstellung.

Die beiden Sätze des vorigen § sind auch für Invarianten von mehreren Grundformen giltig. Sie geben in allgemeinster Weise Aufschluß über Existenz und Konstruktion einer Rationalbasis.

Schon frühzeitig hat man sich insbesonders bei binären Formen mit derartigen rationalen Darstellungen beschäftigt; sie sind auch auf n-äre Formen ausgedehnt worden [2]). Einen besonderen Fall hievon bilden die sogenannten „*typischen*" Darstellungen. Wir wollen dies kurz bei binären Formen auseinander setzen.

Wenn der Grad m einer binären Grundform

(1) . . . . $f = a_x^m$

eine ungerade Zahl > 3 ist, so existieren [3]) stets zwei in den x_i lineare Kovarianten α_x und β_x, zwischen denen keine Identität

$$A\,\alpha_x + B\,\beta_x \equiv 0$$

besteht, wo A und B Invarianten von f sind. Es sind also α_x und β_x linear unabhängig:

(2) . . . . $I_0 = (\alpha\beta) \neq 0.$

---

[1]) Beispiele bei *D. Hilbert*, l. c. S. 330; für den Grad des Invariantenkörpers einer binären Grundform n^{ter} Ordnung S. 336; für mehrere binäre Linearformen S. 345.

[2]) Man sehe betreffs Literatur, sowie wegen der Begriffe „assoziierter" oder „Schwesterformen" den Artikel von *W. Fr. Meyer*, I B 2 der Enzyklopädie.

[3]) vgl. z. B. *Clebsch*, Binäre Formen (1872) S. 357; *Faà di Bruno-Walter*, Einleitung . . . S. 233.

Setzen wir

(3) . . . . $a_x = \eta_1, \quad \beta_x = \eta_2$

so lassen sich diese Gleichungen nach den x_i auflösen und demgemäß kann man die beiden Kovarianten η_1 und η_2 selbst als neue Veränderliche einführen. Der neue Ausdruck für f erscheint dann in invarianter Gestalt: Haben zwei Formen dieselbe „typische" Darstellung, so können sie in einander transformiert werden und umgekehrt.

Die Einführung von η_1 und η_2 kann übersichtlich so geschehen: Wir erheben die Identität

(4) . . . $(\alpha\beta)\, a_x = (a\beta)\, \alpha_x - (a\alpha)\, \beta_x = (\alpha\beta)\, \eta_1 + (a\alpha)\eta_2$

zur m^{ten} Potenz. Dies gibt:

$$(\alpha\beta)^m f = (\alpha\beta)^m \eta_1^m + \binom{m}{1} (\alpha\beta)^{m-1} (a\alpha)\, \eta_1^{m-1} \eta_2 + \cdots + (a\alpha)^m \eta_2^m.$$

Hier können wir wegen (2) durch die Invariante $I_0^m = (\alpha\beta)^m$ dividieren und erhalten

(5) . . . . . $f = \frac{1}{I_0^m} \sum \binom{m}{k} (\alpha\beta)^{m-k} (a\alpha)^k \alpha_x^{m-k} \beta_x^k.$

Dies ist die in Aussicht gestellte typische Darstellung von f. Aus ihr ergibt sich für jede In- und Kovariante eine rationale Darstellung, wobei im Nenner nur Potenzen von I_0 auftreten.

Bei binären Formen *gerader* Ordnung $2m$ lassen sich verschiedene Wege einschlagen um eine derartige Darstellung zu erhalten. In der Regel benützt man die Tatsache, daß eine solche Form für $2m > 4$ drei quadratische Kovarianten

$$\varphi = \varphi_x^2, \; \psi = \psi_x^2, \; \chi = \chi_x^2$$

besitzt, derart, daß keine Identität $A\varphi + B\psi + C\chi \equiv 0$ besteht, wo A, B und C Invarianten sind. An Stelle von (4) kommt jetzt eine Identität zwischen vier binären, quadratischen Formen $g = a_x^2$, φ, ψ und χ; diese Identität erhält man aus den 4 Gleichungen

$$\left|\begin{array}{l} a_{11} x_1^2 + 2 a_{12} x_1 x_2 + a_{22} x_2^2 - g = 0 \\ \varphi_{11} x_1^2 + 2 \varphi_{12} x_1 x_2 + \varphi_{22} x_2^2 - \varphi = 0 \\ \cdots\cdots\cdots\cdots\cdots \end{array}\right.$$

durch Elimination von $x_1^2, 2x_1x_2, x_2^2, -1$ in Form einer 4-reihigen Determinante, die nach der letzten Spalte entwickelt, folgendes gibt:

(6) . . . . $R_{\varphi\psi\chi} \cdot a_x^2 = (a\lambda)^2 \cdot \varphi + (a\mu)^2 \cdot \psi + (a\nu)^2 \cdot \chi.$

Hierbei ist $R_{\varphi\psi\chi} = -(\varphi\psi)(\psi\chi)(\chi\varphi)$ die schiefe Invariante der drei Formen φ, ψ und χ und ferners sind λ_x^2, μ_x^2, ν_x^2 die Funktionaldeterminanten je zweier der Formen, also z. B. $\lambda_x^2 = (\psi\chi)\,\psi_x\chi_x$.

Erheben wir jetzt (6) beiderseits zur m^{ten} Potenz, so erhalten wir die typische Darstellung für f:

(7) $$f = \frac{1}{R_{\varphi\psi\chi}^m} \sum \frac{m!}{r!\,s!\,t!} I_{rst}\varphi^r \psi^s \chi^t,$$

wo I_{rst} Invarianten von f sind.

§ 5. Vom Verschwinden der Invarianten.

Es seien wieder $I_1, I_2, \ldots, I_\varkappa$ $\varkappa$ ganze, rationale und algebraisch-unabhängige Invarianten einer n-ären Grundform f oder eines Systems solcher. Jede Invariante i ist eine ganze algebraische Funktion dieser I_h und daraus folgt: haben die Koeffizienten a_s der Grundform solche spezielle Werte, daß alle $I_h = 0$ sind, so verschwindet überhaupt *jede* Invariante i.

Von *Hilbert*[1]) stammt ein Satz, der in gewissem Sinne die Umkehrung des eben ausgesprochenen ist: *Wenn irgend μ ganze rationale Invarianten*

(1) $$K_1, K_2, \ldots, K_\mu$$

die Eigenschaften besitzen, daß ihr Verschwinden stets notwendig das Verschwinden aller übrigen Invarianten zur Folge hat, so sind alle ganzen rationalen Invarianten ganze algebraische Funktionen dieser μ Invarianten K_h.

Der Beweis dieses Satzes beruht auf einem allgemeinen Endlichkeitstheorem über Systeme von Formen, daß so lautet:

Es seien μ ganze, rationale und homogene Funktionen $f_1, f_2, \ldots, f_\mu$ der Veränderlichen $x_1, x_2, \ldots, x_N$ vorgelegt und ferners sei $F_1, F_2, \ldots$ eine endliche oder unendliche Reihe von Formen derselben Veränderlichen x_i von der Beschaffenheit, daß sie für alle Wertesysteme der Veränderlichen x_i verschwinden, für welche die gegebenen Funktionen $f_1, f_2, \ldots, f_\mu$ sämtliche $= 0$ sind: dann ist es stets möglich eine ganze Zahl r zu bestimmen, derart, daß jedes Produkt $\pi^{(r)}$ von r beliebigen Funktionen F darstellbar ist durch

(2) $$\pi^{(r)} = A_1 f_1 + A_2 f_2 + \cdots + A_\mu f_\mu,$$

wo die A_h geeignete Formen der x_i sind.

Statt (2) kann man auch schreiben:

(3) $$\pi^{(r)} \equiv 0 \pmod{f_1, f_2, \ldots, f_\mu}$$

[1]) *D. Hilbert,* Mathem. Ann. 42 (1893) p. 320.

Bezüglich des (längeren) Beweises dieses Theorems verweisen wir auf die Originalarbeit *Hilberts*. Wir wenden den Satz auf die obigen Invarianten $K_1, K_2, \ldots, K_\mu$ an, indem wir für die F alle ganzen rationalen Invarianten i setzen. Es gibt dann eine Zahl r, so daß das Produkt $\pi^{(r)}$ von irgend r Invarianten i dargestellt werden kann durch:

(4) . . . . . $$\pi^{(r)} = A_1 K_1 + A_2 K_2 + \cdots + A_\mu K_\mu.$$

Sei nun $i_1, i_2, \ldots, i_m$ ein volles Invariantensystem. Es sei ν der höchste Grad dieser i_h in den Koeffizienten aller Grundformen zusammen, d. h. ν sei die größte der Zahlen $\nu_h^{(1)} + \nu_h^{(2)} + \cdots + \nu_h^{(j)}$, wo $\nu_h^{(\sigma)}$ der Grad von i_h in den Koeffizienten von f_σ ist.

Dann ist irgendeine Invariante i, bei der dieser Gesamtgrad $\geqq \nu r$ ist, als Summe von Produkten mit wenigstens einem Faktor $\pi^{(r)}$ darstellbar; daher ist nach (4):

(5) . . . . . $$i = A_1' K_1 + A_2' K_2 + \cdots + A'_\mu K_\mu.$$

Hier können wir genau so wie beim Beweise des Endlichkeitssatzes (vgl. VI § 2 S. 145) zeigen (durch Transformation und Ω-Prozeß), daß die A'_h durch Invarianten i'_h ersetzbar sind:

(6) . . . . . $$i = i_1' K_1 + i_2' K_2 + \cdots + i'_\mu K_\mu.$$

Diese Invarianten i_h' sind von geringerem Gesamtgrad als i. Sie können, insofern dieser Gesamtgrad wieder $\geqq \nu r$ ist, so wie i selbst durch lineare Kombinationen der K_h ausgedrückt werden und dieses Verfahren läßt sich so lange fortsetzen, bis wir zu Invarianten $i^{(\varrho)}$ kommen, deren Gesamtgrad $< \nu r$ ist. Es seien

(7) . . . . $$j_1, j_2, \ldots, j_\lambda$$

die sämtlichen, linear-unabhängigen Invarianten, deren Gesamtgrad $< \nu r$ ist. Was dann für i gilt, gilt auch für $i j_h$, d. h. wir erhalten λ Gleichungen der folgenden Gestalt:

(8) . . . . . $$\begin{cases} i j_1 = G_1^{(1)} j_1 + G_2^{(1)} j_2 + \cdots + G_\lambda^{(1)} j_\lambda \\ \cdots\cdots\cdots\cdots\cdots\cdots \\ i j_\lambda = G_1^{(\lambda)} j_1 + G_2^{(\lambda)} j_2 + \cdots + G_\lambda^{(\lambda)} j_\lambda \end{cases}$$

wobei die $G_\varrho^{(\sigma)}$ Polynome der K_h sind. Hieraus folgt:

(9) . . . . $$\begin{vmatrix} G_1^{(1)} - i & G_2^{(1)} & \ldots\ldots & G_\lambda^{(1)} \\ G_1^{(2)} & G_2^{(2)} - i & \ldots\ldots & G_\lambda^{(2)} \\ \ldots & \ldots & \ldots & \ldots \\ G_1^{(\lambda)} & G_2^{(\lambda)} & \ldots\ldots & G_\lambda^{(\lambda)} - i \end{vmatrix} = 0,$$

d. h. i ist eine ganze algebraische Funktion der $K_1, \ldots, K_\mu$, w. z. b. w. Die Anzahl μ derartiger Invarianten K_h ist größer oder gleich der Zahl $\varkappa$ der algebraisch-unabhängigen Invarianten.

§ 6. **Binäre Linearformen.**

Als Beispiel für das Bisherige besprechen wir kurz den Fall, daß die Grundformen von ν binären Linearformen

(1) $$l_1 = a_1 x_1 + b_1 x_2, \quad l_2 = a_2 x_1 + b_2 x_2, \ldots, l_\nu = a_\nu x_1 + b_\nu x_2$$

gebildet werden.[1])

Das volle Invariantensystem besteht aus den $\binom{\nu}{2}$ Invarianten

(2) $$p_{ik} = a_i b_k - a_k b_i = (a\,b)_{ik}.$$

Es gibt keine lineare Identität mit konstanten Koeffizienten zwischen diesen Invarianten. Die p_{ik} verschwinden, wenn entweder alle $a_i = 0$ oder alle $b_i = 0$ sind, oder ν Gleichungen $a_i = \lambda b_i$ mit festem λ bestehen. Wir können diese drei Möglichkeiten auf folgende Art festhalten: wir bilden die beiden binären Formen $(\nu-1)$-ter Ordnung

(3) $$\begin{cases} \varphi = a_1 x^{\nu-1} + a_2 x^{\nu-2} y + \cdots + a_\nu y^{\nu-1} \\ \psi = b_1 x^{\nu-1} + b_2 x^{\nu-2} y + \cdots + b_\nu y^{\nu-1} \end{cases}$$

und ihre Funktionaldeterminante

(4) $$\vartheta = \begin{vmatrix} \frac{\partial \varphi}{\partial x} & \frac{\partial \varphi}{\partial y} \\ \frac{\partial \psi}{\partial x} & \frac{\partial \psi}{\partial y} \end{vmatrix} = p_0 x^{2\nu-4} + p_1 x^{2\nu-5} y + \cdots + p_{h-1} x^{2\nu-h-3} y^{h-1} + \cdots + p_{2\nu-4} y^{2\nu-4}$$

Für die Koeffizienten $p_0, p_1, \ldots, p_{2\nu-4}$ findet man:

(5) $$p_{h-1} = h(\nu-1) p_{1,h+1} + (h-1)(\nu-2) p_{2,h} + (p-2)(\nu-3) p_{3,h-1} + \cdots + 1\cdot(\nu-h)\, h_{h,2}$$
$$(h = 1, 2, \ldots, 2\nu-4),$$

also $2\nu-3$ Funktionen, linear in den Invarianten (2) mit ganzzahligen Koeffizienten. Sie sind allerdings nicht allseitig homogen (außer p_0 und $p_{2\nu-4}$). Die obigen drei Möglichkeiten treten jetzt dann und nur dann ein, wenn alle p_i verschwinden. Nur dann ist ja $\vartheta \equiv 0$, also φ zu ψ proportional.

Wenden wir daher den Satz des vorigen § an, so folgt, daß die p_{ik} und damit jede Invariante der ν Linearformen (1) ganze

[1]) *D. Hilbert*, Mathem. Ann. 42 (1893) S. 332.

algebraische Funktionen der p_i sind. Diese Tatsache ist erst bei $\nu \geqq 4$, also von 4 Linearformen l_i an, nicht trivial.

Da ν Linearformen l_i 2ν Koeffizienten enthalten und die projektive Gruppe im Binären 3-gliedrig ist, so müssen bei ν Linearformen $\varkappa = 2\nu - 3$ algebraisch-unabhängige Invarianten vorhanden sein. Wir haben also hier (vgl. den vorigen §) $\mu = \varkappa$ und die $2\nu - 3$ Invarianten p_i sind algebraisch-unabhängig.

Hilbert zeigt dann noch,[1]) daß hier der Grad k des Invariantenkörpers gegeben wird durch

$$(6) \quad \ldots\ldots\ldots \quad k = \frac{(2\nu-4)!}{(\nu-1)!\,(\nu-2)!}$$

und daß diese Zahl zugleich [2]) die Anzahl von Büschel von binären Formen angibt, deren Funktionaldeterminante eine vorgeschriebene binäre Form $(2\nu-4)$-ter Ordnung ist.

Deuten wir erstens die 2ν Formenkoeffizienten a_i, b_i als rechtwinklige Koordinaten in einem Euklidischen Raume von 2ν Dimensionen, so stellen die Gleichungen $p_{ik} = 0$ ein System von $\binom{\nu}{2}$ quadratischen Gebieten (2ν)-ter Stufe $Q_{2\nu}$ dar. Alle diese Gebiete haben einen gemeinsamen Durchschnitt Q_4 von drei Dimensionen. Jeder Punkt dieses Q_4 stellt ein System von ν Linearformen dar, für die sämtliche Invarianten verschwinden.

Deutet man zweitens die Größen p_{ik} als homogene Koordinaten eines Punktes P in einem projektiven Raum von $\binom{\nu}{2} - 1$ Dimensionen, die a_i und b_i aber als Parameter, so wird durch die Gleichungen $p_{ik} = a_i b_k - a_k b_i$ eine algebraische Mannigfaltigkeit von $(2\nu-4)$ Dimensionen dargestellt, deren Ordnung gleich dem durch (6) gegebenen Grad des Invariantenkörpers ist.

Drittens können wir die $\binom{\nu}{2}$ Invarianten p_{ik} als homogene Linienkoordinaten in einem projektiven Raume von $(\nu-1)$ Dimensionen deuten. Es gibt dann nach Obigem $2\nu-3$ algebraisch-unabhängige Koordinaten p_{ik}, d. h. $\infty^{2\nu-4}$ Gerade im Gebiete der ν-ter Stufe (vgl. hierzu IV § 13 S. 117). Ferner können wir zu den $(2\nu-3)$ algebraisch-unabhängigen, in den p_{ik} linearen Funktionen (5) nach den Ausführungen des § 3 eine lineare Funktion p der p_{ik} mit konstanten Koeffizienten hinzufügen, so daß jedes p_{ik} rational durch

$$p,\ p_0,\ p_1,\ \ldots,\ p_{2\nu-4}$$

---

[1]) a. a. O. S. 346.

[2]) Mathem. Ann. 33 (1888) S. 227.

ausdrückbar ist. Dies gibt den bekannten Satz: die $\binom{\nu}{2}$ Linienkoordinaten p_{ik} können rational durch $(2\nu-2)$ dieser Größen dargestellt werden.

§ 7. Die Nullformen.

Es sei f eine n-äre Form mit den Koeffizienten $a_1, a_2, \ldots, a_N$. Wir deuten diese N Größen als homogene Punktkoordinaten in einem projektiven Gebiete N-ter Stufe G_N. Jeder Form f entspricht dann ein Punkt P und umgekehrt repräsentiert ein solcher Punkt alle Formen cf, wo $c \neq 0$ eine Konstante ist.

Es sei i eine Invariante von f vom Grade k in den a_h. $i=0$ stellt dann ein algebraisches Gebiet $(N-1)$-ter Stufe $G^{(i)}_{N-1}$ von der Ordnung k dar. Der Durchschnitt D aller dieser Gebiete $G^{(i)}_{N-1}$ ist nach obigem auch dargestellt durch die Gleichungen

(1) $$I_1 = 0, \ I_2 = 0, \ldots, I_\varkappa = 0,$$

denn das Verschwinden dieser algebraisch-unabhängigen Invarianten zieht das aller Invarianten nach sich.

Wenn die N Koeffizienten a_h voneinander unabhängig sind, so ist, da die projektive Gruppe im n-ären (n^2-1) Parameter enthält:

(2) $$\varkappa = N - (n^2-1).$$

Sind die a_h nicht unabhängig voneinander, was z. B. der Fall ist, wenn f projektive Transformationen in sich gestattet, so verringert sich die Zahl $\varkappa$.

Die Gebiete (1) schneiden sich in einem Gebiete D $(N-\varkappa)$-ter Stufe. Jeder Punkt von D stellt eine Form f dar, *deren sämtliche Invarianten verschwinden.* Wir nennen mit *D. Hilbert* f dann eine „*Nullform*".

Wenn f bestimmte numerische Koeffizienten hat, wenn also die a_h gegebene Zahlen sind, so läßt sich ein Kriterium dafür angeben, ob f eine Nullform ist oder nicht, ohne daß man die Invarianten von f ausrechnet. Wir setzen dabei $N > n^2-1$ voraus. Dann gilt der *Satz:*

Eine Grundform mit bestimmten numerischen Koeffizienten besitzt dann und nur dann eine von Null verschiedene Invariante, wenn die Substitutionsdeterminante δ eine ganze algebraische Funktion der transformierten Koeffizienten ist.

Beweis: Ist vorerst wenigstens eine nicht verschwindende Invariante i vorhanden, so haben wir

(3) $$\bar{i} = \delta^g \, i,$$

wo g das Gewicht von i ist. Hier ist i eine von Null verschiedene Zahl, $\bar{i}$ ist eine Form der transformierten Koeffizienten $\bar{a}_h = b_h$. Dividieren wir (3) durch i, so bleibt für δ eine reine Gleichung g-ten Grades, δ ist also eine ganze algebraische Funktion der b_h.

Nehmen wir jetzt umgekehrt δ als ganze algebraische Funktion der b_h, also das Bestehen einer Gleichung

(4) . . . . . $$\delta^p + G_1(b) \cdot \delta^{p-1} + \cdots + G_p(b) = 0$$

an, wo die $G_j(b)$ Polynome der b_h sind. Diese b_h sind lineare homogene Funktionen der a_h und zugleich Formen m-ten Grades (wenn $f = (a'x)^m$ die Grundform) der Transformationskoeffizienten e_i^k:

(5) . . . . . $$b_h = \sum_{\varrho} a_\varrho \varphi_\varrho (e_i^k) \quad \text{(vgl. I § 4 S. 8)}.$$

Setzen wir dies nebst $\delta = |e_i^k|$ in (4) ein, so muß eine Identität in den n^2 Größen e_i^k herauskommen. Nun ist δ homogen vom n-ten Grad in den e_i^k. Daher können wir voraussetzen, daß in (4) diejenigen G_s, bei denen $\frac{ns}{m}$ nicht ganz ist, verschwinden, und die übrigen G_σ, bei denen $\frac{n\sigma}{m}$ ganz ist, homogen vom Grade $\frac{n\sigma}{m}$ in den b_h sind.

Denken wir uns die Ausdrücke (5) bei vorläufig noch unbestimmten a_h in die linke Seite von (4) eingesetzt, so erhalten wir einen Ausdruck G, der ein Polynom der a_h und e_i^k ist. G verschwindet identisch, wenn für die a_h besondere numerische Werte eingesetzt werden. Wir wenden nun auf G den Ω_e-Prozeß p-mal an. Dann entsteht (nach VI § 2 S. 147) aus G ein Ausdruck

(6) . . . $$\Omega_e^p (G) = c + I_1(a) + I_2(a) + \cdots + I_p(a),$$

wo $c \neq 0$ und konstant und die $I_h(a)$ entweder Null oder Invarianten von f sind. Dieser Ausdruck $\Omega_e^p(G)$ muß für unsere speziellen Werte a_h verschwinden. Es können demnach nicht alle $I_h(a)$ Null sein, da $c \neq 0$ ist, d. h. es muß wenigstens eine Invariante von Null verschieden sein, w. z. b. w.

§ 8. Bericht über Ergebnisse Hilberts.

Welche Tragweite das Studium der Nullformen besitzt, möge aus den Resultaten *Hilberts*[1]) erschlossen werden, über die wir in diesem § einen kurzen Überblick geben.

Es sei

(1) . . . . $$f = (a'x)^m \qquad (m \geq 2)$$

[1]) a. a. O. (Mathem. Ann. 42.)

eine n-äre Form m-ter Ordnung (die Sätze lassen sich unschwer auf beliebige Grundformen und Systeme solcher ausdehnen). Wir bezeichnen wieder mit

(2) $$a_1, a_2, \ldots, a_N$$

die Koeffizienten von f. In unserem Falle ist also

(3) $$N = \frac{(m+n-1)!}{m!\,(n-1)!}$$

und N ist im allgemeinen viel größer als die Stufenzahl n. Wir transformieren f und bezeichnen die transformierten Koeffizienten mit b_h, also

(4) $$b_h = \sum_{\varrho=1}^{\varrho=N} a_\varrho \varphi_\varrho (e_i^k),$$

wo die φ_ϱ Formen m-ten Grades der e_i^k sind. Diese Gleichungen (4) sind die „Transformationsgleichungen". Aus ihnen, in denen wir uns die a_ϱ als bestimmte Zahlen denken, und aus

(5) $$\delta = | e_i^k |$$

ist durch Elimination der Formen φ_ϱ eine algebraische Gleichung $\Gamma = 0$ herzuleiten, die einen Zusammenhang zwischen δ und den b_h ausdrückt.

Nach dem Satze des vorigen § ist f dann eine *Nullform*, wenn der Koeffizient Γ_0 der höchsten Potenz von δ in der Gleichung $\Gamma = 0$ nicht konstant ist. Die Aufstellung einer solchen Gleichung $\Gamma = 0$ kann so geschehen: Man bestimmt r, in den b_h lineare Ausdrücke $B_1, B_2, \ldots, B_r$, die algebraisch-unabhängig sind. Da wir n^2 Transformationskoeffizienten e_i^k haben, so ist r höchstens gleich n^2. Γ hat dann die Gestalt:

(6) $$\Gamma = \Gamma_0 \delta^p + \Gamma_1 \delta^{p-1} + \cdots + \Gamma_p = 0,$$

wo die Γ_i Polynome der B_h sind. Ist f eine Nullform, so muß Γ_0 die B_h wirklich enthalten und zwar ganz und rational. Γ_0 wird dann für gewisse endliche b_h, d. h. also für bestimmte e_i^k zu Null, und das bedeutet nach (6), daß für diese e_i^k die Transformationsdeterminante δ unendlich wird. Eine Nullform hat also die Eigenschaft, daß ihre transformierten Koeffizienten endliche Werte behalten bei Ausführung von gewissen Transformationen mit unendlichem δ. *Hilbert* benützt nun diese Tatsache — durch Angabe von derartigen Transformationen, bei denen die e_i^k bestimmte Potenzreihen einer Veränderlichen sind — um daraus für f eine bestimmte Struktur herzuleiten. Er zeigt, daß jede Nullform durch unimodulare Transformationen auf eine „*kanonische*" Gestalt transformiert werden kann und gibt für ternäre Formen bis zur 6. Ordnung diese Gestalten an.

Aus den oben genannten Funktionen B_h der transformierten Koeffizienten einer Form, die nicht Nullform ist, läßt sich eine obere Grenze für die Gewichte derjenigen Invarianten $I_1, I_2, \ldots, I_\varkappa$ herleiten, von denen alle anderen ganze algebraische Funktionen sind. Für ternäre Formen m-ter Ordnung $f = (a'x)^m$ gibt *Hilbert* hierfür die Zahl $9m(3m+1)^8$ an.

Ferner ergibt sich eine neue Eigenschaft des *Aronhold*schen Prozesses (vgl. I § 10 S. 18), die eine wesentliche Ergänzung des Satzes von *Peano* (vgl. VI § 10 S. 162) darstellt:

Sind $I_1, I_2, \ldots, I_\mu$ solche Invarianten einer Grundform f, durch die alle anderen ganz und algebraisch ausdrückbar sind, so gibt die wiederholte Anwendung des Aronholdschen Prozesses

$$\sum_\varrho \alpha_\varrho \frac{\partial I_h}{\partial a_\varrho} \qquad \left(f = (a'x)^m,\ \varphi = (\alpha'x)^m\right)$$

ein System (K) von Simultaninvarianten der gleichartigen Formen f und φ, so daß jede Invariante von f und φ eine ganze algebraische Funktion dieser Invarianten K wird.

Bei binären Formen f der Ordnung $m = 2h+1$ bezw. $m = 2h$ verschwinden alle Invarianten, wenn f einen $(h+1)$-fachen Linearfaktor besitzt und umgekehrt.

Eine ternäre kubische Nullform $f = (a'x)^3 = 0$ gibt eine ebene Kurve 3. Ordnung mit Rückkehrpunkt.

Eine ternäre biquadratische Nullform $f = (a'x)^4 = 0$ gibt eine Kurve 4. Ordnung mit dreifachem Punkt oder eine, in eine C_3 und eine Wendetangente dieser C_3 zerfallende C_4.

Für eine quaternäre kubische Form $f = (a'x)^3$ verschwinden dann und nur dann alle Invarianten, wenn die durch $f = 0$ dargestellte Fläche entweder einen Doppelpunkt besitzt, für welchen die 2-te Polare eine doppelt-gezählte Ebene ist, oder für welchen die 2-te Polare aus 2 getrennten Ebenen besteht, deren Schnittlinie ganz auf der Fläche liegt.

Die Kenntnis der Nullformen besitzt deshalb Bedeutung, da man dann leicht entscheiden kann, ob bereits errechnete Invarianten von der Art sind, daß ihr Verschwinden notwendig das Verschwinden sämtlicher Invarianten von f zur Folge hat. Und derartige Invarianten sucht man bei der Frage nach einer algebraischen Basis (vgl. §§ 1 und 2). Von diesen Invarianten I_h kann man dann zu einer Rationalbasis und weiter zur Modulbasis aufsteigen.

Bei der wirklichen Berechnung von vollen Invariantensystemen auf diesem Wege, ist der erste Schritt, nämlich das Aufsuchen der Invarianten $I_1, I_2, \ldots, I_\varkappa$ der schwierigste. Er wird praktisch auch nur in den einfachsten Fällen, d. h. bei Grundformen mit Veränderlichen x (oder u') in nicht zu hohem Grade, durchführbar sein. Bei komplizierten Grundformen mit mehreren Reihen $x, \pi_{ik}, \ldots$ und insbesonders bei Systemen von Grundformen wird man bei Berechnung voller Invariantensysteme stets gezwungen sein, den direkten Weg einzuschlagen, der durch den ersten und zweiten Fundamentalsatz der symbolischen Methode vorgezeichnet ist (vgl. hierzu VI § 18 S. 176).

§ 9. **Die Invarianten als Eliminationsresultat.**

Es sei $f = (a'x)^m$ eine n-äre Form m^{ter} Ordnung,

(1) $$a_1, a_2, \ldots, a_N$$

ihre Koeffizienten. Bei einer linearen Transformation $x \to \bar{x}$ haben wir für die transformierten Koeffizienten b_h die schon wiederholt angeschriebenen „Transformationsgleichungen":

(2) $$b_h = \sum_{\varrho=1}^{\varrho=N} a_\varrho \varphi_{\varrho h}(e_i^k),$$

oder ausführlicher (vgl. I § 4 S. 8)

(3) $$b'_{rst\ldots} = \sum a'_{ikl\ldots} e_i^r e_k^s e_l^t \ldots.$$

Wir setzen nun voraus, f besitze wenigstens *eine* absolute Invariante

(4) $$i(a) = \frac{I(a)}{K(a)},$$

wo $I(a)$ und $K(a)$ zwei ganze rationale Invarianten vom selben Gewicht sind. Dann ist

$$\frac{I(a)}{K(a)} - \frac{I(b)}{K(b)} = 0 \quad \text{oder}$$

(5) $$I(a)K(b) - K(a)I(b) = 0$$

und dies ist eine ganze, rationale Gleichung zwischen den a_h und b_h, die zu einer Identität wird, wenn die b_σ durch a_h und e_k^i ausgedrückt werden. Wir können also auch sagen, (5) besteht vermöge der Beziehungen (2), oder auch: (5) ist *ein Eliminationsergebnis, das man erhält, wenn aus* (2) *die Transformationskoeffizienten e_k^i eliminiert werden.*

Die Gleichung $i(a) = i(b)$ erscheint so aus (2) durch Elimination der e_k^i gewonnen. Wir wollen jetzt auch das Umgekehrte zeigen:

Jedes Eliminationsresultat, das man durch Elimination der Transformationskoeffizienten e_k^i *aus den Transformationsgleichungen erhält, liefert entweder ein invariantes Gleichungssystem für die Formenkoeffizienten* a_h *von* f *allein, oder eine Beziehung* $i(a) = i(b)$, *die die Gleichheit zweier absoluter Invarianten aussagt.*

Zum *Beweise* setzen wir zunächst die Möglichkeit der Elimination der e_i^k aus den Gleichungen (2), also $N > n^2$ voraus. Es sei dann

(6) $$R(a, b) = 0$$

eine ganze, rationale Gleichung zwischen den a_h und b_h ein derartiges Eliminationsergebnis.

Dann sind die 2 Fälle denkbar: 1. R enthält nur a_h (oder nur b_h). Dann ist

(7) $$R(a) = 0$$

entweder eine invariante Gleichung und also $R(a)$ eine Invariante (vgl. VI § 9 S. 160) oder es liefert $R(a)$ bei einer Transformation $a \longrightarrow b$ ein invariantes Gleichungssystem, das sich nach dem Satze von *Gram* (vgl. VI § 9 S. 160) durch das Verschwinden von Kovarianten darstellen läßt. In beiden Fällen ist die Grundform nicht „allgemein“, es bestehen zwischen ihren Koeffizienten a_h Relationen.

2. R enthält a_h und b_h. Um in diesem Falle Einblick in die Natur der Gleichungen $R(a, b) = 0$ zu gewinnen, denken wir uns die Elimination der e_i^k aus (2) so ausgeführt, daß wir aus n^2 der Gleichungen (2) die e_i^k berechnen und dann in die übrigen $(N - n^2)$ Gleichungen einsetzen.[1]

Es seien die ersten n^2 der Gleichungen (2) zur Berechnung der e_i^k verwendet; wir schreiben für die ersten n^2 Koeffizienten b_h gegebene Konstante c_h vor:

(8) $$\begin{cases} b_1 = \sum a_\varrho \, \varphi_{\varrho 1}(e_i^k) = c_1 \\ b_2 = \sum a_\varrho \, \varphi_{\varrho 1}(e_i^k) = c_2 \\ \dots\dots\dots\dots \\ b_{n^2} = \sum a_\varrho \, \varphi_{\varrho n^2}(e_i^k) = c_{n^2} \end{cases}.$$

Die Auflösung ergibt n^2 algebraische Funktionen

(9) $$e_i^k = e_i^k(a_1, a_2, \dots, a_N;\ c_1, c_2, \dots, c_{n^2}) = e_i^k(a_h, c_\lambda);$$

setzen wir dies in die übrigen Gleichungen (2) ein, so haben wir für die restlichen b_σ:

(10) $$b_\sigma = \psi_\sigma(a_h, c_\lambda) \qquad (\sigma = n^2 + 1,\ n^2 + 2, \dots, N).$$

---

[1]) vgl. *Capelli*, Lezioni ... S. 84.

Die Transformation $a \longrightarrow b$ hat also jetzt die folgenden Transformationsgleichungen:

(11) . . . . $\begin{cases} b_\varrho = c_\varrho & (\varrho = 1, 2, \ldots, n^2) \\ b_\sigma = \psi_\sigma(a_h, c_\lambda) & (\sigma = n^2 + 1, \ldots, N). \end{cases}$

Nun machen wir folgendes: Wir unterwerfen vorerst die Grundform f einer Transformation $a \longrightarrow \bar{a}$. Hierauf führen wir die Transformation $\bar{a} \longrightarrow b$ durch. Es seien d_i^k die Transformationskoeffizienten dieser letzteren Transformation $\bar{a} \longrightarrow b$. Nach (8) genügen diese d_i^k den Gleichungen

$$\sum \bar{a}_\varrho \, \varphi_{\varrho\lambda}(d_i^k) = c_\lambda \qquad (\lambda = 1, 2, \ldots, n^2),$$

d. h. die d_i^k sind dieselben Funktionen der $\bar{a}_\varrho$ wie die e_i^k von den a_ϱ. Nach (11) hat also die Transformation $\bar{a} \longrightarrow b$ die Transformationsgleichungen

$$\begin{aligned} b_\varrho &= c_\varrho \\ b_\sigma &= \psi_\sigma(\bar{a}_h, c_\lambda) \qquad (\sigma = n^2 + 1, \ldots, N); \end{aligned}$$

daher ist:

(12) . . . $\psi_\sigma(a_h, c_\lambda) = \psi_\sigma(\bar{a}_h, c_\lambda) \qquad (\sigma = n^2 + 1, \ldots, N),$

oder: die ψ_σ sind $N - n^2$ (im allgemeinen irrationale) absolute Invarianten. Von diesen gelangt man dann — etwa durch Multiplikation mit allen konjugierten Funktionen ψ — zu rationalen Invarianten und also zu Gleichungen der Gestalt (5).

Es ist leicht zu sehen, daß diese Überlegungen gerade so bei Systemen von Grundformen durchzuführen sind.

§ 10. **Äquivalenz.**

Wenn eine n-äre Form $f = (a' x)^m$ mit den Koeffizienten a_h durch $x \longrightarrow \bar{x}$ mit nicht verschwindender Determinante $\Delta = |e_i^k| \neq 0$ in $\bar{f}$ mit den Koeffizienten

(1) . . . . $b_h = \sum a_\lambda \, \varphi_{\lambda h}(e_i^k)$

transformiert wird, so gibt es stets eine lineare Transformation, nämlich die zu $x \longrightarrow \bar{x}$ inverse, die $\bar{f}$ in f transformiert. Ihre Transformationskoeffizienten sind

(2) . . . . $\dfrac{1}{\Delta} E_k^i = \dfrac{1}{\Delta} \dfrac{\partial \Delta}{\partial e_k^i}$ (vgl. I § 3 S. 6)

und daher lauten die Auflösungen von (1) nach a_h:

(3) . . . . $a_h = \sum b_\nu \, \varphi_{\nu h}\left(\dfrac{E_k^i}{\Delta}\right).$

Zwei derartige Formen f und $\overline{f}$ heißen zu einander „*äquivalent*“; sind zwei Formen einer dritten äquivalent, so sind sie es auch untereinander.

Es ist jedenfalls gleichgültig, ob man verlangt, daß $x \to \overline{x}$ die Form f in $\overline{f}$ überführe oder in $\varrho\overline{f}$, wo $\varrho \neq 0$ eine Konstante ist. In letzterem Falle sagt man, daß *die Gleichung* $f = 0$ zu $\overline{f} = 0$ äquivalent sei. Denn die Forderung $f \to \varrho\overline{f}$ kommt nach (1) einfach auf die Multiplikation aller e_i^k mit einem und demselben Faktor $\left(\sqrt[m]{\varrho}\right)$ hinaus. Anders ist dies bei äquivalenten Systemen von Grundformen, da dann jeder Form f eine solche Zahl m zugeordnet ist und diese Zahlen nicht gleich sein müssen.

Bleiben wir vorerst bei einer einzigen Grundform f und ihrer äquivalenten $\overline{f}$. Die Ergebnisse des vorigen § geben uns dann *die notwendigen und hinreichenden Bedingungen an, daß zwei Formen f und $\overline{f}$ äquivalent sind*: Die Gleichungen (1) müssen sich nach den n^2 Größen e_i^k auflösen lassen, d. h. es müssen erstens zwischen den b_h dieselben invarianten Gleichungen bestehen wie zwischen den a_h und zweitens müssen alle absoluten Invarianten beider Formen einander gleich sein. Nach dem *Gram*schen Satze (vgl. VI § 9 S. 160) kann man die erste Bedingung auch so ausdrücken: für $\overline{f}$ müssen dieselben Kovarianten identisch verschwinden, wie für f. Es reicht die Gleichheit der absoluten Invarianten also im allgemeinen nicht hin zur Äquivalenz. Daß dies so sein muß, sieht man z. B. unmittelbar bei der Frage nach der Äquivalenz zweier Nullformen.

Die angegebenen Bedingungen bleiben dieselben bei der Äquivalenz zweier Systeme von Grundformen.

In der projektiven Geometrie im Gebiete n^{ter} Stufe bedeutet die Äquivalenz zweier Formen die Ineinander-Transformierbarkeit der geometrischen Figuren, die durch die gleich Null gesetzten Formen dargestellt werden. Es kommt also hier nur auf die Äquivalenz der *Gleichungen* $f = 0$ und $\overline{f} = 0$ an.

Dasselbe gilt für Gleichungssysteme:

(4) $$f_1 = 0, \quad f_2 = 0, \ldots, \quad f_p = 0;$$

hier kommen zu den linearen Transformationen der Formenkoeffizienten, die von $x \to \overline{x}$ erzeugt werden, und die die (n^2-1)-gliedrige projektive Gruppe bilden, noch die ∞^p Transformationen

(5) $$f_1' = \varrho_1 f_1, \quad f_2' = \varrho_2 f_2, \ldots, \quad f_p' = \varrho_p f_p$$

hinzu. Es sei ferner q die Parameterzahl der Gruppe von linearen Transformationen, die das Gleichungssystem (4) in sich selbst transformieren.

Deuten wir dann die Koeffizienten der f_i, deren Gesamtzahl $= N$ sei, als rechtwinklige, inhomogene Koordinaten in einem Euklidischen Raum R_N von N Dimensionen, so ist jedem Formensystem (4) ein Punkt P des R_N zugeordnet. Die Gesamtheit M der Lagen die P bei allen linearen Transformationen $x \rightarrow \bar{x}$ annimmt, hat dann nicht $(n^2-1)+p$, sondern nur $(n^2-1)+p-q$ Dimensionen. M kann durch ein System $\sum$ von algebraischen Gleichungen zwischen den Koeffizienten der f_i dargestellt werden. $\sum$ ist ein invariantes Gleichungssystem oder zerfällt in solche Systeme und kann also nach dem *Gram*schen Satze durch das Verschwinden von Invarianten und das identische Verschwinden von Kovarianten im R_N festgelegt werden. Es läßt sich dann zeigen, daß zwei Punkte P und $\bar{P}$ von M, d. h. also zwei Gleichungssysteme $f_i = 0$ und $f_i' = 0$ dann und nur dann linear ineinander transformiert werden können, wenn für f_i dieselben Komitanten verschwinden wie für f_i', worunter die Gleichheit entsprechender absoluter Invarianten mit inbegriffen ist.[1])

[1]) Hierzu ausführlicher (für $n = 3$) bei *E. Study*, Methoden, ..., S. 104.

VIII. Abschnitt: **Differentialgleichungen für Invarianten.**

§ 1. Invarianten einer einzelnen Grundform.

Neben den verschiedenen, bisher mehrfach behandelten Eigenschaften von Komitanten besitzen diese eine weitere: sie lassen sich als Lösungen von Systemen linearer partieller Differentialgleichungen charakterisieren. Wir wenden uns jetzt diesem Gegenstande zu.

Es sind zwei Wege, die zu den für die Komitanten charakteristischen Differentialgleichungen führen. Der erste geht direkt von der Definitionsgleichung einer relativen Komitante aus:

(1) . . . . $\overline{I} = \Delta^\varrho I, \quad \Delta = | e_i^k |,$

wo ϱ das Gewicht von I ist. Der zweite Weg benützt die Tatsache, daß Komitanten Funktionen sind, die eine Gruppe von Transformationen zulassen, die daher die infinitesimalen Transformationen dieser Gruppe gestatten: der Ausdruck für letzteres gibt direkt die gesuchten Differentialgleichungen.

Wir gehen zuerst den ersten Weg,[1] also von (1) aus und beschränken uns vorerst — um nicht zu schleppend in der Ausführung sein zu müssen — auf Invarianten *einer* n-ären Grundform

(2) . . . . . . $f = (a' x)^r = \sum a'_{ikl\ldots} x_i x_k x_l \ldots,$

deren Koeffizienten[2] $a_1, a_2, \ldots, a_N$ wir kurz mit a bezeichnen, so daß wir (1) so schreiben können:

(3) . . . . $I(\bar{a}) = \Delta^\varrho I(a).$

Für die Transformationsdeterminante Δ haben wir zunächst die n Differenzialgleichungen

(4a) . . . . $\displaystyle\sum_{i=1}^{i=n} \frac{\partial \Delta}{\partial e_i^k} e_i^k = \Delta \quad (k = 1, 2, \ldots, n)$

(4b) . . . . $\displaystyle\sum_{i=1}^{i=n} \frac{\partial \Delta}{\partial e_i^k} e_i^h = 0 \quad (h \neq k;\ h, k = 1, 2, \ldots, n).$

---

[1]) Betreffs des ersten Weges hat *Aronhold* alles Wesentliche ausgeführt: Crelle 62 (1863). Den zweiten Weg hat *Study* betreten: Methoden . . . S. 163, 175.

[2]) Unter „Koeffizienten" von $f = (a' x)^r$ verstehen wir so wie bisher die Zahlen $a'_{ikl\ldots}$ (also mit Weglassung des zugehörigen Polynomialkoeffizienten), so daß in (2) das Σ eine r-fache Summe anzeigt.

Die n Gleichungen (4a) und die (n^2-n) Gleichungen (4b) sind für $\varDelta$ charakteristisch, d. h. sie bestimmen $\varDelta$ bis auf einen konstanten Faktor. Man sieht dies sofort, wenn wir

$$\varDelta = \begin{vmatrix} \xi_1 \ldots \xi_n \\ \eta_1 \ldots \eta_n \\ \cdot \quad \cdot \quad \cdot \quad \cdot \\ \zeta_1 \ldots \zeta_n \end{vmatrix} \text{ an Stelle von } \varDelta = |e_i^k| \text{ schreiben.}$$

Dann lauten (4a) und (4b):

$$D_{\xi\xi}\varDelta = D_{\eta\eta}\varDelta = \cdots = \varDelta; \; D_{\xi\eta}\varDelta = 0, \ldots$$

und diese Gleichungen sind nach V § 10 S. 139 auch hinreichend für $\varDelta = |e_i^k|$.

Jetzt bilden wir die Gleichungen (4) für die Funktionen $I(\bar{a})$ und erhalten, da nach (3):

$$\frac{\partial I(\bar{a})}{\partial e_s^k} = \varrho \varDelta^{\varrho-1} \cdot I(a) \frac{\partial \varDelta}{\partial e_s^k}$$

ist, die $n+(n^2-n)$ Gleichungen

$$\text{(5a)} \quad \ldots \ldots \quad \sum_{s=1}^{s=n} \frac{\partial I(\bar{a})}{\partial e_s^k} e_s^k = \varrho I(\bar{a}) \quad (k = 1, 2, \ldots, n)$$

$$\text{(5b)} \quad \ldots \ldots \quad \sum_{s=1}^{s=n} \frac{\partial I(\bar{a})}{\partial e_s^i} e_s^k = 0 \quad (i \neq k).$$

Nun ist aber:

$$\text{(6)} \quad \ldots \ldots \ldots \quad \frac{\partial I(\bar{a})}{\partial e_s^k} = \sum_{\bar{a}} \frac{\partial I(\bar{a})}{\partial \bar{a}} \frac{\partial \bar{a}}{\partial e_s^k}$$

wobei $\sum\limits_{\bar{a}}$ anzeigt, daß über alle N Koeffizienten $\bar{a}_1, \bar{a}_2, \ldots, \bar{a}_N$ zu summieren ist. An Stelle von (5) können wir deshalb schreiben:

$$\text{(7a)} \quad \ldots \ldots \quad \sum_{\bar{a}} \frac{\partial I(\bar{a})}{\partial \bar{a}} \left(\sum_{s=1}^{s=n} \frac{\partial \bar{a}}{\partial e_s^i} e_s^i \right) = \varrho I(\bar{a})$$

$$\text{(7b)} \quad \ldots \ldots \quad \sum_{\bar{a}} \frac{\partial I(\bar{a})}{\partial \bar{a}} \left(\sum_{s=1}^{s=n} \frac{\partial \bar{a}}{\partial e_s^i} e_s^k \right) = 0 \quad (i \neq k).$$

Diese Gleichungen enthalten schon die Ableitungen von $\bar{I}$ nach den Koeffizienten $\bar{a}$, und die Möglichkeit, die e_i^k überhaupt in Wegfall zu bringen beruht nun darauf, daß die in den runden Klammern links stehenden Summen so umgestaltet werden können, daß sie lineare homogene Funktionen von den $\bar{a}$ allein werden.

Um dies rechnerisch durchzuführen, ist es notwendig, auf die Struktur dieser Koeffizienten a_h der Grundform f näher einzugehen. Das Bisherige gilt für eine Grundform f mit beliebigen Variablenreihen. Jetzt nehmen wir der Einfachheit halber f nach (2) an und haben (vgl. I § 4 S. 8):

(8) $$\bar{a}'_{i_1 i_2 \ldots i_r} = \sum a'_{k_1 k_2 \ldots k_r} e^{i_1}_{k_1} e^{i_2}_{k_2} \ldots e^{i_r}_{k_r}.$$

Hieraus bekommt man ($\delta_{ik} = 0$ für $i \neq k$, $\delta_{ii} = 1$):

$$\sum_{s=1}^{s=n} \frac{\partial \bar{a}'_{i_1 \ldots i_r}}{\partial e^i_s} e^i_s = \sum_{(k)} \sum_s a'_{k_1 \ldots k_r} \Big(\delta_{s k_1} \delta_{i i_1} e^i_s e^{i_2}_{k_2} \ldots e^{i_r}_{k_r} + + e^{i_1}_{k_1} \delta_{s k_2} \delta_{i i_2} e^i_s e^{i_3}_{k_3} \ldots e^{i_r}_{k_r} + \ldots \Big) =$$

$$= \sum_{(k)} a'_{k_1 \ldots k_r} \Big(\delta_{i i_1} e^i_{k_1} e^{i_2}_{k_2} \ldots e^{i_r}_{k_r} + e^{i_1}_{k_1} \delta_{i i_2} e^i_{k_2} e^{i_3}_{k_3} \ldots e^{i_r}_{k_r} + \ldots \Big),$$

also nach (8):

(9a) $$\sum_{s=1}^{s=n} \frac{\partial \bar{a}'_{i_1 \ldots i_r}}{\partial e^i_s} e^i_s = \delta_{i i_1} \bar{a}'_{i i_2 \ldots i_r} + \delta_{i i_2} \bar{a}'_{i_1 i i_3 \ldots i_r} + \cdots \cdots + \delta_{i i_r} \bar{a}'_{i_1 i_2 \ldots i_{r-1} i} = [i\,i].$$

Auf genau dieselbe Art haben wir:

(9b) $$\sum_{s=1}^{s=n} \frac{\partial \bar{a}'_{i_1 \ldots i_r}}{\partial e^i_s} e^k_s = \delta_{i i_1} \bar{a}'_{k i_2 i_3 \ldots i_r} + \delta_{i i_2} \bar{a}'_{i_1 k i_3 \ldots i_r} + \cdots \cdots + \delta_{i i_r} \bar{a}'_{i_1 i_2 \ldots i_{r-1} k} = [i\,k].$$

Dies sind die gesuchten linear-homogenen Ausdrücke in den $\bar{a}$; wir haben für sie die Abkürzungen $[i\,i]$ und $[i\,k]$ eingeführt. Setzen wir diese in (7) ein und schreiben a statt $\bar{a}$, so ergeben sich für eine Invariante $I(a)$ die Differentialgleichungen

(10a) $$\sum_a \frac{\partial I(a)}{\partial a} [i\,i] = \varrho\, I(a) \quad (i = 1, 2, \ldots, n)$$

(10b) $$\sum_a \frac{\partial I(a)}{\partial a} [i\,k] = 0 \quad (i \neq k).$$

Dies sind im Ganzen n^2 Gleichungen. Sie lassen sich in bemerkenswerter Weise zusammenfassen. Hiezu nehmen wir n^2 zunächst willkürliche Größen

(11) $$a^k_i = a_i a'_k$$

und multiplizieren (10b) mit $a_k a'_i$ und summieren über i und über k. Dies gibt, da (10b) nur gilt für $i \neq k$ mit Rücksicht auf (10a):

$$(12)\quad \sum_a \frac{\partial I}{\partial a}\left(\sum_{i=1}^{i=n}\sum_{k=1}^{k=n} a_k a'_i\,[i\,k]\right) = \sum_a \frac{\partial I}{\partial a}\left(\sum_{h=1}^{h=n} a_h a'_h\,[h\,h]\right) = (a\,a')\cdot \varrho I;$$

dabei ist

$$(a\,a') = a_1^1 + a_2^2 + \cdots + a_n^n.$$

Nach (9b) haben wir

$$\sum_i \sum_k a_k a'_i\,[i\,k] = \sum_{\sigma=1}^{\sigma=r} (a'\,a)\,a'_{i_1 i_2 \ldots i_{\sigma-1} i_{\sigma+1} \cdots i_r}\cdot a'_{i_\sigma}.$$

Legen wir also den n^2 Größen a_i^k die Bedingung auf:

$$(13)\quad \ldots\ldots\quad (a\,a') = a_1^1 + a_2^2 + \cdots + a_n^n = 0,$$

so geht (12) über in

$$(14)\quad \ldots\quad \sum_a \frac{\partial I}{\partial a}\left(\sum_{\sigma=1}^{\sigma=r} (a'\,a)\,a'_{i_1 i_2 \ldots i_{\sigma-1} i_{\sigma+1} \cdots i_r}\cdot a'_{i_\sigma}\right) = 0$$

und dies gilt jetzt für irgend n^2 Zahlen a_i^k, die (13) genügen, d. h. wir erhalten aus (14) (n^2-1) Differentialgleichungen: nämlich die n^2-n Gleichungen (10b) und die $n-1$ Gleichungen

$$(15)\quad \ldots\ldots\quad \sum_a \frac{\partial I}{\partial a}\,([i\,i] - [k\,k]) = 0,$$

die man aus (10a) durch Subtraktion erhält. Fügt man also eine der n Gleichungen (10a) zu (14) hinzu, so erhält man genau das System der n^2 Gleichungen (10). Hier läßt sich nun noch völlige Symmetrie herstellen. Bilden wir nämlich nach (9a) die Summe $[11] + [22] + \cdots + [n\,n]$, so wird diese $= r\cdot \bar{a}'_{i_1 i_2 \ldots i_r}$ und daher gibt (10a):

$$(16)\quad \ldots\ldots\quad \sum_a \frac{\partial I(a)}{\partial a}\,a = \frac{n\varrho}{r}\,I(a).$$

Diese Gleichung bringt nur die Homogenität von I zum Ausdruck (*Euler*scher Satz). (16) und (14) zusammen geben jetzt die Differenzialgleichungen (10) in völlig symmetrischer Gestalt: *Sind die n^2 Größen $a_i^k = a_i a'_k$ der Bedingung* (13) *unterworfen, so lassen sich die n^2 Differenzialgleichungen einer Invariante $I(a)$ so darstellen:*

$$(17)\quad \ldots\quad \begin{cases} \displaystyle\sum_a \frac{\partial I(a)}{\partial a}\,a = \frac{n\varrho}{r}\,I(a) \\ \displaystyle\sum_a \frac{\partial I(a)}{\partial a}\left(\sum_{\sigma=1}^{\sigma=r} (a'\,a)\,a'_{i_1 i_2 \ldots i_{\sigma-1} i_{\sigma+1} \cdots i_r}\cdot a'_{i_\sigma}\right) = 0. \end{cases}$$

§ 2. **Mehrere Grundformen.**

Die Gleichungen (7) des vorigen § gelten für eine beliebige Grundform. Es ist nicht schwer, die in diesen Gleichungen vorkommenden Summen

$$\sum \frac{\partial \bar{a}}{\partial e_s^i} e_s^i \quad \text{und} \quad \sum \frac{\partial \bar{a}}{\partial e_s^i} e_s^k$$

analog den Gleichungen (9) für den Fall zu berechnen, daß die Grundform f außer x-Reihen noch $\pi_{ik}, \pi_{ikl}, \ldots, u_i'$ enthält. Wir wollen hierauf verzichten, dafür aber den Fall mehrerer Grundformen

(1) $$\ldots \quad f_a = (a'x)^{r_a}, \quad f_b = (b'x)^{r_b}, \quad f_c = (c'x)^{r_c}, \ldots$$

behandeln.

Gehen wir wieder von der Definitionsgleichung aus:

(2) $$\ldots \quad I(\bar{a}, \bar{b}, \bar{c}, \ldots) = \Delta^\varrho\, I(a, b, c, \ldots)$$

und setzen I allseitig-homogen voraus (vgl. I § 7 S. 13). Dann erhalten wir analog den Gleichungen (7) des § 1 die Differentialgleichungen:

(3a) $$\ldots \quad \sum_{\bar{a}} \frac{\partial \bar{I}}{\partial \bar{a}} \left(\sum \frac{\partial \bar{a}}{\partial e_s^i} e_s^i \right) + \sum_{\bar{b}} \frac{\partial \bar{I}}{\partial \bar{b}} \left(\sum \frac{\partial \bar{b}}{\partial e_s^i} e_s^i \right) + \cdots = \varrho I$$

(3b) $$\ldots \quad \sum_{\bar{a}} \frac{\partial \bar{I}}{\partial \bar{a}} \left(\sum \frac{\partial \bar{a}}{\partial e_s^i} e_s^k \right) + \sum_{\bar{b}} \frac{\partial \bar{I}}{\partial \bar{b}} \left(\sum \frac{\partial \bar{b}}{\partial e_s^i} e_s^k \right) + \cdots = 0 \quad (i \neq k).$$

Wir schreiben dies kürzer so:

(4) $$\ldots \quad \sum_{\bar{a}, \bar{b}, \bar{c}, \ldots} \left\{ \sum_{\bar{a}} \frac{\partial \bar{I}}{\partial \bar{a}} \left(\sum \frac{\partial \bar{a}}{\partial e_s^i} e_s^k \right) \right\} = \delta_{ik}\, \varrho\, I,$$

wobei das erste Summenzeichen andeutet, daß über alle Grundformen zu summieren ist. Die weitere Rechnung verläuft dann genau so wie bei einer Grundform, wir erhalten die den Gleichungen (10) § 1 analogen:

(5a) $$\ldots \quad \sum_{a, b, c, \ldots} \left\{ \sum_{a} \frac{\partial I}{\partial a} [i\,i] \right\} = \varrho I \quad (i = 1, 2, \ldots, n)$$

(5b) $$\ldots \quad \sum_{a, b, c, \ldots} \left\{ \sum_{a} \frac{\partial I}{\partial a} [i\,k] \right\} = 0 \quad (i \neq k),$$

wobei die Ausdrücke $[i\,i]$ und $[i\,k]$ aus (9a) und (9b) des vorigen § zu entnehmen sind.

Die Gleichungen (5) lassen sich genau so wie bei einer Grundform mit Hilfe der n^2 Größen $a_i^k = a_i a_k'$, für die $(a a') = 0$ ist, zusammenfassen zu:

(6a) . . . . $$\sum_{a, b, c, \ldots} r_a \frac{\partial I}{\partial a} a = n \varrho I$$

(6b) . . . $$\sum_{a, b, c, \ldots} \frac{\partial I}{\partial a'_{i_1 \ldots i_r}} \left(\sum_{\sigma=1}^{\sigma=r_a} (a'a) a'_{i_1 \ldots i_{\sigma-1} i_{\sigma+1} \ldots i_{r_a}} \cdot a'_{i_\sigma} \right) = 0.$$

In (6a) sind $r_a, r_b, \ldots$ die Grade der Grundformen $f_a, f_b, \ldots$ Ist I vom Grade $p_a, p_b, \ldots$ in den $a, b, \ldots$, so haben wir

$$n \varrho = r_a p_a + r_b p_b + \cdots$$

und für das Gewicht ϱ:

(7) . . . . $$\varrho = \frac{1}{n}(r_a p_a + r_b p_b + \cdots).$$

Daß die Differenzialgleichungen (17) § 1 bei einer Grundform und ebenso die Gleichungen (6) bei mehreren Grundformen auch ausreichend zur Definition der Invarianten sind, folgt aus einer, im vorigen § gemachten Bemerkung. Wir können von diesen Differentialgleichungen durch Einführung der transformierten Koeffizienten $\bar{a}, \bar{b}, \ldots$ sogleich auf die Gleichungen (5) des vorigen § zurückgehen. Nach dem bei den Gleichungen (4) § 1 Gesagten ist dann

(8) . . . . $$\bar{I} = \Delta^\varrho \cdot C,$$

wo C von den Transformationskoeffizienten e_i^k unabhängig ist, also von den Formenkoeffizienten allein abhängt. Nehmen wir jetzt in (8) $e_i^k = \delta_{ik}$, also die identische Transformation, so wird $\Delta = 1$ und $C = I$, wodurch man bei $\bar{I} = \Delta^\varrho \cdot I$ angelangt ist. Dies alles bleibt giltig für $\varrho = 0$; I ist dann eine absolute Invariante.

In (6) sind auch die Differentialgleichungen für *Kovarianten*, allgemeiner für irgendwelche *Komitanten* enthalten: es sind dies ja Invarianten eines erweiterten Formensystems (vgl. VI § 3 S. 149).

§ 3. **Beispiel für $n=2$.**

Es sei

(1) . . . . $$f = a_x^r = (a_1 x_1 + a_2 x_2)^r$$

eine binäre Form r^{ter} Ordnung. Ihre Koeffizienten wollen wir auch mit $a_0, a_1, \ldots$ bezeichnen, also f so schreiben:

(2) . . $$f = a_0 x_1^r + \binom{r}{1} a_1 x_1^{r-1} x_2 + \binom{r}{2} a_2 x_1^{r-2} x_2^2 + \cdots + a_r x_2^r.$$

Es ist daher:

(3) $$a_k = a_1^{r-k} a_2^k = a_{\underbrace{11\ldots1}_{r-k}\underbrace{22\ldots2}_{k}},$$

wo die Zahlen unter den Klammern die Anzahl der gleichen Ziffern 1 und 2 anzeigen.

Nach (9a) und (9b) § 1 haben wir hier, wenn wieder a statt $\bar{a}$ geschrieben wird:

(4) $$\begin{cases} [11] = (r-k)\, a'_{\underbrace{11\ldots1}_{r-k}\underbrace{22\ldots2}_{k}} = (r-k)\, a_k \\ [22] = \quad k \quad a'_{\underbrace{11\ldots1}_{r-k}\underbrace{22\ldots2}_{k}} = k\, a_k \end{cases}$$

(5) $$\begin{cases} [12] = (r-k)\, a'_{2\underbrace{1\ldots1}_{r-k-1}\underbrace{22\ldots2}_{k}} = (r-k)\, a_{k+1} \\ \qquad\qquad (k \leqq r-1;\ \text{für } k=r \text{ wird } [12]=0) \\ [21] = \quad k \quad a'_{\underbrace{11\ldots1}_{r-k}1\underbrace{2\ldots2}_{k-1}} = k\, a_{k-1} \\ \qquad\qquad (k \geqq 1;\ \text{für } k=0 \text{ wird } [21]=0). \end{cases}$$

Setzen wir diese Ausdrücke in die Gleichungen (10) § 1 ein, so entstehen nach (4):

(6) $$\begin{cases} \dfrac{\partial I}{\partial a_0} r\, a_0 + \dfrac{\partial I}{\partial a_1}(r-1) a_1 + \cdots + \dfrac{\partial I}{\partial a_{r-1}} 1 \cdot a_{r-1} = \varrho I \\ \dfrac{\partial I}{\partial a_1} 1 \cdot a_1 + \cdots + \dfrac{\partial I}{\partial a_{r-1}}(r-1)\, a_{r-1} + \dfrac{\partial I}{\partial a_r} r\, a_r = \varrho I; \end{cases}$$

und ebenso nach (5):

(7) $$\begin{cases} \dfrac{\partial I}{\partial a_0} r\, a_1 + \dfrac{\partial I}{\partial a_1}(r-1) a_2 + \cdots + \dfrac{\partial I}{\partial a_{r-2}} 2\, a_{r-1} + \dfrac{\partial I}{\partial a_{r-1}} 1 \cdot a_r = 0 \\ \dfrac{\partial I}{\partial a_1} 1 \cdot a_0 + \cdots\cdots + \cdots + \dfrac{\partial I}{\partial a_{r-1}}(r-1)\, a_{r-2} + \dfrac{\partial I}{\partial a_r} r\, a_{r-1} = 0 \end{cases}$$

Addiert man die Gleichungen (6), so entsteht die Eulersche Differentialgleichung

$$\frac{\partial I}{\partial a_0} a_0 + \frac{\partial I}{\partial a_1} a_1 + \cdots + \frac{\partial I}{\partial a_r} a_r = \frac{2\varrho}{r} I;$$

es ist also in Übereinstimmung mit früherem $p = \dfrac{2\varrho}{r}$ der Grad von I in den a.

Lassen wir in den linken Seiten von (7) den Buchstaben I fort, so entstehen zwei Differentiationsprozesse, die von englischen Mathematikern „*Anihilatoren*“ genannt wurden.[1])

[1]) vgl. z. B. *E. B. Elliot*, Algebra of quantics, Oxford (1895) S. 112.

§ 4. Infinitesimale Transformationen.

Wir gehen jetzt den zweiten Weg, der zu den Differentialgleichungen für Komitanten führt und der das erstemal von *Study* systematisch gekennzeichnet wurde.[1]) Wir bleiben der Einfachheit wegen vorerst wieder bei einer einzigen n-ären Grundform.

Die Invarianten von f sind Funktionen der Koeffizienten, die die Transformationen $\mathfrak{T}$ einer (n^2-1)-gliedrigen kontinuierlichen Gruppe $\mathfrak{G}_{n^2-1}$ gestatten. Die endlichen Transformationsgleichungen dieser Gruppe $\mathfrak{G}_{n^2-1}$ sind gegeben durch die Transformationsgleichungen der Koeffizienten von f:

(1) $$\bar{a}'_{i_1 i_2 \ldots i_r} = \sum a'_{k_1 k_2 \ldots k_r} e_{k_1}^{i_1} e_{k_2}^{i_2} \ldots e_{k_r}^{i_r}.$$

Hierbei sind die Größen e_i^k die Parameter der Gruppe $\mathfrak{G}_{n^2-1}$; wir setzen fest, daß $\varDelta = |e_i^k| = 1$ sei. $\mathfrak{G}_{n^2-1}$ ist einstufig isomorph zur „allgemeinen, projektiven Gruppe" G_{n^2-1} der n homogenen Veränderlichen $x_1, x_2, \ldots, x_n$; die letztere Gruppe ist ihrerseits einstufig-isomorph zur sogenannten „speziellen, linearen, homogenen Gruppe" $\varGamma_{n^2-1}$ der n inhomogenen Veränderlichen $x_1, x_2, \ldots, x_n$. Beide Gruppen, G_{n^2-1} und $\varGamma_{n^2-1}$, werden erzeugt durch die (n^2-1), linear-unabhängigen, infinitesimalen Transformationen[2]):

(2) $$\begin{cases} x_i \dfrac{\partial F}{\partial x_k} & (i \neq k;\ i, k = 1, 2, \ldots, n) \\ x_i \dfrac{\partial F}{\partial x_i} - x_k \dfrac{\partial F}{\partial x_k} & (i, k = 1, 2, \ldots, n). \end{cases}$$

Diese infinitesimalen Transformationen lassen sich wieder in *einen* Ausdruck zusammenfassen mit Hilfe von n^2 Größen $a_i^k = a_i a_k'$, die der Gleichung

(3) $$(a a') = a_1^1 + a_2^2 + \cdots + a_n^n = 0$$

genügen. Wir setzen:

(4) $$X_a(F) = \sum_i \sum_k a_i^k x_k \frac{\partial F}{\partial x_i} = \sum_i \sum_k a_i a_k' x_k \frac{\partial F}{\partial x_i} = (a' x)\left(a \frac{\partial F}{\partial x}\right).$$

Die Bedeutung dieses Ausdruckes ist dann diese: Die Änderung $\delta \varPhi$, die eine Funktion $\varPhi(x)$ der Koordinaten $x_1, x_2, \ldots, x_n$ bei der infinitesimalen Transformation X_a erleidet, ist gegeben durch

(5) $$\delta \varPhi = \sum \frac{\partial \varPhi}{\partial x_i} \delta x_i,$$

wobei

(6) $$\delta x_i = a_i (a' x) \delta t$$

---

[1]) Methoden, ..., S. 132 ff.

[2]) vgl. *Lie-Engel*, Transformationsgruppen I S. 558.

und δt, kurz gesagt, die Abweichung von der identischen Transformation mißt.

Setzt man (6) in (5) ein, so entsteht nach (4):

(7) . . . . $\delta \Phi = X_\alpha(\Phi) \cdot \delta t.$

Lassen wir in (6) die δ weg und schreiben links $\bar{x}$ statt x, so haben wir die Kollineation

(8) . . . . $\bar{x}_i = a_i(a' x)$

mit den Transformationskoeffizienten a_i^k. Es ist so jeder infinitesimalen Transformation eine endliche lineare Transformation (8) mit verschwindender linearer Invariante $(a\,a')$ zugeordnet und umgekehrt. Dies läßt sich geometrisch deuten in einem linearen Gebiete mit der Stufenzahl n^2, dessen Koordinaten die Größen a_i^k sind.[1])

§ 5. Die Gruppe $\mathfrak{G}_{n^2-1}$.

Wir gehen jetzt zu den infinitesimalen Transformationen der Gruppe $\mathfrak{G}_{n^2-1}$ über. Unterwerfen wir die Funktion f der Veränderlichen x_i:

(1) . . . . $f = (a' x)^r$

der infinitesimalen Transformation X_α, so erhalten wir:

$$X_\alpha f = (\alpha' x)\left(\alpha \frac{\partial f}{\partial x}\right) = (\alpha' x) \cdot r\,(a' x)^{r-1}(a' \alpha).$$

Es ist also:

(2) . . . . $\delta f = r\,(a' x)^{r-1}(a' \alpha)(\alpha' x) \cdot \delta t$

die Änderung, die f bei X_α erleidet. δf ist wieder eine Form r^{ten} Grades in den x. Setzen wir

(3) . . . . $\bar{f} = f + \delta f = f + g\,\delta t$

und bezeichnen die Koeffizienten von $x_{i_1} x_{i_2} \ldots x_{i_r}$ in $\bar{f}$ mit $\bar{a}'_{i_1 \ldots i_r}$, die in g mit $b'_{i_1 \ldots i_r}$, so läßt sich (3) so schreiben:

(4) . . . . . . $\bar{a}'_{i_1 \ldots i_r} = a'_{i_1 \ldots i_r} + r\, b'_{i_1 \ldots i_r}\,\delta t,$

oder, wenn wir den Faktor r in das δt einbeziehen:

(5) . . . . $\delta a'_{i_1 \ldots i_r} = b'_{i_1 \ldots i_r}\,\delta t.$

Damit sind die infinitesimalen Transformationen $\mathfrak{X}_\alpha$ der Gruppe $\mathfrak{G}_{n^2-1}$ gegeben. Die in (5) rechtsstehenden Größen $b'_{i_1 \ldots i_r}$ sind nach (2) und (4) lineare homogene Funktionen der $a'_{i_1 \ldots i_r}$:

(6) . . . . . $b'_{i_1 \ldots i_r} = \sum_{\sigma=1}^{\sigma=r} (a' \alpha)\, a'_{i_1 \ldots i_{\sigma-1} i_{\sigma+1} \ldots i_r} \cdot \alpha'_{i_\sigma}.$

[1]) *E. Study*, Methoden, . . ., S. 133.

Die Symbole $\mathfrak{X}_\alpha$ für (5) lauten daher:

$$(7) \quad . \; . \quad \mathfrak{X}_\alpha(I) = \sum_a \frac{\partial I}{\partial a'_{i_1 \ldots i_r}} \left(\sum_{\sigma=1}^{\sigma=r} (\alpha' a)\, a'_{i_1 \ldots i_{\sigma-1} i_{\sigma+1} \ldots i_r} \cdot \alpha'_{i_\sigma} \right).$$

Wenn I eine projektive Invariante von f ist, so gestattet I die infinitesimalen Transformationen $\mathfrak{X}_\alpha$ von $\mathfrak{G}_{n^2-1}$, d. h. es ist

$$(8) \quad . \; . \; . \; . \; . \; . \; . \; . \; . \; . \; . \quad \mathfrak{X}_\alpha(I) = 0$$

und dies gibt nach (7) die bereits in § 1 aufgestellten Differentialgleichungen (17) § 1 S. 207. Und zwar entsprechen die Größen α_i^k, die der Bedingung $(\alpha\alpha') = 0$ genügen und dort zur Zusammenfassung der Differentialgleichungen (10) § 1 verwendet wurden, genau denselben Größen α_i^k in obiger Gleichung (7).

Die beiden Gruppen G_{n^2-1} und $\mathfrak{G}_{n^2-1}$ sind gleich zusammengesetzt.[1]) Man kann mit Hilfe der Ausdrücke (4) § 4 leicht den Nachweis führen, daß die Gleichungen (8) ein „vollständiges System" von linearen, partiellen Differentialgleichungen 1. Ordnung bilden. Wir brauchen dies nur für die Gleichungen

$$(9) \quad . \; . \; . \; . \; . \; . \; . \; . \quad X_\alpha(F) = (\alpha' x)\left(\alpha \frac{\partial F}{\partial x}\right) = 0$$

selbst zu zeigen. Hierzu berechnen wir die „Klammerausdrücke"

$$(10) \quad . \; . \; . \; . \quad (X_\alpha X_\beta) F = X_\alpha\big(X_\beta(F)\big) - X_\beta\big(X_\alpha(F)\big).$$

Man findet leicht

$$(11) \quad (X_\alpha X_\beta) F = X_\gamma(F) = (\alpha' x)(\alpha\beta')\left(\beta \frac{\partial F}{\partial x}\right) - (\beta' x)(\beta\alpha')\left(\alpha \frac{\partial F}{\partial x}\right),$$

so daß also:

$$(12) \quad . \; . \; . \quad \gamma_i^k = \gamma_i \gamma_k' = \alpha_i' \beta_k (\alpha\beta') - \beta'_i \alpha_k (\beta\alpha') \qquad (\gamma\gamma') = 0;$$

X_γ ist also ebenfalls eine lineare Kombination der infinitesimalen Transformationen

$$(13) \quad . \; . \; . \; . \quad X_{ik} F = x_i \frac{\partial F}{\partial x_k} \qquad Y_{ik} F = x_i \frac{\partial F}{\partial x_i} - x_k \frac{\partial F}{\partial x_k}$$

der allgemeinen projektiven Gruppe G_{n^2-1}. Als besondere Fälle von (11) führen wir an:

$$(14) \quad \begin{cases} (X_{ik},\; X_{\mu\nu}) = \delta_{\mu k} X_{i\nu} - \delta_{i\nu} X_{\mu k} \\ (X_{ik},\; Y_{\mu\nu}) = \delta_{k\mu} X_{i\mu} - \delta_{k\nu} X_{i\nu} - \delta_{\mu i} X_{\mu k} + \delta_{\nu i} X_{\nu k} \\ (Y_{ik},\; Y_{\mu\nu}) = 0. \end{cases}$$

[1]) vgl. hierzu sowie betreffs weiterer Beziehungen: *Lie-Engel*, Transformationsgruppen I S. 158, 291, 414; *E. Study*, Methoden . . ., § 15; *A. Hurwitz*, Mathem. Ann. 45 (1894) S. 381.

§ 6. Systeme von Linearformen.

Die Differentialgleichungen der Invarianten einer Grundform f und ebenso die für ein System von Grundformen [vgl. § 1 (17) und § 2 (6)], kann man in verschiedenen Gestalten schreiben.[1]) Da zufolge des 1. Fundamentalsatzes der symbolischen Methode (IV § 2 S. 93) jede projektive Komitante als Simultaninvariante eines Systems von Linearformen dargestellt werden kann, lassen sich die eben angeführten Gestalten auch gewinnen, wenn wir uns auf Systeme von Linearformen beschränken. Wir wollen dies jetzt näher ausführen.[2])

Zunächst bemerken wir, daß sich eine allgemeine lineare Transformation $S(x \rightarrow \bar{x})$:

(1) $$S \ldots x_i = \sum_k e_i^k \bar{x}_k$$

zusammensetzen läßt aus speziellen Transformationen der beiden folgenden Typen:

(2) $$S_h \ldots\ldots x_1 = \bar{x}_1,\ x_2 = \bar{x}_2,\ \ldots,\ x_h = \varepsilon \bar{x}_h,\ \ldots\ldots,\ x_n = \bar{x}_n$$

(3) $$S_{h,k} \ldots x_1 = \bar{x}_1,\ x_2 = \bar{x}_2,\ \ldots,\ x_h = \bar{x}_h + \bar{x}_k,\ \ldots,\ x_n = \bar{x}_n$$

Um dies zu beweisen, braucht man nur zu zeigen, daß es ein „Produkt“ von S und Substitutionen S_h, $S_{h,k}$ gibt, das gleich der identischen Transformation S^0 ist. Nun haben wir aber in Form einer Matrix:

$$S S_h = \left\| \begin{matrix} e_1^1\, e_1^2 \ldots \varepsilon\, e_1^h \ldots e_1^n \\ e_2^1\, e_2^2 \ldots \varepsilon\, e_2^h \ldots e_2^n \\ \cdot\ \cdot\ \cdot\ \cdot\ \cdot\ \cdot\ \cdot\ \cdot \\ \cdot\ \cdot\ \cdot\ \cdot\ \cdot\ \cdot\ \cdot\ \cdot \\ e_n^1\, e_n^2 \ldots \varepsilon\, e_n^h \ldots e_n^n \end{matrix} \right\|$$

$$S S_{h,k} = \left\| \begin{matrix} e_1^1\, e_1^2 \ldots e_1^h \ldots e_1^k + e_1^h \ldots e_1^n \\ e_2^1\, e_2^2 \ldots e_2^h \ldots e_2^k + e_2^h \ldots e_2^n \\ \cdot\ \cdot\ \cdot\ \cdot\ \cdot\ \cdot\ \cdot\ \cdot\ \cdot\ \cdot\ \cdot\ \cdot \\ \cdot\ \cdot\ \cdot\ \cdot\ \cdot\ \cdot\ \cdot\ \cdot\ \cdot\ \cdot\ \cdot\ \cdot \\ e_n^1\, e_n^2 \ldots e_n^h \ldots e_n^k + e_n^h \ldots e_n^n \end{matrix} \right\|,$$

d. h. $S S_h$ kommt darauf hinaus: Wir multiplizieren die h^{te} Spalte in $|e_i^k|$ mit ε; $S S_{h,k}$ gibt: Wir addieren in $|e_i^k|$ die h^{te} Spalte zur k^{ten}. Aus ganz elementaren Determinantensätzen folgt dann, daß

[1]) Eine Übersicht über die verschiedenen Darstellungen sowie eine Scheidung zwischen Notwendigem und Überflüssigem gibt *J. Wellstein*, Math. Ann. 67 (1909) S. 462.

[2]) vgl. für das Folgende *A. Capelli*, Lezioni . . ., S. 202 ff.

sich $|e_i^k|$ durch wiederholte Anwendungen dieser zwei Umformungen auf die Gestalt

$$\left\|\begin{matrix} e_1^1 & 0 & 0 & \ldots & 0 \\ e_2^1 & e_2^2 & 0 & \ldots & 0 \\ \varepsilon_3^1 & \varepsilon_3^2 & \varepsilon_3^3 & \ldots & 0 \\ \cdot & \cdot & \cdot & \cdot & \cdot \end{matrix}\right\| \quad \text{und von dieser auf} \quad \left\|\begin{matrix} 1 & 0 & 0 & \ldots & 0 \\ 0 & 1 & 0 & \ldots & 0 \\ 0 & 0 & 1 & \ldots & 0 \\ \cdot & \cdot & \cdot & \cdot & \cdot \end{matrix}\right\|$$

bringen läßt.

Man kann aus diesen Überlegungen dann noch den weiteren Satz folgern: Beschränkt man sich auf diejenigen Substitutionen $S_{h,k}$, bei denen $h > k$, so läßt sich S durch Multiplikation mit S_h und derartigen $S_{h,k}$ allein, stets auf die Gestalt bringen:

$$(4) \quad \left\{\begin{aligned} x_1 &= \varepsilon_1^1 \bar{x}_1 \\ x_2 &= \varepsilon_2^1 \bar{x}_1 + \varepsilon_2^2 \bar{x}_2 \\ x_3 &= \varepsilon_3^1 \bar{x}_1 + \varepsilon_3^2 \bar{x}_2 + \varepsilon_3^3 \bar{x}_3 \\ &\ldots\ldots\ldots\ldots \\ x_n &= \varepsilon_n^1 \bar{x}_1 + \cdots \qquad + \varepsilon_n^n \bar{x}_n. \end{aligned}\right.$$

Dem Zusammensetzen irgend einer Transformation S aus Transformationen S_h und $S_{h,k}$ entspricht genau das Zusammensetzen der infinitesimalen Transformationen

$$(5) \quad Y_{hh} = x_h \frac{\partial F}{\partial x_h} \qquad X_{kh} = x_k \frac{\partial F}{\partial x_h}.$$

Hier gehört X_{kh} bereits der allgemeinen projektiven Gruppe G_{n^2-1} an (vgl. § 4 S. 211), während Y_{hh} eine infinitesimale Transformation der allgemeinen linear-homogenen Gruppe der n inhomogenen Veränderlichen x_i ist. Gehen wir zur speziellen linear-homogenen Gruppe dieser Veränderlichen über, d. h. also, beschränken wir uns auf Kollineationen von der Determinante $|e_i^k| = 1$, so treten an Stelle der n Symbole Y_{hh} die $(n-1)$ infinitesimalen Transformationen $Y_{hh} - Y_{kk} = Y_{hk}$ (vgl. (13) des vorigen §).

Wir denken uns nun eine Reihe von Linearformen in x und u' gegeben. Es seien

$$(6) \quad a', b', c', \ldots; \; y, z, t, \ldots$$

deren Koeffizientenreihen. Wir wählen die Bezeichnung gleich so, daß Invarianten von (6) in der Gestalt erscheinen, in der gewöhnlich Kovarianten mit mehreren Reihen $y, z, \ldots$ dargestellt werden.

Es sei dann

$$(7) \quad \varphi = \varphi\,(a', b', \ldots; \; y, z, \ldots)$$

eine Invariante der Formen (6). Wir führen eine Transformation S_h (Gleichung (2)) durch. Ihre Determinante ist ε, somit wird, wenn wir das Gewicht von φ mit p bezeichnen:

(8) $$\bar{\varphi} = \varepsilon^p \cdot \varphi.$$

Den Transformationen (2), oder

(9) $$y_i = \bar{y}_i \; (i \neq h), \quad y_h = \varepsilon \bar{y}_h$$

sind kontragredient die folgenden:

(10) $$a_i' = \bar{a}_i' \; (i \neq h), \quad a_h' = \frac{1}{\varepsilon} \bar{a}_h'.$$

Daher kann man (8) auch so schreiben:

(11) $$\varphi\left(\ldots, \varepsilon a_h', \ldots; \ldots, \frac{1}{\varepsilon} y_h, \ldots\right) = \varepsilon^p \varphi\left(\ldots, a_h', \ldots; \ldots, y_h, \ldots\right).$$

Denkt man sich jetzt φ als Polynom der Größen $a_i', b_i', \ldots, y_i, z_i, \ldots$ ausgeschrieben, so ist jedes Glied dieses Polynoms ein Potenzprodukt dieser Größen. (11) zeigt dann, daß die Differenz $(q'-q)$, gebildet aus der Anzahl q' des Auftretens des Index h in Reihen $a', b', \ldots$ und der Anzahl q des Auftretens von h in Reihen $y, z, \ldots$ konstant und gleich dem Gewichte p von φ ist. Man kann diese Tatsache festhalten durch Einführung der beiden Prozesse

(12) $$\begin{cases} D_{hh} = y_h \dfrac{\partial}{\partial y_h} + z_h \dfrac{\partial}{\partial z_h} + \cdots \\ \Delta_{hh} = a'_h \dfrac{\partial}{\partial a'_h} + b'_h \dfrac{\partial}{\partial b'_h} + \cdots \end{cases},$$

bei welchen über alle Reihen $y, z, \ldots$ bezw. $a', b', \ldots$, die in φ vorkommen, zu summieren ist. Wir haben dann

(13) $$(h, h)\,\varphi = (\Delta_{hh} - D_{hh})\,\varphi = p\,\varphi \quad (h = 1, 2, \ldots, n),$$

woraus noch folgt:

(14) $$\begin{cases} (\Delta_{11} - D_{11})\,\varphi = (\Delta_{22} - D_{22})\,\varphi = \cdots = (\Delta_{nn} - D_{nn})\,\varphi = \\ \qquad = (1,1)\,\varphi = (2,2)\,\varphi = \cdots = (n, n)\,\varphi. \end{cases}$$

Man drückt dieses Verhalten von φ kurz aus, indem man sagt, φ sei „*isobar*". Wenn insbesonders die Reihen $a', b', \ldots$ äquivalent sind und zur symbolischen Darstellung einer n-ären Form r-ter Ordnung

$$f = (a'x)^r = \sum a'_{i_1 i_2 \ldots i_r} x_{i_1} x_{i_2} \ldots x_{i_r}$$

verwendet werden, so kommt ein beliebiger Index h in jedem Gliede einer Invariante

$$I = I\,(a'_{i_1 i_2 \ldots i_r}, \; a'_{k_1 k_2 \ldots k_r}, \ldots)$$

gleich oft, nämlich p-mal vor. Dies ist der Ausdruck für die Tatsache, daß I den n Differentialgleichungen $\Delta_{hh} I = pI$ genügt.

§ 7. Die Transformationen $S_{h,k}$.

Aus der Tatsache, daß eine Invariante

$$\varphi = \varphi(a', b', \ldots; y, z, \ldots)$$

die Transformationen $S_{h,k}$ gestattet ergeben sich Differentialgleichungen analog zu (13) und (14) des vorigen §.

Wir schreiben die Transformationen $S_{h,k}$ jetzt in folgender Gestalt:

$$y_1 = \bar{y}_1, \ldots, y_h = \bar{y}_h + \lambda \bar{y}_k, \ldots, y_k = \bar{y}_k, \ldots, y_n = \bar{y}_n, \tag{1}$$

und kontragredient dazu:

$$a_1' = \bar{a}_1', \ldots, a_h' = \bar{a}_h', \ldots, a_k' = \bar{a}_k' - \lambda \bar{a}_h', \ldots, a_n' = \bar{a}_n'. \tag{2}$$

Aus der Gleichung $\bar{\varphi} = \Delta^p \varphi$ wird jetzt wegen $\Delta = 1$:

$$\begin{aligned} \varphi(\ldots, a_h', \ldots, a_k' + \lambda a_h', \ldots; \ \ldots, y_h - \lambda y_k, \ldots, y_k, \ldots) = \\ = \varphi(a', b', \ldots; y, z, \ldots). \end{aligned} \tag{3}$$

Dies gilt für jedes λ. Entwickeln wir links nach der *Taylor*schen Formel, so folgt, wenn wir analog (12) § 6 setzen:

$$\left| \begin{aligned} D_{hk} &= y_k \frac{\partial}{\partial y_h} + z_k \frac{\partial}{\partial z_h} + \cdots \\ \Delta_{hk} &= a_k' \frac{\partial}{\partial a'_h} + b_k' \frac{\partial}{\partial b_h'} + \cdots \end{aligned} \right. : \tag{4}$$

$$(h, k)\,\varphi = (D_{hk} - \Delta_{kh})\,\varphi = 0 \qquad (h \neq k). \tag{5}$$

Umgekehrt sind diese $(n^2 - n)$ Gleichungen auch hinreichend für das Bestehen von (3).

Betrachten wir etwa die Matrix

$$\begin{Vmatrix} y_1 & y_2 & \ldots & y_n \\ z_1 & z_2 & \ldots & z_n \\ \cdot & \cdot & \cdot & \cdot \\ t_1 & t_2 & \ldots & t_n \end{Vmatrix}$$

der ν Größenreihen $y, z, \ldots, t$ die in φ vorkommen. Wenn wir sie transponieren und an Stelle der so entstehenden Zeilen n neue Größenreihen $\xi, \eta, \zeta, \ldots, \tau$ einführen, so entsteht:

$$\begin{Vmatrix} y_1 & z_1 & \ldots & t_1 \\ y_2 & z_2 & \ldots & t_2 \\ \cdot & \cdot & \cdot & \cdot \\ \cdot & \cdot & \cdot & \cdot \\ y_n & z_n & \ldots & t_n \end{Vmatrix} = \begin{Vmatrix} \xi_1 & \xi_2 & \ldots & \xi_\nu \\ \eta_1 & \eta_2 & \ldots & \eta_\nu \\ \cdot & \cdot & \cdot & \cdot \\ \cdot & \cdot & \cdot & \cdot \\ \tau_1 & \tau_2 & \ldots & \tau_\nu \end{Vmatrix}. \tag{6}$$

Die Operationen D_{hk} von (4) gehen dann über in die eigentlichen Polaroperationen $D_{\xi\eta}$, $D_{\eta\zeta}$, ..., während D_{hh} (Gleichung (3), § 6) die uneigentlichen Polaroperationen $D_{\xi\xi}$, ... gibt. Das analoge gilt für die Operationen $\varDelta_{hk}$ und $\varDelta_{hh}$, mithin auch von (h, k) und (h, h).

Auf diese Operatoren läßt sich daher die *Capelli*sche Theorie der Polaroperationen, wie wir sie im V. Abschnitt ausführten, anwenden. Wir wollen nur darauf hinweisen, daß die Identitäten zwischen solchen Symbolen (h, k) und (h, h), alle aus den Beziehungen (14) des § 5 folgen, also nichts anderes sind als ein Ausdruck dafür, wie infinitesimale Transformationen zusammengesetzt werden.

Ferner kann man hier, ebenso wie bei den Polaroperationen zeigen (vgl. V § 10 S. 139), daß es für eine Invariante φ, die den Gleichungen

(7) . . . . $(i, i)\,\varphi = (k, k)\,\varphi$

(8) . . . . $(i, k)\,\varphi = 0 \quad (i \neq k)$

genügt, schon hinreicht, an Stelle von (8) eines der folgenden Systeme von je $(n-1)$ Differenzialgleichungen zu setzen:

(9) . . . $(h_1, h_2)\,\varphi = 0,\ (h_2, h_3)\,\varphi = 0, \ldots (h_{n-1}, h_n)\,\varphi = 0$

(10) . . . $(h_1, h_2)\,\varphi = 0,\ (h_1, h_3)\,\varphi = 0, \ldots (h_1, h_n)\,\varphi = 0.$

Hierbei ist $h_1, h_2, \ldots, h_n$ eine beliebige Permutation der n Ziffern $1, 2, \ldots, n$[1]).

Schließlich bemerken wir noch, daß sich die Gleichungen (7) und (8) wieder mit Hilfe von n^2, der Gleichung $(\alpha\alpha') = 0$ genügenden Größen $\alpha_i \alpha'_k = \alpha_i^k$ zusammenfassen lassen und dann die Gleichungen (6), § 2 liefern, wenn man letztere auf ein Grundformensystem, bestehend aus Linearformen, anwendet.

Sind endlich $\alpha', b', c', \ldots$ äquivalente Symbolreihen, so ergeben sich aus den eben genannten Gleichungen die Differentialgleichungen (17) des § 1.

§ 8. **Semiinvarianten.**

Projektive Invarianten von Linearformen sind durch das Bestehen der (n^2-1) Differentialgleichungen (7) und (8) des vorigen § karakterisiert. Das System (8) kann ersetzt werden durch die $(n-1)$ Gleichungen

(1) . . . $(2, 1)\,\varphi = 0,\ (3, 2)\,\varphi = 0, \ldots, (n, n-1)\,\varphi = 0.$

---

[1]) Bezgl. weiterer Vereinfachungen vgl. die auf S. 214 genannte Arbeit von *J. Wellstein.*

Wir fragen nun nach jenen ganzen, rationalen Funktionen der Formenkoeffizienten $a', b', \ldots, y, z, \ldots$, die diesen Gleichungen *allein* genügen. Sie werden *Semiinvarianten*, bezw. *Semikovarianten* oder allgemeiner *Semikomitanten* genannt.

Beschränken wir uns zunächst auf Reihen $a', b', \ldots$ allein, so tritt an Stelle von (1) das System (vgl. (4) § 7):

(2) $$D_{21}\varphi = 0, \quad D_{32}\varphi = 0, \ldots, D_{n,n-1}\varphi = 0.$$

Nach den Bemerkungen im vorigen § betreffend die Gleichstellung der Operationen D_{ik} mit den Polaroperationen $D_{\xi\eta}, \ldots$ können wir auf die gestellte Frage mit Hilfe der in V § 10 S. 139 gegebenen Sätze antworten. Hier kommt insbesondere der durch die Gleichungen (13) S. 141 gegebene Satz 1 in Geltung und gibt das Resultat:

Jede Semiinvariante von Linearformen $(a'x)$, $(b'x)$, ... ist eine ganze, rationale Funktion von Determinanten der folgenden n Typen:

(3) $$\varphi_1 = a'_1, \; \varphi_2 = (a'b')_{12} = \begin{vmatrix} a'_1 & a'_2 \\ b'_1 & b'_2 \end{vmatrix}, \; \varphi_3 = (a'b'c')_{123}, \ldots, \varphi_n = (a'b' \ldots m').$$

Nehmen wir jetzt auch Linearformen (yu'), (zu'), ... mit u' hinzu, so ergeben sich neben dem Typus

(4) $$X = (a'y)$$

der projektiven Invarianten n weitere Typen:

(5) $$\psi_1 = y_n, \; \psi_2 = (yz)_{n-1,n} = \begin{vmatrix} y_{n-1} & y_n \\ z_{n-1} & z_n \end{vmatrix},$$
$$\psi_3 = (yzt)_{n-2,n-1,n}, \ldots, \psi_n = (yzt \ldots s),$$

so daß sich jede Semiinvariante von Linearformen mit den Koeffizientenreihen

(6) $$a', b', c', \ldots; \; y, z, t, \ldots$$

aus den $(2n+1)$ Typen (3) bis (5) ganz und rational zusammensetzen läßt. Damit ist auch der 1. Fundamentalsatz (für Semiinvarianten) für beliebige Grundformen ausgesprochen: die Reihen (6) sind dann teilweise oder gänzlich Symbolreihen[1]).

Nach einer, bei den Gleichungen (4), § 6 gemachten Bemerkung sind mit Hinblick auf die Differentialgleichungen (1) die Semiinvarianten diejenigen Funktionen, die die Transformationen gestatten

---

[1]) Die Herleitung der Typen (3) bis (5) findet man bei *A. Capelli*, Lezioni ..., S. 224. Ferner bei *J. Deruyts*, Essai ..., S. 51.

$$(7) \quad \ldots\ldots \quad \begin{cases} x_1 = \varepsilon_1^1 \bar{x}_1 \\ x_2 = \varepsilon_2^1 \bar{x}_1 + \varepsilon_2^2 \bar{x}_2 \\ \ldots\ldots\ldots\ldots\ldots\ldots\ldots \\ x_n = \varepsilon_n^1 \bar{x}_1 + \varepsilon_n^2 \bar{x}_2 + \cdots + \varepsilon_n^n \bar{x}_n \end{cases}$$

Die hierzu kontragredienten lauten:

$$(8) \quad \ldots\ldots \quad \begin{cases} \bar{u}'_1 = \varepsilon_1^1 u'_1 + \varepsilon_2^1 u'_2 + \cdots + \varepsilon_n^1 u'_n \\ \bar{u}'_2 = \qquad\quad \varepsilon_2^2 u'_2 + \cdots + \varepsilon_n^2 u'_n . \\ \ldots\ldots\ldots\ldots\ldots\ldots\ldots \\ \bar{u}'_n = \qquad\qquad\qquad\quad \varepsilon_n^n u'_n \end{cases}$$

Die Transformationen (7) bilden eine $\frac{1}{2}(n^2+n-2)$-gliedrige Untergruppe Γ der allgemeinen projektiven Gruppe der n homogenen Veränderlichen x_i. Die Transformationen von Γ lassen sich durch die Angabe festlegen, daß ein lineares Gebiet $(n-1)$-^{ter} Stufe $x_n = 0$, in diesem ein lineares Gebiet $(n-2)$-^{ter} Stufe $(x_n = 0,\ x_{n-1} = 0), \ldots$, in diesem eine Gerade und auf dieser ein Punkt $(u'_1 = 0)$ invariant bleiben.

§ 9. **Leitglieder.**

Spezielle Semiinvarianten sind die sogenannten „Leitglieder" von Kovarianten[1]).

Wir behandeln vorerst den einfachsten Fall. Es sei

$$(1) \quad F = a_x^m = \sum a_{ikl\ldots} x_i x_k x_l \cdots = a_0 x_1^m + \binom{m}{1} a_1 x_1^{m-1} x_2 + \cdots$$

eine *binäre* Form m^{ter} Ordnung,

$$(2) \quad \ldots\ldots\ldots \quad K = (ab) \cdots a_x^r b_x^s \cdots = \alpha_x^p$$

eine Kovariante von F mit einer Reihe x vom Grade p und vom Gewichte g. K kann auch mit F selbst identisch sein. Es sei

$$(3) \quad \ldots\ldots\ldots \quad Q_0 = (ab) \cdots a_1^r b_1^s \cdots = \alpha_1^p$$

der Koeffizient von x_1^p in K. Q_0 ist eine Semiinvariante von F, sie wird das *Leitglied* von K genannt, da mit der Angabe von Q_0 (als Polynom der Koeffizienten $a_0, a_1, \ldots$ von F) die ganze Kovariante K bestimmt ist.

Bei $K = F$ ist $a_1^m = a_{11\ldots} = a_0$ das Leitglied. Q_0 ist $\neq 0$, wenn $F \neq 0$ ist. Unterwerfen wir F einer linearen Transformation $x \to \bar{x}$, die gegeben ist durch (vgl. VI § 9 S. 161):

---

1) englisch „leading coefficients", italienisch „origine", französisch „source".

(4) . . . . $\begin{cases} x_1 = \xi_1 \overline{x}_1 + \eta_1 \overline{x}_2 \\ x_2 = \xi_2 \overline{x}_1 + \eta_2 \overline{x}_2 \end{cases},$

so ist:

(5) . . . . $\overline{a}_1 = a_\xi \quad \overline{a}_2 = a_\eta$

und daher:

$$(\overline{a}\,\overline{b}) = (\xi\,\eta)\,(a\,b) = \Delta\,(a\,b),$$

woraus für $\overline{Q}_0$ folgt:

(6) . . . . . $\overline{Q}_0 = \Delta^g\,K = (\xi\,\eta)^g\,(a\,b)\,\ldots\,a_\xi^r\,b_\xi^s\,\ldots\,.$

$\overline{Q}_0$ gibt also bis auf den Faktor Δ^g die Kovariante K, geschrieben mit der Reihe ξ. Wäre $Q_0 \equiv 0$ für alle Koeffizienten $a_0, a_1, \ldots$ von F, so würde nach (6) auch $K \equiv 0$ folgen.

Andererseits zeigt (6), daß Q_0 allein schon die ganze Kovariante K bestimmt. Ferners, daß Identitäten zwischen Kovarianten auch solche zwischen ihren Leitgliedern nach sich ziehen und daß umgekehrt aus letzteren auch die ersteren folgen.

Es ist ferners leicht zu zeigen, wie man aus dem Leitgliede Q_0 einer Kovariante K die übrigen Koeffizienten von K ableiten kann. Da K eine Kovariante, so genügt K den Differentialgleichungen (vgl. § 7 (4) und (5))

$$(\Delta_{12} - D_{21})\,K = 0.$$

Dies gibt, näher ausgeführt:

(7) . . . $D_{21}\,K = \Delta_{12}\,K = a_2\,\dfrac{\partial K}{\partial a_1} + b_2\,\dfrac{\partial K}{\partial b_1} + \cdots = x_1\,\dfrac{\partial K}{\partial x_2}.$

Setzen wir hier $x_1 = 1$, $x_2 = 0$, so entsteht links, da sich die Ableitungen nur auf die Reihen $a, b, \ldots$ beziehen: $\Delta_{12}\,Q_0$. Rechts wird nach (2):

$$D_{21}\,K = D_{21}\left(a_x^p\right) = p\,a_x^{p-1}\,a_2\,x_1\,.$$

Somit ist:

(8) . . . . $\Delta_{12}\,Q_0 = p\,a_1^{p-1}\,a_2$

und rechter Hand steht hier der mit p multiplizierte zweite Koeffizient von K. Durch mehrmalige Anwendung dieses Verfahrens kann man so alle übrigen Koeffizienten von K herleiten.

Der Begriff „Leitglied" läßt sich auch auf n-äre Formen und deren Kovarianten, sowie auf Formen mit mehreren Variabelnreihen ausdehnen; allerdings geht dann i. A. die Eigenschaft des Leitgliedes, eine Semiinvariante zu sein, verloren.

Es sei

(9) $K = (a'\,b'\,\ldots\,m')\,\ldots\,(a'\,x)^\varrho\,\ldots\,(c'\,y)^\sigma\,\ldots = (\alpha'\,x)^p\,(\beta'\,y)^q\,\ldots\,(\gamma'\,z)^r$

eine Kovariante einer n-ären Grundform F, die die n Reihen $x, y, \ldots, z$ in den Graden $p, q, \ldots, r$ enthält. Setzen wir in ihr

(10) . . . . . . $$\left\{\begin{array}{l} x_1 = 1 \; x_2 = 0 \ldots x_n = 0 \\ y_1 = 0 \; y_2 = 1 \ldots y_n = 0 \\ \cdots\cdots\cdots\cdots \\ z_1 = 0 \; z_2 = 0 \ldots z_n = 1 \end{array}\right.$$

so entsteht aus K der Koeffizient

(11) . . . . $$Q_0 = (\alpha'_1)^p (\beta'_2)^q \ldots (\gamma'_n)^r$$

des Potenzproduktes $x_1^p y_2^q \ldots z_n^r$. Er wird Leitglied von K genannt. Wir haben nämlich, wenn wir die Transformation $x \rightarrow \overline{x}$ oder ausführlicher:

$$\begin{array}{l} x_1 = \xi_1 \overline{x}_1 + \eta_1 \overline{x}_2 + \cdots + \zeta_1 \overline{x}_n \\ x_2 = \xi_2 \overline{x}_1 + \eta_2 \overline{x}_2 + \cdots + \zeta_2 \overline{x}_n \\ \cdots\cdots\cdots\cdots \\ x_n = \xi_n \overline{x}_1 + \eta_n \overline{x}_2 + \cdots + \zeta_n \overline{x}_n \end{array}$$

durchführen, so wie bei (5):

$$a_1' = (a' \xi),\; a_2' = (a' \eta),\; \ldots,\; a_n' = (a' \zeta).$$

Daher wird, analog (6):

(12) . . . . $$\overline{Q}_0 = (\xi \eta \ldots \zeta)^g \cdot K$$

und es gilt auch für diese Leitglieder das Obengesagte. Insbesondere läßt sich zeigen, daß aus Q_0 wieder mit Hilfe der Differentialgleichungen

$$(\Delta_{ik} - D_{ki})\, K = 0$$

die übrigen Koeffizienten von K sich herleiten lassen[1]).

[1]) vgl. *A. Capelli*, Lezioni . . . S. 237 ff.

IX. Abschnitt: **Affine Invarianten.**

§ 1. Die affinen Transformationen.

Wir arbeiten wieder wie bisher, in einem linearen Gebiete n^{ter} Stufe mit den n *homogenen* Veränderlichen $x_1, x_2, \ldots, x_n$. Es sei T eine lineare Transformation $x \longrightarrow \overline{x}$ $(n \geqq 3)$

(1) $$x_i = \sum e_i^k \overline{x}_k \quad \left(\Delta = \left| e_i^k \right| \neq 0\right).$$

Die Raumkoordinaten u'_i oder auch die Koeffizienten a'_i einer Linearform $(a'x)$ erfahren dann die zu (1) kontragredienten Transformationen $a' \longrightarrow \overline{a}'$ (vgl. I § 4 S. 8):

(2) $$\overline{a}_i' = \sum_k e_k^i a'_k.$$

Verlangen wir von den projektiven Transformationen (1), daß die Gleichung

(3) $$L = x_n = 0$$

invariant bleibe, so ist hiezu notwendig und hinreichend:

(4) $$e_n^1 = e_n^2 = \cdots = e_n^{n-1} = 0 \quad \left(e_n^n \neq 0\right).$$

Es entsteht so aus (1) eine Transformation S oder $x \longrightarrow \widetilde{x}$ mit den Gleichungen

(5) $$\begin{cases} x_1 = e_1^1 \widetilde{x}_1 + e_1^2 \widetilde{x}_2 + \cdots + e_1^n \widetilde{x}_n \\ \cdots\cdots\cdots\cdots\cdots\cdots \\ x_{n-1} = e_{n-1}^1 \widetilde{x}_1 + e_{n-1}^2 \widetilde{x}_2 + \cdots + e_{n-1}^n \widetilde{x}_n \\ x_n = e_n^n \widetilde{x}_n \end{cases}$$

während $a' \longrightarrow \widetilde{a}'$ gegeben wird durch:

(6) $$\begin{cases} \widetilde{a}'_1 = e_1^1 a'_1 + e_2^1 a'_2 + \cdots + e_{n-1}^1 a'_{n-1} \\ \cdots\cdots\cdots\cdots\cdots\cdots \\ \widetilde{a}'_{n-1} = e_1^{n-1} a'_1 + e_2^{n-1} a'_2 + \cdots + e_{n-1}^{n-1} a'_{n-1} \\ \widetilde{a}'_n = e_1^n a'_1 + e_2^n a'_2 + \cdots + e_{n-1}^n a'_{n-1} + e_n^n a'_n \end{cases}$$

Diese Transformationen S bilden eine (n^2-n)-gliedrige Untergruppe Γ der allgemeinen projektiven Gruppe der n Veränderlichen x_i: die *affine* Gruppe des $(n-1)$-dimensionalen Raumes oder Gebietes n^{ter} Stufe. Ihre Transformationen S lassen den $(n-2)$-dimensionalen Raum $x_n = 0$ invariant. Wenn wir ihn als uneigentlichen oder unendlichfernen R_{n-2} des R_{n-1} bezeichnen, so werden parallele Geraden durch S wieder in parallele Geraden transformiert: das unendlich-ferne bleibt invariant.

Wir werden, um mit der Bezeichnung der projektiven Invariantentheorie in Übereinstimmung zu bleiben, die Linearform (3) so darstellen:

$$\text{(7)} \quad \ldots \quad \begin{cases} L = (l' x) = l'_1 x_1 + l'_2 x_2 + \cdots + l'_n x_n \\ l'_1 = l'_2 = \cdots = l'_{n-1} = 0 \qquad l'_n = 1 \end{cases}.$$

Demzufolge ist dann:

$$(l' y) = y_n, \quad (l' z) = z_n, \ldots$$

$$\text{(8)} \quad \ldots \quad (a' b' \ldots d' l') = \begin{vmatrix} a_1' & a_2' & \ldots & a_n' \\ b_1' & b_2' & \ldots & b_n' \\ \cdot & \cdot & \cdot & \cdot \\ d_1' & d_2' & \ldots & d_n' \\ 0 & 0 & \ldots & 1 \end{vmatrix} = (a' b' \ldots d')_n,$$

wo der Index n anzeigen soll, daß die Determinante nur $(n-1)$-reihig ist.

§ 2. **Der erste Fundamentalsatz.**

Analog wie bei projektiven Invarianten läßt sich auch bei affinen Invarianten ein Satz aufstellen und beweisen, der mit einem Schlage völlige Einsicht in die Struktur der Invarianten beliebiger Grundformen gibt. Er lautet:

Jede ganze, rationale Invariante K eines Systems von Grundformen $f_1, f_2, \ldots, f_m$ bezüglich der affinen Gruppe Γ ist symbolisch darstellbar durch die Faktoren

$$\text{(1)} \quad \begin{cases} (a' b' \ldots m') \\ (\alpha \beta \ \ldots \ \mu) \end{cases}, \ (a' \alpha); \ (a' b' \ldots d' l') = (a' b' \ldots d')_n, \ (l' \alpha) = \alpha_n.$$

Hiebei sind $a', b', \ldots, \alpha, \beta, \ldots$ Größen oder Symbolreihen, mit denen die Grundformen f_i dargestellt werden und l' bedeutet die Größenreihe $0:0:\ldots:0:1$.

Dieser Satz sagt somit aus, daß man bei der Aufsuchung der *affinen* Invarianten von irgendwelchen Grundformen f_i, diesen Grundformen die Linearform $L = (l' x)$ hinzufügen muß und dann von dem System

$$f_1, f_2, \ldots, f_m, L$$

alle *projektiven* Invarianten aufzusuchen hat. Man tritt also bei den affinen Invarianten aus dem Gebiete und den Methoden der projektiven Invarianten nicht heraus; es wird nur eine Linearform L ausgezeichnet.

Dem Beweise obigen Satzes schicken wir zwei Bemerkungen voraus.

Erstens gilt er für beliebige Grundformen, wenn er für Linearformen

(2) $$\ldots\ldots\quad (a'x),\ (b'x),\ \ldots,\ (\alpha u'),\ (\beta u'),\ \ldots$$

gilt. Dies ergibt sich genau so wie bei projektiven Invarianten aus der symbolischen Darstellung der Grundformen und Polarisation der darzustellenden Invarianten (*Aronhold*scher Prozeß) (vgl. IV § 1 S. 91).

Zweitens lassen sich durch Verwendung $(n-1)$-fältiger Komplex-Symbole auch die Linearformen $(\alpha u')$, $(\beta u')$, ... von (6) ausschalten (vgl. IV § 2 S. 93), so daß es genügt, obigen Satz für Linearformen

(3) $$\ldots\ldots\quad (a'x),\ (b'x),\ \ldots$$

allein zu beweisen. Hat man aber nur Reihen a', b', ..., so kommen an Stelle von (1) die Faktortypen

$$(a'b'\ldots m') \text{ und } (a'b'\ldots d'l'),$$

wobei jetzt einige von diesen Reihen auch $(n-1)$-fältige Komplex-Symbole sein können. Der wiederholte Übergang $a' \longrightarrow a$ liefert dann, wie in IV § 2 S. 94 gezeigt wurde, keine anderen Faktoren als (1).

Es sei nun

(4) $$\ldots\ldots\quad K = K(a', b', \ldots)$$

eine ganze, rationale affine Invariante von Linearformen (3), d. h. es sei

(5) $$\ldots\ldots\quad \widetilde{K} = K(\widetilde{a}', \widetilde{b}', \ldots) \equiv \varphi\left(e_i^k\right) \cdot K(a', b', \ldots),$$

identisch in allen a'_i, b'_i, ... und e_i^k, wobei die Reihen $\widetilde{a}', \widetilde{b}', \ldots$ durch die Gleichungen (6) § 1 gegeben sind und $\varphi\,(e_i^k)$ ein Polynom der e_i^k allein bedeutet.

Zunächst handelt es sich darum, die Natur dieser Funktion $\varphi\,(e_i^k)$ zu ermitteln. Hiezu verfahren wir genau so wie bei projektiven Invarianten (vgl. I § 6 S. 11). So wie $x \longrightarrow \widetilde{x}$ die Identität (5) ergibt, so erhalten wir aus $\widetilde{x} \longrightarrow x$ die Gleichung

(6) $$\ldots\ldots\quad K(a', b', \ldots) = \varphi\left(\frac{E_k^i}{\Delta_n}\right) \cdot K(\widetilde{a}', \widetilde{b}', \ldots).$$

Dabei ist E_k^i das algebraische Komplement von e_k^i in der n-reihigen Transformationsdeterminante

$$(7) \quad \Delta_n = |e_i^k| = \begin{vmatrix} e_1^1 & e_1^2 \dots & e_1^{n-1} & e_1^n \\ \dots & \dots & \dots & \dots \\ e_{n-1}^1 & e_{n-1}^2 \dots & e_{n-1}^{n-1} & e_{n-1}^n \\ 0 & 0 & 0 & e_n^n \end{vmatrix} = e_n^n \cdot \Delta_{n-1}.$$

Multiplizieren wir (5) und (6), so kommt:

$$\varphi(e_i^k) \cdot \varphi\left(\frac{E_k^i}{\Delta_n}\right) = 1$$

oder, wenn φ_1 ein Polynom der E_k^i bedeutet:

$$(8) \quad \varphi(e_i^k) \cdot \varphi_1(E_k^i) = \Delta_n^p = \Delta_{n-1}^p (e_n^n)^p.$$

Da nun Δ_{n-1} irreduzibel ist, so muß jeder Faktor links die Gestalt $\Delta_{n-1}^r (e_n^n)^s$ haben, d. h.

$$(9) \quad \varphi(e_i^k) = \Delta_{n-1}^r (e_n^n)^s$$

und (5) geht über in

$$(10) \quad \widetilde{K} = \Delta_{n-1}^r (e_n^n)^s \cdot K.$$

§ 3. Beweis des ersten Fundamentalsatzes.

Wir gehen jetzt aus von der letzten Gleichung des vorigen §:

$$(1) \quad K(\widetilde{a}', \widetilde{b}', \dots) \equiv \Delta_{n-1}^r (e_n^n)^s \cdot K(a', b', \dots).$$

Hier sind zwei Fälle denkbar. *Erstens* können in $K(a', b', \dots)$ die Größen a_n', b_n', ... gar nicht vorkommen. Dann ist K eine *projektive* Invariante von $(n-1)$-ären Linearformen wie

$$a'_1 x_1 + a'_2 x_2 + \dots + a'_{n-1} x_{n-1}.$$

Nach den Transformationsgleichungen (6) § 1 enthält dann auch $\widetilde{K}$ keine Größen $\widetilde{a}_n'$, $\widetilde{b}_n'$, ..., d. h. in $\widetilde{K}$ kommt kein e_n^n vor, es ist in (1) $s = 0$ und $\widetilde{K} = \Delta_{n-1}^r K$. Somit hat in diesem Falle K nur Faktoren vom Typus

$$(a'b' \dots d')_n = (a'b' \dots d'l').$$

Zweitens kann $K(a', b', \dots)$ auch die a_n', b_n', ... enthalten. Wie die (besondere) affine Transformation

$$(2) \quad \begin{cases} x_i = \widetilde{x}_i & (i = 1, 2, \dots, n-1) \\ x_n = e_n^n \widetilde{x}_n & (\Delta_{n-1} = 1) \end{cases}$$

zeigt, muß K, damit (1) besteht, homogen bezüglich der Größen a_n', b_n', ... sein. Wir können also setzen:

$$(3) \quad K = K_1 g_1 + K_2 g_2 + \dots + K_h g_h \quad (h \geqq 2)$$

wo die K_i keine $a_n', b_n', \ldots$ mehr enthalten und die g_i Formen s^{ten} Grades von $a_n', b_n', \ldots$ sind. Ferner sei die rechte Seite von (3) so geschrieben, daß sich die Gliederzahl h nicht noch verkleinern läßt.

Aus (1) wird jetzt:

(4) $$\tilde{K}_1 \tilde{g}_1 + \cdots + \tilde{K}_h \tilde{g}_h \equiv \Delta_{n-1}^r (e_n^n)^s (K_1 g_1 + \cdots + K_h g_h).$$

Ersetzen wir links in den $\tilde{g}_i$ die $a_n', b_n', \ldots$, durch

$$\tilde{a}_n' = e_1^n a_1' + e_2^n a_2' + \cdots + e_n^n a_n' \quad \text{usw.},$$

so wird jedes $\tilde{g}_i$ ein Polynom s-^{ten} Grades in e_n^n und die Gleichsetzung der Koeffizienten der s-^{ten} Potenz $(e_n^n)^s$ auf beiden Seiten von (4) ergibt:

$$\tilde{K}_1 g_1 + \cdots + \tilde{K}_h g_h \equiv \Delta_{n-1}^r (K_1 g_1 + \cdots + K_h g_h), \text{ d. h.:}$$

(5) $$\tilde{K}_i = \Delta_{n-1}^r K_i.$$

Die K_i sind also wie im ersten Falle projektive Invarianten von Linearformen $(n-1)$-^{ter} Stufe, d. h. sie sind Produkte von Faktoren $(a' b' \ldots d')_n$.

K ist homogen bezüglich jeder der Reihen $a', b', \ldots$. Es sei $\nu \geqq n$ die Anzahl dieser Reihen. Dann läßt sich K nach der *Gordan-Capell*schen Reihe entwickeln (vgl. V § 8 S. 137)

(6) $$K \equiv K_0 + (a' b' \ldots m') K_1 + \cdots + (a' b' \ldots m')^\lambda K_\lambda \qquad (\lambda \geqq 1).$$

Hierbei sind $a', b', \ldots, m'$ n beliebig herausgegriffene Reihen. Die $K_0, K_1, \ldots, K_\lambda$ sind wieder affine Invarianten, die, wenn sie wieder mehr als n Reihen enthalten, neuerlich in eine Reihe entwickelbar sind. So kommt man schließlich dazu, den 1. Fundamentalsatz für Invarianten K mit höchstens $\nu = n-1$ Reihen zu beweisen.

Ist $\nu < n-1$, so lassen sich keine Faktoren $(a' b' \ldots d')_n$ bilden, es ist in (4) $r = 0$, die K_i sind Konstante c_i, so daß

(7) $$K = c_1 g_1 + c_2 g_2 + \cdots + c_h g_h = g_s$$

wird, wo g_s eine Form s-^{ten} Grades der $a_n', b_n', \ldots$ allein ist.

Ist $\nu = n-1$, so wird

$$K = (a' b' \ldots d')_n^r [c_1 g_1 + \cdots + c_h g_h] = (a' b' \ldots d')_n^r \cdot g_s$$

und wir können hier die Invariante $(a' b' \ldots d')_n^r$ absondern und uns auf g_s allein beschränken.

Es ist nun leicht zu zeigen, daß $g_s \equiv 0$ sein muß. Setzt man nämlich in

(8) $$\tilde{g}_s = (e_n^n)^s g_s$$

für $a', b', \ldots, d'$ die $(n-1)$ Reihen

$$\left|\begin{array}{l} a' \ldots 1\,0\,0 \ldots 0\,0 \\ b' \ldots 0\,1\,0 \ldots 0\,0 \\ \ldots\ldots\ldots\ldots\ldots \\ d' \ldots 0\,0\,0 \ldots 1\,0 \end{array}\right|$$

ein, so wird $g_s = 0$ und $\widetilde{g_s}$ geht über in

(9) . . . . $\widetilde{g_s} = g_s\,(e_1^n, e_2^n, \ldots)$,

denn es ist jetzt $\widetilde{a_n}' = e_1^n$, $\widetilde{b_n}' = e_2^n, \ldots$. Nach (8) muß die rechte Seite von (9) für alle e_i^k verschwinden, also ist $g_s \equiv 0$. Damit st der erste Fundamentalsatz für die affinen Invarianten bewiesen.

§ 4. Volle Systeme.

Wir nennen wieder — wie bei projektiven Invarianten — ein System $K_1, K_2, \ldots, K_\varrho$ von ganzen und rationalen affinen Invarianten gegebener Grundformen $f_1, f_2, \ldots, f_m$ ein *„volles Invarianten-System"* bezüglich der affinen Gruppe Γ, wenn sich jede ganze, rationale, affine Invariante K der f_i ganz und rational durch die K_i ausdrücken läßt. Analog beim vollen Komitantensystem.

Nach dem ersten Fundamentalsatz ist jede affine Invariante K durch Faktoren

(1) . . . . . $\left\{\begin{array}{l}(a'b' \ldots m') \\ (\alpha\beta \ldots \mu)\end{array}\right.$, $(a'\alpha)$, $(a'b' \ldots d'l')$, $(l'a)$

ganz und rational ausdrückbar. K ist ein Produkt von derartigen Faktoren oder eine Summe von solchen Produkten. Dabei ist jedes Produkt allseitig-homogen und selbst eine ganze und rationale Invariante bezüglich Γ. Wir können uns daher auf derartige Produkte allein beschränken und Summen solcher als zusammengesetzte Invarianten betrachten. Die Invarianten eines vollen Systems bezgl. Γ können also so gewählt werden, daß sie Produkte von Faktoren (1) sind.

Es ist leicht nachzuweisen (durch eine lineare Transformation, bei der die Gleichung $x_n = 0$ in $(l'x) = 0$ übergeht, wo jetzt die Größenreihe l' beliebig ist), daß die Faktoren (1) dieselben bleiben, wenn wir l' nicht in der speziellen Gestalt $0:0:\ldots:0:1$ annehmen. Dann kann man den ersten Fundamentalsatz für affine Invarianten auch so aussprechen:

Gegeben eine Linearform $L = (l'x)$, welche eine Gruppe Γ gestattet und bestimmt. Man erhält ein volles Invariantensystem von gegebenen Grundformen f_h bezüglich Γ, indem man die Linearform L dem Systeme der f_h hinzufügt (adjungiert) und dann ein volles System von *projektiven* Invarianten der Grundformen $L, f_1, f_2, \ldots, f_m$ ermittelt. Dabei lassen sich die Invarianten eines solchen vollen Systems so auswählen, daß sie Produkte von Faktoren (1) sind.

Daraus folgt insbesondere noch die *Endlichkeit* für volle Systeme von affinen Invarianten.

Was den *zweiten Fundamentalsatz* der symbolischen Methode für affine Invarianten anbelangt, so hat dieser dieselbe Gestalt wie bei projektiven Invarianten. Es ändert sich ja diesem gegenüber gar nichts, es wird nur eine Reihe Raumkoordinaten, nämlich l', ausgezeichnet. Hierbei ist allerdings vorausgesetzt, daß wir die affinen Invarianten mit den Faktoren (1), also in projektiv-invarianter Schreibweise darstellen. Tun wir dies nicht und schreiben z. B. a_n statt $(l'a)$, so tritt auch in den Identitäten die Sonderstellung von l' hervor. So nimmt z. B. dann für $n = 3$ die Identität

$$(\alpha\beta\gamma)(l'x) \equiv (x\beta\gamma)(l'\alpha) - (x\alpha\gamma)(l'\beta) + (x\alpha\beta)(l'\gamma)$$

die nicht-projektive Gestalt an:

$$(\alpha\beta\gamma)\,x_3 \equiv (x\beta\gamma)\,\alpha_3 - (x\alpha\gamma)\,\beta_3 + (x\alpha\beta)\,\gamma_3$$

und analog bei anderen Identitäten.

§ 5. Beispiele.

Wir behandeln jetzt einige Beispiele zu dem Bisherigen. Sie sind der affinen Geometrie entnommen.

Beispiel 1: $n = 3$. In einer Ebene sei ein Dreieck gegeben durch die drei, nicht auf einer Geraden liegenden Punkte y, z und t. Algebraisch haben wir also drei Linearformen

(1) $\quad\ldots\ldots\quad (u'y) = 0,\ (u'z) = 0,\ (u't) = 0.$

Diese Formen haben die affinen Invarianten

(2) $\quad\ldots\ldots\quad (yzt),\ (l'y),\ (l'z),\ (l't).$

Die geometrische Bedeutung ihres Verschwindens ist leicht anzugeben: $(yzt) = 0$ sagt aus, daß y, z und t auf einer Geraden liegen; $(l'y) = 0$ sagt aus, daß der Punkt y uneigentlich (unendlichfern) ist.

(2) bildet das volle Invariantensystem der 3 Formen (1); dabei ist (yzt) eine projektive Invariante. Aus (2) läßt sich eine (einzige) absolute, affine Invariante bilden:

(3) . . . . $$I = \frac{(y z t)}{(l' y)\,(l' z)\,(l' t)}.$$

Wenn wir zu inhomogenen, rechtwinkligen Koordinaten übergehen, also $y_3 = z_3 = t_3 = 1$ setzen, so wird

(4) . . . . $$I = \begin{vmatrix} y_1 & y_2 & 1 \\ z_1 & z_2 & 1 \\ t_1 & t_2 & 1 \end{vmatrix} = 2\,\overline{f},$$

wo $\overline{f}$ den Flächeninhalt des Dreieckes y, z, t darstellt.

Beispiel 2: $n = 3$; gegeben ein Kegelschnitt

(5) . . . . . . $$f = (a' x)^2 \doteq \sum a'_{ik} x_i x_k = 0.$$

Er besitzt eine einzige affine Invariante (die nicht auch projektive Invariante ist):

(6) . . . . $$C = (a' b' l')^2.$$

Ihr Verschwinden sagt aus, daß die uneigentliche Gerade l' von f berührt wird: f ist also, wenn $A = (a' b' c')^2 \neq 0$ ist, eine Parabel. Nicht-symbolisch haben wir

(7) $$C = \begin{vmatrix} a_1' & a_2' & a_3' \\ b_1' & b_2' & b_3' \\ 0 & 0 & 1 \end{vmatrix}^2 = (a_1' b_2' - a_2' b_1')^2 = 2\,(a'_{11} a'_{22} - a'^2_{12}).$$

Der Mittelpunkt von f ist der Pol der uneigentlichen Geraden l'; er hat die Gleichung

(8) . . . . $$(a' b' u')\,(a' b' l') = 0.$$

Es gibt hier eine einzige absolute Invariante

(9) . . . . $$a^2 b^2 = \frac{2}{9}\,\frac{A^2}{C^3} \quad (C \neq 0) \quad \left(A = (a' b' c')^2\right);$$

ab ist hierbei das Produkt der halben Hauptaxen von f.

Beispiel 3: $n = 4$. Gegeben ein Punkt y und eine Ebene v'. Gesucht die Ebene durch y, parallel zu v'.

Sie gehört dem Büschel $(v' x) + \lambda\,(l' x) = 0$ von Parallelebenen an und hat die Gleichung:

(10) . . . . $$(v' x)\,(l' y) - (v' y)\,(l' x) = 0.$$

Beispiel 4: $n = 4$. Gegeben ein Punkt y und zwei Ebenen v' und w'. Zu suchen die Gerade g durch y, die zu beiden Ebenen parallel ist.

Lösung: Ist π_{ik} eine Veränderliche Gerade, die g schneidet, so müssen die Ebenen $s' = \overline{y \pi_{ik}}$, v' und w' durch einen gemeinsamen uneigentlichen Punkt gehen, d. h. $(s'v'w'l')=0$. Dies gibt wegen

$$s_1'=(y\,\pi^2)_{234} \text{ usw.:}$$

$$\begin{vmatrix} (y\,v') & (y\,w') & (y\,l') \\ (\pi\,v') & (\pi\,w') & (\pi\,l') \\ (\pi\,v') & (\pi\,w') & (\pi\,l') \end{vmatrix} = 0.$$

Entwickelt gibt dies:

(11) $$(\pi w')(\pi l')\cdot(v'y)-(\pi v')(\pi l')\cdot(w'y)+(\pi v')(\pi w')\cdot(l'y)=0,$$

d. h. die gesuchte Gerade hat die Koordinaten:

(12) $$\ldots \quad (w'l')_{ik}\cdot(v'y)-(v'l')_{ik}\cdot(w'y)+(v'w')_{ik}\cdot(l'y).$$

Beispiel 5: $n=4$. Wann ist eine Gerade p_{ik} zur Ebene v parallel? Ihr Schnittpunkt muß dann uneigentlich sein, d. h. der Punkt $(pu')(pv')=0$ muß auf $(l'x)=0$ liegen. Dies gibt $(pl')(pv')=0$, d. h. $(pv')\,p_4=0$ oder nicht-symbolisch:

(13) $$\ldots\ldots \quad p_{14}v_1'+p_{24}v_2'+p_{34}v_3'=0.$$

Beispiel 6: $n=4$. Gegeben die Fläche 2. Ordnung $f=(a'x)^2=0$. Gesucht ihr Asymptotenkegel. Lösung: $(a'x)^2+\lambda\,(l'x)^2=0$ muß ein Kegel sein. Dies gibt:

$$(a'b'c'd')^2+4\,\lambda\,(a'b'c'l')^2+0\cdot\lambda^2+0\cdot\lambda^3+0\cdot\lambda^4=0$$

oder $\lambda=-\dfrac{A}{4\,C}$, wo $A=(a\,b'c'd')^2$, $C=(a'b'c'l')^2\neq 0$.

Der Kegel hat somit die Gleichung

(14) $$\ldots\ldots \quad 4\,C\,(a'x)^2-A\,(l'x)^2=0.$$

§ 6. Affine Gruppe mit festem Punkt.

Das Bisherige läßt sich leicht dualistisch übertragen. Wir brauchen statt einer Linearform $L=(l'x)$ in Punktkoordinaten x nur eine Linearform

(1) $$\ldots\ldots \quad L'=(l\,u')$$

in Raumkoordinaten u' zu nehmen ($n\geqq 3$). Statt der affinen Gruppe Γ erhalten wir eine zu Γ einstufig isomorphe Gruppe Γ'', welche durch den Punkt l mit der Gleichung $(l\,u')=0$ bestimmt wird: die Transformationen von Γ'' lassen den Punkt l invariant.

Für den Aufbau von Invarianten bezüglich Γ'' kommen dann die folgenden Faktoren in Betracht:

(2) $$\ldots \quad \begin{cases} (a'\,b'\ldots m') \\ (\alpha\;\beta\;\ldots\;\mu) \end{cases},\ (a'\alpha);\ (\alpha\beta\ldots\delta l)=(\alpha\beta\ldots\delta)_n,\ (l\,a').$$

Auch hier gilt der Satz, daß wir alle Invarianten bezüglich Γ'' als projektive Invarianten darstellen können, wenn wir den Grundformen die Linearformen (1) hinzufügen.

Betrachten wir weiters den Durchschnitt Γ_0 der beiden Gruppen Γ und Γ'. Er ist bestimmt durch die beiden Linearformen

(3) . . . . $L = (l'x),\ L' = (lu')$.

Die Transformationen von Γ_0 lassen den Punkt l und das lineare Gebiet $(n-1)^{ter}$ Stufe l' invariant. Die Invarianten eines Systems von Grundformen bezüglich Γ oder bezüglich Γ' sind natürlich auch Invarianten bezüglich Γ_0; dies ist aber im Allgemeinen nicht umkehrbar. Γ_0 heißt „*die affine Gruppe mit festem Punkt*".

Man kann nun ebenso leicht wie für affine Invarianten zeigen, daß sich die Invarianten bezüglich Γ_0 als projektive Invarianten darstellen lassen, wenn wir den gegebenen Grundformen *beide* Linearformen (3) hinzufügen. Es ist dann also jede Invariante bezüglich Γ_0 darstellbar durch ein Produkt von Faktoren

(4) . . . . $\begin{cases} (a'b' \ldots m') \\ (\alpha\,\beta \ldots \mu) \end{cases}, \quad (a'\alpha), \quad \begin{matrix} (a'b' \ldots d'l') \\ (\alpha\,\beta \ldots \delta\,l) \end{matrix}, \quad \begin{matrix} (l'\alpha) \\ (l a') \end{matrix}$

wogegen die sich im projektiven Falle noch einstellende Invariante

(5) . . . . $I_0 = (ll')$

hier als eine Konstante zu betrachten ist. I_0 kommt also bei der Aufzählung der Invarianten bezüglich Γ_0 in Wegfall.

Es ergeben sich dann zwei verschiedene Fälle, je nachdem I_0 verschwindet oder nicht. Im zweiten Fall liegt der invariante Punkt l nicht im invarianten $R_{n-2}l'$. Man kann dann die Zahl der Typen (4) noch verringern; $(a'b' \ldots m')$ und ebenso $(\alpha\beta \ldots \mu)$ werden durch die übrigen Faktoren darstellbar. Es ist:

(6) $\begin{cases} (a'b' \ldots m')(l'l) = (l'b' \ldots m')(a'l) - (l'a' \ldots m')(b'l) + \cdots \\ (\alpha\,\beta \ldots \mu)(ll') = (l\,\beta \ldots \mu)(\alpha l') - (l\,\alpha \ldots \mu)(\beta l') + \cdots \end{cases}$

und hier kann durch $(ll') \neq 0$ dividiert werden, ohne daß man aus dem Gebiete der ganzen Invarianten heraustritt, da (ll') eine *Zahl* ist. (6) ist nichts anderes als die Entwicklung eines Klammerfaktors nach der letzten Spalte. Im Falle $I_0 = 0$ ist die durch (6) gegebene Reduktion nicht durchführbar.

Das Bisherige ergibt schließlich noch die *Endlichkeit* eines vollen Invariantensystems bezüglich Γ_0.

Die Ausführungen dieses Abschnittes gelten in derselben Weise für die Invarianten bezüglich der „speziellen affinen Gruppe", bei deren Transformation die Determinante $\Delta_{n-1} = 1$ ist. Wir werden im XI. Abschnitte auf die hier betrachteten Invarianten bei Verwendung *inhomogener Koordinaten* ausführlich zurückkommen.

X. Abschnitt: **Orthogonale Invarianten.**

§ 1. **Die Drehungsgruppe.**

In einem Gebiete n^{ter} Stufe ($n \geqq 3$) seien die n homogenen Koordinaten $x_1 : x_2 : \ldots : x_n$ eines Punktes x so gewählt, daß die $(n-1)$ Quotienten

$$\frac{x_1}{x_n}, \frac{x_2}{x_n}, \ldots, \frac{x_{n-1}}{x_n}$$

gleich den Cartesischen, inhomogenen Koordinaten von x sind. Dabei ist der Punkt $0:0:\ldots:0:1$ der Ursprung O des $(n-1)$-dimensionalen Axenkreuzes und der lineare R_{n-2} mit den Koordinaten $0:0:\ldots:0:1$ ist der uneigentliche R_{n-2} des Operationsraumes.

Wir betrachten die linearen Transformationen $x \longrightarrow \bar{x}$:

$$(1)\quad \left\{\begin{array}{l} x_1 = \varepsilon_{11}\bar{x}_1 + \varepsilon_{12}\bar{x}_2 + \cdots + \varepsilon_{1,n-1}\bar{x}_{n-1} \\ \cdots\cdots\cdots\cdots\cdots\cdots \\ x_{n-1} = \varepsilon_{n-1,1}\bar{x}_1 + \varepsilon_{n-1,2}\bar{x}_2 + \cdots + \varepsilon_{n-1,n-1}\bar{x}_{n-1} \\ x_n = \varepsilon_{nn}\bar{x}_n \end{array}\right. \quad (\varepsilon_{nn} \neq 0).$$

Kontragredient hiezu erhalten wir für die Koeffizienten a_i' einer Linearform

$$(a'x) = \sum a_i' x_i = \sum \bar{a}_i' \bar{x}_i = (\bar{a}'\bar{x}):$$

$$(2)\quad \left\{\begin{array}{l} \bar{a}'_1 = \varepsilon_{11} a'_1 + \varepsilon_{21} a'_2 + \cdots + \varepsilon_{n-1,1} a'_{n-1} \\ \cdots\cdots\cdots\cdots\cdots\cdots \\ \bar{a}'_{n-1} = \varepsilon_{1,n-1} a'_1 + \varepsilon_{2,n-1} a'_2 + \cdots + \varepsilon_{n-1,n-1} a'_{n-1} \\ \bar{a}'_n = \varepsilon_{nn} a_n' \end{array}\right. \quad (\varepsilon_{nn} \neq 0).$$

Für $\Delta_{n-1} = |\varepsilon_{ik}| \neq 0$ ($i, k = 1, 2, \ldots, n-1$) bilden diese Transformationen die „affine Gruppe mit festem Punkt“ Γ_0 (vgl. den vorigen §). Hiebei ist der invariante, uneigentliche R_{n-2} gegeben durch

$$(3)\quad \ldots\ldots\ldots\ldots \quad (l'x) = x_n = 0$$

und der invariante Ursprung O durch

$$(4)\quad \ldots\ldots\ldots\ldots \quad (l'u') = u_n' = 0.$$

In beiden Fällen bedeutet also l' die Größenreihe $0:0\ldots:0:1$. Daß wir in (4) zwei zueinander kogrediente Reihen l' und u' in einem Linearfaktor $(l'u')$ vereinigen, wird weiter unten seine Erklärung finden.

Jetzt legen wir für die $(n-1)^2$ Transformationskoeffizienten ε_{ik} die folgenden Bedingungsgleichungen fest:

(5) $$\sum_{i=1}^{i=n-1} \varepsilon_{ik}\,\varepsilon_{im} = \varepsilon_{1k}\varepsilon_{1m} + \varepsilon_{2k}\varepsilon_{2m} + \cdots + \varepsilon_{n-1,k}\varepsilon_{n-1,m} = 0 \quad (k \neq m)$$

(6) $$\sum_{i=1}^{i=n-1} \varepsilon_{ik}^2 = \varepsilon_{1k}^2 + \varepsilon_{2k}^2 + \cdots + \varepsilon_{n-1,k}^2 = \lambda \neq 0 \quad (k = 1, 2, \ldots, n-1).$$

Man kann beides zusammenfassen zu

(7) . . . . $$\sum_i \varepsilon_{ik}\,\varepsilon_{im} = \delta_{km} \cdot \lambda \quad (\lambda \neq 0).$$

Wir erhalten jetzt eine $\frac{1}{2}(n^2 - 3n + 4)$-gliedrige, (gemischte) Untergruppe H der Gruppe Γ_0, die Gruppe der „*Drehstreckungen*“ H. Ihre Transformationen lassen neben dem Ursprung O und dem uneigentlichen $R_{n-2}\,l'$, auch den von O auslaufenden Kegel

(8) . . . . $$K = x_1^2 + x_2^2 + \cdots + x_{n-1}^2 = 0$$

invariant. Wir haben wegen (5) und (6):

(9) . . . . $$K = \lambda \overline{K}.$$

Schneiden wir aus dem uneigentlichen $R_{n-2}\,(l'x) = 0$ durch die irreduzible, quadratische Mannigfaltigkeit

(10) . . . . . $$\Phi = x_1^2 + x_2^2 + \cdots + x_n^2 = (xx) = 0$$

das absolute Maßgebilde Ω aus (bei $n = 3$ die „Kreispunkte“, bei $n = 4$ der „Kugelkreis“), so ist K der Minimalkegel mit der Spitze O (die „Nullkugel“ um O); seine Erzeugenden verbinden O mit den Punkten von Ω und sind die von O auslaufenden Minimalgeraden.

Wir haben wegen $\Phi = K + x_n^2$:

(11) . . . . $$\Phi = \lambda \overline{\Phi} + \left(\varepsilon_{nn}^2 - \lambda\right) \overline{x}_n^2.$$

Scheiden wir jetzt noch aus den Drehstreckungen die Streckungen oder „Ähnlichkeitstransformationen“ ab, indem wir

(12) . . . . $$\lambda = \varepsilon_{nn}^2$$

setzen, so wird

(13) . . . . $$\Phi = \lambda \overline{\Phi}, \; K = \lambda \overline{K},$$

d. h. es bleibt nicht nur der Minimalkegel K, sondern auch Φ invariant. Außerdem bleibt das Quadrat r^2 der Entfernung r eines Punktes x vom Ursprung O konstant:

$$(14)\quad r^2 = \frac{x_1^2}{x_n^2} + \frac{x_2^2}{x_n^2} + \cdots + \frac{x_{n-1}^2}{x_n^2} =$$

$$= \frac{\lambda}{\varepsilon_{nn}^2}\left(\frac{\bar{x}_1^2}{\bar{x}_n^2} + \frac{\bar{x}_2^2}{\bar{x}_n^2} + \cdots + \frac{\bar{x}_{n-1}^2}{\bar{x}_n^2}\right) = \bar{r}^2 .$$

Die der Annahme (12) entsprechenden Transformationen von H bilden die $\frac{1}{2}(n^2 - 3n + 2)$-gliedrige, gemischte „*Gruppe der Drehungen und Spiegelungen D*"; wir nennen sie fortan kurz „*Drehungsgruppe D*".

Die Matrix $\left\| \frac{\varepsilon_{ik}}{\varepsilon_{nn}} \right\|$ ist dann eigentlich- oder uneigentlich-orthogonal:

$$(15)\quad \ldots\ldots\ldots \left(\frac{\Delta_{n-1}}{\varepsilon_{nn}^{n-1}}\right)^2 = 1 .$$

Unter Spiegelung an O verstehen wir die Transformation $x_i = -\bar{x}_i$, $x_n = \bar{x}_n$, $(i = 1, 2, \ldots, n-1)$; unter Spiegelung an der x_1-Achse die Transformation

$$x_1 = \bar{x}_1, \quad x_k = -\bar{x}_k \ (k = 2, 3, \ldots, n-1), \quad x_n = \bar{x}_n .$$

Analog bei Spiegelungen an den von O auslaufenden Koordinatenebenen, und -Räumen.

§ 2. **Drehungsinvarianten.**

Es seien

$$(1)\quad \ldots\ldots\ldots f_1, f_2, \ldots, f_m$$

eine Reihe von n-ären Grundformen und

$$(2)\quad \ldots\ldots\ldots \alpha, \beta, \gamma, \ldots; \ \alpha', \beta', \gamma', \ldots$$

die Größen- oder Symbolreihen mit denen sie symbolisch dargestellt sind.

Eine ganze, rationale, allseitig homogene und nicht identisch verschwindende Funktion I der Koeffizienten $a_{ikl\ldots}$ der Formen (1), die in Bezug auf die Transformationen der Drehungsgruppe D die Invarianteneigenschaft besitzt:

$$(3)\quad \ldots\ldots I(\bar{a}_{ikl\ldots}, \ldots) = \varphi(\varepsilon_{ik}) \cdot I(a_{ikl\ldots}, \ldots)$$

nennen wir kurz „*orthogonale*" oder "*Drehungsinvariante*" I_D. In (3) hängt φ nur von den ε_{ik} allein ab, wir werden sehen, daß $\varphi(\varepsilon_{ik})$ eine Potenz von $\lambda = \varepsilon_{nn}^2$ ist.

Nehmen wir an Stelle von D die Gruppe H, so erhalten wir „Drehungs- und Streckungs-Invarianten"; sie haben dieselbe Struktur wie Drehungsinvarianten und wir werden uns im Folgenden auf letztere allein beschränken.

Wenn a und b irgend zwei Größen- oder Symbolreihen bedeuten, so setzen wir mit *H. Grassmann*:

(4) $$a_1 b_1 + a_2 b_2 + \cdots + a_{n-1} b_{n-1} = (a \mid b) = (b \mid a)$$

(gelesen „a in b"). Es wird hiedurch *für das n-äre Gebiet* ein neuer Typus eines Linearfaktors oder Faktors erster Art eingeführt: nämlich der Linearfaktor des $(n-1)$-ären Gebietes, das durch Weglassung der letzten Koordinate x_n entsteht. Es ist dann $(l' \mid a) = 0$.

Halten wir nun an der Darstellung der Formen (1) durch die Reihen (2) fest, so läßt sich *der erste Fundamentalsatz für Drehungsinvarianten* so aussprechen:

Jede ganze, rationale Drehungsinvariante I_D ist symbolisch darstellbar durch die Faktoren:

(5) $$(\alpha\beta \ldots \delta l'),\ (\alpha \mid \beta),\ (l' \alpha);$$

oder auch durch:

(5a) $$(\alpha\beta \ldots \delta\mu),\ (\alpha\beta);$$

hier sind $\alpha, \beta, \ldots$ irgendwelche der Reihen (2), *und in* (5a) *kann auch die Reihe l' vorkommen.*

Wir bemerken hierzu folgendes: Zunächst sind (5a) und (5) äquivalent. Es ist ja nach (4)

(6) $$(\alpha\beta) = (\alpha \mid \beta) + (l' \alpha)(l' \beta)$$

und, wenn wir nach der letzten Spalte entwickeln:

(7) $$(\alpha\beta \ldots \delta\mu) = (\alpha\beta \ldots \delta l')(l' \mu) - (\alpha\beta \ldots \mu l')(l' \delta) + \cdots.$$

Mit den Typen (5) und (5a) treten wir auch formell aus dem Gebiete der projektiven Invarianten heraus. Bei den letzteren haben wir an Faktoren 1. Art nur $(u'x)$; in ihm ist eine Reihe u' mit Strich und eine Reihe x ohne Strich, also zwei zueinander kontragrediente Reihen vereinigt. Faktoren wie $(\alpha\alpha)$ oder $(\alpha'\alpha')$ kommen bei projektiven Invarianten nie vor. Hier, bei Drehungsinvarianten I_D sind sie aber vorhanden.

Ferner haben wir bei projektiven Invarianten zweierlei Klammerfaktoren: $(\alpha'\beta' \ldots \delta'\mu')$ und $(\alpha\beta \ldots \delta\mu)$; es sind alle Reihen eines Klammerfaktors entweder gestrichelt oder alle ungestrichelt. Dies fällt bei Drehungsinvarianten I_D weg. Hier (bei $n = 3$) haben wir z. B. Faktoren wie (xyu'), $(u'v'z), \ldots$.

Man kann dies auch so ausdrücken: Bei Drehungsinvarianten ist der Unterschied zwischen Kogredienz und Kontragredienz aufgehoben. Dies ergibt sich leicht aus einer bekannten Eigenschaft orthogonaler Matrizen. Lösen wir die Gleichungen (2) § 1 nach den a_i' auf, so entsteht:

$$(8)\quad \begin{cases} \Delta_{n-1}\, a_1' = E_{11}\, \bar{a}_1' + E_{12}\, \bar{a}_2' + \cdots + E_{1,\,n-1}\, \bar{a}'_{n-1} \\ \dots\dots\dots\dots\dots\dots\dots\dots\dots\dots \\ \Delta_{n-1}\, a'_{n-1} = E_{n-1,1}\, \bar{a}_1' + E_{n-1,\,2}\, \bar{a}_2' + \cdots + E_{n-1,\,n-1}\, \bar{a}'_{n-1} \\ \Delta_{n-1}\, a_n' = \qquad\qquad\qquad\qquad E_{nn}\, \bar{a}_n' \end{cases}$$

Hier ist

$$\Delta = \varepsilon_{nn}\, \Delta_{n-1}, \quad E_{nn} = \Delta_{n-1}$$

und E_{ik} $(i, k = 1, 2, \ldots, n-1)$ ist das algebraische Komplement von ε_{ik} in Δ_{n-1}. Wegen der Gleichungen (5) und (6) des § 1 haben wir aber[1])

$$(9)\quad \ldots\ldots\ldots\ldots \quad E_{ik} = \Delta_{n-1}\, \varepsilon_{ik}$$

und daher kommt statt (8):

$$(10)\quad \begin{cases} a_1' = \varepsilon_{11}\, \bar{a}_1' + \varepsilon_{12}\, \bar{a}_2' + \cdots + \varepsilon_{1,n-1}\, \bar{a}'_{n-1} \\ \dots\dots\dots\dots\dots\dots\dots\dots\dots\dots \\ a'_{n-1} = \varepsilon_{n-1,1}\, \bar{a}_1' + \varepsilon_{n-1,2}\, \bar{a}_2' + \cdots + \varepsilon_{n-1,n-1}\, \bar{a}'_{n-1} \\ a_n' = \qquad\qquad\qquad\qquad \dfrac{\Delta}{\varepsilon_{nn}}\, \bar{a}_n' \end{cases},$$

d. h. die a_i' $(i = 1, 2, \ldots, n-1)$ werden genau so transformiert wie $x_1, x_2, \ldots, x_{n-1}$. In Faktoren $(\alpha'\beta' \ldots \delta' l')$ kommen aber nur derartige Reihen vor, die $a_n', \ldots$ sind wegen der Reihe l' gar nicht vorhanden.

§ 3. **Der erste Fundamentalsatz.**

Man kann den im vorigen § ausgesprochenen ersten Fundamentalsatz auf verschiedenen Wegen beweisen. Wir geben hier einen algebraischen Beweis und skizzieren später kurz die übrigen.

Zunächst wenden wir das schon wiederholt gebrauchte Prinzip an: wir gehen auf Linearformen zurück. Vorerst stellen wir die gegebenen Grundformen — nötigenfalls mit Zuhilfenahme $(n-1)$-fältiger Komplexsymbole (vgl. III § 10 S. 88) — so symbolisch dar, daß nur Reihen $a', b', \ldots$ verwendet werden, also zu Raumkoordinaten u' kogrediente Reihen. Dann genügt es, den ersten

---

[1]) Vgl. etwa *G. Kowalewski*, Einführung in die Determinantentheorie, Leipzig (1909), S. 160.

Fundamentalsatz für Drehungsinvarianten I_D von Linearformen mit den Koeffizienten $a_i' b_i', \ldots$ zu beweisen. Sei

(1) $$I = I(a', b', c', \ldots)$$

eine Drehungsinvariante. Sie ist eine *Form* der Reihen $a', b', \ldots$, also homogen in jeder Reihe. Enthält I mehr als n Reihen, so können wir n beliebige Reihen herausgreifen und nach einer *Gordan-Capelli*schen Reihe (vgl. V § 8 S. 137) entwickeln:

$$I = I_0 + (a'b' \ldots m') I_1 + (a'b' \ldots m')^2 I_2 + \cdots .$$

Nötigenfalls entwickeln wir dann die I_h wieder usf., bis wir schließlich so viel Klammerfaktoren $(a'b' \ldots m')$ abgesondert haben, daß die restlichen I_σ höchstens $(n-1)$ Reihen $a', b', \ldots$ enthalten. Wir können also weiterhin annehmen, daß in (1) höchstens $(n-1)$ Reihen $a', b', \ldots, g', h'$ vorhanden sind.

Jetzt sind nur die zwei Fälle möglich:

1. I enthält mindestens eine der Größen $a_n', b_n', \ldots$.
2. I enthält keine dieser Größen.

Wir zeigen zunächst, daß wir den ersten Fall auf den zweiten zurückführen können. Wir ordnen I nach Potenzprodukten der $a_n', b_n', \ldots$:

(2) $$I = I_0 + (I_{11} g_{11} + \cdots + I_{h_1 1} g_{h_1 1}) + \cdots$$
$$\cdots + (I_{1\nu} g_{1\nu} + \cdots + I_{h_\nu \nu} g_{h_\nu \nu}) .$$

Hierbei enthalten I_0 und die I_{ik} keine $a_n', b_n', \ldots$ mehr; die g_{ik} sind Formen k^{ten} Grades der Größen $a_n', b_n', \ldots$ und zwar sollen $g_{1\varrho}, g_{2\varrho}, \ldots, g_{h_\varrho \varrho}$ $(\varrho = 1, 2, \ldots, \nu)$ linear-unabhängig sein, d. h. es soll für konstante c_{ik}

$$c_{1\varrho} g_{1\varrho} + c_{2\varrho} g_{2\varrho} + \cdots + c_{h_\varrho \varrho} g_{h_\varrho \varrho} = 0$$

dann und nur dann bestehen, wenn alle $c_{i\varrho}$ verschwinden. Nach diesen Voraussetzungen sind dann die Zahlen $h_1, h_2, \ldots, h_\nu$ die kleinsten, bei denen eine solche Darstellung (2) möglich ist. Ebenso sei ν die kleinste positive ganze Zahl, bei der

$$I_{1\nu} g_{1\nu} + I_{2\nu} g_{2\nu} + \cdots + I_{h_\nu \nu} g_{h_\nu \nu} \neq 0$$

ist.

Jetzt bilden wir die transformierte Invariante $\overline{I}$ nach den Gleichungen (2) des § 1:

(3) $$\overline{I} = \varphi(\varepsilon_{ik}) \cdot I,$$

$$\overline{I} = \overline{I}_0 + (\overline{I}_{11} \overline{g}_{11} + \cdots + \overline{I}_{h_1 1} \overline{g}_{h_1 1}) + \cdots .$$

Da

(4) $$\overline{g}_{ik} = \overset{k}{\varepsilon}_{nn} g_{ik}$$

ist, so haben wir:

(5) $$(\overline{I}_0 - \varphi I_0) + [g_{11}(\varepsilon_{nn}\overline{I}_{11} - \varphi I_{11}) + \cdots] + \cdots \cdots + [g_{1\nu}(\overset{\nu}{\varepsilon_{nn}}\overline{I}_{1\nu} - \varphi I_{1\nu}) + \cdots] \equiv 0\,.$$

Die linke Seite ist hier ein Polynom der voneinander unabhängigen Größen $a'_n, b_n', \ldots$, das identisch verschwindet; wegen der über die g_{ik} gemachten Voraussetzungen ist daher jeder Koeffizient Null:

(6) $$\overline{I}_0 = \varphi(\varepsilon_{ik})\, I_0 \qquad \overline{I}_{ik} = \frac{\varphi(\varepsilon_{ik})\, I_{ik}}{\overset{k}{\varepsilon_{nn}}},$$

d. h. die Ausdrücke I_0, I_{ik} in (2) sind selbst Drehungsinvarianten, enthalten aber keine $a_n', b_n', \ldots$ mehr. Damit sind wir beim ersten Fall angelangt, da $a_n' = (l'a')$, $b_n' = (l'b'), \ldots$ auch schon Drehungsnvarianten sind.

Es sei also jetzt I eine Drehungsinvariante mit höchstens $(n-1)$ Reihen

(7) $$\begin{cases} a_1', a_2', \ldots, a'_{n-1} \\ b_1', b_2', \ldots, b'_{n-1} \\ \ldots\ldots\ldots\ldots \\ h_1', h_2', \ldots, h'_{n-1} \end{cases}.$$

Wir sind so in das $(n-1)$-äre Gebiet herabgestiegen: I ist eine $(n-1)$-äre Form dieser Reihen (7).

Enthält I genau $(n-1)$ Reihen, so entwickeln wir I wieder in eine *Gordan-Capelli*sche Reihe nach Potenzen der $(n-1)$-reihigen Determinanten

(8) $$(a'b'\ldots h')_n = (a'b'\ldots h'l')$$

und wiederholen dies so oft, bis wir auf Invarianten K mit höchstens $(n-2)$ Reihen (7) kommen.

Jetzt müssen wir zwei Fälle unterscheiden, wobei wir $n > 3$ voraussetzen:

A. K enthält gerade $(n-2)$ Reihen (7) und

B. K enthält $m \leq n-3$ Reihen (7).

Der Fall A kann auf den Fall B zurückgeführt werden. Sind nämlich $a', b', \ldots, g'$ die $(n-2)$ Reihen, so entwickeln wir K in eine *Gordan-Capelli*sche Reihe

(9) $$K = K_0 + EK_1 + E^2K_2 + \cdots + E^\nu K_\nu,$$

wobei E gleich der $(n-2)$-reihigen Determinante (vgl. V § 8 S. 138, Fall 3 für $k = n-1$):

$$(10) \quad \ldots\ldots \quad E = \begin{vmatrix} (A|a')\,(A|b')\ldots(A|g') \\ (B|a')\,(B|b')\ldots(B|g') \\ \ldots\ldots\ldots\ldots\ldots\ldots \\ \ldots\ldots\ldots\ldots\ldots\ldots \\ (G|a')\,(G|b')\ldots(G|g') \end{vmatrix}.$$

K_0 entsteht aus Drehungsinvarianten mit $(n-3)$ Reihen durch Polaroperationen, bei K_0 sind wir also beim Falle B angelangt. Um auch die übrigen Glieder von (9) auf diesen Fall zurückzubringen, führen wir in E an Stelle der $(n-1)$ Determinanten von $(n-2)$ Reihen

$$(a'b'\ldots g')_{i_1 i_2 \ldots i_{n-2}}$$

eine neue Größenreihe $\alpha = \alpha_1, \alpha_2, \ldots, \alpha_{n-1}$ ein. Hierdurch wird aus (10):

$$(11) \quad . \; . \quad E = (\alpha AB\ldots G) = (\alpha A') = \alpha_1 A_1' + \cdots + \alpha_{n-1} A'_{n-1}.$$

Ist dann K vom Grade p_1 in den a_i', vom Grade p_2 in den b_i', ..., so enthält K im ganzen

$$\lambda = p_1 + p_2 + \cdots + p_{n-2}$$

Reihen (7). Wegen (11) enthält jetzt aber jedes Glied $E^i K_i$ nu

$$\lambda' = p_1 + p_2 + \cdots + p_{n-2} - i\,(n-2) + i$$

Reihen $\alpha, a', b', \ldots, g'$. λ' ist also höchstens (für $i = 1$) gleich

$$p_1 + p_2 + \cdots + p_{n-2} - (n-3) < p_1 + p_2 + \cdots + p_{n-2} = \lambda,$$

also $\lambda' < \lambda$. Dieses Einführen der Reihe α gibt wieder Drehungsinvarianten, da ja (vgl. (10) § 2) die α genau so transformiert werden wie die $a', b', \ldots$.

Die Wiederholung dieses Verfahrens gibt dann $\lambda'' < \lambda'$, usw., so daß wir schließlich auch hier auf den Fall B geführt werden[1]).

Wir können somit jetzt voraussetzen: K enthält höchstens $m \leqq n-3$ Reihen $a', b', \ldots$. Hier gilt nun der *Satz*:

Ganze, rationale Drehungsinvarianten K mit $m \leqq n-3$ Reihen $a', b', \ldots$ sind ganze, rationale Funktionen von

$$(12) \quad \ldots \quad (u'\;v') = u_1'v_1' + u_2'v_2' + \cdots + u'_{n-1}v'_{n-1},$$

wo u' und v' irgend zwei gleiche oder verschiedene der Reihen $a', b', \ldots$ bedeuten.

Nach dem zuletzt Gesagten gilt derselbe Satz auch noch für $m = n-2$ Reihen. Nehmen wir ihn nämlich für $m = n-3$ als

---

[1]) Für $n = 4$ ist diese Schlußweise angewendet bei *H. Burkhardt*, Mathem. Ann. 43 (1893) S. 197.

richtig an und ersetzen u' und v' durch die in (11) eingeführte Reihe a, so wird:

$$(a' \mid a) = (a' a' b' \ldots g')_n = 0$$

$$(a \mid a) = \begin{vmatrix} (a' \mid a') \ldots (a' \mid g') \\ \ldots\ldots\ldots\ldots \\ \ldots\ldots\ldots\ldots \\ (g' \mid a') \ldots (g' \mid g') \end{vmatrix}.$$

Hiernach haben wir schließlich nur mehr den zuletzt angeführten Satz zu beweisen und den bisher ausgeschlossenen Fall $n = 3$ nachzutragen.

§ 4. Die Invarianten $(u' \mid v')$.

Es seien

(1) . . . . $\begin{cases} a_1' \; a_2' \ldots a'_{n-1} \\ b_1' \; b_2' \ldots b'_{n-1} \\ \ldots\ldots\ldots \\ f_1' \; f_2' \ldots f'_{n-1} \end{cases}$

die $m \leq n-3$ Reihen $a', b', \ldots$, die in einer Drehungsinvariante K vorkommen. Um auch den bisher ausgeschlossenen Fall $n = 3$ zu erledigen, haben wir vorerst zu zeigen, daß alle ganzen, rationalen Drehungsinvarianten K einer einzigen Linearform $(a'x)$, abgesehen von $(l'a') = a_n'$, Potenzen von

(2) . . . . $I = (a' \mid a')$

sind. Es sei, symbolisch dargestellt:

(3) . . . . $K = (a' \mid A')^p$,

wo die $A_1', A_2', \ldots, A'_{n-1}$ p-fältige Symbole bedeuten.

K genügt dann den Differentialgleichungen

(4) . . $a_i' \dfrac{\partial K}{\partial a_k'} - a_k' \dfrac{\partial K}{\partial a_i'} = 0 \quad (i \neq k;\; i, k = 1, 2, \ldots, n-1).$

Diese sagen nichts anderes aus, als daß K die zur Drehungsgruppe gehörigen infinitesimalen Transformationen

$$X_{ik} f = x_i \frac{\partial f}{\partial x_k} - x_k \frac{\partial f}{\partial x_i}$$

gestattet. Setzen wir (3) in (4) ein, so wird:

$$a_i' A_k' (a' \mid A')^{p-1} = a_k' A_i' (a' \mid A')^{p-1}.$$

Multiplizieren wir hier mit a_k' und summieren über k von 1 bis $(n-1)$, so wird nach (2):

$$(5) \qquad \ldots\ldots\ldots\ a_i' K = I \cdot A_i' \, (a' \mid A')^{p-1}.$$

Da K ganz und rational und I nicht durch a_i' teilbar ist, so muß $A_i' \, (a' \mid A')^{p-1}$ durch a_i' teilbar sein; also kann man setzen

$$A_i' \, (a' \mid A')^{p-1} = a_i' \, (a' \mid B')^{p-2}$$

und damit wird aus (5):

$$K = I \cdot (a' \mid B')^{p-2},$$

d. h. K enthält I als Faktor. Wiederholt man mit der Drehungsinvariante $(a' \mid B')^{p-2}$ dieselbe Schlußweise, so ergibt sich die Richtigkeit der Behauptung: K wird eine Potenz von I. Hiedurch st der erste Fundamentalsatz für $n = 3$ und $n = 4$ bewiesen.

Bei $n > 4$ schließen wir von $(n-1)$ auf n. Wir nehmen also an: der letzte Satz des vorigen § sei richtig für ein Gebiet $(n-1)^{ter}$ Stufe und beweisen, daß er dann auch für ein Gebiet n^{ter} Stufe gilt.

Wir nehmen hiezu die Transformationsgleichungen (2), § 1 in der folgenden speziellen Gestalt an:

$$(6) \quad \left| \begin{array}{l} \tilde{a}_1' \;\; = \varepsilon_{11} \;\; a_1' + \varepsilon_{21} \;\; a_2' + \cdots + \varepsilon_{n-2,\,1} \;\; a'_{n-2} \\ \ldots\ldots\ldots\ldots\ldots\ldots\ldots\ldots\ldots \\ \tilde{a}'_{n-2} = \varepsilon_{1,\,n-2}\, a_1' + \varepsilon_{2,\,n-2}\, a_2' + \cdots + \varepsilon_{n-2,\,n-2}\, a'_{n-2} \\ \tilde{a}'_{n-1} = \qquad\qquad\qquad\qquad\qquad\qquad \varepsilon_{n-1,\,n-1}\, a'_{n-1} \end{array} \right.$$

Hier sollen die Transformationskoeffizienten ε_{ik} wieder eine $(n-2)$-reihige *orthogonale* Matrix bilden:

$$(7) \qquad \ldots\ldots\ \sum_{i=1}^{i=n-2} \varepsilon_{ik}\, \varepsilon_{ih} = \delta_{kh}\, \lambda = \delta_{kh}\, \varepsilon^2_{n-1,\,n-1}\,.$$

Jetzt sei K eine Drehungsinvariante mit höchstens $(n-3)$ der Reihen (1). Wir ordnen K nach Potenzprodukten der Größen $a'_{n-1}, b'_{n-1}, \ldots, f'_{n-1}$, wobei wir dieselben Festsetzungen treffen wie in (2) § 3:

$$(8) \quad K = K_0 + (k_{11} K_{11} + k_{21} K_{21} + \cdots + k_{j_1 1} K_{j_1 1}) + \cdots \\ \cdots + (k_{1\varrho} K_{1\varrho} + \cdots).$$

Hier sind die $k_{\sigma\tau}$ Formen τ-^{ten} Grades der $a'_{n-1}, b'_{n-1}, \ldots$, linear-unabhängig voneinander. K_0 und $K_{\sigma\tau}$ enthalten $a'_{n-1}, b'_{n-1}, \ldots$ nicht mehr.

Bilden wir jetzt $\widetilde{K}$ mit Hilfe von (6), so wird wegen

(9) . . . . . $\widetilde{K} = \psi(\varepsilon_{ik}) \cdot K, \quad \widetilde{k}_{\sigma\tau} = \varepsilon^{\tau}_{n-1,n-1} k_{\sigma\tau}$

analog zu (5) § 3:

(10) . . . $(\widetilde{K}_0 - \psi K_0) + \sum k_{\sigma\tau} \left(\varepsilon^{\tau}_{n-1,n-1} \widetilde{K}_{\sigma\tau} - \psi K_{\sigma\tau}\right) \equiv 0$

und daher

(11) . . . . $\widetilde{K}_{\sigma\tau} = \dfrac{\psi(\varepsilon_{ik})}{\varepsilon^{\tau}_{n-1,n-1}} K_{\sigma\tau},$

d. h. K_0 und $K_{\sigma\tau}$ sind $(n-1)$-äre Drehungsinvarianten. Nach Voraussetzung sind sie ganz und rational darstellbar durch die Ausdrücke

(12) . . . . . . $(\omega) = \sum_{i=1}^{i=n-2} a_i'^2, \ldots, \sum_{i=1}^{i=n-2} a_i' b_i', \ldots,$

die wir kurz mit ω zusammenfassend bezeichnen, und also schreiben:

(13) . . . . . . $K_0 = K_0(\omega), \quad K_{\sigma\tau} = K_{\sigma\tau}(\omega).$

Hiernach wird aus (8):

(14) . . . . . . $K = K_0(\omega) + \sum k_{\sigma\tau} K_{\sigma\tau}(\omega).$

Da nun

$$\omega = (a' \mid b') - a'_{n-1} b'_{n-1}$$

ist, können wir dies in (14) einsetzen und dann neuerdings nach den $a'_{n-1}, b'_{n-1}, \ldots$ ordnen:

(15) . . . . $K = M_0 + \sum m_{\sigma\tau} M_{\sigma\tau}.$

Hier sind die $m_{\sigma\tau}$ wieder Formen τ^{ten} Grades in den $a'_{n-1}, b'_{n-1}, \ldots,$ linear-unabhängig voneinander; die $M_{\sigma\tau}$ und M_0 sind ganze rationale Funktionen der Drehungsinvarianten $(a' \mid a')$, $(a' \mid b')$, ..., gleichfalls linear-unabhängig untereinander.

Jetzt können wir schließen, daß alle $m_{\sigma\tau}$ identisch verschwinden müssen, so daß (15) in

(16) . . . . $K = M_0$

übergeht, womit dann der Beweis fertig ist.

Bilden wir $\overline{K}$ mit Hilfe der Gleichungen (2) des § 1, so haben wir wegen

$$(\overline{a'} \mid \overline{b'}) = \lambda (a' \mid b')$$

die Beziehungen $\overline{M}_{\sigma\tau} = \lambda^{p_{\sigma\tau}} M_{\sigma\tau}$ und aus $\overline{K} = \varphi(\varepsilon_{ik}) K$ wird:

$$(\lambda^{p_0} - \varphi) M_0 + \sum \left(\lambda^{p_{\sigma\tau}} \overline{m}_{\sigma\tau} - \varphi m_{\sigma\tau}\right) M_{\sigma\tau} \equiv 0.$$

Hieraus folgt zunächst

(17) . . . . $\varphi(\varepsilon_{ik}) = \lambda^{p_0}$

und daher

(18) . . . . . . $\overline{m}_{\sigma\tau} = \frac{\varphi}{\lambda^{p\sigma\tau}} m_{\sigma\tau} = \lambda^{q\sigma\tau} \cdot m_{\sigma\tau}$.

Setzen wir jetzt, nach Potenzprodukten ordnend:

(19) . . . $m_{\sigma\tau} = c_1 a'^{\alpha_1}_{n-1} b'^{\beta_1}_{n-1} \cdots + c_2 a'^{\alpha_2}_{n-1} b'^{\beta_2}_{n-1} \cdots + \cdots$

und in diesem Ausdrucke für a'_{n-1}

(20) $\overline{a'}_{n-1} = \varepsilon_{1,n-1} a'_1 + \varepsilon_{2,n-1} a_2' + \cdots + \varepsilon_{n-1,n-1} a'_{n-1}$ usw.,

ein, so entsteht $\overline{m}_{\sigma\tau}$. Wählen wir dann die speziellen Wertesysteme:

$$a_2' = a_3' = \cdots = a'_{n-1} = 0$$
$$b_2' = b_3' = \cdots = b'_{n-1} = 0$$
$$\ldots\ldots\ldots\ldots\ldots,$$

so daß also nur $a_1', b_1', \ldots$ willkürlich bleiben, so gibt (20):

$$\overline{a'}_{n-1} = \varepsilon_{1,n-1} a_1', \ \overline{b'}_{n-1} = \varepsilon_{1,n-1} b_1', \ldots$$

und (19) wegen (18):

$$\overline{m}_{\sigma\tau} = \varepsilon^{\tau}_{1,n-1} \left[c_1 a_1'^{\alpha_1} b_1'^{\beta_1} \cdots + c_2 a_1'^{\alpha_2} b_1'^{\beta_2} \cdots + \cdots\right] \equiv 0,$$

woraus $c_i = 0$ folgt. Also ist auch $m_{\sigma\tau} \equiv 0$ und (16) richtig. K enthält also nur die Typen $(u' \mid v')$.

Zugleich ist hiermit gezeigt, daß bei einer Drehungsinvariante I die in der Definitionsgleichung $\overline{I} = \varphi(\varepsilon_{ik}) \cdot I$ stehende Funktion $\varphi(\varepsilon_{ik})$ eine Potenz von $\lambda = \varepsilon^2_{nn}$ ist.

§ 5. **Bemerkungen zum 1. Fundamentalsatz.**

Ein zweiter Beweis des Satzes, daß eine ganze, rationale Drehungsinvariante I von Linearformen

(1) . . . . $(a'x), (b'x), (c'x), \ldots$

durch die drei Typen

(2) $$\begin{cases} \psi_1 = (a'b' \ldots h'l') = \begin{vmatrix} a_1' & a_2' & \ldots & a_n' \\ b_1' & b_2' & \ldots & b_n' \\ \ldots & \ldots & \ldots & \ldots \\ h_1' & h_2' & \ldots & h_n' \\ 0 & 0 & \ldots & 1 \end{vmatrix}, \quad \psi_2 = (a' \mid b') = a_1' b_1' + \\ \qquad + a_2' b_2' + \cdots + a'_{n-1} b'_{n-1} \\ \psi_3 = (l'a') = a_n' \end{cases}$$

darstellbar ist, stützt sich auf einen, von *E. Study* bewiesenen Satz[1]). Er sagt aus, daß man alle Invarianten von gegebenen Grundformen (f_i) bezüglich derjenigen Gruppe von Kollineationen, die eine quadratische Mannigfaltigkeit

(3) $$K = (m'x)^2 = 0.$$

mit nicht verschwindender Diskriminante $D = (m_1' m_2' \ldots m_n')^2$ in sich überführen, erhält, wenn man von dem System (f_i, K) die *projektiven* Invarianten aufsucht. D selbst wird dann eine Zahl.

Sondern wir nun so wie im § 3 zunächst die Größen $a_n', b_n', \ldots$ aus einer Invariante I ab (vgl. (2) § 3):

(4) $$I = I_0 + \sum g_{\sigma\tau} I_{\sigma\tau}.$$

Dann sind I_0 und die $I_{\sigma\tau}$ Invarianten von $(n-1)$-ären Linearformen

(5) $$(a' \mid x) = a_1' x_1 + a_2' x_2 + \cdots + a'_{n-1} x_{n-1} \text{ usf.},$$

die bei den Transformationen

(6) $$\left| \begin{array}{l} x_1 = \varepsilon_{11} \bar{x}_1 + \cdots + \varepsilon_{1,n-1} \bar{x}_{n-1} \\ \cdots\cdots\cdots\cdots\cdots\cdots, \\ x_{n-1} = \varepsilon_{n-1,1} \bar{x}_1 + \cdots + \varepsilon_{n-1,n-1} \bar{x}_{n-1} \end{array} \right. \quad \sum_{i=1}^{i=n-1} \varepsilon_{ik} \varepsilon_{ij} = \delta_{kj} \cdot \lambda$$

invariant bleiben. Diese Transformationen bilden aber gerade diejenige Gruppe, bei der die $(n-1)$-äre quadratische Mannigfaltigkeit

(7) $$K = (x \mid x) = x_1^2 + x_2^2 + \cdots + x_{n-1}^2 = 0$$

invariant bleibt: $K = \lambda \bar{K}$. Die in (4) vorkommenden Invarianten I_0 und $I_{\sigma\tau}$ erhalten wir demnach, wenn wir von den Linearformen (5) und von (7) die projektiven Invarianten des $(n-1)$-ären Gebietes aufsuchen. Schreiben wir K in der Gestalt (3): $K = (m' \mid x)^2$, so ist nach dem ersten Fundamentalsatz der symbolischen Methode für projektive Invarianten des $(n-1)$-ären Gebietes jede Invariante der Grundformen

(8) $$(a' \mid x), (b' \mid x), (c' \mid x), \ldots, (m' \mid x)^2$$

ein Produkt von $(n-1)$-ären Klammerfaktoren $\chi = (a' b' \ldots u' v')_n$, wo $u', v', \ldots$ auch die Reihen $m', n', \ldots$ von K bedeuten können. Enthält χ keine m', so ist χ mit dem ersten Typus ψ_1 von (2) identisch. Kommt aber in χ wenigstens eine Reihe m' von K vor, so ist die zweite Reihe m' in einem zweiten Klammerfaktor χ' enthalten, also wird

$$\chi \chi' = (m' a' b' \ldots u')_n (m' c' d' \ldots v')_n.$$

---

1) Leipziger Berichte 49 (1897) S. 442.

Setzt man hier wegen (7): $m'_{ik} = \delta_{ik}$, so entsteht

$$(9) \quad \chi\chi' = \begin{vmatrix} (a' \mid c')\,(a' \mid d') \ldots (a' \mid v') \\ (b' \mid c')\,(b' \mid d') \ldots (b' \mid v') \\ \cdots\cdots\cdots\cdots \\ \cdots\cdots\cdots\cdots \\ (u' \mid c')\,(u' \mid d') \ldots (u' \mid v') \end{vmatrix}$$

d. h. wir kommen wieder auf Faktoren von (2), die aber auch noch Reihen m' von K enthalten können. Wegen (7) ist aber:

$$(10) \quad \begin{cases} (a' \mid m')\,(b' \mid m') = (a' \mid b') \\ (m' \mid m') = n - 1 \\ (m' a' \ldots u')_n\,(m' \mid b') = (b' a' \ldots u')_n. \end{cases}$$

Es treten also beim weiteren Ersetzen der m'_{ik} durch δ_{ik} nur wieder Faktoren von (2) auf.

Einen weiteren Beweis für den ersten Fundamentalsatz für Drehungsinvarianten (für $n = 4$) hat *D. Hilbert* gegeben[1]). Er beruht auf denselben Prinzipien wie der entsprechende Beweis für projektive Invarianten mit Hilfe des Ω-Prozesses, der eine Abänderung erfährt. Damit kann dann auch die Endlichkeit für volle Systeme von Drehungsinvarianten gerade so wie bei den projektiven bewiesen werden.

Schließlich sei erwähnt, daß *A. Hurwitz* einen transzendenten Beweis für den ersten Fundamentalsatz und für die Endlichkeit von Drehungsinvarianten gegeben hat[2]), der eine Verallgemeinerung der Methoden darstellt, die bei der Bildung von Invarianten endlicher, diskreter Gruppen angewendet werden.

§ 6. **Der zweite Fundamentalsatz.**

Die Identitäten (vgl. IV § 3 S. 95), welche die Beziehungen zwischen den ganzen rationalen Invarianten ergeben, werden bei Drehungsinvarianten I_D besonders einfach wegen des Umstandes, daß hier der Gegensatz zwischen kovarianten und kontravarianten Reihen wegfällt[3]): Es können in einem Linearfaktor (ab) die Reihen a und b entweder x- oder u'-Reihen bedeuten; analog bei Klammerfaktoren.

1) Mathem. Ann. 36 (1890) S. 471.

2) Göttinger Nachr. (1897).

3) *E. Study*, Leipziger Berichte 49 (1897) S. 442.

Demgemäß haben wir hier nur die *drei* Typen von Identitäten:

(1)
$$\begin{cases} \Pi_1 \ldots (ab\ldots m)(\alpha\beta) \equiv (ab\ldots m)(a\beta) - (\alpha a\ldots m)(b\beta) + \cdots \\ \Pi_2 \ldots (ab\ldots m)(\alpha\beta\ldots\mu) \equiv (ab\ldots m)(a\beta\ldots\mu) - \\ \qquad - (\alpha a\ldots m)(b\beta\ldots\mu) + \cdots \\ \Pi_3 \ldots (ab\ldots m)(\alpha\beta\ldots\mu) \equiv \begin{vmatrix} (a\alpha) & \ldots & (a\mu) \\ \cdot & \cdot & \cdot \\ \cdot & \cdot & \cdot \\ (m\alpha) & \ldots & (m\mu) \end{vmatrix}. \end{cases}$$

Aus diesen 3 Typen ergeben sich weitere, wenn wir das Auftreten der Größenreihe l' besonders hervorheben wollen. So wird z. B. aus Π_1 für $\alpha=\beta=l'$ wegen $(l'l')=1$ die schon in § 2 angeschriebene Gleichung

(2) $$(ab\ldots m) = (l'b\ldots m)(l'a) - (l'a\ldots m)(l'b) + \cdots$$

Aus Π_3 wird für $m=\mu=l'$, wenn wir rechter Hand die Faktoren

(3) $$(a|\alpha) = (a\alpha) - (l'a)(l'\alpha)$$

einführen:

(4) $$\Pi_3' \ldots (ab\ldots hl')(\alpha\beta\ldots\eta l') \equiv \begin{vmatrix} (a|\alpha) & \ldots & (a|\eta) \\ \cdot & \cdot & \cdot \\ \cdot & \cdot & \cdot \\ (h|\alpha) & \ldots & (h|\eta) \end{vmatrix}.$$

Diese dentität tritt an Stelle von Π_3, wenn wir die Drehungsinvarianten I_D ausschließlich mit Faktoren

$$(ab\ldots hl'),\quad (a|b) \text{ und } (l'a)$$

darstellen und also $(ab\ldots m)$ und (ab) beiseite lassen. An Stelle von Π_1 und Π_2 treten dann:

(5)
$$\begin{cases} \Pi_1' \ldots (ab\ldots hl')(\alpha|\beta) \equiv (ab\ldots hl')(a|\beta) - \cdots \\ \qquad \cdots + (-1)^n(\alpha ab\ldots l')(h|\beta) \\ \Pi_2' \ldots (ab\ldots hl')(\alpha\beta\ldots\lambda l') \equiv (ab\ldots hl')(a\beta\ldots\lambda l') - \cdots \\ \qquad \cdots + (-1)^n(\alpha ab\ldots l')(h\beta\ldots\lambda l'). \end{cases}$$

Bei dieser Darstellung spielen die Größen $a_n, b_n, \ldots$ eine besondere Rolle, sie kommen in (4) und (5) überhaupt nicht vor. Wir kommen auf diese Verhältnisse im nächsten Abschnitte nochmals zurück.

Der Beweis für die Vollständigkeit von (1) bezw. von (4) und 5) wird so wie bei projektiven Invarianten geführt (vgl. IV § 5 S. 98 ff.).

Wir bemerken noch, daß man eine Identität $I\equiv 0$ zwischen Drehungsinvarianten I_D stets so schreiben kann, daß in jedem ihrer Glieder entweder kein oder aber in jedem Gliede ein einziger Klammerfaktor auftritt. Zunächst können wir, wenn ein Glied mehr als *einen* Klammerfaktor enthält, durch Anwendung von Π_3 (Gleichung (1)) oder von Π_3' (Gleichung (4)) das Produkt je zweier Klammerfaktoren durch Linearfaktoren ausdrücken. Wäre dann, nach Durchführung dieser identischen Umformung

$$I \equiv A + B \equiv 0,$$

wo A alle Glieder ohne, B alle Glieder mit Klammerfaktoren bedeutet, so gäbe die Spiegelung

$$x_1 = -\bar{x}_1, \quad y_1 = -\bar{y}_1, \ldots$$
$$x_i = \bar{x}_i, \quad y_i = \bar{y}_i, \ldots \quad (i \neq 1)$$

die Gleichung $A - B \equiv 0$; I zerfällt also in $A \equiv 0$ und $B \equiv 0$.

Analog zeigt man, daß durch Verwendung von Π_3 und Π_3' das Quadrat I^2 jeder Drehungsinvariante I mit einem Klammerfaktor ganz und rational durch die Typen $(a' | b')$ und $(l' a')$ allein ausgedrückt werden kann.

§ 7. Volle Systeme.

Sind $f_1, f_2, \ldots, f_m$ irgendwelche Grundformen, $a, b, \ldots$ die gestrichelten oder ungestrichelten Symbol- oder Größenreihen, mit denen sie dargestellt werden, so ist jede Drehungsinvariante I der f_i ein Aggregat von Faktoren

(1) $\quad \ldots\ldots\ldots\ldots \quad (ab \ldots m), \; (ab).$

Hier kann unter den Reihen $a, b, \ldots$ auch die Größenreihe l' vorkommen.

I ist ein Produkt von Faktoren (1) oder eine Summe solcher Produkte. In letzterem Falle ist jeder Summand für sich eine Drehungsinvariante. Wir erhalten somit sicher alle Invarianten eines *vollen Systems von Drehungsinvarianten* der f_i, wenn wir nur Produkte von Faktoren (1) betrachten.

Heben wir die Größenreihe l' besonders hervor:

(2) $\quad \ldots \quad L = (l' x) = 0 \cdot x_1 + 0 \cdot x_2 + \cdots + 0 \cdot x_{n-1} + 1 \cdot x_n,$

so treten an Stelle von (1) die Typen

(3) $\quad \ldots\ldots \quad (ab \ldots m), \; (ab \ldots d l'), \; (ab), \; (l' a).$

Jetzt läßt sich dem 1. Fundamentalsatz eine besondere Gestalt geben, wenn wir, so wie im § 1, die spezielle quadratische Form

(4) $\quad \ldots\ldots\ldots \quad (xx) = x_1^2 + x_2^2 + \cdots + x_n^2 = \Phi$

zu Hilfe nehmen: die Typen (3) sind jetzt gerade diejenigen, aus denen sich alle *projektiven* Invarianten der Formen

(5) $$\ldots\ldots\ldots\ldots \quad f_1, f_2, \ldots, f_m, L, \Phi$$

aufbauen. Dabei ist $(l'l') = 1$ und die Diskriminante von Φ auch eine reine Zahl.

Daher gilt der folgende *Adjunktionsatz*: *Die Invarianten eines vollen Systems von Drehungsinvarianten der Grundformen* (f_i) *können so gewählt werden, daß sie ganze, rationale, projektive Invarianten des erweiterten Grundformensystems* (f_i), L, Φ *sind. Dabei kommen die Invariante* $(l'l')$ *und die Diskriminante von* Φ *in Wegfall.*[1])

Um daher ein volles System von Drehungsinvarianten der (f_i) zu finden, hat man ein volles System von projektiven Invarianten von (f_i), L und Φ aufzusuchen, bei dem jede Invariante ein Produkt von Faktoren (3) ist.

Daraus folgt dann schließlich noch die *Endlichkeit* eines vollen Systems von Drehungsinvarianten.

Es ist leicht nachzuweisen, daß die bisherigen Sätze giltig bleiben für Drehungen, die um einen beliebigen, festen, eigentlichen Punkt $(ku') = 0$ des $(n-1)$-dimensionalen Raumes stattfinden. Nur haben dann die k_i nicht die besonderen Werte $0:0:\ldots:0:1$. Ferner lassen sich ebenso die Invarianten bezüglich der Gruppe der Drehungen um eine Achse auf projektive Invarianten zurückführen.

§ 8. **Beispiele.**

Wir beschließen diesen Abschnitt mit einigen Beispielen.

Beispiel 1: $n = 3$. Gegeben zwei Linearformen

(1) $$\ldots\ldots\ldots \quad (u'y) = 0, \quad (u'z) = 0;$$

sie stellen zwei Punkte y und z dar. Die Drehungsinvarianten sind:

(2) $$I_1 = (yzl'),\ I_2 = (yy),\ I_3 = (zz),\ I_4 = (yz),\ I_5 = (l'y),\ I_6 = (l'z).$$

An Stelle von I_2, I_3 und I_4 könnten wir auch nehmen:

(3) $$\ldots\ldots \quad I_2' = (y|y),\quad I_3' = (z|z),\quad I_4' = (y|z).$$

Das Quadrat von I_1 ergibt:

(4) $$\ldots\ldots \quad I_1^2 = (yzl')^2 = \begin{vmatrix} (y|y) & (y|z) \\ (z|y) & (z|z) \end{vmatrix} = I_2' I_3' - I_4'^2.$$

[1]) Bahnbrechend für die Auffassung der Invariantentheorien spezieller Transformationsgruppen als besondere Fälle projektiver Formenprobleme ist das „*Erlanger Programm*“ von *F. Klein* gewesen. Abgedruckt in den Math. Ann. 43 (1893) S. 63—100 (= Ges. Abhandl. I S. 377).

Die geometrische Bedeutung des Verschwindens dieser Invarianten ist leicht angebbar. $I_1 = 0$ sagt aus, daß $\overline{yz}$ durch den Ursprung l' geht. $I_2 = 0$ bedeutet, daß y auf dem Kreis $\Phi = x_1^2 + x_2^2 + x_3^2 = 0$ (Kreis um den Ursprung, mit dem Radius $i = \sqrt{-1}$) gelegen ist. Ist $I_2' = 0$, so liegt y auf einer vom Ursprung O auslaufenden Minimalgeraden. $I_4' = 0$ gibt die Orthogonalität der Geraden $\overline{Oy}$ und $\overline{Oz}$. Schließlich bedeutet $I_5 = (l'y) = 0$, daß y ein uneigentlicher Punkt ist.

Die Entfernung ϱ des eigentlichen Punktes y von O ist eine absolute, irrationale Drehungsinvariante:

(5) $$\varrho^2 = \frac{(y\,|\,y)}{(l'y)^2}, \quad (l'y) \neq 0.$$

Die Entfernung r der beiden eigentlichen Punkte y und z ist eine Euklidische Bewegungsinvariante, also auch Drehungsinvariante; wir haben:

(6) $$r^2 = \frac{(yy)}{(l'y)^2} + \frac{(zz)}{(l'z)^2} - 2\frac{(yz)}{(l'y)(l'z)}.$$

Wir kommen hierauf im XII. Abschnitte zurück.

Beispiel 2: $n = 3$. Gegeben zwei Gerade

(7) $$(v'x) = 0, \quad (w'x) = 0.$$

Ein volles System von Drehungsinvarianten dieser beiden Linearformen ist gegeben durch:

(8) $$\begin{cases} I_1 = (v'w'l'), \; I_2 = (v'\,|\,v'), \; I_3 = (w'\,|\,w'), \; I_4 = (v'\,|\,w'), \\ I_5 = (l'v') \quad I_6 = (l'w'). \end{cases}$$

Hier ist I_1 auch eine affine Invariante, $I_1 = 0$ sagt aus, daß v' und w' parallel sind. Bei $I_2 = 0$ ist v' eine Minimalgerade; bei $I_4 = (v'\,|\,w') = 0$ ist v' senkrecht auf w'. $I_5 = 0$ bedeutet, daß v' durch den Ursprung O geht.

Der Abstand p der Geraden v' vom Ursprung wird eine absolute, irrationale Invariante

(9) $$p^2 = \frac{(l'v')^2}{(v'\,|\,v')}.$$

Für den Winkel φ zwischen v' und w' (die keine Minimalgeraden sein sollen) erhält man:

(10) $$\cos^2\varphi = \frac{(v'\,|\,w')^2}{(v'\,|\,v')(w'\,|\,w')}, \quad \sin^2\varphi = \frac{(v'w'l')^2}{(v'\,|\,v')(w'\,|\,w')}.$$

Beispiel 3: $n = 3$. Gegeben der *Kegelschnitt*

(11) $$f = (a'x)^2 = 0.$$

Für die Drehungsinvarianten kommen hier die Reihen $a', b', c', \ldots, l'$ in Betracht, daher die Faktoren

(12) $$(a'b'c'),\ (a'b'l'),\ (a'b'),\ (a'l').$$

Hieraus läßt sich leicht ein volles System von Drehungsinvarianten herleiten[1]). Man erhält die folgenden sechs Invarianten:

(13) $$\begin{cases} A_1 = (a'a') & B_1 = (a'l')^2 = a'_{33} \\ A_2 = (a'b')^2 & B_2 = (l'a')(a'b')(b'l') \\ A_3 = (a'b')(b'c')(c'a') & B_3 = (a'b'l')(a'l')(b'c')(c'l') \end{cases}.$$

Die projektive Invariante $(a'b'c')^2$ und die affine $(a'b'l')^2$ sind beide durch obige ausdrückbar.

[1]) Vgl. hierzu und wegen weiterer voller Systeme die Arbeiten des Verfassers, angeführt im Artikel III E 1 Nr. 17 der Enzyklopädie.

XI. Abschnitt: **Vektor- und Tensoralgebra.**

§ 1. **Tensoren.**

Wir hatten bisher bei n-ären Formen die Veränderlichen stets als *homogene* Koordinaten x_i, $\pi_{ik}, \ldots$ von Punkten, Geraden, ... in einem Gebiete n-ter Stufe gedeutet.

In diesem Abschnitte wollen wir einen etwas anderen Standpunkt einnehmen: wir betrachten die n Größen $x_1, x_2, \ldots, x_n$ als *inhomogene* Parallelkoordinaten eines Punktes x in einem n-dimensionalen Raum (Gebiet $(n+1)$-ter Stufe). Mit den Reihen $\pi_{ik}, \pi_{ikl}, \ldots$ wollen wir uns (vorläufig) nicht beschäftigen, wohl aber mit den u_i'. Diese n Größen $u_1', u_2', \ldots, u_n'$ sind dann die inhomogenen Koordinaten eines linearen Gebietes n-ter Stufe.

Wir betrachten *Formen*, also ganze, rationale und homogene Funktionen, die mehrere Reihen $x, y, z, \ldots$ und mehrere Reihen $u', v', w', \ldots$ enthalten:

(1) $$F = \sum A_{ikl\ldots,\, rst\ldots}\, x_i y_k z_l \ldots u_r' v_s' w_t' \ldots .$$

Derartige Formen nennt man „Tensoren".[1]) Enthält F $h \geqq 1$ Reihen Punktkoordinaten und $k \geqq 1$ Reihen Raumkoordinaten, so heißt F *„ein gemischter Tensor $(h+k)$-ter Stufe"*. (Diese Stufenzahl ist nicht zu verwechseln mit der Stufenzahl $(n+1)$ des Operationsraumes.)

Enthält F nur Punktkoordinaten allein, etwa $h \geqq 1$ Reihen:

(2) $$F = \sum A_{ikl\ldots}\, x_i y_k z_l \ldots,$$

so sagen wir: F ist ein *h-fach kontravarianter Tensor* oder auch *ein kontravarianter Tensor h-ter Stufe.*

Das Gegenstück dazu:

(3) $$F = \sum A_{rst\ldots}\, u_r' u_s' u_t' \ldots$$

ist ein *k-fach kovarianter Tensor* oder *ein kovarianter Tensor k-ter Stufe*; hier enthält die Form F nur Raumkoordinaten, und zwar $k \geqq 1$ Reihen.

Diese Definitionen bleiben aufrecht, wenn in F auch *gleiche* Reihen vorkommen. So ist z. B. $F = \sum A_{ik}\, x_i x_k$ ein 2-fach kontravarianter Tensor oder ein kontravarianter Tensor 2. Stufe.

---

[1]) Manche Autoren sagen „Affinor" und gebrauchen das Wort „Tensor" nur bei symmetrischen Formen.

Tensoren erster Stufe heißen „Vektoren“. Man hat also *zweierlei Vektoren* zu unterscheiden: *kontravariante Vektoren*, wie z. B.

(4) . . . . $\varphi = \sum a_i x_i = a_1 x_1 + a_2 x_2 + \cdots + a_n x_n$

und *kovariante Vektoren*, wie z. B.

(5) . . . . $\psi = \sum a_i u_i' = a_1 u_1' + a_2 u_2' + \cdots + a_n u_n'$.

Wir heben hervor, daß es im folgenden fast ausschließlich auf die Koeffizienten $A_{ikl\ldots,\,rst\ldots}$ der Formen F (= Tensoren) und auf die aus ihnen zu bildenden (affinen und orthogonalen) Invarianten ankommen wird. Man kann dann auch die Gesamtheit dieser Koeffizienten als „Tensor“ bezeichnen. Die einzelnen Koeffizienten selbst sind dann die „Komponenten“ des Tensors.

Diese Art der Auffassung liegt ja der üblichen Vektorrechnung zugrunde. Ob man bei dem Worte „Vektor“ an die n-äre Linearform $u_1' x_1 + \cdots + u_n' x_n$, oder an die Gesamtheit der n Zahlen $x_1, x_2, \ldots, x_n$ (= Größenreihe x) oder an eine durch diese Zahlen irgendwie festgelegte physikalische Realität (Verschiebung, Kraft, ...) denkt, *ist für den algebraischen Standpunkt, den wir hier einnehmen, völlig nebensächlich.*

Wenn die Koeffizienten $A_{ikl\ldots}$ eines kontravarianten Tensors F h-ter Stufe (2) die Eigenschaft haben, daß

(6) . . . . $A_{ikl\ldots} = A_{kil\ldots} = \cdots$

ist, so heißt F *„symmetrisch“*. Ist hingegen

(7) . . . . $A_{ikl\ldots} = -A_{kil\ldots} = \cdots,$

so ist F *„schiefsymmetrisch“* oder *„alternierend“*. Diese alternierenden Tensoren stellen sich dann ein, wenn wir Formen mit Linienkoordinaten π_{ik}, Ebenenkoordinaten π_{ikl}, ... betrachten; sie lassen eine zweite Darstellung zu, wenn die x-Reihen (oder u'-Reihen) zu Koordinaten $\pi_{ik}, \pi_{ikl}, \ldots$ zusammengefaßt werden. Wir erläutern dies etwa für einen alternierenden Tensor 3. Stufe

(8) . . . . $F = \sum A_{ikl} x_i y_k z_l.$

Hier bedeutet — sowie in den voraufgehenden Gleichungen — das Summenzeichen rechts, daß über jeden Index einzeln von 1 bis n summiert wird. Es ist also, ausgeschrieben:

(9) . . . . $F = \sum_{i=1}^{i=n} \sum_{k=1}^{k=n} \sum_{l=1}^{l=n} A_{ikl} x_i y_k z_l.$

Halten wir nun hier i, k und l im Koeffizienten A_{ikl} fest und fassen die Glieder mit $A_{kil}, A_{ilk}, \ldots$ nach (7) in einen Ausdruck zusammen, so haben wir die einfache Summe über alle $\binom{n}{3}$ Indextripel:

$$(10) \quad . \quad . \quad . \quad . \quad F = \sum_{(ikl)} A_{ikl} \, (xyz)_{ikl}, \quad (xyz)_{ikl} = \begin{vmatrix} x_i & x_k & x_l \\ y_i & y_k & y_l \\ z_i & z_k & z_l \end{vmatrix}.$$

Hierfür können wir aber, zu einer dreifachen Summe zurückkehrend, auch schreiben:

$$(11) \quad . \quad . \quad F = \frac{1}{3!} \sum A_{ikl} \, (xyz)_{ikl} = \frac{1}{3!} \sum_i \sum_k \sum_l A_{ikl} \, (xyz)_{ikl}.$$

Betreffs der symbolischen Darstellung von Tensoren brauchen wir nur auf I § 1 S. 3 und § 11 S. 21 zu verweisen. Wir schreiben die Reihen $x, y, z, \ldots$ mit Buchstaben ohne Strich, die Reihen von Raumkoordinaten mit Strich: $u', v', w', \ldots$. Ferner zerlegen wir die Koeffizienten $A_{ikl\ldots,\, rst\ldots}$ von (1) in Symbole:

$$(12) \quad . \quad . \quad . \quad . \quad A_{ikl\ldots,\, rst\ldots} = a_i' b_k' c_l' \ldots \alpha_r \beta_s \gamma_t \ldots,$$

so daß der Tensor F ein Produkt von symbolischen Vektoren wird:

$$(13) \quad . \quad . \quad . \quad F = (a'x)\,(b'y)\,(c'z) \ldots (\alpha u')\,(\beta v')\,(\gamma w') \ldots .$$

Bei symmetrischen und alternierenden Tensoren genügt dann je ein einziger Buchstabe. Statt $\sum A_{ikl} x_i x_k x_l$ haben wir dann z. B. $(a'x)^3$ und statt (9) schreiben wir

$$F = (a'x)\,(a'y)\,(a'z),$$

wo die a_i' dreifältige Komplexsymbole sind (vgl. III § 3 S. 73).

In der modernen Tensorrechnung hat sich, an Arbeiten von *Ricci* und *Levi-Cività*[1]) anschließend, eine Darstellungsweise ausgebildet, die wir auch späterhin anwenden wollen (XIII. Abschnitt) und deshalb schon hier auseinandersetzen.

Die Bezeichnung $x_i, y_i, z_i, \ldots$ bleibt; an Stelle der hierzu kontragredienten Reihen $u', v', w', \ldots$ wird geschrieben $u^i, v^i, w^i, \ldots$, d. h. an Stelle der Buchstaben mit Strich treten Buchstaben mit oberem Index. *Der Gegensatz von ko- und kontragredient wird also durch die Index-Stellung festgehalten.*

Dementsprechend werden auch die Tensorkomponenten, also die Koeffizienten $A_{ikl\ldots,\, rst\ldots}$ in (1) folgend geschrieben:

$$(14) \quad . \quad . \quad . \quad . \quad . \quad . \quad . \quad . \quad A_{ikl\ldots,\, rst\ldots} = A^{ikl\ldots}_{rst\ldots} .$$

Als Vereinfachung tritt dann das von *Einstein* eingeführte Weglassen der Summzeichen hinzu. Es ist also z. B.

---

[1]) Mathem. Ann. 54 (1901) p. 125.

(15) . . . . $F = A^{ikl\ldots}_{rst\ldots}\, x_i\, y_k\, z_l \ldots u^r\, v^s\, w^t \ldots$

Tensoren 1. Stufe oder Vektoren sehen dann so aus:

(16) . . . . $\varphi = a^i x_i,\ \psi = a_i u^i$

und es ist stets über ein Paar von gleichen Indizes, von denen der eine oben und der andere unten steht, zu summieren.

Wir werden im folgenden beide Darstellungen: die symbolische und die mit oberen und unteren Indizes verwenden, bemerken aber schon jetzt, daß die letztere unzureichend ist, wenn man auch Invarianten mit Klammerfaktoren behandelt: man kann dann eine (symbolische) Zerlegung der Koeffizienten $A_{ikl\ldots, rst\ldots}$, die *die einzelnen Indizes* berücksichtigt, nicht entbehren.

Angeführt sei schließlich noch, daß man unter dem „*Produkt*" zweier Tensoren, z. B. A_{ik} und B_{rst} den Tensor mit den Komponenten

$$C_{ik,\,rst} = A_{ik}\, B_{rst}$$

versteht.

§ 2. Transformationen.

Die zueinander kogredienten Reihen $x, y, z, \ldots$ unterwerfen wir den Transformationen $x \to \bar{x}$ der linearen homogenen Gruppe von n Veränderlichen. Wir haben die Transformationsgleichungen (vgl. I § 3 S. 6 und § 14 S. 26):

(1) . . . . $x_i = \sum_{k=1}^{k=n} e_i^k\, \bar{x}_k \quad (\Delta = |e_i^k| \neq 0)$.

Sie geben, aufgelöst:

(2) . . . . $\bar{x}_k = \sum_{i=1}^{i=n} \frac{E_i^k}{\Delta}\, x_i$,

wo E_i^k das algebraische Komplement von e_i^k in Δ ist.

Die Transformation der Reihen $u', v', w', \ldots$ legen wir wieder durch die Forderung fest, daß (vgl. I § 14 S. 26)

(3) . . . $\varphi = (u'x) = u^i x_i = u_1' x_1 + u_2' x_2 + \cdots + u_n' x_n$

eine *absolute Invariante* ist:

(4) . . . . $(\bar{u}'\bar{x}) = (u'x)$.

Wir haben dann:

(5) . . . . $u_i' = \sum_{k=1}^{k=n} \frac{E_i^k}{\Delta}\, \bar{u}_k'$,

(6) . . . . $\bar{u}_k' = \sum_{i=1}^{i=n} e_i^k\, u_i'$.

Aus (1) und (5) ergeben sich jetzt die Transformationsgleichungen für die Komponenten

$$A_{ikl\ldots,rst\ldots} = A^{ikl\ldots}_{rst\ldots}$$

eines Tensors

(7) $$F = \sum A^{ikl\ldots}_{rst\ldots}\, x_i y_k z_l \ldots u^r v^s w^t \ldots.$$

Setzen wir in (7) die Ausdrücke (1) und (5) ein, so entsteht:

(8) $$F = \sum A^{ikl\ldots}_{rst\ldots} \left(\sum_\lambda e^\lambda_i \bar{x}_\lambda\right) \ldots \left(\sum_\varrho \frac{E^\varrho_r}{\Delta} \bar{u}^\varrho\right) \ldots =$$

$$= \sum \bar{A}^{\lambda\mu\nu\ldots}_{\varrho\sigma\tau\ldots}\, \bar{x}_\lambda \bar{y}_\mu \bar{z}_\nu \ldots \bar{u}^\varrho \bar{v}^\sigma \bar{w}^\tau \ldots = \bar{F}.$$

Es ist also:

(9) $$\bar{A}^{\lambda\mu\nu\ldots}_{\varrho\sigma\tau\ldots} = \sum_i \sum_k \ldots \sum_r \sum_s \ldots A^{ikl\ldots}_{rst\ldots}\, e^\lambda_i e^\mu_k \ldots \frac{E^\varrho_r}{\Delta} \frac{E^\sigma_s}{\Delta} \ldots.$$

Analoge Transformationsgleichungen ergeben sich, wenn der Tensor F nicht gemischt ist.

Gehen wir bei F und bei $\bar{F}$ auf die symbolische Zerlegung zurück, so finden wir das schon in I § 11 S. 21 festgestellte Ergebnis: die Tensorkomponenten transformieren sich so wie die Produkte der Vektorkomponenten.

Einer linearen Transformation (1) selbst ist durch die n^2 Koeffizienten e^k_i ein gemischter Tensor $(1+1)^{\text{ter}}$ Stufe

(10) $$\Gamma = e^k_i x_k u^i = (e'x)(eu')$$

zugeordnet. Ein spezieller Fall hiervon ist der durch

(11) $$\Gamma_0 = (u'x) = u^i x_i$$

dargestellte „Einheitstensor" mit den Komponenten

(12) $$\delta^k_i = 0\ (i \neq k), \quad \delta^i_i = 1.$$

Er entspricht der identischen Transformation, was man so ausdrücken kann:

(13) $$x_i = \sum \delta^k_i \bar{x}_k = \bar{x}_i.$$

§ 3. Affine Invarianten.

Wir halten daran fest, daß $x_1, x_2, \ldots, x_n$ die inhomogenen Koordinaten eines Punktes im n-dimensionalen Operationsraum darstellen. Setzen wir

(1) $$x_1 = \frac{\xi_1}{\xi_{n+1}},\quad x_2 = \frac{\xi_2}{\xi_{n+2}},\ \ldots,\ x_n = \frac{\xi_n}{\xi_{n+1}},$$

so sind $\xi_1:\xi_2:\ldots:\xi_{n+1}$ die homogenen Koordinaten des Punktes $x=\xi$, und wir können von dem ξ_i sogleich wieder zu dem x_i übergehen, indem wir $\xi_{n+1}=1$ setzen, wodurch einfach $\xi_i=x_i$ wird.

Eine Form der Reihen $x, y, z, \ldots$, also ein kontravarianter Tensor geht vermöge (1) über in eine Form der Reihen $\xi, \eta, \zeta, \ldots$, geteilt durch ein Potenzprodukt der Gestalt

(2) $$\pi = \xi_{n+1}^{\alpha}\,\eta_{n+1}^{\beta}\,\zeta_{n+1}^{\gamma}\ldots.$$

Wir erinnern uns jetzt an das in IX § 6 S. 231 Gesagte. Wenn wir mit l' die $(n+1)$-äre Größenreihe $0:0:\ldots:0:1$ bezeichnen, so ist $(l'\xi)=\xi_{n+1}$, und daher können wir an Stelle von (2) schreiben:

(3) $$\pi = (l'\xi)^{\alpha}\cdot(l'\eta)^{\beta}\cdot(l'\zeta)^{\gamma}\ldots$$

und π ist jetzt eine *affine Invariante* des $(n+1)$-ären Gebietes.

Die Transformationen (1) des vorigen § lauten, mit homogenen Veränderlichen geschrieben:

(4) $$\begin{cases} \xi_1 = e_1^1\,\bar{\xi}_1 + e_1^2\,\bar{\xi}_2 + \cdots + e_1^n\,\bar{\xi}_n \\ \cdots\cdots\cdots\cdots\cdots \\ \xi_n = e_n^1\,\bar{\xi}_1 + e_n^2\,\bar{\xi}_2 + \cdots + e_n^n\,\bar{\xi}_n \\ \xi_{n+1} = \bar{\xi}_{n+1}. \end{cases}$$

Sie bilden also, als Transformationen der $(n+1)$-ären Koordinaten $\xi_1, \xi_2, \ldots, \xi_{n+1}$ betrachtet, die „affine Gruppe mit festem Punkt Γ_0“. Der feste Punkt ist hierbei der Ursprung $O=(0, 0, \ldots, 0)$, oder, homogen dargestellt: $(l'u')=0$. Sind dann $a', b', c', \ldots, \alpha, \beta, \gamma, \ldots$ die Koeffizientenreihen von $(n+1)$-ären Linearformen, so haben wir die folgenden Typen von Invarianten bezüglich Γ_0 (vgl. IX § 6 S. 231)

(5) $$\begin{cases} (a'\,b'\ldots m'\,l') \\ (\alpha\,\beta\ldots\mu\,l') \end{cases},\quad (a'\alpha),\ (l'a'),\ (l'\alpha).$$

Gehen wir zur inhomogenen Darstellung, also zu Vektoren über, so entstehen aus den beiden Klammerfaktoren in (5) die n-reihigen Determinanten

$$(a'b'\ldots m'),\ (\alpha\beta\ldots\mu).$$

Aus den Linearfaktoren $(l'a')$ und $(l'\alpha)$ wird 1 und aus $(a'\alpha)$ wird

$$a_1'\alpha_1 + a_2'\alpha_2 + \cdots + a_n'\alpha_n + 1 = a^i\alpha_i + 1,$$

d. h. bis auf die 1 der n-äre Linearfaktor $a^i\alpha_i$. Dies gibt zusammengefaßt den *„ersten Fundamentalsatz für affine Tensor-Invarianten“*:

Sind

$$a' = a^i,\ b' = b^i,\ \ldots,\ \alpha = \alpha_i,\ \beta = \beta_i,\ \ldots$$

Vektoren oder symbolische Vektoren, mit denen irgenwelche Tensoren dargestellt sind, so ist jede ganze, rationale, affine Invariante dieser Tensoren, d. h. jede ganze, rationale Funktion der Tensorkomponenten, die bei den linear-homogenen Transformationen

$$\alpha_i = \sum e_i^k \bar{\alpha}_k,\quad a^i = \sum \frac{E_i^k}{\Delta} \bar{a}^k$$

die Invarianten-Eigenschaft besitzt, darstellbar durch

(6) $$(a' b' \ldots m'),\ (\alpha \beta \ldots \mu),\ (a' \alpha) = a^i \alpha_i.$$

Hier nennt man die beiden ersten Typen $(a' b' \ldots m')$ und $(\alpha \beta \ldots \mu)$ auch *„das äußere Produkt“* der n Vektoren $a', b', \ldots, m'$ bzw. $\alpha, \beta, \ldots \mu$.

Zu den Typen (6) kommt man direkt, wenn man in den gegebenen Tensoren die $x_i,\ y_i,\ \ldots$ als *homogene* Veränderliche betrachtet. Dann sind die Tensoren einfach n-äre Formen und ihre affinen Invarianten werden projektive Invarianten in einem Gebiete n^{ter} Stufe. Γ_0 ist ja zur allgemeinen projektiven Gruppe dieses Gebietes einstufig-isomorph. Man muß sich aber den Unterschied klar machen: in den Tensoren haben wir inhomogene Veränderliche des n-dimensionalen Raumes; die affinen Invarianten der Tensoren sind nicht projektive Invarianten in diesem n-dimensionalen Raum. Sie sind erst projektive Invarianten in dem Gebiete $(n-1)^{ter}$ Stufe, das dem vom Ursprung O auslaufenden Bündel zugrunde liegt.

Es ist nun leicht, auch den *zweiten Fundamentalsatz* (vgl. IV § 3 S. 95 und § 5 S. 98) für affine Tensorinvarianten auszusprechen:

Jede Identität zwischen symbolisch dargestellten, ganzen, rationalen, affinen Tensorinvarianten läßt sich verifizieren mit alleiniger Hilfe von Identitäten der folgenden fünf Typen:

(7) $$\left|\begin{array}{ll} \Pi_1 \ldots (\alpha\beta\ldots\mu)(\nu a') - (\nu\beta\ldots\mu)(\alpha a') + \cdots & \equiv 0 \\ \Pi_1' \ldots (a'b'\ldots m')(n'\alpha) - (n'b'\ldots m')(a'\alpha) + \cdots & \equiv 0 \\ \Pi_2 \ldots (\alpha\beta\ldots\mu)(xy\ldots z) - (x\beta\ldots\mu)(\alpha y\ldots z) + \cdots & \equiv 0 \\ \Pi_2' \ldots (a'b'\ldots m')(u'v'\ldots w') - (u'b'\ldots m')(a'v'\ldots w') + \cdots & \equiv 0 \\ \Pi_3 \ldots (a'b'\ldots m')(\alpha\beta\ldots\mu) - \sum \pm (a'\alpha)\ldots(m'\mu) & \equiv 0 \end{array}\right.$$

Es hieße die in den ersten Abschnitten ausgeführte Theorie der projektiven Invarianten wiederholen, wenn wir die wichtigsten Sätze bei den affinen Tensorinvarianten hier behandeln würden. Wir wollen nur noch auf eines hinweisen, auf den „Verjüngungsprozeß“ (vgl. I § 17 S. 31).

Enthält eine Tensorinvariante I (wozu auch die Tensoren selbst als absolute Invarianten gehören) die beiden Reihen x und u' linear:

(8) $$I = (a'x)\,(a\,u')\cdot I',$$

so ergibt der Prozeß

(9) $$\sum_j \frac{\partial^2 I}{\partial x_j\,\partial u'_j} = (a'a)\cdot I' = K$$

wieder eine Invariante K. Bei gemischten Tensoren $A^{ikl\ldots}_{rst\ldots}$ gestaltet sich dann dieser Prozeß so: Man setzt einen oberen und einen unteren Index einander gleich und summiert dann über ihn. Es wird so

(10) $$B^{kl\ldots}_{st\ldots} = \sum_i A^{ikl\ldots}_{ist\ldots}$$

und die Stufenzahl erniedrigt sich um 2 Einheiten. Man sagt: B entsteht aus A durch „Verjüngung bezüglich der Indizes i und k“.

Beispiele: 1. der gemischte Tensor e_i^k gibt durch Verjüngung die Invariante $e_i^i = e_1^1 + e_2^2 + \cdots + e_n^n$.

2. Das Produkt $A_{ik}\,B^{\lambda\mu\nu}$ der Tensoren A_{ik} und $B^{\lambda\mu\nu}$ gibt die 6 Tensoren

$$A_{ik}\,B^{i\mu\nu},\; A_{ik}\,B^{\lambda i\nu},\; \ldots,\; A_{ik}\,B^{\lambda\mu k}.$$

Verjüngen wir den ersten wieder bezüglich k und μ, so entsteht der kontravariante Vektor $A_{ik}\,B^{ik\nu}$.

3. Der Tensor δ_i^k gibt durch Verjüngung die Zahl n.

§ 4. **Metrik.**

Die analytische Geometrie der vom Koordinatenanfangspunkt O auslaufenden linearen Räume bezüglich der Gruppe Γ_0 ist identisch mit der Theorie der affinen Tensorinvarianten. Ein kontravarianter Vektor $a' = a^i$ stellt einen durch O gehenden, linearen, $(n-1)$-dimensionalen Raum R_{n-1} mit der Gleichung

(1) $$(a'x) = a^i x_i = 0$$

dar. Dabei ist dieser R_{n-1} gegeben durch die Gesamtheit der Punkte x, die in ihm enthalten sind.

Diese Beziehung zwischen dem Vektor a^i und dem R_{n-1} (1) ist nicht eindeutig-umkehrbar, denn der Vektor $k a^i$, wo $k \neq 0$ eine Konstante ist, stellt denselben R_{n-1} dar.

Dual dazu (im Bündel von O aus): Ein kovarianter Vektor $a = a_i$ stellt einen Punkt a dar, oder auch: die von O nach dem Punkt a gezogene Gerade. Durch die Gleichung

(2) . . . . $(a u') = a_i u^i = 0$

ist diese Gerade definiert durch die Gesamtheit der durch sie gehenden, linearen R_{n-1}; $k a$ gibt dieselbe Gerade.

Wir nehmen nun einen kovarianten Tensor 2. Stufe

(3) . . . $K' = g_{ik} u^i u^k = \sum g_{ik} u_i' u_k' = (g u')^2,$

dessen Diskriminante

(4) . . . . $g = |g_{ik}| = \frac{1}{n!} (g h \dots i k)^2$

von Null verschieden sei. ($g, h, \dots, i$ und k sind äquivalente Symbolreihen). Die Gleichung

(5) . . . . $K' = g_{ik} u^i u^k = 0$

stellt einen irreduziblen, quadratischen Kegel K mit der Spitze O in inhomogenen R_{n-1}-Koordinaten dar. K heißt der Minimalkegel mit der Spitze O. In inhomogenen Punktkoordinaten x_i ist seine Gleichung:

(6) . . $K = g^{\varrho\sigma} x_\varrho x_\sigma = \frac{1}{(n-1)!} \frac{1}{g} \cdot (g h \dots i x)^2 = (g' x)^2 = 0.$

Hierbei ist gesetzt

(7) . . . . $g^{\varrho\sigma} = g'_{\varrho\sigma} = \frac{1}{g} \frac{\partial g}{\partial g_{\varrho\sigma}};$

es sind also die $g^{\varrho\sigma}$ gleich den durch g dividierten Minoren von $g_{\varrho\sigma}$ in g und K ist ein kontravarianter Tensor 2. Stufe, affinkovariant zu K.

Mit Hilfe eines derartigen Tensors K (oder K') läßt sich eine *Metrik* festlegen durch die folgenden Definitionen.

Sind u^i und v^i zwei kontravariante Vektoren, so haben die drei Tensoren u^i, v^i, g_{ik} die drei affinen Invarianten

(8) . . . $\Gamma'_{uu} = g_{ik} u^i u^k, \quad \Gamma'_{uv} = g_{ik} u^i v^k, \quad \Gamma'_{vv} = g_{ik} v^i v^k.$

Setzt man voraus, daß Γ'_{uu} und Γ'_{vv} von Null verschieden sind, so sind

(9) . . . . . $|u^i| = |\sqrt{\Gamma'_{uu}}| \qquad |v^i| = |\sqrt{\Gamma'_{vv}}|$

die „*Längen*" oder „*Beträge*" der Vektoren u^i und v^i; ferner gibt

(10) . . . . $\cos\vartheta = \frac{\Gamma'_{uv}}{+\sqrt{\Gamma'_{uu} \cdot \Gamma'_{vv}}}$

den Winkel ϑ (mod π) der beiden Vektoren u^i und v^i.

In analoger Weise sind die Beträge und der Winkel φ zweier kovarianter Vektoren x_i und y_i gegeben durch die Invarianten

$$(11) \quad I_{xx} = g^{ik} x_i x_k, \quad I_{xy} = g^{ik} x_i y_k, \quad I_{yy} = g^{ik} y_i y_k$$

$$|x_i| = |\sqrt{I_{xx}}| \neq 0, \quad |y_i| = |\sqrt{I_{yy}}| \neq 0$$

$$(12) \quad \cos\varphi = \frac{I_{xy}}{+\sqrt{I_{xx} \cdot I_{yy}}}.$$

Alle diese Invarianten sind auch absolute Invarianten bezüglich derjenigen Untergruppe D von Γ_0, deren Transformationen den Kegel (5) in sich überführen. Es fußt also der Kongruenzbegriff der hier definierten Metrik auf der Äquivalenz zweier Figuren bezüglich den Transformationen von D. Achtet man auf Realität, so wird D eine gemischte Gruppe und neben die eigentliche Kongruenz tritt dann die spiegelbildliche.

Durch den Tensor g_{ik} (= *Maßtensor* oder *Fundamentaltensor*) wird vermöge der von ihm erzeugten Polarität in dem von O auslaufenden Bündel ein einfacher Zusammenhang zwischen kovarianten und kontravarianten Vektoren hergestellt. Jedem kontravarianten Vektor u^i wird vermöge der invarianten Beziehungen

$$(13) \quad x_i = g_{ik} u^k = g_i (g u')$$

ein kovarianter Vektor x_i eindeutig-umkehrbar zugeordnet; es ist umgekehrt:

$$(14) \quad u^i = g^{ik} x_k = g_i' (g' x).$$

Für den Betrag von x_i erhalten wir nach (11):

$$|x_i|^2 = g^{\lambda\mu} x_\lambda x_\mu = g^{\lambda\mu} g_{\lambda i} u^i g_{\mu k} u^k$$

und da wegen (7)

$$(15) \quad g^{\lambda\mu} g_{\lambda i} = \delta_i^\mu$$

ist, so wird

$$(16) \quad |x_i|^2 = \delta_i^\mu u^i g_{\mu k} u^k = g_{ik} u^i u^k = |u^i|^2.$$

Es sind also die durch (13) oder (14) einander zugeordneten Vektoren gleich lang.

Die Beziehungen (13) und (14) kann man rechnerisch zu einer Vereinfachung der Darstellung metrischer Beziehungen benutzen, bei der die Tensorkomponenten g_{ik} und $g^{\lambda\mu}$ in Wegfall kommen. Diese Vereinfachung beruht darauf, daß man den durch (13) dem kontravarianten Vektor u^i zugeordneten kovarianten Vektor x_i wieder mit dem Buchstaben u bezeichnet; man schreibt also

$$(17) \quad u_i = g_{ik} u^k$$

und nennt das „*das Herunterziehen*“ des Index k. In analoger Weise gibt (14), oder

(18) . . . . $x^i = g^{ik} x_k$

„das *Hinaufbringen*“ oder „*Hinaufziehen*“ eines Index. Bei dieser Darstellung wird z. B.

(19) . . . . $|x_i|^2 = x^i x_i \qquad |u^i|^2 = u^i u_i$

Ferner ist

(20) . . . . $a_i b^i = a^i b_i$.

Die Definitionsgleichungen (19) für den Betrag eines Vektors dehnt man aus auf beliebige Tensoren. So ist z. B., wenn A_{ikl} ein kovarianter Tensor 3. Stufe ist, das Quadrat seines „Betrages“ gegeben durch:

(21) . . . . $|A_{ikl}|^2 = A_{ikl} A^{ikl} = g^{i\lambda} g^{k\mu} g^{l\nu} A_{ikl} A_{\lambda\mu\nu}$.

Man kann dies dann auch so ausdrücken: wir bringen im Produkte $A_{ikl} A_{\lambda\mu\nu}$ vorerst die drei Indizes λ, μ und ν nach oben: $A_{ikl} A^{\lambda\mu\nu}$ und verjüngen dann nach i und λ, k und μ, l und ν.

§ 5. **Orthogonale Invarianten.**

Wenn wir jetzt dem metrischen Fundamentaltensor

$$K = g^{ik} x_i x_k = (g'x)^2, \quad K' = g_{ik} u^i u^k = (gu')^2$$

die spezielle Gestalt

(1) . . . . $K = (xx) = \sum x_i^2, \ K' = (u'u') = \sum (u^i)^2$

geben, also $g_{ik} = \delta_{ik}$ setzen, so werden metrische Tensorinvarianten identisch mit Drehungsinvarianten (X. Abschnitt). Der Unterschied zwischen kovariantem und kontravariantem Vektor verschwindet rechnerisch. Sind $a, b, c, \ldots$ irgendwelche wirkliche oder symbolische Vektoren, so sind nach dem *ersten Fundamentalsatz* für Drehungsinvarianten (vgl. X § 2 S. 236) *nur die beiden Invariantentypen* vorhanden:

(2) . . . $(ab \ldots m) = \sum \pm a_1 b_2 \ldots m_n, \ (ab) = \sum_{i=1}^{i=n} a_i b_i$.

Der erste Typ ist „das äußere Produkt“ von n Vektoren; der zweite gibt „das innere Produkt“ der beiden Vektoren a_i und b_i.

Der *zweite Fundamentalsatz* für orthogonale Invarianten (vgl. X § 6 S. 246) ergibt hier: Jede ganze rationale Identität zwischen ganzen, rationalen, symbolisch dargestellten Tensorinvarianten ist eine Folge der drei Identitätstypen:

$$(3) \quad \begin{cases} \Pi_1 \ldots (ab \ldots m)(\alpha\beta) - (ab \ldots m)(\alpha\beta) + \cdots = 0 \\ \Pi_2 \ldots (ab \ldots m)(\alpha\beta \ldots \mu) - (ab \ldots m)(\alpha\beta \ldots \mu) + \cdots = 0 . \\ \Pi_3 \ldots (ab \ldots m)(\alpha\beta \ldots \mu) - \sum \pm (a\alpha)(b\beta) \ldots (m\mu) = 0 \end{cases}$$

Die Theorie der affinen und orthogonalen Tensorinvarianten ist das, was man als Vektor- und Tensoralgebra bezeichnet. Der Standpunkt, den wir hier erreicht haben mit Hilfe der Theorie der orthogonalen oder Drehungsinvarianten ist wesentlich allgemeiner als der, von dem aus sonst die Vektor- und Tensoralgebra behandelt wird. In letzter Linie geht alles auf die projektive Invariantentheorie zurück. Wir sind vermöge der beiden Fundamentalsätze von vornherein imstande, die möglichen Invarianten gegebener Tensoren und deren Zusammenhänge vollständig zu übersehen. Und wir werden im letzten Abschnitte zeigen, daß dies auch geradeso für die Vektor- und Tensor*analysis* gilt.

Das was gewöhnlich den Stolz der Vektor- und Tensorrechnung ausmacht: die Kürze der Darstellung und ihre sogenannte Unabhängigkeit vom Koordinatensystem, beruht in letzter Linie auf folgendem. Eine Reihe von n Größen, z. B. $a_1, a_2, \ldots, a_n$ wird begrifflich zu einem Ding, dem „Vektor" a zusammengefaßt. Statt mit den Größen a_i zu rechnen, wird mit a selbst operiert. Daß dies möglich ist, beruht ausschließlich auf den oben genannten zwei Fundamentalsätzen: wir treten aus dem Gebiete der Invarianten (von Linearformen = Vektoren) nicht heraus. Dabei wird dann freilich meist vergessen, daß diese Fundamentalsätze erst zustande kommen, wenn wir auf die Komponenten a_i, d. h. also auf ein Koordinatensystem zurückgehen und einige wenige Sätze der Algebra und Determinantentheorie geschickt verwenden. Das muß schließlich so sein, denn rechnen können wir nur mit Zahlen, nicht mit Strecken, die an einem Ende mit einem Pfeil versehen sind.

§ 6. Beispiele.

Geometrische und physikalische Anwendungen der Vektor- und Tensoralgebra lassen sich in Hülle und Fülle geben. Wir wollen einiges davon herausgreifen.

Beispiel 1: Äußeres Produkt zweier Vektoren. Es seien y_i und z_i zwei kovariante Vektoren. Ihr „Produkt" ergibt zwei unsymmetrische Tensoren 2. Stufe $y_i z_k$ und $y_k z_i$. Deren Differenz liefert einen schiefsymmetrischen oder alternierenden Tensor 2. Stufe

$$(1) \quad \ldots\ldots\ldots \quad v_{ik} = y_i z_k - y_k z_i = (y\,z)_{ik} .$$

Dieser Tensor heißt „das äußere Produkt" der Vektoren y und z. Ist die Dimensionszahl $n = 3$, so können seine 3 Komponenten

(2) . . . . $v_{23},\ v_{31},\ v_{12}$

rechnerisch zu einem Vektor

(3) . . . . $v_1 = v_{23},\ v_2 = v_{31},\ v_3 = v_{12}$

zusammengefaßt werden. Nimmt man aber Rücksicht auf die Entstehungsweise der drei Größen (2), so bilden diese *keinen Vektor*, sondern einen alternierenden Tensor 2. Stufe. Die Nichtbeachtung dieses Unterschiedes hat schon zu Verwirrungen Anlaß gegeben („axiale" und „polare" Vektoren)[1].

Beispiel 2: $n = 3$. Es seien a, b, c und d vier Vektoren. Das äußere Produkt von a und b sei α, das von c und d sei β: $\alpha = a \times b$, $\beta = c \times d$. Für das innere Produkt $(\alpha\beta)$ von α und β gilt dann die Vektorgleichung

(4) . . . . $(\alpha\beta) = (ac)\,(bd) - (ad)\,(bc)$.

Sie beruht auf der Beziehung

$$\sum (ab)_{ik}\,(cd)_{ik} = \sum a_i c_i \cdot \sum b_k d_k - \sum a_i d_i \cdot \sum b_k c_k$$

und diese erhält man aus der Identität II_3 (§ 5):

$$(abx)\,(cdy) = \begin{vmatrix} (ac) & (ad) & (ay) \\ (bc) & (bd) & (by) \\ (xc) & (xd) & (xy) \end{vmatrix},$$

wenn man auf beide Seiten den invarianten Prozeß $\sum\limits_i \frac{\partial^2}{\partial x_i\,\partial y_i}$ anwendet.

Beispiel 3. $x, y, \ldots, t$ seien n linear-unabhängige, von O auslaufende Vektoren mit den Beträgen $r_1, r_2, \ldots, r_n$ und φ_{ik} sei der Winkel, den r_i und r_k einschließen. Es ist dann das Volumen des Simplex $O_{xy\ldots t}$ (= n-dimensionale Pyramide) gegeben durch

(5) . . . . $V = \frac{1}{n!}\,(xy\ldots t)$.

Quadriert man dies und wendet die Identität II_3 (§ 5) an, so kommt:

(6) $$n!^2\,V^2 = (xy\ldots t)^2 = \begin{vmatrix} (xx) & (xy) & \ldots & (xt) \\ (yx) & (yy) & \ldots & (yt) \\ \cdot & \cdot & \cdot & \cdot \\ (tx) & (ty) & \ldots & (tt) \end{vmatrix}.$$

[1]) Vgl. hierzu *H. Weyl*, Raum, Zeit, Materie, 4. Aufl. (1921) S. 41.

Für die orthogonalen Invarianten in der Determinante rechts setzen wir:

(7) $$(xx) = r_1^2, \ldots; \quad (xy) = r_1 r_2 \cos\varphi_{12}, \ldots$$

Dann entsteht die bekannte Formel:

(8) $$n!^2 V^2 = r_1^2 r_2^2 \ldots r_n^2 \begin{vmatrix} 1 & \cos\varphi_{12} & \cos\varphi_{13} \ldots & \cos\varphi_{1n} \\ \cos\varphi_{21} & 1 & \cos\varphi_{23} \ldots & \cos\varphi_{2n} \\ \ldots & \ldots & \ldots & \ldots \\ \cos\varphi_{n1} & \cos\varphi_{n2} & \cos\varphi_{n3} \ldots & 1 \end{vmatrix}.$$

Beispiel 4: $n = 3$. Eine Bilinearform

(9) $$P_1(x, y) = (ax)(ay) = a^{ik} x_i y_k$$

ist ein kontravarianter Tensor 2. Stufe. Ihm sind im dreidimensionalen Raume zwei Affinitäten zugeordnet:

(10) $$\bar{x}_i = a^{ik} x_k \quad (i = 1, 2, 3)$$

und die dazu „konjugierte“:

(11) $$\tilde{x}_i = a^{ki} x_k \quad (i = 1, 2, 3).$$

Es läßt sich zeigen[1]), daß ein derartiger Tensor ein volles Invariantensystem, bestehend aus den 7 folgenden Drehungsinvarianten besitzt:

(12) $$\left| \begin{array}{l} I_1 = (aa) \\ I_2 = (a\beta)(ba) \\ I_2' = (ab)(\beta a) \\ I_3 = (a\beta)(b\gamma)(ca) \\ I_3' = (a\beta)(bc)(\gamma a) \end{array} \right. \qquad \begin{array}{l} I_4 = (ab)(\beta c)(\gamma\delta)(da) \\ I_6 = (aa\beta)(b\gamma)(cd)(\delta e)(\varepsilon f\varphi) \end{array}.$$

Hiervon sind I_1, I_2 und I_3 auch affine Invarianten (vgl. II § 18 S. 65).

Um zu zeigen, wie sich metrisch-invariante Eigenschaften des Tensors a_{ik} durch diese Invarianten kennzeichnen lassen, sei folgendes angeführt.

Ist der Tensor symmetrisch, $a^{ik} = a^{ki}$, so wird

$$I_2 = I_2', \; I_3 = I_3', \; I_4 = \frac{1}{6}(I_1^4 - 6 I_1^2 I_2 + 8 I_1 I_3 + 3 I_2^2), \; I_6 = 0.$$

Zerfällt $a^{ik} x_i y_k$ in das Produkt zweier wirklicher (nicht symbolischer) Linearformen, so ist:

$$I_2 = I_1^2, \; I_3 = I_1^3, \; I_3' = I_1 I_2', \; I_4 = I_1^2 I_2', \; I_6 = 0.$$

---

[1]) *G. Rabinowitsch*, Rend. di Palermo 36 (1913) S. 99. *R. Weitzenböck*, Mathem. Zeitschr. 10 (1921) S. 80.

Ist a^{ik} alternierend, so verschwinden alle Invarianten bis auf

$$I_2' = -I_2 = 2\,a^{ik}\,a_{ik} = 2\,(a_{23}^2 + a_{31}^2 + a_{12}^2)\,.$$

Wenn die Affinität (10) eine Drehung wird, so ist

$$(ab)\,a_i\beta_k = (a\beta)\,a_i b_k = \delta_{ik}.$$

Es gibt dann nur die einzige Invariante

$$I_1 = (a\alpha) = \sum a^{ii} = a_{11} + a_{22} + a_{33}\,.$$

Die Determinante $|a^{ik}|$ wird zu $\varepsilon = \pm 1$ und der Drehungswinkel φ ist gegeben durch

$$\cos\varphi = \frac{1}{2}\,(I_1 - \varepsilon).$$

Beispiel 5: $n = 4$ und $g_{ik} = \delta_{ik}$. Gegeben sei ein alternierender Tensor 2. Stufe $p^{ik} = p_{ik}$. Sein volles System von Drehungsinvarianten besteht aus den 2 Invarianten

(13) . . $$\begin{cases} I_1 = 4\,(p_{12}\,p_{34} + p_{13}\,p_{42} + p_{14}\,p_{23}) \\ I_2 = 2\,(p_{12}^2 + p_{13}^2 + p_{14}^2 + p_{34}^2 + p_{42}^2 + p_{23}^2) = 2\,p^{ik}\,p_{ik} \end{cases}.$$

Symbolisch geschrieben haben wir:

(14) . . . . $$I_1 = (p\,q')^2, \quad I_2 = (p\,q)^2,$$

wo p und q äquivalente Komplexsymbole sind (vgl. III § 6 S. 80).

Beispiel 6: $n = 4$ und $g_{ik} = \delta_{ik}$. Gegeben sei wie im vorigen Beispiel ein alternierender Tensor p^{ik} und außerdem ein Vektor x_i. Das volle Invariantensystem hat vier Invarianten:

(15) . . $$\begin{cases} I_1 = (p\,q')^2 = 4\,(p_{12}\,p_{34} + p_{13}\,p_{42} + p_{14}\,p_{23}) \\ I_2 = (p\,q)^2 = 2\sum p_{12}^2 \\ I_3 = (x\,x) = \sum x_i^2 \\ I_4 = (p'\,q')\,(p'\,x)\,(q'\,x) = \sum p'_{i\lambda}\,q'_{i\mu}\,x_\lambda\,x_\mu = p^{i\lambda}\,p^{i\mu}\,x_\lambda\,x_\mu \end{cases}$$

Tritt zu den Tensoren p^{ik} und x_i noch ein Vektor y_i hinzu, so kommen zu (15) noch 4 weitere Invarianten:

(16) . . . . $$\begin{cases} I_5 = (y\,y) = \sum y_i^2 \\ I_6 = (x\,y) = \sum x_i\,y_i \\ I_7 = (p'\,q')\,(p'\,y)\,(q'\,y) \\ I_8 = (p'\,q')\,(p'\,x)\,(q'\,y) \end{cases}.$$

Es besteht dann das volle System der 3 Tensoren p_{ik}, x_i und y_i

aus 8 Invarianten[1]). Sie finden z. B. Verwendung in der von *G. Mie* entwickelten Theorie der Materie[2]). Dort bedeutet

$$x = (\mathfrak{v}, \varrho i) = (v_1, v_2, v_3, \varrho \sqrt{-1})$$

einen vierdimensionalen (komplexen) Vektor, dessen erste 3 Komponenten v_i von einem dreidimensionalen Vektor (= Ladungsstrom) stammen, während die vierte Komponente aus der Ladungsdichte ϱ hergeleitet wird. In analoger Weise hängt y mit dem Gravitationszustande zusammen. Der Tensor p^{ik} entsteht durch Verknüpfung zweier dreidimensionaler Vektoren:

$$p^{ik} = (\mathfrak{h}, -i\mathfrak{d}) = (h_1, h_2, h_3, -id_1, -id_2, -id_3),$$

wobei $\mathfrak{h}$ = magnetischer Feldvektor und $\mathfrak{d}$ = Verschiebung.

---

[1]) Vgl. die Arbeit des Verfassers in den Monatsh. f. Math. u. Phys. 25 (1914) S. 21.

[2]) Ann. d. Physik 37 (1912) S. 530 und 40 (1913) S. 31.

XII. Abschnitt: **Bewegungsinvarianten.**

§ 1. Die Hauptgruppe.

Wir arbeiten in einem Euklidischen Raume von $(n-1)$ Dimensionen = Gebiete n^{ter} Stufe $(n \geqq 3)$ und bezeichnen mit $\xi_1, \xi_2, \ldots, \xi_{n-1}$ die rechtwinkligen Koordinaten eines eigentlichen (im Endlichen gelegenen) Punktes $\xi = X$. Dann setzen wir

$$(1) \quad \ldots \quad \xi_1 = \frac{X_1}{X_n}, \quad \xi_2 = \frac{X_2}{X_n}, \ldots, \quad \xi_{n-1} = \frac{X_{n-1}}{X_n},$$

so daß die X_i gleich den *homogenen* rechtwinkligen Koordinaten des Punktes X sind. Es ist dann

$$(2) \quad \ldots \quad (l' X) = X_n = 0$$

die Gleichung des uneigentlichen (unendlich-fernen) R_{n-2}.

Wir betrachten jetzt die folgenden Transformationen:

$$(3) \quad \left| \begin{array}{l} X_1 = \varepsilon_{11} \overline{X}_1 + \varepsilon_{12} \overline{X}_2 + \cdots + \varepsilon_{1,n-1} \overline{X}_{n-1} \\ X_2 = \varepsilon_{21} \overline{X}_1 + \varepsilon_{22} \overline{X}_2 + \cdots + \varepsilon_{2,n-1} \overline{X}_{n-1} \\ \cdots\cdots\cdots\cdots\cdots\cdots\cdots\cdots \\ X_{n-1} = \varepsilon_{n-1,1} \overline{X}_1 + \varepsilon_{n-1,2} \overline{X}_2 + \cdots + \varepsilon_{n-1,n-1} \overline{X}_{n-1} \\ X_n = \qquad\qquad\qquad\qquad\qquad \varepsilon_{nn} \overline{X}_n \end{array} \right.$$

Hier sollen die Transformationskoeffizienten ε_{ik} den Bedingungen genügen:

$$(4) \quad \ldots \quad \left| \begin{array}{l} \varepsilon_{nn} = \pm 1 \\ \sum_{i=1}^{i=n-1} \varepsilon_{ik} \varepsilon_{im} = 0, \quad (k \neq m), \ (k, m = 1, 2, \ldots, n-1) \\ \sum_{i=1}^{i=n-1} \varepsilon_{ik}^2 = 1, \quad (k = 1, 2, \ldots, n-1) \end{array} \right.$$

In inhomogenen rechtwinkligen Koordinaten ξ_i nehmen die Transformationen (3) die Gestalt an:

$$(5) \quad \left| \begin{array}{l} \xi_1 = a_{11} \overline{\xi}_1 + a_{12} \overline{\xi}_2 + \cdots + a_{1,n-1} \overline{\xi}_{n-1} \\ \xi_2 = a_{21} \overline{\xi}_1 + a_{22} \overline{\xi}_2 + \cdots + a_{2,n-1} \overline{\xi}_{n-1} \\ \cdots\cdots\cdots\cdots\cdots\cdots\cdots\cdots \\ \xi_{n-1} = a_{n-1,1} \overline{\xi}_1 + a_{n-1,2} \overline{\xi}_2 + \cdots + a_{n-1,n-1} \overline{\xi}_{n-1} \end{array} \right. \quad \left(a_{ik} = \frac{\varepsilon_{ik}}{\varepsilon_{nn}} \right).$$

Statt (4) haben wir:

$$(6) \quad \ldots \quad \begin{cases} \sum_{i=1}^{i=n-1} a_{ik} a_{im} = 0, \quad (k \neq m), \; (k, m = 1, 2, \ldots, n-1) \\ \sum_{i=1}^{i=n-1} a_{ik}^2 \quad = 1, \quad (k = 1, 2, \ldots, n-1) \end{cases}$$

Die Transformationen (3) bilden eine gemischte, $\frac{1}{2}(n^2-3n+2)$-gliedrige Kollineationsgruppe D, die im Abschnitt X behandelte Gruppe der Drehungen und Spiegelungen; Invarianten bezüglich D nennen wir wie bisher Drehungsinvarianten oder orthogonale Invarianten.

Wir betrachten ferner die folgenden Kollineationen:

$$(7) \quad \ldots \quad \begin{cases} X_1 = \overline{X}_1 + k_1(l'\overline{X}) = \overline{X}_1 + k_1\overline{X}_n \\ X_2 = \overline{X}_2 + k_2(l'\overline{X}) = \overline{X}_2 + k_2\overline{X}_n \quad (k_n \neq -1) \\ \cdots\cdots\cdots\cdots\cdots\cdots \\ X_n = \overline{X}_n + k_n(l'\overline{X}) = \overline{X}_n + k_n\overline{X}_n \end{cases}$$

die wir in die Gleichung zusammenfassen:

$$(8) \quad \ldots \ldots \quad X_i = \overline{X}_i + k_i(l'\overline{X}) \quad (i = 1, 2, \ldots, n).$$

$k_1, k_2, \ldots, k_n$ sollen gewöhnliche komplexe Größen sein.

In inhomogenen rechtwinkligen Koordinaten werden die Transformationen (7) gegeben durch:

$$(9) \quad \ldots \ldots \quad \begin{cases} \xi_1 \quad = \frac{1}{\Delta}(\overline{\xi}_1 + k_1) \\ \xi_2 \quad = \frac{1}{\Delta}(\overline{\xi}_2 + k_2) \quad (\Delta \neq 0), \\ \cdots\cdots\cdots\cdots \\ \xi_{n-1} = \frac{1}{\Delta}(\overline{\xi}_{n-1} + k_{n-1}) \end{cases}$$

wobei

$$(10) \quad \ldots \ldots \quad \Delta = 1 + k_n = 1 + (l'k) \neq 0$$

gesetzt wurde.

Diese Transformationen (7) bilden eine n-gliedrige Kollineationsgruppe, deren Transformationen sich aus den Translationen und den perspektiven Ähnlichkeitstransformationen zusammensetzen. Die Translationen ergeben sich, wenn wir für k die Größenreihe

$$k_1 : k_2 : k_3 : \ldots : k_{n-1} : 0$$

nehmen. Aus (10) wird dann

$$\Delta = 1$$

und aus (9) erhalten wir:

(11) . . . . . $\xi_i = \bar{\xi}_i + k_i \quad (i = 1, 2, \ldots, n-1).$

Die eingliedrige Gruppe der perspektiven Ähnlichkeitstransformationen ergibt sich, wenn wir für k die Größenreihe

$$0:0:0:\ldots\ldots:0:k_n$$

nehmen. Aus (9) wird dann:

(12) . . . . . $\xi_i = \frac{1}{\Delta}\bar{\xi}_i \quad (i = 1, 2, \ldots, n-1) \quad (\Delta \neq 0).$

Wenn wir die Transformationen (5) und (11) vereinigen, so erhalten wir die $\frac{1}{2}(n^2-n)$-gliedrige gemischte Gruppe der Euklidischen Bewegungen und Umlegungen. Invarianten bezüglich dieser Gruppe nennen wir kurz „*Bewegungsinvarianten*".

Vereinigen wir die Transformationen (5) und (9), so erhalten wir die $\frac{1}{2}(n^2-n+2)$-gliedrige Hauptgruppe des R_{n-1} (Bewegungen, Umlegungen, Ähnlichkeitstransformationen). Die Invarianten bezüglich der Hauptgruppe nennen wir kurz „*Hauptinvarianten*".

§ 2. Bewegungsinvarianten als orthogonale Invarianten.

Die im folgenden ausgesprochenen Sätze gelten zum Teil für Bewegungsinvarianten und Hauptinvarianten gleichzeitig. Wir bringen dies zum Ausdrucke, indem wir diese Sätze für die Bewegungsinvarianten aussprechen und „Hauptinvarianten" in Klammer daneben setzen. Hierbei bezeichnen wir der Kürze halber Hauptinvarianten mit H. I. und Bewegungsinvarianten mit B. I.

Wir gehen nun von der Tatsache aus, *daß die B. I. (H. I.) gleichzeitig auch Drehungsinvarianten sind.* Aus dem im Abschnitt X bewiesenen ersten Fundamentalsatz der symbolischen Methode für Drehungsinvarianten folgt dann der Satz:

Jede ganze rationale B. I. (H. I.) der Grundformen $f^{(i)}$ ist darstellbar durch die Faktoren

(1) . . . . $(ab), (al'), (ab\ldots pl').$

Hierbei sind $a, b, \ldots$ die Größen- und Symbolreihen, die bei der symbolischen Darstellung der n-ären Grundformen verwendet werden.

Schreiben wir wieder die Grundformen $f^{(i)}$ derart symbolisch, daß hierbei nur gestrichelte Größen- und Symbolreihen verwendet werden, so haben wir den Satz (vgl. X § 2 S. 236):

Jede ganze rationale B. I. (H. I.) der Grundformen $f^{(i)}$ *ist darstellbar durch die Faktoren*

(2) . . . . $(a'b'), (a'l'), (a'b' \ldots p'l')$.

Die Faktoren (1) und (2) besitzen gegenüber den Transformationen (3) § 1 die Invarianteneigenschaft. Daraus folgt, daß jedes Produkt von Faktoren (2), dem eine nichtsymbolische Bedeutung zukommt, eine Drehungsinvariante ist. Dies gilt nun nicht mehr für die B. I. (H. I.). Die Faktoren $(a'b')$ und $(a'l')$ besitzen gegenüber der Gruppe der Bewegungen und Umlegungen (Hauptgruppe) nicht die Invarianteneigenschaft. Es ist also ein Produkt von Faktoren (2), dem eine nichtsymbolische Bedeutung zukommt, im allgemeinen *nicht* B. I. (H. I.).

Nach dem letzten Satze sind die B. I. (H. I.) ganze rationale Funktionen von Faktoren (2), also Summen von Produkten dieser Faktoren. Hieraus schließen wir, da diese Produkte im allgemeinen selbst nicht B. I. (H. I.) sind, daß die Faktoren (2) nur in gewissen Anordnungen in B. I. (H. I.) auftreten. Unser nächstes Ziel ist dann, über diese Anordnung Aufschluß zu gewinnen.

Beispielsweise sei für $n=4$ eine Ebene v' durch die eine Grundform

$$f^{(1)} = (v'X) = 0$$

gegeben. Hier sind $(v'v')$ und $(l'v')$ Drehungsinvarianten. Dasselbe gilt von

$$J = (v'v') - (l'v')^2.$$

J ist aber auch B. I. (H. I.). $J=0$ sagt aus, daß v' eine Minimalebene ist.

Wir setzen (bei $n=4$) mit *H. Graßmann* und *E. Study* (vgl. X § 2 S. 236):

(3) . . $(v'w') - (l'v')(l'w') = v_1'w_1' + v_2'w_2' + v_3'w_3' = (v'|w')$

(gelesen: v' in w'), so daß in dem obigen Beispiele $J = (v'\,v')$ ist. Die Faktoren vom Typus $(a'|b')$ haben dann auch gegenüber den Bewegungen und Umlegungen sowie gegenüber den Transformationen der Hauptgruppe die Invarianteneigenschaft. Wir bemerken noch, daß in $(a'|b')$ die Größen (Symbole) a_n' und b_n' nicht mehr vorkommen.

§ 3. **Faktortypen.**

Wir beweisen zunächst, daß der Faktor $(a'|b')$ gegenüber den Transformationen der Hauptgruppe die Invarianteneigenschaft besitzt.

Die Transformationen (3) § 1 ergeben für die Transformation der R_{n-2}-Koordinaten:

$$(1)\quad \begin{cases} \overline{U}'_1 = \varepsilon_{11} U'_1 + \varepsilon_{21} U'_2 + \cdots + \varepsilon_{n-1,1} U'_{n-1} \\ \cdots\cdots\cdots\cdots\cdots\cdots\cdots\cdots\cdots\cdots \\ \overline{U}'_{n-1} = \varepsilon_{1,n-1} U'_1 + \varepsilon_{2,n-1} U'_2 + \cdots + \varepsilon_{n-1,n-1} U'_{n-1} \\ \overline{U}'_n = \varepsilon_{nn} U'_n \end{cases}$$

Die Matrix

$$\begin{Vmatrix} \varepsilon_{11} & \varepsilon_{21} & \dots & \varepsilon_{n-1,1} \\ \varepsilon_{12} & \varepsilon_{22} & \dots & \varepsilon_{n-1,2} \\ \dots & \dots & \dots & \dots \\ \varepsilon_{1,n-1} & \varepsilon_{2,n-1} & \dots & \varepsilon_{n-1,n-1} \end{Vmatrix}$$

ist wieder orthogonal[1]) und wir haben analog (4) § 1:

$$(2)\quad \cdot\ \cdot\ \begin{cases} \sum_{i=1}^{i=n-1} \varepsilon_{ki}\,\varepsilon_{mi} = 0 \quad (k \neq m),\ (k, m = 1, 2, \dots, n-1) \\ \sum_{i=1}^{i=n-1} \varepsilon_{ki}^2 = 1 \quad (k = 1, 2, \dots, n-1) \end{cases}$$

Zufolge dieser Gleichungen erhalten wir beispielsweise aus (1):

$$(\overline{U}'\,\overline{V}') = (U'\,V').$$

Wenn wir die Ausführung der Transformationen (3) § 1 durch einen Pfeil ($\longrightarrow$) andeuten, so haben wir die folgende Zusammenstellung:

$$(3)\quad \cdot\ \cdot\ \cdot\ \cdot\ \cdot\ \cdot\ \begin{cases} (a'\,b') \longrightarrow (a'\,b') \\ (a'\,l') \longrightarrow (a'\,l') \\ (a'\,|\,b') \longrightarrow (a'\,|\,b') \\ (a'\,b' \dots p'\,l') \longrightarrow (a'\,b' \dots p'\,l') \\ (a'\,b' \dots p'\,q') \longrightarrow (a'\,b' \dots p'\,q') \end{cases}.$$

Die Transformationen (7) § 1 ergeben für die R_{n-2}-Koordinaten:

$$(4)\quad \cdot\ \cdot\ \cdot\ \begin{cases} U'_1 = \Delta\,\overline{U}'_1 \\ U'_2 = \Delta\,\overline{U}'_2 \\ \cdots\cdots\cdots\cdots\cdots \qquad [\Delta = 1 + (l'\,k) = 1 + k_n] \\ U'_{n-1} = \Delta\,\overline{U}'_{n-1} \\ U'_n = \Delta\,\overline{U}_n' - (k\,\overline{U}') \end{cases}$$

oder auch, zusammengefaßt:

$$(5)\quad \cdot\ \cdot\ \cdot\ \cdot\ \cdot\ \cdot\ \cdot\ \cdot\ \cdot\ \cdot\ U_i' = \Delta\,\overline{U}_i' - l_i'\,(k\,\overline{U}').$$

---

[1]) vgl. etwa *G. Kowalewski*, Einführung in die Determinantentheorie S. 161 Satz 44, Leipzig (1909).

Hier haben wir dann analog (3) die Zusammenstellung:

$$\tag{6} \left\{ \begin{aligned} (a'b') &\rightarrow (a'b')\Delta^2 - \Delta[(a'l')(b'k) + (a'k)(b'l')] + (a'k)(b'k) \\ (a'l') &\rightarrow (a'l')\Delta - (a'k) = a_n' - (a' \mid k) \\ (a' \mid b') &\rightarrow (a' \mid b')\Delta^2 \\ (a'b' \ldots p'l') &\rightarrow (a'b' \ldots p'l')\Delta^{n-1} \\ (a'b' \ldots p'q') &\rightarrow (a'b' \ldots p'q')\Delta^n \end{aligned} \right.$$

Der Faktor $(a' \mid b')$ hat sowohl bei (3) als auch bei (6) die Invarianteneigenschaft. Dasselbe gilt von $(a'b' \ldots p'l')$ und $(a'b' \ldots p'q')$. Hieraus folgt der Satz:

Jedes Produkt von Faktoren $(a' \mid b')$, $(a'b' \ldots p'l')$ und $(a'b' \ldots p'q')$, *dem eine nichtsymbolische Bedeutung zukommt, ist eine ganze rationale Bewegungsinvariante (Hauptinvariante).*

Wir werden im folgenden zeigen, daß von diesem Satz auch die Umkehrung gilt, was wir so aussprechen:

Jede ganze rationale Bewegungsinvariante (Hauptinvariante) der Grundformen $f^{(i)}$ *ist darstellbar durch die Faktoren*

$$\tag{7} (a' \mid b'),\ (a'b' \ldots p'l'),\ (a'b' \ldots p'q').$$

Hierbei sind die $a', b', \ldots$ *gestrichelte (den* R_{n-2}*-Koordinaten kogrediente) Größen- oder Symbolreihen, die zur Darstellung der Grundformen verwendet wurden.* l' *bedeutet die Größenreihe* $0:0:\ldots:0:1$.

Wir lassen das Wesentliche an diesem Satze durch die folgende Überlegung hervortreten: Wir halten immer an der Tatsache fest, daß wir zur Darstellung der Grundformen $f^{(i)}$ *nur gestrichelte*, d. h. zu Punktkoordinaten x_i kontragrediente Größen- und Symbolreihen verwenden. Es ist dann jede ganze rationale B. I. (H. I.) J durch die Faktoren

$$(a'b'),\ (a'l'),\ (a'b' \ldots p'l')$$

darstellbar. Dies folgt daraus, daß jede B. I. (H. I.) J auch Drehungsinvariante ist. Wegen des Auftretens der Faktoren $(a'l')$, $(b'l')$, ... kommen in J die Größen (Symbole) a_n', b_n', ... vor. Obiger Satz sagt aber über dieses Vorkommen der a_n', b_n', ... mehr aus. Da nämlich weder $(a' \mid b')$ noch $(a'b' \ldots p'l')$ die a_n', b_n', ... enthält, so behauptet er, daß in J die a_n', b_n', ... nur in den Klammerfaktoren $(a'b' \ldots p'q')$ auftreten, also nicht mehr explizite als a_n', b_n', ... in den Faktoren $(a'l')$, $(b'l')$, ... Mit anderen Worten: Wenn wir in der durch (2) § 2 gelieferten Darstellung von J jeden Faktor $(a'b')$ durch

$$(a'b') = (a' \mid b') + (l'a')(l'b')$$

ersetzen, so müssen die $(l'a') = a_n'$, $(l'b') = b_n'$, ... herausfallen, beziehungsweise sich mit den anderen Faktoren so zusammenziehen lassen, daß Faktoren vom Typus $(a'b' \ldots p'q')$ entstehen. Durch diesen Umstand ist die besondere Struktur bedingt, in der die ganzen rationalen B. I. (H. I.) als ganze rationale Funktionen von Drehungsinvarianten dargestellt werden.

§ 4. Modifizierter erster Fundamentalsatz.

Wir gehen nun zum Beweise obigen Satzes über. Er vertritt hier den ersten Fundamentalsatz der symbolischen Methode für B. I. (H. I.) in der Weise, daß eine besondere symbolische Darstellung der Grundformen (nämlich mit Reihen a', b', ...) vorausgesetzt wird. Enthalten die gegebenen Grundformen von vornherein nur solche Reihen, was z. B. bei Linearformen $(a'x)$, $(b'x)$, ... der Fall ist, so ist obiger Satz der 1. Fundamentalsatz für B. I. (H. I.); sonst sprechen wir vom „modifizierten" ersten Fundamentalsatz.

Wir beweisen ihn zunächst für Linearformen. Gilt er für diese, so gilt er auch für beliebige, symbolisch dargestellte Formen (vgl. IV § 1 S. 91 und § 5 S. 276). Später gehen wir auch zu Reihen α, β, ... über.

Es sei J eine B. I. (H. I.) von r Linearformen, deren Koeffizientenreihen a', b', c', ... sind. J ist homogen bezüglich jeder einzelnen Reihe und es seien λ_a, λ_b, λ_c, ... die Grade, in denen die a', b', c', ... in J vorkommen. Dann bezeichnet

$$(1) \qquad \lambda = \lambda_a + \lambda_b + \lambda_c + \cdots + \lambda_m$$

die Anzahl der Reihen a', b', c', ..., die J enthält. Jede Reihe ist hierbei so oft in Rechnung gesetzt, als ihr Grad in J beträgt.

Nun beweisen wir:

Der 1. Fundamentalsatz ist für $r \geq n$ Linearformen richtig, wenn wir seine Gültigkeit für $r \leq n - 1$ Linearformen als bewiesen voraussetzen.

Es sei J eine B. I. (H. I.) mit den Koeffizienten von $r \geq n$ Linearformen

$$(a'X), (b'X), (c'X), \ldots .$$

Dann ist:

$$J = G\,((a'b'), (a'l'), (b'l'), (a'b' \ldots p'l'), \ldots),$$

wo G eine ganze rationale, allseitig homogene Funktion bedeutet.

Wir greifen nun n verschiedene Koeffizientenreihen

$$a', b', c', \ldots, p', q'$$

in J heraus und entwickeln J in die Gordan-Capellische Reihe (vgl. V § 8 S. 137 Fall 2)

$$(2)\quad \begin{cases} J = J_0 + (a'b' \ldots p'q')\, J_1 + (a'b' \ldots p'q')^2\, J_2 + \cdots + \\ \qquad + (a'b' \ldots p'q')^s J_s \quad [s \geqq 1]. \end{cases}$$

Der Ausdruck J_0 entsteht hierbei durch Polarenprozesse

$$\sum_{i=1}^{i=n} \frac{\partial J'}{\partial a_i'} b_i'$$

aus B. I. (H. I.) J' mit Koeffizienten von nur $r-1$ Linearformen. $J_1, J_2, \ldots, J_s$ entstehen aus J durch ebensolche Polarenprozesse und den Ω-Prozeß:

$$\Omega J = \begin{vmatrix} \frac{\partial}{\partial a_1'} & \cdots & \frac{\partial}{\partial a_n'} \\ \cdot & & \cdot \\ \cdot & & \cdot \\ \cdot & & \cdot \\ \frac{\partial}{\partial q_1'} & \cdots & \frac{\partial}{\partial q_n'} \end{vmatrix} J.$$

$J_1, J_2, \ldots, J_s$ sind also wieder B. I. (H. I.), bei denen aber die durch (1) definierte Zahl λ mindestens um n verringert wurde.

Enthalten $J_1, J_2, \ldots, J_s$ wieder die Koeffizienten von mehr als n Linearformen, so greifen wir abermals n solche heraus und entwickeln nach diesen n wieder in eine Gordan-Capellische Reihe usw. Wir erhalten so schließlich:

$$(3)\quad . \quad . \quad J = G\left(J_0, J_0', J_0'', \ldots, K_1, K_2, \ldots, (a'b' \ldots p'q'), \ldots\right),$$

wobei $J_0, J_0', J_0'', \ldots$ B. I. (H. I.) sind, die durch Polarenprozesse aus B. I. (H. I.) J' hervorgehen, die Koeffizienten von nur $r-1$ Linearformen enthalten. $K_1, K_2, K_3, \ldots$ sind B. I. (H. I.) mit Koeffizienten von höchstens $n-1$ Linearformen, für die wir also den 1. Fundamentalsatz als bewiesen voraussetzen. Somit ist:

$$(4)\quad J = G\left(J_0, J_0', J_0'', \ldots, (a' \mid b'), (a'b' \ldots p'l'), (a'b' \ldots p'q'), \ldots\right).$$

Als Ergebnis haben wir: der 1. Fundamentalsatz ist für $r \geqq n$ Linearformen richtig, wenn er für B. I. (H. I.) mit $r-1$ Linearformen gilt. Durch den Polarenprozeß wird nämlich der Typus $(a' \mid b')$ nicht geändert, es sind also $J_0, J_0'', J_0'', \ldots$ ebenfalls durch die Faktoren (7) § 3 darstellbar. Von $r-1$ kommt man ebenso auf $r-2$, $r-3, \ldots, n$, und schließlich auf $n-1$. Statt (4) kommt dann:

$$(5)\quad . \quad . \quad . \quad J = G\left((a' \mid b'), (a'b' \ldots p'l'), (a'b' \ldots p'q'), \ldots\right).$$

§ 5. Beweis für n—1 Linearformen.

Es erübrigt nun noch, den ersten Fundamentalsatz für solche B. I. (H. I.) zu beweisen, die Koeffizientenreihen von höchstens n—1 Linearformen enthalten. In diesem Falle ist nämlich keine Reihenentwicklung mehr möglich.

Nach § 2 haben wir

(1) $$J = G\Big((a'b'),\, a_n',\, b_n',\, (a'b' \ldots p'l'),\, \ldots\Big),$$

wobei G eine ganze rationale, allseitig-homogene Funktion bedeutet. Wegen

$$(a'b') = (a'\,|\,b') + a_n' b_n'$$

kommt statt (1):

$$J = G\Big((a'\,|\,b') + a_n' b_n',\, a_n',\, b_n',\, (a'b' \ldots p'l'),\, \ldots\Big)$$

oder auch:

(2) $$J = J\Big((a'\,|\,b'),\, a_n',\, b_n',\, (a'b' \ldots p'l'),\, \ldots\Big).$$

Wir haben dann zu beweisen, daß in J die $a_n', b_n', \ldots$ überhaupt nicht mehr vorkommen. Da nämlich die Koeffizienten von höchstens n—1 Linearformen in J stecken, so kann J keine Faktoren vom Typus $(a'b' \ldots p'q')$ enthalten.

Wir können aber weiters annehmen, daß J überhaupt keinen Klammerfaktor enthält. J ist eine Summe von Produkten („Gliedern" von J), deren Faktoren

$$(a'\,|\,b'),\, \ldots,\, (a'l'),\, (b'l'),\, \ldots,\, (a'b' \ldots p'l')$$

sind. Das Produkt von zwei Klammerfaktoren $(a'b' \ldots p'l')$ und $(\alpha'\beta' \ldots \mu'l')$ können wir mittels der Identität

(3) $$(a'b' \ldots p'l')(\alpha'\beta' \ldots \mu'l') - \begin{vmatrix} (a'\,|\,\alpha') \ldots (a'\,|\,\mu') \\ \ldots\ldots\ldots\ldots \\ \ldots\ldots\ldots\ldots \\ (p'\,|\,\alpha') \ldots (p'\,|\,\mu') \end{vmatrix} = 0$$

durch Faktoren vom Typus $(a'\,|\,b')$ ausdrücken. Daher enthält jedes Glied von J höchstens einen Klammenfaktor.

Wäre nun

(4) $$J = A + B,$$

wo A nur Faktoren $(a'\,|\,b')$ und $(a'l')$ enthält, dagegen in jedem Gliede von B ein Klammerfaktor auftritt, so gäbe die Spiegelung

$$U'_1 = -\overline{U}'_1$$
$$U'_i = \overline{U}'_i \qquad (i \neq 1)$$

nach (4):

(5) $$mJ = A - B \qquad (m = \pm 1).$$

Aus (4) und (5) folgt:

$$J(1+m)=2A \qquad J(1-m)=2B,$$

d. h. es ist entweder A oder B identisch Null. Mit anderen Worten: Enthält ein Glied von J einen (keinen) Klammerfaktor, so ist dasselbe mit allen Gliedern von J der Fall.

In unserem Falle haben wir überhaupt nur $(a'b'\ldots p'l')$ als Klammerfaktor, da höchstens $n-1$ Reihen $a', b', \ldots, p'$ in J vorkommen. Enthält daher J alle $n-1$ Reihen $a', b', \ldots, p'$ und den Klammerfaktor $(a'b'\ldots p'l')$, so können wir

$$J=(a'b'\ldots p'l')\cdot J'$$

setzen, wo J' dann nur mehr Faktoren $(a'|b')$ und $(a'l')$ enthält. Der 1. Fundamentalsatz ist dann für J' zu beweisen.

Wir können somit auf alle Fälle voraussetzen, daß J nur aus Faktoren vom Typus $(a'|b')$ und $(a'l')$ besteht. Es seien g_1 und g_2 zwei Glieder in J, also Produkte von Faktoren $(a'|b')$ und $(a'l')$. φ_1 und φ_2 seien die Anzahlen der Faktoren vom Typus $(a'|b')$ in g_1 und g_2; λ_1 und λ_2 seien die Anzahlen der Faktoren vom Typus $(a'l')$ in g_1, beziehungsweise g_2. Da J homogen bezüglich jeder Größenreihe $a', b', c', \ldots$ ist, so haben wir die Gleichungen:

$$2\varphi_1+\lambda_1=2\varphi_2+\lambda_2,$$

d. h.

(6) $$\lambda_1-\lambda_2=2(\varphi_2-\varphi_1).$$

Die Differenz der Anzahl der Faktoren vom Typus $(a'l')$ irgend zweier Glieder von J ist also eine gerade Zahl.

Enthält J [vgl. Gleichung (2)] keine der Größen $a_n', b_n', \ldots$, so ist nichts weiter zu beweisen. Wir nehmen also an, es enthalte J mindestens eine dieser Größen. Dann läßt sich J nach der bei (6) gemachten Bemerkung stets so schreiben:

(7) $$\left\{\begin{aligned} J=&\left[g_1^{(\lambda)}G_1^{(\lambda)}+g_2^{(\lambda)}G_2^{(\lambda)}+\cdots+g_{r_\lambda}^{(\lambda)}G_{r_\lambda}^{(\lambda)}\right]+\\ &+\left[g_1^{(\lambda-2)}G_1^{(\lambda-2)}+g_2^{(\lambda-2)}G_2^{(\lambda-2)}+\cdots+g_{r_{\lambda-2}}^{(\lambda-2)}G_{r_{\lambda-2}}^{(\lambda-2)}\right]+\\ &+\cdots+\left[g_1^{(\lambda-2s)}G_1^{(\lambda-2s)}+\cdots+g_{r_{\lambda-2s}}^{(\lambda-2s)}G_{r_{\lambda-2s}}^{(\lambda-2s)}\right],\\ &\qquad\qquad(\lambda-2s\geqq 0)\end{aligned}\right.$$

Hierbei sollen folgende Vereinbarungen gelten: $g_i^{(\sigma)}$ sei homogen σ^{ter} Ordnung in den Größen $a_n', b_n', c_n', \ldots$ und es ist:

$$i=1,2,\ldots,r_\sigma \qquad \sigma=1,2,\ldots, \qquad r_\sigma=0,1,2,\ldots$$

Die $G_i^{(\sigma)}$ sind dann homogen bezüglich aller $a_i', b_i', \ldots$ zusammen und sollen so gewählt sein, daß

$$G_1^{(\sigma)},\ G_2^{(\sigma)},\ \ldots,\ G_{r_\sigma}^{(\sigma)}$$

linear unabhängig sind, daß also für konstante α_i die Gleichung

$$\alpha_1 G_1^{(\sigma)} + \alpha_2 G_2^{(\sigma)} + \cdots + \alpha_{r_\sigma} G_{r_\sigma}^{(\sigma)} \equiv 0$$

dann und nur dann möglich ist, wenn alle α_i verschwinden. Wegen der Homogenität von J sind dann auch $G_i^{(\sigma)}$ und $G_k^{(\tau)}$ für $\tau \neq \sigma$ linear unabhängig. Die Ausdrücke $G_i^{(\sigma)}$ enthalten keine der Größen $a_n', b_n', \ldots$ mehr.

Wir unterwerfen nun J den Transformationen (7) § 1 und erhalten $\overline{J}$. Da J Bewegungsinvariante (Hauptinvariante) ist, so haben wir:

$$\overline{J} \equiv M J.$$

Es wird also nach (7):

$$(8)\quad \begin{cases} \overline{J} \equiv \left[\overline{g}_1^{(\lambda)} \overline{G}_1^{(\lambda)} + \cdots + \overline{g}_{r_\lambda}^{(\lambda)} \overline{G}_{r_\lambda}^{(\lambda)}\right] + \cdots + \\ \qquad + \left[\overline{g}_1^{(\lambda-2s)} \overline{G}_1^{(\lambda-2s)} + \cdots + \overline{g}_{r_{\lambda-2s}}^{(\lambda-2s)} \overline{G}_{r_{\lambda-2s}}^{(\lambda-2s)}\right] \equiv \\ \qquad \equiv M\left[g_1^{(\lambda)} G_1^{(\lambda)} + \cdots + g_{r_\lambda}^{(\lambda)}\right] + \cdots + \\ \qquad + M\left[g_1^{(\lambda-2s)} G_1^{(\lambda-2s)} + \cdots + g_{r_{\lambda-2s}}^{(\lambda-2s)} G_{r_{\lambda-2s}}^{(\lambda-2s)}\right] \end{cases}$$

Nach (6), § 3 haben wir aber, da die $G_i^{(\sigma)}$ nur aus Faktoren vom Typus $(a' \mid b')$ bestehen:

$$(9)\quad \ldots\ldots\ldots\ldots \overline{G}_i^{(\sigma)} \equiv \Delta^{p_\sigma} G_i^{(\sigma)}.$$

Setzen wir dies in (8) ein, so wird:

$$\left[\left(M g_1^{(\lambda)} - \Delta^{p_\lambda} \overline{g}_1^{(\lambda)}\right) G_1^{(\lambda)} + \cdots + \left(M g_{r_\lambda}^{(\lambda)} - \Delta^{p_\lambda} \overline{g}_{r_\lambda}^{(\lambda)}\right) G_{r_\lambda}^{(\lambda)}\right] + \cdots \equiv 0.$$

Hieraus folgt wegen der Unabhängigkeit der $G_i^{(\sigma)}$:

$$(10)\quad \ldots\ldots\ldots\ldots M g_i^{(\sigma)} - \Delta^{p_\sigma} \overline{g}_i^{(\sigma)} \equiv 0.$$

$g_i^{(\sigma)}$ ist eine ganze rationale Funktion σ^{ten} Grades der Größen

$$a_n',\ b_n',\ c_n',\ \ldots;$$

daher ist $\overline{g}_i^{(\sigma)}$ nach (6) § 3 eine ganze rationale Funktion σ^{ten} Grades der Größen

$$a_n' - (a' \mid k),\ b_n' - (b' \mid k),\ c_n' - (c' \mid k),\ \ldots$$

Nehmen wir in (10):

$$a_i' = b_i' = c_i' = \cdots = 0 \qquad (i = 1, 2, \ldots, n-1),$$

so wird

$$(a' \mid k) = (b' \mid k) = (c' \mid k) = \cdots = 0$$

und also:

$$\overline{g}_i^{(\sigma)} = g_i^{(\sigma)}.$$

Daher ist:

(11) $$M = \Delta^{p_\sigma}$$

und wir erhalten aus (10):

(12) $$g_i^{(\sigma)} = \overline{g}_i^{(\sigma)}.$$

Es sei nun $\sigma > 0$. Dann haben wir:

(13) $$\left\{\begin{array}{l} g_i^{(\sigma)} = \varepsilon_1\, a'^{\alpha_1}_n\, b'^{\beta_1}_n\, c'^{\gamma_1}_n \cdots + \varepsilon_2\, a'^{\alpha_2}_n\, b'^{\beta_2}_n\, c'^{\gamma_2}_n \cdots + \cdots \\ \overline{g}_i^{(\sigma)} = \varepsilon_1 [a'_n - (a' \mid k)]^{\alpha_1} [b'_n - (b' \mid k)]^{\beta_1} [c'_n - (c' \mid k)]^{\gamma_1} \cdots + \\ \qquad + \varepsilon_2 [a'_n - (a' \mid k)]^{\alpha_2} [b'_n - (b' \mid k)]^{\beta_2} [c'_n - (c' \mid k)]^{\gamma_2} \cdots + \cdots \\ \alpha_i + \beta_i + \gamma_i + \cdots = \sigma \end{array}\right.$$

Aus (12) erhalten wir dann, wenn wir die Ausdrücke (13) in

$$g_i^{(\sigma)} - \overline{g}_i^{(\sigma)} = 0$$

einsetzen, ein Polynom in a_n', b_n', c_n', ..., das identisch verschwindet. Es ist daher das von a_n', b_n', c_n', ... freie Glied dieses Polynoms identisch Null, also nach (13):

(14) $$\varepsilon_1 (a' \mid k)^{\alpha_1} (b' \mid k)^{\beta_1} (c' \mid k)^{\gamma_1} \cdots + \varepsilon_2 (a' \mid k)^{\alpha_2} (b' \mid k)^{\beta_2} (c' \mid k)^{\gamma_2} \cdots + \cdots = 0.$$

Setzt man hier z. B. statt k die Größenreihe

$$1 : 0 : 0 : \ldots : 0,$$

so folgt:

$$\varepsilon_1\, a'^{\alpha_1}_1\, b'^{\beta_1}_1\, c'^{\gamma_1}_1 \cdots + \varepsilon_2\, a'^{\alpha_2}_1\, b'^{\beta_2}_1\, c'^{\gamma_2}_1 \cdots + \cdots = 0,$$

d. h. es ist:

$$\varepsilon_1 = \varepsilon_2 = \varepsilon_3 = \cdots = 0.$$

Daher ist auch

$$g_i^{(\sigma)} = 0$$

für jedes $\sigma \geqq 1$. In (7) bleiben also nur diejenigen Glieder stehen, für welche $\sigma = 0$ ist, d. h. J enthält die Größen a_n', b_n', c_n', ... überhaupt nicht mehr, wie zu beweisen war.

§ 6. Endlichkeit.

Wir gehen nun wieder von dem System S der Grundformen $f^{(i)}$

$$S = f^{(1)},\ f^{(2)},\ f^{(3)}, \ldots, f^{(m)}$$

aus und denken uns wie bisher diese Grundformen $f^{(i)}$ so symbolisch geschrieben, daß hierbei nur gestrichelte Größen- und Symbolreihen a', b', ... verwendet werden.

Dann ergibt sich aus den beiden Sätzen des § 3:

Die Invarianten eines vollständigen Invariantensystems von Bewegungsinvarianten (Hauptinvarianten) der Grundformen $f^{(i)}$ können so gewählt werden, daß sie Produkte von Faktoren

(1) . . . . . $(a' \mid b'),\ (a' b' \ldots p' l'),\ (a' b' \ldots p' q')$

sind.

Wir erweitern nun das System S durch Hinzunahme der Linearform

(2) . . . . $L = (l' X)$

und der in R_{n-2}-Koordinaten quadratischen Form

(3) . . . . $F = (a U')^2$.

Es entsteht so das System

(4) . . . . . . $S' = f^{(1)}, f^{(2)}, \ldots, f^{(m)}, L, F$

und der erste Fundamentalsatz der symbolischen Methode gibt für die *projektiven* Invarianten dieser Formen: Die Invarianten eines vollständigen Invariantensystems Σ von projektiven Invarianten der Grundformen von S' können so gewählt werden, daß sie Produkte von Faktoren

(5) . . . . . $(a' b' \ldots p' q'),\ (a' b' \ldots p' l'),\ (a a'),\ (a l')$

sind. Umgekehrt ist jedes Produkt von solchen Faktoren, dem eine nichtsymbolische Bedeutung zukommt, eine projektive Invariante der Formen von S'. Insbesondere ist ein vollständiges Invariantensystem *endlich.*

Jetzt nehmen wir

$$L = (l' X) = X_n$$

und

$$F = (a U')^2 = (U' \mid U').$$

Dann gehen die Faktoren (5) über in

$$(a' b' \ldots p' q'),\ (a' b' \ldots p' l'),\ (a' \mid b')$$

und es ist jedes Produkt von solchen Faktoren, dem eine nichtsymbolische Bedeutung zukommt, eine projektive Invariante der Grundformen

$$S'' = f^{(1)}, f^{(2)}, \ldots, f^{(m)},\ L = X_n,\ F = (U' \mid U').$$

Aus dieser Überlegung und dem vorigen Satze folgern wir:

Ein vollständiges Invariantensystem von Bewegungsinvarianten (Hauptinvarianten) ist endlich, d. h. besteht aus endlichvielen Invarianten.

§ 7. Übergang zu Reihen α.

Solange es sich um Grundformen handelt, die mit Reihen $a', b', \ldots$ allein dargestellt werden, ist der erste Fundamentalsatz für Bewegungsinvarianten ziemlich einfach. Daher ist auch das Aufsuchen aller Bewegungsinvarianten solcher Formen kein schwierigeres Problem als das bei projektiven Invarianten. Auch die gegenseitige Abhängigkeit der Bewegungsinvarianten derartiger Formen ist leicht festzustellen: der zweite Fundamentalsatz lautet hier geradeso wie bei orthogonalen Invarianten (vgl. X § 6 S. 246).

Lassen wir nun bei Bewegungsinvarianten auch Reihen $\alpha, \beta, \ldots$ (zu x kogredient) zu, so ergibt sich, wie das Folgende zeigen wird, sogleich eine erhebliche Komplikation: die Anzahl der verschiedenen Faktorentypen zum Aufbau der Bewegungsinvarianten wird bedeutend größer und steigt mit der Dimensionszahl $n-1$. (Sie wird gleich $2n+2$, vgl. S. 295.) Es hängt dies damit zusammen: das absolute Maßgebilde der Euklidischen Metrik ist eine uneigentliche, irreduzible, quadratische Mannigfaltigkeit von $(n-2)$ Dimensionen (für $n=4$ z. B. der „Kugelkreis"), die sich wohl durch eine einzige Gleichung

$$(u' \mid u') = (u_1')^2 + (u_2')^2 + \cdots + (u'_{n-1})^2 = 0$$

in *Raumkoordinaten* u_i', aber nicht durch eine, sondern durch *zwei* Gleichungen in *Punktkoordinaten* x_i darstellen läßt:

$$(x x) = x_1^2 + x_2^2 + \cdots + x_n^2 = 0, \quad (l' x) = x_n = 0.$$

Entsprechend der großen Anzahl von Faktortypen für Bewegungsinvarianten wird auch die Anzahl der Identitäten ungleich größer. Für beliebiges n ist daher der zweite Fundamentalsatz noch nicht aufgestellt. Erst für $n = 3$, also für die Elementargeometrie der Ebene, wurden diese Identitäten angegeben (es sind deren 34).[1]) Wir werden uns im folgenden nur mit dem ersten Fundamentalsatz beschäftigen.

Die Größen- und Symbolreihen, mit denen die Grundformen $f^{(i)}$ symbolisch dargestellt sind, bezeichnen wir im folgenden mit:

$$a_1', a_2', a_3', \ldots; \quad \alpha_1, \alpha_2, \alpha_3, \ldots.$$

Es soll dann z. B. a_i' die Gesamtheit der n Größen, beziehungsweise Symbole

$$(a_i')_1, (a_i')_2, \ldots, (a_i')_n \qquad (n \geqq 3)$$

[1]) *E. Study*, Leipziger Berichte 48 (1896) S. 469. Dann vom Verfasser: Wiener Berichte 122 (1913) S. 1577.

darstellen. Bedeutet x_i einen Punkt, so sollen die n Verhältnisgrößen

$$(x_i)_1 : (x_i)_2 : \ldots : (x_i)_n$$

die homogenen Koordinaten von x_i sein.

Es seien nun die Grundformen $f^{(i)}$ derart symbolisch dargestellt, daß hierbei nur gestrichelte Größen- und Symbolreihen verwendet werden. Es seien

$$a'_1, a'_2, a'_3, \ldots, a'_m, \ldots$$

diese Reihen. Der modifizierte erste Fundamentalsatz der symbolischen Methode für Bewegungsinvarianten sagt dann aus (vgl. § 3), daß jede ganze rationale Bewegungsinvariante (und Umlegungsinvariante sowie auch Hauptinvariante) sich durch Faktoren der drei folgenden Typen darstellen läßt:

(1) $$f_1 = (a'_1 a'_2 \ldots a'_n), \quad f_2 = (a'_1 a'_2 \ldots a'_{n-1} l'), \quad f_3 = (a'_1 | a'_2);$$

l' bedeutet hierbei die Größenreihe $0:0:\ldots:0:1$.

Wir machen nun die Annahme, daß von diesen Reihen a_i. wenigstens eine, z. B. a_1', $(n-1)$-fältige Komplexsymbole darstellt (vgl. III § 10 S. 88). Die Invariante J, die diese $n-1$ Reihen a_1' enthält und die mittels der Faktoren (1) symbolisch dargestellt ist, wollen wir dann so umformen, daß in ihr die $n-1$ Reihen a_1' zur Reihe a_1 zusammengezogen erscheinen. Wir nennen einen solchen Umformungsprozeß kurz: „Übergang $a_1' \rightarrow a_1$".

Den Zusammenhang zwischen den $n-1$ Reihen a_1' und der ungestrichelten Reihe a_1 wollen wir hier so festlegen:

(2) $$(a_1)_i = (-1)^{i+1} (a'_1)_1 (a'_1)_2 \ldots (a'_1)_{i-1} (a'_1)_{i+1} \ldots (a'_1)_n,$$

so daß also der direkte Übergang von a_1' zu a_1 durch die Gleichung erfolgt:

(3) $$(a'^{n-1}_1 a'_2) = (-1)^{n-1} (a'_2 a'^{n-1}_1) = (n-1)!\,(-1)^{n-1} (a_1 a'_2).$$

Es ist dann:

(4) $$\begin{cases} (a'_1 a_1)(a'_1 a_2) \ldots (a'_1 a_{n-1}) = (a_1 a_1 a_2 \ldots a_{n-1}) = \\ \qquad = (-1)^{n-1} (a_1 a_2 \ldots a_{n-1} a_1)' \end{cases}$$

Wenn wenigstens eine Reihe a'_1 in einem Klammerfaktor f_1 oder f_2 vorkommt, so können wir durch identisches Umformen alle $n-1$ Reihen a'_1 in diesen Klammerfaktor hineinziehen. Wir wenden hierzu die Identität an (vgl. III § 5 S. 79):

(5) $$\begin{cases} (k+1)\cdot(a'^{k}_1 a'_{k+1} a'_{k+2} \ldots a'_n)(a'_1 a) \equiv (a'^{k+1}_1 a'_{k+2} \ldots a'_n)(a'_{k+1} a) - \\ \qquad - (a'^{k+1}_1 a'_{k+1} \ldots a'_n)(a'_{k+2} a) + \cdots \\ \qquad \cdots + (-1)^{n-k+1} (a'^{k+1}_1 a'_{k+1} a'_{k+2} \ldots a'_{n-1})(a'_n a) \\ \qquad [n-1 > k \geq 1]. \end{cases}$$

An Stelle von $(a'_1 a)$ kann in dieser Identität auch stehen:
$(a'_1 a'_h a'_{h+1} \dots a'_{h+n-2})$, $(a'_1 a'_h a'_{h+1} \dots a'_{h+n-3} l')$ oder $(a'_1 | a'_h)$;
ferner kann a'_n auch mit l' identisch sein.

Wir wenden also, wenn a'_1 in einem Klammerfaktor vorkommt, (5) so oft an, bis alle $n-1$ Reihen a'_1 in dem Klammerfaktor vereinigt sind. J zerfällt hierbei in eine Anzahl von Invarianten, die die Reihen a'_1 nur noch in Faktoren

$$(a'^{n-1}_1 a'_m)$$

enthalten. Jetzt machen wir nach (3) den Übergang $a'_1 \to a_1$:

$$(a'^{n-1}_1 a'_m) = (n-1)!\,(-1)^{n-1} (a_1 a'_m).$$

Wir erhalten so, wenn wir jetzt a_1 statt a_1 schreiben, die neuen, noch nicht in (1) enthaltenen Faktortypen

$$f_4 = (a'_m a_1), \quad f_5 = (l' a_1).$$

Nun bleibt noch die Annahme übrig, daß die $n-1$ Symbolreihen a'_1 von J nur in Faktoren vom Typus

$$f_3 = (a'_1 \,|\, a'_2)$$

vorkommen. Wegen

$$(a'_1 \,|\, a'_1) = 0$$

haben wir dann in J ein Produkt:

$$\Pi = (a'_1 \,|\, a'_2)(a'_1 \,|\, a'_3) \dots (a'_1 \,|\, a'_n).$$

Nun wird nach (4):

$$\Pi = (-1)^{n-1} (a'_2 \,|\, a'_3 \,|\, \dots a'_n \,|\, a_1).$$

Hierbei setzen wir im folgenden:

$$(6) \quad \begin{cases} (a'_1 | a'_2 | \dots a'_h | a_{h+1} a_{h+2} \dots a_n) = \\ \qquad = \begin{vmatrix} (a'_1)_1 & (a'_1)_2 & \dots (a'_1)_{n-1} & 0 \\ \dots & \dots & \dots & \dots \\ (a'_h)_1 & (a'_h)_2 & \dots (a'_h)_{n-1} & 0 \\ (a_{h+1})_1 & (a_{h+1})_2 & \dots (a_{h+1})_{n-1} & (a_{h+1})_n \\ \dots & \dots & \dots & \dots \\ (a_n)_1 & (a_n)_2 & \dots (a_n)_{n-1} & (a_n)_n \end{vmatrix}. \end{cases}$$

Es wird also:

$$(7) \quad (-1)^{n-1}\Pi = \begin{vmatrix} (a'_2)_1 & (a'_2)_2 \dots & (a'_2)_{n-1} & 0 \\ \dots & \dots & \dots & \dots \\ (a'_n)_1 & (a'_n)_2 \dots & (a'_n)_{n-1} & 0 \\ (a_1)_1 & (a_1)_2 \dots & (a_1)_{n-1} & (a_1)_n \end{vmatrix} = (a'_2 a'_3 \dots a'_n l')(l' a_1).$$

Dies zeigt, daß wir in dem Falle, wo die $n-1$ Reihen a'_1 nur in Faktoren f_3 vorkommen, beim Übergange $a'_1 \to a_1$ auf einen Faktor vom Typus f_2 und auf den Faktor $f_5 = (l' a_1)$ geführt werden.

Zusammenfassend können wir also nach diesem ersten Übergange $a'_1 \to a_1$ die Faktorentypen (1) durch die folgenden ersetzen:

(8) $$\begin{cases} f_1 = (a'_1 a'_2 \ldots a'_n), \quad f_2 = (a'_1 a'_2 \ldots a'_{n-1} l'), \quad f_3 = (a'_1 | a'_2), \\ f_4 = (a'_1 a_1), \quad f_5 = (l' a_1). \end{cases}$$

Der letzte Typus f_5 kommt bei einem weiteren Übergange $a'_1 \to a_1$ nicht mehr in Betracht, da er keine gestrichelte Symbolreihe mehr enthält.

§ 8. Die Faktoren φ, ψ, χ und ϑ.

Wir gehen nun von (8) § 7 aus und machen wieder die Annahme, daß eine gestrichelte Reihe, z. B. a'_1, aus $(n-1)$-fältigen Komplexsymbolen besteht. Dann suchen wir diejenigen neuen Faktortypen, die sich beim Übergange $a'_1 \to a_1$ ergeben.

Die Annahme, daß f_1 oder f_2 eine oder mehrere Reihen a' enthalten, führt auf keine neuen Faktoren. Wir ziehen dann nämlich mittels der Identität (5) § 7 alle $n-1$ Reihen a'_1 in den Klammerfaktor und gehen nach (3) § 7 zur Reihe a_1 über. Hierdurch entstehen nur solche Faktoren, die in (8) § 7 aufgezählt sind.

Es bleiben somit nur noch diejenigen Fälle zu untersuchen, die sich aus der Annahme ergeben, daß die $n-1$ Reihen a'_1 alle in Faktoren f_3 und f_4 enthalten sind. Diese Fälle werden zusammengefaßt durch den Ansatz: h von den $n-1$ Reihen a'_1 sollen in Faktoren f_3, die übrigen $n-1-h$ Reihen a'_1 sollen in Faktoren f_4 vorkommen. Hierbei ist

$$h = 0, 1, 2, \ldots, n-1.$$

Wir haben dann in der Invariante J das Produkt:

(1) $$\sum = (a'_1 | a'_m)(a'_1 | a'_{m+1}) \ldots (a'_1 | a'_{m+h})(a'_1 a_1)(a'_1 a_2) \ldots (a'_1 a_{n-1-h}).$$

Nach (4) § 7 erhalten wir, mit Berücksichtigung der durch (6) § 7 eingeführten Bezeichnung:

(2) $$\ldots \sum = (a'_m | a'_{m+1} | \ldots a'_{m+h} | a_1 a_2 \ldots a_{n-1-h} a_1).$$

Als extreme Fälle merken wir an: 1. $h = n-1$; dann haben wir, so wie in (7) § 7:

$$\sum = (a'_m | a'_{m+1} | \ldots a'_{m+n-1} | a_1) = (a'_m a'_{m+1} \ldots a'_{m+n-1} l')(l' a_1).$$

Dies führt also zu keinem neuen Faktortypus. 2. $h=0$; hier ergibt sich

$$\sum = (\alpha_1 \alpha_2 \ldots \alpha_{n-1} \alpha_1),$$

d. h. wir haben den neuen Faktortypus

(3) $$f_6 = (\alpha_1 \alpha_2 \ldots \alpha_n).$$

Für $h = 1, 2, \ldots, n-2$ erhalten wir ebenfalls neue Faktoren:

(4) $$\begin{cases} \varphi_1 = (\alpha'_1 \,|\, \alpha_1 \alpha_2 \ldots \alpha_{n-1}) & (h=1) \\ \varphi_2 = (\alpha'_1 \,|\, \alpha'_2 \,|\, \alpha_1 \alpha_2 \ldots \alpha_{n-2}) & (h=2) \\ \ldots\ldots\ldots\ldots\ldots\ldots\ldots\ldots & \\ \varphi_{n-2} = (\alpha'_1 \,|\, \alpha'_2 \,|\, \ldots \alpha'_{n-2} \,|\, \alpha_1 \alpha_2) & (h=n-2) \end{cases}.$$

Der Übergang $\alpha'_1 \rightarrow \alpha_1$ ergibt also aus (8) § 7 die folgenden Faktortypen:

(5) $$f_1, f_2, \ldots, f_6; \; \varphi_1, \varphi_2, \ldots, \varphi_{n-2}.$$

Der Typus f_6 kommt, so wie f_5, für weitere Übergänge $\alpha'_1 \rightarrow \alpha_1$ nicht in Betracht, da er keine gestrichelten Symbolreihen mehr enthält.

Es seien jetzt $\alpha_1, \alpha_2, \ldots$ und $\beta_1, \beta_2, \ldots$ ungestrichelte Symbol- oder Größenreihen. Dann sollen $i_1, i_2, \ldots, i_s$ s verschiedene der $n-1$ Zahlen $1, 2, \ldots, n-1$ bedeuten $(s = 1, 2, \ldots, n-2)$. Wir bilden aus den $(s+1)$-reihigen Determinanten

(6) $$(\alpha_1 \alpha_2 \alpha_3 \ldots \alpha_{s+1})_{i_1 i_2 \ldots i_s n} = \begin{vmatrix} (\alpha_1)_{i_1} & (\alpha_1)_{i_2} & \ldots (\alpha_1)_{i_s} & (\alpha_1)_n \\ \ldots & \ldots & \ldots & \ldots \\ \ldots & \ldots & \ldots & \ldots \\ (\alpha_{s+1})_{i_1} & (\alpha_{s+1})_{i_2} & \ldots (\alpha_{s+1})_{i_s} & (\alpha_{s+1})_n \end{vmatrix}$$

und

$$(\beta_1 \beta_2 \beta_3 \ldots \beta_{s+1})_{i_1 i_2 \ldots i_s n} = \begin{vmatrix} (\beta_1)_{i_1} & (\beta_1)_{i_2} & \ldots (\beta_1)_{i_s} & (\beta_1)_n \\ \ldots & \ldots & \ldots & \ldots \\ \ldots & \ldots & \ldots & \ldots \\ (\beta_{s+1})_{i_1} & (\beta_{s+1})_{i_2} & \ldots (\beta_{s+1})_{i_s} & (\beta_{s+1})_n \end{vmatrix}$$

die über alle voneinander verschiedenen Indexkombinationen $i_1, i_2, \ldots, i_s$ erstreckte Summe

(7) $$\begin{cases} \sum (\alpha_1 \alpha_2 \ldots \alpha_{s+1})_{i_1 i_2 \ldots i_s n} (\beta_1 \beta_2 \ldots \beta_{s+1})_{i_1 i_2 \ldots i_s n} = \\ \qquad = (\alpha_1 \alpha_2 \ldots \alpha_{s+1} \,\|\, \beta_1 \beta_2 \ldots \beta_{s+1}) \qquad [s = 1, 2, \ldots, n-2]. \end{cases}$$

Im Falle $s=1$ haben wir z. B.:

(8) $$\begin{cases} \sum (\alpha_1 \alpha_2)_{in} (\beta_1 \beta_2)_{in} = (\alpha_1 \alpha_2 \,\|\, \beta_1 \beta_2) = \\ \qquad = \sum\limits_i [(\alpha_1)_i (\alpha_2)_n - (\alpha_1)_n (\alpha_2)_i] [(\beta_1)_i (\beta_2)_n - (\beta_1)_n (\beta_2)_i]. \end{cases}$$

Im Falle $s = n - 2$ wird:

$$(9)\quad \begin{cases} (\alpha_1 \alpha_2 \ldots \alpha_{n-1} \| \beta_1 \beta_2 \ldots \beta_{n-1}) = \\ \qquad = \sum (\alpha_1 \alpha_2 \ldots \alpha_{n-1})_{i_1 i_2 \ldots i_{n-2} n} \cdot (\beta_1 \beta_2 \ldots \beta_{n-1})_{i_1 i_2 \ldots i_{n-2} n} = \\ \qquad = \sum_{i=1}^{i=n-1} (\alpha_1 \alpha_2 \ldots \alpha_{n-1})_{1 2 \ldots i-1, i+1, \ldots n} \cdot \\ \qquad\qquad \cdot (\beta_1 \beta_2 \ldots \beta_{n-1})_{1 2 \ldots i-1, i+1, \ldots n}. \end{cases}$$

Setzen wir hier

$$(10)\quad \ldots \begin{cases} v_i' = (-1)^{i+1} (\alpha_1 \alpha_2 \ldots \alpha_{n-1})_{1 2 \ldots i-1, i+1, \ldots n} \\ w_i' = (-1)^{i+1} (\beta_1 \beta_2 \ldots \beta_{n-1})_{1 2 \ldots i-1, i+1, \ldots n}, \end{cases}$$

so ist:

$$(11)\quad \ldots\ldots (\alpha_1 \alpha_2 \ldots \alpha_{n-1} \| \beta_1 \beta_2 \ldots \beta_{n-1}) = (v' | w').$$

Wir betrachten ferner solche Determinanten (6), in denen statt der Reihen $\alpha_1, \alpha_2, \ldots$ Reihen $a'_1 |, a'_2 |, \ldots$ stehen, d. h. $(s+1)$-reihige Determinanten der Gestalt:

$$(12)\quad \begin{cases} (a'_1 | a'_2 | \ldots a'_r | \alpha_1 \alpha_2 \ldots \alpha_{s-r+1})_{i_1 i_2 \ldots i_s n} = \\ \qquad = \begin{vmatrix} (a'_1)_{i_1} & (a'_1)_{i_2} & \ldots (a'_1)_{i_s} & 0 \\ \cdots & \cdots & \cdots & \cdots \\ (a'_r)_{i_1} & (a'_r)_{i_2} & \ldots (a'_r)_{i_s} & 0 \\ (\alpha_1)_{i_1} & (\alpha_1)_{i_2} & \ldots (\alpha_1)_{i_s} & (\alpha_1)_n \\ \cdots & \cdots & \cdots & \cdots \\ (\alpha_{s-r+1})_{i_1} & (\alpha_{s-r+1})_{i_2} & \ldots (\alpha_{s-r+1})_{i_s} & (\alpha_{s-r+1})_n \end{vmatrix} \end{cases}$$

$$[s = 1, 2, \ldots, n-2], \quad [r = 1, 2, \ldots, s].$$

Der Fall $r = s + 1$ würde

$$(a'_1 | a'_2 | \ldots a'_{s+1} |)_{i_1 i_2 \ldots i_s n} \equiv 0$$

ergeben, da dann die letzte Spalte lauter Nullen enthält.

Aus den $(s+1)$-reihigen Determinanten (6) und (12) bilden wir nun analog (7) die Ausdrücke

$$(13)\quad \begin{cases} \sum (a'_1 | a'_2 | \ldots a'_r | \alpha_1 \alpha_2 \ldots \alpha_{s-r+1})_{i_1 i_2 \ldots i_s n} \cdot (\beta_1 \beta_2 \ldots \beta_{s+1})_{i_1 i_2 \ldots i_s n} = \\ \qquad = (a'_1 | a'_2 | \ldots a'_r | \alpha_1 \alpha_2 \ldots \alpha_{s-r+1} \| \beta_1 \beta_2 \ldots \beta_{s+1}) \end{cases}$$

$$[s = 1, 2, \ldots, n-2; \; r = 1, 2, \ldots, s]$$

und

$$(14)\quad \begin{cases} \sum (a'_1 | a'_2 | \ldots a'_r | \alpha_1 \alpha_2 \ldots \alpha_{s-r+1})_{i_1 i_2 \ldots i_s n} \cdot \\ \qquad \cdot (b'_1 | b'_2 | \ldots b'_\varrho | \beta_1 \beta_2 \ldots \beta_{s-\varrho+1})_{i_1 i_2 \ldots i_s n} = \\ = (a'_1 | a'_2 | \ldots a'_r | \alpha_1 \alpha_2 \ldots \alpha_{s-r+1} \| b'_1 | b'_2 | \ldots b'_\varrho | \beta_1 \beta_2 \ldots \beta_{s-\varrho+1}) \end{cases}$$

$$[s = 1, 2, \ldots, n-2; \; r, \varrho = 1, 2, \ldots, s].$$

Man weist unschwer nach, daß die Ausdrücke (7), (13) und (14) gegenüber Bewegungen und Umlegungen die Invarianteneigenschaft besitzen. Wir wollen diese Ausdrücke jetzt als Faktorentypen betrachten und eine Bezeichnung für die einzelnen Typen einführen.

Die Faktoren (7) bezeichnen wir mit ψ und hängen an ψ den Index $s+1$ an. Dann haben wir die n—2 Typen:

$$(15) \quad \begin{cases} \psi_2 = (\alpha_1 \alpha_2 \,\|\, \beta_1 \beta_2) \\ \psi_3 = (\alpha_1 \alpha_2 \alpha_3 \,\|\, \beta_1 \beta_2 \beta_3) \\ \dots\dots\dots\dots \\ \psi_{n-1} = (\alpha_1 \alpha_2 \dots \alpha_{n-1} \,\|\, \beta_1 \beta_2 \dots \beta_{n-1}) \end{cases}.$$

Es ist dann definitionsgemäß

$$(\alpha_1 \alpha_2 \dots \alpha_r \,\|\, \beta_1 \beta_2 \dots \beta_r) = (\beta_1 \beta_2 \dots \beta_r \,\|\, \alpha_1 \alpha_2 \dots \alpha_r)$$

und eine analoge Gleichung gilt für die Typen (13) und (14).

Die Faktoren (13) bezeichnen wir mit χ und hängen an χ den unteren Index $s+1$ an. Als oberen Index nehmen wir r, also die Zahl der Reihen $a' \,|$. Wir erhalten so die Typen:

$$(16) \quad \begin{cases} \chi_2^{(1)} = (a'_1 \,|\, \alpha_1 \,\|\, \beta_1 \beta_2) \\ \chi_3^{(1)} = (a'_1 \,|\, \alpha_1 \alpha_2 \,\|\, \beta_1 \beta_2 \beta_3), \quad \chi_3^{(2)} = (a'_1 \,|\, a'_2 \,|\, \alpha_1 \,\|\, \beta_1 \beta_2 \beta_3) \\ \chi_4^{(1)} = (a'_1 \,|\, \alpha_1 \alpha_2 \alpha_3 \,\|\, \beta_1 \beta_2 \beta_3 \beta_4), \quad \chi_4^{(2)} = (a'_1 \,|\, a'_2 \,|\, \alpha_1 \alpha_2 \,\|\, \beta_1 \beta_2 \beta_3 \beta_4), \\ \qquad \chi_4^{(3)} = (a'_1 \,|\, a'_2 \,|\, a'_3 \,|\, \alpha_1 \,\|\, \beta_1 \beta_2 \beta_3 \beta_4) \\ \dots\dots\dots\dots \end{cases}$$

Schließlich bezeichnen wir die Faktoren (14) mit $\vartheta_{s+1}^{(r,\varrho)}$. Hier haben wir:

$$(17) \quad \begin{cases} \vartheta_2^{(1,1)} = (a'_1 \,|\, \alpha_1 \,\|\, b'_1 \,|\, \beta_1) \\ \vartheta_3^{(1,1)} = (a'_1 \,|\, \alpha_1 \alpha_2 \,\|\, b'_1 \,|\, \beta_1 \beta_2), \quad \vartheta_3^{(1,2)} = (a'_1 \,|\, \alpha_1 \alpha_2 \,\|\, b'_1 \,|\, b'_2 \,|\, \beta_1), \\ \qquad \vartheta_3^{(2,2)} = (a'_1 \,|\, a'_2 \,|\, \alpha_1 \,\|\, b'_1 \,|\, b'_2 \,|\, \beta_1) \\ \dots\dots\dots\dots \end{cases}$$

§ 9. Reduktion von χ und ϑ.

Wir haben bisher die folgenden Faktortypen angeführt [vgl. (5) des vorigen §]:

$$(1) \quad \left\{ \begin{array}{c} f_i (i = 1, 2, \dots, 6), \quad \varphi_i (i = 1, 2, \dots, n-2), \\ \psi_i (i = 2, 3, \dots, n-1) \\ \chi_i^{(k)} \begin{pmatrix} i = 2, 3, \dots, n-1 \\ k = 1, 2, \dots, i-1 \end{pmatrix}, \quad \vartheta_i^{(k,j)} \begin{pmatrix} i = 2, 3, \dots, n-1 \\ k, j = 1, 2, \dots, i-1 \end{pmatrix} \end{array} \right. .$$

Für das Weitere benötigen wir drei Sätze. Der erste hiervon lautet:

Satz 1: Es ist $\chi_i^{(i-1)}$ *und* $\vartheta_i^{(i-1,j)}$ *durch die Faktoren* f *ausdrückbar.*

Beweis. Es sei

(2) $\chi_i^{(i-1)} = (a'_1 \mid a'_2 \ldots a'_{i-1} \mid a_1 \parallel \beta_1 \beta_2 \ldots \beta_i) \qquad (i = 2, 3, \ldots, n-1).$

Wir haben nach (12) § 8:

$$(a'_1 \mid a'_2 \mid \ldots a'_{i-1} \mid a_1)_{j_1 j_2 \ldots j_{i-1} n} =$$

$$= \begin{vmatrix} (a'_1)_{j_1} & (a'_1)_{j_2} & \ldots (a'_1)_{j_{i-1}} & 0 \\ \cdots & \cdots & \cdots & \cdots \\ (a'_{i-1})_{j_1} & (a'_{i-1})_{j_2} & \ldots (a'_{i-1})_{j_{i-1}} & 0 \\ (a_1)_{j_1} & (a_1)_{j_2} & \ldots (a_1)_{j_{i-1}} & (a_1)_n \end{vmatrix}.$$

Dies gibt nach der letzten Spalte entwickelt:

$$(a'_1 \mid a'_2 \mid \ldots a'_{i-1} \mid a_1)_{j_1 j_2 \ldots j_{i-1} n} =$$

$$= (a_1)_n \cdot \begin{vmatrix} (a'_1)_{j_1} & (a'_1)_{j_2} & \ldots (a'_1)_{j_{i-1}} & (a'_1)_n \\ (a'_2)_{j_1} & (a'_2)_{j_2} & \ldots (a'_2)_{j_{i-1}} & (a'_2)_n \\ \cdots & \cdots & \cdots & \cdots \\ (a'_{i-1})_{j_1} & (a'_{i-1})_{j_2} & \ldots (a'_{i-1})_{j_{i-1}} & (a'_{i-1})_n \\ 0 & 0 & \ldots \; 0 & 1 \end{vmatrix},$$

also:

$$(a'_1 \mid a'_2 \mid \ldots a'_{i-1} \mid a_1)_{j_1 j_2 \ldots j_{i-1} n} = (l' a) \cdot (a'_1 a'_2 \ldots a'_{i-1} l')_{j_1 j_2 \ldots j_{i-1} n}.$$

Somit wird:

$$\chi_i^{(i-1)} = (l' a_1) \cdot \sum (a'_1 a'_2 \ldots a'_{i-1} l')_{j_1 j_2 \ldots j_{i-1} n} \cdot (\beta_1 \beta_2 \ldots \beta_i)_{j_1 j_2 \ldots j_{i-1} n},$$

d. h.

(3) $$\chi_i^{(i-1)} = (l' a_1) \cdot \begin{vmatrix} (a'_1 \beta_1) & (a'_1 \beta_2) & \ldots (a'_1 \beta_i) \\ (a'_2 \beta_1) & (a'_2 \beta_2) & \ldots (a'_2 \beta_i) \\ \cdots & \cdots & \cdots \\ (a'_{i-1} \beta_1) & (a'_{i-1} \beta_2) & \ldots (a'_{i-1} \beta_i) \\ (l' \beta_1) & (l' \beta_2) & \ldots (l' \beta_i) \end{vmatrix}.$$

Hiermit ist Satz 1 für $\chi_i^{(i-1)}$ bewiesen. Analog verläuft der Beweis für $\vartheta_i^{(i-1, j)}$, es stehen dann nur in der i-reihigen Determinante in (3) auch Faktoren vom Typus $(a' \mid b')$.

Satz 2: Die Faktoren $\vartheta_i^{(k, j)}$ sind durch f, φ, ψ und χ ausdrückbar.

Beweis. Es sei

(4) $\vartheta_i^{(k, j)} = (a'_1 \mid a'_2 \mid \ldots a'_k \mid a_1 a_2 \ldots a_{i-k} \parallel b'_1 \mid b'_2 \mid \ldots b'_j \mid \beta_1 \beta_2 \ldots \beta_{i-j})$

und wir wollen dies so angeschrieben denken, daß

$$i - j \leqq i - k, \quad \text{also } k \leqq j \text{ ist.}$$

Nach Satz 1 haben wir dann

$$i = 2, 3, \ldots, n-1 \quad \text{und} \quad k, j = 1, 2, \ldots, i-2.$$

Wir führen nun i-fältige Komplexsymbole p ein durch die Gleichungen:

(5) $$p_{i_1 i_2 \ldots} = (a'_1 | a'_2 | \ldots a'_k | a_1 a_2 \ldots a_{i-k})_{i_1 i_2 \ldots} = p_{i_1} p_{i_2} \ldots$$

Dann haben wir:

(6) $$\begin{cases} (p^i)_{i_1 i_2 \ldots n} = (p p \ldots p)_{i_1 i_2 \ldots n} = i!\, p_{i_1 i_2 \ldots n} = \\ \qquad = i!\, (a'_1 | a'_2 | \ldots a'_k | a_1 a_2 \ldots a_{i-k})_{i_1 i_2 \ldots n}. \end{cases}$$

Also wird:

(7) $$i!\, \vartheta_i^{(k,j)} = (p^i \| b'_1 | b'_2 | \ldots b'_j | \beta_1 \beta_2 \ldots \beta_{i-j}).$$

Dies läßt sich nun als n-reihige Determinante schreiben. Wir betrachten hierzu die folgende Determinante:

(8) $$\begin{cases} \Delta = (\pi' |^d \gamma_1 \gamma_2 \ldots \gamma_{n-d}) = (\pi' | \pi' | \ldots \pi' | \gamma_1 \gamma_2 \ldots \gamma_{n-d}) = \\ = \begin{vmatrix} \pi'_1 & \pi'_2 & \ldots & \pi'_{n-1} & 0 \\ \pi'_1 & \pi'_2 & \ldots & \pi'_{n-1} & 0 \\ \ldots & \ldots & \ldots & \ldots & \ldots \\ \pi'_1 & \pi'_2 & \ldots & \pi'_{n-1} & 0 \\ \hline (\gamma_1)_1 & (\gamma_1)_2 & \ldots & (\gamma_1)_{n-1} & (\gamma_1)_n \\ \ldots & \ldots & \ldots & \ldots & \ldots \\ (\gamma_{n-d})_1 & (\gamma_{n-d})_2 & \ldots & (\gamma_{n-d})_{n-1} & (\gamma_{n-d})_n \end{vmatrix}. \end{cases}$$

Δ enthält d Reihen $\pi' |$, $(2 \leq d \leq n-2)$ und die π'_i seien d-fältige Komplexsymbole. Entwickeln wir Δ nach *Laplace*, so wie es der Horizontalstrich andeutet, so erhalten wir (vgl. III § 2 S. 71):

$$\Delta = \sum (\pi' \pi' \ldots \pi')_{i_1 i_2 \ldots i_d} \cdot (\gamma_1 \gamma_2 \ldots \gamma_{n-d})_{j_1 j_2 \ldots j_{n-d}} =$$
$$= d!\, \pi'_{i_1 i_2 \ldots i_d} \cdot (\gamma_1 \gamma_2 \ldots \gamma_{n-d})_{j_1 j_2 \ldots j_{n-d}}.$$

Hierbei ist $(j_1 j_2 \ldots j_{n-d})$ algebraisch-komplementär zu $(i_1 i_2 \ldots i_d)$ und in der Summe $\sum$ sind nur diejenigen Indexgruppen $(i_1 i_2 \ldots i_d)$ zu nehmen, unter denen die Zahl n nicht vorkommt, da in Δ in den ersten Zeilen die letzten Elemente Nullen sind. Es enthält demzufolge $(j_1 j_2 \ldots j_{n-d})$ stets die Zahl n.

Gehen wir nun zu ungestrichelten, $(n-d)$-fältigen Komplexsymbolen π über:

$$\pi'_{i_1 i_2 \ldots i_d} = \pi_{j_1 j_2 \ldots j_{n-d}},$$

so haben wir:

$$\Delta = d! \sum \pi_{j_1 j_2 \ldots j_{n-d}} \cdot (\gamma_1 \gamma_2 \ldots \gamma_{n-d})_{j_1 j_2 \ldots j_{n-d}} =$$
$$= \frac{d!}{(n-d)!} (\pi^{n-d} \| \gamma_1 \gamma_2 \ldots \gamma_{n-d}).$$

Somit ergibt sich die Gleichung:

$$(9) \quad \ldots \quad (\pi^{n-d} \| \gamma_1 \gamma_2 \ldots \gamma_{n-d}) = \frac{(n-d)!}{d!} (\pi' |^d \gamma_1 \gamma_2 \ldots \gamma_{n-d}).$$

Wir erhalten demzufolge aus (7):

$$(10) \quad \ldots \quad (n-i)!\, \vartheta_i^{(k,j)} = (p' |^{n-i} b'_1 | b'_2 | \ldots b'_j | \beta_1 \beta_2 \ldots \beta_{i-j}).$$

Nun führen wir $(i-j)$-fältige Komplexsymbole q ein durch die Gleichungen:

$$(11) \quad q_{j_1 j_2 \ldots} = (\beta_1 \beta_2 \ldots \beta_{i-j})_{j_1 j_2 \ldots} = q_{j_1} q_{j_2} \ldots q_{j_{i-j}} \quad (i-j \geqq 2).$$

Dann wird:

$$(12) \quad \begin{cases} (i-j)!\,(n-i)!\, \vartheta_i^{(k,j)} = (p' |^{n-i} b'_1 | b'_2 | \ldots b'_j | q^{i-j}) = \\ \qquad = (-1)^{(i-j)(n-i+j)} (q^{i-j} p' |^{n-i} b'_1 | b'_2 | \ldots b'_j |). \end{cases}$$

Hier machen wir nun den direkten Übergang zu gestrichelten Komplexsymbolen q' nach der Gleichung (vgl. III § 4 S. 75):

$$(q^{i-j} \gamma_1 \gamma_2 \ldots \gamma_{n-i+j}) = (i-j)!\; (q' \gamma_1)(q' \gamma_2) \ldots (q' \gamma_{n-i+j}).$$

Wir erhalten:

$$(13) \quad (-1)^{(i-j)(n-i+j)} \cdot (n-i)!\, \vartheta_i^{(k,j)} = (q' | p')^{n-i} (q' | b'_1)(q' | b'_2) \ldots (q' | b'_j)$$

In dieser Gleichung führen wir zuerst die ungestrichelten Komplexsymbole p ein und gehen dann nach (6) auf die ursprünglichen Reihen $a' |$ und a zurück. Es ist

$$(q' | p')^{n-i} = (p' | q')^{n-i} = \frac{1}{i!} (p^i q' |^{n-i}) = \frac{(-1)^{i(n-i)}}{i!} (q' |^{n-i} p^i),$$

also nach (6):

$$(q' | p')^{n-i} = (-1)^{i(n-i)} (q' |^{n-i} a'_1 | a'_2 | \ldots a'_n | a_1 a_2 \ldots a_{i-k}).$$

Somit kommt statt (13) wegen:

$$(-1)^{i(n-i)+(i-j)(n-i+j)} = (-1)^{j(n+j)}:$$

$$(14) \quad \begin{cases} (-1)^{j(n+j)} (n-i)!\, \vartheta_i^{(k,j)} = \\ \quad = (q' |^{n-i} a'_1 | a'_2 | \ldots a'_k | a_1 a_2 \ldots a_{i-k}) (q' | b'_1)(q' | b'_2) \ldots (q' | b'_j). \end{cases}$$

Hierauf wenden wir die nachstehende Identität j-mal an:

$$(15) \quad \begin{cases} (d+1) \cdot (p' |^d a'_1 | a'_2 | \ldots a'_m | a_1 a_2 \ldots a_{n-d-m}) (p' | u') \equiv \\ \quad \equiv (p' |^{d+1} a'_2 | \ldots a'_m | a_1 a_2 \ldots a_{n-d-m}) (a'_1 | u') - \\ \quad - (p' |^{d+1} a'_1 | \ldots a'_m | a_1 a_2 \ldots a_{n-d-m}) (a'_2 | u') + \cdots \\ \cdots + (-1)^{m+1} (p' |^{d+1} a'_1 | a'_2 | \ldots a'_{m-1} | a_1 a_2 \ldots a_{n-d-m}) (a'_m | u') + \\ \quad + (-1)^{m+2} (p' |^{d+1} a'_1 | a'_2 | \ldots a'_m | a_2 a_3 \ldots a_{n-d-m}) (a_1 u') + \cdots \\ \cdots + (-1)^{n-d+1} (p' |^{d+1} a'_1 | a'_2 | \ldots a'_m | a_1 a_2 \ldots a_{n-d-m-1}) (a_{n-d-m} u') \\ \qquad [d = 1, 2, \ldots, n-3], \quad [m = 0, 1, \ldots n-d]. \end{cases}$$

Hierdurch wird die rechte Seite von (14) derart umgeformt, daß in dem Klammerfaktor alle $n-i+j$ Symbolreihen $q'|$ vereinigt sind. Es zerfällt also $\vartheta_i^{k,j)}$ in eine Summe von Gliedern folgender Bauart: Jedes Glied ist ein Produkt eines Klammerfaktors

(16) . . $\omega=(q'|^{n-i+j}a'_1|a'_2|\ldots a'_m|\alpha_1\alpha_2\ldots\alpha_{i-m-j})$ $[i-j\geq 1]$

und von j Faktoren, die den Typen $f_3=(a'|b')$ und $f_4=(a\,b')$ angehören.

In (16) gehen wir nun nach Gleichung (9) zu ungestrichelten Symbolreihen q über und erhalten:

(17) $\omega=\dfrac{(n-i+j)!}{(i-j)!}(q^{i-j}\|a'_1|a'_2|\ldots a'_m|\alpha_1\alpha_2\ldots\alpha_{i-m-j})$ $[i-j\geqq 2]$.

Führen wir hier nun wieder nach (11) die Reihen β ein, so haben wir

(18) $\omega=(n-i+j)!\cdot(a'_1|a'_2|\ldots a'_m|\alpha_1\alpha_2\ldots\alpha_{i-m-j}\|\beta_1\beta_2\ldots\beta_{i-j})$

und dies ist ein Faktor vom Typus χ. Satz 2 ist hiermit bewiesen.

Wir können aber auch von Faktoren vom Typus χ absehen. Es gilt nämlich der

Satz 3: *Die Faktoren* $\chi_i^{(k)}$ *sind durch* f, φ *und* ψ *ausdrückbar.*

Beweis. Es sei

(19) . . . $\begin{cases}\chi_i^{(k)}=(a'_1|a'_2|\ldots a'_k|\alpha_1\alpha_2\ldots\alpha_{i-k}\|\beta_1\beta_2\ldots\beta_i)\\ \qquad (i=2,3,\ldots,n-1)\\ \qquad (k=1,2,\ldots,i-1).\end{cases}$

Wir führen i-fältige Komplexsymbole p ein durch die Gleichung:

(20) . . . . . $(\beta_1\beta_2\ldots\beta_i)_{i_1i_2}\ldots=p_{i_1i_2}\ldots=p_{i_1}p_{i_2}\ldots$

Dann haben wir:

$$i!\,\chi_i^{(k)}=(a'_1|a'_2|\ldots a'_k|\alpha_1\alpha_2\ldots\alpha_{i-k}\|p^i),$$

also nach (9):

(21) . . . $(n-i)!\,\chi_i^{(k)}=(p'|^{n-i}a'_1|a'_2|\ldots a'_k|\alpha_1\alpha_2\ldots\alpha_{i-k})$.

Hier führen wir $(i-k)$-fältige Komplexsymbole q ein:

(22) . . . . $(\alpha_1\alpha_2\ldots\alpha_{i-k})_{i_1i_2}\ldots=q_{i_1i_2}\ldots=q_{i_1}q_{i_2}\ldots$

und erhalten:

$$(n-i)!\,(i-k)!\,\chi_i^{(k)}=(p'|^{n-i}a'_1|a'_2|\ldots a'_k|q^{i-k}).$$

Durch Umstellung folgt hieraus:

$$(-1)^{(i-k)(n-i+k)}(n-i)!\,(i-k)!\,\chi_i^{(k)}=(q^{i-k}p'|^{n-i}a'_1|a'_2|\ldots a'_k|).$$

Der Übergang zu gestrichelten Symbolen q' ergibt:

$$(-1)^{(i-k)(n-i+k)}(n-i)!\,\chi_i^{(k)} = (q'\,|\,p')^{n-i}(q'\,|\,a'_1)(q'\,|\,a'_2)\ldots(q'\,|\,a'_k).$$

Hier führen wir genau so wie oben bei (13) die Symbole p ein:

$$(p'\,|\,q')^{n-i} = (-1)^{i(n-i)}\cdot\frac{1}{i!}\cdot(q'\,|^{n-i}\,p^i).$$

Somit wird, wenn $c \neq 0$ ein numerischer Faktor ist:

$$c\,\chi_i^{(k)} = (q'\,|^{n-i}\,p^i)(q'\,|\,a'_1)(q'\,|\,a'_1)\ldots(q'\,|\,a'_k),$$

also nach (20):

(23) . . . . $$\frac{c}{i!}\chi_i^{(k)} = (q'\,|^{n-i}\,\beta_1\beta_2\ldots\beta_i)(q'\,|\,a'_1)\ldots(q'\,|\,a'_k).$$

Hier formen wir mittels der Identität (15) (für $m=0$) so oft um, bis alle $n-i+k$ Symbolreihen $q'\,|$ in dem Klammerfaktor vereinigt sind. Es zerfällt $\chi_i^{(k)}$ dabei in eine Summe von Ausdrücken, deren jeder ein Produkt folgender Gestalt ist:

$$(q'\,|^{n-i+k}\,\beta_1\beta_2\ldots\beta_{i-k})(\beta_{i-k+1}\,a'_1)\ldots(\beta_i\,a'_k).$$

Gehen wir hier nach (9) zu Reihen q über, so erhalten wi wegen (22) Ausdrücke nachstehender Form:

$$(a_1 a_2 \ldots a_{i-k}\,||\,\beta_1\beta_2\ldots\beta_{i-k})(\beta_{i-k+1}\,a'_1)\ldots(\beta_i\,a'_k)$$

und diese enthalten also nur Faktoren f und ψ, w. z. b. w.

§ 10. Die weiteren Übergänge $a' \longrightarrow a$.

Wir sind vermöge eines zweimal durchgeführten Überganges $a'_1 \longrightarrow a_1$ von den Faktoren (1) § 7 zu den Faktoren (5) § 8 gelangt. Nun führen wir noch ein drittes Mal einen solchen Übergang $a'_1 \longrightarrow a_1$ durch, indem wir von (5) § 8 ausgehen. Hierbei können wir voraussetzen, daß die $(n-1)$-fältigen Komplexsymbole a'_1 weder in f_1 noch in f_2 vorkommen. Die Anwendung von (5) gestattet nämlich das Hineinziehen aller $n-1$ Reihen a'_1 in einen solchen Faktor f_1 oder f_2 und der Übergang $a'_1 \longrightarrow a_1$ führt dann zu keinen Faktortypen, die nicht schon in (5) § 8 aufgezählt sind. Dies gilt auch dann, wenn die Faktoren $\varphi_1, \varphi_2, \ldots, \varphi_{n-2}$ Reihen a'_1 enthalten. Die Identität (5) § 7 gilt nämlich auch für den Fall, daß statt des Faktors $(a'_1\,a)$ der linken Seite ein Faktor vom Typus:

$$(a'_1\,|\,b'_1\,|\,b'_2\,|\ldots b'_m\,|\,\beta_1\beta_2\ldots\beta_{n-m-1})$$

steht; mit anderen Worten, es gilt die Identität (5) § 7, wenn wir a_i durch die $(n-1)$-reihigen Determinanten

$$(b'_1 | b'_2 | \ldots b'_m | \beta_1 \beta_2 \ldots \beta_{n-m-1})_{1, 2, \ldots, i-1, i+1, \ldots, n}$$
$$(i = 1, 2, \ldots, n-1)$$

ersetzen.

Wir nehmen also jetzt an, es kommt a'_1 weder in f_1 noch in f_2 vor. Dann können die Reihen a'_1 in f_3, f_4 oder in Faktoren φ enthalten sein. Sind sie nur in Faktoren f_3 und f_4 vorhanden, so gibt der Übergang $a'_1 \to a_1$ keine neuen Typen, wie in § 8 gezeigt wurde. Wir können also annehmen, daß wenigstens ein Faktor φ die Symbolreihe a'_1 enthält.

Nun gilt für das Produkt zweier Faktoren φ die folgende Identität:

(1) $$\begin{aligned} \varphi_r \varphi_s = & (a'_1 | a'_2 | \ldots a'_r | a_1 a_2 \ldots a_{n-r}) (b'_1 | b'_2 | \ldots b'_s | \beta_1 \beta_2 \ldots \beta_{n-s}) = \\ = & (b'_1 | a'_2 | \ldots a'_r | a_1 a_2 \ldots a_{n-r}) (a'_1 | b'_2 | \ldots b'_s | \beta_1 \beta_2 \ldots \beta_{n-s}) - \\ - & (b'_1 | a'_1 | \ldots a'_r | a_1 a_2 \ldots a_{n-r}) (a'_2 | b'_2 | \ldots b'_s | \beta_1 \beta_2 \ldots \beta_{n-s}) + \cdots \\ \cdots + & (-1)^{n+1} (b'_1 | a'_1 | a'_2 | \ldots a'_r | a_1 a_2 \ldots a_{n-r-1}) \cdot \\ & \cdot (a_{n-r} b'_2 | \ldots b'_s | \beta_1 \beta_2 \ldots \beta_{n-s}). \end{aligned}$$

Aus dieser ergibt sich als spezieller Fall:

(2) $$\begin{aligned} & (k+1) \cdot (a'_1 |^k c'_1 | c'_2 | \ldots c'_r | a_1 a_2 \ldots a_{n-k-r}) (a'_1 | b'_2 | \ldots b'_s | \beta_1 \beta_2 \ldots \beta_{n-s}) = \\ = & (a'_1 |^{k+1} c'_2 | \ldots c'_r | a_1 a_2 \ldots a_{n-k-r}) (c'_1 | b'_2 | \ldots b'_s \, \beta_1 \beta_2 \ldots \beta_{n-s}) - \\ - & (a'_1 |^{k+1} c'_1 | \ldots c'_r | a_1 a_2 \ldots a_{n-k-r}) (c'_2 | b'_2 | \ldots b'_s | \beta_1 \beta_2 \ldots \beta_{n-s}) + \cdots \\ \cdots + & (-1)^{n-k-1} (a'_1 |^{k+1} c'_1 | c'_2 | \ldots c'_r | a_1 a_2 \ldots a_{n-k-r-1}) \cdot \\ & \cdot (a_{n-k-r} b'_2 | \ldots b'_s | \beta_1 \beta_2 \ldots \beta_{n-s}) \end{aligned}$$
$$[k = 1, 2, \ldots, n-2].$$

Kommen nun die Reihen a'_1 in mehreren Faktoren φ vor, so können wir mit Hilfe von (2) alle diese Reihen a'_1 in einen einzigen Faktor

(3) . . . $$\begin{cases} (a'_1 |^k c'_1 | c'_2 | \ldots c'_r | a_1 a_2 \ldots a_{n-k-r}) \\ [k = 1, 2, \ldots, n-2; \; r = 0, 1, \ldots, n-k-2] \end{cases}$$

hineinziehen. Wir können somit schließlich über das Vorkommen der $n-1$ Symbolreihen a'_1 folgendes voraussetzen: k Reihen a'_1 sind enthalten in einem durch (3) gegebenen Faktor φ, die $n-k-1$ übrigen Reihen a'_1 sind in Faktoren f_3 und f_4 enthalten.

In (3) haben wir

$$r \leq n - k - 2$$

angenommen. Für

$$r = n - k - 1$$

hätten wir eine Determinante vom Typus

$$(b_1' | b_2' | \ldots b'_{n-1} | a) = (l' a) (b'_1 b'_2 \ldots b'_{n-1} l'),$$

kämen somit auf Faktoren f_2 und f_5 zurück. Dies gilt auch im Falle

$$k = n-1, \quad r = 0.$$

Wir haben demnach den Ansatz:

$$(4) \quad \begin{cases} J = (a'_1|^k c'_1|c'_2|\dots c'_r|a_1 a_2 \dots a_{n-k-r})(a'_1|b'_1)(a'_1|b'_2)\dots \\ \qquad \dots (a'_1|b'_s)(a'_1\beta_1)\dots(a'_1\beta_{n-k-s-1}) \\ (k = 1, 2, \dots, n-2), \quad (r = 0, 1, 2, \dots, n-k-2), \\ (s = 0, 1, 2, \dots, n-k-1). \end{cases}$$

In J haben wir nun zur Reihe a_1 überzugehen. Ist $s \geqq 1$, so schaffen wir die s Reihen a'_1, die in den s Faktoren $(a'_1|b')$ vorkommen, in den Klammerfaktor hinein. Dies geschieht mit Hilfe derjenigen Identität, die sich aus (2) ergibt, wenn wir dort

$$(-1)^{i+1}(b'_2|b'_3|\dots b'_s|\beta_1\beta_2\dots\beta_{n-s})_{1\,2\dots i-1,\,i+1\dots n} = v'_i$$
$$(i = 1, 2, \dots, n-1)$$

setzen. Statt (4) haben wir dann den Ansatz:

$$(5) \quad J' = (a'_1|^k c'_1|c'_2|\dots c'_r|a_1 a_2 \dots a_{n-k-r})(a'_1\beta_1)(a'\beta_2)\dots(a'_1\beta_{n-k-1}),$$

in welchem also keine Faktoren vom Typus $(a'_1|b')$ vorhanden sind.

Wir führen nun ungestrichelte, $(n-k)$-fältige Komplexsymbole p ein durch die Gleichung:

$$(6) \quad (c'_1|c'_2|\dots c'_r|a_1 a_2 \dots a_{n-k-r})_{i_1 i_2 \dots} = p_{i_1 i_2 \dots} = p_{i_1} p_{i_2} \dots$$

Dann wird:

$$(n-k)!\, J' = (a'_1|^k p^{n-k})(a'_1\beta_1)\dots(a'_1\beta_{n-k-1}) =$$
$$= (-1)^{k(n-k)}(p^{n-k} a'_1|^k)(a'_1\beta_1)\dots(a'_1\beta_{n-k-1})$$

oder, wenn wir zu Symbolen p' übergehen:

$$(7) \quad (-1)^{k(n-k)}(n-k)!\, J' = (p'|a'_1)^k (a'_1\beta_1)\dots(a'_1\beta_{n-k-1}).$$

Hier können wir nach (1) und (2) des § 8 zur Reihe a_1 übergehen:

$$(-1)^{k(n-k)+(n-1)}(n-k)!\, J' = (p'|^k \beta_1\beta_2\dots\beta_{n-k-1} a_1)$$

und dies gibt nach (9) § 9, wenn wir zu den Reihen p zurückkehren:

$$(-1)^{k(n-k)+(n-1)} k!\, J' = (p^{n-k}\|\beta_1\beta_2\dots\beta_{n-k-1} a_1)$$

oder, wenn wir nach (6) wieder die Reihen $c'|$ und a einführen:

$$(8) \quad \begin{cases} (-1)^{k(n-k)+(n-1)} \cdot \dfrac{k}{(n-k)!} \cdot J' = \\ \qquad = (c'_1|c'_2|\dots c'_r|a_1 a_2 \dots a_{n-k-r}\|\beta_1\beta_2\dots\beta_{n-k-1} a_1). \end{cases}$$

Wir erhalten also für $r > 0$ einen Faktor $\chi^{(r)}_{n-k}$, für $r = 0$ einen Faktor ψ_{n-k}.

Somit können wir sagen: Ein Übergang $a'_1 \rightarrow a_1$ führt von den Faktoren f, φ zu den Faktoren f, φ, ψ und χ, daher nach Satz 3 (§ 9) zu Faktoren f, φ und ψ. Da aber die Faktoren ψ nur ungestrichelte Reihen enthalten, so folgt, *daß alle weiteren Übergänge* $a'_1 \rightarrow a_1$ *keine anderen Faktoren mehr erzeugen können als* f, φ *und* ψ.

§ 11. Der erste Fundamentalsatz.

Das Resultat des vorigen Paragraphen gestattet nun, den ersten Fundamentalsatz der symbolischen Methode für Bewegungsinvarianten auszusprechen, wenn die übliche symbolische Darstellung der Grundformen $f^{(i)}$ mittels gestrichelter und ungestrichelter Symbol- und Größenreihen zugrunde gelegt wird.

Es seien

$$f^{(1)}, f^{(2)}, f^{(3)}, \ldots$$

die gegebenen n-ären Grundformen ($n \geq 3$),

$$\alpha_1, \alpha_2, \ldots; \beta_1, \beta_2, \ldots$$
$$a'_1, a'_2, \ldots; b'_1, b'_2, \ldots$$

die Symbol- und Größenreihen, mit denen diese Grundformen symbolisch dargestellt sind. Ferner bedeute l' *die Größenreihe* $0:0:\ldots:1$.

Dann ist jede ganze rationale Bewegungsinvariante durch Faktoren folgender $2n+2$ *Typen darstellbar:*

$$(1) \quad \begin{cases} f_1 = (a'_1 a'_2 \ldots a'_n), \quad f_2 = (a'_1 a'_2 \ldots a'_{n-1} l'), \quad f_3 = (a'_1 \mid a'_2), \\ \qquad f_4 = (a'_1 \alpha_1), \quad f_5 = (l' \alpha_1), \quad f_6 = (\alpha_1 \alpha_2 \ldots \alpha_n), \\ \qquad \varphi_i = (a'_1 \mid a'_2 \mid \ldots a'_i \mid \alpha_1 \alpha_2 \ldots \alpha_{n-i}) \quad [i = 1, 2, \ldots, n-2] \\ \qquad \psi_k = (\alpha_1 \alpha_2 \ldots \alpha_k \parallel \beta_1 \beta_2 \ldots \beta_k) \quad [k = 2, 3, \ldots, n-1]. \end{cases}$$

Für $n = 3$ erhalten wir die acht Typen:

$$(2) \quad \ldots \begin{cases} f_1 = (a' b' c'), \quad f_2 = (a' b' l'), \quad f_3 = (a' \mid b'), \quad f_4 = (a' \alpha), \\ \qquad f_5 = (l' \alpha), \quad f_6 = (\alpha \beta \gamma), \\ \qquad \varphi_1 = (a' \mid \alpha \beta), \quad \psi_2 = (\alpha \beta \parallel \gamma \delta). \end{cases}$$

Für $n = 4$, also bei quaternären Formen, haben wir die folgenden zehn Faktortypen:

$$(3) \quad \ldots \begin{cases} f_1 = (a' b' c' d'), \quad f_2 = (a' b' c' l'), \quad f_3 = (a' \mid b'), \\ \qquad f_4 = (a' \alpha), \quad f_5 = (l' \alpha), \quad f_6 = (\alpha \beta \gamma \delta), \\ \qquad \varphi_1 = (a' \mid \alpha \beta \gamma), \quad \varphi_2 = (a' \mid b' \mid \alpha \beta) \\ \qquad \psi_2 = (\alpha \beta \parallel \gamma \delta), \quad \psi_3 = (\alpha \beta \gamma \parallel \lambda \mu \nu). \end{cases}$$

Bevor wir auf geometrische Anwendungen übergehen, wollen wir die Frage beantworten: wodurch unterscheiden sich die Bewegungs- und Umlegungsinvarianten von Hauptinvarianten?

Wenn wir an den bisher verwendeten *homogenen*, rechtwinkligen Koordinaten festhalten und die Grundformen wieder nur mit Reihen $a', b', \ldots$ darstellen, so kann man ein volles System von B. I. und H. I.

$$I_1, I_2, \ldots, I_\varrho$$

angeben, derart, daß jedes I_h ein Produkt von Faktoren

$$(a'b' \ldots k'm'), \; (a'b' \ldots k'l'), \; (a'|b')$$

wird (vgl. § 6). Jedes I_h ist dann B. I. und H. I. Ein begrifflicher Unterschied tritt erst dann zutage, wenn wir auf den Faktor φ_h achten, den I_h bei einer Transformation annimmt $\bar{I}_h = \varphi_h I_h$. Bei B. I. ist $\varphi_h = 1$ (bei Umlegungen allenfalls $\varphi_h = -1$), die I_h sind absolute B. I. Bei H. I. sind aber die φ_h Potenzen von $\Delta = 1 + k_n$, wo $k_n \neq 0$ ist, wenn die H. I. nicht gleichzeitig B. I. ist (vgl. § 3), Gleichungen (6)). Die I_h sind also relative H. I.

Eine weitere Unterscheidung zwischen B. I. und H. I. macht sich dann geltend, wenn wir auch Reihen $\alpha, \beta, \ldots$ bei der Darstellung verwenden. Dann ist z. B. die Summe zweier B. I., die homogen ist bezüglich jeder Reihe, wieder ein B. I., aber nicht notwendig auch eine H. I. So sind für $n=3$:

$$K_1 = (xyz) \qquad K_2 = (l'x)(l'y)(l'z)$$

zwei B. I. und H. I.; ihre Summe $K_1 + K_2$ ist B. I., aber nicht nicht H. I. Bei Ausführung einer Ähnlichkeitstransformation nimmt K_1 den Faktor Δ, K_2 den Faktor Δ^3 an, wo $\Delta \neq 1$.

§ 12. Geometrische Deutung für $n=3$ und $n=4$.

Wir geben in diesem § die geometrische Bedeutung der in (2) und (3) des vorigen § aufgezählten Faktortypen.

Es sei also zunächst $n=3$ und in der Ebene eine Reihe von Punkten $\alpha, \beta, \gamma, \delta, \ldots$ und von Geraden $a', b', c', \ldots$ gegeben. Von den in (2) § 11 angeführten Invarianten sind

(1) . . . . $f_1 = (a'b'c'), \quad f_4 = (a'\alpha)$ und $f_6 = (\alpha\beta\gamma)$

projektive (und daher auch Bewegungs-) Invarianten. Nehmen wir zu (1) hinzu:

(2) . . . . $f_2 = (a'b'l') \quad f_5 = (l'\alpha)$,

so erhalten wir die *affinen* Invarianten. $f_2 = 0$ sagt aus, daß a' parallel zu b'; $(l'\alpha) = 0$ bedeutet, daß α ein uneigentlicher Punkt ist.

Schließlich geben (1), (2) und

(3) . . . . $f_3 = (a' | b')$, $\varphi_1 = (a' | \alpha\beta)$, $\varphi_2 = (\alpha\beta \| \gamma\delta)$

die *Bewegungsinvarianten.* Hier bedeutet $f_3 = 0$, daß a' senkrecht zu b'. Verbinden wir die beiden Punkte α und β zur Geraden b', so ist

$$\varphi_1 = (a' | \alpha\beta) = (a' | b'),$$

d. h. $\varphi_1 = 0$ sagt aus, daß die Gerade a' senkrecht steht zur Verbindungslinie $\overline{\alpha\beta}$ von α und β. Analog bedeutet $\varphi_2 = (\alpha\beta \| \gamma\delta) = 0$, daß $\overline{\alpha\beta}$ senkrecht zu $\overline{\gamma\delta}$. $(\alpha\beta \| \alpha\beta) = 0$ gibt also die Bedingung, daß $\overline{\alpha\beta}$ eine Minimalgerade ist.

Bei $n = 4$ haben wir zunächst wieder die *projektiven* Invarianten

(4) . . . . $f_1 = (a' b' c' d')$, $f_4 = (a' \alpha)$, $f_6 = (\alpha\beta\gamma\delta)$.

Hiernach kommen, als *affine* Typen:

(5) . . . . $f_2 = (a' b' c' l')$, $f_5 = (l' \alpha)$

und schließlich zu (4) und (5) als *Bewegungsinvarianten*:

(6) . . . $f_3 = (a' | b')$, $\begin{matrix} \varphi_1 = (a' | \alpha\beta\gamma) \\ \varphi_2 = (a' | b' | \alpha\beta) \end{matrix}$, $\begin{matrix} \psi_2 = (\alpha\beta \| \gamma\delta) \\ \psi_3 = (\alpha\beta\gamma \| \lambda\mu\nu) \end{matrix}$.

Es ist auch hier leicht, die elementargeometrische Bedeutung des Verschwindens dieser Invarianten anzugeben. Wir führen dies etwa bei (6) durch. $f_3 = (a' | b') = 0$ sagt aus, daß die beiden Ebenen a' und b' senkrecht zueinander stehen. Es geben die drei Größen $a'_1 : a'_2 : a'_3$ die Richtung der Normalen der Ebene an. Sie sind also, wenn wir als vierte Koordinate die Null hinzufügen, die homogenen Koordinaten des uneigentlichen Punktes $a' |$ dieser Normalen (d. h. des Poles von a' bezgl. des „Kugelkreises").

$\varphi_1 = (a' | \alpha\beta\gamma) = 0$ sagt aus, daß die vier Punkte $a' |$, α, β und γ in einer Ebene liegen, d. h. daß die durch α, β und γ bestimmte Ebene senkrecht zur Ebene a' steht.

$\varphi_2 = (a' | b' | \alpha\beta) = 0$ sagt aus, daß durch die Gerade $\overline{\alpha\beta}$ eine Ebene möglich ist, die auf a' und auf b' senkrecht steht, d. h. also, daß $\overline{\alpha\beta}$ senkrecht ist zur Schnittlinie $\overline{a' b'}$.

$\psi_2 = (\alpha\beta \| \gamma\delta) = 0$ gibt die Orthogonalität der beiden Geraden $\overline{\alpha\beta}$ und $\overline{\gamma\delta}$; schließlich bedeutet $\psi_3 = (\alpha\beta\gamma \| \lambda\mu\nu) = 0$, daß die Ebene der 3 Punkte α, β und γ senkrecht steht zur Ebene $\overline{\lambda\mu\nu}$.

Es ist leicht, diese Resultate für einfache metrische Konstruktionen auszunutzen, indem man in den obigen Invarianten eine der Reihen veränderlich nimmt. So gibt z. B. $(u' | \alpha\beta\gamma) = 0$ den uneigentlichen Punkt der Normalen auf die Ebene $\overline{\alpha\beta\gamma}$. Hingegen ist $(a' | \alpha\beta x) = 0$

die Gleichung der Ebene durch die Gerade $\overline{\alpha\beta}$ senkrecht auf die Ebene a'.

Ferner ist z. B. $(x\beta \,\|\, \gamma\delta) = 0$ die Gleichung der Ebene durch β, senkrecht auf der Geraden $\overline{\gamma\delta}$. Hingegen gibt $(\pi^2\alpha \,\|\, \lambda\mu\nu) = 0$ die Gleichung der vom Punkte α auf die Ebene $\lambda\mu\nu$ gefällten Normalen usf.

§ 13. Die Elementargeometrie.

Der erste Fundamentalsatz für Bewegungsinvarianten gibt uns eine volle Übersicht über alle Invarianten, die bei einer Reihe von Punkten, Geraden, Ebenen, ... möglich sind. Wir gewinnen so alle Ausdrücke und Formeln, die bei elementargeometrischen Untersuchungen in der analytischen Geometrie vorkommen und wir beherrschen deren Struktur von vornherein. Es soll dies an einigen Beispielen erläutert werden.[1]).

Im vorigen § haben wir die geometrische Bedeutung des Verschwindens der einfachsten elementargeometrischen Invarianten für $n = 3$ und $n = 4$ angegeben. Den Invarianten selbst kommt eine solche zu, wenn sie homogen vom nullten Grad in jeder auftretenden Reihe sind. Derartige Invarianten bildet man hier am einfachsten so: Enthält eine ganze rationale Invariante J Reihen $\alpha, \beta, \ldots$ von Punktkoordinaten, so dividieren wir J durch geeignete Potenzen der Invarianten $(l'\alpha)$, $(l'\beta)$, ... Es kommt dies auf den Übergang zu inhomogenen Koordinaten hinaus. Sind auch Reihen $a', b', \ldots$ in J enthalten, so können wir ebenso durch geeignete Potenzen von $(a' \,|\, a')$, $(a' \,|\, b')$, ... dividieren.

Im ersten Falle ist dann $(l'\alpha) = 0$ und im zweiten $(a' \,|\, a') = 0$ auszuschließen, d. h. die uneigentlichen Punkte und die Minimal-R_{n-2}.

Beispiel 1: $n = 3$. Der Winkel φ zweier Geraden v' und w', die nicht Minimalgeraden sind, ist gegeben durch:

$$(1) \quad \ldots \quad \cos^2\varphi = \frac{(v' \,|\, w')^2}{(v' \,|\, v')\,(w' \,|\, w')} \qquad \sin^2\varphi = \frac{(v'\,w'\,l')^2}{(v' \,|\, v')\,(w' \,|\, w')}.$$

Die erste dieser Formeln gilt für beliebiges n und gibt den Winkel zweier R_{n-2}.

Der Abstand r zweier Punkte y und z ist eine irrationale Invariante:

[1]) Die Theorie der Bewegungsinvarianten wurde nebst zahlreichen Anwendungen vom Verfasser in einer Reihe von Arbeiten entwickelt: Wiener Berichte (1913)—(1919), 1.—15. Mitteilung.

(2) $$r^2 = \frac{(y\,z \,\|\, y\,z)}{(l'\,y)^2\,(l'\,z)^2}.$$

Auch diese Formel gilt für beliebiges n. Ebenso die folgende:

(3) $$p^2 = \frac{(v'\,y)^2}{(l'\,y)^2\,(v'\,|\,v')};$$

sie gibt den Abstand p des Punktes y von der Geraden (bezw. dem R_{n-2}) v'.

Beispiel 2: $n = 3$. Die Fläche des Dreieckes (y, z, t) ist eine rationale Invariante

(4) $$F = \frac{1}{2}\,\frac{(y\,z\,t)}{(l'\,y)\,(l'\,z)\,(l'\,t)}.$$

Für ein Tetraeder im R_3 haben wir analog für das Volumen

(5) $$V = \frac{1}{6}\,\frac{(y\,z\,t\,s)}{(l'\,y)\,(l'\,z)\,(l'\,t)\,(l'\,s)}.$$

Hingegen kommt für die Fläche F eines Dreieckes (y, z, t) im R_3:

(6) $$F^2 = \frac{1}{4}\,\frac{(y\,z\,t \,\|\, y\,z\,t)}{(l'\,y)^2\,(l'\,z)^2\,(l'\,t)^2}.$$

Beispiel 3: $n = 4$. Für den Abstand r eines Punktes y von einer Geraden $p_{ik} = q_{ik}$ bekommen wir:

(7) $$r^2 = \frac{2\,(p'\,|\,q')\,(p'\,y)\,(q'\,y)}{(p'\,|\,q')^2\,(l'\,y)^2}.$$

Hier steht im Zähler eine Bewegungsinvariante, deren Verschwinden aussagt, daß y auf einer der beiden durch p_{ik} gehenden Minimalebenen liegt.

Beispiel 4: $n = 4$. Bei zwei Geraden $a_{ik} = b_{ik}$ und $\alpha_{ik} = \beta_{ik}$ haben wir für ihren Winkel φ und ihren kürzesten Abstand r:

(8) $$\cos^2\varphi = \frac{[(a'\,|\,\alpha')^2]^2}{(a'\,|\,b')^2\,(\alpha'\,|\,\beta')^2}, \quad r^2 = \frac{[(a'\,\alpha)^2]^2}{(a'\,|\,b')^2\,(\alpha'\,|\,\beta')^2 - [(a'\,|\,\alpha')^2]^2}.$$

Ist $(a'\,\alpha)^2 = 0$, so schneiden sich die beiden Geraden; ist $(a'\,|\,\alpha')^2 = 0$, so stehen sie senkrecht zueinander; $(a'\,|\,b')^2 = 0$ gibt eine Minimalgerade.

Beispiel 5: $n = 5$. Zwei Ebenen $a_{ikl} = a'_{\varrho\sigma}$ und $\alpha_{ikl} = \alpha'_{\varrho\sigma}$ im R_4 besitzen zwei Neigungswinkel. Sie sind gegeben durch die quadratische Gleichung[1]):

(9) $$\left\{\begin{aligned} &\sin^4\varphi\cdot(a'\,|\,b')^2\,(\alpha'\,|\,\beta')^2 - \sin^2\varphi\Big[(a'\,|\,b')^{2}\,(\alpha'\,|\,\beta')^2 - \\ &\qquad - \{(a'\,|\,\alpha')^2\}^2 + \{(a'\,\alpha)^2\,(\alpha\,l')\}^2\Big] + \Big[(a'\,\alpha)^2\,(\alpha\,l')\Big]^2 = 0. \end{aligned}\right.$$

[1]) vgl. die 15. der oben genannten Mitteilungen: Wiener Berichte 128 (1919).

Hier gibt $(a' | b')^2 = 0$ eine sogenannte „Halbminimalebene“ (deren Kreispunkte zusammenfallen). Die Invariante $(a' a)^2 (a l')$ verschwindet, wenn der Schnittpunkt der beiden Ebenen im Unendlichen liegt.

§ 14. Der Kegelschnitt.

Wir geben zum Schlusse noch ein ausführliches Beispiel für ein volles Komitantensystem in der Elementargeometrie, indem wir *ein volles System von Bewegungsinvarianten* der drei ternären Formen:

(1) $$f^{(1)} = f = (a' X)^2, \quad f^{(2)} = (x U'), \quad f^{(3)} = (u' X)$$

angeben. Diese Formen, gleich Null gesetzt, stellen einen Kegelschnitt f, einen Punkt x und eine Gerade u' dar. Das volle System besteht aus den 18 folgenden Invarianten [1]) (vgl. hierzu II § 15 S. 60):

3 *Invarianten*:

(2) $$D = (a' b' c')^2, \quad C = (a' b' l')^2, \quad J_1 = (a' | a').$$

4 *Kovarianten*:

(3) $$\begin{cases} f = (a' x)^2, \quad L = (l' x), \quad W = (x a')(a' | b')(b' x) \\ S_2 = (a' b' l')(a' x)(b' | c')(c' x) \end{cases}$$

5 *Kontravarianten*:

(4) $$\begin{cases} f'' = (a' b' u')^2, \quad \Phi'' = (u' | u'), \quad V_1 = (a' | u')^2 \\ T_1 = (a' u' l')(a' | u'), \quad \Omega = (a' b' u')(a' b' l') \end{cases}$$

6 *Zwischenformen*:

(5) $$\begin{cases} J_0 = (u' x) & V_2 = (x a')(a' | u') \\ T_2 = (a' u' l')(a' x) & R_1 = (a' b' u')(a' x)(b' | u') \\ R_2 = (a' b' u')(a' x)(b' | c')(c' x) & S_1 = (a' b' l')(a' x)(b' | u'). \end{cases}$$

Diese Ausdrücke beherrschen die Elementargeometrie eines Kegelschnittes f, insbesondere basiert jede elementargeometrische Klassifikation der Kegelschnitte auf ihnen. Wir geben einige Anwendungen. D ist eine projektive, C eine affine Invariante. $J_1 = 0$ sagt aus, daß die beiden Kreispunkte $(u' | u') = 0$ bezüglich f konjugiert sind. Für $D \neq 0$, $C \neq 0$ ist dann f eine gleichseitige Hyperbel.

$D \neq 0$, $C = 0$, $J = 0$ ist nur bei nicht-reellen a'_{ik} möglich und gibt eine Parabel, deren Axe eine Minimalgerade ist.

---

[1]) vgl. die 4. und 5. der oben genannten Mitteilungen: Wiener Berichte 122 (1913) und 123 (1914).

$D = 0$, $C \neq 0$, $J_1 = 0$ gibt zwei zueinander senkrechte Geraden. $D = 0$, $C = 0$, $J_1 = 0$ gibt bei reellen a'_{ik} ein Geradenpaar, bei dem eine der Geraden uneigentlich ist. Bei nicht reellen a'_{ik} ist f ein Paar paralleler Minimalgeraden.

$D \neq 0$, $C \neq 0$, $J_1^2 - 2C = 0$ gibt bei reellen a'_{ik} die Bedingungen, daß f ein Kreis ist.

Es sei noch angeführt: Die Gleichung der *Evolute* von f in Punktkoordinaten ist gegeben durch

(6) $$16\,U^3 + 9\,D\,L^2\,S_2^{\,2} = 0.$$

Hierbei bedeutet U die Kovariante:

(7) $$U = \frac{1}{6}\,D\,L^2 - \frac{1}{4}\,(2J_1^{\,2} - C)\,f + \frac{1}{2}\,J_1\,W.$$

In Linienkoordinaten u' erhält man für die Evolute

(8) $$3f''\,V_1 - D\,\Phi''^2 = 0.$$

Der Krümmungsradius ϱ in einem Punkte x auf f ist gegeben durch

(9) $$\varrho^2 = 36\,\frac{W^3}{D^2\,L^6}$$

und der Krümmungsradius ϱ_1 der Evolute von f in dem dazugehörigen Evolutenpunkt durch

(10) $$\varrho_1^{\,2} = 16\,\frac{W^3\,S_2^{\,2}}{D^4\,L^{10}}.$$

XIII. Abschnitt: **Invarianten von Differentialformen.**

§ 1. **Differentialformen als Tensoren.**

Wir beschäftigen uns in diesem Abschnitte mit n-ären Formen F, deren Koeffizienten $a_{ikl\ldots}, \ldots$ *Funktionen* der n Veränderlichen $x_1, x_2, \ldots, x_n$ sind und bei denen die Veränderlichenreihen durch Differentiale $dx_1, dx_2, \ldots, dx_n$ gebildet werden.

Es sei

$$F = a_{11\ldots 1}\, dx_1^p + \cdots = \sum a_{i_1 i_2 \ldots i_p}\, dx_{i_1} \ldots dx_{i_p} \tag{1}$$

eine solche *Differentialform p^{ten} Grades.* Die Funktionen $a_{i_1 i_2 \ldots i_p}$ der n Veränderlichen x_i sollen dabei in einem nicht näher festgelegten Gebiete analytisch oder wenigstens genügend oft stetig ableitbar sein; „genügend oft“ soll heißen: so oft, als es die gerade durchgeführte Rechnung erfordert.

Aus einem Grunde, der gleich ersichtlich sein wird, schreiben wir die Differentiale dx_i mit oberem Index i, also $(dx)^i$ oder kürzer dx^i an Stelle von dx_i. Statt (1) haben wir dann, wenn wir so wie früher (vgl. XI § 1 S. 254) das Summenzeichen unterdrücken:

$$F = a_{i_1 i_2 \ldots i_p}\, dx^{i_1}\, dx^{i_2} \ldots dx^{i_p}. \tag{2}$$

An Stelle dieser Form oder dieses Tensors kann man etwas allgemeiner eine p-fach lineare Differentialform G betrachten, die linear und homogen ist bezüglich der p Reihen

$$d_h x^1,\ d_h x^2, \ldots, d_h x^n \qquad (h = 1, 2, \ldots, p). \tag{3}$$

Es ist dann

$$G = a_{i_1 i_2 \ldots i_p}\, d_1 x^{i_1} \ldots d_p x^{i_p} \tag{4}$$

und (2) ist ein Spezialfall von (4).

Die verschiedenen Reihen von Differentialen bedeuten dabei folgendes. Wenn die n Veränderlichen x_i differentierbare Funktionen von p Parametern $t_1, t_2, \ldots, t_p$ sind:

$$x_i = x_i(t_1, t_2, \ldots, t_p), \tag{5}$$

so sind die Reihen (3) definiert durch:

$$d_h x^i = \frac{\partial x_i}{\partial t_h}\, d t_h. \tag{6}$$

So wird z. B. bei (2), wenn $t_1 = t$ gesetzt wurde und x die Ableitung von x_i nach t bedeutet:

$$F = a_{i_1 i_2 \ldots i_p}\, x'_{i_1} x'_{i_2} \ldots x'_{i_p}\, (dt)^p \tag{7}$$

Im Anschlusse an die Ausführungen des XI. Abschnittes (§ 1 S. 252) sind F und G als *kovariante Tensoren* p^{ter} *Stufe* zu bezeichnen.[1]). Einen kovarianten Tensor 1. Stufe nennen wir dann wieder *kovarianten „Vektor“*. Es ist dies also eine lineare Differentialform

(8) $$L = a_1 dx^1 + a_2 dx^2 + \cdots + a_n dx^n = a_i dx^i.$$

Derartige lineare Differentialformen entstehen z. B., wenn wir das totale Differential einer Funktion $f = f(x_1, x_2, \ldots, x_n)$ bilden:

(9) $$df = \frac{\partial f}{\partial x_i} dx^1 + \cdots + \frac{\partial f}{\partial x_n} dx^n = \frac{\partial f}{\partial x_i} dx^i.$$

Es bilden also die ersten partiellen Ableitungen $\frac{\partial f}{\partial x_i}$ die Komponenten eines kovarianten Vektors. So wie wir nun früher auch Tensoren betrachtet haben, die als Veränderliche die Komponenten derartiger kovarianter Vektoren enthielten, so lassen wir auch hier solche Reihen zu und nennen demnach die Form

(10) $$\Phi = a^{i_1 i_2 \ldots i_q} \frac{\partial f}{\partial x_{i_1}} \frac{\partial f}{\partial x_{i_2}} \cdots \frac{\partial f}{\partial x_{i_q}}$$

der n „Veränderlichen“

(11) $$\frac{\partial f}{\partial x_1}, \frac{\partial f}{\partial x_2}, \ldots, \frac{\partial f}{\partial x_n}$$

einen *„kontravarianten Tensor* p^{ter} *Stufe“*. Allgemeiner ist dann

(12) $$\Psi = A^{k_1 k_2 \ldots k_s}_{i_1 i_2 \ldots i_p} dx^{i_1} dx^{i_2} \ldots dx^{i_p} \frac{\partial f}{\partial x_{k_1}} \frac{\partial f}{\partial x_{k_2}} \cdots \frac{\partial f}{\partial x_{k_s}}$$

ein *„gemischter Tensor* $(r+s)^{te}$ *Stufe“* mit den Komponenten $A^{k_1 k_2 \ldots k_s}_{i_1 i_2 \ldots i_p}$. Der wahre Grund für diese Bezeichnungen wird sich im folgenden § ergeben.

§ 2. Kogredienz und Kontragredienz.

Wir haben in der projektiven Invariantentheorie Formen von n Veränderlichen (und den daraus ableitbaren Koordinatenreihen) mit konstanten Koeffizienten betrachtet und dann die n Veränderlichen linearen homogenen Transformationen unterworfen.

---

[1]) Bei physikalischen Anwendungen spricht man mit Rücksicht auf die Veränderlichkeit der Komponenten $a_{ikl\ldots}$ von einem „Tensor*feld*“ (und Vektor*feld*). Ein Tensor*feld* gibt dann in einem bestimmten Punkte $x_1^0, x_2^0, \ldots, x_n^0$ den Tensor mit den konstanten Komponenten $a_{ikl\ldots}(x_1^0, \ldots x_n^0)$.

Hier haben wir mit Differentialformen zu tun, deren Koeffizienten selbst Funktionen der x_i sind. Auch hier unterwerfen wir die Veränderlichenreihen — das sind hier die Reihen $dx^1, dx^2, \ldots, dx^n$ — linear-homogenen Transformationen $dx \to d\bar{x}$, und zwar sollen diese zustande kommen durch n Funktionen

(1) $$x_i = x_i(\bar{x}_1, \bar{x}_2, \ldots, \bar{x}_n) \quad (i = 1, 2, \ldots, n)$$

von n neuen Veränderlichen $\bar{x}_i$, die in einem gewissen endlichen Gebiete eindeutig, stetig und stetig-differentierbar sind. Es ist dann

(2) $$dx^i = \sum_k \frac{\partial x_i}{\partial \bar{x}_k} d\bar{x}^k = \frac{\partial x_i}{\partial \bar{x}_k} d\bar{x}^k$$

die linear-homogene Transformation $dx \to d\bar{x}$ der Differentiale. Sie wird also erzeugt durch willkürliche Transformationen $x \to \bar{x}$ und die Transformationskoeffizienten $\frac{\partial x_i}{\partial \bar{x}_k}$ in (2) sind im allgemeinen wieder Funktionen der $\bar{x}_i$. Durch $x \to \bar{x}$ ist eine Abbildung des x-Raumes auf den $\bar{x}$-Raum vermittelt. Wir verlangen von ihr, daß sie — wenigstens in einem gewissen Gebiete — ein-eindeutig sei. Dann müssen sich die Gleichungen (2) nach den $d\bar{x}^k$ auflösen lassen, es muß also die Transformationsdeterminante

(3) $$\Delta = \left| \frac{\partial x_i}{\partial \bar{x}_k} \right| = \Delta(\bar{x}_1, \bar{x}_2, \ldots, \bar{x}_n)$$

von Null verschieden sein. Ist dies für eine Stelle $\bar{x}_i$ der Fall, so lassen sich die Gleichungen (1) umkehren:

(4) $$\bar{x}_k = \bar{x}_k(x_1, x_2, \ldots, x_n).$$

Bezeichnen wir die Minoren von $\frac{\partial x_i}{\partial \bar{x}_k}$ in Δ mit Δ_{ik}, setzen also:

(5) $$\Delta_{ik} = \frac{\partial \Delta}{\partial \frac{\partial x_i}{\partial \bar{x}_k}},$$

so gibt die Auflösung von (2):

(6) $$d\bar{x}^k = \sum_h \frac{\Delta_{hk}}{\Delta} dx^h.$$

Auch hier sind die Transformationskoeffizienten $\frac{\Delta_{hk}}{\Delta}$ Funktionen der $\bar{x}_i$; sie können aber vermöge (4) als Funktionen der x_i dargestellt werden.

Geht eine Funktion $f = f(x_1, x_2, \ldots, x_n)$ bei den Transformationen (1) über in eine Funktion $\bar{f}$ der neuen Veränderlichen $\bar{x}$, so erhält man $\bar{f}$ aus f, indem man in f an Stelle der x_i die rechten Seiten von (1) einsetzt:

(7) $$\bar{f} = \bar{f}(\bar{x}_1, \bar{x}_2, \ldots, \bar{x}_n) = f(x_1, x_2, \ldots, x_n).$$

Bilden wir hier das totale Differential, so entsteht

(8) $$d\bar{f} = df,$$

oder ausgeführt:

(9) $$\frac{\partial f}{\partial x_i} dx^i = \frac{\partial \bar{f}}{\partial \bar{x}_k} d\bar{x}_k.$$

Hier ersetzen wir links die dx^i nach (2); dies gibt

$$\frac{\partial f}{\partial x_i} \cdot \frac{\partial x_i}{\partial \bar{x}_k} d\bar{x}^k = \frac{\partial \bar{f}}{\partial \bar{x}_h} d\bar{x}^k, \quad \text{d. h. es ist}$$

(10) $$\frac{\partial \bar{f}}{\partial \bar{x}_i} = \sum_h \frac{\partial x_h}{\partial \bar{x}_i} \frac{\partial f}{\partial x_h} \quad (i = 1, 2, \ldots, n).$$

Diese Gleichungen erhält man auch direkt, wenn man $\bar{f} = f$ nach (7) und (4) als Funktion der $\bar{x}_i$ betrachtet und nach $\bar{x}$ differentiert. (10) gibt die Transformationsgleichungen für die zu den dx^i kontragredienten $\frac{\partial f}{\partial x_i}$. Aufgelöst haben wir:

(11) $$\frac{\partial f}{\partial x_i} = \frac{\Delta_{ih}}{\Delta} \frac{\partial \bar{f}}{\partial \bar{x}_h}.$$

Die Transformationen (2) und (11) heißen *„zueinander kontragredient"*. Eine Reihe von Größen $\xi^1, \xi^2, \ldots, \xi^n$ wird kogredient zu den dx^i transformiert, wenn $\xi \to \bar{\xi}$ gegeben ist durch

$$\xi^i = \frac{\partial x_i}{\partial \bar{x}_k} \bar{\xi}^k$$

Die Formeln

(12) $$\left| \begin{array}{ll} dx_i = \dfrac{\partial x_i}{\partial \bar{x}_k} d\bar{x}^k & d\bar{x}^k = \dfrac{\Delta_{hk}}{\Delta} dx^h \\[2ex] \dfrac{\partial f}{\partial x_i} = \dfrac{\Delta_{ih}}{\Delta} \cdot \dfrac{\partial \bar{f}}{\partial \bar{x}_h} & \dfrac{\partial \bar{f}}{\partial \bar{x}_k} = \dfrac{\partial x_h}{\partial \bar{x}_k} \cdot \dfrac{\partial f}{\partial x_h} \end{array} \right.$$

bilden die Grundlage für die Invariantentheorie der Differentialformen.

Wir merken noch die aus (11) folgenden Gleichungen an

(13) $$\frac{\partial \bar{x}_i}{\partial x_k} = \frac{\Delta_{ki}}{\Delta}.$$

§ 3. Tensoralgebra.

Die eben erörterten Begriffe ko- und kontragredient sind der projektiven Invariantentheorie entnommen. Die Reihen dx^i entsprechen dort den Raumkoordinaten u_i', die Reihen $\frac{\partial f}{\partial x_i}$ den Punktkoordinaten x_i. Ein gemischter Tensor ist eine Form mit Reihen von beiderlei Typen.

Es sei

(1) $$F = a_{i_1 i_2 \ldots i_r}^{k_1 k_2 \ldots k_s}\, dx^{i_1}\, dx^{i_2} \ldots dx^{i_r} \frac{\partial f}{\partial x_{k_1}} \frac{\partial f}{\partial x_{k_2}} \cdots \frac{\partial f}{\partial x_{k_s}}$$

ein gemischter Tensor $(r+s)^{ter}$ Stufe. Er gehe bei $x \to \bar{x}$ über in

(2) $$\overline{F} = \bar{a}_{\mu_1 \ldots \mu_r}^{\nu_1 \ldots \nu_s}\, d\bar{x}^{\mu_1} \ldots d\bar{x}^{\mu_r} \frac{\partial f}{\partial \bar{x}_{\nu_1}} \cdots \frac{\partial f}{\partial \bar{x}_{\nu_s}}.$$

Hier definiert man die neuen Tensorkomponenten so, daß

(3) $$F \equiv \overline{F}$$

wird, wenn in (1) die dx^i und die $\frac{\partial f}{\partial x_k}$ nach (12) § 2 durch die $d\bar{x}^\mu$ und die $\frac{\partial \bar{f}}{\partial \bar{x}_\nu}$ ausgedrückt werden. (3) soll dann *identisch* in den $d\bar{x}$ und in den Ableitungen $\frac{\partial \bar{f}}{\partial \bar{x}}$ gelten, d. h. auch dann, wenn diese Reihen durch zwei willkürliche Reihen ξ^i und η_k ersetzt werden. Setzen wir (12) § 2 in (1) ein, so wird nach (3):

(4) $$\left\{\begin{aligned} \bar{a}_{\mu_1 \ldots \mu_r}^{\nu_1 \ldots \nu_s} &= a_{i_1 \ldots i_r}^{k_1 \ldots k_s} \frac{\partial x_{i_1}}{\partial \bar{x}_{\mu_1}} \cdots \frac{\partial x_{i_r}}{\partial \bar{x}_{\mu_r}} \frac{\Delta_{k_1 \nu_1}}{\Delta} \cdots \frac{\Delta_{k_s \nu_s}}{\Delta} = \\ &= a_{i_1 \ldots i_r}^{k_1 \ldots k_s} \frac{\partial x_{i_1}}{\partial \bar{x}_{\mu_1}} \cdots \frac{\partial x_{i_r}}{\partial \bar{x}_{\mu_r}} \frac{\partial \bar{x}_{\nu_1}}{\partial x_{k_1}} \cdots \frac{\partial \bar{x}_{\nu_s}}{\partial x_{k_s}} \end{aligned}\right.$$

Dies sind die wichtigen „*Transformationsgleichungen*“ *für die Komponenten des gemischten Tensors* (1). Hervorgehoben sei, daß die $\bar{a}$ Funktionen der $\bar{x}$ sind; sie gehen aber nicht etwa aus den Funktionen

$$a_{i_1 \ldots i_r}^{k_1 \ldots k_s}(x_1, x_2, \ldots, x_n)$$

einfach dadurch hervor, daß in diesen Funktionen

$$x_i = x_i(\bar{x}_1, \bar{x}_2, \ldots, \bar{x}_n)$$

gesetzt wird, so wie dies bei einer einzelnen Funktion (7) § 2 der Fall ist. Die neuen Tensorkomponenten sind durch (4) gegeben und in (4) ist rechts alles durch $\bar{x}$ auszudrücken.

Ersetzen wir in (3) auf der rechten Seite die $d\bar{x}$ und $\frac{\partial \bar{f}}{\partial \bar{x}}$ nach (12) § 2, *so ergeben sich die Auflösungen von* (4):

(5)
$$\begin{cases} a^{k_1 \ldots k_s}_{i_1 \ldots i_r} = \bar{a}^{\nu_1 \ldots \nu_s}_{\mu_1 \ldots \mu_r} \frac{\Delta_{i_1 \mu_1}}{\Delta} \cdots \frac{\Delta_{i_r \mu_r}}{\Delta} \frac{\partial x_{k_1}}{\partial \bar{x}_{\nu_1}} \cdots \frac{\partial x_{k_s}}{\partial \bar{x}_{\nu_s}} = \\ \qquad = \bar{a}^{\nu_1 \ldots \nu_s}_{\mu_1 \ldots \mu_r} \frac{\partial \bar{x}_{\mu_1}}{\partial x_{i_1}} \cdots \frac{\partial \bar{x}_{\mu_r}}{\partial x_{i_r}} \frac{\partial x_{k_1}}{\partial \bar{x}_{\nu_1}} \cdots \frac{\partial x_{k_s}}{\partial \bar{x}_{\nu_s}}. \end{cases}$$

Bei einem kovarianten Tensor r^{ter} Stufe haben wir

(6) $$\bar{a}_{\mu_1 \ldots \mu_r} = a_{i_1 \ldots i_r} \frac{\partial x_{i_1}}{\partial \bar{x}_{\mu_1}} \cdots \frac{\partial x_{i_r}}{\partial \bar{x}_{\mu_r}}$$

und dual hierzu bei einem kontravarianten Tensor s^{ter} Stufe:

(7) $$\bar{b}^{\nu_1 \ldots \nu_s} = b^{k_1 \ldots k_s} \frac{\Delta_{k_1 \nu_1}}{\Delta} \cdots \frac{\Delta_{k_s \nu_s}}{\Delta}.$$

In der *Tensoralgebra* haben wir mit den Tensorkomponenten *allein* zu tun, noch nicht mit den Ableitungen dieser Funktionen nach den x_i; diese letzteren werden erst in der Tensoranalysis mitbehandelt.

Es hieße nun die Ausführungen des XI. Abschnittes wiederholen, wenn wir alles, was in der Tensoralgebra behandelt wird, aufzählen würden. Nur über den Invariantenbegriff sei noch folgendes angeführt.

Wir haben hier die Giltigkeit eines „*Reduktionssatzes*“: Ein Formenproblem irgendwelcher Tensoren wird auf ein Problem der *projektiven* Invariantentheorie (oder der *affinen*, wenn man die Veränderlichen als inhomogen deutet), reduziert. Es ist ja, solange man sich mit den Tensorkomponenten allein und nicht auch mit deren Ableitungen beschäftigt, gleichgiltig, ob diese, wie in der projektiven Invariantentheorie, Konstante, oder so wie hier, Funktionen sind.

Es sei etwa

(8) $$L = a_i dx^i$$

ein kovarianter Vektor. Bei einer Transformation $x \to \bar{x}$ ist *definitionsgemäß*

(9) $$\bar{L} = \bar{a}_k d\bar{x}^k = a_i dx^i.$$

Es ist demnach L selbst, ferner $a_i b^i$ und allgemeiner jede Summe

(10) $$I = a_{ikl\ldots} b^{ik\ldots} c^{l\ldots} \ldots,$$

in der jeder Index einmal oben und einmal unten steht, eine *absolute* Invariante:

(11) . . . . $\overline{I} = I.$

Nun wissen wir, daß die Ausdrücke (10) nicht die einzigen projektiven Invarianten darstellen, wir haben auch noch die Klammerfaktoren. Um diese anzuschreiben, haben wir die Tensorkomponenten in Symbole zu zerlegen, also z. B.

$$a_{i_1 i_2 \ldots i_r} = a_{i_1} a_{i_2} \ldots a_{i_r}$$

zu setzen, wobei die $a_{i_1}, a_{i_2}, \ldots, a_{i_n}$ jetzt die Komponenten eines symbolischen, kogredienten Vektors sind. Dies geht hier natürlich ebenso wie bei Tensoren mit konstanten Koeffizienten.

Die beiden zueinander dualen Typen von Klammerfaktoren sind dann die n-reihigen Determinanten:

(12) . . . . . $$\begin{cases} \varphi_1 = \sum \pm a_1 b_2 \ldots m_n = (a\, b \ldots m) \\ \varphi_2 = \sum \pm \alpha^1 \beta^2 \ldots \mu^n = (\alpha\, \beta \ldots \mu) \end{cases}$$

und die Gleichungen (12) § 2 geben:

(13) . . . . $$\overline{\varphi_1} = \Delta\, \varphi_1 \qquad \overline{\varphi_2} = \frac{1}{\Delta}\, \varphi_2 .$$

φ_1 und φ_2 sind *relative* Invarianten vom Gewichte $+1$ bezw. -1. Relative Invarianten vom Gewichte $+1$ werden auch *„skalare Dichten"* genannt und dienen zur Konstruktion von Integralinvarianten.[1])

Invarianten wie (10) sind durch Faktoren 1. Art allein darstellbar. Die Grundformen (= Tensoren) sind dann selbst absolute Invarianten und man bezeichnet kovariante Tensoren, wie z. B. $a_{ik}\, d x^i\, d x^k$ auch als *„Differentialkovarianten"*, kontravariante Tensoren wie

(14) . . . . $$a^{ik} \frac{\partial f}{\partial x_i} \frac{\partial f}{\partial x_k}$$

als *„Differentialkontravarianten"*. Lassen wir in einem kontravarianten (oder allgemeiner in einem gemischten) Tensor, wie z. B. in (14) das Funktionszeichen f weg, so entsteht ein sogenannter *„Differentialparameter"* erster Ordnung:

(15) . . . . $$a^{ik} \frac{\partial}{\partial x_i} \frac{\partial}{\partial x_k} .$$

---

[1]) *H. Weyl*, Raum, . . ., 4. Aufl. (1921) S. 98; *W. Pauli*, Relativitätstheorie, Teubner (1921) Nr. 19. Vgl. den Abschnitt XIV.

Betreffs des Begriffes „Verjüngung" sei auf XI § 3 S. 259 verwiesen. Auch die im XI. Abschnitte durch eine quadratische Form $g_{ik}\, d x^i\, d x^k$ definierte Metrik und das Hinauf- und Hinunterziehen der Indizes ist hier wörtlich übertragbar.

§ 4. **Tensoranalysis.**

Die Tensoralgebra ist nach den Ausführungen des vorigen § identisch mit der Theorie der projektiven Invarianten gewisser Grundformen oder Tensoren. Dabei können wir jede absolute Invariante als Eliminationsresultat auffassen, das man erhält, wenn wir aus den Transformationsgleichungen für die Tensorkomponenten die Transformationskoeffizienten $\frac{\partial x_i}{\partial \bar{x}_k}$ eliminieren. Umgekehrt ist nach VII § 9 S. 199 bei „allgemeinen" Tensoren (zwischen deren Komponenten keine invarianten Gleichungen bestehen) auch jedes derartige Eliminationsresultat von der Gestalt $\bar{I} = I$. Die für relative Invarianten giltige Beziehung $\bar{I} = \Delta^p I$ können wir bei dieser Auffassung als teilweises Eliminationsergebnis ansehen; teilweise deshalb, da die Transformationskoeffizienten $\frac{\partial x_i}{\partial \bar{x}_k}$ nicht völlig verschwunden sind, sondern nur noch in Δ stecken.

Diesen Standpunkt: die Invarianten als Eliminationsresultat zu betrachten, nehmen wir im folgenden in der *Tensoranalysis* ein. In dieser befaßt man sich mit Invarianten, die neben den Tensorkomponenten auch deren Ableitungen enthalten. Es gilt daher zunächst die Transformationsgleichungen für diese Ableitungen aufzustellen. Man erhält sie durch Differentiation der Transformationsgleichungen der Tensorkomponenten.

Sei etwa a_i ein kovarianter Vektor. Dann ist nach (12) § 2:

$$\bar{a}_i = \frac{\partial x_\lambda}{\partial \bar{x}_i}\, a_\lambda. \tag{1}$$

Hieraus durch Differentiation nach $\bar{x}$, wobei rechts die a_λ zunächst nach x zu differentieren sind:

$$\frac{\partial \bar{a}_i}{\partial \bar{x}_\alpha} = \frac{\partial x_\lambda}{\partial \bar{x}_i} \cdot \frac{\partial a_\lambda}{\partial x_\mu} \cdot \frac{\partial x_\mu}{\partial \bar{x}_\alpha} + a_\lambda\, \frac{\partial^2 x_\lambda}{\partial \bar{x}_i\, \partial \bar{x}_\alpha}. \tag{2}$$

Nochmaliges Ableiten gibt:

$$(3)\quad \left\{\begin{aligned} \frac{\partial^2 \bar{a}_i}{\partial \bar{x}_\alpha \partial \bar{x}_\beta} &= \frac{\partial^2 a_\lambda}{\partial x_\mu \partial x_\nu} \frac{\partial x_\lambda}{\partial \bar{x}_i} \frac{\partial x_\mu}{\partial \bar{x}_\alpha} \frac{\partial x_\nu}{\partial \bar{x}_\beta} + \\ &+ \frac{\partial a_\lambda}{\partial x_\mu} \left(\frac{\partial^2 x_\lambda}{\partial \bar{x}_i \partial \bar{x}_\beta} \frac{\partial x_\mu}{\partial \bar{x}_\alpha} + \frac{\partial x_\lambda}{\partial \bar{x}_i} \frac{\partial^2 x_\mu}{\partial \bar{x}_\alpha \partial \bar{x}_\beta} + \frac{\partial^2 x_\lambda}{\partial \bar{x}_i \partial \bar{x}_\alpha} \frac{\partial x_\mu}{\partial \bar{x}_\beta} \right) + \\ &+ a_\lambda \frac{\partial^3 x_\lambda}{\partial \bar{x}_i \partial \bar{x}_\alpha \partial \bar{x}_\beta}, \text{ u. s. f.} \end{aligned}\right.$$

Bei einem kontravarianten Vektor b^i benützen wir die erste der Gleichungen (12) § 2 zur Differentiation und erhalten:

$$(4)\quad \ldots\ldots \left\{\begin{aligned} & b^i = \frac{\partial x_i}{\partial \bar{x}_\lambda} \bar{b}^\lambda \\ & \frac{\partial b^i}{\partial x_\alpha} = \frac{\partial x_i}{\partial \bar{x}_\lambda} \frac{\partial \bar{b}^\lambda}{\partial \bar{x}_\mu} \cdot \frac{\partial \bar{x}_\mu}{\partial x_\alpha} + \bar{b}^\lambda \frac{\partial^2 x_i}{\partial \bar{x}_\lambda \partial \bar{x}_\alpha} \\ & \text{u. s. f.} \end{aligned}\right.$$

Analog bei Tensoren höherer Stufe. Wir bezeichnen alle diese Transformationsgleichungen für die Komponenten a eines Tensors und für deren Ableitungen zusammenfassend so:

$$(5)\quad \ldots\ldots \left\{\begin{aligned} & \bar{a} = \varphi_1 \left(a, \frac{\partial x}{\partial \bar{x}} \right) \\ & \frac{\partial \bar{a}}{\partial \bar{x}} = \varphi_2 \left(a, \frac{\partial a}{\partial x}, \frac{\partial x}{\partial \bar{x}}, \frac{\partial^2 x}{\partial \bar{x}^2} \right) \\ & \frac{\partial^2 \bar{a}}{\partial \bar{x}^2} = \varphi_3 \left(a, \ldots\ldots, \frac{\partial^3 x}{\partial \bar{x}^3} \right) \\ & \text{u. s. f.} \end{aligned}\right.$$

Die „*Differentialinvarianten*“ eines oder mehrerer Tensoren a, b, ... ergeben sich dann durch Elimination von

$$(6)\quad \ldots\ldots \frac{\partial x}{\partial \bar{x}}, \frac{\partial^2 x}{\partial \bar{x}^2}, \frac{\partial^3 x}{\partial \bar{x}^3}, \ldots$$

aus den Gleichungen (5).

Analoges gilt für Funktionen $F = F(x_1, x_2, \ldots, x_n)$. Geht F bei $x \to \bar{x}$ über in $\bar{F} = \bar{F}(\bar{x}_1, \bar{x}_2, \ldots, \bar{x}_n)$:

$$F = \bar{F},$$

so haben wir hieraus durch Ableiten:

$$(7) \quad \left\{\begin{array}{l} \dfrac{\partial \bar{F}}{\partial \bar{x}_\alpha} = \dfrac{\partial F}{\partial x_\lambda}\dfrac{\partial x_\lambda}{\partial \bar{x}_\alpha} \\ \dfrac{\partial^2 \bar{F}}{\partial \bar{x}_\alpha \partial \bar{x}_\beta} = \dfrac{\partial^2 F}{\partial x_\lambda \partial x_\mu}\dfrac{\partial x_\lambda}{\partial \bar{x}_\alpha}\dfrac{\partial x_\mu}{\partial \bar{x}_\beta} + \dfrac{\partial F}{\partial x_\lambda}\dfrac{\partial^2 x_\lambda}{\partial \bar{x}_\alpha \partial \bar{x}_\beta} \\ \text{u. s. f.} \end{array}\right.$$

Analog für weitere Funktionen G, H, ... Hier gibt die Elimination von (6) „*Differentialinvarianten*" der Funktionen F, G, H, ... Wir heben hervor, daß in (5) und (7) die höchsten Ableitungen der Reihe (6) immer linear auf den rechten Seiten enthalten sind.

Man nennt eine Differentialinvariante I von Tensoren oder Funktionen F, G, ... *von* m^{ter} *Ordnung*, wenn die höchsten Ableitungen dieser Funktionen oder der Tensorkomponenten, die in I enthalten sind, m^{te} sind. Die Invarianten der Tensoralgebra sind Differentialinvarianten nullter Ordnung.

Die Elimination der Funktionen (6) aus den Transformationsgleichungen erscheint als verwickeltes algebraisches Problem. Und doch läßt sich für beliebige Tensoren ein Weg angeben, nach welchem alle ganzen, rationalen Differentialinvarianten bis zu einer gegebenen Ordnung m aufstellbar sind. Bevor wir jedoch hierüber mehr sagen, betrachten wir einige Spezialfälle.

Vorher noch eine Bemerkung. Ist

$$(8) \quad I = I\left(a_{ikl}\ldots, \frac{\partial a_{ikl}\ldots}{\partial x_\alpha}, \ldots, \frac{\partial F}{\partial x_\beta}, \ldots\right)$$

eine absolute Differentialinvariante irgendwelcher Tensoren, $a_{ikl}\ldots$, ... und Funktionen F, ..., so haben wir, identisch in allen angeschriebenen Argumenten, bei $x \to \bar{x}$.

$$(9) \quad I = I\left(a, \frac{\partial a}{\partial x}, \ldots, \frac{\partial F}{\partial x}, \ldots\right) = I\left(\bar{a}, \frac{\partial \bar{a}}{\partial \bar{x}}, \ldots, \frac{\partial \bar{F}}{\partial \bar{x}}, \ldots\right) = \bar{I}.$$

Daraus folgt, wenn wir links und rechts das totale Differential bilden:

$$(10) \quad dI = \frac{\partial I}{\partial x_\alpha}\, dx^\alpha = \frac{\partial \bar{I}}{\partial \bar{x}_\alpha}\, d\bar{x}^\alpha = d\bar{I},$$

d. h. es ist auch dI eine absolute Invariante.

Ist hingegen I eine relative Differentialinvariante vom Gewichte $p \neq 0$:

$$\bar{I} = \Delta^p I,$$

so haben wir

$$d\bar{I}=\frac{\partial \bar{I}}{\partial \bar{x}_a}\,d\bar{x}^a=\Delta^p\,dI+I\cdot d\Delta^p$$

und dI ist z. B. dann wieder eine Invariante, wenn die Transformationskoeffizienten konstant sind, d. h. wenn die Transformationen $x \longrightarrow \bar{x}$ linear sind.

§ 5. Die Linearform $a_i\,dx^i$.

Es sei

(1) $$L=a_i\,dx^i=a_1\,dx^1+a_2\,dx^2+\cdots+a_n\,dx^n$$

ein kovarianter Vektor a_i. Schreiben wir die Transformationsgleichungen für a_i, $\frac{\partial a_i}{\partial x_a}$, $\frac{\partial^2 a_i}{\partial x_a\,\partial x_\beta}$, ... an, so zeigt sich, daß die Elimination der dritten und höheren Ableitungen von x nach $\bar{x}$ nicht möglich ist. Bei den zweiten Ableitungen $\frac{\partial^2 x_\lambda}{\partial \bar{x}_i\,\partial \bar{x}_a}$ ist sie möglich, wenn wir die Symmetriebeziehung

$$\frac{\partial^2 x_\lambda}{\partial \bar{x}_i\,\partial \bar{x}_a}=\frac{\partial^2 x_\lambda}{\partial \bar{x}_a\,\partial \bar{x}_i}$$

benützen (deren Giltigkeit wir hier natürlich voraussetzen). Vertauschen wir dann in

$$\frac{\partial \bar{a}_i}{\partial \bar{x}_a}=\frac{\partial a_\lambda}{\partial x_\mu}\,\frac{\partial x_\lambda}{\partial \bar{x}_i}\,\frac{\partial x_\mu}{\partial \bar{x}_a}+a_\lambda\,\frac{\partial^2 x_\lambda}{\partial \bar{x}_i\,\partial \bar{x}_a}$$

i und a und subtrahieren, so kommt:

(2) $$\frac{\partial \bar{a}_i}{\partial \bar{x}_a}-\frac{\partial \bar{a}_a}{\partial \bar{x}_i}=\left(\frac{\partial a_\lambda}{\partial x_\mu}-\frac{\partial a_\mu}{\partial x_\lambda}\right)\frac{\partial x_\lambda}{\partial \bar{x}_i}\,\frac{\partial x_\mu}{\partial \bar{x}_a}.$$

Dies sind die Transformationsgleichungen für einen kovarianten, alternierenden Tensor 2. Stufe

(3) $$a_{i\,k}=-\,a_{k\,i}=\frac{\partial a_i}{\partial x_k}-\frac{\partial a_k}{\partial x_i}.$$

Er heißt *die Rotation* (curl) vom Vektor a_i. Seine Komponenten befriedigen die Differentialgleichungen

(4) $$a_{i\,k\,l}=\frac{\partial a_{k\,l}}{\partial x_i}+\frac{\partial a_{l\,i}}{\partial x_k}+\frac{\partial a_{i\,k}}{\partial x_l}=0.$$

Ist $a_{ik} \equiv 0$ für alle x, so ist L ein exaktes Differential und umgekehrt. Die Linearform L hat dann, von L selbst abgesehen, keine Differentialinvarianten.

Verschwindet hingegen die Rotation a_{ik} nicht, so haben wir den *Reduktionssatz: Die Differentialinvarianten der Linearform L bestimmen, heißt die projektiven Invarianten der beiden n-ären Formen aufzusuchen:*

$$(5) \quad \ldots \quad \begin{cases} L = (a\,u') = a_1 u_1' + a_2 u_2' + \cdots + a_n u_n' \\ K = (a\,\pi')^2 = 2 \sum a_{ik} \pi'_{ik} \end{cases}.$$

Davon gibt die erste, gleich Null gesetzt, einen Punkt a, die zweite einen linearen G_{n-2}-Komplex (das duale Gebilde zum Linienkomplex) mit den Koeffizienten a_{ik}.

Schreiben wir K als Klammerfaktor (vgl. III § 4 S. 75):

$$K_1 = (\pi^{n-2} a^2),$$

so können wir K als erstes Glied K_1 einer Reihe von Kovarianten auffassen:

$$(6) \quad \ldots \quad \begin{cases} K_1 = (\pi^{n-2} a^2) = (n-2)!\,(\pi' a)^2 \\ K_2 = (\pi^{n-4} a^2 \beta^2) = (n-4)!\,(\pi' a)^2 (\pi' \beta)^2 \\ K_3 = (\pi^{n-6} a^2 \beta^2 \gamma^2) = (n-6)!\,(\pi' a)^2 (\pi' \beta)^2 (\pi' \gamma)^2 \\ \ldots\ldots\ldots\ldots\ldots\ldots\ldots\ldots \end{cases}.$$

Dies gibt eine Reihe von multilinearen Kovarianten, die wir mit Hilfe von verschiedenen Reihen

$$d_h x^1,\ d_h x^2, \ldots, d_h x^n \quad (h = 1, 2, \ldots)$$

anschreiben:

$$(7) \quad \begin{cases} L_1 = \sum P_{ik} (d_1 x\, d_2 x)^{ik} = \sum a_{ik} (d_1 x^i d_2 x^k - d_2 x^i d_1 x^k) \\ L_2 = \sum\limits_{ikrs} P_{ikrs} (d_1 x\, d_2 x\, d_3 x\, d_4 x)^{ikrs} = \\ \qquad = \sum\limits_{ikrs} P_{ikrs} \begin{vmatrix} d_1 x^i & d_1 x^k & d_1 x^r & d_1 x^s \\ d_2 x^i & d_2 x^k & d_2 x^r & d_2 x^s \\ d_3 x^i & d_3 x^k & d_3 x^r & d_3 x^s \\ d_4 x^i & d_4 x^k & d_4 x^r & d_4 x^s \end{vmatrix}. \\ \text{u. s. f.} \end{cases}$$

Die Komponenten $P_{i_1 i_2 \ldots i_{2\varrho}}$ dieser zu L kovarianten Tensoren $2\varrho^{ter}$ Stufe sind die aus a_{ik} gebildeten „Pfaffschen Aggregate“ [1]).

---

[1]) vgl. etwa: *Kowalewski*, Einf. in die Determinantentheorie, Leipzig (1909) S. 140.

Es ist, wenn $i_1, i_2, \ldots$ verschiedene der Zahlen $1, 2, \ldots, n$ bedeuten:

$$(8)\qquad \begin{cases} P_{i_1 i_2} = a_{i_1 i_2} \\ P_{i_1 i_2 i_3 i_4} = a_{i_1 i_2} P_{i_3 i_4} - a_{i_1 i_3} P_{i_2 i_4} + a_{i_1 i_4} P_{i_2 i_3} \\ P_{i_1 \ldots i_6} = a_{i_1 i_2} P_{i_3 i_4 i_5 i_6} - a_{i_1 i_3} P_{i_2 i_4 i_5 i_6} + \cdots + a_{i_1 i_6} P_{i_1 i_2 i_3 i_4} \\ \cdots\cdots\cdots\cdots\cdots\cdots \end{cases}.$$

Die Quadrate dieser Funktionen $P_{i_1 i_2 \ldots i_{2\varrho}}$ sind die 2ϱ-reihigen Hauptminoren der schiefsymmetrischen Matrix

$$(9)\qquad M = \left\| \begin{matrix} 0 & a_{12} & a_{13} & \ldots & a_{1n} \\ a_{21} & 0 & a_{23} & \ldots & a_{2n} \\ a_{31} & a_{32} & 0 & \ldots & a_{3n} \\ \cdot & \cdot & \cdot & \cdot & \cdot \\ a_{n1} & a_{n2} & a_{n3} & \ldots & 0 \end{matrix} \right\|.$$

Bezüglich der weiteren Theorie einer linearen Differentialform L sei auf das reichhaltige Buch von *E. v. Weber*[1]) verwiesen.

Hier sei noch das Folgende angeführt. Neben der Matrix M (9) spielen noch die beiden folgenden eine große Rolle:

$$(10)\qquad N = \left\| \begin{matrix} a_1 & a_2 & \ldots & a_n \\ 0 & a_{12} & \ldots & a_{1n} \\ a_{21} & 0 & \ldots & a_{2n} \\ \cdot & \cdot & \cdot & \cdot \\ a_{n1} & a_{n2} & \ldots & 0 \end{matrix} \right\|$$

$$(11)\qquad M' = \left\| \begin{matrix} 0 & a_1 & a_2 & \ldots & a_n \\ -a_1 & 0 & a_{12} & \ldots & a_{1n} \\ -a_2 & a_{21} & 0 & \ldots & a_{2n} \\ \cdot & \cdot & \cdot & \cdot & \cdot \\ -a_n & a_{n1} & a_{n2} & \ldots & 0 \end{matrix} \right\|.$$

Die Determinanten von M und M' sind relative Differentialinvarianten des Vektors a_i, von denen eine stets identisch verschwindet und zwar M bei ungeradem n, M' bei geradem n.

Die Frage nach der *Äquivalenz* zweier Formen $L = a_i\,dx^i$ und $\overline{L} = \overline{a}_i\,d\overline{x}^i$ (d. h. die Möglichkeit, L in $\overline{L}$ durch $x \to \overline{x}$ überzuführen) kommt auf die projektive Äquivalenz der beiden Formen (5) mit den entsprechenden Formen $\overline{L}$ und $\overline{K}$ hinaus. Es gilt hier der Satz: Für die Äquivalenz von L und $\overline{L}$ ist notwendig und hin-

[1]) Vorlesungen über das Pfaffsche Problem, Leipzig (1900).

reichend, daß beide Tensoren von derselben „Klasse" k sind. Hierbei heißt L von der Klasse k, wenn die Matrix (10) den Rang k hat, d. h. wenn die höchsten Minoren von N, die nicht identisch (für alle x_i) verschwinden, k-reihig sind.

Ist L von der Klasse k, so ist stets eine Transformation $x \to \bar{x}$ möglich, derart, daß in $\bar{L}$ genau $n-k$ Komponenten Null sind, d. h. daß $\bar{L}$ eine k-äre Differentialform $\bar{a}_1 d\bar{x}^1 + \cdots + \bar{a}_k d\bar{x}^k$ wird. Ist $k = n$, so nennt man den Tensor L auch „bedingungslos". —

Der Eliminationsprozeß, der von $L = a_i dx^i$ zur Rotation führt [vgl. (2)], läßt sich in sehr übersichtlicher Weise mit Hilfe des „Kalküls mit Differentialen" durchführen. Wir setzen:

$$(12) \qquad \begin{cases} L = dT = a_i dx^i \\ L' = \delta T = a_i \delta x^i \end{cases}$$

und bilden:

$$(13) \qquad \delta d T = \delta a_i dx^i + a_i \delta d x^i = \frac{\partial a_i}{\partial x_k} \delta x^k dx^i + a_i \delta d x^i .$$

Hierbei hat man sich die x_i als Funktionen von zwei Parametern t und τ zu denken: $x_i = x_i(t, \tau)$ und zu setzen

$$(14) \qquad \begin{cases} dx^i = \dfrac{\partial x_i}{\partial t} dt, \quad \delta x^i = \dfrac{\partial x_i}{\partial \tau} d\tau \\ d^2 x^i = \dfrac{\partial^2 x_i}{\partial t^2} (dt)^2, \quad \delta d x^i = \dfrac{\partial^2 x_i}{\partial t \partial \tau} dt\, d\tau, \quad \delta^2 x^i = \dfrac{\partial^2 x_i}{\partial \tau^2} (d\tau)^2; \end{cases}$$

es ist dann

$$(15) \qquad \delta d x^i = d \delta x^i .$$

Bilden wir jetzt analog zu (13) $d \delta T$ und subtrahieren, so fallen wegen (15) die gemischten Differentiale heraus und es wird

$$(16) \qquad (\delta d - d \delta) T = \left(\frac{\partial a_i}{\partial x_k} - \frac{\partial a_k}{\partial x_i} \right) dx^i \delta x^k = a_{ik} dx^i \delta x^k .$$

§ 6. **Alternierende Tensoren.**[1])

Das eben geschilderte Rechnen mit Differentialen läßt sich leicht auf alternierende Tensoren beliebiger Stufe übertragen.

Es sei

$$(1) \qquad F = a_{i_1 i_2 \ldots i_m} d_1 x^{i_1} d_2 x^{i_2} \ldots d_m x^{i_m} \qquad (m \leqq n - 1)$$

[1]) vgl. hierzu den § 12 des folgenden Abschnittes.

ein alternierender Tensor m^{ter} Stufe, also eine m-fach lineare Form der m Reihen von Differentialen

(2) $$d_\varrho x^1, d_\varrho x^2, \ldots, d_\varrho x^n \quad (\varrho = 1, 2, \ldots, m),$$

so daß für die Komponenten die Gleichungen gelten

(3) $$a_{ikl\ldots} = - a_{kil\ldots} = \cdots .$$

Wir schreiben statt F, analog den Gleichungen (12) des vorigen §:

(4) $$F = d_1 d_2 \ldots d_m T = a_{i_1 i_2 \ldots i_m} d_1 x^{i_1} d_2 x^{i_2} \ldots d_m x^{i_m}$$

und bilden hievon das totale Differential:

(5) $$\left\{\begin{aligned} d_{m+1} d_1 d_2 \ldots d_m T &= \frac{\partial a_{i_1 \ldots i_m}}{\partial x_{i_{m+1}}} d_1 x^{i_1} \ldots d_{m+1} x^{i_{m+1}} + \\ &+ a_{i_1 \ldots i_m} \big(d_1 d_{m+1} x^{i_1} d_2 x^{i_2} \ldots d_m x^{i_m} + \\ &+ d_1 x^{i_1} d_2 d_{m+1} x^{i_2} \ldots d_m x^{i_m} + \cdots + d_1 x^{i_1} \ldots d_m d_{m+1} x^{i_m}\big). \end{aligned}\right.$$

Hier können wir wieder durch zyklische Vertauschung der $d_{m+1}, d_1, d_2, \ldots, d_m$ und lineare Kombination der so entstehenden Gleichungen die gemischten Differentiale $d_\varrho d_\sigma x^i$ eliminieren.

Wir müssen die beiden Fälle unterscheiden: 1. m gerade, $= 2h$ und 2. m ungerade, $= 2h + 1$. Im ersten Falle vertauschen wir die $d_1, d_2, \ldots, d_{m+1}$ zyklisch und addieren. Dann bleibt ein alternierender Tensor $(m+1)^{ter}$ Stufe

(6) $$a_{i_1 \ldots i_{m+1}} = \sum_z + \frac{\partial a_{i_1 \ldots i_m}}{\partial x_{i_{m+1}}}.$$

Hierbei soll $\sum\limits_z$ die zyklische Summation bedeuten und das Zeichen $+$ angeben, daß alle Summanden positiv zu nehmen sind.

Ist hingegen im zweiten Falle $m = 2h + 1$, so vertauschen wir wieder in (5) die $d_1, d_2, \ldots, d_{m+1}$ zyklisch, addieren sie aber mit alternierenden Zeichen, was wir durch $\sum\limits_z \pm$ andeuten. Es entsteht dann analog (6) der alternierende Tensor $(m+1)^{ter}$ Stufe:

(7) $$a_{i_1 \ldots i_{m+1}} = \sum_z \pm \frac{\partial a_{i_1 \ldots i_m}}{\partial x_{i_{m+1}}} = \frac{\partial a_{i_1 \ldots i_m}}{\partial x_{i_{m+1}}} - \frac{\partial a_{i_2 \ldots i_m i_{m+1}}}{\partial x_{i_1}} + \cdots .$$

Für $m = 1$ haben wir in diesem Falle die Rotation a_{ik} vom Vektor a_i. Bei $m = 2$ gibt (6) den alternierenden Tensor 3. Stufe:

(8) $$a_{ikl} = \frac{\partial a_{kl}}{\partial x_i} + \frac{\partial a_{li}}{\partial x_k} + \frac{\partial a_{ik}}{\partial x_l}.$$

Er gibt für $n = 4$ bei passender physikalischer Deutung die

Maxwellschen Gleichungen[1]). Ist in (8) der Tensor a_{ik} eine Rotation, so verschwinden die a_{ikl} identisch. Diese Erscheinung überträgt sich auch auf die Tensoren (6) und (7). Wir wollen dies etwa bei (7) näher ausführen. Hiezu leiten wir aus dem Tensor $a_{i_1 \dots i_{m+1}}$, bei dem die Stufenzahl $(m+1)$ jetzt gerade ist, nach (6) den alternierenden Tensor $(m+2)^{ter}$ Stufe

$$(9) \quad \beta_{i_1 i_2 \dots i_m i_{m+1} i_{m+2}} = \sum_z + \frac{\partial a_{i_1 i_2 \dots i_{m+1}}}{\partial x_{i_{m+2}}}$$

her. Zu zeigen ist, daß diese β alle verschwinden. Hierzu drückt man in (9) die a nach (7) aus, so daß man also rechts die zweiten Ableitungen der ursprünglichen Tensorkomponenten $a_{i_1 i_2 \dots i_m}$ bekommt. Tut man dies, so hebt sich alles weg. Der Prozeß, der nach (6) und (7) aus einem alternierenden Tensor m^{ter} Stufe einen ebensolchen Tensor $(m+1)^{ter}$ Stufe erzeugt, ist also nicht weiter fortsetzbar.[2])

Ist $m = n - 1$, so wird der Tensor $a_{i_1 \dots i_{m+1}}$ von n^{ter} Stufe, und da er alternierend ist, eine relative Invariante. So ist, um dies z. B. für $n = 3$ anzuschreiben, der aus dem Tensor a_{23}, a_{31}, a_{12} erzeugte:

$$(10) \quad a_{123} = \frac{\partial a_{23}}{\partial x_1} + \frac{\partial a_{31}}{\partial x_2} + \frac{\partial a_{12}}{\partial x_3} = I,$$

gleich einer relativen Invariante I. Es ist [vgl. § 3 Gleichung (4)]:

$$(11) \quad \bar{I} = \bar{a}_{123} = a_{ikl} \frac{\partial x_i}{\partial \bar{x}_1} \frac{\partial x_k}{\partial \bar{x}_2} \frac{\partial x_l}{\partial \bar{x}_3} = a_{123} \left| \frac{\partial x_i}{\partial \bar{x}_k} \right| = \Delta \cdot I,$$

und analog bei $n > 3$.

§ 7. Systeme von linearen Differentialformen.

Betrachten wir jetzt ein System Σ von σ kovarianten Vektoren:

$$(1) \quad L_h = a_i^{(h)} dx^i = a_1^{(h)} dx^1 + \cdots + a_n^{(h)} dx^n \qquad (h = 1, 2, \dots, \sigma > 1).$$

Für die Komponenten $a_i^{(h)}$ und deren Ableitungen haben wir die Transformationsgleichungen

[1]) *H. Weyl*, Raum, ... 4. Aufl. (1921) S. 67, 174. Vgl. den § 8 des folgenden Abschnittes.

[2]) vgl. hierzu die letzten drei §§ des nächsten Abschnittes.

(2) $$\left\{\begin{array}{l} \bar{a}_i^{(h)} = a_\lambda^{(h)} \dfrac{\partial x_\lambda}{\partial \bar{x}_i} \\ \dfrac{\partial \bar{a}_i^{(h)}}{\partial \bar{x}_\alpha} = \dfrac{\partial a_\lambda^{(h)}}{\partial x_\mu} \dfrac{\partial x_\mu}{\partial \bar{x}_\alpha} \dfrac{\partial x_\lambda}{\partial \bar{x}_i} + a_\lambda^{(h)} \dfrac{\partial^2 x_\lambda}{\partial \bar{x}_i \partial \bar{x}_\alpha} \\ \ldots\ldots\ldots\ldots\ldots \end{array}\right.$$

Zunächst ergeben sich für jedes σ, so wie oben bei einer Form L, die Rotationen

(3) $$a_{ik}^{(h)} = \frac{\partial a_i^{(h)}}{\partial x_k} - \frac{\partial a_k^{(h)}}{\partial x_i}.$$

Dies sind σ alternierende Tensoren 2. Stufe. Für den Fall, daß L_h ein exaktes Differential ist: $a_i^{(h)} = \dfrac{\partial F^{(h)}}{\partial x_i}$, verschwindet $a_{ik}^{(h)}$ identisch.

Ist $\sigma \leqq n$, so lassen sich aus (2) die dritten und höheren Ableitungen der x nach den $\bar{x}$ nicht mehr eliminieren. Die Elimination der zweiten Ableitungen ergibt nur die Rotationen. Es existieren somit in diesem Falle nur Differentialinvarianten erster Ordnung, deren vollständige Aufzählung aber ein ziemlich kompliziertes Problem bildet: es ist ein volles System von projektiven Invarianten von σ Punkten und σ linearen G_{n-2}-Komplexen zu bestimmen.

Ist $\sigma = n$, so ist die Determinante

(4) $$A = (a^{(1)} a^{(2)} \ldots a^{(n)}) = | a_k^{(i)} |$$

eine Differentialinvariante nullter Ordnung. Sind die L_h exakte Differentiale von n Funktionen $F^{(h)}$, so ist A die Funktionaldeterminante

(5) $$A = \frac{D(F^{(1)}, \ldots, F^{(n)})}{D(x_1, \ldots, x_n)} = \left| \frac{\partial F^{(i)}}{\partial x_k} \right|.$$

Ist $\sigma \geqq n+1$, so ergibt sich ein völlig anderes Bild, wenn wenigstens n von den Vektoren $a_i^{(h)}$ linear-unabhängig sind, d. h. wenn für diese Vektoren die durch (4) gegebene Invariante A nicht identisch verschwindet. Jetzt wird nämlich die Elimination der dritten und höheren Ableitungen von x nach $\bar{x}$ in (2) möglich und wir erhalten Differentialinvarianten beliebig hoher Ordnung.

Es besteht auch hier ein „Reduktionssatz“, mit dessen Hilfe die Bestimmung aller Differentialinvarianten bis einschließlich einer gegebenen Ordnung m auf ein Problem der projektiven Invariantentheorie reduziert wird. Es gibt dann eine endliche Zahl von Differentialinvarianten I_λ m^{ter} und niedrigerer Ordnung, so, daß jede ganze rationale Differentialinvariante von höchstens m^{ter} Ordnung gleich einer ganzen rationalen Funktion dieser I_λ wird. Die I_λ bilden dann ein „volles System" von Differentialinvarianten m^{ter} Ordnung. Sie sind die Invarianten eines Systems von Tensoren, das die Tensoren (1) und (2) enthält.

Wir behandeln den einfachsten Fall $\sigma = n+1$. Von diesen $n+1$ Linearformen (1) greifen wir n linear-unabhängige beliebig heraus: $a^{(1)}, a^{(2)}, \ldots, a^{(n)}$; sie werden im folgenden eine Sonderstellung einnehmen. Die $(n+1)^{te}$ Linearform sei vorerst mit $\varphi_i\, d x^i$ bezeichnet.

Zunächst unterwerfen wir das ganze System der Transformationsgleichungen (2) einer Umgestaltung. Die ersten Gleichungen bleiben unverändert. Von den zweiten Gleichungen

$$(6) \quad \ldots\ldots \quad \frac{\partial \overline{a}_i^{(h)}}{\partial \overline{x}_\alpha} = \frac{\partial a_\lambda^{(h)}}{\partial x_\mu} \frac{\partial x_\mu}{\partial \overline{x}_\alpha} \frac{\partial x_\lambda}{\partial \overline{x}_i} + a_\lambda^{(h)} \frac{\partial^2 x_\lambda}{\partial \overline{x}_i \partial \overline{x}_\alpha}$$

schreiben wir die ersten n an, nehmen also $h = 1, 2, \ldots, n$. Wegen $A \neq 0$ lassen sich dann die Gleichungen (6) nach den zweiten Ableitungen $\frac{\partial^2 x_\lambda}{\partial \overline{x}_i \partial \overline{x}_\alpha}$ auflösen; wir bezeichnen die Minoren von $a_\lambda^{(h)}$ in (4) mit $A_{(h)}^\lambda$. Multiplizieren wir jetzt in (6) beiderseits mit $A_{(h)}^\nu$ und summieren über h, so kommt:

$$(7) \quad \ldots\ldots \quad \frac{\partial^2 x_\nu}{\partial \overline{x}_i \partial \overline{x}_k} = \frac{A_{(h)}^\nu}{A} \frac{\partial \overline{a}_i^{(h)}}{\partial \overline{x}_k} - \frac{A_{(h)}^\nu}{A} \cdot \frac{\partial a_\lambda^{(h)}}{\partial x_\mu} \frac{\partial x_\lambda}{\partial \overline{x}_i} \frac{\partial x_\mu}{\partial \overline{x}_k}.$$

Hiermit sind die zweiten Ableitungen der x nach den $\overline{x}$ durch die ersten ausgedrückt. Hierdurch sind aber auch alle höheren Ableitungen durch erste ausgedrückt und da die weiteren Gleichungen (2) aus (6) durch Differentieren entstehen, können wir, (6) durch (7) ersetzend, die weiteren Transformationsgleichungen aus (7) durch Differenzieren herleiten und dann die Elimination der $\frac{\partial^s x}{\partial \overline{x}^s}$ an diesem neuen Gleichungssystem durchführen.

Schreiben wir jetzt (6) für die $(n+1)^{te}$ Linearform φ_i an:

$$(8) \quad \ldots\ldots \quad \frac{\partial \overline{\varphi}_i}{\partial \overline{x}_k} = \frac{\partial \varphi_\nu}{\partial x_\mu} \frac{\partial x_\mu}{\partial \overline{x}_k} \frac{\partial x_\nu}{\partial \overline{x}_i} + \varphi_\nu \frac{\partial^2 x_\nu}{\partial \overline{x}_i \partial \overline{x}_k}.$$

Setzen wir jetzt hier für $\frac{\partial^2 x_\nu}{\partial \overline{x}_i \partial \overline{x}_k}$ die rechte Seite von (7) ein, so entsteht:

$$(9) \quad . \quad . \quad \frac{\partial \overline{\varphi}_i}{\partial \overline{x}_k} - \varphi_\nu \frac{A^\nu_{(h)}}{A} \frac{\partial \overline{a}_i^{(h)}}{\partial \overline{x}_k} = \left(\frac{\partial \varphi_\nu}{\partial x_\mu} - \varphi_\nu \frac{A^\nu_{(h)}}{A} \frac{\partial a_\nu^{(h)}}{\partial x_\mu} \right) \frac{\partial x_\mu}{\partial \overline{x}_k} \frac{\partial x_\nu}{\partial \overline{x}_i}.$$

Da nun $\varphi_\nu A^\nu_{(h)}$ ebenso wie A eine relative Invariante vom Gewichte 1 ist, so haben wir

$$\frac{\varphi_\nu A^\nu_{(h)}}{A} = \frac{\overline{\varphi}_\lambda \overline{A}^{(\lambda)}_{(h)}}{\overline{A}}.$$

Setzen wir dies links in (9) ein, so haben wir die Transformationsgleichungen für den Tensor 2. Stufe:

$$(10) \quad . \quad . \quad . \quad . \quad . \quad . \quad \varphi_{\nu\,(\mu)} = \frac{\partial \varphi_\nu}{\partial x_\mu} - \frac{\varphi_\lambda A^\lambda_{(h)}}{A} \frac{\partial a_\nu^{(h)}}{\partial x_\mu}.$$

Es ist dies ein kovarianter Tensor 2. Stufe, der aus dem Vektor φ_i mit Hilfe der n Linearformen $a^{(1)}, a^{(2)}, \ldots, a^{(n)}$ abgeleitet wurde, man kann ihn mit Rücksicht auf die Ausführungen in § 11 als „*kovariante Ableitung von* φ *bezüglich der* n *Formen* $a^{(1)}, \ldots, a^{(n)}$" bezeichnen.

Aus (10) liest man noch ab, daß sich die Differenz $\varphi_{\nu\,(\mu)} - \varphi_{\mu\,(\nu)}$ durch Rotationen ausdrücken läßt. Sind also die $(n+1)$ Linearformen $a^{(h)}$ und φ vollständige Differentiale, so ist der Tensor $\varphi_{\nu\,(\mu)}$ symmetrisch.

Wir setzen jetzt $\varphi_i = a_i^{(n+1)}$, so daß wir alle $(n+1)$ Vektoren symmetrisch bezeichnen durch $a^{(h)}$ $(h = 1, 2, \ldots, n+1)$. Statt (10) haben wir dann:

$$(11) \quad . \quad . \quad . \quad . \quad a^{(n+1)}_{\nu\,(\mu)} = \frac{\partial a_\nu^{(n+1)}}{\partial x_\mu} - \frac{1}{A} \sum_{h=1}^{h=n} a_\lambda^{(n+1)} A^\lambda_{(h)} \frac{\partial a_\nu^{(h)}}{\partial x_\mu}.$$

Jetzt bezeichnen wir in der $(n+1)$-reihigen Determinante

$$(12) \quad . \quad . \quad . \quad . \quad D = \begin{vmatrix} a_1^{(1)} & a_2^{(1)} & \ldots\ldots & a_n^{(1)} & u_1 \\ a_1^{(2)} & a_2^{(2)} & \ldots\ldots & a_n^{(2)} & u_2 \\ \ldots & \ldots & \ldots & \ldots & \ldots \\ \ldots & \ldots & \ldots & \ldots & \ldots \\ a_1^{(n+1)} & a_2^{(n+1)} & \ldots\ldots & a_n^{(n+1)} & u_{n+1} \end{vmatrix}$$

die Minoren von u_i mit A_i. Es ist dann nach (4):

$$(13) \quad . \quad . \quad . \quad . \quad . \quad . \quad . \quad . \quad . \quad . \quad A = A_{n+1}$$

und überdies:

$$(14) \quad . \quad . \quad . \quad . \quad . \quad . \quad . \quad \sum_{\lambda=1}^{\lambda=n} a_\lambda^{(n+1)} A^\lambda_{(h)} = - A_h,$$

so daß jetzt statt (11) kommt:

(15) . . . . $$a^{(n+1)}_{\nu\,(\mu)} = \frac{1}{A_{n+1}} \sum_{\varrho=1}^{\varrho=n+1} A_\varrho \frac{\partial a^{(\varrho)}_\nu}{\partial x_\mu}.$$

Es besteht also die Proportion:

(16) . . . . $$a^{(1)}_{\nu\,(\mu)} : a^{(2)}_{\nu\,(\mu)} : \ldots = \frac{1}{A_1} : \frac{1}{A_2} : \ldots$$

wenn wir voraussetzen, daß keine der $(n+1)$ Determinanten A_i verschwindet. Hierbei sind z. B. bei $a^{(1)}_{\nu\,(\mu)}$ die übrigen n Vektoren $a^{(2)}, a^{(3)}, \ldots, a^{(n+1)}$ zur Bildung der kovarianten Ableitung verwendet worden.

Von diesen Tensoren 2. Stufe $a^{(h)}_{\nu\,(\varrho)}$ kann man wieder kovariante Ableitungen bilden, was auf die Elimination der 3. Ableitungen $\frac{\partial^3 x}{\partial x^3}$ in dem System der Gleichungen (2) hinauskommt. Wir führen dieses Verfahren später genauer aus. Man erhält Tensoren 3. Stufe $a^{(h)}_{i\,(k)\,(l)}$, usw.

Zusammenfassend haben wir: Die Differentialinvarianten m^{ter} Ordnung eines Systems von $\sigma \geqq n+1$ Linearformen $a^{(1)}, a^{(2)}, \ldots, a^{(\sigma)}$ bestimmen, heißt die projektiven Invarianten einer Reihe von Formen aufsuchen. Diese Formen sind die Tensoren $a^{(h)}_i$, deren Rotationen $a^{(h)}_{ik}$ und alle nach obigem Verfahren gebildeten kovarianten Ableitungen der $a^{(h)}$ bis einschließlich der m^{ten}.

§ 8. **Infinitesimale Transformationen.**

Das duale Gegenstück zu einer Linearform

$$L = a_i dx^i = a_1 dx^1 + a_2 dx^2 + \cdots + a_n dx^n$$

ist ein kontravarianter Vektor

(1) . . $$A(f) = A^i \frac{\partial f}{\partial x_i} = A^1 \frac{\partial f}{\partial x_1} + A^2 \frac{\partial f}{\partial x_2} + \cdots + A^n \frac{\partial f}{\partial x_n}.$$

$A(f) = 0$ gibt eine lineare, homogene, partielle Differentialgleichung 1. Ordnung. Gleichzeitig sind derartige Vektoren die Symbole für eine infinitesimale Transformation der n Veränderlichen x_i.

Ist

(2) . . . . $$\bar{x}_i = x_i + A^i \delta t$$

eine solche, also $\delta x^i = \bar{x}^i - x_i = A^i \delta t$, so wird die Änderung δf einer Funktion $f = f(x_1, x_2, \ldots, x_n)$ bei (2) gegeben durch

$$\delta f = \frac{\partial f}{\partial x_i} \delta x^i = A^i \frac{\partial f}{\partial x_i} \delta t = A(f)\, \delta t.$$

Ein einzelner kontravarianter Vektor $A(f)$ besitzt gegenüber beliebigen Transformationen $x \to \bar{x}$ keine Differentialinvarianten, wohl aber gegenüber linearen Transformationen, die sogenannte „*Divergenz*" des Vektors:

$$(3) \quad \ldots\ldots \quad D = \frac{\partial A^i}{\partial x^i} = \frac{\partial A^1}{\partial x_1} + \frac{\partial A^2}{\partial x_2} + \cdots + \frac{\partial A^n}{\partial x_n}.$$

Gehen wir von den Transformationsgleichungen aus (vgl. (12) § 2)

$$\bar{A}^i = \frac{\Delta_{\lambda i}}{\Delta} A^\lambda \quad \text{oder} \quad \Delta \bar{A}^i = \Delta_{\lambda i} A^\lambda ;$$

differentieren wir dies nach $\bar{x}^i$ und summieren über i, so wird:

$$(4) \quad \ldots\ldots \quad \frac{\partial(\Delta \bar{A}^i)}{\partial \bar{x}^i} = A^\lambda \frac{\partial \Delta_{\lambda i}}{\partial \bar{x}_i} + \frac{\partial A^\lambda}{\partial x_\mu} \frac{\partial x_\mu}{\partial \bar{x}_i} \cdot \Delta_{\lambda i}.$$

Im ersten Gliede rechts wird wegen

$$\Delta_{\lambda i} = \frac{\partial \Delta}{\partial \frac{\partial x_\lambda}{\partial \bar{x}_i}}:$$

$$(5) \quad \frac{\partial \Delta_{\lambda i}}{\partial \bar{x}_i} = \sum_i \sum_r \frac{\partial \Delta_{\lambda i}}{\partial \frac{\partial x_r}{\partial \bar{x}_s}} \cdot \frac{\partial^2 x_r}{\partial \bar{x}_i \partial \bar{x}_s} =$$

$$= \sum_i \sum_r \frac{\partial^2 \Delta}{\partial \frac{\partial x_\lambda}{\partial \bar{x}_i} \partial \frac{\partial x_r}{\partial \bar{x}_s}} \cdot \frac{\partial^2 x_r}{\partial \bar{x}_i \partial \bar{x}_s} \equiv 0.$$

Halten wir nämlich λ und r fest, so ist $\dfrac{\partial^2 \Delta}{\partial \frac{\partial x_\lambda}{\partial \bar{x}_i} \partial \frac{\partial x_r}{\partial \bar{x}_s}}$ bezüglich i und s alternierend, $\dfrac{\partial^2 x_r}{\partial \bar{x}_i \partial \bar{x}_s}$ hingegen symmetrisch; die Summe (5) verschwindet demnach[1]).

Im zweiten Gliede der rechten Seite von (4) haben wir

$$\Delta_{\lambda i} \frac{\partial x_\mu}{\partial \bar{x}_i} = \delta_{\lambda \mu} \Delta ;$$

demnach geht (4) über in

$$(6) \quad \ldots\ldots\ldots \quad \frac{\partial(\Delta \bar{A}^i)}{\partial \bar{x}_i} = \Delta \frac{\partial A^i}{\partial x_i}.$$

---

[1]) Vgl. z. B. *G. Kowalewski*, Einf. in die Determinantentheorie, Leipzig (1909) S. 318

Ist also $\Delta =$ konst., was bei linearen Transformationen $x \longrightarrow \bar{x}$ der Fall, so wird

$$\bar{D} = \frac{\partial \bar{A}^i}{\partial \bar{x}_i} = \frac{\partial A^i}{\partial x_i} = D\,.$$

Neben dieser Divergenz D des kontravarianten Vektors A^i hat ein solcher Vektor, falls außer ihm noch eine relative Differentialinvariante I vom Gewichte eins gegeben ist, die sogenannte „*allgemeine Divergenz*"

(7) $$T = \frac{\partial (I A^i)}{\partial x_i}\,,$$

die eine relative Differentialinvariante bei *beliebigen* Transformationen $x \longrightarrow \bar{x}$ ist. Man beweist dies durch dieselbe Rechnung, die zu (6) führte. Setzen wir

(8) $$\mathfrak{A}^i = I A^i\,,$$

($\mathfrak{A}^i$ bezeichnet man auch als „Tensordichte"[1]), so ist wegen

$$\bar{A}^i = \frac{\Delta_{\lambda i}}{\Delta} A^\lambda\,, \quad \bar{I} = \Delta I \quad : \quad \bar{\mathfrak{A}}^i = \Delta_{\lambda i}\, \mathfrak{A}^\lambda\,,$$

und hieraus wie bei (6):

(9) $$\frac{\partial \bar{\mathfrak{A}}^i}{\partial \bar{x}_i} = \Delta \frac{\partial \mathfrak{A}^i}{\partial x_i} = \Delta \mathfrak{A}\,.$$

Man sagt auch: Die Divergenz der Tensordichte 1. Stufe $\mathfrak{A}^i$ liefert die skalare Dichte $\mathfrak{A}$. Es läßt sich dies auch auf alternierende Tensordichten beliebiger Stufe ausdehnen[2]).

Zwei und mehr kontravariante Vektoren A^i, B^i, ... besitzen Differentialkovarianten, die den „Klammeroperationen" bei infinitesimalen Transformationen entsprechen. So erhält man z. B. bei zwei Vektoren

$$A(f) = A^i \frac{\partial f}{\partial x_i} \quad \cdot \quad B(f) = B^k \frac{\partial f}{\partial x_k}$$

den kontravarianten Vektor

(10) $$(A\,B)\,f = M^\lambda \frac{\partial f}{\partial x_\lambda} = \sum_\lambda \left[\frac{\partial f}{\partial x_\lambda} \sum_k \left(A_k \frac{\partial B^i}{\partial x_k} - B_k \frac{\partial A^i}{\partial x_k}\right)\right].$$

Bei drei beliebigen Vektoren A^i, B^i und C^i verschwindet die folgende Kovariante identisch:

(11) $$((B\,C)\,A) + ((C\,A)\,B) + ((A\,B)\,C) \equiv 0\,.$$

---

[1]) Vgl. *H. Weyl*, Raum ..., 4. Aufl. (1921) S. 98.

[2]) l. c. S. 99.

Es ist dies die sogenannte „Jacobische" Identität aus der Theorie der Systeme von linearen partiellen Differentialgleichungen 1. Ordnung.

§ 9. Die quadratische Differentialform.

Weitaus der wichtigste Fall, der bisher bei Bildung von Differentialinvarianten beliebiger Tensoren behandelt wurde, tritt dann ein, wenn ein kovarianter Tensor 2. Stufe

(1) $$F = g_{ik}\,dx^i\,dx^k$$

mit nicht verschwindender Diskriminante

(2) $$g = |\,g_{ik}\,| \neq 0$$

gegeben ist.

Die Gründe hierfür sind mannigfaltiger Art. Zunächst treten solche quadratische Differentialformen in den Anwendungen sehr häufig auf. Für die Tensoralgebra liefert ein derartiger Tensor durch das von ihm erzeugte Polarsystem ein sehr bequemes Mittel, um eine Zuordnung von kogredienten zu kontragredienten Vektoren (und damit auch von beliebigen Tensoren) herzustellen. Wir haben das im § 4 des XI. Abschnittes S. 261 näher ausgeführt. Wir setzen:

(3) $$g^{ik} = \frac{1}{g}\,\frac{\partial g}{\partial g_{ik}}\,.$$

Dann ist

(4) $$g_{i\alpha}\,g^{k\alpha} = \delta_i{}^k = \begin{cases} 0 & \text{für } i \neq k \\ 1 & \text{für } i = k \end{cases}, \quad g_{ik}\,g^{ik} = n\,.$$

Ist a^i ein kontravarianter Vektor, so bezeichnen wir mit

(5) $$a_i = g_{ik}\,a^k$$

den ihm im Polarsystem von F eindeutig zugeordneten kovarianten Vektor: der Übergang von a^i zu a_i ist „das Herunterziehen" des Index i. Die Auflösungen von (5) sind dann

(6) $$a^i = g^{ik}\,a_k$$

und den Übergang von a_i zu a^i nannten wir „Hinaufziehen" des Index i.

Die absolute Invariante

(7) $$a^i\,a_i = g_{ik}\,a^i\,a^k = g^{ik}\,a_i\,a_k$$

ist das Quadrat des „Betrages" des Tensors a_i oder a^i.

Das Hinauf- und Herunterziehen der Zeiger überträgt sich auf beliebige Tensoren. So ist z. B., wenn wir von einem gemischten Tensor $A^{\alpha\beta}_{ikl}$ ausgehen:

$$A^{\beta}_{ikl\alpha} = g_{\alpha\lambda}\, A^{\lambda\beta}_{ikl}.$$

Ist der Tensor bezüglich der einzelnen Indizes der oberen und unteren Indizesgruppen nicht symmetrisch, so kann man diejenigen Indizes, die ihren Platz verändert haben, passend mit Nullen fixieren (oder mit Punkten, die die Lehrstellen bezeichnen). Wir würden dann z. B. schreiben:

$$g_{\alpha\lambda}\, A^{\alpha\beta}_{ikl} = A^{0\beta}_{ikl,\,\alpha},$$

oder noch ausführlicher:

$$g_{\alpha\lambda}\, A^{\alpha\beta}_{ikl} = g_{\alpha\lambda}\, A^{000\alpha\beta}_{ikl00} = A^{0000\beta}_{ikl\alpha 0}.$$

Auch bei beliebigen Tensoren sprechen wir vom Betrage. Sein Quadrat ist z. B. für $A^{\alpha\beta}_{ikl}$ gegeben durch die absolute Invariante

$$A^{\alpha\beta}_{ikl}\, A^{ikl}_{\alpha\beta} = g_{\alpha\gamma}\, g_{\beta\delta}\, g^{ip}\, g^{kq}\, g^{lr}\, A^{\alpha\beta}_{ikl}\, A^{\gamma\delta}_{pqr} =$$
$$= g_{ip}\, g_{kq}\, g_{lr}\, g^{\alpha\gamma}\, g^{\beta\delta}\, A^{ikl}_{\alpha\beta}\, A^{pqr}_{\gamma\delta}.$$

In der *Tensoranalysis* gestattet eine quadratische Differentialform g_{ik} für gegebene Tensoren Differentialinvarianten beliebig hoher Ordnung in einfacher Weise aufzustellen. Dies beruht darauf, daß sich die Transformationsgleichungen für die g_{ik} und deren Ableitungen in besonders übersichtlicher Weise schreiben lassen. Wir haben:

$$(8)\quad \left|\begin{array}{l} \bar{g}_{ik} = g_{\lambda\mu} \dfrac{\partial x_\lambda}{\partial \bar{x}_i} \dfrac{\partial x_\mu}{\partial \bar{x}_k} \\[2ex] \dfrac{\partial \bar{g}_{ik}}{\partial \bar{x}_\alpha} = \dfrac{\partial g_{\lambda\mu}}{\partial x_\varrho} \dfrac{\partial x_\lambda}{\partial \bar{x}_i} \dfrac{\partial x_\mu}{\partial \bar{x}_k} \dfrac{\partial x_\varrho}{\partial \bar{x}_\alpha} + g_{\lambda\mu} \left(\dfrac{\partial^2 x_\lambda}{\partial \bar{x}_i\, \partial \bar{x}_\alpha} \dfrac{\partial x_\mu}{\partial \bar{x}_k} + \dfrac{\partial x_\lambda}{\partial \bar{x}_i} \cdot \dfrac{\partial^2 x_\mu}{\partial \bar{x}_k\, \partial \bar{x}_\alpha} \right) \\[2ex] \dfrac{\partial^2 \bar{g}_{ik}}{\partial \bar{x}_\alpha\, \partial \bar{x}_\beta} = \ldots\ldots \\[2ex] \qquad\qquad \ldots\ldots\ldots \end{array}\right.$$

Hier entstehen die Transformationsgleichungen für die h^{ten} Ableitungen der $\bar{g}_{ik}$ durch Differentiation der Gleichungen für die $(h-1)^{ten}$ Ableitungen. Nun lassen sich die zweiten Gleichungen $\left(\text{für die } \dfrac{\partial \bar{g}_{ik}}{\partial \bar{x}_\alpha}\right)$ nach den Ableitungen $\dfrac{\partial^2 x_i}{\partial \bar{x}_\alpha\, \partial \bar{x}_\beta}$ auflösen. Diese Rechnung wurde zuerst von *E. B. Christoffel*[1]) durchgeführt und

[1]) Crelle 70 (1869) S. 46—70.

verläuft folgend. Bezeichnen wir die zweite Gleichung in (8) kurz mit II; wenn wir i mit α vertauschen entstehe II'; wenn wir k mit α vertauschen, entstehe II''. Dann bilden wir

$$\frac{1}{2}(II + II' - II'')$$

und setzen überdies

$$\text{(9)}\qquad \frac{1}{2}\left(\frac{\partial g_{ik}}{\partial x_\alpha} + \frac{\partial g_{\alpha k}}{\partial x_i} - \frac{\partial g_{\alpha i}}{\partial x_k}\right) = \begin{bmatrix} i\,\alpha \\ k \end{bmatrix} = \begin{bmatrix} \alpha\, i \\ k \end{bmatrix} = \Gamma_{k,i\alpha} = \Gamma_{k,\alpha i}$$

(„*Drei-Indizes-Symbole erster Art*“).

Es wird dann, da $g_{\lambda\mu} = g_{\mu\lambda}$ ist und sich rechts vier Glieder wegheben:

$$\text{(10)}\quad \ldots\quad \overline{\Gamma}_{k,i\alpha} = \Gamma_{\mu,\lambda\varrho} \frac{\partial x_\lambda}{\partial \overline{x}_i} \frac{\partial x_\varrho}{\partial \overline{x}_\alpha} \frac{\partial x_\mu}{\partial \overline{x}_k} + g_{\lambda\mu} \frac{\partial x_\mu}{\partial \overline{x}_k} \frac{\partial^2 x_\lambda}{\partial \overline{x}_i \, \partial \overline{x}_\alpha}.$$

Dies sind die Transformationsgleichungen für die Drei-Indizes-Symbole 1. Art. Man sieht, diese Symbole $\Gamma_{\mu,\lambda\varrho}$ bilden nur dann die Komponenten eines kovarianten Tensors 3. Stufe, wenn die zweiten Ableitungen $\frac{\partial^2 x}{\partial \overline{x}^2}$ verschwinden, d. h. wenn die Transformationen $x \longrightarrow \overline{x}$ *linear* sind.

Aus den $\Gamma_{i,kl}$ bilden wir die „*Drei-Indizes-Symbole zweiter Art*“ [1]):

$$\text{(11)}\quad \ldots\ldots\quad \left\{\begin{matrix} i\,k \\ l \end{matrix}\right\} = g^{ls} \begin{bmatrix} i\,k \\ s \end{bmatrix} = g^{ls}\, \Gamma_{s,ik} = \Gamma^l_{ik}.$$

Nun multiplizieren wir (10) mit $\overline{g}^{ks}$ und summieren über k; dies gibt

$$\text{(12)}\quad \ldots\ldots\quad \overline{\Gamma}^s_{i\alpha} = (\quad)\,\overline{g}^{ks} = (\quad)\, g^{\beta\gamma} \frac{\Delta_{\beta k}}{\Delta} \frac{\Delta_{\gamma s}}{\Delta},$$

wobei ( ) die rechte Seite von (10) bedeutet. Ausgeführt bekommen wir:

$$\Gamma_{\mu,\lambda\varrho} \frac{\partial x_\lambda}{\partial \overline{x}_i} \frac{\partial x_\varrho}{\partial \overline{x}_\alpha} \frac{\partial x_\mu}{\partial \overline{x}_k}\, g^{\beta\gamma} \frac{\Delta_{\beta k}}{\Delta} \frac{\Delta_{\gamma s}}{\Delta} + g_{\lambda\mu} \frac{\partial x_\mu}{\partial \overline{x}_k} \frac{\partial^2 x_\lambda}{\partial \overline{x}_i \, \partial \overline{x}_\alpha}\, g^{\beta\gamma} \frac{\Delta_{\beta k}}{\Delta} \frac{\Delta_{\gamma s}}{\Delta}.$$

Im ersten Gliede ist $\frac{\Delta_{\beta k}}{\Delta} \frac{\partial x_\mu}{\partial \overline{x}_k} = \delta_{\beta\mu}$, weiter $\Gamma_{\mu,\lambda\varrho}\, g^{\mu\gamma} = \Gamma^\gamma_{\lambda\varrho}$, so

---

[1]) Wir behalten im folgenden mit *W. Pauli* die Bezeichnungen $\Gamma_{i,kl}$ und Γ^r_{st} bei, wenn auch die alten Zeichen $\begin{bmatrix} k\,l \\ i \end{bmatrix}$ und $\left\{\begin{matrix} s\,t \\ r \end{matrix}\right\}$ noch viel in Gebrauch sind. Sie geben aber ein verkehrtes Bild über die Indexstellung.

daß das 1. Glied die Gestalt annimmt:

$$\Gamma^{\gamma}_{\lambda\varrho}\frac{\partial x_{\lambda}}{\partial \bar{x}_i}\frac{\partial x_{\varrho}}{\partial \bar{x}_{\alpha}}\frac{\Delta_{\gamma s}}{\Delta}.$$

Beim zweiten Glied haben wir zunächst wieder $\frac{\Delta_{\beta k}}{\Delta}\frac{\partial x_{\mu}}{\partial \bar{x}_k}=\delta_{\beta k}$, weiters: $g_{\lambda\mu}\,g^{\mu\gamma}=\delta^{\gamma}_{\lambda}$; daher wird das 2. Glied gleich $\frac{\partial^2 x_{\gamma}}{\partial \bar{x}_i\,\partial \bar{x}_{\alpha}}\frac{\Delta_{\gamma s}}{\Delta}$ und (12) lautet:

$$\text{(13)}\quad \bar{\Gamma}^{s}_{i\alpha}=\Gamma^{\gamma}_{\lambda\varrho}\frac{\partial x_{\lambda}}{\partial \bar{x}_i}\frac{\partial x_{\varrho}}{\partial \bar{x}_{\alpha}}\frac{\Delta_{\gamma s}}{\Delta}+\frac{\partial^2 x_{\gamma}}{\partial \bar{x}_i\,\partial \bar{x}_{\alpha}}\cdot\frac{\Delta_{\gamma s}}{\Delta}.$$

Dies sind die Transformationsgleichungen für die Symbole 2. Art. Sie zeigen, daß sich bei linearen Transformationen die Drei-Indizes-Symbole 2. Art wie die Komponenten eines gemischten Tensors $(2+1)^{ter}$ Stufe transformieren.

Schließlich multiplizieren wir (13) mit $\frac{\partial x_{\gamma}}{\partial \bar{x}_s}$ und summieren über s; dies gibt, wenn wir die Indizes etwas abändern:

$$\text{(14)}\quad \frac{\partial^2 x_{\lambda}}{\partial \bar{x}_i\,\partial \bar{x}_k}=\bar{\Gamma}^{s}_{ik}\frac{\partial x_{\lambda}}{\partial \bar{x}_s}-\Gamma^{\lambda}_{\varrho\sigma}\frac{\partial x_{\varrho}}{\partial \bar{x}_i}\frac{\partial x_{\sigma}}{\partial \bar{x}_k}.$$

Hiermit sind die Transformationsgleichungen für die $\frac{\partial g_{ik}}{\partial x_{\alpha}}$ nach den zweiten Ableitungen der x nach den $\bar{x}$ aufgelöst und wir können demgemäß alle höheren Ableitungen $\frac{\partial^s x}{\partial \bar{x}^s}$ durch erste ausdrücken. An die Stelle von (8) tritt dann das folgende System:

$$\text{(15)}\quad \left\{\begin{aligned}
&\bar{g}_{ik}=g_{\lambda\mu}\frac{\partial x_{\lambda}}{\partial \bar{x}_i}\frac{\partial x_{\mu}}{\partial \bar{x}_k}\\
&\frac{\partial^2 x_{\lambda}}{\partial \bar{x}_i\,\partial \bar{x}_k}=\bar{\Gamma}^{s}_{ik}\frac{\partial x_{\lambda}}{\partial \bar{x}_s}-\Gamma^{\lambda}_{\varrho\sigma}\frac{\partial x_{\varrho}}{\partial \bar{x}_i}\frac{\partial x_{\sigma}}{\partial \bar{x}_k}.\\
&\frac{\partial^3 x_{\lambda}}{\partial \bar{x}_i\,\partial \bar{x}_k\,\partial \bar{x}_l}=\cdots\cdots\\
&\qquad\cdots\cdots\cdots
\end{aligned}\right.$$

Hier entsteht das dritte und die weiteren Systeme durch Differentiation aus dem vorhergehenden.

§ 10. **Die Drei-Indizes-Symbole.**

Bevor wir über die Gleichungen (15) weiter sprechen, wollen wir einige Formeln herleiten, die sich auf das Rechnen mit den Drei-Indizes-Symbolen beziehen.

Wir haben für die $\Gamma_{l,ik}$ die $\frac{1}{2} n^2 (n+1)$ Definitionsgleichungen

(1) $$\Gamma_{l,ik} = \frac{1}{2}\left(\frac{\partial g_{il}}{\partial x_k} + \frac{\partial g_{kl}}{\partial x_i} - \frac{\partial g_{ik}}{\partial x_l}\right).$$

Wegen der Symmetrie von $\Gamma_{l,ik} = \Gamma_{l,ki}$ haben wir ebenso viele $\Gamma_{l,ik}$ als Ableitungen $\frac{\partial g_{ik}}{\partial x_l}$. Das System (1) läßt sich leicht nach diesen Ableitungen auflösen. Addieren wir zu (1) die Gleichung

$$\Gamma_{k,il} = \frac{1}{2}\left(\frac{\partial g_{ik}}{\partial x_l} + \frac{\partial g_{lk}}{\partial x_i} - \frac{\partial g_{il}}{\partial x_k}\right),$$

so wird:

(2) $$\frac{\partial g_{kl}}{\partial x_i} = \Gamma_{l,ik} + \Gamma_{k,il}.$$

Hieraus folgt: Verschwinden alle $\Gamma_{l,ik}$, so sind auch alle Ableitungen $\frac{\partial g_{ik}}{\partial x_i}$ Null und umgekehrt. Wegen

$$\Gamma^l_{ik} = g^{l\lambda}\,\Gamma_{\lambda,ik}, \quad \Gamma_{l,ik} = g_{l\lambda}\,\Gamma^\lambda_{ik}$$

gilt dieser Satz auch für die Symbole zweiter Art.

Ist u_{ik} ein *symmetrischer* Tensor 2. Stufe: $u_{ki} = u_{ik}$, so haben wir

(3) $$u^k_i = g^{k\lambda}\,u_{i\lambda}, \quad u^{ik} = g^{i\mu}\,u^k_\mu.$$

Bilden wir nun

$$\Gamma^\beta_{i\alpha}\,u^\alpha_\beta = \Gamma_{\lambda,i\alpha}\,g^{\lambda\beta}\,u^\alpha_\beta = \Gamma_{\lambda,i\alpha}\,u^{\alpha\lambda}$$

und ersetzen $\Gamma_{\lambda,i\alpha}$ nach (1), so heben sich zwei Glieder weg und es bleibt:

(4) $$\Gamma^\beta_{i\alpha}\,u^\alpha_\beta = \Gamma_{\beta,i\alpha}\,u^{\alpha\beta} = \frac{1}{2}\,\frac{\partial g_{\alpha\beta}}{\partial x_i}\cdot u^{\alpha\beta}.$$

Der letzte Ausdruck rechts läßt sich noch anders darstellen. Bezeichnen wir die Minoren von g_{ik} in g mit G^{ik}, so ist das totale Differential dg von g gegeben durch

$$dg = G^{ik}\,dg_{ik} = g\,g^{ik}\,dg_{ik}.$$

Es ist also:

(5) . . . . $$\frac{1}{g}\frac{\partial g}{\partial x_\alpha} = g^{ik}\frac{\partial g_{ik}}{\partial x_\alpha}, \quad \frac{1}{\sqrt{g}}\frac{\partial \sqrt{g}}{\partial x_\alpha} = \frac{1}{2}\, g^{ik}\frac{\partial g_{ik}}{\partial x_\alpha}.$$

Da ferners $g_{ik}\, g^{ij} = \delta^j_k$ ist, so wird, wenn wir nach x_α differentiieren:

(6) . . . . $$\frac{\partial g_{ik}}{\partial x_\alpha}\, g^{ij} = -\, g_{ik}\frac{\partial g^{ij}}{\partial x_\alpha};$$

multiplizieren wir dies mit u^k_j [Gleichung (3)], so wird:

(7) . . . . $$u^{ik}\frac{\partial g_{ik}}{\partial x_\alpha} = -\, u_{ik}\frac{\partial g^{ik}}{\partial x_\alpha}.$$

Dies ist, bis auf den Faktor $\frac{1}{2}$, die neue Gestalt der rechten Seite von (4). Setzt man in (7): $u^{ik} = g^{ik}$, so kommt an Stelle von (5) auch:

(8) . . . $$\frac{1}{g}\frac{\partial g}{\partial x_\alpha} = -\, g_{ik}\frac{\partial g^{ik}}{\partial x_\alpha}, \quad \frac{1}{\sqrt{g}}\frac{\partial \sqrt{g}}{\partial x_\alpha} = -\,\frac{1}{2}\, g_{ik}\frac{\partial g^{ik}}{\partial x_\alpha}.$$

Jetzt kombinieren wir (4) mit (5) und (8), indem wir in (4) $u_{ik} = g_{ik}$ setzen. Dies gibt:

(9) $$\Gamma^\alpha_{i\alpha} = \sum_{\alpha=1}^{\alpha=n} \Gamma^\alpha_{i\alpha} = \frac{1}{\sqrt{g}}\frac{\partial \sqrt{g}}{d x_i} = \frac{1}{2}\frac{\partial (\log g)}{\partial x_i} =$$
$$= \frac{1}{2}\, g^{rs}\frac{\partial g_{rs}}{\partial x_i} = -\,\frac{1}{2}\, g_{rs}\frac{\partial g^{rs}}{\partial x_i}.$$

Hieraus findet man:

(10) . . . . $$\frac{\partial \Gamma^\alpha_{i\alpha}}{\partial x_k} = \frac{1}{2}\frac{\partial^2 (\log g)}{\partial x_i\, \partial x_k},$$

also symmetrisch bezüglich i und k.

Wenn wir in (6) mit g^{kl} multiplizieren und über k summieren, so entsteht

$$g^{kl}\, g_{ik}\frac{\partial g^{ij}}{\partial x_\alpha} = -\, g^{kl}\, g^{ij}\frac{\partial g_{ik}}{\partial x_\alpha}.$$

Die linke Seite gibt hier wegen $g^{kl}\, g_{ik} = \delta^l_i$:

(11) . . . . $$\frac{\partial g^{lj}}{\partial x_\alpha} = -\, g^{kl}\, g^{ij}\frac{\partial g_{ik}}{\partial x_\alpha}.$$

Nach (2) können wir hierfür schreiben:

$$\frac{\partial g^{lj}}{\partial x_\alpha} = -\, g^{kl}\, g^{ij}\, (\Gamma_{k,i\alpha} + \Gamma_{i,k\alpha}),$$

also wird:

$$(12) \quad \ldots\ldots \quad \frac{\partial g^{ik}}{\partial x_r} = - g^{i\alpha} \Gamma^k_{\alpha r} - g^{k\alpha} \Gamma^i_{\alpha r}.$$

Mit Hilfe dieser Formel und nach (9) findet man jetzt leicht:

$$(13) \quad \ldots \quad \frac{1}{\sqrt{g}} \frac{\partial (\sqrt{g}\, g^{ik})}{\partial x_r} = \Gamma^\alpha_{r\alpha} g^{ik} - \Gamma^k_{r\alpha} g^{i\alpha} - \Gamma^i_{r\alpha} g^{k\alpha}.$$

Setzt man hier $r = k$ und summiert über k, so wird:

$$(14) \quad \ldots\ldots \quad \frac{1}{\sqrt{g}} \frac{\partial (\sqrt{g}\, g^{ik})}{\partial x_k} = - \Gamma^i_{\alpha\beta} g^{\alpha\beta}.$$

§ 11. Kovariante Ableitungen.

Die Erzeugung von Differentialinvarianten beliebig hoher Ordnung eines gemischten Tensors $(r+s)^{ter}$ Stufe $A^{k_1 \ldots k_s}_{i_1 \ldots i_r}$, d. h. die Elimination der zweiten und höheren Ableitungen der x nach den $\overline{x}$ aus den Transformationsgleichungen für die Komponenten $A^{k_1 \ldots k_s}_{i_1 \ldots i_r}$ und deren Ableitungen, kann nun, wenn außer diesem Tensor auch die g_{ik} gegeben sind, leicht mit Hilfe von (14) § 9 geschehen.

Wir beginnen mit den einfachsten Fällen. Ist zunächst ein kontravarianter Vektor A^i gegeben, so haben wir nach (4) § 4 S. 310:

$$\frac{\partial A^i}{\partial x_\alpha} = \frac{\partial \overline{A}^\lambda}{\partial \overline{x}_\mu} \frac{\partial x_i}{\partial \overline{x}_\lambda} \frac{\partial \overline{x}_\mu}{\partial x_\alpha} + \overline{A}^\lambda \frac{\partial^2 x_i}{\partial \overline{x}_\lambda \partial x_\alpha}.$$

Setzen wir hier für $\frac{\partial^2 x_i}{\partial \overline{x}_\lambda \partial x_\alpha}$ die rechte Seite von (14) § 9 ein, so entsteht:

$$(1) \quad \ldots \quad \frac{\partial A^i}{\partial x_k} + \Gamma^i_{sk} A^s = \left(\frac{\partial \overline{A}^\lambda}{\partial \overline{x}_\mu} + \overline{\Gamma}^\lambda_{s\mu} \overline{A}^s \right) \frac{\partial x_i}{\partial \overline{x}_\lambda} \cdot \frac{\partial \overline{x}_\mu}{\partial x_k}.$$

Dies sind die Transformationsgleichungen für einen gemischten Tensor 2. Stufe

$$(2) \quad \ldots\ldots \quad A^i_{(k)} = \frac{\partial A^i}{\partial x_k} + \Gamma^i_{sk} A^s$$

der nach *Ricci* und *Levi-Civitá* als *„kovariante Ableitung"* von A^i (bezüglich der g_{ik}) bezeichnet wird.

Sei zweitens A_i ein kovarianter Vektor. Dann haben wir nach (2) § 4 S. 309:

$$\frac{\partial \overline{A}_i}{\partial \overline{x}_\alpha} = \frac{\partial A_\lambda}{\partial x_\mu} \frac{\partial x_\lambda}{\partial \overline{x}_i} \frac{\partial x_\mu}{\partial \overline{x}_\alpha} + A_\lambda \frac{\partial^2 x_\lambda}{\partial \overline{x}_i \partial \overline{x}_\alpha}.$$

Hier eliminieren wir wieder die zweiten Ableitungen $\frac{\partial^2 x_\lambda}{\partial \overline{x}_i \partial \overline{x}_\alpha}$ nach (14) § 9 und erhalten so wie oben den kovarianten Tensor 2. Stufe

(3) . . . . $$A_{i\,(k)} = \frac{\partial A_i}{\partial x_k} - \Gamma^{\lambda}_{ik} A_\lambda,$$

die „*kovariante Ableitung*" von A_i. Dieser Tensor $A_{i\,(k)}$ ist im allgemeinen nicht symmetrisch; (3) gibt wegen $\Gamma^\lambda_{ik} = \Gamma^\lambda_{ki}$:

(4) . . . . $$A_{i\,(k)} - A_{k\,(i)} = \operatorname{rot} A = \frac{\partial A_i}{\partial x_k} - \frac{\partial A_k}{\partial x_i}.$$

Verfahren wir jetzt allgemein. Für einen gemischten Tensor $A^{s_1 \dots s_k}_{i_1 \dots i_r}$ gehen wir von den Transformationsgleichungen (4) § 3 aus, die wir jetzt so schreiben:

(5) . . . . $$\overline{A}^{\nu_1 \dots \nu_s}_{\mu_1 \dots \mu_r} \frac{\partial x_{k_1}}{\partial \overline{x}_{\nu_1}} \cdots \frac{\partial x_{k_s}}{\partial \overline{x}_{\nu_s}} = A^{k_1 \dots k_s}_{i_1 \dots i_r} \frac{\partial x_{i_1}}{\partial \overline{x}_{\mu_1}} \cdots \frac{\partial x_{i_r}}{\partial \overline{x}_{\mu_r}}.$$

Differentiert man dies nach $\overline{x}_\alpha$ und benützt wieder (14) § 9, so erhält man die Transformationsgleichungen für einen Tensor $[(r+1)+s]^{ter}$ Stufe:

(6) $$\left\{\begin{aligned} A^{k_1 \dots k_s}_{i_1 \dots i_r\,(\alpha)} = {} & \frac{\partial A^{k_1 \dots k_s}_{i_1 \dots i_r}}{\partial x_\alpha} + \Gamma^{k_1}_{\alpha\lambda} A^{\lambda k_2 \dots k_s}_{i_1 \dots i_r} + \\ & + \Gamma^{k_2}_{\alpha\lambda} A^{k_1 \lambda k_3 \dots k_s}_{i_1 \dots i_r} + \cdots \\ & - \Gamma^{\lambda}_{\alpha i_1} A^{k_1 \dots k_s}_{\lambda i_2 \dots i_r} - \Gamma^{\lambda}_{\alpha i_2} A^{k_1 \dots k_s}_{i_1 \lambda i_3 \dots i_r} - \cdots. \end{aligned}\right.$$

Dieser Tensor ist „die kovariante Ableitung" des gemischten Tensors $A^{k_1 \dots k_s}_{i_1 \dots i_r}$. Als besondere Fälle schreiben wir die Formeln für Tensoren 2. Stufe a_{ik}, b^k_i und c^{ik} an:

(7) . . . . . . $$a_{ik\,(\alpha)} = \frac{\partial a_{ik}}{\partial x_\alpha} - a_{\varrho k} \Gamma^{\varrho}_{i\alpha} - a_{i\varrho} \Gamma^{\varrho}_{k\alpha}$$

(8) . . . . . . $$b^k_{i\,(\alpha)} = \frac{\partial b^k_i}{\partial x_\alpha} + b^\varrho_i \Gamma^k_{\alpha\varrho} - b^k_\varrho \Gamma^\varrho_{i\alpha}$$

(9) . . . . . . $$c^{ik}{}_{(\alpha)} = \frac{\partial c^{ik}}{\partial x_\alpha} + c^{\varrho k} \Gamma^i_{\alpha\varrho} + c^{i\varrho} \Gamma^k_{\alpha\varrho}.$$

Ebenso wie man aus einem Tensor $A\left(=A^{k_1\ldots k_s}_{i_1\ldots i_r}\right)$ durch kovariantes Ableiten den Tensor $A_{(\alpha)}$, seine „erste" kovariante Ableitung bekommt, ebenso läßt sich aus $A_{(\alpha)}$ neuerdings der Tensor $A_{(\alpha)(\beta)}$, die zweite kovariante Ableitung von A bilden. Dieser Tensor enthält dann die zweiten partiellen Ableitungen der Komponenten von A. Es ist hiernach klar, was unter der m^{ten} kovarianten Ableitung eines Tensors zu verstehen ist.

Wenn wir aus zwei kovarianten Vektoren A_i und B_k den als „Produkt" bezeichneten Tensor 2. Stufe

(10) $$C_{ik}=A_i B_k$$

bilden und dessen kovariante Ableitung $C_{ik(\alpha)}$ nach (7) suchen, so ergibt sich leicht mit Hilfe von (3):

(11) $$C_{ik(\alpha)}=(A_i B_k)_{(\alpha)}=A_{i(\alpha)}B_k+A_i B_{k(\alpha)}.$$

Ganz analog haben wir:

(12) $$(A_i B^k)_{(\alpha)}=A_{i(\alpha)}B^k+A_i B^k{}_{(\alpha)}$$

(13) $$(A^i B^k)_{(\alpha)}=A^i_{(\alpha)}B^k+A^i B^k_{(\alpha)},$$

und ganz allgemein, für irgendwelche Tensoren A und B:

(14) $$(AB)_{(\alpha)}=A_{(\alpha)}B+AB_{(\alpha)}.$$

Wenn wir die kovarianten Ableitungen von g_{ik} oder g^{ik} $(g^k_i=\delta^k_i)$ nach (7) und (9) bilden, so erhalten wir identisch Null:

(15) $$g_{ik(\alpha)}\equiv 0 \qquad g^{ik}_{(\alpha)}\equiv 0.$$

Es ist nämlich nach (7):

$$g_{ik(\alpha)}=\frac{\partial g_{ik}}{\partial x_\alpha}-g_{\varrho k}\Gamma^{\varrho}_{i\alpha}-g_{i\varrho}\Gamma^{\varrho}_{k\alpha}=\frac{\partial g_{ik}}{\partial x_\alpha}-\Gamma_{k,i\alpha}-\Gamma_{i,k\alpha}$$

und das verschwindet nach (2) § 10. Ferner wird nach (9):

$$g^{ik}_{(\alpha)}=\frac{\partial g^{ik}}{\partial x_\alpha}+g^{\varrho k}\Gamma^{i}_{\alpha\varrho}+g^{i\varrho}\Gamma^{k}_{\alpha\varrho}$$

und das verschwindet nach (12) § 10. Daß (15) besteht, ist fast selbstverständlich: wir gewinnen ja die kovariante Ableitung eines Tensors A durch Elimination von $\frac{\partial^2 x_i}{\partial \bar{x}_\alpha \partial \bar{x}_\beta}$ aus den Transformationsgleichungen für $\frac{\partial A}{\partial x}$. Hierbei sind die Ausdrücke für die 2. Ableitungen $\frac{\partial^2 x_i}{\partial \bar{x}_\alpha \partial \bar{x}_\beta}$ aus den Transformationsgleichungen für die $\frac{\partial g_{ik}}{\partial x_\alpha}$

berechnet. Nehmen wir daher g_{ik} statt A, so kann nur $0=0$ entstehen.

Die Gleichungen (15) geben im Vereine mit (14) eine wichtige Tatsache, wenn wir für B den Tensor g_{ik} oder den Tensor g^{ik} nehmen. Dann entsteht aus (14) wegen (15):

(16) $$\left\{\begin{array}{l}(A\,g_{ik})_{(a)} = A_{(a)}\,g_{ik}\\ (A\,g^{ik})_{(a)} = A_{(a)}\,g^{ik}\end{array}\right. .$$

Sei nun:

(17) $$A^{pqr\ldots}_{ikl\ldots}\,g_{p\lambda} = A^{0qr\ldots}_{\lambda ikl\ldots} = B^{qr\ldots}_{\lambda ikl\ldots}$$

und

(18) $$A^{pqr\ldots}_{ikl\ldots(a)} = C^{pqr\ldots}_{ikl\ldots a};$$

dann sagt die erste der Gleichungen (16) aus, daß

(19) $$B^{qr\ldots}_{\lambda ikl\ldots(a)} = C^{0qr\ldots}_{\lambda ikl\ldots a};$$

d. h. es ist gleichgiltig, ob man bei einem Tensor $A^{pqr\ldots}_{ikl\ldots}$ vorerst einen Index herunterzieht und dann kovariant ableitet oder ob man zuerst kovariant ableitet und dann den Index herunterzieht. Analog bei der zweiten Gleichung (16), so daß wir den Satz haben: *Kovariantes Ableiten und Hinauf- oder Herunterziehen sind vertauschbare Operationen.* Oder auch, anders ausgedrückt: die g_{ik} und g^{ik} verhalten sich beim kovarianten Ableiten wie Konstante.

§ 12. **Divergenzen.**

Es sei A^i ein kontravarianter Vektor. Wir haben im § 8 ausgeführt, daß

(1) $$\mathfrak{A} = \sum_i \frac{\partial\,(I\,A^i)}{\partial\,x_i}$$

eine „*skalare Dichte*“, d. h. eine relative Invariante vom Gewichte 1 darstellt, wobei I ebenfalls eine relative Invariante vom Gewichte 1 bedeutet. Ein solches I haben wir aber zur Verfügung, falls eine quadratische Differentialform g_{ik} gegeben ist, nämlich

(2) $$I = \sqrt{g} \qquad (\overline{I} = \Delta\,I),$$

wo g die Diskriminante von $g_{ik}\,dx^i\,dx^k$ ist. Wir setzen stets $g \neq 0$ voraus.

Es ist dann

(3) $$\mathfrak{A}^i = \sqrt{g}\,A^i$$

eine „*kontravariante Vektordichte*“ und (1) wird als „*allgemeine Divergenz*“ von A^i bezeichnet.

Wir können jetzt die relative Invarianz der skalaren Dichte $\mathfrak{A}$ bei beliebigen Transformationen $x \longrightarrow \bar{x}$ leicht mit Hilfe der kovarianten Ableitungen von A^i beweisen. Es ist nach (2) § 11:

$$A^i_{(k)} = \frac{\partial A^i}{\partial x_k} + \Gamma^i_{ks} A^s .$$

Verjüngen wir hier bezüglich i und k, so entsteht die absolute Invariante

(4) $$A^i_{(i)} = \frac{\partial A^i}{\partial x_i} + \Gamma^i_{si} A^s .$$

Nun haben wir nach (9) § 10:

$$\Gamma^i_{si} = \frac{1}{\sqrt{g}} \frac{\partial \sqrt{g}}{\partial x_s} ;$$

setzen wir dies in (4) ein und multiplizieren mit $\sqrt{g}$ auf, so wird

(5) $$A^i_{(i)} \sqrt{g} = \frac{\partial (\sqrt{g}\, A^i)}{\partial x_i} = \mathfrak{A} = Div\, A^i$$

und hier liest man links unmittelbar die relative Invarianz ab.

Bei einer beliebigen Tensordichte

(6) $$\mathfrak{A}^{k_1 \ldots k_s}_{i_1 \ldots i_r} = \sqrt{g}\, A^{k_1 \ldots k_s}_{i_1 \ldots i_r} ,$$

deren Komponenten wenigstens einen oberen Index besitzen, können wir die zu (5) analoge Gleichung so herleiten. Wir bilden von $A^{k_1 \ldots k_s}_{i_1 \ldots i_r}$ die kovariante Ableitung $A^{k_1 \ldots k_s}_{i_1 \ldots i_r (\alpha)}$ und verjüngen dann nach k_1 und α. Dies gibt, wenn wir noch mit $\sqrt{g}$ multiplizieren, die Tensordichte

(7) $$Div_{k_1} A^{k_1 \ldots k_s}_{i_1 \ldots i_r} = A^{k_1 \ldots k_s}_{i_1 \ldots i_r (k_1)} \sqrt{g} .$$

Ihre Stufenzahl ist $r + (s-1)$. Berechnen wir $A^{k_1 \ldots k_s}_{i_1 \ldots i_r (k_1)}$ nach (6) § 11 und führen wir nach (6) die deutschen $\mathfrak{A}$ ein, so heben sich zwei Glieder weg und wir erhalten:

(8) $$\left| \begin{aligned} & Div_{k_1} A^{k_1 \ldots k_s}_{i_1 \ldots i_r} = \frac{\partial \mathfrak{A}^{k_1 \ldots k_s}_{i_1 \ldots i_r}}{\partial x_{k_1}} + \Gamma^{k_2}_{k_1 \lambda} \mathfrak{A}^{k_1 \lambda k_3 \ldots k_s}_{i_1 \ldots i_r} + \\ & + \Gamma^{k_3}_{k_1 \lambda} \mathfrak{A}^{k_1 k_2 \lambda \ldots k_s}_{i_1 \ldots i_r} + \cdots - \Gamma^{\lambda}_{k_1 i_1} \mathfrak{A}^{k_1 \ldots k_s}_{\lambda i_2 \ldots i_r} - \Gamma^{\lambda}_{k_1 i_2} \mathfrak{A}^{k_1 \ldots k_s}_{i_1 \lambda i_3 \ldots i_r} - \cdots \end{aligned} \right.$$

So gibt z. B. die gemischte Tensordichte $\mathfrak{T}^k_i$ durch Divergenzbildung die kovariante Vektordichte

(9) $$\mathfrak{T}_i = Div_k\, \mathfrak{T}^k_i = \frac{\partial \mathfrak{T}^k_i}{\partial x_k} - \Gamma^{\lambda}_{ik} \mathfrak{T}^k_{\lambda} .$$

§ 13. Der Krümmungstensor.

Wenn der Tensor g_{ik} allein gegeben ist, wenn wir also mit einer einzigen Grundform zu tun haben, so versagt die Bildung von Differentialinvarianten durch kovariantes Ableiten. Wir haben in § 11 [Gleichungen (15)] nachgewiesen, daß die Tensoren $g_{ik(\alpha)}$ und $g^{ik}_{(\alpha)}$ identisch verschwinden. Dies kann man auch so aussprechen: der Tensor g_{ik} besitzt keine Differentialinvarianten erster Ordnung. Von Differentialinvarianten nullter Ordnung ist nur die Diskriminante $g = |g_{ik}|$ vorhanden, eine relative Invariante vom Gewichte 2.

Wir stellen jetzt die Frage nach Differentialinvarianten zweiter Ordnung, in denen also die zweiten Ableitungen $\frac{\partial^2 g_{ik}}{\partial x_\alpha \partial x_\beta}$ vorkommen. Um alle derartigen Invarianten zu erhalten, haben wir von den Transformationsgleichungen für diese 2. Ableitungen auszugehen und aus diesen die Ableitungen $\frac{\partial^2 x}{\partial \bar{x}^2}$ und $\frac{\partial^3 x}{\partial \bar{x}^3}$ zu eliminieren.

Wir haben nach (15) § 9:

$$(1) \quad \ldots\ldots \quad \frac{\partial^2 x_i}{\partial \bar{x}_\alpha \partial \bar{x}_\beta} = \bar{\Gamma}^{\,s}_{\alpha\beta} \frac{\partial x_i}{\partial \bar{x}_s} - \Gamma^{\,i}_{\lambda\mu} \frac{\partial x_\lambda}{\partial \bar{x}_\alpha} \frac{\partial x_\mu}{\partial \bar{x}_\beta}$$

$$(2) \quad \left\{ \begin{aligned} \frac{\partial^3 x_i}{\partial \bar{x}_\alpha \partial \bar{x}_\beta \partial \bar{x}_\gamma} &= \frac{\partial \bar{\Gamma}^{\,s}_{\alpha\beta}}{\partial \bar{x}_\gamma} \frac{\partial x_i}{\partial \bar{x}_s} + \bar{\Gamma}^{\,s}_{\alpha\beta} \frac{\partial^2 x_i}{\partial \bar{x}_s \partial \bar{x}_\gamma} - \frac{\partial \Gamma^{\,i}_{\lambda\mu}}{\partial x_\nu} \frac{\partial x_\lambda}{\partial \bar{x}_\alpha} \frac{\partial x_\mu}{\partial \bar{x}_\beta} \frac{\partial x_\nu}{\partial \bar{x}_\gamma} - \\ &\quad - \Gamma^{\,i}_{\lambda\mu} \frac{\partial^2 x_\lambda}{\partial \bar{x}_\alpha \partial \bar{x}_\gamma} \frac{\partial x_\mu}{\partial \bar{x}_\beta} - \Gamma^{\,i}_{\lambda\mu} \frac{\partial x_\lambda}{\partial \bar{x}_\alpha} \frac{\partial^2 x_\mu}{\partial \bar{x}_\beta \partial \bar{x}_\gamma}. \end{aligned} \right.$$

Die Elimination der in (2) linksstehenden 3. Ableitungen ist nur möglich mit Hilfe der Symmetriebedingungen

$$(3) \quad \ldots\ldots \quad \frac{\partial^3 x_i}{\partial \bar{x}_\alpha \partial \bar{x}_\beta \partial \bar{x}_\gamma} = \frac{\partial^3 x_i}{\partial \bar{x}_\beta \partial \bar{x}_\alpha \partial \bar{x}_\gamma} = \cdots .$$

Die Vertauschung von α mit β gibt $0 = 0$, da (1) symmetrisch bezüglich α und β ist. Somit kann nur durch Vertauschung von β mit γ etwas Neues entstehen. Setzen wir also

$$\frac{\partial^3 x_i}{\partial \bar{x}_\alpha \partial \bar{x}_\beta \partial \bar{x}_\gamma} = \frac{\partial^3 x_i}{\partial \bar{x}_\alpha \partial \bar{x}_\gamma \partial \bar{x}_\beta},$$

so geben die rechten Seiten von (2), wenn wir noch die zweiten Ableitungen von x nach $\bar{x}$ durch (1) ausdrücken, eine Beziehung, die ausgeführt so lautet:

$$\left(\frac{\partial \overline{\Gamma}^s_{\alpha\beta}}{\partial x_\gamma} - \frac{\partial \overline{\Gamma}^s_{\alpha\gamma}}{\partial x_\beta} + \overline{\Gamma}^t_{\alpha\beta}\overline{\Gamma}^s_{t\gamma} - \overline{\Gamma}^t_{\alpha\gamma}\overline{\Gamma}^s_{t\beta}\right)\frac{\partial x_i}{\partial x_s} = \left(\frac{\partial \Gamma^i_{\lambda\mu}}{\partial x_\nu} - \right.$$

$$\left. - \frac{\partial \Gamma^i_{\lambda\nu}}{\partial x_\mu} + \Gamma^i_{\lambda\mu}\Gamma^\lambda_{st} - \Gamma^i_{\lambda t}\Gamma^\lambda_{s\mu}\right)\frac{\partial x_\lambda}{\partial x_\alpha}\frac{\partial x_\mu}{\partial x_\beta}\frac{\partial x_\nu}{\partial x_\gamma}.$$

Dies sind aber die Transformationsgleichungen für den gemischten Tensor $(3+1)^{ter}$ Stufe

(4) $$R^i_{0k,\,lm} = R^i_{klm} = \frac{\partial \Gamma^i_{km}}{\partial x_l} - \frac{\partial \Gamma^i_{kl}}{\partial x_m} + \Gamma^i_{lr}\Gamma^r_{km} - \Gamma^i_{mr}\Gamma^r_{kl}.$$

Hiermit sind wir zu einem mit dem Tensor g_{ik} kovariant verknüpften Tensor gekommen, der die zweiten Ableitungen der g_{ik} linear enthält und die Herleitung zeigt, daß dies der *einzige* mit zweiten Ableitungen ist, wenn wir von den Tensoren und Invarianten absehen, die sich aus R^i_{klm} und g_{ik} zusammen bilden lassen.

Bevor wir von den zuletzt genannten Tensoren sprechen, stellen wir zwei wichtige Eigenschaften des Tensors (4) fest, den man als „*gemischten Krümmungstensor*“ bezeichnet.

Zunächst zeigt (4) unmittelbar die schiefe Symmetrie bezüglich der beiden Indizes l und m:

(5) . . . . $$R^i_{0k,\,lm} = - R^i_{0k,\,ml}.$$

Vertauschen wir ferners k, l und m zyklisch und addieren, so hebt sich rechts alles weg und wir erhalten die „zyklische Symmetrie“:

(6) . . . . $$R^i_{kml} + R^i_{mlk} + R^i_{lkm} \equiv 0.$$

Ziehen wir den Index i herunter, so ergibt sich der kovariante Tensor 4. Stufe

(7) . . . . $$R_{ik,\,lm} = g_{i\lambda} R^\lambda_{0k,\,lm};$$

er heißt „*Riemann-Christoffelscher Krümmungstensor*“. Nach (4) haben wir

$$R_{ik,\,lm} = g_{i\lambda}\frac{\partial \Gamma^\lambda_{km}}{\partial x_l} - g_{i\lambda}\frac{\partial \Gamma^\lambda_{kl}}{\partial x_m} + g_{i\lambda}\Gamma^\lambda_{lr}\Gamma^r_{km} - g_{i\lambda}\Gamma^\lambda_{mr}\Gamma^r_{kl}.$$

Hier formen wir das 1. und 2. Glied um nach der Formel

$$g_{i\lambda}\frac{\partial \Gamma^\lambda_{km}}{\partial x_l} = \frac{\partial\left(g_{i\lambda}\Gamma^\lambda_{km}\right)}{\partial x_l} - \Gamma^\lambda_{km}\frac{\partial g_{i\lambda}}{\partial x_l} = \frac{\partial \Gamma_{i,km}}{\partial x_l} - \Gamma^\lambda_{km}\frac{\partial g_{i\lambda}}{\partial x_l},$$

also nach (2) § 10:

$$= \frac{\partial \Gamma_{i,km}}{\partial x_l} - \Gamma^\lambda_{km}\left(\Gamma_{\lambda,\,il} + \Gamma_{i,\,\lambda l}\right).$$

Daher kommt:

$$(8)\quad . \; . \quad R_{ik,lm} = \frac{\partial \Gamma_{i,km}}{\partial x_l} - \frac{\partial \Gamma_{i,kl}}{\partial x_m} + \Gamma^{\lambda}_{kl} \Gamma_{\lambda,im} - \Gamma^{\lambda}_{km} \Gamma_{\lambda,il}.$$

Führen wir die Ableitungen im ersten und zweiten Gliede nach (1) § 10 aus, so wird

$$(9)\quad R_{ik,lm} = \frac{1}{2}\left(\frac{\partial^2 g_{im}}{\partial x_k \partial x_l} + \frac{\partial^2 g_{kl}}{\partial x_i \partial x_m} - \frac{\partial^2 g_{il}}{\partial x_k \partial x_m} - \frac{\partial^2 g_{km}}{\partial x_i \partial x_l}\right) + \\ + \Gamma^{\lambda}_{kl} \Gamma_{\lambda,im} - \Gamma^{\lambda}_{km} \Gamma_{\lambda,il}.$$

Aus diesen Gleichungen können wir neuerdings die Symmetrieeigenschaften (5) und (6) ablesen. Überdies haben wir aber noch:

$$(10)\quad . \; . \; . \; . \; . \; . \; . \; . \; . \; . \quad R_{ik,lm} = R_{lm,ik}$$

$$(11)\quad . \; . \; . \; . \; . \; . \; . \; . \; . \; . \quad R_{ik,lm} = - R_{ki,lm}$$

und eine zweite zyklische Symmetrie:

$$(12)\quad . \; . \; . \; . \; . \; . \quad R_{ik,lm} + R_{kl,im} + R_{li,km} \equiv 0.$$

Sind dx^i und δx^i zwei Reihen von Differentialen, so kann man den Krümmungstensor als Differentialform so schreiben:

$$(13)\quad R = \sum_{ik} \sum_{lm} R_{ik,lm} (dx\,\delta x)^{ik} (dx\,\delta x)^{lm} = 4 R_{ik,lm}\, dx^i\, \delta x^k\, dx^l\, \delta x^m.$$

§ 14. Invarianten zweiter Ordnung von g_{ik}.

Der Tensor g_{ik} hat, wie schon im vorigen § ausgeführt wurde, eine einzige Differentialinvariante nullter Ordnung (vom Gewichte 2), die Diskriminante g und keine Invariante 1. Ordnung. Die Invarianten 2. Ordnung sind simultane Invarianten von g_{ik} und $R_{ik,lm}$. Die Bestimmung dieser Invarianten kommt also darauf hinaus: In einem Gebiete n^{ter} Stufe sind eine irreduzible „Fläche" 2. Klasse:

$$(1)\quad F = g_{ik} u_i' u_k' = (g u')^2 = 0$$

und ein quadratischer G_{n-2}-Komplex

$$(2)\quad . \; . \; . \quad R_0 = \sum_{ik} \sum_{lm} R_{ik,lm} \pi'_{ik} \pi'_{lm} = \frac{1}{4} (a\pi')^2 (a\varrho')^2 = 0$$

gegeben. Es sind ihre projektiven Invarianten zu ermitteln. Wir können auch ebensogut das duale Problem formulieren: von einer „Fläche" 2. Ordnung und einem quadratischen Linienkomplex ist ein volles System von projektiven Invarianten zu ermitteln. Nach X § 5 S. 245 kommt dies darauf hinaus: alle orthogonalen Invarianten eines quadratischen Linienkomplexes zu bestimmen.

Der für die Anwendungen (in der allgemeinen Relativitätstheorie) wichtigste Fall ist $n = 4$. Wir wollen hierüber einiges ausführen. (2) ist dann ein quadratischer Linienkomplex im dreidimensionalen Raum, die a sind mit den α vertauschbar, π' ist mit ϱ' äquivalent: $\pi'_{ik} = \varrho'_{ik}$. Durch die Darstellung (2) sind die Symmetriegleichungen (5), (10) und (11) des vorigen § von selbst erfüllt. Die zyklische Symmetrie gibt hier eine einzige Bedingung

$$a_{12}\alpha_{34} + a_{13}\alpha_{42} + a_{14}\alpha_{23} = 0,$$

d. h. für den Komplex (2) verschwindet die (einzige) lineare Invariante

(3) . . $$I_1 = (a\alpha')^2 = (a'\alpha)^2 = 4\,(a_{12}\alpha_{34} + a_{13}\alpha_{42} + a_{14}\alpha_{23}).$$

Diese Invariante I_1 ist die niedrigste einer Reihe von Invarianten des Komplexes R:

(4) . . . . $$\begin{cases} I_2 = (a\beta')^2\,(b\alpha')^2 \\ I_3 = (a\beta')^2\,(b\gamma')^2\,(c\alpha')^2 \\ \dots\dots\dots\dots \end{cases}$$

I_n ist hierbei vom n^{ten} Grad in den $R_{ik,lm}$ und man kann zeigen, daß $I_7, I_8, \dots$ durch I_1 bis I_6 ganz und rational ausdrückbar sind (vgl. III § 6 S. 82).

Fragen wir nach den Differentialinvarianten 2. Ordnung, die nur linear in den zweiten Ableitungen $\frac{\partial^2 g_{ik}}{\partial x_\alpha\,\partial x_\beta}$ sind, so kommen nur Bildungen in Frage, die aus $R_{ik,lm}$ durch Polarisation an g_{ik} entstehen. Für diese Bildungen kommt man ohne die Symbolik der projektiven Invariantentheorie aus.

Zunächst haben wir den schon im vorigen § behandelten gemischten Tensor

(5) . . . . $$R^{i}_{0k,lm} = g^{i\lambda} R_{\lambda k,lm} = R^{i}_{klm}.$$

Verjüngt man hier nach i und k, so entsteht wegen der schiefen Symmetrie bezüglich λ und μ, Null:

$$R^{i}_{0i,lm} = g^{\lambda\mu} R_{\lambda\mu,lm} \equiv 0.$$

Verjüngt man hingegen nach i und l, so entsteht der symmetrische kovariante Tensor 2. Stufe

(6) . . . . . $$R^{i}_{0k,im} = g^{\lambda\mu} R_{\lambda k,\mu m} = R_{km} = R_{mk}.$$

Nach (4) § 13 haben wir:

(7) . . . $$R_{km} = \frac{\partial \Gamma^{i}_{km}}{\partial x_i} - \frac{\partial \Gamma^{i}_{ki}}{\partial x_m} + \Gamma^{i}_{ri}\Gamma^{r}_{km} - \Gamma^{i}_{mr}\Gamma^{r}_{ki}.$$

Hier sind die Glieder rechts bezüglich k und m symmetrisch; beim zweiten Gliede ist nämlich nach (10) § 10:

$$\frac{\partial \Gamma^i_{k\,i}}{\partial x_m} = \frac{1}{2} \frac{\partial^2 (\log g)}{\partial x_k \, \partial x_m}.$$

Aus R_{km} erhalten wir schließlich die einzige absolute Differentialinvariante 2. Ordnung, die linear ist in den 2. Ableitungen $\frac{\partial^2 g_{ik}}{\partial x_\alpha \, \partial x_\beta}$:

(8) . . . . . . $R = g^{km} R_{km} = R^i_i = g^{il} g^{km} R_{ik,\,lm}$.

R wird als „Krümmung“ schlechthin bezeichnet.

Wir wollen jetzt noch den Namen „Krümmungs“tensor erklären. Denken wir uns in der x-Mannigfaltigkeit durch

(9) . . . . $d s^2 = g_{ik} \, d x^i \, d x^k$

eine (*Riemann*sche) Metrik festgelegt und von einem Punkte x zwei Vektoren $d x$ und δx auslaufend. Ihre Längenquadrate sind dann nach (9) gegeben durch

$$d s^2 = g_{ik} \, d x^i \, d x^k \qquad \delta s^2 = g_{ik} \, \delta x^i \, \delta x^k,$$

während ihr Winkel φ bestimmt wird durch (vgl. XI § 4 S. 260):

(10) . . . . . $\cos^2 \varphi = \frac{(g_{ik} \, d x^i \, \delta x^k)^2}{(g_{ik} \, d x^i \, d x^k)\,(g_{ik} \, \delta x^i \, \delta x^k)}$.

Das unendlich kleine Parallelogramm, das von $d x$ und δx „aufgespannt“ wird, hat dann die Fläche f, wobei

$$f^2 = d s^2 \, \delta s^2 \sin^2 \varphi = (g_{ik} \, d x^i \, \delta x^k)^2 - (g_{ik} \, d x^i \, d x^k)\,(g_{ik} \, \delta x^i \, \delta x^k)$$

ist. Ausgeführt gibt dies:

(11) . . . $f^2 = \sum_{ik} \sum_{lm} (g_{il} \, g_{km} - g_{im} \, g_{kl})\,(d x \, \delta x)^{ik}\,(d x \, \delta x)^{lm}$.

Denken wir uns jetzt eine durch den Punkt x gehende zweidimensionale Fläche gelegt:

$$x_i = x_i\,(u, v),$$

so werden die g_{ik} und $R_{ik,\,lm}$ Funktionen von u und v, während wir für $d x^i$ und δx^i setzen können:

$$d x^i = \frac{\partial x_i}{\partial u} \, d u \qquad \delta x^i = \frac{\partial x_i}{\partial v} \, d v.$$

Der Quotient

(12) . . $K = \frac{R_0}{f^2} = \frac{\sum_{ik} \sum_{lm} R_{ik,\,lm}\,(d x \, \delta x)^{ik}\,(d x \, \delta x)^{lm}}{\sum_{ik} \sum_{lm} (g_{il} \, g_{km} - g_{im} \, g_{kl})\,(d x \, \delta x)^{ik}\,(d x \, \delta x)^{lm}}$.

wird dann gleich dem Gauss'schen Krümmungsmaß K der Fläche $x_i = x_i(u, v)$ im Punkte x.

§ 15. Das Verschwinden des Krümmungstensors.

Wenn die g_{ik} konstante sind, so verschwinden alle ihre Ableitungen, es sind also auch alle $R_{ik,lm}$ Null. Wir wollen jetzt die Umkehrung hievon beweisen, d. h. zeigen, daß die Bedingungen

(1) $$R_{ik,lm} \equiv 0$$

notwendig und hinreichend dafür sind, daß es eine Transformation $x \to \bar{x}$ gibt, die $\bar{g}_{ik} =$ konst. liefert. Es kann dann der Tensor g_{ik} in eine quadratische Differentialform mit konstanten Koeffizienten und daher auch (im komplexen Gebiete) auf die Gestalt $(dx^1)^2 + \cdots + (dx^n)^2$ transformiert werden.

Wir bezeichnen die ursprünglichen Variablen mit $\bar{x}$. Die quadratische Differentialform $\bar{F}$ hat dann die Koeffizienten $\bar{g}_{ik}$ und nach (1) haben wir $\bar{R}_{ik,lm} \equiv 0$ für alle $\bar{x}_i$. Diese Voraussetzung können wir auch so formulieren

(2) $$\bar{R}^i_{0k,lm} \equiv 0 \, \{\bar{x}_i\}.$$

Nun betrachten wir das folgende System von $\frac{1}{2} n(n+1)$ partiellen Differentialgleichungen 2. Ordnung:

(3) $$\frac{\partial^2 X}{\partial \bar{x}_\alpha \, \partial \bar{x}_\beta} = \bar{\Gamma}^s_{\alpha\beta} \frac{\partial X}{\partial \bar{x}_s} \qquad (\alpha, \beta = 1, 2, \ldots, n).$$

Damit dieses System unbeschränkt integrabel sei, d. h., damit es n unabhängige Integrale $X(\bar{x}_1, \bar{x}_2, \ldots, \bar{x}_n)$ gibt, für welche in einem Punkte $\bar{x}^{(0)}$ die Anfangsbedingungen

(4) $$X(\bar{x}^{(0)}) = X^{(0)}, \quad \left(\frac{\partial X}{\partial \bar{x}_i}\right)_{x = x^{(0)}} = \left(\frac{\partial X}{\partial \bar{x}_i}\right)^{(0)}$$

beliebig vorgeschrieben werden können, müssen die Integrabilitätsbedingungen erfüllt werden. Diese lauten hier nach (3):

$$\frac{\partial^3 X}{\partial \bar{x}_\alpha \, \partial \bar{x}_\beta \, \partial \bar{x}_\gamma} = \frac{\partial^3 X}{\partial \bar{x}_\alpha \, \partial \bar{x}_\gamma \, \partial \bar{x}_\beta}.$$

Setzen wir die rechten Seiten von (3) ein und drücken die 2ten Ableitungen von X wieder nach (3) durch die 1ten aus, so entstehen (vgl. die Rechnung in § 13) gerade die Gleichungen (2). Die Integrabilitätsbedingungen sind hier also erfüllt.

Nun nehmen wir n unabhängige Integrale

(5) . . . . $X_i(\bar{x}_1, \bar{x}_2, \ldots, \bar{x}_n) = x_i$

als neue Veränderliche. Die Umkehrung von (5) gibt dann $x \longrightarrow \bar{x}$ und bei dieser Transformation haben wir nach (13), § 9:

(6) . . . . . $$\bar{\Gamma}^s_{i\alpha} = \Gamma^\gamma_{\lambda\varrho} \frac{\partial x_\lambda}{\partial \bar{x}_i} \frac{\partial x_\varrho}{\partial \bar{x}_\alpha} \frac{\Delta_{\gamma s}}{\Delta} + \frac{\partial^2 x_\gamma}{\partial \bar{x}_i \partial \bar{x}_\alpha} \frac{\Delta_{\gamma s}}{\Delta}.$$

Wegen (3) und (5) lautet hier das letzte Glied rechts

$$\bar{\Gamma}^\lambda_{i\alpha} \frac{\partial x_\gamma}{\partial \bar{x}_\lambda} \frac{\Delta_{\gamma s}}{\Delta} = \bar{\Gamma}^\lambda_{i\alpha} \delta_{\lambda s} = \bar{\Gamma}^s_{i\alpha},$$

dies hebt sich gegen die linke Seite in (6) und daher bleibt

$$\Gamma^\gamma_{\lambda\varrho} \frac{\partial x_\lambda}{\partial \bar{x}_i} \frac{\partial x_\varrho}{\partial \bar{x}_\alpha} \frac{\Delta_{\gamma s}}{\Delta} = 0,$$

oder, da nach (4) die Ableitungen $\frac{\partial x_i}{\partial \bar{x}_k}$ beliebig vorgeschrieben werden können: $\Gamma^\gamma_{\lambda\varrho} = 0$, also $\Gamma_{\gamma,\lambda\varrho} = 0$, also nach (2) § 10: $\frac{\partial g_{ik}}{\partial x_\alpha} = 0$ und $g_{ik} =$ konst.

§ 16. Der Weylsche Tensor.

Das Verschwinden des Krümmungstensors $R_{ik,lm}$ ist charakteristisch dafür, daß es Transformationen $x \longrightarrow \bar{x}$ gibt, bei denen $F = g_{ik}\, dx^i\, dx^k$ in $\bar{F} = \Sigma (d\bar{x}^i)^2$ übergeht. Etwas allgemeiner ist der Fall, wo $\bar{F}$ die Gestalt

(1) . . . . $\bar{F} = \bar{\lambda}\, \Sigma (d\bar{x}^i)^2$

annimmt, wo $\bar{\lambda} = \bar{\lambda}(\bar{x}_1, \bar{x}_2, \ldots, \bar{x}_n)$ eine Funktion der $\bar{x}_i$ ist. Es entsteht die Frage, ob sich auch diese Möglichkeit invariant charakterisieren läßt. Diese Frage kann auch so formuliert werden: Wie muß der Tensor

(2) . . . . $F = g_{ik}\, dx^i\, dx^k$

beschaffen sein, damit die x-Mannigfaltigkeit mit der Maßbestimmung (2) *konform* auf einen Euklidischen $\bar{x}$-Raum abgebildet oder transformiert werden kann. Ist nämlich allgemein durch

$$ds^2 = g_{ik}\, dx^i\, dx^k \qquad d\bar{s}^2 = \bar{g}_{ik}\, d\bar{x}^i\, d\bar{x}^k$$

die Metrik in einer x- und in einer $\bar{x}$-Mannigfaltigkeit festgelegt, so wird bei $x \longrightarrow \bar{x}$ der Winkel zweier von einem Punkte auslaufenden Linienelemente dann und nur dann erhalten bleiben, wenn (vgl. (10) § 14 S. 339)

$$\frac{(\bar{g}_{ik}\, dx^i\, \delta x^k)^2}{(\bar{g}_{ik}\, dx_i\, dx^k)\,(\bar{g}_{ik}\, \delta x^i\, \delta x^k)} = \frac{(g_{ik}\, dx^i\, \delta x^k)^2}{(g_{ik}\, dx^i\, dx^k)\,(g_{ik}\, \delta x^i\, \delta x^k)}$$

identisch in allen Differentialen dx^i und δx^i. Hieraus erhält man leicht die Proportionalität

(3) . . . . . $\bar{g}_{ik} = \lambda\, g_{ik} \qquad \lambda = \lambda(x_1, x_2, \ldots, x_n)$.

Es muß also bei konformer Abbildung eine Transformation $x \to \bar{x}$ existieren, die (3) zur Folge hat.

Wir setzen zunächst $g'_{ik} = \lambda\, g_{ik}$ und bilden für diesen Tensor $\lambda\, g_{ik}$ die Drei-Indizes-Symbole Γ' und den Krümmungstensor $R'_{ik,\,lm}$. Es wird:

(4) . . . . $g' = \lambda^4 g \qquad g'^{ik} = \frac{1}{\lambda} g^{ik}$

(5) . . . $\Gamma'_{\alpha,ik} = \lambda\, \Gamma_{\alpha,ik} + \frac{1}{2}\left(g_{i\alpha} \frac{\partial \lambda}{\partial x_k} + g_{k\alpha} \frac{\partial \lambda}{\partial x_i} - g_{ik} \frac{\partial \lambda}{\partial x_\alpha}\right)$.

Setzen wir zur Abkürzung

(6) . . . . $\mu_i = \frac{\partial \log \lambda}{\partial x_i}$,

so ist:

(7) . . . . $\Gamma'^{\,r}_{ik} = \Gamma^r_{ik} + \frac{1}{2}\left(\delta^r_i\, \mu_k + \delta^r_k\, \mu_i - g^{r\alpha}\, g_{ik}\, \mu_\alpha\right)$.

Zur Berechnung von $R'_{ik,\,lm}$ empfiehlt es sich weitere Abkürzungen zu verwenden. Zunächst ist

(8) . . . . . . $g^{r\alpha}\, \mu_\alpha = \mu^r \qquad g^{ik}\, \mu_i\, \mu_k = \mu_s\, \mu^s$;

dann bilden wir von dem kovarianten Vektor μ_i (Gleichung (6)) die kovariante Ableitung. Dies gibt den symmetrischen Tensor

(9) . . . . $\Phi_{ik} = \frac{\partial \mu_i}{\partial x_k} - \Gamma^s_{ik}\, \mu_s$.

Schließlich setzen wir noch:

(10) . . . . $\varphi_{ik} = \mu_i\, \mu_k - \frac{1}{2} g_{ik}(\mu_s\, \mu^s)$.

Mit Hilfe dieser Ausdrücke berechnet man dann leicht nach (8) § 13:

(11) $$\left\{\begin{aligned} \frac{1}{\lambda} R'_{ik,\,lm} = R_{ik,\,lm} &- \frac{1}{2}\left[g_{il}\,\Phi_{km} + g_{km}\,\Phi_{il} - g_{im}\,\Phi_{kl} - g_{kl}\,\Phi_{im}\right] + \\ &+ \frac{1}{4}\left[g_{il}\,\varphi_{km} + g_{km}\,\varphi_{il} - g_{im}\,\varphi_{kl} - g_{ik}\,\varphi_{im}\right]. \end{aligned}\right.$$

Jetzt setzen wir $n > 2$ voraus und bilden noch:

(12) . . . . $$R'_{km} = g'^{il} R'_{ik,lm} = \frac{1}{\lambda} g^{il} R'_{ik,lm}$$

und

(13) . . . . $$R' = g'^{km} R'_{km} = \frac{1}{\lambda} g^{km} R'_{km}.$$

Es wird aus (11):

(14) $$R'_{km} = R_{km} - \frac{1}{2}[(n-2)\Phi_{km} + g_{km}\Phi] + \frac{1}{4}[(n-2)\varphi_{km} + g_{km}\varphi]$$

(15) . . . . . $$R' = \frac{1}{\lambda}\left[R - (n-1)\Phi + \frac{1}{2}(n-1)\varphi\right].$$

Dabei ist nach (9) und (10) gesetzt:

(16) . . . . . $$\Phi = g^{ik}\Phi_{ik} = g^{ik}\left(\frac{\partial \mu_i}{\partial x_k} - \Gamma^s_{ik}\mu_s\right)$$

(17) $$\varphi = g^{ik}\varphi_{ik} = g^{ik}\mu_i\mu_k - \frac{1}{2}g^{ik}g_{ik}(\mu_s\mu^s) = -\frac{n-2}{2}(\mu_s\mu^s).$$

In $R'_{ik,lm}$, R'_{km}, R' und g'_{ik} sind λ, μ_i und $\frac{\partial \mu_i}{\partial x_k}$ enthalten. Es ist nun möglich, diese Funktionen aus den Gleichungen für $R'_{ik.lm}$, R'_{km}, R' und g'_{ik} zu eliminieren. Hierzu bilden wir nach (14) die Ausdrücke[1])

(18) . . $$[g_{ik}R'_{lm}] = g_{il}R'_{km} + g_{km}R'_{il} - g_{im}R'_{kl} - g_{kl}R'_{im}.$$

Wir erhalten:

(19) . . . . $$[g_{ik}g_{lm}] = 2(g_{il}g_{km} - g_{im}g_{kl})$$

(20) $$\begin{cases} \frac{1}{\lambda}[g'_{ik}R'_{lm}] = [g_{ik}R_{lm}] - \frac{n-2}{2}[g_{ik}\Phi_{lm}] + \frac{n-2}{4}[g_{ik}\varphi_{lm}] - \\ \qquad - (g_{il}g_{km} - g_{im}g_{kl})\left(\Phi - \frac{1}{2}\varphi\right). \end{cases}$$

Subtrahieren wir hiervon die mit $(n-2)$ multiplizierten Glei-

[1]) Setzt man $g_{ik} = g_i g_k$, $R_{ik} = r_i r_k$, so sind diese viergliedrigen Ausdrücke $[g_{ik}R_{lm}]$ nichts anderes als

$$(gr)_{ik}(gr)_{lm} = (g_i r_k - g_k r_i)(g_l r_m - g_m r_l).$$

Dies sind für $n = 4$ die Koeffizienten in einem durch die symbolische Darstellung

$$(\pi' g)(\pi' r) \cdot (\varrho' g)(\varrho' r) = 0$$

gegebenen Linienkomplex 2. Grades. Er ist der Ort derjenigen Geraden $\pi'_{ik} = \varrho'_{ik}$, welche die beiden Flächen $(gu')^2 = 0$ und $(Ru')^2 = 0$ nach 4 harmonischen Punkten schneiden (*Battaglini*scher Komplex).

chungen (11), so fallen die Ausdrücke $[g_{ik}\,\Phi_{lm}]$ und $[g_{ik}\,\varphi_{lm}]$ weg und wir haben:

$$(21)\quad \left\{ \begin{aligned} \frac{1}{\lambda}\left\{[g'_{ik}\,R'_{lm}] - (n-2)\,R'_{ik,\,lm}\right\} &= \left\{[g_{ik}\,R_{lm}] - (n-2)\,R_{ik,\,lm}\right\} - \\ &- (g_{il}\,g_{km} - g_{im}\,g_{kl})\left(\Phi - \frac{1}{2}\varphi\right). \end{aligned} \right.$$

Hier läßt sich $\Phi - \frac{1}{2}\varphi$ noch mit Hilfe von (15) eliminieren. Es wird

$$(22)\quad \ldots\ldots\ldots \quad {}^*R'_{ik,\,lm} = \lambda\,R_{ik,\,lm},$$

wobei

$$(23)\quad \left\{ \begin{aligned} {}^*R_{ik,\,lm} = (n-2)\,R_{ik,\,lm} - [g_{il}\,R_{km} + g_{km}\,R_{il} - g_{im}\,R_{kl} - g_{kl}\,R_{im}] + \\ + \frac{1}{n-1}(g_{il}\,g_{km} - g_{im}\,g_{kl})\,R. \end{aligned} \right.$$

Aus (22) und $g'_{ik} = \lambda\,g_{ik}$ kann schließlich noch λ eliminiert werden:

$$(24)\quad \ldots\ldots \quad {}^*R'^{\,i}_{o\,k,\,lm} = g'^{\,i\alpha}\,{}^*R'_{\alpha k,\,lm} = {}^*R^{\,i}_{o\,k,\,lm}$$

und dies gibt nach (23) den *Weylschen Tensor*:

$$(25)\quad \left\{ \begin{aligned} {}^*R^{\,i}_{o\,k,\,lm} = (n-2)\,R^{\,i}_{o\,k,\,lm} - \left[\delta^i_l\,R_{km} + g_{km}\,R^i_l - \delta^i_m\,R_{kl} - g_{kl}\,R^i_m\right] + \\ + \frac{1}{n-1}\left(\delta^i_l\,g_{km} - \delta^i_m\,g_{kl}\right) R. \end{aligned} \right.$$

Der *Weylsche* Tensor hat dieselben Komponenten bei g_{ik} und $\lambda\,g^{ik}$, d. h. für zwei Tensoren g_{ik} und γ_{ik}, die konform ineinander transformiert werden können, ist der Weylsche Tensor derselbe. Da nun für die Euklidische Maßbestimmung $g_{ik}\,dx^i\,dx^k = \sum (dx^i)^2$ alle $R^{\,i}_{o\,k.\,lm}$, R_{km} und R verschwinden, so ist auch ${}^*R^{\,i}_{o\,k,\,lm} \equiv 0$ oder: *das identische Verschwinden des Weylschen Tensors ist notwendig dafür, daß sich die x-Mannigfaltigkeit konform auf eine Euklidische abbilden läßt.*[1]) Man rechnet leicht nach, daß der Weylsche Tensor für $n = 2$ und $n = 3$ stets verschwindet.

§ 17. Die Gleichungen von Ricci und von Bianchi.

Es sei $A_{i_1 i_2 \ldots i_m}$ ein kovarianter Tensor m-ter Stufe. Wir bilden die kovariante Ableitung bezüglich des Index (α):

$$(1)\quad \left\{ \begin{aligned} A_{i_1 \ldots i_m(\alpha)} = \frac{\partial A_{i_1 \ldots i_m}}{\partial x_\alpha} - \Gamma^{\varrho}_{\alpha i_1} A_{\varrho i_2 \ldots i_m} - \\ - \Gamma^{\varrho}_{\alpha i_2} A_{i_1 \varrho i_3 \ldots i_m} - \cdots - \Gamma^{\varrho}_{\alpha i_m} A_{i_1 \ldots \varrho}. \end{aligned} \right.$$

[1]) *H. Weyl*, Mathem. Zeitschrift 2 (1918) S. 384.

Von diesem Tensor bilden wir neuerdings die kovariante Ableitung bezüglich des Index (β) und dann berechnen wir die Differenz

(2) $$A_{i_1 \ldots i_m [\alpha\beta]} = A_{i_1 \ldots i_m (\alpha)(\beta)} - A_{i_1 \ldots i_m (\beta)(\alpha)},$$

so daß sich die zweiten Ableitungen $\frac{\partial^2 A}{\partial x^2}$ fortheben. Es fallen dann außerdem eine Reihe von Gliedern weg; die restlichen lassen sich vermöge der Gleichungen (4) § 13 S. 336 zusammenfassen zu:

(3) $$\begin{cases} A_{i_1 \ldots i_m [\alpha\beta]} = R^{\varrho}_{o i_1, \alpha\beta} A_{\varrho i_2 \ldots i_m} + R^{\varrho}_{o i_2, \alpha\beta} A_{i_1 \varrho i_3 \ldots i_m} + \cdots = \\ \qquad = \sum_{i_\varrho} R^{\varrho}_{o i, \alpha\beta} A_{i_1 \ldots \varrho \ldots i_m}. \end{cases}$$

Dies ist die *Identität von Ricci.*[1])

Wir gebrauchen sie weiter unten für den speziellen Fall $m = 1$. Ist μ_i ein kovarianter Vektor,[2]) so haben wir nach (3):

(4) $$\mu_{i[kl]} = \mu_{i(k)(l)} - \mu_{i(l)(k)} = R^{\varrho}_{o i, kl} \mu_{\varrho}.$$

Wir benötigen weiter eine Identität, die in das Gebiet der Differentialinvarianten dritter Ordnung des Tensors g_{ik} gehört und eine Beziehung zwischen den kovarianten Ableitungen von $R_{ik, lm}$ gibt.

Bildet man von Gleichung (9) § 13 S. 337 ausgehend die kovariante Ableitung

$$R_{ik, lm(s)} = \frac{\partial R_{ik, lm}}{\partial x_s} - \Gamma^{\varrho}_{si} R_{\varrho k, lm} - \Gamma^{\varrho}_{sk} R_{i\varrho, lm} - \\ - \Gamma^{\varrho}_{sl} R_{ik, \varrho m} - \Gamma^{\varrho}_{sm} R_{ik, l\varrho}$$

und vertauscht dann l, m und s zyklisch, so erhält man durch Addition die in Aussicht gestellte *Identität von Bianchi*[3]):

(5) $$R_{ik, lm(s)} + R_{ik, ms(l)} + R_{ik, sl(m)} \equiv 0.$$

Wir ziehen hieraus einige Folgerungen, indem wir den Satz vom Schlusse des § 11 (S. 333) verwenden.

Wegen $R_{km} = g^{il} R_{ik, lm}$ haben wir:

(6) $$R_{km(s)} = (g^{il} R_{ik, lm})_{(s)} = g^{il} R_{ik, lm(s)}.$$

---

1) *G. Ricci* und *T. Levi-Cività*, Mathem. Ann. 54 (1901) S. 143.

2) Bezüglich weiterer solcher Beziehungen vgl. die in der folgenden Anmerkung angeführte Arbeit von *R. Bach.*

3) *Bianchi,* Rend. Acc. Lincei 11 (1902) S. 3; *Padova,* Ebenda (4), 5 (1889) S. 178; *R. Bach,* Mathem. Zeitschr. 9 (1921) S. 114; *J. A. Schouten,* Ebenda 11 (1921) S. 58. Obwohl *Ricci* die Identität (5) als erster gefunden, behalten wir den üblichen Namen „Identität von Bianchi" bei. Vgl. hierzu die Literaturangaben bei *D. J. Struik,* Grundzüge der mehrdimensionalen Differentialgeometrie, Berlin, Springer (1922) S. 148.

Wir multiplizieren (5) mit g^{il} und summieren über i und l. Das erste Glied gibt nach (6) $R_{km(s)}$; das zweite Glied wird

(7) $$g^{il} R_{ik,\,ms(l)} = R^{l}_{0k,\,ms(l)};$$

für das dritte Glied haben wir nach (6):

$$g^{il} R_{ik,\,sl(m)} = -g^{il} R_{ik,\,ls(m)} = -R_{ks(m)};$$

somit kommt schließlich:

(8) $$R^{i}_{0k,\,lm(i)} = g^{is} R_{ik,\,lm(s)} = R_{km(l)} - R_{kl(m)}.$$

Aus (6) erhalten wir weiter

(9) $$g^{km} R_{km(s)} = (g^{km} R_{km})_{(s)} = R_{(s)} = \frac{\partial R}{\partial x_s}.$$

Daher bekommen wir aus (8), linke Seite:

$$g^{km} R^{i}_{0k,\,lm(i)} = g^{km} g^{is} R_{ik.\,lm(s)} = (g^{km} g^{is} R_{ki,\,ml})_{(s)} = $$
$$= (g^{is} R_{il})_{(s)} = R^{s}_{l(s)},$$

während wir rechts haben:

$$g^{km} R_{km(l)} - g^{km} R_{kl(m)} = R_{(l)} - R^{m}_{l(m)}.$$

Somit wird:

(10) $$R^{i}_{k(i)} = g^{is} R_{ik(s)} = \frac{1}{2} R_{(k)} = \frac{1}{2} \frac{\partial R}{\partial x_k}.$$

§ 18. **Der Satz von Schouten.**

Wir haben im § 16 für $n \geqq 4$ das identische Verschwinden des *Weyl*schen Tensors $^*R_{ik,\,lm}$ (Gleichung (23) § 16 S. 344) als notwendige Bedingung dafür nachgewiesen, daß sich der x-Raum konform auf einen Euklidischen $\bar{x}$-Raum durch eine Transformation $x \to \bar{x}$ abbilden läßt. Von *J. A. Schouten* stammt der Satz, *daß die Gleichungen* $^*R_{ik,\,lm} \equiv 0$ *auch hinreichend für die Möglichkeit einer solchen Abbildung sind.*[1])

Mit anderen Worten: Wenn

(1) $$\begin{cases} {}^*R_{ik,\,lm} = (n-2) R_{ik,\,lm} - [g_{il} R_{km} + g_{km} R_{il} - g_{im} R_{kl} - g_{kl} R_{im}] + \\ \qquad + \dfrac{1}{n-1} (g_{il} g_{km} - g_{im} g_{kl}) R \equiv 0 \end{cases}$$

ist, so läßt sich eine Funktion $\lambda = \lambda(x_1, x_2, \ldots, x_n)$ so bestimmen, daß die durch (11) § 16 S. 342 definierten $R'_{ik,\,lm}$ verschwinden.

---

[1]) Mathem. Zeitschrift 11 (1921) S. 58; eine Erweiterung bei *H. Weyl*, Göttinger Nachr. (28. 1. 1921).

Wir fassen die beiden Ausdrücke in den eckigen Klammern auf der rechten Seite der zuletzt genannten Gleichung zusammen, indem wir setzen

(2) $$-\frac{1}{2}\Phi_{ik}+\frac{1}{4}\varphi_{ik}=L_{ik}.$$

Dann ist:

(3) $$R'_{ik,lm}=\lambda\left\{R_{ik,lm}-\sum g_{il}L_{km}\right\}$$

und $R'_{ik,lm}\equiv 0$ gibt:

(4) $$R_{ik,lm}=\sum g_{il}L_{km}=g_{il}L_{km}+g_{km}L_{il}-g_{im}L_{kl}-g_{kl}L_{im}.$$

Soll demnach eine konforme Abbildung auf einen Euklidischen Raum möglich sein, so muß der Krümmungstensor $R_{ik,lm}$ die spezielle Gestalt (4) haben und überdies müssen sich, da in (4) in den L_{ik} die Ableitungen

$$\mu_i=\frac{\partial(\log\lambda)}{\partial x_i}\qquad \frac{\partial\mu_i}{\partial x_k}=\frac{\partial^2(\log\lambda)}{\partial x_i\,\partial x_k}$$

enthalten sind, diese Differentialgleichungen (4) bezüglich der μ integrieren lassen. Es handelt sich also nur noch darum, die Integrabilitätsbedingungen für diese Differentialgleichungen aufzustellen.

Für $n=3$ ist nach einer am Schlusse des § 16 gemachten Bemerkung der Weylsche Tensor stets Null, (4) daher immer erfüllt. In diesem Falle genügen also die Integrabilitätsbedingungen von (4) allein.

Bei $n\geqq 4$ hingegen tritt neben die Integrabilitätsbedingungen auch die Forderung, daß der Weylsche Tensor verschwindet. Schouten hat nachgewiesen, daß beide Bedingungen miteinander identisch sind, d. h. daß die Integrabilitätsbedingungen durch das Verschwinden des Weylschen Tensors von selbst erfüllt werden.[1])

Wir berechnen zunächst L_{km} aus (4). Multiplikation mit g^{il} gibt:

(5) $$R_{km}=(n-2)L_{km}+Lg_{km}\qquad L=g^{ik}L_{ik}.$$

Hieraus:

(6) $$R=2(n-1)L,\quad L=\frac{R}{2(n-1)}.$$

Setzen wir L aus (6) in (5) ein, so wird:

(7) $$L_{km}=\frac{1}{n-2}R_{km}-\frac{R}{2(n-1)(n-2)}g_{km}.$$

[1]) Bei $n=2$ ist eine konforme Abbildung auf eine Euklidische Fläche immer möglich; bei $n=3$ wurden die Bedingungen schon von *E. Cotton* aufgestellt: C. R. 125 (1896) S. 225; 127 (1898) S. 349.

Hieraus folgt:

$$(8)\quad \begin{cases} L_{km(l)} - L_{kl(m)} = \dfrac{1}{n-2}\left[R_{km(l)} - R_{kl(m)}\right] - \\ \qquad - \dfrac{1}{2(n-1)(n-2)}\left[g_{km} R_{(l)} - g_{kl} R_{(m)}\right]. \end{cases}$$

Hier können wir zeigen, daß die rechte Seite wegen (1) verschwindet, wenn $n > 3$ ist. Nach (1) ist nämlich

$$(9)\quad \begin{cases} (n-2) R_{ik,lm} = \left[g_{il} R_{km} + g_{km} R_{il} - g_{im} R_{kl} - g_{kl} R_{im}\right] - \\ \qquad - \dfrac{1}{n-1}\left(g_{il} g_{km} - g_{im} g_{kl}\right) R. \end{cases}$$

Bilden wir hier die kovariante Ableitung nach (s), vertauschen l, m und s zyklisch und addieren, so ergibt die *Bianchi*sche Identität auf der linken Seite Null. Rechts entsteht:

$$(10)\quad \begin{cases} g_{il}\left[R_{km(s)} - R_{ks(m)}\right] + g_{km}\left[R_{il(s)} - R_{is(l)}\right] + g_{ks}\left[R_{im(l)} - R_{il(m)}\right] - \\ - g_{im}\left[R_{kl(s)} - R_{ks(l)}\right] - g_{kl}\left[R_{im(s)} - R_{is(m)}\right] - g_{is}\left[R_{km(l)} - R_{kl(m)}\right] - \\ - \dfrac{1}{n-1}\Big[\left(g_{il} g_{km} - g_{im} g_{kl}\right) R_s + \left(g_{im} g_{ks} - g_{is} g_{km}\right) R_l + \\ \qquad + \left(g_{is} g_{kl} - g_{il} g_{ks}\right) R_m\Big]. \end{cases}$$

Dies mit g^{il} multipliziert gibt nach (9) und (10) § 17 S. 346 die Gleichung

$$(11)\quad . \; . \quad (n-1)(n-3)\left[R_{km(s)} - R_{ks(m)}\right] = \frac{n-3}{2}\left[g_{km} R_s - g_{ks} R_m\right].$$

Jetzt sei $n > 3$. Dann haben wir

$$(12)\quad . \; . \; . \; . \quad R_{km(l)} - R_{kl(m)} = \frac{1}{2(n-1)}\left[g_{km} R_l - g_{kl} R_m\right].$$

Setzt man dies in (8) ein, so entsteht

$$(13)\quad . \; . \; . \; . \; . \; . \; . \; . \quad L_{km(l)} - L_{kl(m)} = 0.$$

Für $n > 3$ ist dies also eine Folge von (1).

Jetzt ist nur noch zu zeigen, daß (13) auch die Integrabilitätsbedingungen von (4) darstellt. Statt (4) können wir nach (7) und (2) schreiben

$$(14)\quad . \; . \; . \; . \; . \; . \; . \; . \quad \Phi_{ik} - \frac{1}{2}\varphi_{ik} = -2 L_{ik},$$

wobei für L_{ik} jetzt die (bekannten) rechten Seiten von (7) einzusetzen sind. Ausführlich lautet (14):

$$(15)\quad . \; . \; . \quad \frac{\partial \mu_i}{\partial x_k} - \Gamma^s_{ik}\mu_s - \frac{1}{2}\left(\mu_i \mu_k - \frac{1}{2} g_{ik}\left(\mu_s \mu^s\right)\right) = -2 L_{ik}.$$

Die Integrabilitätsbedingungen erhalten wir, wenn wir $\frac{\partial^2 \mu_i}{\partial x_k \partial x_l}$ berechnen und $= \frac{\partial^2 \mu_i}{\partial x_l \partial x_k}$ setzen. Da $\Phi_{ik} = \mu_{i(k)} = \mu_{k(i)}$ ist, so kommt dies auf die Bildung von

$$\mu_{i(k)(l)} - \mu_{i(l)(k)} = \mu_{i[kl]}$$

hinaus und hierfür gibt die Identität von *Ricci* (vgl. (4) § 17 S. 345)

$$\mu_{i[kl]} = R'^{\varrho}_{oi,\,kl}\,\mu_\varrho\,.$$

Daher lauten die Integrabilitätsbedingungen von (15)

$$\left[\frac{1}{2}\left(\mu_i\mu_k - \frac{1}{2}g_{ik}(\mu_s\mu^s)\right) - 2L_{ik}\right]_{(l)} - \\ - \left[\frac{1}{2}\left(\mu_i\mu_l - \frac{1}{2}g_{il}(\mu_s\mu^s)\right) - 2L_{il}\right]_{(k)} = R^{\varrho}_{oi,\,kl}\,\mu_\varrho\,.$$

Führt man hier die linke Seite aus und berechnet die rechte Seite nach (4), so fällt alles weg bis auf

$$L_{ik(l)} - L_{il(k)} = 0\,.$$

Dies sind aber die Gleichungen (13).

Im Falle $n = 3$ nehmen sie die Gestalt an:

$$\ldots\ldots\quad R_{km(l)} - R_{kl(m)} = \frac{1}{4}\left[g_{km}R_l - g_{kl}R_m\right].$$

§ 19. **Der Reduktionssatz für den Tensor g_{ik}.**

Es sei vorerst eine quadratische Differentialform

$$F = g_{ik}\,dx^i\,dx^k$$

als einzige Grundform gegeben. Wir kehren zurück zur Frage nach den Differentialinvarianten I_m bis einschließlich m^{ter} Ordnung ($m \geqq 2$), d. h. Differentialinvarianten (und Kovarianten), die neben den g_{ik} auch die Ableitungen $\frac{\partial g_{ik}}{\partial x_\alpha}, \ldots$ bis einschließlich der m^{ten} enthalten.

Nach den Ausführungen der §§ 9 und 13 ist die Bestimmung der I_m ein Eliminationsproblem, das sich deshalb leicht übersehen läßt, da es gelingt, die Transformationsgleichungen für die ersten Ableitungen $\frac{\partial g_{ik}}{\partial x_\alpha}$ nach den zweiten Ableitungen $\frac{\partial^2 x_i}{\partial \bar{x}_\alpha \partial \bar{x}_\beta}$ aufzulösen (Gleichung (1) § 13 S. 335). Die weiteren Transformationsgleichungen ergeben sich dann durch Differentiation dieser eben genannten. So haben wir z. B. in § 13 die Transformationsgleichungen für $\frac{\partial^2 g_{ik}}{\partial x_\alpha \partial x_\beta}$ nach den dritten Ableitungen $\frac{\partial^3 x_i}{\partial \bar{x}_\alpha \partial \bar{x}_\beta \partial \bar{x}_\gamma}$ aufgelöst (Gleichung (2) § 13 S. 335) und aus diesen dann den Krümmungstensor durch Elimination gewonnen. Dieses Verfahren fortgesetzt, führt gerade auf die kovarianten Ableitungen

$$R_{ik,\, lm(\alpha)}, \quad R_{ik.\, lm(\alpha)(\beta)}, \ldots$$

des Krümmungstensors und auf keine weiteren Tensoren. Dies gibt den schon von *Christoffel*[1]) und später von *Ricci* und *Levi-Cività*[2]) ausgesprochenen „*Reduktionssatz*":

Die Differentialinvarianten m^{ter} Ordnung ($m \geqq 2$) von F sind die projektiven Invarianten der Tensoren g_{ik}, $R_{ik,\, lm}$ und der kovarianten Ableitungen von $R_{ik,\, lm}$ bis einschließlich der $(m-2)^{ten}$.

Dieser Satz reduziert das Problem auf ein solches der algebraischen Invariantentheorie und gibt unmittelbar die Begriffe „volles System von Differentialinvarianten m^{ter} Ordnung" und „Endlichkeit" eines solchen Systems.

Sind außer F noch andere Tensoren $G, H, \ldots$ gegeben, so wird die Sache komplizierter; es treten dann zu den in obigem Satze angeführten Tensoren noch die kovarianten Ableitungen der $G, H, \ldots$, ferner die kovarianten Ableitungen die sich mit Benutzung der $G, H, \ldots$ selbst[3]) allenfalls einstellen. Es ist jedoch auch hier in letzter Linie ein algebraisches Problem zu lösen: Bestimmung aller projektiven Invarianten eines Systems $\sum$ von Tensoren.

Daraus ergibt sich weiter die Antwort auf die Frage, wann zwei quadratische Differentialformen (und allgemeiner, irgend zwei Systeme von Tensoren) äquivalent sind, d. h. durch eine Transformation $x \longrightarrow \bar{x}$ ineinander übergeführt werden können. Es müssen dann die entsprechenden Systeme $\sum$ bezüglich linear-homogenen Transformationen äquivalent sein. Der Reduktionssatz führt also auch die Frage der Äquivalenz von Differentialformen auf ein Äquivalenzproblem der projektiven Invariantentheorie zurück (vgl. VII § 10 S. 201).

Es wird so in letzter Linie jedes Formenproblem der Tensoranalysis ein solches der Tensoralgebra, freilich meist ein sehr kompliziertes. Bleiben wir, um ein Beispiel anzuführen, etwa bei

[1]) Crelle 70 (1869).

[2]) Mathem. Ann. 54 (1901).

[3]) Eine nicht-lineare Differentialform kann immer dann zur Bildung von kovarianten Ableitungen verwendet werden, wenn sie eine nicht-identisch verschwindende Hessesche Determinante $\left| \frac{\partial^2 F}{\partial\, dx^i\, \partial\, dx^k} \right|$ besitzt.

$n=4$ und zwei Grundformen: einer quadratischen F und einer linearen φ:

(1) . . . . $F = g_{ik}\,dx^i\,dx^k \qquad \varphi = \varphi_i\,dx^i$

und suchen wir ein volles System S_2 von Differentialinvarianten zweiter Ordnung dieser Tensoren. Der Reduktionssatz gibt uns die folgenden 5 Tensoren:

(2) . . . . . $g_{ik}, \quad R_{ik,lm}, \quad \varphi_i, \quad \varphi_{i(k)}, \quad \varphi_{i(k)(l)}.$

Dabei ist $\varphi_{i(k)}$ die erste, $\varphi_{i(k)(l)}$ die zweite kovariante Ableitung von φ_i. In die Theorie der quaternären Formen übersetzt ist hier das System S_2 identisch mit einem vollen System von projektiven Invarianten von:

(3)
1. Fläche 2. Klasse $(gu')^2 = g_{ik}\,u'_i\,u'_k = 0$.
2. Quadratischer Linienkomplex
$$(a\pi')^2\,(a\varrho')^2 = 4\sum R_{ik,lm}\,\pi'_{ik}\,\varrho'_{lm} = 0.$$
3. Ein Punkt $(yu') = \varphi_i\,u'_i = 0$.
4. Eine Bilinearform $(Au')\,(Bv') = \sum \varphi_{i(k)}\,u'_i\,v'_k = 0$.
5. Eine Trilinearform $(Lu')\,(Mv')\,(Nw') = \sum \varphi_{i(k)(l)}\,u'_i\,v'_k\,w'_l = 0$.

Hierzu wird man rechnerisch noch die Rotation von φ nehmen: $\mathrm{rot}\,\varphi = \varphi_{i(k)} - \varphi_{k(i)}$; sie entspricht im quaternären einem linearen Linienkomplex.

Man sieht, daß sich ein sehr verwickeltes Problem der projektiven Invariantentheorie einstellt. Bisher finden sich auch nur die einfachsten dieser Invarianten angeführt.[1]) So treten z. B. im *Weyl*schen Tensor (§ 16 S. 341) (für $n=4$):

(4)
$$W_{ik,lm} = 2R_{ik,lm} - [g_{il}R_{km} + g_{km}R_{il} - g_{im}R_{kl} - g_{kl}R_{im}] + \\ + \frac{1}{3}(g_{il}\,g_{km} - g_{im}\,g_{kl})\,R$$

rechts drei Bestandteile auf. Der erste $R_{ik,lm}$ rührt her vom quadratischen Linienkomplex Nr. 2 in (3); der zweite kommt (vgl. die Anmerkung auf S. 343) aus den beiden Flächen zweiter Klasse $(gu')^2 = 0$ und $(Ru')^2 = 0$ zustande. Die zweite dieser Flächen $(Ru')^2 = 0$ stellt den Ort jener Ebenen u' dar, deren bezüglich $(a\pi')^2\,(a\varrho')^2 = 0$ gebildeten Komplexkegelschnitte zu $(gu')^2 = 0$ apolar liegen. Der dritte Bestandteil in (4) rechts rührt, bis auf

[1]) *H. Weyl*, Math. Zeitschr. 2 (1918) S. 384; *R. Bach*, Ebenda 9 (1921) S. 110; *J. A. Schouten*, Ebenda 11 (1921) S. 58 und 13 (1922) S. 56; *W. Pauli*, Phys. Zeitschr. 20 (1919) S. 457; *R. Weitzenböck*, Wiener Ber. 129 (1920) S. 683 u. 697; ebenda 130 (1921) S. 1 u. 15.

den Faktor R, her von den Koeffizienten des quadratischen Linienkomplexes

$$(g\pi')(g\varrho')(g_1\pi')(g_1\varrho') = 0;$$

er gibt die Fläche $(gu')^2 = 0$ in Linienkoordinaten.

§ 20. Der Reduktionssatz für zwei quadratische Differentialformen.

Es seien jetzt *zwei* quadratische Differentialformen

$$(1) \quad \ldots\ldots \quad A = a_{ik}\,dx^i\,dx^k, \qquad B = b_{ik}\,dx^i\,dx^k$$

mit den nicht verschwindenden Determinanten

$$(2) \quad \ldots\ldots \quad a = |a_{ik}| \neq 0, \qquad b = |b_{ik}| \neq 0$$

gegeben.

Hier haben wir zweierlei kovariante Ableitungen: einmal mit Hilfe von A, das andere Mal mit Hilfe des Tensors B. Für die entsprechenden Drei-Indizes-Symbole verwenden wir die Buchstaben A und B. Wir setzen also

$$(3) \quad A_{r,ik} = \frac{1}{2}\left(\frac{\partial a_{ri}}{\partial x_k} + \frac{\partial a_{rk}}{\partial x_i} - \frac{\partial a_{ik}}{\partial x_r}\right), \quad B_{r,ik} = \frac{1}{2}\left(\frac{\partial b_{ri}}{\partial x_k} + \frac{\partial b_{rk}}{\partial x_i} - \frac{\partial b_{ik}}{\partial x_r}\right)$$

$$(4) \quad \ldots\ldots \quad A^s_{ik} = a^{s\lambda} A_{\lambda,ik}, \qquad B^s_{ik} = b^{s\lambda} B_{\lambda,ik}.$$

Die gemischten Krümmungstensoren bezeichnen wir mit $A^i_{k,lm}$ und $B^i_{k,lm}$.

Das kovariante Ableiten deuten wir wieder durch einen eingeklammerten Index an, und zwar bei der Form A durch einfache Klammern (i), bei der Form B durch Doppelklammern $((i))$. Ist also z. B. v_i ein kovarianter Vektor, so setzen wir:

$$(5) \quad \ldots \quad v_{i(\alpha)} = \frac{\partial v_i}{\partial x_\alpha} - A^\lambda_{i\alpha} v_\lambda, \qquad v_{i((\alpha))} = \frac{\partial v_i}{\partial x_\alpha} - B^\lambda_{i\alpha} v_\lambda.$$

Substraktion dieser beiden Gleichungen ergibt

$$(6) \quad \ldots \quad v_{i(\alpha)} - v_{i((\alpha))} = -\left(A^\lambda_{i\alpha} - B^\lambda_{i\alpha}\right) v_\lambda = -C^\lambda_{i\alpha} v_\lambda;$$

es ist also

$$(7) \quad \ldots\ldots\ldots \quad C^\lambda_{ik} = A^\lambda_{ik} - B^\lambda_{ik} = C^\lambda_{ki}$$

ein *Tensor* $(2+1)^{ter}$ Stufe. Man erhält ihn auch, wenn man aus den Transformationsgleichungen für die Ableitungen der a_{ik} und b_{ik} (vgl. § 9 (14) S. 327)

(8) . . . . . $$\left\{\begin{aligned} \frac{\partial^2 x_i}{\partial \bar{x}_\alpha \partial \bar{x}_\beta} &= \bar{A}^\lambda_{\alpha\beta} \frac{\partial x_i}{\partial \bar{x}_\lambda} - \bar{A}^i_{\varrho\sigma} \frac{\partial x_\varrho}{\partial \bar{x}_\alpha} \frac{\partial x_\sigma}{\partial \bar{x}_\beta} \\ \frac{\partial^2 x_i}{\partial \bar{x}_\alpha \partial \bar{x}_\beta} &= \bar{B}^\lambda_{\alpha\beta} \frac{\partial x_i}{\partial \bar{x}_\lambda} - B^i_{\varrho\sigma} \frac{\partial x_\varrho}{\partial \bar{x}_\alpha} \frac{\partial x_\sigma}{\partial \bar{x}_\beta} \end{aligned}\right.$$

die links stehenden zweiten Ableitungen eliminiert.

Drückt man in (3) die Ableitungen $\frac{\partial a_{ik}}{\partial x_r}$ mit Hilfe der Tensoren $a_{ik((r))}$, bezw. die $\frac{\partial b_{ik}}{\partial x_r}$ mit Hilfe von $b_{ik(r)}$ aus, so erhält man für den Tensor (7) zwei bemerkenswerte Darstellungen:

(9) . . . . $$C^\lambda_{ik} = \alpha_{\sigma,\,ik}\, a^{\sigma\lambda} = -\, \beta_{\sigma,\,ik}\, b^{\sigma\lambda};$$

hierbei bedeuten:

(10) . . . . . $$\left\{\begin{aligned} \alpha_{r,\,ik} &= \frac{1}{2}\left(a_{ri((k))} + a_{rk((i))} - a_{ik((r))}\right) \\ \beta_{r,\,ik} &= \frac{1}{2}\left(b_{ri(k)} + b_{rk(i)} - b_{ik(r)}\right). \end{aligned}\right.$$

Differenzieren wir (8) nach den $\bar{x}_\gamma, \bar{x}_\delta, \ldots$ und eliminieren dann die höheren Ableitungen $\frac{\partial^p x_i}{\partial \bar{x}_\alpha \partial \bar{x}_\beta \ldots}$, so erhalten wir alle Differentialinvarianten der beiden Tensoren a_{ik} und b_{ik}. Man übersieht nun leicht, daß sich da die folgenden Tensoren einstellen: erstens der Krümmungstensor $A^i_{k,\,lm}$ von a_{ik} und dessen kovariante Ableitungen beiderlei Art; zweitens der Krümmungstensor $B^i_{k,\,lm}$ der Form b_{ik} und dessen kovariante Ableitungen beiderlei Art; schließlich drittens die kovarianten Ableitungen des Tensors C^λ_{ik}.

Wir wollen jetzt nachweisen, daß man sich bei all diesen Tensoren auf die kovarianten Ableitungen ***einer*** *Art,* z. B. *die mit Hilfe der a_{ik}, beschränken kann.*

Hierzu zeigen wir vorerst, wie der Krümmungstensor $B^i_{k,\,lm}$ der zweiten Differentialform b_{ik} durch $A^i_{k,\,lm}$ und den Tensor C^λ_{ik} ausgedrückt werden kann. Aus (7), (9) und (10) haben wir:

$$B^i_{km} = A^i_{km} + \frac{1}{2}\left(b_{ri(k)} + b_{rk(i)} - b_{ik(r)}\right) b^{ri}.$$

Setzt man dies in die Definitionsgleichung

$$B^i_{k,\,lm} = \frac{\partial B^i_{km}}{\partial x_l} - \frac{\partial B^i_{kl}}{\partial x_m} + B^i_{l\lambda} B^\lambda_{mk} - B^i_{m\lambda} B^\lambda_{kl}$$

ein, so erhält man:

$$(11)\quad \begin{cases} B^i_{k,lm} = A^i_{k,lm} + C^i_{kl(m)} - C^i_{km(l)} + C^i_{l\lambda} C^\lambda_{km} - C^i_{m\lambda} C^\lambda_{kl} = \\ = A^i_{k,lm} + C^i_{kl((m))} - C^i_{km((l))} - C^i_{l\lambda} C^\lambda_{km} + C^i_{m\lambda} C^\lambda_{kl}. \end{cases}$$

Jetzt haben wir noch zu zeigen, wie man die kovarianten Ableitungen zweiter Art (mit den b_{ik}) auf die erster Art zurückführen kann. Dies zeigt z. B. Gleichung (6) oder allgemeiner[1]):

$$M_{ikl\ldots p((r))} = M_{ikl\ldots p(r)} - \sum C^\lambda_{\mu r} M_{ik\ldots\lambda\ldots p}.$$

Man kommt also auf kovariante Ableitungen erster Art sowie auf die $C^\lambda_{\mu r}$ und deren Ableitungen erster Art $C^\lambda_{\mu r(\alpha)}$, $C^\lambda_{\mu r(\alpha)(\beta)}, \ldots$ Da nun nach (9) und (10) die $C^\lambda_{\mu r}$ und deren kovariante Ableitungen ausdrückbar sind durch die kovarianten Ableitungen erster Art der b_{ik} und b^{ik}, so haben wir den folgenden *Reduktionssatz*:

Die Differentialinvarianten der beiden Tensoren a_{ik} und b_{ik} sind projektive Invarianten von a_{ik}, b_{ik}, $A^i_{k,lm}$ und den mit Hilfe der a_{ik} gebildeten kovarianten Ableitungen von b_{ik}, b^{ik} und $A^i_{k,lm}$.

Rechnerisch ist es natürlich von Vorteil, den Tensor $C^i_{\alpha\beta}$ zu verwenden. Wir erwähnen noch, daß man für den durch Verjüngung von $C^i_{\alpha\beta}$ entstehenden Vektor

$$(12)\quad \ldots\ldots\ldots\ldots \quad C^i_{ik} = C_k$$

die Darstellung erhält:

$$(13)\quad \ldots\ldots\ldots \quad C_k = \frac{\partial}{\partial x_k}\left(\log\sqrt{\frac{a}{b}}\right).$$

§ 21. Der Reduktionssatz für allgemeine $\Gamma^i_{\alpha\beta}$.

Ist $g_{ik}\,dx^i\,dx^k$ der Fundamentaltensor einer Riemannschen Mannigfaltigkeit, so haben wir für die kovarianten Ableitungen eines kovarianten Vektors v_i bezw. eines kontravarianten Vektors w^i die Formeln (vgl. § 11 S. 330):

$$(1)\quad \ldots \quad v_{i(\alpha)} = \frac{\partial v_i}{\partial x_\alpha} - \Gamma^\lambda_{i\alpha} v_\lambda; \quad w^i_{(\alpha)} = \frac{\partial w^i}{\partial x_\alpha} + \Gamma^i_{\lambda\alpha} w^\lambda.$$

Dies kann man bei Verwendung des Vektors dx^i auch so schreiben:

$$(2)\quad \ldots\ldots \quad \begin{cases} \delta v_i = v_{i(\alpha)}\,dx^\alpha = dv_i - \Gamma^\lambda_{i\alpha} v_\lambda\,dx^\alpha \\ \delta w^i = w^i_{(\alpha)}\,dx^\alpha = dw^i + \Gamma^i_{\lambda\alpha} w^\lambda\,dx^\alpha. \end{cases}$$

Denkt man sich v_i und w^i von einem Punkte $P(x)$ auslaufend,

[1]) Hierzu *J. A. Schouten*, Amsterdamer Berichte 27 (1918) S. 801.

hingegen die Vektoren $v_i + \delta v_i$ und $w^i + \delta w^i$ in einem zu $P(x)$ benachbarten Punkte $P'(x + dx^i)$ aufgetragen, so definieren die Gleichungen (2) eine invariante Zuordnung der von P bezw. P' auslaufenden Vektoren. Man drückt dies auch so aus, indem man sagt, die Gleichungen (2), d. h. also die Funktionen $\Gamma^i_{\alpha\beta}$ definieren die „*infinitesimale Parallelverschiebung*" der Vektoren (und damit auch die von Tensoren höherer Stufe), oder auch: die Funktionen $\Gamma^i_{\alpha\beta}$ definieren den „*affinen Zusammenhang*" der Mannigfaltigkeit.[1])

Die bezüglich α und β symmetrischen Funktionen $\Gamma^i_{\alpha\beta}$ sind die Drei-Indizes-Symbole 2. Art (vgl. § 10 S. 328). Ihre Transformationsgleichungen haben wir in § 9 S. 327 aufgestellt:

$$(3) \quad \ldots\ldots \quad \frac{\partial^2 x_\lambda}{\partial \bar{x}_i \, \partial \bar{x}_k} = \bar{\Gamma}^s_{ik} \frac{\partial x_\lambda}{\partial \bar{x}_s} - \Gamma^\lambda_{\varrho\sigma} \frac{\partial x_\varrho}{\partial \bar{x}_i} \frac{\partial x_\sigma}{\partial \bar{x}_k}.$$

Man kann nun den Begriff „affiner Zusammenhang" ganz unabhängig von einem Maßtensor g_{ik} aufstellen, indem man n^3 Funktionen $\Gamma^i_{\alpha\beta}$ annimmt und verlangt, daß z. B.

$$v_{i(\alpha)} = \frac{\partial v_i}{\partial x_\alpha} - \Gamma^\lambda_{i\alpha} v_\lambda$$

ein *Tensor* ist. Hieraus folgt dann leicht, daß diese Funktionen $\Gamma^i_{\alpha\beta}$ (= die Komponenten des Zusammenhanges) nach (3) transformiert werden, und weiter, daß auch

$$w^i_{(\alpha)} = \frac{\partial w^i}{\partial x_\alpha} + \Gamma^i_{\lambda\alpha} w^\lambda$$

ein Tensor ist.[2])

Es ist also bei derartigen allgemeinen $\Gamma^i_{\alpha\beta}$ eine Tensoranalysis möglich und wir fragen nach dem hier geltenden *Reduktionssatz*.

Wir nehmen vorerst an, daß die $\Gamma^i_{\alpha\beta}$ allein gegeben sind, also kein Maßtensor g_{ik} vorhanden ist. Um die Differentialinvarianten zu bekommen, die sich aus den $\Gamma^i_{\alpha\beta}$ allein aufbauen, haben wir

---

[1]) Wegen dieser Begriffe vgl. *H. Weyl*, Raum, Zeit, Materie 4. Aufl. (1921) S. 100 ff.; *Levi-Cività*, Rend. di Palermo 42 (1917); *J. A. Schouten*, Amsterdamer Berichte (1918). Mit allgemeinen $\Gamma^i_{\alpha\beta}$ befassen sich neben *Weyl* noch *A. S. Eddington*, Proc. Royal Soc., A 99 (1921); *W. Wirtinger*, Trans. Cambridge philos. Soc. 22 (1921) S. 439; *J. A. Schouten*, Mathem. Zeitschr. 13 (1922); *L. P. Eisenhart* und *O. Veblen*, Proc. National Acad. of Sciences 8, Feber (1922) und August (1922). Der Begriff einer durch die Struktur des Raumes gegebenen „Parallel"-verschiebung tritt in dieser Allgemeinheit zuerst bei *L. E. J. Brouwer* auf: Amsterdamer Berichte 15 (1906) S. 80.

[2]) Man nennt $\Gamma^i_{\alpha\beta}$ auch manchmal einen „Pseudotensor"; die $\Gamma^i_{\alpha\beta}$ transformieren sich bei *linearen* Transformationen $x \longrightarrow \bar{x}$ wie Tensorkomponenten.

wieder aus (3) und den Ableitungen von (3) die Differentialquotienten $\frac{\partial^2 x_\lambda}{\partial \bar{x}_i \, \partial \bar{x}_k}, \frac{\partial^3 x_\lambda}{\partial \bar{x}_i \, \partial \bar{x}_k \, \partial \bar{x}_j}, \ldots$ zu eliminieren.

Die Elimination der $\frac{\partial^2 x_\lambda}{\partial \bar{x}_i \, \partial \bar{x}_k}$ führt auf den Tensor $(2+1)^{ter}$ Stufe

(4) $$S^i_{\alpha\beta} = - S^i_{\beta\alpha} = \Gamma^i_{\alpha\beta} - \Gamma^i_{\beta\alpha}.$$

Er verschwindet, wenn $\Gamma^i_{\alpha\beta}$ bezüglich α und β symmetrisch ist.

Es ist weiter leicht zu zeigen, daß die Elimination der $\frac{\partial^3 x_\lambda}{\partial \bar{x}_i \, \partial \bar{x}_k \, \partial \bar{x}_l}, \ldots$ aus den nach den $\bar{x}$ differenzierten Gleichungen (3) nur die folgenden Tensoren ergibt:

(5) $$\left| \begin{array}{l} S^i_{\alpha\beta(\gamma)}, \quad S^i_{\alpha\beta(\gamma)(\delta)}, \ldots \\ U^i_{k,\alpha\beta}, \quad U^i_{k,\alpha\beta(\gamma)}, \ldots \end{array} \right.$$

Hier stehen in der ersten Zeile die mit Hilfe der $\Gamma^i_{\alpha\beta}$ gebildeten kovarianten Ableitungen des Tensors $S^i_{\alpha\beta}$. Es ist also z. B.

(6) $$S^i_{\alpha\beta(\gamma)} = \frac{\partial S^i_{\alpha\beta}}{\partial x_\gamma} + \Gamma^i_{\lambda\gamma} S^\lambda_{\alpha\beta} - \Gamma^\lambda_{\alpha\gamma} S^i_{\lambda\beta} - \Gamma^\lambda_{\beta\gamma} S^i_{\alpha\lambda}.$$

Die zweite Zeile in (5) gibt den gemischten Krümmungstensor und dessen kovariante Ableitungen. Es ist:

(7) $$U^i_{k,\alpha\beta} = \frac{\partial \Gamma^i_{k\beta}}{\partial x_\alpha} - \frac{\partial \Gamma^i_{k\alpha}}{\partial x_\beta} + \Gamma^\lambda_{k\beta} \Gamma^i_{\lambda\alpha} - \Gamma^\lambda_{k\alpha} \Gamma^i_{\lambda\beta}.$$

Er ist bezüglich $\alpha\beta$ alternierend.

Die im Riemannschen Falle vorhandene zyklische Symmetrie bezüglich der drei unteren Indizes $k\alpha\beta$ ist bei $U^i_{k,\alpha\beta}$ nicht vorhanden. Dafür haben wir aber die folgende Beziehung:

(8) $$\sum_{(k\alpha\beta)} U^i_{k,\alpha\beta} = - \sum_{(k\alpha\beta)} S^i_{k\alpha(\beta)} - \sum_{(k\alpha\beta)} S^i_{k\lambda} S^\lambda_{\alpha\beta}.$$

Die Summen sind hierbei zyklisch über $(k\alpha\beta)$ zu nehmen. (8) zeigt, daß zyklische Symmetrie vorhanden ist, wenn $\Gamma^i_{\alpha\beta} = \Gamma^i_{\beta\alpha}$ ist.

Es ist ganz interessant zu sehen, wie hier die den Gleichungen von *Ricci* und den von *Bianchi* (vgl. § 17 S. 344) analogen aussehen. Für die ersteren haben wir z. B. bei einem kontravarianten Vektor[1])

(9) $$w^i_{(r)(s)} - w^i_{(s)(r)} = - U^i_{\lambda,rs} w^\lambda - S^\lambda_{rs} w^i_{(\lambda)};$$

[1]) *J. A. Schouten*, Mathem. Zeitschrift 13 (1922) S. 76 Gleichung (97).

ferner bei einem kovarianten Vektor:

(10) . . . . . . $v_{i(r)(s)} - v_{i(s)(r)} = U^{\lambda}_{i,rs}\, v_\lambda - S^{\lambda}_{rs}\, v_{i(\lambda)}$.

Die *Bianchi*sche Identität lautet jetzt so:

(11) . . $\sum_{(r\beta\gamma)} U^i_{\alpha, r\beta(\gamma)} = - U^i_{\alpha, r\lambda} S^{\lambda}_{\beta\gamma} - U^i_{\alpha, \beta\lambda} S^{\lambda}_{\gamma r} - U^i_{\alpha, \gamma\lambda} S^{\lambda}_{r\beta}$.

(9) bis (11) zeigen, daß bei symmetrischen $\Gamma^i_{\alpha\beta}$ wieder die Riemannsche Gestalt herauskommt.

Wir erwähnen schließlich noch die beiden Tensoren zweiter Stufe:

(12) . . . . $V_{\alpha\beta} = - V_{\beta\alpha} = U^i_{i, \alpha\beta}$

(13) . . . . $W_{\alpha\beta} = U^i_{\alpha, i\beta}$

(8) gibt durch Verjüngung:

(14) $V_{\alpha\beta} + W_{\beta\alpha} - W_{\alpha\beta} = S^i_{i\beta(\alpha)} - S^i_{i\alpha(\beta)} - S^i_{\alpha\beta(i)} - S^i_{i\lambda} S^{\lambda}_{\alpha\beta}$.

Hieraus liest man ab, daß bei symmetrischen $\Gamma^i_{\alpha\beta}$ das Verschwinden von $V_{\alpha\beta}$ hinreichend für die Symmetrie von $W_{\alpha\beta}$ ist.

Ist $\Gamma^i_{\alpha\beta} = \Gamma^i_{\beta\alpha}$, dann zeigen (12) und (7), daß

(15) . . . . $V_{\alpha\beta} = \frac{\partial \Gamma^i_{i\beta}}{\partial x_\alpha} - \frac{\partial \Gamma^i_{i\alpha}}{\partial x_\beta}$

wird. Überdies vereinfacht sich der Reduktionssatz beträchtlich: der Tensor (4) und die erste Zeile in (5) kommen in Wegfall.

Etwas komplizierter wird der Fall, wenn neben den $\Gamma^i_{\alpha\beta}$ eine quadratische Differentialform $a_{ik}\, dx^i\, dx^k$ gegeben ist. Dann tritt neben (3) die Transformationsgleichung

(16) . . . . . $\frac{\partial^2 x_\lambda}{\partial \bar{x}_i\, \partial \bar{x}_k} = \bar{A}^s_{ik} \frac{\partial x_\lambda}{\partial \bar{x}_s} - A^{\lambda}_{\varrho\sigma} \frac{\partial x_\varrho}{\partial \bar{x}_i} \frac{\partial x_\sigma}{\partial \bar{x}_k}$,

wo die $A^i_{\alpha\beta}$ die Drei-Indizes-Symbole zweiter Art bezüglich a_{ik} sind.

Die Elimination der zweiten Ableitung von x nach $\bar{x}$ aus (3) und (16) gibt hier die beiden Tensoren (vgl. (4) und Gleichung (7) des vorigen §):

(17) . . . . $S^i_{\alpha\beta} = - S^i_{\beta\alpha} = \Gamma^i_{\alpha\beta} - \Gamma^i_{\beta\alpha}$

(18) . . . . $C^i_{\alpha\beta} = \Gamma^i_{\alpha\beta} - A^i_{\alpha\beta}$.

Hieraus folgt wegen der Symmetrie von $A^i_{\beta\alpha}$:

(19) . . . . $S^i_{\alpha\beta} = C^i_{\alpha\beta} - C^i_{\beta\alpha}$,

wir können uns also auf den Tensor $C^i_{\alpha\beta}$ allein beschränken.

Es sei $U^i_{k,\alpha\beta}$ wieder durch (7) definiert und $A^i_{k,\alpha\beta}$ sei der gemischte Krümmungstensor von a_{ik}. Kovariante Ableitungen erster Art (i) seien die mit Benutzung der $A^i_{\alpha\beta}$, solche zweiter Art $((i))$ seien die, bei denen die $\Gamma^i_{\alpha\beta}$ benutzt werden. Es ist also z. B.

$$a_{ik(r)} = 0$$

$$a_{ik((r))} = \frac{\partial a_{ik}}{\partial x_r} - \Gamma^\lambda_{ir} a_{\lambda k} - \Gamma^\lambda_{kr} a_{i\lambda}.$$

Die Elimination der zweiten und höheren partiellen Ableitungen der x nach den $\bar{x}$ aus (3) und (16) und den daraus durch Differentiation abgeleiteten Gleichungen führt dann auf die Tensoren

(20) . . . . $C^i_{\alpha\beta},\quad A^i_{k,\alpha\beta},\quad U^i_{k,\alpha\beta}$

und auf deren kovariante Ableitungen erster und zweiter Art. Hier kann man erstens genau so wie im vorigen § zeigen, daß[1])

(21) . . $U^i_{k,\alpha\beta} = A^i_{k,\alpha\beta} + C^i_{k\beta(\alpha)} - C^i_{k\alpha(\beta)} + C^\lambda_{k\beta} C^i_{\lambda\alpha} - C^\lambda_{k\alpha} C^i_{\lambda\beta}$

ist und daß sich zweitens die kovarianten Ableitungen der einen Art durch die der anderen Art ausdrücken lassen. Dies gibt den *Reduktionssatz*:

Die Differentialinvarianten von $\Gamma^i_{\alpha\beta}$ und a_{ik} sind projektive Invarianten der Tensoren a_{ik}, $C^i_{\alpha\beta}$, $A^i_{k,\alpha\beta}$ und deren mit den $A^i_{\alpha\beta}$ (oder mit den $\Gamma^i_{\alpha\beta}$) gebildeten kovarianten Ableitungen.

Eine Vereinfachung tritt ein, wenn die $\Gamma^i_{\alpha\beta}$ symmetrisch sind. Dann sind es auch die $C^i_{\alpha\beta}$ und für sie ergibt sich analog zu den Gleichungen (9) und (10) des vorigen § die Darstellung[2]):

(22) . . . . $C^m_{ik} = -\frac{1}{2} a^{m\lambda} \left(a_{\lambda i((k))} + a_{\lambda k((i))} - a_{ik((\lambda))}\right).$

Der Reduktionssatz lautet dann so: man hat die projektiven Invarianten der Tensoren a_{ik}, a^{ik}, $A^i_{k,\alpha\beta}$ und deren mit den $\Gamma^i_{\alpha\beta}$ gebildeten kovarianten Ableitungen zu bestimmen (vgl. hierzu den vorigen § S. 353).

Die Frage, wann man

$$\Gamma^i_{\alpha\beta} = \left\{ {\alpha\beta \atop i} \right\}$$

setzen kann, wann also die $\Gamma^i_{\alpha\beta}$ gleich sind den Drei-Indizes-Symbolen zweiter Art einer quadratischen Differentialform g_{ik}, ist von *L. P. Eisenhart* und *O. Veblen* gelöst worden.[3])

---

[1]) *A. S. Eddington,* Proc. Royal Soc. A 99 (1921) S. 110.

[2]) *A. S. Eddington,* l. c. S. 109.

[3]) Proc. of the National Academy of Sciences, 8, Feber (1922).

§ 22. Der Reduktionssatz von Emmy Noether.

Erinnern wir uns noch einmal daran, wie wir bisher Differentialinvarianten von Tensoren als Eliminationsergebnisse bekamen. Es kommt in letzter Linie immer darauf an, die zweiten Ableitungen $\frac{\partial^2 x_i}{\partial \bar{x}_\alpha \partial \bar{x}_\beta}$ auszudrücken durch die ersten Ableitungen $\frac{\partial x_i}{\partial \bar{x}_\alpha}$ und durch die Tensorkomponenten und deren Ableitungen. So haben wir bei einer quadratischen Differentialform die wiederholt angeschriebene *Christoffel*sche Gleichung (vgl. (14) im § 9 S. 327)

$$(1) \quad \ldots \ldots \quad \frac{\partial^2 x_\lambda}{\partial \bar{x}_i \partial \bar{x}_k} = \bar{\Gamma}^s_{ik} \frac{\partial x_\lambda}{\partial \bar{x}_s} - \Gamma^\lambda_{\varrho\sigma} \frac{\partial x_\varrho}{\partial \bar{x}_i} \frac{\partial x_\sigma}{\partial \bar{x}_k}.$$

Das Differentieren der Tensorkomponenten läßt sich in zusammenfassender Weise ersetzen durch Bildung von totalen Differentialen der Tensoren selbst. Daraus ergibt sich dann weiter, daß sich die Bildung von (1) und die daraus entspringende Methode zur Aufstellung der Differentialinvarianten (kovarianten Ableitungen) gleichfalls, und zwar formell einfacher und übersichtlicher durch Rechnen mit Differentialen durchführen läßt. Diese Methode geht auf *B. Riemann* zurück[1]) und wurde von *Lipschitz*[2]) weiter ausgebildet.

Neben formalen Vorzügen bildet dieses „Rechnen mit Differentialen“ aber noch zwei große Vorteile; erstens ergibt sich ein enger Zusammenhang mit gewissen Variationsproblemen, und zweitens läßt es sich auch auf (nicht-quadratische) Differentialformen p^{ten} Grades ($p > 1$), ja selbst auf Differentialausdrücke, die keine *Formen* zu sein brauchen, übertragen. Hierauf gründet sich dann ein allgemeiner Reduktionssatz, der von *Emmy Noether* aufgestellt und bewiesen wurde.[3])

Wir setzen im Folgenden die Methode für den Tensor g_{ik} auseinander. Es sei

$$(2) \quad \ldots \ldots \ldots \quad F = g_{ik}\, dx^i\, dx^k = F(d, d).$$

Sowohl F, als auch die Polare

$$(3) \quad \ldots \ldots \quad F_\delta = \frac{\partial F}{\partial (d x^i)} \delta x^i = 2 F(d, \delta) = 2 g_{ik}\, dx^i\, \delta x^k$$

---

[1]) Pariser Preisarbeit (1861) = Werke (1892) S. 401.

[2]) Crelle 70 (1869) S. 71; ebenda 71 (1870) S. 274 und S. 288; ebenda 72 (1870) S. 1.

[3]) Göttinger Nachr. (25. 1. 1918).

sind absolute Invarianten. Daher sind auch (vgl. (10) § 4 S. 311) die totalen Differentiale δF und

(4) . . . . $dF_\delta = 2\,d\,F(d, \delta)$

absolute Invarianten; somit auch ihre Differenz

(5) . . . . $\delta F(d, d) - 2\,d\,F(d, \delta)$.

Rechnet man nun diese Differenz aus, so wird:

$$\delta F(d, d) - 2d\,F(d, \delta) = \delta g_{ik}\,dx^i\,dx^k + 2 g_{ik}\,dx^i\,\delta dx^k - \\ - 2d\,g_{ik}\,dx^i\,\delta x^k - 2 g_{ik}\,d^2x^i\,\delta x^k - 2 g_{ik}\,dx^i\,d\delta^k$$

Hier heben sich die beiden Glieder mit den gemischten Differentialen $d\,\delta x^i = \delta\,dx^i$ weg und es bleibt wegen $\delta g_{ik} = \dfrac{\partial g_{ik}}{\partial x_\alpha}\,\delta x^\alpha$:

(6) . . . . $\delta F - 2dF_\delta = -2\,\Psi_\mu(d, d)\,\delta x^\mu$,

wobei gesetzt ist:

(7) . . $-2\,\Psi_\mu(d, d) = \left(\dfrac{\partial g_{ik}}{\partial x_\mu} - 2\dfrac{\partial g_{i\mu}}{\partial x_k}\right) d x^i\,dx^k - 2\,g_{i\mu}\,d^2x^i$.

Da die linke Seite von (6) eine absolute Invariante ist, so sind die $\Psi_\mu(d, d)$ die Komponenten von kovarianten Vektoren.

Vertauscht man in (7) i mit k, addiert und dividiert durch 2, so entsteht nach (9) § 9 S. 326:

(8) . . . . . . $\Psi_\mu(d, d) = g_{i\mu}\,d^2x^i + \Gamma_{\mu,\,ik}\,dx^i\,dx^k$,

oder, wenn $\Psi^\mu(d, d) = g^{\mu\sigma}\,\Psi_\sigma(d, d)$ gesetzt wird:

(9) . . . . $\Psi^\mu(d, d) = d^2x^\mu + \Gamma^\mu_{ik}\,dx^i\,dx^k$.

Die Ausdrücke (8) sind, wenn die x_i als Funktionen eines Parameters t gedacht werden, nichts anderes als die „Lagrangeschen Ausdrücke“, die zum Variationsproblem

$$\delta\int_{t_0}^{t_1} F(x', x')\,dt = 0$$

gehören. Für $dt^2 = ds^2 = g_{ik}\,dx^i\,dx^k$ löst dieses Variationsproblem die Frage nach den geodätischen Linien. Deren Differentialgleichungen sind dann $\Psi_\mu = 0$ (oder $\Psi^\mu = 0$).

Die Gleichung (9) ist leicht zu verallgemeinern. Wir setzen $d + \lambda\delta$ an Stelle von d und vergleichen links und rechts die Potenzen von λ. Dies gibt neben (9) den Vektor

(10) . . . . $\Psi^\mu(d, \delta) = d\,\delta x^\mu + \Gamma^\mu_{ik}\,dx^i\,\delta x^k$.

Diese Gleichungen treten jetzt an Stelle von (1).

Es sei z. B. die kovariante Ableitung eines Vektors A_i zu ermitteln:

$$A = A(d) = A_i\, dx^i .$$

Wir bilden

$$\delta A = \delta A_i\, dx^i + A_i\, d\,\delta x^i = \frac{\partial A_i}{\partial x_k} dx^i\, \delta x^k + A_i\, d\, \delta\, x^i .$$

Daher fallen in

(11) . . . $$\delta A(d) - A_\mu\, \Psi^\mu(d, \delta) = \left(\frac{\partial A_i}{\partial x_k} - \Gamma^\mu_{ik} A_\mu\right) dx^i\, \delta x^k$$

die gemischten Differentiale heraus und

$$\frac{\partial A_i}{\partial x_k} - \Gamma^\mu_{ik} A_\mu = A_{i(k)}$$

ist ein kovarianter Tensor 2. Stufe.

Auf analoge Weise ergibt sich der Krümmungstensor. Man bildet zunächst die Invariante

(12) . . . . $$\Omega = \delta^2 F(d, d) - 2\,\delta\, d\, F(d, \delta) + d^2 F(\delta, \delta),$$

sie enthält keine dritten Differentiale mehr. Die Elimination der zweiten geschieht vermittels (9) und (10) durch Bildung von

$$\Omega - 2\,\Psi^\mu(d, \delta)\, \Psi_\mu(d, \delta) - 2\,\Psi^\mu(\delta, \delta)\, \Psi_\mu(d, d);$$

dies gibt dann den Krümmungstensor $R_{ik,\,lm}$.

Im allgemeinen Falle, wenn $F(dx)$ eine beliebige Differentialform p^{ten} Grades ($p \neq 1$) ist, bei der $\left|\dfrac{\partial^2 F}{\partial(dx^i)\,\partial(dx^k)}\right| \neq 0$, hat man mit *E. Noether* so vorzugehen: Zunächst bilden wir aus F die Polaren

(13) . . . . . . $$\left\{\begin{aligned} F_\delta &= \frac{1}{p}\frac{\partial F}{\partial(dx^i)}\,\delta x^i \\ F_{\delta^2} &= \frac{1}{p(p-1)}\frac{\partial^2 F}{\partial(dx^i)\,\partial(dx^k)}\,\delta x^i\,\delta x^k . \\ &\ldots\ldots\ldots\ldots\ldots \end{aligned}\right.$$

Aus diesen Invarianten und deren totalen Differentialen lassen sich die folgenden Invarianten bilden:

(14) $$\left\{\begin{aligned} \Omega_1 &= \delta F - d F_\delta \\ \Omega_2 &= \delta^2 F - \delta d F_\delta + \frac{1}{2} d^2 F_{\delta^2} \\ \Omega_3 &= \delta^3 F - \delta^2 d F_\delta + \frac{1}{2}\delta d^2 F_{\delta^2} - \frac{1}{3!} d^3 F_{\delta^3} \\ &\ldots\ldots\ldots\ldots\ldots \\ \Omega_\varrho &= \delta^\varrho F - \delta^{\varrho-1} d F_\delta + \cdots\cdots + \frac{(-1)^\varrho}{\varrho!} d^\varrho F_{\delta^\varrho} . \end{aligned}\right.$$

Hier enthält Ω_h die h^{ten} Ableitungen der Koeffizienten von F und in Ω_ϱ kommen die gemischten Differentiale

$$d^\varrho \delta x^i, \quad d^{\varrho-1} \delta^2 x^i, \ldots\ldots, \; d\,\delta^\varrho x^i$$

nicht mehr vor.

Ist nun F homogen vom Grade $p \neq 1$ in den dx^i, so kann man genau so wie oben beim Tensor g_{ik} zunächst die zweiten (und damit auch die höheren) Differentiale d^2x^i, $d\,\delta x^i$ und $\delta^2 x^i$ in invarianter Weise durch erste ausdrücken. Setzt man dies in (14) ein, so entsteht eine Reihe von *Tensoren*:

(15) $$[\Omega_1] \equiv 0, \quad [\Omega_2], \quad [\Omega_3], \ldots\ldots, \; [\Omega_\varrho].$$

Von diesen Tensoren lassen sich dann — so wie oben bei Gleichung (11) die „kovarianten Ableitungen" bilden:

(16) $$\left\{\begin{array}{l} [\Omega_2], \quad [\Omega_2]_{(\alpha)}, \quad [\Omega_2]_{(\alpha)(\beta)}, \ldots \\ [\Omega_3], \quad [\Omega_3]_{(\alpha)}, \quad [\Omega_3]_{(\alpha)(\beta)}, \ldots \\ \ldots\ldots\ldots\ldots\ldots\ldots \end{array}\right.$$

und es sind dann die Differentialinvarianten von F nichts anderes als die projektiven Invarianten dieser Tensoren (16).

Der innere Grund für das Bestehen dieses Reduktionssatzes ist folgender: Es ist immer möglich, an einem festen Punkte der x-Mannigfaltigkeit neue Veränderliche $\bar{x}$ (sogenannte „Riemannsche Normalkoordinaten") einzuführen, so daß die von diesem Punkte auslaufenden geodätischen Linien im neuen Koordinatensystem $\bar{x}$ *Gerade* sind. Eine allgemeine Transformation $x \to \bar{x}$ wird dann in diesem Punkte zu einer linear-homogenen zwischen Normalkoordinaten, und Differentialinvarianten werden zu projektiven Invarianten.[1])

[1]) Für quadratische Formen vgl. hierzu: *H. Vermeil*, Math. Ann. 79 (1918) S. 289.

XIV. Abschnitt:

Integralinvarianten von Differentialformen.

§ 1. Integralinvarianten, skalare Dichten.

Es sei

(1) $$A = a_{ikl\ldots}\, dx^i\, dx^k\, dx^l \ldots, \qquad B = b_{rst\ldots}\, dx^r\, dx^s\, dx^t \ldots, \ldots$$

eine Reihe von n-ären Differentialformen. Ihre Koeffizienten (= Tensorkomponenten) seien in einem n-dimensionalen Bereiche (x) eindeutige und genügend oft stetig-differentierbare Funktionen der n Veränderlichen $x_1, x_2, \ldots, x_n$.

Die Komponenten $a_{ikl\ldots}$ des Tensors A und deren Ableitungen seien kurz mit

(2) $$\ldots\ldots\ldots \quad a, \quad \frac{\partial a}{\partial x}, \quad \frac{\partial^2 a}{\partial x\, \partial x}, \ldots$$

bezeichnet.

(3) $$\ldots\ldots \quad \mathfrak{W} = \mathfrak{W}\left(a, \frac{\partial a}{\partial x}, \ldots, b, \frac{\partial b}{\partial x}, \ldots\right)$$

sei eine im Bereiche (x) eindeutige und genügend oft stetig-differentierbare Funktion der Argumente (2).

Es existiert dann das über den Bereich (x) genommene Integral

(4) $$\ldots\ldots \quad I = \int\limits_{(x)} \mathfrak{W}\, dx = \int\limits_{x_1'}^{x_1''} \int\limits_{x_2'}^{x_2''} \ldots \int\limits_{x_n'}^{x_n''} \mathfrak{W}\, dx^1\, dx^2 \ldots dx^n .$$

Gehen wir durch eine Transformation $x \longrightarrow \bar{x}$ oder

(5) $$\ldots\ldots \quad x_i = x_i(\bar{x}_1, \bar{x}_2, \ldots, \bar{x}_n)$$

zu neuen Veränderlichen $\bar{x}$ über, wobei wir, so wie bisher, voraussetzen, daß die n Funktionen (5) genügend oft stetig differenzierbar sind und daß überdies die Funktionaldeterminante

(6) $$\ldots\ldots \quad \frac{D(x)}{D(\bar{x})} = \left| \frac{\partial x_i}{\partial \bar{x}_k} \right| = \Delta$$

im Bereiche (x) nirgends verschwindet, so drückt sich der in (4) links stehende Integralwert jetzt so aus:

(7) $$I = \int\limits_{(x)} \mathfrak{W}(x)\, dx = \int\limits_{(\bar{x})} \mathfrak{W}\left(x_i(\bar{x})\right) \left| \frac{\partial x_i}{\partial \bar{x}_k} \right| d\bar{x}^1\, d\bar{x}^2 \ldots d\bar{x}^n = \int\limits_{(\bar{x})} \mathfrak{W}\, \Delta\, d\bar{x} .$$

Hierbei entsteht der neue Integrationsbereich $(\bar{x})$ durch die Abbildung (5) aus dem Bereiche (x). Die im mittleren Ausdruck angeschriebene Funktion $\mathfrak{W}(x_i(\bar{x}))$ erhält man, wenn man in $\mathfrak{W} = \mathfrak{W}(x_1, x_2, \ldots, x_n)$ die x_i nach (5) als Funktionen der $\bar{x}_k$ ausdrückt, wodurch eine Funktion $\mathfrak{V}(\bar{x})$ der Veränderlichen $\bar{x}$ allein entsteht:

$$(8) \qquad \mathfrak{W}(x) = \mathfrak{W}(x_i(\bar{x})) = \mathfrak{V}(\bar{x}).$$

Dieser Funktion $\mathfrak{V}(\bar{x})$ der Veränderlichen $\bar{x}$ tritt eine andere $\overline{\mathfrak{W}}(\bar{x})$, zur Seite. Man erhält $\overline{\mathfrak{W}}(\bar{x})$ durch „Transformation" von $\mathfrak{W}$, dabei berücksichtigend, daß $\mathfrak{W}$ nach (3) *Tensor*komponenten und deren Ableitungen enthält. Es ist also nach (3):

$$(9) \qquad \overline{\mathfrak{W}}(\bar{x}) = \mathfrak{W}\left(\bar{a}, \frac{\partial \bar{a}}{\partial \bar{x}}, \ldots, \bar{b}, \frac{\partial \bar{b}}{\partial \bar{x}}, \ldots\right)$$

und dementsprechend lautet das transformierte Integral (4):

$$(10) \qquad \bar{I} = \int_{(\bar{x})} \overline{\mathfrak{W}}(\bar{x})\, d\bar{x}.$$

Besteht für alle im Bereiche (x) enthaltenen Teilbereiche $\mathfrak{B}$ die Beziehung $I = \bar{I}$, oder

$$(11) \qquad \int_{(\mathfrak{B})} \mathfrak{W}(x)\, dx = \int_{(\bar{\mathfrak{B}})} \overline{\mathfrak{W}}(\bar{x})\, d\bar{x}$$

so nennt man I eine absolute ***„Integralinvariante"*** *der Tensoren* (1).

Aus (11) schließen wir nun leicht, daß der Integrand $\mathfrak{W}$ eine relative Differentialinvariante vom Gewichte 1 der Tensoren (1) sein muß. Führen wir nämlich auf der linken Seite von (11) nach (7) die Veränderlichen $\bar{x}$ an Stelle der x ein, so entsteht:

$$(12) \qquad \int_{(\bar{\mathfrak{B}})} [\overline{\mathfrak{W}}(\bar{x}) - \Delta\, \mathfrak{W}(x)]\, d\bar{x} = 0.$$

Dies gilt für beliebige im Bereiche $(\bar{x})$ gelegene Teilbereiche $(\bar{\mathfrak{B}})$ und hieraus folgt

$$(13) \qquad \overline{\mathfrak{W}}(\bar{x}) = \Delta \cdot \mathfrak{W}(x).$$

Wäre nämlich der Integrand in (12) an einer Stelle von Null verschieden, so könnten wir wegen der Stetigkeit $(\bar{\mathfrak{B}})$ so wählen, daß in diesem Bereiche der Integrand nirgends Null wäre, im Widerspruche mit (12).

Wir haben schon in XIII § 12 S. 333 die relativen Differentialinvarianten vom Gewichte 1 als „skalare Dichten" bezeichnet.

Diese Benennung wird hier gerechtfertigt durch die Annahme, daß das durch (4) gegebene Integral I eine im Bereiche (x) ausgebreitete „Substanz“menge darstellt. Deuten wir die x_i als rechtwinklige cartesische Kovarianten im n-dimensionalen Raum und nennen V das Volumen von (x), (wir setzen natürlich die Existenz eines Volumen voraus), dann ist

$$\lim_{V \to 0} \frac{I}{V} = \mathfrak{W}(x)$$

wenn sich der Bereich (x) auf den Punkt (x) zusammenzieht. Derartige Grenzwerte bezeichnet man aber als Dichten.

Wir werden im folgenden das Gegebensein einer quadratischen Differentialform

(14) . . . . $F = g_{ik}\, dx^i\, dx^k$

annehmen, deren Determinante $g = |\, g_{ik} \,|$ nirgends verschwindet. Dann haben wir stets eine relative Invariante vom Gewichte 1 zur Verfügung: $\sqrt{g}$. Mit deren Hilfe können wir — vgl. XIII § 12 S. 333 — aus einer absoluten Differentialinvariante W irgend welcher Tensoren (1) die skalare Dichte

(15) . . . . $\mathfrak{W} = W\sqrt{g}$

und hieraus die Integralinvariante

(16) . . . . $I = \int\limits_{(x)} W\sqrt{g}\, dx$

herstellen.

Als einfachsten Fall führen wir $W =$ konstant an. I gibt dann das n-dimensionale Volumen des Bereiches (x) bei Zugrundelegung der durch (14) gegebenen Riemannschen Maßbestimmung.

§ 2. **Variation bei festen Grenzen.**

Es seien wieder

(1) $A = a_{ikl\ldots}\, dx^i\, dx^k\, dx^l \ldots, \quad B = b_{ikl\ldots}\, dx^i\, dx^k\, dx^l \ldots, \ldots$

gegebene Tensoren. Wir bezeichnen deren Komponenten kurz mit $a, b, \ldots$ und schreiben für die Ableitungen dieser Funktionen wieder kurz

$$\frac{\partial a}{\partial x}, \frac{\partial^2 a}{\partial x^2}, \ldots, \frac{\partial b}{\partial x}, \frac{\partial^2 b}{\partial x^2}, \ldots$$

Sei ferner $\mathfrak{W}$ eine skalare Dichte, in der die $a, \frac{\partial a}{\partial x}, \frac{\partial^2 a}{\partial x^2}, \ldots$ bis einschließlich der m^{ten} Ableitungen $\frac{\partial^m a}{\partial x^m}$ wirklich auftreten.

Schreiben wir dann wieder kurz dx für $dx^1\, dx^2 \ldots dx^n$, so ist

(2) $$I = \int\limits_{(\mathfrak{B})} \mathfrak{W}\, dx$$

eine absolute Integralinvariante.

Von I ausgehend, kann man nach denjenigen Tensoren $a_{ikl\ldots}$ fragen, für welche I ein Extremum wird. Dies gibt das Variationsproblem

(3) $$\delta I = \delta \int\limits_{(\mathfrak{B})} \mathfrak{W}\, dx = 0,$$

wobei der Tensor $a_{ikl\ldots}$ allein variiert werden und die $(n-1)$-dimensionale Begrenzung des Bereiches $(\mathfrak{B})$ festgehalten werden soll.

Wir nehmen an Stelle von $a_{ikl\ldots}$ den Tensor mit den Komponenten

(4) $$a_{ikl\ldots} + \varepsilon\, a_{ikl\ldots}$$

und definieren für irgend eine Funktion Φ der Tensorkomponenten $a_{ikl\ldots}$ und deren Ableitungen:

(5) $$\delta \Phi = \left(\frac{\partial \Phi \left(a + \varepsilon a, \frac{\partial a}{\partial x} + \varepsilon \frac{\partial a}{\partial x}, \ldots \right)}{\partial \varepsilon} \right)_{\varepsilon = 0}.$$

Es ist dann im speziellen, wenn wir $a_{ikl\ldots}$ für Φ nehmen:

(6) $$\delta a_{ikl\ldots} = a_{ikl\ldots}.$$

Die willkürlichen Funktionen $a_{ikl\ldots}$ wollen wir jetzt so wählen, daß sie nebst ihren Ableitungen $\frac{\partial a}{\partial x}, \frac{\partial a^2}{\partial x^2}, \ldots$ bis einschließlich der $(m-1)^{ten}$ an den Grenzen des Bereiches $(\mathfrak{B})$ verschwinden. Nehmen wir dann das Integral (2) für obige Funktion Φ, so wird

$$\delta I = \delta \int\limits_{(\mathfrak{B})} \mathfrak{W}\, dx = \int\limits_{(\mathfrak{B})} \delta \mathfrak{W}\, dx,$$

also nach (5) und (6) (wobei wir die Summenzeichen wieder weglassen):

(7) $$\begin{aligned} \delta I &= \int\limits_{(\mathfrak{B})} \left[\frac{\partial \mathfrak{W}}{\partial a} \delta a + \frac{\partial \mathfrak{W}}{\partial \left(\frac{\partial a}{\partial x}\right)} \delta \left(\frac{\partial a}{\partial x}\right) + \cdots + \frac{\partial \mathfrak{W}}{\partial \left(\frac{\partial^m a}{\partial x^m}\right)} \delta \left(\frac{\partial^m a}{\partial x^m}\right) \right] dx = \\ &= \int\limits_{(\mathfrak{B})} \left[\frac{\partial \mathfrak{W}}{\partial a} a + \frac{\partial \mathfrak{W}}{\partial \left(\frac{\partial a}{\partial x}\right)} \frac{\partial a}{\partial x} + \cdots + \frac{\partial \mathfrak{W}}{\partial \left(\frac{\partial^m a}{\partial x^m}\right)} \frac{\partial^m a}{\partial x^m} \right] dx. \end{aligned}$$

Hier gestalten wir die rechte Seite nach dem bekannten „Prinzip der partiellen Integration" um. Beim k^{ten} Gliede haben wir z. B.

$$(8)\quad \left\{\begin{aligned} &\int\limits_{(\mathfrak{B})} \frac{\partial \mathfrak{W}}{\partial\left(\frac{\partial^k a}{\partial x^k}\right)} \frac{\partial^k a}{\partial x^k}\, dx = \int\limits_{(\mathfrak{B})} \frac{\partial}{\partial x}\left(\frac{\partial \mathfrak{W}}{\partial\left(\frac{\partial^k a}{\partial x^k}\right)} \cdot \frac{\partial^{k-1} a}{\partial x^{k-1}}\right) dx - \\ &\qquad\qquad - \int\limits_{(\mathfrak{B})} \frac{\partial}{\partial x}\left(\frac{\partial \mathfrak{W}}{\partial\left(\frac{\partial^k a}{\partial x^k}\right)}\right) \frac{\partial^{k-1} a}{\partial x^{k-1}}\, dx\,. \end{aligned}\right.$$

Das erste Glied rechts lautet z. B., ausführlich geschrieben:

$$\int\limits_{(\mathfrak{B})} \frac{\partial}{\partial x_{i_k}}\left(\frac{\partial \mathfrak{W}}{\partial\left(\frac{\partial^k a}{\partial x_{i_1}\, \partial x_{i_2} \ldots \partial x_{i_k}}\right)} \frac{\partial^{k-1} a}{\partial x_{i_1}\, \partial x_{i_2} \ldots \partial x_{i_{k-1}}}\right) dx\,.$$

Schreiben wir dies als n-faches Integral, so läßt sich die Integration bezüglich x_{i_k} ausführen und ergibt Null, da an den Grenzen von $(\mathfrak{B})$ die Ableitungen $\frac{\partial^{k-1} a}{\partial x_{i_1}\, \partial x_{i_2} \ldots \partial x_{i_{k-1}}}$ verschwinden.

Somit kommt statt (8):

$$\int\limits_{(\mathfrak{B})} \frac{\partial \mathfrak{W}}{\partial\left(\frac{\partial^k a}{\partial x^k}\right)} \frac{\partial^k a}{\partial x^k}\, dx = - \int\limits_{(\mathfrak{B})} \frac{\partial}{\partial x^k}\left(\frac{\partial \mathfrak{W}}{\partial\left(\frac{\partial^k a}{\partial x^k}\right)}\right) \frac{\partial^{k-1} a}{\partial x^{k-1}}\, dx\,.$$

Wenden wir hier neuerdings die Umgestaltung (8) an und setzen dies fort, bis im Integranden auch die erste Ableitung von a verschwunden ist, so wird

$$(9)\quad \ldots \int\limits_{(\mathfrak{B})} \frac{\partial \mathfrak{W}}{\partial\left(\frac{\partial^k a}{\partial x^k}\right)} \frac{\partial^k a}{\partial x^k}\, dx = (-1)^k \int \frac{\partial^k}{\partial x^k}\left(\frac{\partial \mathfrak{W}}{\partial\left(\frac{\partial^k a}{\partial x^k}\right)}\right) \cdot a\, dx$$

Mit Hilfe dieser Umgestaltung erhalten wir demnach aus (7):

$$(10)\quad \left\{\begin{aligned} \delta I = \int\limits_{(\mathfrak{B})} \Bigg[&\frac{\partial \mathfrak{W}}{\partial a} - \frac{\partial}{\partial x}\left(\frac{\partial \mathfrak{W}}{\partial\left(\frac{\partial a}{\partial x}\right)}\right) + \frac{\partial^2}{\partial x^2}\left(\frac{\partial \mathfrak{W}}{\partial\left(\frac{\partial^2 a}{\partial x^2}\right)}\right) - \cdots \\ &\cdots + (-1)^m \frac{\partial^m}{\partial x^m}\left(\frac{\partial \mathfrak{W}}{\partial\left(\frac{\partial^m a}{\partial x^m}\right)}\right)\Bigg] \cdot a\, dx\,. \end{aligned}\right.$$

Dies schreiben wir kürzer so:

(11) $$\delta I = \int_{(\mathfrak{B})} [\mathfrak{W}]^{ikl\ldots} a_{ikl\ldots}\, dx\,,$$

setzen also, ausführlich geschrieben:

(12) $$\begin{cases} [\mathfrak{W}]^{ikl\ldots} = \dfrac{\partial \mathfrak{W}}{\partial a_{ikl\ldots}} - \sum\limits_{\lambda} \dfrac{\partial}{\partial x_\lambda}\left(\dfrac{\partial \mathfrak{W}}{\partial\left(\dfrac{\partial a_{ikl\ldots}}{\partial x_\lambda}\right)}\right) + \cdots \\ + \cdots + (-1)^m \sum\limits_{\lambda\mu\nu\ldots} \dfrac{\partial^m}{\partial x_\lambda\, \partial x_\mu\, \partial x_\nu \ldots}\left(\dfrac{\partial \mathfrak{W}}{\partial\left(\dfrac{\partial a_{ikl\ldots}}{\partial x_\lambda\, \partial x_\mu\, \partial x_\nu \ldots}\right)}\right). \end{cases}$$

Man nennt diese Ausdrücke $[\mathfrak{W}]^{ikl\ldots}$ die „Lagrangeschen-“ oder „Variationsableitungen“ der skalaren Dichte $\mathfrak{W}$.

Enthält der Integrand $\mathfrak{W}$ des Integrals (2) die Komponenten $a^{ikl\ldots}$ eines kontravarianten Tensors und deren Ableitungen, so bekommen wir, wenn dieser Tensor variiert wird, analog zu (11)

$$\delta I = \int_{(\mathfrak{B})} [\mathfrak{W}]_{ikl\ldots}\, a^{ikl\ldots}\, dx$$

und hier haben die Variationsableitungen $[\mathfrak{W}]$ untere Indizes.

§ 3. Die Variationsableitungen.

Das Variationsproblem: den Tensor $a_{ikl\ldots}$ so zu bestimmen, daß

(1) $$I = \int_{(\mathfrak{B})} \mathfrak{W}\, dx$$

ein Extremum wird, ergibt dann wegen Gleichung (11) des vorigen § die notwendigen Bedingungen

(2) $$[\mathfrak{W}]^{ikl\ldots} = 0,$$

d. h. die Variationsableitungen des Integranden $\mathfrak{W}$, gebildet bezüglich des Tensors $a_{ikl\ldots}$, müssen verschwinden. Hierbei sind die Komponenten $b_{ikl\ldots}$, $c_{ikl\ldots}$, ... der übrigen, noch in $\mathfrak{W}$ enthaltenen Tensoren nicht variiert worden.

Wir setzen diese Tensoren $a, b, c, \ldots$ unabhängig voneinander voraus. Werden auch $b, c, \ldots$ variiert, so erhalten wir entsprechend der Gleichung (11) des vorigen §, oder ausführlicher, entsprechend

(3) $$\delta_a I = \int_{(\mathfrak{B})} [\mathfrak{W}]_a^{ikl\ldots}\, \delta a_{ikl\ldots}\, dx = 0$$

noch die weiteren:

(4) . . . . $\delta_b I = \int\limits_{(\mathfrak{B})} [\mathfrak{W}]_b^{ikl\ldots} \, \delta b_{ikl\ldots} \, dx = 0$, usw.

Wir bekommen so eine Reihe von Bedingungen

(5) . . . . . $[\mathfrak{W}]_a^{ikl\ldots} = 0, \quad [\mathfrak{W}]_b^{ikl\ldots} = 0, \ldots$

Diese Bedingungen für ein extremales $\mathfrak{W}$ sind, wie die Gleichung (12) des vorigen § lehrt, *partielle Differentialgleichungen von höchstens* $2m^{\text{ter}}$ *Ordnung für die Tensorkomponenten* $a_{ikl\ldots}$. Wir nennen sie (mit Rücksicht auf die Rolle, die sie in der Relativitätstheorie spielen) die *Feldgleichungen*, die zur skalaren Dichte $\mathfrak{W}$ gehören.

Bleiben wir der Einfachheit halber bei (2), d. h. variieren wir nur den Tensor $a_{ikl\ldots}$. Es läßt sich zeigen, daß die linken Seiten von (2), also die Ausdrücke $[\mathfrak{W}]^{ikl\ldots}$ *die Komponenten einer Tensordichte* $\mathfrak{A}^{ikl\ldots}$ *sind.* $\frac{1}{\sqrt{g}} \mathfrak{A}^{ikl\ldots}$ sind dann die Komponenten eines Tensors. Zum *Beweise*[1]) gehen wir aus von der Definitionsgleichung (11) § 1 S. 364:

(6) . . . $I = \int\limits_{(\mathfrak{B})} \mathfrak{W}\left(a, \frac{\partial a}{\partial x}, \ldots\right) dx = \int\limits_{(\mathfrak{B})} \mathfrak{W}\left(\bar{a}, \frac{\partial \bar{a}}{\partial \bar{x}}, \ldots\right) d\bar{x}.$

Setzen wir wieder

(7) . . . . $\delta a_{ikl\ldots} = a_{ikl\ldots}$,

so folgt aus (6):

$$\delta I = \int\limits_{(\mathfrak{B})} \left[\frac{\partial}{\partial \varepsilon} \mathfrak{W}\left(a + \varepsilon a, \frac{\partial (a + \varepsilon a)}{\partial x}, \ldots\right)\right]_{\varepsilon = 0} dx =$$

$$= \int\limits_{(\mathfrak{B})} \left[\frac{\partial}{\partial \varepsilon} \mathfrak{W}\left(\bar{a} + \varepsilon \bar{a}, \frac{\partial (\bar{a} + \varepsilon \bar{a})}{\partial \bar{x}}, \ldots\right)\right]_{\varepsilon = 0} d\bar{x}$$

oder:

(8) $$\begin{cases} \delta I = \int\limits_{(\mathfrak{B})} \left[\frac{\partial \mathfrak{W}}{\partial a} a + \frac{\partial \mathfrak{W}}{\partial \left(\frac{\partial a}{\partial x}\right)} \frac{\partial a}{\partial x} + \cdots + \frac{\partial \mathfrak{W}}{\partial \left(\frac{\partial^m a}{\partial x^m}\right)} \frac{\partial^m a}{\partial x^m}\right] dx = \\ \quad = \int\limits_{(\mathfrak{B})} \left[\frac{\partial \overline{\mathfrak{W}}}{\partial \bar{a}} \bar{a} + \frac{\partial \overline{\mathfrak{W}}}{\partial \left(\frac{\partial \bar{a}}{\partial \bar{x}}\right)} \frac{\partial \bar{a}}{\partial \bar{x}} + \cdots + \frac{\partial \overline{\mathfrak{W}}}{\partial \left(\frac{\partial^m \bar{a}}{\partial \bar{x}^m}\right)} \frac{\partial^m \bar{a}}{\partial \bar{x}^m}\right] d\bar{x}. \end{cases}$$

[1]) vgl. *E. Noether*, Göttinger Nachr. 26. Juli 1918. Für spezielle Fälle: *D. Hilbert*, Ebenda 20. Nov. 1915; *R. Weitzenböck*, Wiener Ber. 130 (1921).

Hier können wir auf beiden Seiten die Umformungen vornehmen, die (durch partielle Integration) zu den Variationsableitungen führen. Da nämlich die $\bar{a}, \frac{\partial \bar{a}}{\partial \bar{x}}, \frac{\partial^2 \bar{a}}{\partial \bar{x}^2}, \ldots$ bis einschließlich der $(m-1)^{ten}$ Ableitungen $\frac{\partial^{m-1} \bar{a}}{\partial \bar{x}^{m-1}}$ sich linear und homogen durch $a, \frac{\partial x}{\partial x}, \frac{\partial^2 a}{\partial x^2}, \ldots, \frac{\partial^{m-1} a}{\partial x^{m-1}}$ ausdrücken, so verschwinden sie an den Grenzen des Bereiches $(\bar{\mathfrak{B}})$; denn die zuletzt genannten Größen verschwinden ja nach Voraussetzung an den Grenzen von $(\mathfrak{B})$. Wir bekommen demgemäß aus (8):

$$\delta I = \int\limits_{(\mathfrak{B})} [\mathfrak{W}]^{ikl\ldots} a_{ikl\ldots}\, dx = \int\limits_{(\bar{\mathfrak{B}})} [\bar{\mathfrak{W}}]^{ikl\ldots} \bar{a}_{ikl\ldots}\, d\bar{x}.$$

Hieraus schließen wir genau so wie in § 1 (Gleichung (12)), daß $[\mathfrak{W}]^{ikl\ldots} a_{ikl\ldots}$ eine skalare Dichte, d. h. daß $[\mathfrak{W}]^{ikl\ldots}$ eine kontravariante Tensordichte darstellt. *Die Feldgleichungen* (5) *bilden also ein invariantes Gleichungssystem.* Sie können zusammengefaßt werden in die eine Gleichung

$$(9) \qquad [\mathfrak{W}]_a^{ikl\ldots} \delta a_{ikl\ldots} + [\mathfrak{W}]_b^{ikl\ldots} \delta b_{ikl\ldots} + \cdots \equiv 0 \{\delta a, \delta b, \ldots\}$$

und bei *gleichzeitiger* Variation der Tensoren $a, b, \ldots$ ist dann

$$(10) \quad \left\{ \begin{aligned} \delta I &= \delta_a I + \delta_b I + \cdots = \\ &= \int\limits_{(\mathfrak{B})} \left\{ [\mathfrak{W}]_a^{ikl\ldots} \delta a_{ikl\ldots} + [\mathfrak{W}]_b^{ikl\ldots} \delta b^{ikl\ldots} + \cdots \right\} dx. \end{aligned} \right.$$

Diese Beziehung gilt unter der bisher stets gemachten Annahme, daß die Variationen $\delta a, \delta b, \ldots$ nebst ihren Ableitungen $\frac{\partial a}{\partial x}, \frac{\partial^2 a}{\partial x^2}, \ldots, \frac{\partial b}{\partial x}, \frac{\partial^2 b}{\partial x^2}, \ldots, \ldots$ an den Grenzen des Bereiches $(\mathfrak{B})$ verschwinden.

Lassen wir diese Annahme fallen, so nimmt (10) eine weniger einfache Gestalt an. Die Gleichung (7) des vorigen § schreiben wir jetzt so:

$$(11) \quad \left\{ \begin{aligned} \delta_a I = \int\limits_{(\mathfrak{B})} \Bigg[& \frac{\partial \mathfrak{W}}{\partial a} a + \sum_{\lambda_1=1}^{\lambda_1=n} \frac{\partial \mathfrak{W}}{\partial \left(\frac{\partial a}{\partial x_{\lambda_1}}\right)} \frac{\partial a}{\partial x_{\lambda_1}} + \cdots \\ & \cdots + \sum_{\lambda_1=1}^{\lambda_1=n} \cdots \sum_{\lambda_k=1}^{\lambda_k=n} \frac{\partial \mathfrak{W}}{\partial \left(\frac{\partial^k a}{\partial x_{\lambda_1} \ldots \partial x_{\lambda_k}}\right)} \frac{\partial^k a}{\partial x_{\lambda_1} \ldots \partial x_{\lambda_k}} + \cdots \Bigg] dx. \end{aligned} \right.$$

Hierbei sind noch die Summenzeichen bezüglich a und α weggelassen.

Das in (11) ausgeschriebene Glied G_k mit den k^{ten} Ableitungen von $a_{ikl\ldots} = \delta a_{ikl\ldots}$ gestalten wir mit Benutzung des letzten Index λ_k durch partielle Integration um:

$$(12)\quad \begin{cases} \int\limits_{(\mathfrak{B})} G_k\, dx = \int\limits_{(\mathfrak{B})} \sum\limits_{\lambda_k=1}^{\lambda_k=n} \frac{\partial}{\partial x_{\lambda_k}} \left(\sum\limits_{\lambda_1=1}^{\lambda_1=n} \cdots \sum\limits_{\lambda_{k-1}=1}^{\lambda_{k-1}=n} \frac{\partial \mathfrak{W}}{\partial \left(\frac{\partial^k a}{\partial x_{\lambda_1} \ldots \partial x_{\lambda_k}} \right)} \cdot \right. \\ \left. \cdot \frac{\partial^{k-1} a}{\partial x_{\lambda_1} \ldots \partial x_{\lambda_{k-1}}} \right) dx - \int\limits_{(\mathfrak{B})} \frac{\partial}{\partial x} \left(\frac{\partial \mathfrak{W}}{\partial \left(\frac{\partial^k a}{\partial x^k} \right)} \right) \frac{\partial^{k-1} a}{\partial x^{k-1}}\, dx . \end{cases}$$

Das erste Glied rechts können wir kürzer so schreiben:

$$(13)\quad \int\limits_{(\mathfrak{B})} \left(\frac{\partial \mathfrak{M}^1}{\partial x_1} + \frac{\partial \mathfrak{M}^2}{\partial x_2} + \cdots + \frac{\partial \mathfrak{M}^n}{\partial x_n} \right) dx = \int\limits_{(\mathfrak{B})} \frac{\partial \mathfrak{M}^i}{\partial x_i}\, dx = \int\limits_{(\mathfrak{B})} \mathrm{Div}\, \mathfrak{M}\, dx$$

(vgl. hierzu XII § 8 S. 323). Das zweite Glied der rechten Seite von (12) behandeln wir gerade so wie G_k, und zwar so lange, bis im Integranden die $a_{ikl\ldots}$ selbst auftreten und nicht mehr deren Ableitungen. Bei dieser Umgestaltung entstehen stets neue Glieder der Gestalt (13). Setzen wir dann $k = 1, 2, \ldots m$ und fassen diese Glieder alle zusammen, so erhalten wir (vgl. die Formel (11) des vorigen §):

$$(14)\quad \ldots\ldots\ \delta_a I = \int\limits_{(\mathfrak{B})} [\mathfrak{W}]_a^{ikl\ldots}\, \delta a_{ikl\ldots}\, dx + \int\limits_{(\mathfrak{B})} \frac{\partial \mathfrak{A}^i}{\partial x_i}\, dx .$$

Hierbei sind die $\mathfrak{A}^i$ linear und homogen in den $\delta a_{ikl\ldots}$ und deren Ableitungen.

Analog zu (14) wird:

$$\delta_b I = \int\limits_{(\mathfrak{B})} [\mathfrak{W}]_b^{ikl\ldots}\, \delta b_{ikl\ldots}\, dx + \int\limits_{(\mathfrak{B})} \frac{\partial \mathfrak{B}^i}{\partial x_i}\, dx \qquad \text{usw.,}$$

so daß an Stelle von (10) jetzt kommt:

$$(15)\quad \delta I = \int\limits_{(\mathfrak{B})} \left\{ [\mathfrak{W}]_a^{ikl\ldots}\, \delta a_{ikl\ldots} + [\mathfrak{W}]_b^{ikl\ldots}\, \delta b_{ikl\ldots} + \cdots \right\} dx + \int\limits_{(\mathfrak{B})} \mathrm{Div}\, \mathfrak{U}\, dx$$

wobei die $\mathfrak{U}^i$ linear in den $\delta a, \delta b, \ldots$ und deren Ableitungen sind. Verschwinden diese Funktionen an den Grenzen von $(\mathfrak{B})$, so ist das Integral über die Divergenz gleich Null und wir bekommen wieder die Formel (10).

§ 4. Infinitesimale Deformationen.

Das Integral $I = \int\limits_{(\mathfrak{B})} \mathfrak{W}\, dx$ ist gegenüber beliebigen Transformationen $x \rightarrow \bar{x}$ eine absolute Invariante. Wir können die unendliche Gruppe dieser Transformationen erzeugen durch n infinitesimale Transformationen der Gestalt

$$(1) \quad \bar{x}_i = x_i + \varepsilon\, \xi^i(x_1, x_2, \ldots, x_n),$$

wobei die n Funktionen ξ^i willkürlich sind und ε einen Parameter bedeutet, dessen zweite und höheren Potenzen in allen Rechnungen gleich Null gesetzt werden. Wenn wir die $\varepsilon\,\xi^i$ als Komponenten eines unendlich kleinen Vektors deuten, so gibt (1) für jeden Punkt x des x-Raumes eine infinitesimale Verschiebung, die wir mit *Weyl*[1]) als *„infinitesimale Deformation"* bezeichnen wollen. Dies geschieht mit Rücksicht auf den im x-Raume eingebetteten Bereich $(\mathfrak{B})$, der durch (1) in einen Bereich $(\bar{\mathfrak{B}})$ deformiert werden möge. Daß I eine absolute Invariante bei $x \rightarrow \bar{x}$ ist, kann man dann auch so ausdrücken: I gestattet die infinitesimalen Transformationen (1).

Es gilt also zunächst die Änderung $\delta' I$ von I bei den Deformationen (1) zu berechnen. Wir haben

$$(2) \quad \delta' I = \int\limits_{(\bar{\mathfrak{B}})} \bar{\mathfrak{W}}(\bar{x})\, d\bar{x} - \int\limits_{(\mathfrak{B})} \mathfrak{W}(x)\, dx,$$

hierbei ist

$$(3) \quad \bar{\mathfrak{W}}(\bar{x}) = \mathfrak{W}\left(\bar{a}, \frac{\partial \bar{a}}{\partial \bar{x}}, \ldots, \bar{b}, \frac{\partial \bar{b}}{\partial \bar{x}}, \ldots\right)$$

und $\bar{a}, \bar{b}, \ldots$ bezeichnen wie bisher die transformierten Tensorkomponenten.

Wir zerlegen $\delta' I$ in zwei Teile:

$$(4) \quad \delta' I = \int\limits_{(\bar{\mathfrak{B}})} [\bar{\mathfrak{W}}(\bar{x}) - \mathfrak{W}(\bar{x})]\, d\bar{x} + \left\{ \int\limits_{(\bar{\mathfrak{B}})} \mathfrak{W}(\bar{x})\, d\bar{x} - \int\limits_{(\mathfrak{B})} \mathfrak{W}(x)\, dx \right\} = \delta_1 I + \delta_2 I.$$

Dabei bedeutet $\mathfrak{W}(\bar{x})$ diejenige Funktion der $\bar{x}_i$, die man aus $\mathfrak{W}(x) = \mathfrak{W}\left(a, \frac{\partial a}{\partial x}, \ldots\right)$ erhält, wenn man die x_i einfach durch die $\bar{x}_i$ ersetzt, also die Tensorkomponenten $a, b, \ldots$ und deren

[1]) *H. Weyl*, Raum, Zeit, Materie, 4. Aufl. (Springer (1921)) S. 211.

Ableitungen *nicht* der Transformation $x \rightarrow \bar{x}$ unterwirft. Es ist also, ausführlicher geschrieben:

$$\text{(5)} \quad \ldots \ldots \quad \mathfrak{W}(\bar{x}) = \mathfrak{W}\left(a(\bar{x}),\ \frac{\partial a(\bar{x})}{\partial \bar{x}}, \ldots\right)$$

zum Unterschiede von (vgl. (3)):

$$\text{(6)} \quad \ldots \ldots \quad \overline{\mathfrak{W}}(\bar{x}) = \mathfrak{W}\left(\bar{a}(\bar{x}),\ \frac{\partial \bar{a}(\bar{x})}{\partial \bar{x}}, \ldots\right).$$

Für die Funktionaldeterminante $\left|\frac{\partial \bar{x}_i}{\partial x_k}\right|$ erhalten wir aus (1):

$$\text{(7)} \quad \left|\frac{\partial \bar{x}_i}{\partial x_k}\right| = \begin{vmatrix} 1+\varepsilon\frac{\partial \xi^1}{\partial x_1} & \varepsilon\frac{\partial \xi^1}{\partial x_2} \ldots & \varepsilon\frac{\partial \xi^1}{\partial x_n} \\ \varepsilon\frac{\partial \xi^2}{\partial x_1} & 1+\varepsilon\frac{\partial \xi^2}{\partial x_2} \ldots & \varepsilon\frac{\partial \xi^2}{\partial x_n} \\ \ldots & \ldots & \ldots \\ \varepsilon\frac{\partial \xi^n}{\partial x_1} & \varepsilon\frac{\partial \xi^n}{\partial x_2} \ldots & 1+\varepsilon\frac{\partial \xi^n}{\partial x_n} \end{vmatrix} = 1+\varepsilon\sum_{i=1}^{i=n}\frac{\partial \xi^i}{\partial x_i} = 1+\varepsilon\frac{\partial \xi^\lambda}{\partial x_\lambda}.$$

Jetzt berechnen wir zunächst $\delta_2 I$. Gehen wir in $\int_{(\mathfrak{B})} \mathfrak{W}(\bar{x})\, d\bar{x}$ zu Veränderlichen x_i über, so wird:

$$\int_{(\mathfrak{B})} \mathfrak{W}(\bar{x})\, d\bar{x} = \int_{(\mathfrak{B})} \mathfrak{W}(x_i + \varepsilon\xi^i)\left(1 + \varepsilon\frac{\partial \xi^\lambda}{\partial x_\lambda}\right) dx =$$

$$= \int_{(\mathfrak{B})} \left[\mathfrak{W}(x) + \varepsilon\xi^i\frac{\partial \mathfrak{W}}{\partial x_i}\right]\left(1 + \varepsilon\frac{\partial \xi^\lambda}{\partial x_\lambda}\right) dx =$$

$$= \int_{(\mathfrak{B})} \left[\mathfrak{W}(x) + \varepsilon\left(\mathfrak{W}\frac{\partial \xi^\lambda}{\partial x_\lambda} + \xi^\lambda\frac{\partial \mathfrak{W}}{\partial x_\lambda}\right)\right] dx = \int_{(\mathfrak{B})} \left[\mathfrak{W}(x) + \varepsilon\frac{\partial(\mathfrak{W}\xi^\lambda)}{\partial x_\lambda}\right] dx;$$

also wird nach (4):

$$\text{(8)} \quad \ldots \quad \delta_2 I = \varepsilon\int_{(\mathfrak{B})} \frac{\partial(\mathfrak{W}\xi^\lambda)}{\partial x_\lambda}\, dx = \varepsilon\int_{(\mathfrak{B})} \operatorname{Div}(\mathfrak{W}\xi)\, dx.$$

Bei $\delta_1 I$ haben wir, wenn wir die Funktionen $\overline{\mathfrak{W}}(\bar{x})$ und $\mathfrak{W}(\bar{x})$ an der Stelle x_i nach Potenzen von ε entwickeln und gleichzeitig die x_i statt der $\bar{x}_i$ als Veränderliche einführen:

$$\delta_1 I = \int_{(\mathfrak{B})} [\overline{\mathfrak{W}}(\bar{x}) - \mathfrak{W}(\bar{x})]\, d\bar{x} = \int_{(\mathfrak{B})} \left[\overline{\mathfrak{W}}(x) + \varepsilon\xi^\lambda\frac{\partial \overline{\mathfrak{W}}(x)}{\partial x_\lambda} - \right.$$

$$\left. - \mathfrak{W}(x) - \varepsilon\xi^\lambda\frac{\partial \mathfrak{W}(x)}{\partial x_\lambda}\right]\left(1 + \varepsilon\frac{\partial \xi^i}{\partial x_i}\right) \partial x =$$

$$= \int_{(\mathfrak{B})} [\overline{\mathfrak{W}}(x) - \mathfrak{W}(x)]\, dx + \varepsilon\int_{(\mathfrak{B})} \frac{\partial}{\partial x_\lambda}\left[\xi^\lambda(\overline{\mathfrak{W}}(x) - \mathfrak{W}(x))\right] dx,$$

oder, da $\overline{\mathfrak{W}}(x) - \mathfrak{W}(x)$ selbst von der Größenordnung ε ist:

(9) . . . . . $$\delta_1 I = \int\limits_{(\mathfrak{B})} [\overline{\mathfrak{W}}(x) - \mathfrak{W}(x)]\, dx = \int\limits_{(\mathfrak{B})} \delta \mathfrak{W}\, dx$$

wobei jetzt $\delta \mathfrak{W}$ durch die Formel (15) des § 3 gegeben ist:

$$\int\limits_{(\mathfrak{B})} \delta \mathfrak{W}\, dx = \int\limits_{(\mathfrak{B})} \left\{ [\mathfrak{W}]_a^{ikl\ldots}\, \delta a_{ikl\ldots} + [\mathfrak{W}]_b^{ikl\ldots}\, \delta b_{ikl\ldots} + \cdots \right\} dx + \int\limits_{(\mathfrak{B})} \mathrm{Div}\, \mathfrak{U}\, dx.$$

Hier ist $\mathfrak{U}$ linear-homogen bezüglich der $\delta a, \delta b, \ldots$ und deren Ableitungen, wobei diese Argumente den Faktor ε enthalten. Setzen wir

(10) . . . $$\delta a_{ikl\ldots} = \varepsilon\, \alpha_{ikl\ldots}, \quad \delta b_{ikl\ldots} = \varepsilon\, \beta_{ikl\ldots}, \ldots,$$

so können wir schreiben:

(11) $$\delta_1 I = \int\limits_{(\mathfrak{B})} \delta \mathfrak{W}\, dx = \varepsilon \int\limits_{(\mathfrak{B})} \Big(\sum_{a, b, \ldots} [\mathfrak{W}]_a^{ikl\ldots}\, \alpha_{ikl\ldots} \Big) dx + \varepsilon \int\limits_{(\mathfrak{B})} \mathrm{Div}\, \mathfrak{U}'\, dx,$$

wobei $\mathfrak{U}'$ linear in $\alpha, \beta, \ldots$ und deren Ableitungen ist.

Die Gleichungen $\delta' I = 0$ lauten jetzt nach (4), (8) und (11), wenn wir den Faktor ε unterdrücken:

(12) $$\int\limits_{(\mathfrak{B})} \Big(\sum_{a, b, \ldots} [\mathfrak{W}]_a^{ikl\ldots}\, \alpha_{ikl\ldots} \Big) dx + \int\limits_{(\mathfrak{B})} \mathrm{Div}(\mathfrak{U}' + \mathfrak{W}\xi)\, dx = 0 \text{ (für alle } \xi^i).$$

Die genaue Gestalt von $\mathfrak{U}'$ im zweiten Integrale werden wir nicht benötigen. Wir brauchen allein die Tatsache, daß $\mathfrak{U}'$ linear-homogen bezüglich der $\alpha, \beta, \ldots$ und deren Ableitungen ist. Hieraus folgt nämlich, wie sogleich gezeigt werden soll, daß $\mathfrak{U}'$ auch linear-homogen bezüglich der ξ^i und ihrer Ableitungen wird, so daß also das zweite Integral verschwindet, wenn die ξ^i und ihre Ableitungen an der Grenze von $(\mathfrak{B})$ Null sind.

§ 5. **Erhaltungssätze.**

Wir haben jetzt noch die Variationen

(1) . . . . $$\delta a_{ikl\ldots} = \varepsilon\, \alpha_{ikl\ldots}, \quad \delta b_{ikl\ldots} = \varepsilon\, \beta_{ikl\ldots}, \ldots$$

zu ermitteln. Nach Gleichung (9) des vorigen § ist:

(2) . . . . . . $$\delta a_{ikl\ldots} = \delta a = \bar{a}(x) - a(x)$$

und dies spalten wir wieder in zwei Teile:

(3) . . . $$\delta a = \big(\bar{a}(\bar{x}) - a(x)\big) - \big(\bar{a}(\bar{x}) - \bar{a}(x)\big) = \delta_1 a - \delta_2 a.$$

Zur Berechnung des ersten Teiles $\delta_1 a$ gehen wir zunächst aus von

$$\bar{x}_i = x_i + \varepsilon\, \xi^i;$$

hieraus folgt:

(4) $$d\bar{x}^i = dx^i + \varepsilon \frac{\partial \xi^i}{\partial x_\lambda} dx^\lambda = dx^\lambda \left(\delta_\lambda^i + \varepsilon \frac{\partial \xi^i}{\partial x_\lambda} \right).$$

Multiplizieren wir dies mit $\left(\delta_i^\mu - \varepsilon \frac{\partial \xi^\mu}{\partial x_i} \right)$ und summieren über i, so entsteht

$$d\bar{x}^i \left(\delta_i^\mu - \varepsilon \frac{\partial \xi^\mu}{\partial x_i} \right) = dx^\lambda \left(\delta_\lambda^i \delta_i^\mu + \varepsilon \delta_i^\mu \frac{\partial \xi^i}{\partial x_\lambda} - \varepsilon \delta_\lambda^i \frac{\partial \xi^\mu}{\partial x_i} \right),$$

also

(5) $$dx^\mu = d\bar{x}^i \left(\delta_i^\mu - \varepsilon \frac{\partial \xi^\mu}{\partial x_i} \right).$$

Hiermit sind die Gleichungen (4) nach den dx^λ aufgelöst. Aus (5) lesen wir ab:

(6) $$\frac{\partial x_\lambda}{\partial \bar{x}^i} = \delta_i^\lambda - \varepsilon \frac{\partial \xi^\lambda}{\partial x_i}.$$

Diese Ausdrücke setzen wir in die Transformationsgleichungen

$$\bar{a}_{ikl\ldots} = a_{rst\ldots} \frac{\partial x_r}{\partial \bar{x}_i} \frac{\partial x_s}{\partial \bar{x}_k} \cdots$$

ein und erhalten:

$$\bar{a}_{ikl\ldots} = a_{rst\ldots} \left(\delta_i^r - \varepsilon \frac{\partial \xi^r}{\partial x_i} \right) \left(\delta_s^k - \varepsilon \frac{\partial \xi^s}{\partial x_k} \right) \cdots =$$

$$= a_{ikl\ldots} - \varepsilon \left\{ a_{rkl\ldots} \frac{\partial \xi^r}{\partial x_i} + a_{isl\ldots} \frac{\partial \xi^s}{\partial x_k} + \cdots \right\}.$$

Also wird nach (3):

(7) $$\delta_1 a = - \varepsilon \left\{ a_{\lambda kl\ldots} \frac{\partial \xi^\lambda}{\partial x_i} + a_{i\lambda l\ldots} \frac{\partial \xi^\lambda}{\partial x_k} + \cdots \right\}.$$

Für $\delta_2 a$ bekommen wir:

$$\delta_2 a = \bar{a}(\bar{x}) - \bar{a}(x) = \bar{a}(x_i + \varepsilon \xi^i) - \bar{a}(x) = \varepsilon \frac{\partial \bar{a}(x)}{\partial x_\lambda} \xi^\lambda,$$

oder, da sich $\frac{\partial \bar{a}(x)}{\partial x}$ nur um Glieder von der Größenordnung ε von $\frac{\partial a}{\partial x}$ unterscheidet:

(8) $$\delta_2 a = \varepsilon \frac{\partial a}{\partial x_\lambda} \xi^\lambda.$$

Somit erhalten wir nach (1), (3), (7) und (8):

(9) $$a_{ikl\ldots} = - \left\{ a_{\lambda kl\ldots} \frac{\partial \xi^\lambda}{\partial x_i} + a_{i\lambda l\ldots} \frac{\partial \xi^\lambda}{\partial x_k} + \cdots \right\} - \frac{\partial a_{ikl\ldots}}{\partial x_\lambda} \xi^\lambda$$

und analoge Gleichungen für $\beta_{ikl\ldots}$. Es werden also $\alpha, \beta, \ldots$ und deren Ableitungen linear in den ξ^i und deren Ableitungen, so wie am Schlusse des vorigen § behauptet wurde.

Für die Variationen $\delta a^{ikl\ldots} = \varepsilon \alpha^{ik\ldots}$ eines kontravarianten Tensors $a^{ikl\ldots}$ erhalten wir auf demselben Wege:

$$\alpha^{ikl\ldots} = + \left\{ a^{\lambda kl\ldots} \frac{\partial \xi^i}{\partial x_\lambda} + a^{i\lambda l\ldots} \frac{\partial \xi^k}{\partial x_\lambda} + \cdots \right\} - \frac{\partial a^{ikl\ldots}}{\partial x_\lambda} \xi^\lambda . \tag{10}$$

Setzen wir jetzt (9) in Gleichung (12) des vorigen § ein, so entsteht

$$\int\limits_{(\mathfrak{V})} \Big(\sum_{a, b, \ldots} [\mathfrak{W}]_a^{ikl\ldots} \frac{\partial a_{ikl\ldots}}{\partial x_\lambda} \xi^\lambda \Big) dx + \int\limits_{(\mathfrak{V})} \sum_{a, b, \ldots} \left\{ [\mathfrak{W}]_a^{ikl\ldots} a_{\lambda kl\ldots} \frac{\partial \xi^\lambda}{\partial x_i} + \right.$$

$$\left. + [\mathfrak{W}]_a^{ikl\ldots} a_{i\lambda l\ldots} \frac{\partial \xi^\lambda}{\partial x_k} + \cdots \right\} dx = \int\limits_{(\mathfrak{V})} \mathrm{Div}\, \mathfrak{U}'' \, dx .$$

Setzen wir hier

$$\mathfrak{B}_\lambda = [\mathfrak{W}]_a^{ikl\ldots} \frac{\partial a_{ikl\ldots}}{\partial x_\lambda} + [\mathfrak{W}]_b^{ikl\ldots} \frac{\partial b_{ikl\ldots}}{\partial x_\lambda} + \cdots \tag{11}$$

$$\mathfrak{B}_\lambda^\mu = \sum_{a, b, \ldots} \left\{ [\mathfrak{W}]_a^{\mu kl\ldots} a_{\lambda kl\ldots} + [\mathfrak{W}]_a^{i\mu l\ldots} a_{i\lambda l\ldots} + \cdots \right\}, \tag{12}$$

so können wir einfacher schreiben:

$$\int\limits_{(\mathfrak{V})} \mathfrak{B}_\lambda \xi^\lambda \, dx + \int\limits_{(\mathfrak{V})} \mathfrak{B}_\lambda^\mu \frac{\partial \xi^\lambda}{\partial x_\mu} dx = \int\limits_{(\mathfrak{V})} \mathrm{Div}\, \mathfrak{U}'' \, dx . \tag{13}$$

Beseitigen wir hier noch im zweiten Integral der linken Seite die Ableitungen der ξ^λ durch partielle Integration, so wird:

$$\int\limits_{(\mathfrak{V})} \left(\mathfrak{B}_\lambda - \frac{\partial \mathfrak{B}_\lambda^\mu}{\partial x_\mu} \right) \xi^\lambda \, dx = \int\limits_{(\mathfrak{V})} \mathrm{Div}\, \mathfrak{U}''' \, dx . \tag{14}$$

Hierbei ist $\mathfrak{U}'''$ linear-homogen in den ξ^i und deren Ableitungen.

Wählen wir nun die ξ^i so, daß sie nebst ihren Ableitungen am Rande von $(\mathfrak{V})$ verschwinden, so steht in (14) rechts Null. Daraus schließen wir wieder, daß

$$\mathfrak{B}_\lambda - \frac{\partial \mathfrak{B}_\lambda^\mu}{\partial x_\mu} = 0 \tag{15}$$

ist und daß diese n Gleichungen auch für beliebige ξ^i gelten müssen. Es sind das die *Lie*schen Differentialgleichungen, der die Funktion $\mathfrak{W}$ genügen muß, damit die absolute Invariante $\int \mathfrak{W}\, dx$ die infinitesimalen Deformationen (1) § 4 gestattet. Diese Gleichungen bezeichnet man mit Rücksicht auf physikalische Anwendungen als „*Erhaltungssätze*".[1]) Die Bedeutung von $\mathfrak{B}_\lambda$ und $\mathfrak{B}_\lambda^\mu$ ist aus (11) und (12) zu entnehmen. Treten in $\mathfrak{W}$ auch kontravariante Tensoren auf, so kommen zu den rechten Seiten von (11) und (12) noch Glieder hinzu, die leicht vermöge (10) anzuschreiben sind. Die Erhaltungssätze sind bei gegebenem $\mathfrak{W}$ nichts anderes als mathematische Identitäten, die zwischen den Variationsableitungen und deren ersten Differentialquotienten bestehen.

§ 6. Berechnung der Variationsableitungen.

Der Integrand $\mathfrak{W}$ einer Integralinvariante

(1) $$I = \int_{(\mathfrak{B})} \mathfrak{W}\, dx$$

ist eine relative Differentialinvariante vom Gewichte 1 von gegebenen Tensoren

(2) $$a_{ikl\ldots},\quad b_{ikl\ldots},\ \ldots$$

Wenn wir einen dieser Tensoren, z. B. $a_{ikl\ldots}$ herausgreifen, so können wir nach § 3 aus $\mathfrak{W}$ einen kontravarianten Tensor $[\mathfrak{W}]_a^{ikl\ldots}$ ableiten, die „bezüglich des Tensors a genommene *Variationsableitung* von $\mathfrak{W}$". Enthält $\mathfrak{W}$ die Komponenten $a_{ikl\ldots}$ und deren Ableitungen bis zur Höchstordnung m, so ist der Tensor $[\mathfrak{W}]_a^{ikl\ldots}$ gegeben durch:

(3) $$\left\{\begin{aligned} [\mathfrak{W}]_a^{ikl\ldots} = \frac{\partial \mathfrak{W}}{\partial a_{ikl\ldots}} - \sum_{\lambda=1}^{\lambda=n} \frac{\partial}{\partial x_\lambda}\left(\frac{\partial \mathfrak{W}}{\partial\left(\frac{\partial a_{ikl\ldots}}{\partial x_\lambda}\right)}\right) + \cdots \\ \cdots + (-1)^m \sum_{\lambda=1}^{\lambda=n}\sum_{\mu=1}^{\mu=n}\cdots \frac{\partial^m}{\partial x_\lambda\, \partial x_\mu \ldots}\left(\frac{\partial \mathfrak{W}}{\partial\left(\frac{\partial a_{ikl\ldots}}{\partial x_\lambda\, \partial x_\mu \ldots}\right)}\right) \end{aligned}\right.$$

Ist nun $\mathfrak{W}$ gegeben, so wird die wirkliche Ausrechnung der $[\mathfrak{W}]_a^{ikl\ldots}$ nach dieser Formel eine so umständliche Sache, daß man auch in den einfachsten Fällen nicht durchkommt. Es läßt sich aber glücklicherweise die Ableitung, welche zu den Ausdrücken (3) führt, selbst in invarianter Weise durchführen, so daß

[1]) Zu obiger Ableitung vgl. *H. Weyl*, Raum, Zeit, Materie 4. Aufl. S. 211 ff. und die dort genannte Literatur, von der besonders angeführt sei: *F. Klein*, Göttinger Nachr. 19. Juli 1918 und *E. Noether*, Ebenda 26. Juli 1918.

sich auf verhältnismäßig einfache Art die Variationsableitungen $[\mathfrak{W}]_a^{ikl\ldots}$ finden lassen. Das wollen wir im folgenden auseinandersetzen, beschränken uns dabei aber auf die einfacheren Fälle, mit denen man in den Anwendungen zu tun hat.[1])

Wir machen die folgenden Annahmen:

1. Es liegt eine Riemannsche Maßbestimmung vor, d. h. neben den Tensoren (1) ist der Maßtensor g_{ik} gegeben. Damit steht dann auch der ganze Rechenapparat des Hinauf- und Hinunterziehens von Indizes, des kovarianten Ableitens und des Verjüngungsprozesses zur Verfügung (vgl. § 9 ff. des vorigen Abschnittes).
2. Sei
$$\mathfrak{W} = W\sqrt{g}$$
und W eine ganze rationale und absolute Differentialinvariante der Tensoren (2).

Die zweite Voraussetzung ergibt, daß W ein Polynom von absoluten Invarianten ist, die wir wieder mit W bezeichnen und die ganz allgemein die Gestalt haben:

(5) $$W = M_{i_1 i_2 \ldots}^{k_1 k_2 \ldots} N_{r_1 r_2 \ldots}^{s_1 s_2 \ldots} \ldots,$$

wobei die $M, N, \ldots$ Tensoren sind und jeder der Indizes einmal oben und einmal unten steht. Statt (5) können wir auch schreiben

(6) $$W = g^{\lambda_1 k_1} g^{\lambda_2 k_2} \ldots g^{\mu_1 s_1} g^{\mu_2 s_2} \ldots M_{\lambda_1 \lambda_2 \ldots i_1 i_2 \ldots} N_{\mu_1 \mu_2 \ldots r_1 r_2 \ldots} \ldots$$

wobei also jetzt alle oberen Indizes in den g^{ik} konzentriert sind.

Die kovarianten Tensoren $M, N, \ldots$ können dabei nach § 19 des vorigen Abschnittes die folgenden Tensoren vorstellen:

1. die gegebenen Tensoren (1): $a_{ikl\ldots}$, $b_{ikl\ldots}$, ...,
2. deren kovariante Ableitungen $a_{ikl\ldots(r)}$, $a_{ikl\ldots(r)(s)}$, ...,
3. den Krümmungstensor $R_{ik,\alpha\beta}$ und
4. dessen kovariante Ableitungen $R_{ik,\alpha\beta(r)}$, $R_{ik,\alpha\beta(r)(s)}$, ...

Bei der Berechnung der Variationsableitung $[\mathfrak{W}]_a^{ikl\ldots}$ von $\mathfrak{W} = W\sqrt{g}$ bezüglich eines Tensors $a_{ikl\ldots}$ gehen wir dann so vor: Wir bilden

(7) $$\delta_a I = \delta_a \int\limits_{(\mathfrak{B})} \mathfrak{W}\, dx = \int\limits_{(\mathfrak{B})} \delta_a \left(W\sqrt{g}\right) dx,$$

berechnen dann den Integranden $\delta_a\left(W\sqrt{g}\right)$ und bringen schließlich

---

[1]) vgl. hierzu die vorbildliche Arbeit von *R. Bach*, Math. Zeitschr. 9 (1921) S. 110.

das Integral durch partielle Integrationen auf die Gestalt

(8) $$\delta_a I = \int [\mathfrak{W}]_a^{ikl\ldots} \delta_a a_{ikl\ldots} dx.$$

Es ist klar, daß wir entsprechend der Rolle, die der Tensor g_{ik} spielt, zweierlei Variationen zu unterscheiden haben: bei $\delta_g I$ werden die g_{ik} allein variiert, bei $\delta_a I$ wird nur der Tensor $a_{ikl\ldots}$ variiert, wobei wir die $a_{ikl\ldots}$ als von den g_{ik} unabhängig voraussetzen. Wir unterscheiden demnach im folgenden die beiden Variationsableitungen $[\mathfrak{W}]_g^{ik}$ und $[\mathfrak{W}]_a^{ikl\ldots}$, wo $a_{ikl\ldots}$ ein beliebiger der Tensoren (2) ist. Wir beginnen mit $[\mathfrak{W}]_a^{ikl\ldots}$, bei der die Sache einfacher ist.

§ 7. **Variation der $a_{ikl\ldots}$.**

Wir setzen so wie im § 2:

(1) $$\delta_a a_{ikl\ldots} = \alpha_{ikl\ldots},$$

wobei die $\alpha_{ikl\ldots}$ die Komponenten eines kovarianten Tensors sind. Ersetzen wir in

$$\delta_a I = \int_{(\mathfrak{B})} \delta_a \left(W \sqrt{g} \right) dx = \int_{(\mathfrak{B})} \sqrt{g} \cdot \delta_a W dx$$

die Invariante W durch den Ausdruck (6) des vorigen §, so entsteht

$$\delta_a I = \int_{(\mathfrak{B})} \sqrt{g} \cdot g^{\lambda_1 \kappa_1} g^{\lambda_2 \kappa_2} \ldots \delta (M_{\lambda_1 \lambda_2 \ldots} \ldots N_{\mu_1 \mu_2 \ldots} \ldots) dx,$$

und dies gibt eine Summe von Gliedern, die wir wie folgt anschreiben wollen:

(2) $$\delta_a I = \int_{(\mathfrak{B})} \sum_{M, N, \ldots} \sqrt{g} \left(g^{\lambda_1 \kappa_1} g^{\lambda_2 \kappa_2} \ldots N_{\mu_1 \mu_2 \ldots} \ldots \right) \delta_a M_{\lambda_1 \lambda_2 \ldots} dx.$$

Ist $M_{\lambda_1 \lambda_2 \ldots}$ ein kovarianter Tensor h^{ter} Stufe, so steht in der runden Klammer ein kontravarianter Tensor h^{ter} Stufe $U^{\lambda_1 \lambda_2 \ldots}$; führen wir dann die Tensordichte

(3) $$\mathfrak{U}^{\lambda_1 \lambda_2 \ldots} = U^{\lambda_1 \lambda_2 \ldots} \sqrt{g}$$

ein, so nimmt (2) die Gestalt an:

(4) $$\delta_a'' I = \sum_{M, N, \ldots} \int_{(\mathfrak{B})} \mathfrak{U}^{ikl\ldots} \delta_a M_{ikl\ldots} dx;$$

hierbei ist die Summe über alle in W vorkommenden Tensoren $M, N, \ldots$ zu erstrecken, *deren Komponenten von den $a_{ikl\ldots}$ ab-*

hängen. Diese Tensoren sind aber $a_{ikl\ldots}$ selbst und die kovarianten Ableitungen von $a_{ikl\ldots}$. Ist daher $M_{ikl\ldots} = a_{ikl\ldots}$, so enthält $\delta_a I$ nach (4) auf der rechten Seite das Glied

$$\int_{(\mathfrak{V})} \mathfrak{U}^{ikl\ldots}\, \delta_a a_{ikl\ldots}\, dx = \int_{(\mathfrak{V})} \mathfrak{U}^{ikl\ldots}\, a_{ikl\ldots}\, dx,$$

somit ist nach Gleichung (8) des vorigen § die kontravariante Tensordichte $\mathfrak{U}^{ikl\ldots}$ ein additiver Bestandteil der zu suchenden Variationsableitung $[\mathfrak{W}]_a^{ikl\ldots}$.

Wenn $M_{ikl\ldots}$ die m^{te} kovariante Ableitung des Tensors $a_{ikl\ldots}$ ist:

(5) $$M_{ikl\ldots} = a_{ikl\ldots(r_1)(r_2)\ldots(r_m)}$$

so enthält W die m^{ten} partiellen Differentialquotienten $\frac{\partial^m a}{\partial x^m}$ und wir erhalten nach (1):

$$\delta_a M_{ikl\ldots} = a_{ikl\ldots(r_1)(r_2)\ldots(r_m)};$$

der diesem M entsprechende Summand in (4) hat dann die Gestalt:

(6) $$K_m = \int_{(\mathfrak{V})} \mathfrak{U}^{ikl\ldots r_1 r_2 \ldots r_m}\, a_{ikl\ldots(r_1)(r_2)\ldots(r_m)}\, dx.$$

Bei $a_{ikl\ldots(r_1)(r_2)\ldots r_m)}$ ist die letzte kovariante Ableitung bezüglich des Index (r_m) gebildet. Denken wir an die Regel, nach der ein Produkt von Tensoren kovariant abgeleitet wird (vgl. XIII § 11 S. 332), so können wir den Integrand in (6) so schreiben:

(7) $$\left\{ \begin{aligned} &\sqrt{g}\left(U^{ikl\ldots r_1 r_2 \ldots r_m}\, a_{ikl\ldots(r_1)\ldots(r_{m-1})}\right)_{(r_m)} - \\ &\qquad - \mathfrak{U}^{ikl\ldots r_1 r_2 \ldots r_m}_{000\ldots 00\ldots\ 0\ (r_m)}\, a_{ikl\ldots(r_1)\ldots(r_{m-1})}. \end{aligned} \right.$$

Hier können wir im ersten Gliede den kontravarianten Vektor

(8) $$V^{r_m} = U^{ikl\ldots r_1 r_2 \ldots r_{m-1} r_m}\, a_{ikl\ldots(r_1)(r_2)\ldots(r_{m-1})}$$

einführen und erhalten nach (6):

(9) $$K_m = \int_{(\mathfrak{V})} V^\lambda_{(\lambda)} \sqrt{g} - \int_{(\mathfrak{V})} \mathfrak{U}^{ikl\ldots r_1 \ldots r_m}_{000\ldots 0\ldots\ 0\ (r_m)}\, a_{ikl\ldots(r_1)\ldots(r_{m-1})}\, dx.$$

Der Integrand des ersten Integrals ist die „allgemeine Divergenz" der Vektordichte $\mathfrak{B}^\lambda = V^\lambda \sqrt{g}$; es ist

$$V^\lambda_{(\lambda)} \sqrt{g} = \sum_\lambda \frac{\partial \mathfrak{B}^\lambda}{\partial x_\lambda} = \sum_\lambda \frac{\partial (V^\lambda \sqrt{g})}{\partial x_\lambda}.$$

Machen wir also wieder die Annahme, daß $a_{ikl\ldots}$ und seine Ableitungen bis zur $(m-1)^{ten}$ Ordnung an der Grenze von $(\mathfrak{B})$ verschwinden, so fällt das erste Integral in (9) weg und wir haben

$$K_m = -\int\limits_{(\mathfrak{B})} \mathfrak{U}^{i\,\ldots\,r_m}_{0\,\ldots\,0\,(r_m)}\, a_{i\,\ldots\,(r_{m-1})}\, dx = - \int\limits_{(\mathfrak{B})} \sqrt{g}\, U^{i\,\ldots\,r_m}_{0\,\ldots\,0\,(r_m)}\, a_{i\,\ldots\,(r_{m-1})}\, dx\,. \tag{10}$$

Vergleichen wir (6) und (10), so finden wir, daß die durchgeführte (einmalige) partielle Integration von der m^{ten} kovarianten Ableitung der $a_{ikl\ldots}$ in (6) zur $(m-1)^{ten}$ kovarianten Ableitung in (10) führte. Dieses Verfahren läßt sich wiederholen und ergibt nach m Schritten:

$$K_m = (-1)^m \int\limits_{(\mathfrak{B})} \sqrt{g}\, U^{ikl\,\ldots\,r_1\,\ldots\,r_m}_{000\,\ldots\,0\,\ldots\,0\,(r_m)\,\ldots\,(r_1)}\, a_{ikl\,\ldots}\, dx\,. \tag{11}$$

Ist daher in (4) der Tensor $M_{ikl\ldots}$ gleich der m^{ten} kovarianten Ableitung $a_{ikl\ldots(r_1)\ldots(r_m)}$ von $a_{ikl\ldots}$ $(m \geq 1)$, so ergibt sich als additiver Bestandteil für die Variationsableitung $[\mathfrak{W}]^{ikl\ldots}_{a}$ die Tensordichte

$$(-1)^m\, \mathfrak{U}^{ikl\ldots} = (-1)^m \sqrt{g}\, U^{ikl\,\ldots\,r_1\,\ldots\,r_m}_{000\,\ldots\,0\,\ldots\,0\,(r_m)\,\ldots\,(r_1)}\,. \tag{12}$$

§ 8. **Die verallgemeinerten Maxwellschen Gleichungen.**

Wir behandeln ein einfaches Beispiel. Als Tensor $a_{ikl\ldots}$ nehmen wir den kovarianten Vektor φ_i. Bei $n=4$ können die vier Funktionen φ_i als „elektromagnetisches *Potential*" gedeutet werden.[1]) Das zugehörige elektromagnetische *Feld*[1]) wird gegeben durch den alternierenden Tensor f_{ik}, die Rotation von φ_i:

$$f_{ik} = \frac{\partial \varphi_i}{\partial x_k} - \frac{\partial \varphi_k}{\partial x_i}. \tag{1}$$

Wir bilden aus den f_{ik} und

$$f^{ik} = g^{i\lambda}\, g^{k\mu}\, f_{\lambda\mu}$$

die absolute Differentialinvariante erster Ordnung

$$W = f_{ik} f^{ik} = g^{i\lambda}\, g^{k\mu}\, f_{ik} f_{\lambda\mu}\,, \tag{2}$$

hieraus die Integralinvariante

$$I = \int\limits_{(\mathfrak{B})} \mathfrak{W}\, dx = \int\limits_{(\mathfrak{B})} W \sqrt{g}\, dx = \int\limits_{(\mathfrak{B})} \sqrt{g}\, g^{i\lambda}\, g^{k\mu} f_{ik} f_{\lambda\mu}\, dx \tag{3}$$

und fragen nach den Variationsableitungen $[\mathfrak{W}]^i_{\varphi}$.

[1]) vgl. etwa *H. Weyl*, Raum, Zeit, Materie 4. Aufl. Springer (1921) S. 149, 189.

Um die Rechnung so wie im vorigen § durchführen zu können, haben wir vorerst die kovarianten Ableitungen der φ_i einzuführen. Es ist (vgl. Formel (3) des § 11 Abschnitt XIII S. 331):

$$\varphi_{i(k)} = \frac{\partial \varphi_i}{\partial x_k} - \Gamma^{\lambda}_{ik}\varphi_\lambda$$

$$\varphi_{k(i)} = \frac{\partial \varphi_k}{\partial x_i} - \Gamma^{\lambda}_{ki}\varphi_\lambda$$

Subtraktion ergibt wegen $\Gamma^{\lambda}_{ik} = \Gamma^{\lambda}_{ki}$:

(4) . . . . $$f_{ik} = \frac{\partial \varphi_i}{\partial x_k} - \frac{\partial \varphi_k}{\partial x_i} = \varphi_{i(k)} - \varphi_{k(i)}.$$

Daher wird aus (3):

(5) . . . $$I = \int\limits_{(\mathfrak{B})} \sqrt{g}\, g^{i\lambda} g^{k\mu} \left(\varphi_{i(k)} - \varphi_{k(i)}\right) \left(\varphi_{\lambda(\mu)} - \varphi_{\mu(\lambda)}\right) dx.$$

Setzen wir nun

. . . . $$\delta\varphi_i = \psi_i,$$

so wird wegen der Vertauschbarkeit von $i\lambda$ mit $k\mu$:

$$\delta_\varphi I = \int\limits_{(\mathfrak{B})} 2\sqrt{g}\, g^{i\lambda} g^{k\mu} \left(\varphi_{i(k)} - \varphi_{k(i)}\right) \left(\psi_{\lambda(\mu)} - \psi_{\mu(\lambda)}\right) dx$$

$$= 2\int\limits_{(\mathfrak{B})} \sqrt{g}\, g^{i\lambda} g^{k\mu} f_{ik} \left(\psi_{\lambda(\mu)} - \psi_{\mu(\lambda)}\right) dx = 2\int\limits_{(\mathfrak{B})} \sqrt{g}\, f^{\lambda\mu} \left(\psi_{\lambda(\mu)} - \psi_{\mu(\lambda)}\right) dx,$$

also wegen der schiefen Symmetrie von $f^{\lambda\mu}$:

(7) . . . . $$\delta_\varphi I = 4\int\limits_{(\mathfrak{B})} \sqrt{g}\, f^{\lambda\mu} \psi_{\lambda(\mu)}\, dx.$$

Die Umformung

$$f^{\lambda\mu} \psi_{\lambda(\mu)} = \left(f^{\lambda\mu} \psi_\lambda\right)_{(\mu)} - f^{\lambda\mu}_{00(\mu)} \psi_\lambda$$

und Integration ergibt schließlich:

(8) . . . . $$\delta_\varphi I = -4\int\limits_{(\mathfrak{B})} \sqrt{g}\, f^{\lambda\mu}_{00(\mu)} \psi_\lambda\, dx,$$

so daß wir also für die gesuchten Variationsableitungen bekommen:

(9) . . . . $$[\mathfrak{W}]^i_{\varphi} = -4\sqrt{g}\, f^{\lambda\mu}_{00(\mu)} = -4 \sum_\mu \frac{\partial \left(f^{\lambda\mu}\sqrt{g}\right)}{\partial x_\mu}.$$

Die „Feldgleichungen" (vgl. § 3 S. 369) lauten somit hier

(10) . . . . $$\sum_\mu \frac{\partial \left(f^{\lambda\mu}\sqrt{g}\right)}{\partial x_\mu} = 0 \qquad (\lambda = 0, 1, 2, 3).$$

Setzt man, zur speziellen Relativitätstheorie übergehend:

$g_{ik} = 0$ für $i \neq k$, $g_{00} = 1$, $g_{11} = g_{22} = g_{33} = -1$, $x_0 = ct$

$\varphi_0 = -\varphi =$ skalares Potential

$(\varphi_1, \varphi_2, \varphi_3) =$ Vektorpotential

$(f_{10}, f_{20}, f_{30}) =$ elektrische Feldstärke $\mathfrak{E}$

$(f_{23}, f_{31}, f_{12}) =$ magnetische Feldstärke $\mathfrak{H}$,

so geben die aus (1) folgenden Gleichungen (vgl. XIII § 5 S. 312):

$$\frac{\partial f_{ik}}{\partial x_l} + \frac{\partial f_{kl}}{\partial x_i} + \frac{\partial f_{li}}{\partial x_k} = 0$$

die *ersten* Maxwellschen Gleichungen

$$\operatorname{rot} \mathfrak{E} + \frac{1}{c}\frac{\partial \mathfrak{H}}{\partial t} = 0 \quad \operatorname{div} \mathfrak{H} = 0;$$

die vier Gleichungen (10) hingegen geben die *zweiten* Maxwellschen Gleichungen:

$$\operatorname{div} \mathfrak{E} = 0 \quad \operatorname{rot} \mathfrak{H} = \frac{1}{c}\frac{\partial \mathfrak{E}}{\partial t}.$$

§ 9. Variation der g_{ik}.

Wir setzen für die Variationen der g_{ik} den symmetrischen Tensor γ_{ik}, also

(1) . . . . $\delta g_{ik} = \gamma_{ik}$.

Es ist dann (vgl. XIII § 11 S. 331):

(2) . . . . $\gamma^i_k = g^{i\lambda}\gamma_{\lambda k}, \quad \gamma^{ik} = \gamma^{i\lambda}\gamma^{k\mu}\gamma_{\lambda\mu}, \quad \gamma^i_i = \gamma^{ik}\gamma_{ik};$

(3) . . . . . $$\left|\begin{aligned} \gamma_{ik(r)} &= \frac{\partial \gamma_{ik}}{\partial x_r} - \gamma_{\lambda k}\Gamma^\lambda_{ir} - \gamma_{i\lambda}\Gamma^\lambda_{kr} \\ \gamma^i_{k(r)} &= \frac{\partial \gamma^i_k}{\partial x_r} + \gamma^\lambda_k \Gamma^i_{\lambda r} - \gamma^i_\lambda \Gamma^\lambda_{kr} \\ \gamma^{ik}_{(r)} &= \frac{\partial \gamma^{ik}}{\partial x_r} + \gamma^{\lambda k}\Gamma^i_{\lambda r} + \gamma^{i\lambda}\Gamma^k_{\lambda r} \end{aligned}\right.$$

Die Variation von $g^{ik} g_{ik} = n$ gibt

$$\delta g_{ik} g^{ik} + g_{ik}\delta g^{ik} = 0,$$

oder:

$$g_{ik}\delta g^{ik} = -g^{ik}\delta g_{ik} = -g^{ik}\gamma_{ik} = -g_{ik}\gamma^{ik},$$

also:

(4) . . . . $\delta g^{ik} = -\gamma^{ik}$

Ferner haben wir:

(5) . . . . $\delta g = (g g^{ik})\,\delta g_{ik} = g g^{ik}\gamma_{ik} = g\gamma^i_i$

und hieraus

(6) . . . . $\delta\sqrt{g} = \frac{1}{2\sqrt{g}}\delta g = \frac{1}{2}\sqrt{g}\,\gamma_i^i$.

Berechnen wir weiter

$$\delta\Gamma_{ik}^r = \delta\left(g^{r\lambda}\Gamma_{\lambda,ik}\right) = \delta\left(\frac{1}{2}g^{r\lambda}\left[\frac{\partial g_{\lambda i}}{\partial x_k} + \frac{\partial g_{\lambda k}}{\partial x_i} - \frac{\partial g_{ik}}{\partial x_\lambda}\right]\right),$$

so erhalten wir nach (4), (2) und (3) den *Tensor*

(7) . . . . $\delta\Gamma_{ik}^r = \frac{1}{2}\left[\gamma_{i(k)}^r + \gamma_{k(i)}^r - g^{r\lambda}\gamma_{ik(\lambda)}\right] = \Delta_{ik}^r$.

Mit Hilfe dieser Formel können wir jetzt aus

$$R_{\beta,rs}^\alpha = \frac{\partial\Gamma_{\beta s}^\alpha}{\partial x_r} - \frac{\partial\Gamma_{\beta r}^\alpha}{\partial x_s} + \Gamma_{r\lambda}^\alpha\Gamma_{\beta s}^\lambda - \Gamma_{s\lambda}^\alpha\Gamma_{\beta r}^\lambda$$

durch eine einfache Rechnung, bei der sich vieles weghebt, die Variation $\delta R_{\beta,rs}^\alpha$ berechnen[1]):

(8) . . . . $\delta R_{\beta,rs}^\alpha = \Delta_{\beta s(r)}^\alpha - \Delta_{\beta r(s)}^\alpha$.

Wir gehen jetzt wieder aus von (vgl. (6) des § 6)

(9) $I = \int\limits_{(\mathfrak{B})} W\sqrt{g}\,dx = \int\limits_{(\mathfrak{B})}\sqrt{g}\left(g^{\lambda_1\lambda_2}g^{\mu_1\mu_2}\ldots M_{\alpha_1\alpha_2\ldots}N_{\beta_1\beta_2\ldots}\ldots\right)dx$

und berechnen

(10) . . . . $\delta_g I = \int\limits_{(\mathfrak{B})}[\mathfrak{W}]_g^{ik}\,\delta g_{ik}\,dx = \int\limits_{(\mathfrak{B})}[\mathfrak{W}]^{ik}\gamma_{ik}\,dx$.

Wegen

(11) . . . . $\delta(W\sqrt{g}) = W\delta\sqrt{g} + \sqrt{g}\,\delta W$

erhalten wir als ersten Bestandteil der Variationsableitung $[\mathfrak{W}]^{ik}$ nach (6) aus dem Ausdrucke

$$\frac{1}{2}\sqrt{g}\,W\gamma_i^i = \frac{1}{2}\mathfrak{W}g^{ik}\gamma_{ik}$$

die Tensordichte

(12) . . . . $\frac{1}{2}\mathfrak{W}g^{ik}$.

Jetzt ist noch in (11) das zweite Glied $\sqrt{g}\,\delta W$ zu berechnen. Wir haben

$$\delta W = \delta\left(g^{\lambda_1\lambda_2}g^{\mu_1\mu_2}\ldots M_{\alpha_1\alpha_2\ldots}N_{\beta_1\beta_2\ldots}\right)$$

und dies gibt zweierlei Arten von Gliedern. Bei der ersten

---

[1]) *R. Bach*, auf S. 378 angeführt.

Gattung werden die $g^{\lambda_1\lambda_2}, \ldots$ variiert, bei der zweiten Gattung die Tensoren $M, N, \ldots$ Der Typus der ersten Gliederart ist gegeben durch

$$V_{\lambda_1\lambda_2}\,\delta g^{\lambda_1\lambda_2}$$

also nach (4) und (2) durch

$$V_{\lambda_1\lambda_2}\,\delta g^{\lambda_1\lambda_2} = -V_{\lambda_1\lambda_2}\,\gamma^{\lambda_1\lambda_2} = -V_{\alpha\beta}\,g^{\alpha i} g^{\beta k}\,\gamma_{ik}.$$

Somit ergeben diese Glieder für die Variationsableitung $[\mathfrak{W}]^{ik}$ die Bestandteile:

(13) $$\ldots\ldots\ldots\ldots -\mathfrak{V}_{\alpha\beta}\,g^{\alpha i} g^{\beta k}.$$

Der Typus der zweiten Glieder ist:

(14) $$\ldots\ldots\ldots\ldots \sqrt{g}\,U^{\alpha_1\alpha_2\cdots}\,\delta_g M_{\alpha_1\alpha_2\ldots}$$

und hier haben wir die drei Möglichkeiten:

1. $M_{\alpha_1\alpha_2\ldots} = a_{ikl\ldots(r_1)\ldots(r_m)} =$ der m^{ten} kovarianten Ableitung eines (von den g_{ik} unabhängigen) Tensors $a_{ikl\ldots}$;
2. $M_{\alpha_1\alpha_2\ldots} = R_{ik,rs} =$ Krümmungstensor;
3. $M_{\alpha_1\alpha_2\ldots} = R_{ik,rs(r_1)\ldots(r_m)} =$ der m^{ten} kovarianten Ableitung des Krümmungstensors.

Für den ersten Fall finden wir aus der Formel

$$a_{ikl\ldots(r_1)\ldots(r_{m-1})(r_m)} = \frac{\partial a_{ikl\ldots(r)\ldots(r_{m-1})}}{\partial x_{r_m}} - \\ - a_{\lambda kl\ldots(r_{m-1})}\,\Gamma^{\lambda}_{i r_m} - \cdots - a_{ikl\ldots(r_{m-2})(\lambda)}\,\Gamma^{\lambda}_{r_{m-1} r_m}$$

mit Hilfe von (7):

(15) $$\left|\begin{aligned} &\delta a_{ikl\ldots(r_1)\ldots(r_{m-1})(r_m)} = \left(\delta a_{ikl\ldots(r_1)\ldots(r_{m-1})}\right)_{(r_m)} - \\ &\quad - a_{\lambda kl\ldots(r_{m-1})}\,\Delta^{\lambda}_{i r_m} - \cdots - a_{ikl\ldots(r_{m-2})(\lambda)}\,\Delta^{\lambda}_{r_{m-1} r_m}.\end{aligned}\right.$$

Hierdurch ist die Berechnung der $\delta a_{ikl\ldots(r_m)}$ auf die von $\delta a_{ikl\ldots(r_{m-1})}$ zurückgeführt. Ist $m = 1$, so fällt in der rechten Seite von (15) das erste Glied weg. Die Formel (15) gilt auch für den Fall $a_{ikl\ldots} = R_{ik,rs}$; dann bleibt aber bei $m = 1$ das erste Glied rechts stehen und lautet

$$(\delta R_{ik,rs})_{(r_1)} = \left(\delta\left(g_{i\lambda}\,R^{\lambda}_{k,rs}\right)\right)_{(r_1)},$$

also nach (8):

(16) $$\ldots (\delta R_{ik,rs})_{(r_1)} = \gamma_{i\lambda(r_1)}\,R^{\lambda}_{k,rs} + g_{i\lambda}\left(\Delta^{\lambda}_{ks(r)(r_1)} - \Delta^{\lambda}_{k,r(s)(r_1)}\right).$$

Durch die beiden letzten Formeln werden auch der zweite und dritte Fall erledigt.

Fassen wir zusammen: die Variationen $\delta_g M_{\alpha_1 \alpha_2 \ldots}$ werden ausdrückbar durch die kovarianten Ableitungen des Tensors Δ^r_{ik}, d. h. wegen (7) durch die kovarianten Ableitungen des Tensors γ_{ik}. Die Integrale über diese kovarianten Ableitungen hat man schließlich durch sukzessive partielle Integrationen — vgl. den § 7 — so umzugestalten, bis in den Integranden die γ_{ik} auftreten, wodurch man die Darstellung (10) erreicht hat. Kommt der Krümmungstensor vor, so wird es sich in den meisten Fällen empfehlen, mit $R^i_{k,\alpha\beta}$ selbst und nicht mit $R_{ik,\alpha\beta}$ zu arbeiten.

Wir geben schließlich auch für die Berechnung von $\delta_g I$ ein einfaches Beispiel.

§ 10. **Die Einsteinschen Gravitationsgleichungen.**

Wir setzen jetzt

(1) $$\mathfrak{W} = W\sqrt{g} = R\sqrt{g} = \mathfrak{R},$$

wobei die absolute Invariante R nach XIII § 14 S. 339 gegeben ist durch

(2) $$R = g^{ik} R_{ik} = g^{ik} R^{\lambda}_{0i,\lambda k}.$$

Die zu (1) gehörige Integralinvariante I wird

$$I = \int\limits_{(\mathfrak{B})} R\sqrt{g}\, dx = \int\limits_{(\mathfrak{B})} \mathfrak{R}\, dx$$

und hängt daher nur von den g_{ik} allein ab. Wir haben

(3) $$\delta_g I = \delta I = \int\limits_{(\mathfrak{B})} \delta\left(R\sqrt{g}\right) dx = \int\limits_{(\mathfrak{B})} [\mathfrak{W}]^{ik}\, \delta g_{ik}\, dx.$$

Nun ist nach Gleichung (6) des vorigen §:

(4) $$\delta\left(R\sqrt{g}\right) = R\,\delta\sqrt{g} + \sqrt{g}\,\delta R = \frac{1}{2}\mathfrak{R} g^{ik}\gamma_{ik} + \sqrt{g}\,\delta R.$$

Ferner haben wir nach Gleichung (8) des vorigen §:

$$\delta R = \delta\left(g^{ik} R^{\lambda}_{0i,\lambda k}\right) = \delta g^{ik} R^{\lambda}_{0i,\lambda k} + g^{ik}\left(\Delta^{\lambda}_{ik(\lambda)} - \Delta^{\lambda}_{i\lambda(k)}\right);$$

hier gibt das erste Glied rechts wegen (4) und (2) des letzten §:

$$\delta g_{ik} R^{\lambda}_{0i,\lambda k} = -\gamma^{ik} R_{ik} = -R_{ik} g^{i\mu} g^{k\nu}\gamma_{\mu\nu} = -R^{ik}\gamma_{ik}.$$

Somit wird aus (3):

(5) $$\delta_g I = \int\limits_{(\mathfrak{B})}\left(\frac{1}{2}\mathfrak{R} g^{ik} - \mathfrak{R}^{ik}\right)\gamma_{ik}\, dx + \int\limits_{(\mathfrak{B})}\sqrt{g}\, g^{ik}\left(\Delta^{\lambda}_{ik(\lambda)} - \Delta^{\lambda}_{i\lambda(k)}\right) dx.$$

Das zweite Integral zerfällt in 2 Teile, jeder davon ist ein Integral über eine Divergenz, also verschwinden beide. Wir haben nämlich

$$\int\limits_{(\mathfrak{B})} \sqrt{g}\, g^{ik} \Delta^{\lambda}_{ik(\lambda)}\, dx = \int\limits_{(\mathfrak{B})} \sqrt{g}\left(g^{ik} \Delta^{\lambda}_{ik}\right)_{(\lambda)} dx = \int\limits_{(\mathfrak{B})} \sqrt{g}\; \xi^{\lambda}_{(\lambda)}\, dx = 0$$

$$\int\limits_{(\mathfrak{B})} \sqrt{g}\, g^{ik} \Delta^{\lambda}_{i\lambda(k)}\, dx = \int\limits_{(\mathfrak{B})} \sqrt{g}\left(g^{ik} \Delta^{\lambda}_{i\lambda}\right)_{(k)} dx = \int\limits_{(\mathfrak{B})} \sqrt{g}\; \eta^{k}_{(k)}\, dx = 0 .$$

Somit gibt (5):

$$\delta_g I = \int\limits_{(\mathfrak{B})} \left(\frac{1}{2}\, \Re g^{ik} - \Re^{ik}\right) \gamma_{ik}\, dx ,$$

d. h. es ist

(6) . . . $$[\mathfrak{W}]^{ik} = \frac{1}{2}\, \Re g^{ik} - \Re^{ik} = \left(\frac{1}{2} R g^{ik} - R^{ik}\right) \sqrt{g} .$$

Für $n = 4$ geben die 10 Gleichungen $[\mathfrak{W}]^{ik} = 0$ die „Feldgleichungen“ für die 10 Gravitationspotentiale g_{ik} in einem leeren Weltstücke der allgemeinen Relativitätstheorie.

§ 11. **Alternierende Integranden.**

Die in § 1 dieses Abschnittes betrachteten n-fachen Bereichsintegrale bilden einen speziellen Fall einer Gattung mehrfacher Integrale, denen wir uns jetzt zuwenden.

Wir denken uns im n-dimensionalen x-Raum R_n eine p-dimensionale Punktmannigfaltigkeit M_p in Parameterdarstellung gegeben:

(1) . . . . . . $$\left|\begin{array}{l} x_1 = \varphi_1(\sigma_1, \sigma_2, \ldots, \sigma_p) \\ x_2 = \varphi_2(\sigma_2, \sigma_1, \ldots, \sigma_p) \\ \cdots\cdots\cdots\cdots\cdots \\ x_n = \varphi_n(\sigma_1, \sigma_2, \ldots, \sigma_p) \end{array}\right. \quad (1 \leq p \leq n-1).$$

Hierbei sind die $\sigma_1, \ldots, \sigma_p$ p unabhängige Parameter und die n Funktionen φ_n seien für alle in Frage kommenden σ-Werte eindeutig, stetig und wenigstens einmal stetig differentierbar, derart, daß nirgends alle p-reihigen Determinanten der Matrix

(2) . . . . $$\left\|\begin{array}{cccc} \frac{\partial x_1}{\partial \sigma_1} & \frac{\partial x_2}{\partial \sigma_1} & \cdots\cdots & \frac{\partial x_n}{\partial \sigma_1} \\ \cdots & \cdots & \cdots & \cdots \\ \frac{\partial x_1}{\partial \sigma_p} & \frac{\partial x_2}{\partial \sigma_p} & \cdots\cdots & \frac{\partial x_n}{\partial \sigma_p} \end{array}\right\|$$

gleichzeitig verschwinden.

Wir denken uns in der Mannigfaltigkeit M_p einen Teilbereich (σ) abgegrenzt. Sei P ein innerer Punkt von (σ) und $d_1\sigma^i, d_2\sigma^i, \ldots, d_p\sigma^i$

seien p infinitesimale, von P auslaufende Vektoren. Sie spannen ein p-dimensionales Raumelement des Bereiches (σ) auf, dessen Projektion auf den $(x_{\alpha_1}, x_{\alpha_2}, \ldots, x_{\alpha_p})$-Raum ein ebensolches Raumelement ist. Das Volumen des letzteren ist gegeben durch

$$(3)\qquad dV^{\alpha_1\ldots\alpha_p} = \begin{vmatrix} d_1 x^{\alpha_1} \ldots d_1 x^{\alpha_p} \\ \cdots\cdots\cdots \\ d_p x^{\alpha_1} \ldots d_p x^{\alpha_p} \end{vmatrix} = \begin{vmatrix} \frac{\partial x_{\alpha_1}}{\partial \sigma_1} \ldots \frac{\partial x_{\alpha_p}}{\partial \sigma_1} \\ \cdots\cdots\cdots \\ \frac{\partial x_{\alpha_1}}{\partial \sigma_p} \ldots \frac{\partial x_{\alpha_p}}{\partial \sigma_p} \end{vmatrix} \cdot \begin{vmatrix} d_1 \sigma^1 \ldots d_1 \sigma^p \\ \cdots\cdots\cdots \\ \partial_p \sigma^1 \ldots d_p \sigma^p \end{vmatrix}.$$

Die p Größen $d_k\sigma^1, d_k\sigma^2, \ldots, d_k\sigma^p$ sind die skalaren Komponenten des k^{ten}, von P auslaufenden Vektors $d_k\sigma^i$. Nehmen wir diesen Vektor auf der zugehörigen Parameterlinie $\sigma_j =$ konst $(j \neq k)$, $\sigma_k =$ veränderlich für alle $k = 1, 2, \ldots, p$ an, so geht die Reihe $d_k\sigma^1, d_k\sigma^2, \ldots, d_k\sigma^p$ über in $0, 0, \ldots, 0, d_k\sigma^k, 0, \ldots, 0$. Lassen wir dann in $d_k\sigma^k$ den Index k bei d weg, so wird aus dem zweiten Faktor der rechten Seite in (3) das Produkt

$$d\sigma^1\, d\sigma^2 \ldots d\sigma^p.$$

Den ersten Faktor schreiben wir als Funktionaldeterminante kurz so:

$$\frac{\partial(x_{\alpha_1}, x_{\alpha_2}, \ldots, x_{\alpha_p})}{\partial(\sigma_1, \sigma_2, \ldots, \sigma_p)}.$$

Somit ist schließlich

$$(4)\qquad \ldots\ldots \quad dV^{\alpha_1\ldots\alpha_p} = \frac{\partial(x_{\alpha_1}, \ldots, x_{\alpha_p})}{\partial(\sigma_1, \ldots\ldots, \sigma_p)}\, d\sigma^1 \ldots d\sigma^p.$$

Nun nehmen wir $\binom{n}{p}$ Funktionen

$$(5)\qquad \ldots\ldots \quad X_{\alpha_1\ldots\alpha_p} = X_{\alpha_1\ldots\alpha_p}(x_1, x_2, \ldots, x_n)$$

mit folgenden Eigenschaften: 1. sollen sie alternierend sein bezüglich der Indizes α:

$$X_{\alpha_1\alpha_2\ldots\alpha_p} = -X_{\alpha_2\alpha_1\ldots\alpha_p} = \cdots;$$

2. sollen sie im Bereiche (6) eindeutig, stetig und wenigstens zweimal stetigdifferentierbar sein.

Dann hat das p-fache, über (σ) erstreckte Bereichsintegral

$$(6)\qquad I = \int\limits_{(\sigma)} X_{\alpha_1\ldots\alpha_p}\, dV^{\alpha_1\ldots\alpha_p} = \int\limits_{(\sigma)} X_{\alpha_1\ldots\alpha_p} \frac{\partial(x_{\alpha_1}, \ldots, x_{\alpha_p})}{\partial(\sigma_1, \ldots\ldots, \sigma_p)}\, d\sigma^1 \ldots d\sigma^p$$

einen Sinn. Hierbei ist im Integranden wieder das Summenzeichen weggelassen, so daß

$$X_{\alpha_1 \ldots \alpha_p} dV^{\alpha_1 \ldots \alpha_p} = p! \sum_{(\alpha_1 \ldots \alpha_p)} X_{\alpha_1 \ldots \alpha_p} dV^{\alpha_1 \ldots \alpha_p}$$

wobei über alle $\binom{n}{p}$ Indexgruppen zu summieren ist.

Das Integral (6) ist eine absolute Invariante gegenüber Parametertransformationen $\sigma \longrightarrow \tau$. Sei etwa durch

(7) $$\sigma_i = \sigma_i(\tau_1, \tau_2, \ldots, \tau_p) \qquad (i = 1, 2, \ldots, p)$$

eine topologische (d. h. 1-1-deutige und stetige), die Indicatrix im σ-Raum nicht-umkehrende Parametertransformationen, dann wird aus I:

(8) $$\overline{\overline{I}} = \int_{(\tau)} X_{\alpha_1 \ldots \alpha_p} \frac{\partial(x_{\alpha_1}, \ldots, x_{\alpha_p})}{\partial(\tau_1, \ldots\ldots, \tau_p)} d\tau^1 \ldots d\tau^p$$

und dies erhält man auch, wenn man in I an Stelle der σ die τ als neue Integrationsveränderliche einführt:

(9) $$I = \int_{(\tau)} X_{\alpha_1 \ldots \alpha_p} \frac{\partial(x_{\alpha_1}, \ldots, x_{\alpha_p})}{\partial(\sigma_1, \ldots\ldots, \sigma_p)} \frac{\partial(\sigma_1, \ldots, \sigma_p)}{\partial(\tau_1, \ldots, \tau_p)} d\tau^1 \ldots d\tau^p = \overline{\overline{I}}.$$

Jetzt unterwerfen wir das Integral I einer Transformation $x \longrightarrow \overline{x}$:

(10) $$x_i = x_i(\overline{x}_1, \overline{x}_2, \ldots, \overline{x}_n)$$

und erhalten:

(11) $$\overline{I} = \int_{(\sigma)} \overline{X}_{\alpha_1 \ldots \alpha_p} \frac{\partial(\overline{x}_{\alpha_1}, \ldots, \overline{x}_{\alpha_p})}{\partial(\sigma_1, \ldots\ldots, \sigma_p)} d\sigma^1 \ldots d\sigma^p.$$

Wegen:

$$\frac{\partial \overline{x}_i}{\partial \sigma_k} = \sum_{\lambda} \frac{\partial \overline{x}_i}{\partial x_\lambda} \frac{\partial x_\lambda}{\partial \sigma_k}$$

geht $\overline{I}$ über in:

(12) $$\overline{I} = \int_{(\sigma)} \overline{X}_{\alpha_1 \ldots \alpha_p} \sum_{(\beta_1 \ldots \beta_p)} \frac{\partial(\overline{x}_{\alpha_1}, \ldots, \overline{x}_{\alpha_p})}{\partial(x_{\beta_1}, \ldots\ldots, \beta_p)} \frac{\partial(x_{\beta_1}, \ldots, x_{\beta_p})}{\partial(\sigma_1, \ldots\ldots, \sigma_p)} d\sigma^1 \ldots d\sigma^p.$$

Solange wir über die Transformation, die die $\binom{n}{p}$ Funktionen $X_{\alpha_1 \ldots \alpha_p}$ bei $x \longrightarrow \overline{x}$ erleiden, keine Festsetzungen treffen, sind die in (11) stehenden $\overline{X}_{\alpha_1 \ldots \alpha_p}$ nicht näher definiert. Betrachten wir hingegen die $X_{\alpha_1 \ldots \alpha_p}$ als die Komponenten eines alternierenden Tensors, so haben wir

$$\overline{X}_{\alpha_1 \ldots \alpha_p} = X_{\beta_1 \ldots \beta_p} \frac{\partial x_{\alpha_1}}{\partial \overline{x}_{\beta_1}} \cdots \frac{\partial x_{\alpha_p}}{\partial \overline{x}_{\beta_p}}$$

und hier kann die p-fache Summe rechter Hand geschrieben werden als einfache Summe über alle $\binom{n}{p}$ Indexkombinationen $(\beta_1 \ldots \beta_p)$:

$$(13) \quad \ldots \quad \overline{X}_{\alpha_1 \ldots \alpha_p} = \sum_{(\beta_1 \ldots \beta_p)} X_{\beta_1 \ldots \beta_p} \frac{\partial(x_{\alpha_1}, \ldots, x_{\alpha_p})}{\partial(\overline{x}_{\beta_1}, \ldots, \overline{x}_{\beta_p})},$$

oder aufgelöst:

$$(14) \quad \ldots \quad X_{\beta_1 \ldots \beta_p} = \sum_{(\alpha_1 \ldots \alpha_p)} \overline{X}_{\alpha_1 \ldots \alpha_p} \frac{\partial(\overline{x}_{\alpha_1}, \ldots, \overline{x}_{\alpha_p})}{\partial(x_{\beta_1}, \ldots, x_{\beta_p})}.$$

Aus (12) lesen wir dann ab, daß $I = \overline{I}$ wird.

Stellen wir umgekehrt die Forderung, daß I für **jeden** *Integrationsbereich* (σ) *bei $x \to \overline{x}$ eine absolute Integralinvariante sei, so ergeben sich die Transformationsgleichungen* (14), *d. h. die $\binom{n}{p}$ Funktionen $X_{\alpha_1 \ldots \alpha_p}$ müssen Tensorkomponenten sein.*

Für die absolute Invarianz von I ist also (14) *notwendig* und *hinreichend.*

Als extreme Fälle führen wir an: 1. $p = 1$. Dann ist

$$I = \int\limits_{(\sigma)} \left(X_1 \frac{\partial x_1}{\partial \sigma} + X_2 \frac{\partial x_2}{\partial \sigma} + \cdots + X_n \frac{\partial x_n}{\partial \sigma} \right) d\sigma = \int\limits_{(\sigma)} X_i \, dx^i$$

und die X_i sind die Komponenten eines kovarianten Vektors; 2. $p = n$. Das Integral I lautet:

$$(15) \quad \ldots \quad I = \int\limits_{(\sigma)} X_{12 \ldots n} \frac{\partial(x_1, \ldots, x_n)}{\partial(\sigma_1, \ldots, \sigma_n)} d\sigma^1 \ldots d\sigma^n,$$

oder auch, bei Verwendung[1]) von n Vektoren $d_k \sigma^i$:

$$(16) \quad \ldots \quad I = \int\limits_{(\sigma)} X_{12 \ldots n} \frac{\partial(x_1, \ldots, x_n)}{\partial(\sigma_1, \ldots, \sigma_n)} \begin{vmatrix} d_1 \sigma^1 \ldots d_1 \sigma^n \\ \cdots\cdots \\ d_n \sigma^1 \ldots d^n \sigma^n \end{vmatrix}.$$

Die Transformation $x_i = \sigma_i$ gibt hier

$$(17) \quad I = \int\limits_{(x)} X_{12 \ldots n} \begin{vmatrix} d_1 x^1 \ldots d_1 x^n \\ \cdots\cdots \\ d_n x^1 \ldots d_n x^n \end{vmatrix} = \int\limits_{(x)} X_{12 \ldots n} \, dx^1 \ldots dx^n = \int\limits_{(x)} \mathfrak{W} \, dx,$$

wobei jetzt bei $x \to \overline{x}$

$$(18) \quad \ldots \quad \overline{\mathfrak{W}} = \mathfrak{W} \cdot \Delta = \mathfrak{W} \cdot \frac{\partial(x_1, \ldots, x_n)}{\partial(\overline{x}_1, \ldots, \overline{x}_n)}$$

wird, $\mathfrak{W}$ also eine *skalare Dichte* ist (vgl. XIII § 8 S. 323, § 12

[1]) Hierzu *F. Klein*, Göttinger Nachr. vom 6. Dez. 1918.

S. 333 und XIV § 1 S. 364). Eine skalare Dichte ist ja nichts anderes als ein alternierender Tensor n^{ter} Stufe.

§ 12. **Alternierende Tensoren.**

Wir haben im § 6 des vorigen Abschnittes S. 315 aus dem alternierenden Tensor p^{ter} Stufe $X_{\alpha_1 \ldots \alpha_p}$ $(p < n)$ einen alternierenden Tensor $(p+1)^{ter}$ Stufe $Y_{\alpha_1 \ldots \alpha_{p+1}}$ abgeleitet. Mit einer Vorzeichenänderung gegen früher setzen wir jetzt:

$$(1)\quad \left| \begin{aligned} Y_{\alpha_1 \ldots \alpha_{p+1}} = \frac{\partial X_{\alpha_2 \ldots \alpha_{p+1}}}{\partial x_{\alpha_1}} - \frac{\partial X_{\alpha_1 \alpha_3 \ldots \alpha_{p+1}}}{\partial x_{\alpha_2}} + \cdots \\ \cdots + (-1)^p \frac{\partial X_{\alpha_1 \ldots \alpha_p}}{\partial x_{\alpha_{p+1}}} \end{aligned} \right.$$

und nennen diesen Tensor den „*Stockesschen Tensor*" von $X_{\alpha_1 \ldots \alpha_p}$, eine Bezeichnung, die weiter unten ihre Erklärung findet.[1]) Den Übergang von X zu Y bezeichnen wir auch kurz mit D' und schreiben

$$(2)\quad \ldots\ldots\ldots \quad D' X_{\alpha_1 \ldots \alpha_p} = Y_{\alpha_1 \ldots \alpha_{p+1}} .$$

Es wurde dann schon auf S. 317 festgestellt, daß

$$(3)\quad \ldots\ldots\ldots \quad D' D' X_{\alpha_1 \ldots \alpha_p} \equiv 0 ,$$

d. h. daß der Stockessche Tensor des Stockesschen Tensors identisch verschwindet.

Die Glieder der rechten Seite von (1) erhält man mit richtigen Zeichen am leichtesten, wenn man an die Entwicklung einer $(p+1)$-reihigen Determinante nach der ersten Zeile

$$\frac{\partial}{\partial x_{\alpha_1}} \quad \frac{\partial}{\partial x_{\alpha_2}} \cdots\cdots \frac{\partial}{\partial x_{\alpha_{p+1}}}$$

denkt. Dieser Zusammenhang legt es nahe, den Fall zu betrachten, wo die $X_{\alpha_1 \ldots \alpha_p}$ selbst p-reihige Determinanten sind.

Nehmen wir also p Funktionen $A_1, A_2, \ldots, A_p$ der $x_1, x_2, \ldots, x_n$, bilden aus deren ersten partiellen Ableitungen die Matrix

$$(4)\quad \ldots\ldots\ldots \quad \left\| \begin{matrix} \frac{\partial A_1}{\partial x_1} & \frac{\partial A_1}{\partial x_2} & \cdots\cdots & \frac{\partial A_1}{\partial x_n} \\ \cdots & \cdots & \cdots & \cdots \\ \frac{\partial A_p}{\partial x_1} & \frac{\partial A_p}{\partial x_2} & \cdots\cdots & \frac{\partial A_p}{\partial x_n} \end{matrix} \right\|$$

[1]) Hierzu die in den §§ 13 und 14 angegebene Literatur.

und setzen die $X_{\alpha_1 \ldots \alpha_p}$ gleich den p-reihigen Determinanten dieser Matrix:

$$(5) \quad \ldots \quad X_{\alpha_1 \ldots \alpha_p} = \begin{vmatrix} \frac{\partial A_1}{\partial x_{\alpha_1}} \ldots\ldots \frac{\partial A_1}{\partial x_{\alpha_p}} \\ \ldots\ldots\ldots\ldots \\ \frac{\partial A_p}{\partial x_{\alpha}} \ldots\ldots \frac{\partial A_p}{\partial x_{\alpha_p}} \end{vmatrix} = \frac{\partial (A_1, \ldots, A_p)}{\partial (x_{\alpha_1}, \ldots, x_{\alpha_p})}.$$

Dann sind diese p-reihigen Funktionaldeterminanten die Komponenten eines alternierenden Tensors $X_{\alpha_1 \ldots \alpha_p}$, dessen Stokesscher Tensor durch

$$(6) \quad \ldots \quad Y_{\alpha_1 \ldots \alpha_{p+1}} = \begin{vmatrix} \frac{\partial}{\partial x_{\alpha_1}} & \frac{\partial}{\partial x_{\alpha_2}} \ldots\ldots & \frac{\partial}{\partial x_{\alpha_{p+1}}} \\ \frac{\partial A_1}{\partial x_{\alpha_1}} & \frac{\partial A_1}{\partial x_{\alpha_2}} \ldots\ldots & \frac{\partial A_1}{\partial x_{\alpha_{p+1}}} \\ \ldots & \ldots & \ldots \\ \frac{\partial A_p}{\partial x_{\alpha_1}} & \frac{\partial A_p}{\partial x_{\alpha_2}} \ldots\ldots & \frac{\partial A_p}{\partial x_{\alpha_{p+1}}} \end{vmatrix}$$

gegeben ist. Es besteht dann der *Satz*[1]):

$$(7) \quad \ldots \quad Y_{\alpha_1 \ldots \alpha_{p+1}} = D' \frac{\partial (A_1, \ldots, A_p)}{\partial (x_{\alpha_1}, \ldots, x_{\alpha_p})} \equiv 0.$$

Man beweist ihn leicht durch Ausrechnen von (6).

Der *Stoke*sche Tensor (1) setzt in der x-Mannigfaltigkeit noch keine Metrik voraus. Legen wir eine Riemannsche Maßbestimmung

$$d s^2 = g_{ik}\, d x^i\, d x^k$$

zugrunde, so läßt sich für die $Y_{\alpha_1 \ldots \alpha_{p+1}}$ noch eine zweite Darstellung geben, bei der die g_{ik} und deren Ableitungen nur scheinbar auftreten.

Erinnern wir uns an die Formel (6) von XIII § 11 auf S. 331. Die kovariante Ableitung von $X_{\alpha_2 \ldots \alpha_{p+1}}$ bezüglich des Index α_1 ist gegeben durch

$$(8) \quad \begin{cases} X_{\alpha_2 \ldots \alpha_{p+1}(\alpha_1)} = \frac{\partial X_{\alpha_2 \ldots \alpha_{p+1}}}{\partial x_{\alpha_1}} - \Gamma^{\lambda}_{\alpha_2 \alpha_1} X_{\lambda \alpha_3 \ldots \alpha_{p+1}} - \\ \qquad - \Gamma^{\lambda}_{\alpha_3 \alpha_1} X_{\alpha_2 \lambda \alpha_4 \ldots \alpha_{p+1}} - \cdots - \Gamma^{\lambda}_{\alpha_{p+1} \alpha_1} X_{\alpha_2 \ldots \alpha_p \lambda}. \end{cases}$$

Schreiben wir diese Gleichungen auch für $X_{\alpha_1 \alpha_3 \ldots \alpha_{p+1}(\alpha_2)}, \ldots, X_{\alpha_1 \ldots \alpha_p (\alpha_{p+1})}$ an und addieren alles mit wechselndem Vorzeichen,

[1]) Für $n = 3$, $p = 2$ ist dies die aus der klassischen Vektoranalysis bekannte Formel div [grad A_1 · grad A_2] $\equiv 0$.

so wie es die rechte Seite von (1) verlangt, so heben sich alle Glieder mit den Dreiindizessymbolen Γ weg und es bleibt:

(9) $$\begin{cases} Y_{\alpha_1 \ldots \alpha_{p+1}} = X_{\alpha_2 \ldots \alpha_{p+1}(\alpha_1)} - X_{\alpha_1 \alpha_3 \ldots \alpha_{p+1}(\alpha_2)} + \cdots \\ \qquad \cdots + (-1)^p X_{\alpha_1 \ldots \alpha_p (\alpha_{p+1})}. \end{cases}$$

Hier ist der Tensorcharakter der Y unmittelbar abzulesen, was bei (1) nicht der Fall ist. Hingegen zeigen (1) und (9) in gleicher Weise, daß Y alterniert.

An Grenzfällen heben wir hervor: 1. $p = 0$; auf diesen Wert von p, bei dem dann X eine absolute Invariante ist, kann die Definition des Stokesschen Tensors ausgedehnt werden durch die Festsetzung

(10) $$Y_\alpha = \frac{\partial X}{\partial x_\alpha} = X_{(\alpha)}.$$

Der Stokessche Tensor ist hier ein kovarianter Vektor: der *Gradient* von X.

2. $p = 1$; hier ist

(11) $$Y_{\alpha_1 \alpha_2} = X_{\alpha_2(\alpha_1)} - X_{\alpha_1(\alpha_2)} = \frac{\partial X_{\alpha_2}}{\partial x_{\alpha_1}} - \frac{\partial X_{\alpha_1}}{\partial x_{\alpha_2}},$$

also gleich der negativen Rotation des Vektors X_α.

3. $p = n - 1$; hier zeigt (9), daß der Ausdruck

(12) $$Y_{12 \ldots n} = X_{23 \ldots n(1)} - X_{13 \ldots n(2)} + \cdots + (-1)^{n-1} X_{12 \ldots n-1(n)}$$

eine skalare Dichte (= relative Invariante vom Gewichte Eins) wird.

§ 13. Der Brouwersche Tensor.

Die Operation D' erzeugt aus einem alternierenden Tensor $X_{\alpha_1 \ldots \alpha_p}$ p^{ter} Stufe einen ebensolchen Tensor $Y_{\alpha_1 \ldots \alpha_{p+1}}$ $(p+1)^{ter}$ Stufe: den *Stokes*schen Tensor $Y = D'X$.

D' *erhöht* also die Stufenzahl um Eins.

In einer metrischen Mannigfaltigkeit gibt es eine Operation D'', die die Stufenzahl p von X um eine Einheit *erniedrigt* und aus $X_{\alpha_1 \ldots \alpha_p}$ einen alternierenden Tensor $(p-1)^{ter}$ Stufe Z erzeugt:

(1) $$Z_{\alpha_1 \ldots \alpha_{p+1}} = D'' X_{\alpha_1 \ldots \alpha_p}.$$

Dieser Zusammenhang wurde für den Fall Euklidischer Maßbestimmung (g_{ik} = konst.) zuerst von *Brouwer*[1]) festgestellt; wir nennen daher Z den *Brouwer*schen Tensor.

[1]) Amsterdamer Berichte 26. Mai 1906 und 28. Juni 1919.

Bei beliebigen g_{ik} erhält man Z wie folgt: Wir bringen in $X_{\alpha_1 \ldots \alpha_p}$ vorerst den Index α_p nach oben: $X_{\alpha_1 \ldots \alpha_{p-1}\, 0}^{\quad\quad\quad \alpha_p}$. Von diesem gemischten Tensor bilden wir die kovariante Ableitung $X_{\alpha_1 \ldots \alpha_{p-1}\, 0\, (\nu)}^{\quad\quad\quad \alpha_p}$ und verjüngen dann bezüglich α_p und ν:

(2) $$Z_{\alpha_1 \ldots \alpha_{p-1}} = X_{\alpha_1 \ldots \alpha_{p-1},\, 0,\, (\nu)}^{\quad\quad\quad\quad \nu}.$$

Bei konstanter g_{ik} geht dies über in[1]):

(3) $$\begin{cases} Z_{\alpha_1 \ldots \alpha_{p-1}} = \dfrac{\partial X_{\alpha_1 \ldots \alpha_{p-1} \alpha_p}}{\partial x_{\alpha_p}} + \dfrac{\partial X_{\alpha_1 \ldots \alpha_{p-1} \alpha_{p+1}}}{\partial x_{\alpha_{p+1}}} + \cdots \\ \qquad \cdots + \dfrac{\partial X_{\alpha_1 \ldots \alpha_{p-1} \alpha_n}}{\partial x_{\alpha_n}} = \displaystyle\sum_{\nu=1}^{\nu=n} \dfrac{\partial X_{\alpha_1 \ldots \alpha_{p-1} \nu}}{\partial x_\nu}. \end{cases}$$

Mit den beiden Operationen D' und D'', die aus einem alternierenden Tensor p^{ter} Stufe $X_{\alpha_1 \ldots \alpha_p}$ den *Stokes*schen bezw. den *Brouwer*schen Tensor erzeugen:

(4) $$D' X = Y \qquad D'' X = Z$$

hat man ein Mittel zur Hand, die Stufenzahl p nach Belieben um je eine Einheit zu erhöhen bezw. zu erniedrigen. Im besonderen sind $D'' D' X$ und $D' D'' X$ wieder von p^{ter} Stufe.

Die kombinierte Anwendung von D' und D'' auf einen Tensor X ergibt eine Reihe von Sätzen, die zum Teil bereits von *Brouwer* bewiesen wurden und von denen wir die wichtigsten herausgreifen.

Zunächst betrachten wir einige Grenzfälle bezüglich der Operation D''.

1. $p = 1$; hier ist X_α ein kovarianter Vektor. Nach (2) haben wir

(5) $$Z = X_{0(\nu)}^{\nu} = X_{(\nu)}^{\nu},$$

also wird hier $D'' X_\alpha$ eine absolute Invariante, für die wir nach XIII § 12 S. 334 auch schreiben können:

(6) $$Z = D'' X_\alpha = X_{(\nu)}^{\nu} = \frac{1}{\sqrt{g}} \frac{\partial \left(X^\nu \sqrt{g}\right)}{\partial x_\nu} = \frac{1}{\sqrt{g}} \operatorname{Div} X^\nu.$$

2. $p = n$; hier ist $X = X_{12 \ldots n}$ eine skalare Dichte (vgl. § 1 dieses Abschnittes), so daß also $X : \sqrt{g}$ eine absolute Invariante wird. Wir haben nach XIII § 11 S. 333

(7) $$Z_{12 \ldots n-1} = X_{12 \ldots n-1,\, 0,\, (\nu)}^{\quad\quad\quad\quad \nu} = (g^{\nu n} X_{12 \ldots n})_{(\nu)} = g^{\nu n} X_{12 \ldots n\, (\nu)}$$

und für $X_{12 \ldots n\, (\nu)}$ erhalten wir nach S 331:

[1]) Bei *Brouwer* hat Z das Vorzeichen $(-1)^{p-1}$.

$$X_{12\ldots n(\nu)} = \frac{\partial X}{\partial x_\nu} - \Gamma^\lambda_{1\nu} X_{\lambda 2\ldots n} - \Gamma^\lambda_{2\nu} X_{1\lambda 3\ldots n} - \cdots$$
$$\cdots - \Gamma^\lambda_{n\nu} X_{12\ldots n-1,\lambda} = \frac{\partial X}{\partial x_\nu} - X \cdot \sum_\lambda \Gamma^\lambda_{\lambda\nu},$$

oder wegen

$$\sum_\lambda \Gamma^\lambda_{\lambda\nu} = \frac{1}{\sqrt{g}} \frac{\partial \sqrt{g}}{\partial x_\nu}:$$

(8) $$X_{12\ldots n(\nu)} = \frac{\partial X}{\partial x_\nu} - \frac{X}{\sqrt{g}} \frac{\partial \sqrt{g}}{\partial x_\nu} = \sqrt{g} \cdot \frac{\partial \left(\frac{X}{\sqrt{g}}\right)}{\partial x_\nu}.$$

Hier ist $\frac{X}{\sqrt{g}}$ eine absolute Invariante, ihre Ableitungen geben also einen kovarianten Vektor

(9) $$A_i = \frac{\partial \left(\frac{X}{\sqrt{g}}\right)}{\partial x_i};$$

auf der rechten Seite von (8) steht somit eine kovariante Vektordichte und nach (7) wird:

(10) $$Z_{12\ldots n-1} = A^n \sqrt{g}.$$

Für $p = n$ geht also der *Brouwer*sche Tensor $D'' X_{12\ldots n}$ über in eine kontravariante Vektordichte.

Wir wissen, daß $D' D' X \equiv 0$ ist; untersuchen wir nun $D'' D'' X$. Nach (2) ist ($p \geq 2$):

(11) $$D'' D'' X = V_{\alpha_1 \alpha_2 \ldots \alpha_{p-2}} = X_{\alpha_1 \ldots \alpha_{p-2}, \overset{\mu}{0}, \overset{\nu}{0}, (\nu)(\mu)}.$$

Wenden wir auf $X_{\alpha_1 \ldots \alpha_{p-2}, r, s, (\nu)(\mu)}$ die Identität von *Ricci* an (vgl. XIII § 17 S. 345), so kommt:

(12) $$\left\{\begin{aligned} X_{\alpha_1 \ldots \alpha_{p-2}, r, s, (\nu)(\mu)} &= X_{\alpha_1 \ldots \alpha_{p-2}, r, s, (\mu)(\nu)} + R^\varrho_{0\alpha_1, \nu\mu} X_{\varrho \alpha_2 \ldots} + \\ &+ R^\varrho_{0\alpha_2, \nu\mu} X_{\alpha_1 \varrho \ldots} + \cdots + R^\varrho_{0\alpha_{p-2}, \nu\mu} X_{\alpha_1 \ldots \varrho, r, s} + \\ &+ R^\varrho_{0r, \nu\mu} X_{\alpha_1 \ldots \varrho s} + R^\varrho_{0s, \nu\mu} X_{\alpha_1 \ldots r\varrho}. \end{aligned}\right.$$

Multiplikation mit $g^{\mu r} g^{\nu s}$ gibt links den Tensor (11). Rechts wird das erste Glied mit

$$X_{\alpha_1 \ldots \alpha_{p-2}, \overset{\mu}{0}, \overset{\nu}{0}, (\mu)(\nu)} = - X_{\alpha_1 \ldots \alpha_{p-2}, \overset{\mu}{0}, \overset{\nu}{0}, (\nu)(\mu)},$$

also mit der negativen linken Seite identisch. Das vorletzte Glied der rechten Seite von (12) gibt:

$$R^{\varrho\mu}_{0\,0,\,\nu\mu}\, X_{\alpha_1 \ldots \alpha_{p-2},\,\varrho,\,\overset{\nu}{0}} = R^{\varrho}_{\nu}\, X_{\alpha_1 \ldots \alpha_{p-2},\,\varrho,\,\overset{\nu}{0}} =$$

$$= R^{\varrho\nu}\, X_{\alpha_1 \ldots \alpha_{p-2},\,\varrho\,\nu} \equiv 0;$$

genau so verschwindet der letzte Term in (12) und wir erhalten:

$$(13)\quad \begin{cases} 2D''D''X_{\alpha_1 \ldots \alpha_p} = R_{\varrho\alpha_1,\,\nu\mu}\, X^{\varrho}_{0\,\alpha_2 \ldots \alpha_{p-2},\,\overset{\mu}{0},\,\overset{\nu}{0}} + \\ + R_{\varrho\alpha_2,\,\nu\mu}\, X_{\alpha_1\overset{\varrho}{0}\alpha_3 \ldots \alpha_{p-2},\,\overset{\mu}{0},\,\overset{\nu}{0}} + \cdots + R_{\varrho\alpha_{p-2},\,\nu\mu}\, X_{\alpha_1 \ldots \alpha_{p-3},\,\overset{\varrho}{0},\,\overset{\mu}{0},\,\overset{\nu}{0}}\,. \end{cases}$$

Vertauschen wir hier rechts im ersten Gliede erst ϱ mit μ und dann ϱ mit ν, so ändern sich wegen des Alternierens von X die Zeichen. Addition ergibt dann

$$6D''D''X = \sum_{\alpha} X^{\varrho}_{0\,\alpha_2 \ldots \alpha_{p-2},\,\overset{\mu}{0},\,\overset{\nu}{0}} \left[R_{\varrho\alpha_1,\,\nu\mu} - R_{\mu\alpha_1,\,\nu\varrho} - R_{\nu\alpha_1,\,\varrho\mu}\right].$$

Hier verschwinden nun die Ausdrücke in der eckigen Klammer wegen der zyklischen Symmetrie des Krümmungstensors. Also kommt[1]):

$$(14)\quad \ldots\ldots\ldots\quad D''D''X_{\alpha_1 \ldots \alpha_p} \equiv 0.$$

Es gilt also für die zweimalige Ausführung der Operation D'' das gleiche wie bei D'.

Wir berechnen jetzt noch $D''D'X$ und $D'D''X$.

Aus (9) § 12 S. 393 oder

$$D'X_{\alpha_1 \ldots \alpha_p} = X_{\alpha_2 \ldots \alpha_{p+1}(\alpha_1)} - X_{\alpha_1\alpha_3 \ldots \alpha_{p+1}(\alpha_2)} + \cdots$$

$$\cdots + (-1)^p X_{\alpha_1 \ldots \alpha_p(\alpha_{p+1})}$$

finden wir nach (2):

$$(15)\quad \begin{cases} D''D'X = A_{\alpha_1 \ldots \alpha_p} = X_{\alpha_2 \ldots \alpha_p,\,\overset{\nu}{0},\,(\alpha_1)(\nu)} - \cdots \\ \cdots + (-1)^{p-1} X_{\alpha_1 \ldots \alpha_{p-1},\,\overset{\nu}{0},\,(\alpha_p)(\nu)} + (-1)^p X_{\alpha_1 \ldots \alpha_p\,(\overset{\nu}{0})\,(\nu)}\,. \end{cases}$$

Anderseits gibt (9) § 12 S. 393 aus

$$D''X_{\alpha_1 \ldots \alpha_p} = X_{\alpha_1 \ldots \alpha_{p-1},\,\overset{\nu}{0},\,(\nu)}:$$

$$(16)\quad \begin{cases} D'D''X = B_{\alpha_1 \ldots \alpha_p} = X_{\alpha_2 \ldots \alpha_p,\,\overset{\nu}{0},\,(\nu)\,(\alpha_1)} - \cdots \\ \cdots + (-1)^{p-1} X_{\alpha_1 \ldots \alpha_{p-1},\,\overset{\nu}{0},\,(\nu)\,(\alpha_p)}\,. \end{cases}$$

Daher erhält man durch Subtraktion:

$$(17)\quad \begin{cases} (D''D' - D'D'')X = U_{\alpha_1 \ldots \alpha_p} = \sum_{\alpha_1}^{\alpha_p} \pm \left\{X_{\alpha_2 \ldots \alpha_p,\,\overset{\nu}{0},\,(\alpha_1)(\nu)} - X_{\alpha_2 \ldots \alpha_p,\,\overset{\nu}{0},\,(\nu)(\alpha_1)}\right\} + \\ + (-1)^p X_{\alpha_1 \ldots \alpha_p\,(\overset{\nu}{0})\,(\nu)}\,. \end{cases}$$

[1]) *L. E. J. Brouwer*, l. c. S. 19.

Für die Differenzen

$$X_{\alpha_2 \ldots \alpha_p, \overset{\lambda}{0}, (\alpha_1)(\nu)} - X_{\alpha_2 \ldots \alpha_p, \overset{\lambda}{0}, (\nu)(\alpha_1)} = X_{\alpha_2 \ldots \alpha_p, \overset{\lambda}{0}, [\alpha_1 \nu]}$$

erhalten wir nach der Identität von *Ricci* (vgl. XIII § 17 S. 345):

$$(18)\quad \left\{ \begin{aligned} X_{\alpha_2 \ldots \alpha_p, \overset{\lambda}{0}, [\alpha_1 \nu]} = R^{\varrho}_{0 \alpha_2, \alpha_1 \nu} X_{\varrho \alpha_3 \ldots \alpha_p, \overset{\lambda}{0}} + \cdots + R^{\varrho}_{0 \alpha_p, \alpha_1 \nu} X_{\alpha_2 \ldots \varrho, \overset{\lambda}{0}} + \\ + R^{\varrho \lambda}_{0\, 0, \alpha_1 \nu} X_{\alpha_2 \ldots \alpha_p \varrho}. \end{aligned} \right.$$

Setzen wir hier $\lambda = \nu$, so wird im letzten Gliede

$$R^{\varrho \nu}_{0\, 0, \alpha_1 \nu} = R^{\varrho}_{\alpha_1}$$

und daher:

$$(19)\quad \left\{ \begin{aligned} X_{\alpha_2 \ldots \alpha_p, \overset{\nu}{0}, [\alpha_1 \nu]} = R^{\varrho}_{0 \alpha_2, \alpha_1 \nu} X_{\varrho \alpha_3 \ldots \alpha_p, \overset{\nu}{0}} + \cdots + R^{\varrho}_{0 \alpha_p, \alpha_1 \nu} X_{\alpha_2 \ldots \varrho, \overset{\nu}{0}} + \\ + R^{\varrho}_{\alpha_1} X_{\alpha_2 \ldots \alpha_p \varrho}. \end{aligned} \right.$$

Dies bilden wir mit wechselndem Vorzeichen für $\alpha_2, \ldots, \alpha_p$ und setzen es rechter Hand in (17) ein. Man erhält:

$$(20)\quad \left\{ \begin{aligned} U_{\alpha_1 \ldots \alpha_p} = \sum_{(i,k)} \pm 2 R_{\varrho \alpha_i, \alpha_k \nu} X_{\alpha_1 \ldots \alpha_{i-1} \alpha_{i+1} \ldots \alpha_{k-1} \alpha_{k+1} \ldots \alpha_p, \overset{\varrho \nu}{0\,0}} + \\ + R^{\varrho}_{\alpha_1} X_{\alpha_2 \ldots \alpha_p \varrho} - R^{\varrho}_{\alpha_2} X_{\alpha_1 \alpha_3 \ldots \alpha_p \varrho} + \cdots + (-1)^{p+1} R^{\varrho}_{\alpha_p} X_{\alpha_1 \ldots \alpha_{p-1} \varrho} + \\ + (-1)^p X_{\alpha_1 \ldots \alpha_p \overset{\nu}{(0)} (\nu)}. \end{aligned} \right.$$

Bis auf das letzte Glied[1]) stehen also rechts nur lineare Kombinationen der $X_{\alpha_1 \ldots \alpha_p}$. Sind die g_{ik} konstant, so bleibt nur dieses letzte Glied stehen und wir haben[2])

$$(21)\qquad U_{\alpha_1 \ldots \alpha_2} = (D'' D' - D' D'') X_{\alpha \ldots \alpha_p} = (-1)^p \sum_{\nu=1}^{\nu=n} \frac{\partial^2 X_{\alpha_1 \ldots \alpha_p}}{\partial x_\nu^2}.$$

[1]) Es sei auf den Unterschied zwischen $X_{\alpha_1 \ldots \alpha_{p-1} \overset{\nu}{0} (\nu)}$ und $X_{\alpha_1 \ldots \alpha_p \overset{\nu}{(0)} (\nu)}$ hingewiesen. Der zweite dieser Tensoren entsteht so: $X_{\alpha_1 \ldots \alpha_p}$ wird kovariant abgeleitet: $X_{\alpha_1 \ldots \alpha_p (\lambda)}$; dann wird λ hinaufgebracht: $X_{\alpha_1 \ldots \alpha_p \overset{\lambda}{(0)}}$, dann wird abermals kovariant abgeleitet: $X_{\alpha_1 \ldots \alpha_p \overset{\lambda}{(0)} (\nu)}$; schließlich wird bezüglich λ und ν verjüngt: $X_{\alpha_1 \ldots \alpha_p \overset{\nu}{(0)} (\nu)} = X_{\alpha_1 \ldots \alpha_p (\mu)(\nu)} g^{\mu \nu}$.

[2]) *L. E. J. Brouwer*, l. c.

§ 14. Der verallgemeinerte Satz von Stokes.

Wir kehren nun zurück zu dem Integral (6) des § 11:

$$(1) \quad \ldots \quad I = \int\limits_{(\sigma)} X_{\alpha_1 \ldots \alpha_p} \frac{\partial(x_{\alpha_1}, \ldots, \alpha_p)}{\partial(\sigma_1, \ldots, \sigma_p)} d\sigma^1 \ldots d\sigma^p$$

und nehmen den Integrationsbereich (σ) zweiseitig und geschlossen. Legen wir dann durch (σ) eine $(p+1)$-dimensionale Mannigfaltigkeit (τ)

$$(2) \quad \ldots \quad x_i = \psi_i(\tau_1, \tau_2, \ldots, \tau_{p+1}),$$

deren Rand durch (σ) gebildet wird, *so ist der verallgemeinerte Stokessche Satz gegeben durch:*

$$(3) \quad \ldots \quad I = \int\limits_{(\tau)} D' X_{\alpha_1 \ldots \alpha_p} \frac{\partial(x_{\alpha_1}, \ldots, x_{\alpha_p}, x_{\alpha_{p+1}})}{\partial(\tau_1, \ldots, \tau_p, \tau_{p+1})} d\tau^1 \ldots d\tau^p \, d\tau^{p+1},$$

wo I das Integral (1) und $D' X_{\alpha_1 \ldots \alpha_p}$ den *Stokes*schen Tensor von $X_{\alpha_1 \ldots \alpha_p}$ bedeutet.[1])

Beweis[2]): Wir gehen von (3) aus und zeigen, daß I mit der rechten Seite von (1) identisch wird. Setzen wir zur Abkürzung der Rechnung

$$(4) \quad \ldots \quad X_{\alpha_1 \ldots \alpha_p} = (AB \ldots C)_{\alpha_1 \ldots \alpha_p} = \begin{vmatrix} A_{\alpha_1} & \ldots & A_{\alpha_p} \\ B_{\alpha_1} & \ldots & B_{\alpha_p} \\ \ldots & \ldots & \ldots \\ C_{\alpha_1} & \ldots & C_{\alpha_p} \end{vmatrix},$$

dann läßt sich nach einer auf S. 391 gemachten Bemerkung der *Stokes*sche Tensor $D'X$ so schreiben:

$$(5) \quad \ldots \quad D' X_{\alpha_1 \ldots \alpha_p} = \begin{vmatrix} \frac{\partial}{\partial x_{\alpha_1}} & \ldots & \frac{\partial}{\partial x_{\alpha_{p+1}}} \\ A_{\alpha_1} & \ldots & A_{\alpha_{p+1}} \\ \ldots & \ldots & \ldots \\ C_{\alpha_1} & \ldots & C_{\alpha_{p+1}} \end{vmatrix}.$$

Demzufolge wird der Integrand in (3) eine Summe von Produkten von $(p+1)$-reihigen Determinanten und gleich

---

[1]) Für $n=3$, $p=1$: *G. Stokes*, Cambridge university calendar (1854); allgemein: *H. Poincaré*, Acta math. 9 (1887) S. 321; Journ. de l'éc. polytechn. 1 (1895) S. 1; *L. E. J. Brouwer*, Amsterdamer Ber. 15 (1906); ebenda 28 (1919); *F. W. Reed*, American Journ. of Math. 40 (1918) S. 97; *J. Lense*, Monatsh. für Math. u. Phys. 32 (1922) S. 151.

[2]) vgl. die erste der *Brouwer*schen Arbeiten.

$$\begin{vmatrix} \frac{\partial}{\partial \tau_1} & \frac{\partial}{\partial \tau_2} & \dots\dots & \frac{\partial}{\partial \tau_{p+1}} \\ A_i \frac{\partial x_i}{\partial \tau_1} & A_i \frac{\partial x_i}{\partial \tau_2} & \dots\dots & A_i \frac{\partial x_i}{\partial \tau_{p+1}} \\ \dots & \dots & \dots & \dots \\ C_i \frac{\partial x_i}{\partial \tau_1} & C_i \frac{\partial x_i}{\partial \tau_2} & \dots\dots & C_i \frac{\partial x_i}{\partial \tau_{p+1}} \end{vmatrix}.$$

Fassen wir jetzt die $A, B, \ldots, C$ wieder nach (4) zu X zusammen, so kann dies, da sich die in der ersten Zeile stehenden Differentiationsprozesse nur auf die X beziehen, so geschrieben werden:

$$(6) \qquad \ldots \sum_{(i_1 \ldots i_p)} \begin{vmatrix} \frac{\partial X_{i_1 \ldots i_p}}{\partial \tau_1} & \frac{\partial X_{i_1 \ldots i_p}}{\partial \tau_2} & \dots\dots & \frac{\partial X_{i_1 \ldots i_p}}{\partial \tau_{p+1}} \\ \frac{\partial x_{i_1}}{\partial \tau_1} & \frac{\partial x_{i_1}}{\partial \tau_2} & \dots\dots & \frac{\partial x_{i_1}}{\partial \tau_{p+1}} \\ \dots & \dots & \dots & \dots \\ \frac{\partial x_{i_p}}{\partial \tau_1} & \frac{\partial x_{i_p}}{\partial \tau_2} & \dots\dots & \frac{\partial x_{i_p}}{\partial \tau_{p+1}} \end{vmatrix}.$$

Jetzt entwickeln wir nach der ersten Zeile, schreiben das Integral über (τ) als $(p+1)$-faches Integral und integrieren das Glied mit $\frac{\partial X}{\partial \tau_h}$ partiell nach τ_h. Wir erhalten erstens eine Summe von $p+1$ p-fachen Integralen:

$$(7) \quad \left\{ \begin{array}{l} \int\limits_{(23\ldots p+1)} X_{i_1 \ldots i_p} \frac{\partial (x_{i_1}, \ldots, x_{i_p})}{\partial (\tau_2, \ldots, \tau_{p+1})} d\tau^2 \ldots d\tau^{p+1} - \\ \qquad - \int\limits_{(13\ldots p+1)} X_{i_1 \ldots i_p} \frac{\partial (x_{i_1}, \ldots\ldots, x_{i_p})}{\partial (\tau_1, \tau_3, \ldots, \tau_{p+1})} d\tau^1 d\tau^3 \ldots d\tau^{p+1} + \cdots \end{array} \right.$$

und zweitens wieder ein $(p+1)$-faches Integral, dessen Integrand in $\binom{n}{p}$ Summanden von folgender Gestalt zerfällt:

$$(8) \qquad X_{i_1 \ldots i_p} \left[\frac{\partial}{\partial \tau_1} \frac{\partial (x_{i_1}, \ldots, x_{i_p})}{\partial (\tau_2, \ldots, \tau_{p+1})} - \frac{\partial}{\partial \tau_2} \frac{\partial (x_{i_1}, \ldots\ldots, x_{i_p})}{\partial (\tau_1, \tau_3, \ldots, \tau_{p+1})} + \cdots \right].$$

Hier steht in der eckigen Klammer der Stokessche Tensor

$$D' \frac{\partial (x_{i_1}, \ldots, x_{i_p})}{\partial (\tau_1, \ldots\ldots, \tau_p)};$$

nach dem Satze auf S. 392 gibt dies Null. Daher fallen alle Glieder (8) fort und bei (7) läßt sich leicht zeigen, daß dies mit dem über den Rand (σ) erstreckten Integral

(9) . . . . $$I = \int\limits_{(\sigma)} X_{i_1 \ldots i_p} \frac{\partial (x_{i_1}, \ldots, x_{i_p})}{\partial (\sigma_1, \ldots, \sigma_p)} d\sigma^1 \ldots d\sigma^p$$

identisch wird.

Aus dem verallgemeinerten *Stokes*schen Satz folgt dann der folgende: *Damit das Integral* (9) *über jede geschlossene Mannigfaltigkeit* (σ) *verschwindet, ist notwendig und hinreichend, daß alle* $\binom{n}{p+1}$ *Funktionen*

(10) . . . . $$Y_{\alpha_1 \ldots \alpha_{p+1}} = D' X_{\alpha_1 \ldots \alpha_p}$$

identisch Null sind.

Sind insbesondere die Funktionen $X_{\alpha_1 \ldots \alpha_p}$ die Komponenten eines alternierenden Tensors p^{ter} Stufe, also I für jedes (σ) eine Integralinvariante, und soll diese Integralinvariante für ein geschlossenes (σ) den Wert Null haben, so muß der *Stokes*sche *Tensor* (10) verschwinden.

Wir haben im § 11 bewiesen, daß von den beiden Tatsachen: $X_{\alpha_1 \ldots \alpha_p}$ = Tensor und: I = Invariante für *jeden* Bereich (σ), die eine aus der anderen folgt.

Verlangt man von I etwas weniger, nämlich nur: I = Invariante für *jeden geschlossenen* Bereich (σ), so müssen die $X_{\alpha_1 \ldots \alpha_p}$ nicht Tensorkomponenten sein. *Hingegen müssen dann die aus den X abgeleiteten Y* (Gleichung (10)) *die Komponenten eines alternierenden Tensors sein.*

Diesen Satz beweisen wir so: Wir bilden

(11) . . . . $$\bar{I} = \int\limits_{(\sigma)} \bar{X}_{\beta_1 \ldots \beta_p} \frac{\partial (\bar{x}_{\beta_1}, \ldots, \bar{x}_{\beta_p})}{\partial (\sigma_1, \ldots, \sigma_p)} d\sigma^1 \ldots d\sigma^p.$$

Führen wir dann in

$$I = \int\limits_{(\sigma)} X_{\alpha_1 \ldots \alpha_p} \frac{\partial (x_{\alpha_1}, \ldots, x_{\alpha_p})}{\partial (\sigma_1, \ldots, \sigma_p)} d\sigma^1 \ldots d\sigma^p$$

die $\bar{x}$ als neue Veränderliche ein, so entsteht (vgl. (12) in § 11 S. 389):

(12) $$I = \int\limits_{(\sigma)} X_{\alpha_1 \ldots \alpha_p} \sum_{(\beta_1 \ldots \beta_p)} \frac{\partial (x_{\alpha_1}, \ldots, x_{\alpha_p})}{\partial (\bar{x}_{\beta_1}, \ldots, \bar{x}_{\beta_p})} \frac{\partial (\bar{x}_{\beta_1}, \ldots, \bar{x}_{\beta_p})}{\partial (\sigma_1, \ldots, \sigma_p)} d\sigma^1 \ldots d\sigma^p.$$

Die Differenz von (11) und (12) ergibt dann:

(13) . . . $$\bar{I} - I = \int\limits_{(\sigma)} \left[\bar{X}_\beta - \sum_\alpha X_\alpha \frac{\partial (x_\alpha)}{\partial (\bar{x}_\beta)} \right] \frac{\partial (\bar{x}_\beta)}{\partial (\sigma)} d\sigma^1 \ldots d\sigma^p.$$

Wenn nun I eine Invariante für jedes geschlossene (σ) sein soll, so muß $\overline{I} - I = 0$ sein, d. h. das Integral in (13) muß für jedes geschlossene (σ) verschwinden. Nach der zweiten Fassung des verallgemeinerten Stokesschen Satzes (S. 400) muß also

$$(14) \quad \ldots \quad D'\left[\overline{X}_{\beta_1 \ldots \beta_p} - \sum_{(\alpha_1 \ldots \alpha_p)} X_{\alpha_1 \ldots \alpha_p} \frac{\partial(x_{\alpha_1}, \ldots, x_{\alpha_p})}{\partial(\overline{x}_{\beta_1}, \ldots, \overline{x}_{\beta_p})}\right] = 0$$

werden. Hierbei sind in der eckigen Klammer die $\overline{x}_i$ als Veränderliche zu betrachten.

Rechnet man jetzt (14) aus, so ist vor allem $D'\overline{X} = \overline{Y}$, während der zweite Teil gibt:

$$D' \sum_{\alpha} X \frac{\partial(x_\alpha)}{\partial(\overline{x}_\beta)} = \sum_{\alpha} \sum_{\beta_{p+1}} \pm \frac{\partial X_{\alpha_1 \ldots \alpha_p}}{\partial x_\nu} \frac{\partial x_\nu}{\partial \overline{x}_{\beta_{p+1}}} \frac{\partial(x_{\alpha_1}, \ldots, x_{\alpha_p})}{\partial(\overline{x}_{\beta_1}, \ldots, \overline{x}_{\beta_p})} +$$
$$+ \sum_{\alpha} \left\{ X_{\alpha_1 \ldots \alpha_p} \sum \pm \frac{\partial}{\partial(\overline{x}_{\beta_{p+1}}} \left(\frac{\partial(x_{\alpha_1}, \ldots, x_{\alpha_p})}{\partial(\overline{x}_{\beta_1}, \ldots, \overline{x}_{\beta_p})}\right)\right\}.$$

Nach dem Satze auf S. 392 verschwindet der zweite Term rechts und der erste gibt die gewünschten Beziehungen

$$(15) \quad \ldots \quad \overline{Y}_{\beta_1 \ldots \beta_{p+1}} = Y_{\alpha_1 \ldots \alpha_{p+1}} \frac{\partial x_{\alpha_1}}{\partial \overline{x}_{\beta_1}} \cdots \cdots \frac{\partial x_{\alpha_{p+1}}}{\partial \overline{x}_{\beta_{p+1}}},$$

nämlich die Transformationsgleichungen für den *Tensor* Y.

NAMEN- UND SACHREGISTER

(Die Nummern geben die Seitenzahl an.)

ERRATA.

Seite 63: Bei den Zwischenformen ist $(\mu' \varkappa)$ beizufügen.

Seite 78: in Formel (10), rechts lies $-1/4$ statt $1/4$.

Seite 99 und 100: Zur Vervollständigung des Beweises von Satz 1 hat man mit Hilfe von Formel (13), Seite 79 zu zeigen, daß man in I von Symbolen p' zu Symbolen p übergehen kann durch direkte Übergänge und alleinige Anwendung der Identitäten II.

Seite 118: Zeile 5 lies d (n—d) statt n (n—d) und Zeile 7 lies $\infty^{d(n-d)}$ statt $\infty^{n(n-d)}$.

Seite 135: in Formel (21), zweite Zeile lies $(2+D_{zz})D_{yx}$ statt $(2+D_{zz})D_{yz}$ und dritte Zeile lies $-D_{zy}D_{yx}$ statt $-D_{zy}D_{yz}$ in der eckigen Klammer.

Seite 137: Hier ist am Schlusse der Anmerkung 1 anzufügen: Grace und Young, S. 360 ff.

Seite 145: in Formel (12) lies Y_n^{r-2} statt Y_s^{r-2}.

Seite 165: in der Anmerkung lies Crelle statt Creelle.

Seite 167: Im Satze am Ende des § 12, zweite Zeile lies „Koeffizienten von f" an Stelle „Koeffizienten f".

Seite 180: in Formel (14) rechts lies $-\frac{1}{4}$ statt $\frac{1}{4}$.

Seite 181: in Formel (19) rechts ist das Vorzeichen von $\frac{1}{8}$ überall umzukehren.

Seite 182: lies Äquivalenz statt Aquivalenz.

Seite 185: dritter Absatz, zweite Zeile: in der Klammer sind s und σ zu vertauschen.

Seite 190: im ersten Gliede rechts der auf (4) folgenden Gleichung lies a statt α.

Seite 193: in Formel (5) lies (h—2) und $p_{h,2}$ statt (p—2) und $h_{h,2}$.

www.ingramcontent.com/pod-product-compliance
Lightning Source LLC
LaVergne TN
LVHW091638100826
845152LV00005B/90

* 9 7 8 1 4 1 8 1 6 8 0 5 6 *